"十二五"普通高等教育本科国家级规划教材
普通高等教育"十一五"国家级规划教材
浙江省"十四五"普通高等教育本科规划教材
浙江省普通本科高校"十四五"重点教材

电 路 原 理

第 5 版

孙 盾　李玉玲　郑太英　范承志　童 梅　**编著**

孙雨耕　倪光正　**主审**

机械工业出版社

本书内容符合教育部高等学校电工电子基础课程教学指导委员会制定的教学基本要求，以电气信息类学生拓宽专业口径为立足点，力求兼顾强电和弱电类专业的共同需求。本书较全面地介绍了经典电路的原理知识和现代电路理论的相关内容，注重与后续课程之间实现良好衔接，同时展示了基于 MATLAB/Simulink 的典型案例分析以及电路综合应用拓展。

本书分两篇，第一篇为电路分析基础篇，主要内容包括：电路概述，电路分析的基本方法及定理，正弦交流电路，谐振、互感及三相交流电路，非正弦周期电路分析，过渡过程的经典解法；第二篇为电网络分析篇，主要内容包括：拉普拉斯变换法、积分法和状态变量法，双口网络，网络矩阵分析，分布参数电路，非线性电路，基于 MATLAB/Simulink 的典型案例分析以及电路综合应用拓展。

本书适合普通高等学校电气信息类强、弱电各专业师生使用，也可供相关工科专业高年级学生、研究生和教师参考。

本书为新形态教材，配有知识图谱，梳理了课程知识地图，构建了知识逻辑关系，配有免费电子课件，欢迎选用本书作教材的教师登录 www.cmpedu.com 注册后下载。

图书在版编目（CIP）数据

电路原理 / 孙盾等编著 . -- 5 版 . -- 北京 ： 机械工业出版社，2025. 3. --（"十二五"普通高等教育本科国家级规划教材）（普通高等教育"十一五"国家级规划教材）（浙江省"十四五"普通高等教育本科规划教材）. -- ISBN 978-7-111-77828-8

Ⅰ. TM13

中国国家版本馆 CIP 数据核字第 20253NT509 号

机械工业出版社（北京市百万庄大街 22 号　邮政编码 100037）
策划编辑：王玉鑫　　　　　　责任编辑：王玉鑫　张振霞
责任校对：贾海霞　张　薇　封面设计：王　旭
责任印制：单爱军
唐山三艺印务有限公司印刷
2025 年 5 月第 5 版第 1 次印刷
184mm×260mm · 27 印张 · 721 千字
标准书号：ISBN 978-7-111-77828-8
定价：79. 80 元

电话服务　　　　　　　　网络服务
客服电话：010-88361066　机 工 官 网：www.cmpbook.com
　　　　　010-88379833　机 工 官 博：weibo.com/cmp1952
　　　　　010-68326294　金 书 网：www.golden-book.com
封底无防伪标均为盗版　机工教育服务网：www.cmpedu.com

前　言

随着科学技术的发展，电气应用领域日新月异，已渗透到当今社会生活的各个方面。"电路原理"作为一门重要的基础课程，其主要适用于电气工程、电力电子工程、信息工程、计算机等专业，是电气信息类等专业本科生必须具备的知识。电路理论主要分析研究电路中各类电磁现象的变化规律，具有较强的逻辑性、系统性和理论性，主要培养学生严谨的思维能力、灵活的分析问题和解决问题的能力，从而进一步培养学生的创新、创造能力，为相应学科的进一步学习和提高打好必要的基础。

本书修订后为新形态教材，根据新工科人才培养需求，将知识、能力、素质深度融合，赋予教材多维元素，梳理课程内容，明晰知识脉络，构建知识图谱，以学生成长为中心，坚持立德树人，激发学习兴趣，增进学生对知识点的理解、掌握和应用。

本书初版于2001年出版后，第2~4版连续入选"十五""十一五""十二五"普通高等教育国家级规划教材，从教材使用和教学实践来看，能较好满足电路课程的教学需要，是适合电路课程教学的经典教材之一。

本书综合体现了浙江大学在电路课程中进行教学改革的成果。作者所在的电工电子基础教学中心长期以来持续开展了一系列教学研究和教学改革工作，编写了多套各具特色的电路教材。在此次教材的修订过程中，作者秉承使用上述教材所积累的教学经验，并结合近年来教材整体优化的教学改革成果，兼收并蓄，博采众长。全书注重对电路理论基本概念、基本原理及应用的分析，力求做到内容精练、论证严密、重点突出、适用面广，使教材兼顾强电和弱电类专业的共同教学需求。教材内容遵循由简到繁、循序渐进的原则，采用先静态（直流电路分析）、后稳态（正弦周期和非周期信号的分析）、再动态（过渡过程分析）的教学体系，力求使难点分散，便于施教。在直流电路教学中讲述电路的基本计算方法和网络定理；在正弦稳态分析中集中讲述相量（复数）的概念；承接直流和交流稳态的学习基础，在其后讲授电路过渡过程的经典法和运算法；在拉普拉斯变换中讲述网络的频率特性；双口网络和网络的矩阵方程讲述复杂电路的分析方法；分布参数电路和非线性电路依次在后面章节讲述；最后展示了基于MATLAB/Simulink的典型电路分析以及电路综合应用拓展。全书内容分为两篇，目录中加"＊"号的内容为选学内容，有利于教师在授课时灵活选材，根据不同侧重点和学时数进行取舍。

本书的第一、二、六、七章由孙盾执笔，第三、四、五、八、九章由范承志执笔，第十、十一章由童梅执笔，第十二章由郑太英执笔，第十三章由李玉玲执笔，李玉玲对第三章进行了修订，郑太英对第八章进行了修订，孙盾负责全书的统稿和协调。本书的编写还得到了浙江大学电工电子基础教学中心电路课程组全体老师的大力支持，姚缨英、张红岩等老师为本书的编写提出了许多建议，谨在此一并致以感谢。

全书承天津大学孙雨耕教授和浙江大学倪光正教授仔细审阅，并提出了许多宝贵意见，在此谨致以衷心的感谢。

由于编者水平有限，书中不妥之处在所难免，恳切希望读者批评指正。

编　者

目　录

第二篇　电网络分析篇

第一篇 电路分析基础篇

电路概述

知识图谱：

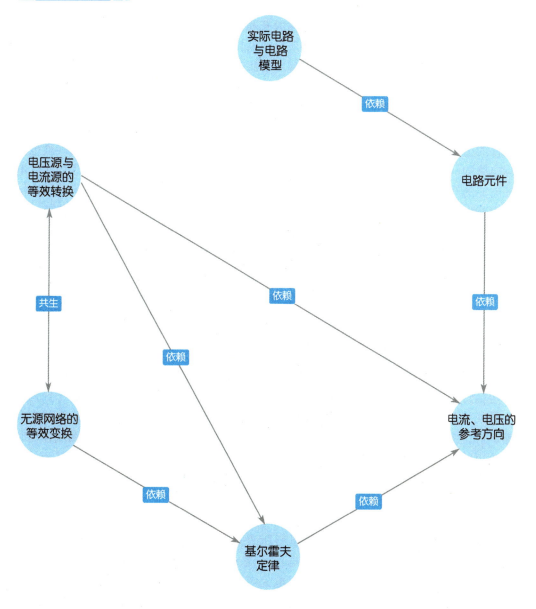

第一节　实际电路与电路模型

电路是由若干电气设备或元器件按一定方式组合起来的整体，通常为电流提供流通的途径。电路的作用是传输、存储电能或变换、处理电信号。在各行各业以及人们的日常生活中都存在着举不胜举的实际电路，如电力系统、电子及通信系统、自动控制系统和计算机信息系统等。有些电路很复杂，如超高压电力网络、大规模集成电路以及生物的神经网络等；有些电路很简单，如手电筒就是一个最简单的电路，仅由电池、灯泡和导电的电筒构成。

实际电路的繁简程度各不相同，组成电路的元器件种类繁多、功能各异。即使是同一个元器件，在不同应用环境和条件下，元器件所反映的物理特性也不尽相同。但是电路变化都遵循共同的电路定律，这些正是电路原理课程所要研究的内容。

电路原理的研究对象是由实际电路抽象而成的理想化的电路模型。为了便于分析、设计电路，在电路理论中，需要根据实际电路中的各个部件主要的物理性质，建立它们的物理模型，这些抽象化的基本的物理模型就称为理想电路元件，简称电路元件。实际电路元件是理想电路元件的组合。由电路元件构成的电路，即实际电路的电路模型，是在一定精确度范围内对实际电路的一种近似。电路元件能够表征实际电路中的电磁性质：电阻元件表征实际电路中消耗电能的性质；电感元件表征实际电路中产生磁场、储存磁能的性质；电容元件表征实际电路中产生电场、储存电能的性质；电源元件反映实际电路中将其他形式的能量（如化学能、机械能、热能和光能等）转化为电能的性质。对于一个实际电路，如何根据它的电路特性，构建其电路模型，需要丰富的电路知识，还需运用相关的专业知识。在不同的运行条件下，一个实际电路可简化为不同的电路模型。例如一个电感线圈在直流稳定状态下，可抽象成一个电阻；在交流低频情况下，可抽象成为电阻和电感的串联；在高频情况下，还需考虑线圈的匝间分布电容和层间分布电容，此时可抽象成电阻和电感串联后再与电容并联。可见，对实际电路的抽象建模是一个复杂的任务。

实际电路元件的抽象建模，是把一个具有实际尺寸的元器件用一个抽象参数来描述，例如照明灯泡可用一个电阻来表示，同样一定长度的实际连接导线也可用一个集总电阻来表示。一个包括灯泡、连接导线和电池的实际电路抽象成由理想导线连接两个电阻（分别代表灯泡和导线）和电源的集总参数电路。在上面对实际元件抽象建模时，电路元件的空间尺度忽略不计，例如一定长度的实际连接导线是用一个无尺寸的电阻描述，导线两端任何时刻流入和流出的电流是相等的。但实际上电路中电流是以电磁波的速度流动，电流从元件输入端流到输出端是需要时间的。当输入电流变化时，某一时刻输入、输出端的电流值可能不相等，这样该元件就无法描述成一个集总参数元件。

当实际元件的几何尺寸远远小于电路工作频率对应的电磁波的波长时，实际元件两端的电流变化可以忽略不计，其理想化电路模型所表示的电路元件可不计其空间尺度，即可用一个集总参数元件来描述该元件端部电压和流入端部的电流的关系。由集总参数元件建模组成的电路称为集总参数电路。如果电路工作频率对应的电磁波的波长与实际元件的几何尺寸可以比拟时，元件中各处的电压电流值可能不相等，则必须采用分布参数电路模型进行分析。有关分布参数电路的概念将在第十一章专题讨论，其余各章讨论的均是集总参数电路。

第二节　电路元件

一、电阻元件

电阻元件是体现电能转化为其他形式能量的二端元件，简称电阻，用字母 R 表示。电阻的倒数称为电导，用字母 G 表示。在国际单位制中，电阻的单位是欧姆，符号为"Ω"，电导的单位是西门子，符号为"S"。

凡是端电压与端电流成正比的电阻元件称为线性电阻，线性电阻的表示符号如图 1-2-1a 所示，线性电阻的伏安特性是一条过原点的直线，其斜率即为电阻值，如图 1-2-1b 所示。

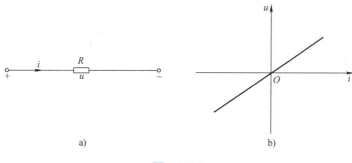

图　1-2-1

线性电阻两端电压 u 和通过它的电流 i 满足欧姆定律。对于图 1-2-1 所示电路，有数学表达式

$$u = Ri \text{ 或 } i = Gu \tag{1-2-1}$$

线性电阻中消耗的功率为

$$P = ui = Ri^2 = Gu^2 \tag{1-2-2}$$

对应于时间 t 内消耗的能量为

$$W = \int_0^t p\,\mathrm{d}t \tag{1-2-3}$$

在国际单位制中，功率的单位是瓦特，符号为"W"，能量的单位是焦耳，符号为"J"。电能表（又称电度表）的计量单位是千瓦小时（$kW \cdot h$），也称为度。

$$1 \text{ 度} = 1kW \cdot h = 1000 \times 3600J = 3.6 \times 10^6 J$$

凡是端电压和端电流不成比例关系的电阻元件称为非线性电阻。非线性电阻的阻值随所通过的电流大小或方向变化而变化，不能用一个确定的电阻值来表示，要用伏安特性表示。（有关非线性电阻的讨论安排在第十一章进行。）

此外，电阻元件还有时变和非时变之分。时变电阻的伏安特性（无论是线性的还是非线性的）随时间的变化而变化，非时变电阻的伏安特性不随时间变化。

二、电容元件

电容元件是体现电场储能的二端元件，简称电容，用字母 C 表示，符号如图 1-2-2 所示。在国际单位制中，电容的单位是法拉，符号为"F"。

在实际电路中，只要具有电场储能的物理现象，就可以抽象出对应的电容元件。根据普通物理学知识可知，电容的端电压与电荷有着确定关系。如果电容上的电荷与端电压成比例关系，则该电容称为线性电容，有表达式

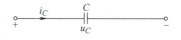

图　1-2-2

$$q = Cu_C \tag{1-2-4}$$

在国际单位制中，电荷 q 的单位是库仑，符号为"C"；电压 u_C 的单位是伏特，符号为"V"。如果电容上的电荷与端电压不成比例关系，电容的大小与电荷或电压有关，则该电容称为非线性电容。非线性电容用库伏特性表示。如果电容的库伏特性（无论是线性的还是非线性的）随时间变化，那么称为时变电容，否则，称为非时变电容。

电容中的电流等于电荷的变化率。对于图 1-2-2 所示电路，有数学表达式

$$i_C(t) = \frac{\mathrm{d}q(t)}{\mathrm{d}t} \tag{1-2-5}$$

对于线性非时变电容，式（1-2-5）可写为

$$i_C(t) = C\frac{\mathrm{d}u_C(t)}{\mathrm{d}t} \tag{1-2-6}$$

在直流电路中，电压 u_C 对时间 t 的变化率为零，所以电流 i_C 为零，因此直流电流不能通过电容，电容具有隔直流电流的作用。

对式（1-2-6）作由 t_0 至 t 的积分，则得到

$$u_C(t) = u_C(t_0) + \frac{1}{C}\int_{t_0}^{t} i_C(\xi)\,\mathrm{d}\xi \tag{1-2-7}$$

式（1-2-7）表明电容电压除与充电电流有关外，还与 t_0 时刻的电压有关，即具有记忆性，因此电容被称为记忆元件。而前述电阻元件任意时刻的电压只与此刻的即时电流相关，与以前的通电状况无关，因此电阻被称为非记忆元件。

电容元件是储能元件，它将外界输入的电能储存在它的电场中，外界输入的功率为

$$p(t) = u_C(t)i_C(t) = u_C(t)C\frac{\mathrm{d}u_C(t)}{\mathrm{d}t}$$

在充电过程中，电容吸收的能量为

$$W_C = \int_{t_0}^{t} p(\xi)\,\mathrm{d}\xi = \int_{t_0}^{t} Cu_C(\xi)\frac{\mathrm{d}u_C(\xi)}{\mathrm{d}\xi}\,\mathrm{d}\xi = \int_{t_0}^{t} Cu_C(\xi)\,\mathrm{d}u_C(\xi)$$

$$= \frac{1}{2}C\left[u_C^2(t) - u_C^2(t_0)\right] \tag{1-2-8}$$

当 t_0 时刻电容电压为零时，电容吸收的全部电能储存于其电场中，因此电容的储能为

$$W_C = \frac{1}{2}Cu_C^2 = \frac{1}{2}qu_C = \frac{1}{2}\frac{q^2}{C} \tag{1-2-9}$$

三、电感元件

电感元件是体现磁场储能的二端元件，简称电感，用字母 L 表示，符号如图 1-2-3 所示。在国际单位制中，电感的单位是亨利，符号为"H"。

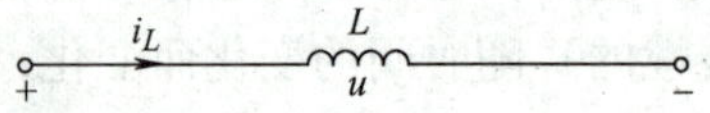

在实际电路中，只要具有磁场储能的物理现象，就可以抽象出对应的电感元件。根据普通物理学知识可知，电感交链的磁链与其端电流有着确定关系。如果电感上交链的磁链与其端电流成比例关系，则该电感称为线性电感，有表达式

图 1-2-3

$$\Psi = Li_L \tag{1-2-10}$$

在国际单位制中，磁链 Ψ 的单位是韦伯，符号为"Wb"，电流 i 的单位是安培，符号为"A"。如果电感上交链的磁链与其端电流不成比例关系，电感的大小与磁链或电流有关，则该电感称为非线性电感。非线性电感用韦安特性表示。如果电感的韦安特

性（无论是线性的还是非线性的）随时间变化，那么称为时变电感，否则，称为非时变电感。

电感上的感应电压等于磁链的变化率。对于图 1-2-3 所示电路，有数学表达式

$$u_L(t) = \frac{\mathrm{d}\Psi(t)}{\mathrm{d}t} \tag{1-2-11}$$

对于线性非时变电感，式（1-2-11）可写为

$$u_L(t) = L\frac{\mathrm{d}i_L(t)}{\mathrm{d}t} \tag{1-2-12}$$

在直流电路中，电流 i_L 对时间 t 的变化率为零，所以电压 u_L 为零，因此对于直流电来说，电感元件相当于一条短接导线。

对式（1-2-12）作由 t_0 至 t 的积分，则得到

$$i_L(t) = i_L(t_0) + \frac{1}{L}\int_{t_0}^{t} u_L(\xi)\mathrm{d}\xi \tag{1-2-13}$$

与电容元件一样，电感元件也是记忆元件。同理，可推得电感元件的磁场储能为

$$W_L = \frac{1}{2}Li_L^2 = \frac{1}{2}\Psi i_L = \frac{1}{2}\frac{\Psi^2}{L} \tag{1-2-14}$$

电阻 R、电容 C、电感 L 是电路中三个最基本的无源元件。下面介绍有源元件。

四、独立电源元件

实际电路中一般均有电源，电源可以是各种电池、发电机、电子电源，也可以是微小的电信号。在电路分析中，根据电源的不同特性，可建立两种不同的表征电源元件的电路模型：一种是理想电压源，另一种是理想电流源。

1. 理想电压源

图 1-2-4a、b、c 表示出了理想电压源的三种符号，图 a 为我国教材中的常用符号，图 b 为英美教材中的常用符号，图 c 为电池组符号。本书采用图 a 符号。U_S 代表电压源从正极到负极的电压降落为 U_S，E_S 代表电压源从负极到正极的电位升高为 E_S。

理想电压源为外界提供确定的电压，其电压的大小不随流过电压源的电流的大小变化而变化。理想电压源的伏安特性如图 1-2-5b 中实线所示，是一条平行于 I 轴、截距为 U_S 的直线。其伏安特性表明：无论流过理想电压源的电流 I 大小、方向如何，理想电压源两端的电压始终是 U_S，而流过理想电压源的电流 I 的大小，取决于与理想电压源连接的外界电路的情况。

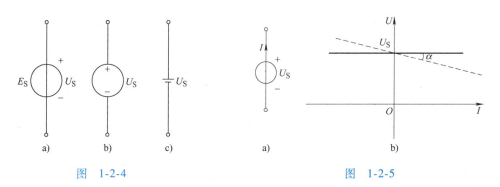

图 1-2-4　　　　图 1-2-5

值得一提的是：非零值的理想电压源不可以短路。如果短路，短接导线要求理想电压源

两端电压为零，而理想电压源两端电压又不为零，因此出现了矛盾的情形。究其原因在于理想电压源模型的适用范围是有限的。事实上，任何物理或数学模型的适用范围都不是无限的。此时，应采用实际电压源模型。一个实际电压源的伏安特性如图 1-2-5b 中虚线所示。描述虚线的方程为

$$U = U_S - rI \qquad (1\text{-}2\text{-}15)$$

式中，$r = \tan\alpha$。

由式（1-2-15）可以画出实际电压源模型，如图 1-2-6 所示。它由一个理想电压源和一个内电阻串联而成。

当一个理想电压源的端电压 U_S 等于零时，其伏安特性与 U—I 平面上的横轴（I 轴）重合，此时，理想电压源相当于一段短接导线。当一个实际电源的内阻 r 很小、可忽略时，可将其看作理想电压源。

2. 理想电流源

图 1-2-7a、b 表示出了理想电流源的两种符号，图 a 为我国教材中的常用符号，图 b 为英美教材中的常用符号。

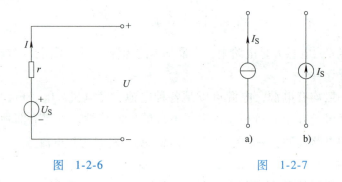

图 1-2-6   图 1-2-7

理想电流源为外界提供确定的电流，其电流的大小不随电流源两端的电压的大小变化而变化。理想电流源的伏安特性如图 1-2-8b 中实线所示，是一条平行于 U 轴、与 I 轴垂直交于 I_S 的直线。从图中可看出：无论理想电流源两端的电压是正是负、是大是小，理想电流源输出的电流 I_S 始终不变，而理想电流源两端的电压 U 的大小，则取决于与理想电流源连接的外界电路的情况。

与理想电压源对偶的情况是：非零值的理想电流源不可以开路。开路意味着电流为零，而理想电流源的电流不为零，出现了矛盾，其原因是理想电流源模型此时不适用了，而需要用实际电流源模型。一个实际电流源的伏安特性如图 1-2-8b 中虚线所示。描述虚线的方程为

$$I = I_S - \frac{U}{r} \qquad (1\text{-}2\text{-}16)$$

式中，$r = \tan\beta$。

由式（1-2-16）可以画出实际电流源模型，如图 1-2-9 所示，它由一个理想电流源与一个电阻并联而成。

当一个理想电流源的电流 I_S 等于零时，其伏安特性与 U—I 平面上的纵轴（U 轴）重合，此时，理想电流源相当于一段开路导线。

五、受控电源元件

除了上述独立电压源和独立电流源外，一些实际电子元件常用含受控源的电路模型来表征。受控源又称为非独立源。受控电源模型一般有输入和输出两个端口，其输出端的电压或

电流大小受输入端支路电压或电流变量的控制，受控源输出端外特性为一个受控的电压源或电流源。

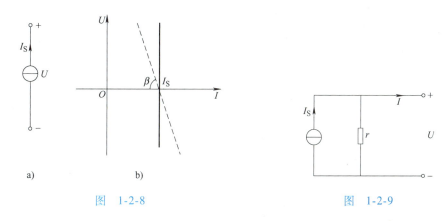

图 1-2-8   图 1-2-9

根据控制变量和输出特性的不同，受控源分为四种类型，即电压控制电流源（VCCS）、电压控制电压源（VCVS）、电流控制电压源（CCVS）和电流控制电流源（CCCS），如图 1-2-10 所示，其中 g、μ、r、α 为控制系数。在图 1-2-10a 中，受控电流源与控制电压成正比，g 是一个比例常数，具有电导的量纲，称为转移电导。在图 1-2-10b 中，受控电压源与控制电压成正比，μ 是一个比例常数，无量纲，称为转移电压比。在图 1-2-10c 中，受控电压源与控制电流成正比，r 是一个比例常数，具有电阻的量纲，称为转移电阻。在图 1-2-10d 中，受控电流源与控制电流成正比，α 是一个比例常数，无量纲，称为转移电流比。

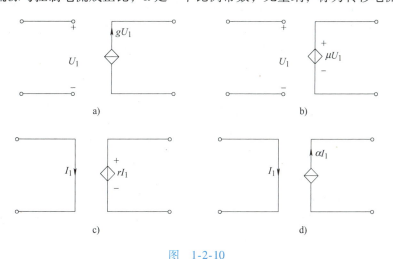

图 1-2-10

受控量与控制量成比例关系的受控源称为线性受控源，否则，称为非线性受控源。

晶体管、运算放大器、变压器等实际元器件可用含受控源的电路模型表征。

图 1-2-11a 是普通晶体管的一个基本放大电路，晶体管在放大区域工作时，其集电极电流 i_C 的大小受流入基极的电流 i_B 的控制。在分析此类电路时，晶体管单元（图中电路的点画线框内部分）可以用图 1-2-11b 所示的电流控制电流源单元来表示。

例 1-2-1   图 1-2-12 所示的电路中，已知独立电压源 $U_S = 10\text{V}$，$R_1 = 100\Omega$，$R_2 = 50\Omega$，$\alpha = 0.9$，试求 U_2 为多少？

解： 根据欧姆定律得

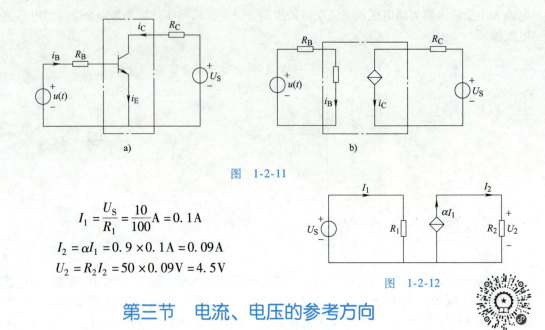

图　1-2-11

$$I_1 = \frac{U_S}{R_1} = \frac{10}{100}\text{A} = 0.1\text{A}$$

$$I_2 = \alpha I_1 = 0.9 \times 0.1\text{A} = 0.09\text{A}$$

$$U_2 = R_2 I_2 = 50 \times 0.09\text{V} = 4.5\text{V}$$

图　1-2-12

第三节　电流、电压的参考方向

在电路理论中，电流的正方向规定为正电荷运动的方向。在任意一个电路中，在任一确定的瞬时，每一个元件中流过的电流都有一个确定的大小和方向，但是在未作分析计算之前，各元件上电流的大小和方向并不知道，所以在电路分析和计算中，首先要对每个元件假设一个电流的正方向，这就是电流的参考方向。在电路图中，电流的参考方向用箭头表示，如图1-3-1a、b所示。当完成电路的分析计算后，如果求得电流 I 为正时，说明电流的参考方向即是实际电流的正方向，实际电流由 A 流向 B；当电流 I 为负时，说明电流的参考方向与实际电流正方向相反，实际电流由 B 流向 A。

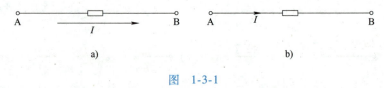

图　1-3-1

电流的参考方向是任意假定的电流正方向，可以自由选择，但是一旦选定之后，在分析过程中就不再改变。对照参考方向，各元件电流均是代数量，即可正可负。正值表示实际电流的正方向与参考方向一致，负值表示两者方向相反。离开参考方向只讲电流的大小是不完整的，离开参考方向只讲电流的正负也是没有意义的。

在电路理论中，电压的正方向规定为电压降落的方向。在对电路未作分析计算之前，同样不知道每个元件上电压的实际正方向。所以在电路分析计算中，也要对每个元件假设一个电压的正方向，即电压的参考方向。在电路图中，电压参考方向的表示方法如图1-3-2a、b所示。当电压 U 为正值时，说明电压的参考方向即是电压的实际正方向，A 点的电位比 B 点电位高 U；当电压 U 为负值时，说明电压的参考方向与电压的实际正方向相反，A 点的电位比 B 点低 $|U|$。

对于一个电路元件，当它的电压和电流的参考方向选为一致时，通常称为关联参考方向，如图1-3-3a 所示。在关联参考方向情况下，若元件功率 $P = UI$ 为正值，表明该元件消耗功率，此时电流从高电位点流向低电位点；相反，若元件功率 $P = UI$ 为负值，表明该元

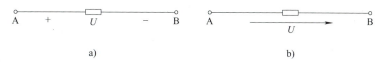

图　1-3-2

件发出功率，此时电流从低电位点流向高电位点。当一个电路元件的电压和电流的参考方向选为相反时，通常称为非关联参考方向，如图 1-3-3b 所示。在非关联参考方向情况下，上述结论恰好都相反，即当元件功率 $P = UI$ 为正值时，表明该元件发出功率；当元件功率 $P = UI$ 为负值时，表明该元件消耗功率。

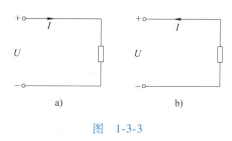

图　1-3-3

对于一段由若干个元件串联而成的支路，只有在支路端电压和电流的参考方向选定后，才能写出端电压和电流的关系式。例如，一个电阻 R 和一个电压源 U_S 串联的支路，当选择各种不同的端电压和电流的参考方向（如图 1-3-4a、b、c、d 所示）时，其端电压和电流的关系式分别为

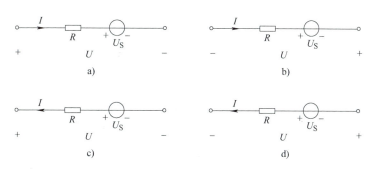

图　1-3-4

对于图 a 有：$U = RI + U_S$

对于图 b 有：$U = -RI - U_S$

对于图 c 有：$U = -RI + U_S$

对于图 d 有：$U = RI - U_S$

例 1-3-1　图1-3-5所示电路中，已知电流源电流 $I_S = 1A$，电压源电压 $U_S = 6V$，电阻 $R = 10\Omega$，试求电流源的端电压 U、电压源和电流源发出的功率分别为多少？

解：由图 1-3-5 可知，流过电阻 R 的电流就等于 I_S，故电流源的端电压为

$$U = RI_S + U_S = 10 \times 1V + 6V = 16V$$

对于电压源，流过电压源的电流即是 I_S，它与电压源的端电压的方向一致，$P = U_S I_S > 0$，说明电压源消耗功率，而例题要求电压源发出功率，于是

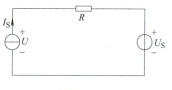

图　1-3-5

$$P_{U_S} = -U_S I_S = -6W$$

对于电流源，其电流 I_S 与端电压方向相反，$P = UI_S > 0$，说明电流源发出功率，于是

$$P_{I_S} = UI_S = 16W$$

对于电阻 R，它消耗的功率为

$$P_R = I_S^2 R = 10\text{W}$$

整个电路发出功率和消耗功率相等，能量守恒。

第四节 基尔霍夫定律

电路分析的基本任务是计算电路中各支路的电压和电流。为计算各支路的电压和电流，必须研究电网络中电压、电流所遵循的规则。对于单个集总参数元件，例如对于电阻元件，欧姆定律描述了元件端部电压与电流所遵循的关系。那么对于电网络而言，各支路电压与电流按什么规律变化呢？

基尔霍夫定律是描述集总参数电路中电压、电流遵循的最基本的规律。当元件互相连接组成网络以后，元件上的电压和电流除了要遵循元件约束定律以外，还必须遵循网络连接关系的约束。这些网络连接关系所形成的约束组成了基尔霍夫定律。

在介绍基尔霍夫定律之前，首先介绍若干表述电路结构的名词。

一、支路、节点、回路

支路：单个或若干个元件串联成的分支称为支路。例如，图 1-4-1 所示电路中含有六条支路：R_1 和电压源 U_{S1} 串联成一条支路；R_5 和电压源 U_{S5} 串联成一条支路；R_2、R_3、R_4 和 R_6 分别单独成为一条支路。

节点：三条或三条以上的支路的连接点称为节点。图 1-4-1 中含有①、②、③、④四个节点。

回路：由若干支路组成的闭合路径。在图 1-4-1 所示电路中，U_{S1} 和 R_1、R_3、R_2 所在的三条支路组成一个回路；U_{S1} 和 R_1、U_{S5} 和 R_5、R_4 所在的三条支路组成一个回路；R_2、R_3、U_{S5} 和 R_5、R_4 所在的四条支路也组成回路。

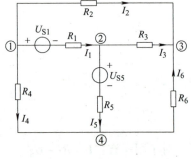

图 1-4-1

网孔：回路内部不含有支路的回路称为网孔。上述的 U_{S1} 和 R_1、R_3、R_2 所在的三条支路组成的回路就是网孔，而 R_2、R_3、U_{S5} 和 R_5、R_4 所在的四条支路组成的回路就不是网孔，因为它中间含有一条由 U_{S1} 和 R_1 串联而成的支路。在图 1-4-1 所示的电路中含有三个网孔，即 U_{S1} 和 R_1、R_3、R_2 所在的三条支路组成的网孔；U_{S1} 和 R_1、U_{S5} 和 R_5、R_4 所在的三条支路组成的网孔；R_3、R_6、U_{S5} 和 R_5 所在的三条支路组成的网孔。

二、基尔霍夫电流定律（KCL[⊖]）

基尔霍夫电流定律反映了连接于任一节点上各支路电流的约束关系，其内容为：流出（或流入）任一节点的各支路电流的代数和为零，其数学表达式为

$$\sum I = 0 \tag{1-4-1}$$

其中规定：流出节点的电流取正号，流入节点的电流取负号。

基尔霍夫电流定律的本质是电流连续性原理，是电磁场中电荷守恒原理在电路中的表现形式。因为在任何节点上不可能积聚电荷，所以在任何时刻流入节点的电荷必然等于流出该节点的电荷。

⊖ KCL 和 KVL 分别是 Kirchhoff's Current Law 和 Kirchhoff's Voltage Law 的缩写。

在图 1-4-1 所示电路中，可写出各节点的 KCL 方程

节点①：$\qquad I_1 + I_2 + I_4 = 0$

节点②：$\qquad -I_1 + I_3 + I_5 = 0$

节点③：$\qquad -I_2 - I_3 - I_6 = 0$

节点④：$\qquad -I_4 - I_5 + I_6 = 0$

基尔霍夫电流定律还可以扩展到任一闭合面，即流出（或流入）任一闭合面的所有支路电流的代数和为零。如图 1-4-2 所示，虚线为任一闭合面，有三条支路穿过此闭合面，则有

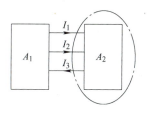

图 1-4-2

$$-I_1 - I_2 + I_3 = 0$$

三、基尔霍夫电压定律（KVL）

基尔霍夫电压定律反映了任一回路中各电压的约束关系，其内容为：在电路的任一闭合回路中，各支路电压的代数和为零，其数学表达式为

$$\sum U = 0 \tag{1-4-2}$$

式中电压的正负号根据支路电压和回路绕行方向而定。在列写 KVL 方程时，首先要对所分析的回路选择一个绕行方向：顺时针或逆时针。当支路电压的参考方向与回路绕行方向一致时，取正号；反之，取负号。

图 1-4-3 所示是某电路中的一个回路，由四条支路组成，各支路电压和电流的参考方向如图所示，选择顺时针方向作为该回路的绕行方向，则有

$$U_1 + U_2 - U_3 - U_4 = 0 \tag{1-4-3}$$

$$\left.\begin{aligned} U_1 &= U_{ab} = \varphi_a - \varphi_b \\ U_2 &= U_{bc} = \varphi_b - \varphi_c \\ U_3 &= U_{dc} = \varphi_d - \varphi_c \\ U_4 &= U_{ad} = \varphi_a - \varphi_d \end{aligned}\right\} \tag{1-4-4}$$

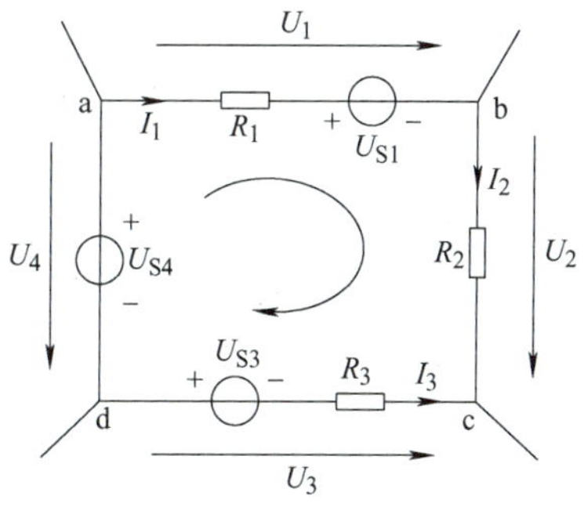

图 1-4-3

将式（1-4-4）代入式（1-4-3），必然满足。实际上，每个节点都有确定的电位，任意两节点间的电压也是确定的，并且与路径无关，所以任意绕行一周，这些电位之代数和必然为零。在某一些路段上是电位降，电场力做功，另一些路段上是电位升，非电场力做功，由此可知，基尔霍夫电压定律的本质是能量守恒。

根据各支路的组成元件，写出各支路电压的具体表达式如下

$$\left.\begin{aligned} U_1 &= R_1 I_1 + U_{S1} \\ U_2 &= R_2 I_2 \\ U_3 &= R_3 I_3 + U_{S3} \\ U_4 &= U_{S4} \end{aligned}\right\} \tag{1-4-5}$$

将式（1-4-5）代入式（1-4-3），并整理得到

$$R_1 I_1 + R_2 I_2 - R_3 I_3 = -U_{S1} + U_{S3} + U_{S4} \tag{1-4-6}$$

式（1-4-6）左边是沿绕行方向回路中全部电阻元件上电压降的代数和，当电阻电压的参考方向与回路绕行方向一致时取正号，反之取负号；右边是沿绕行方向回路中全部电压源电势的代数和，当电压源电势方向与回路绕行方向一致时取正号，反之取负号。于是，得到基尔霍夫电压定律的推论：沿任一回路，各元件（无源元件）上电压降的代数和等于该回路中各电压源电势的代数和。在只含有电阻元件的电路中，其表达式为

$$\sum RI = \sum U_S$$

上式中当各元件电压、各电压源电势的参考方向与回路绕行方向一致时取正号，相反时取负号。

在本章第二节中介绍了几种基本的电路元件，电路元件上电压与电流的关系称为元件约束关系。当若干电路元件按一定的组合方式连接成电路后，各元件上的电压和电流还要受到电路结构的约束，基尔霍夫定律描述的正是这种约束关系。基尔霍夫定律描述的内容与支路元件的性质、种类无关，适用于各种集中参数电路，在时变非线性电路中都适用，因而基尔霍夫定律在电路理论中占据重要地位，是电路的基本定律。

例1-4-1 如图1-4-4所示，已知 $U_{S1} = 6V$，$U_{S2} = 8V$，$R = 7\Omega$，试求电流 I 为多少？

解： 选取最外围的回路列写 KVL 方程，以顺时针方向作为回路的绕行方向，得到

$$RI = U_{S1} + U_{S2}$$
$$7\Omega \times I = (6+8)\,V$$
$$I = 2A$$

例1-4-2 图1-4-5所示电路中，已知电流源 $I_{S1} = 2A$，$I_{S2} = 1A$，$R = 5\Omega$，$R_1 = 1\Omega$，$R_2 = 2\Omega$，试求流过 R 的电流 I、端电压 U 以及两个电流源的端电压 U_1 和 U_2 分别为多少？

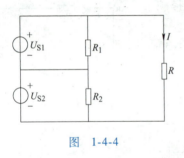

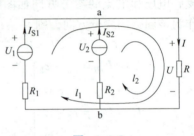

图 1-4-4   图 1-4-5

解： 对于节点 a 列写 KCL 方程，有

$$I - I_{S1} - I_{S2} = 0$$
$$I = I_{S1} + I_{S2} = 3A$$

电阻 R 上电压、电流为关联参考方向，于是

$$U = RI = 5 \times 3V = 15V$$

对 l_1 回路列写 KVL 方程，取图示的顺时针方向作为回路 l_1 的绕行方向，有

$$RI + R_1 I_{S1} - U_1 = 0$$
$$U_1 = RI + R_1 I_{S1} = 17V$$

同理，对 l_2 回路列写 KVL 方程有

$$U_2 = RI + R_2 I_{S2} = 17V$$

第五节　无源网络的等效变换

图1-5-1 所示的方框 P 表示一个由电阻元件组成的任意复杂的网络，称为无源一端口电阻网络，也称为无源二端电阻网络。如果在端口施加电压 U 时，其端电流为 I，那么在端口电压、电流取为关联参考方向的情况下，端电压与端电流之比，称为该一端口电阻网络的输

入电阻，也称为入端电阻或等效电阻。对于无源一端口电阻网络，无论其多么复杂，总可以化简为一个等效电阻。

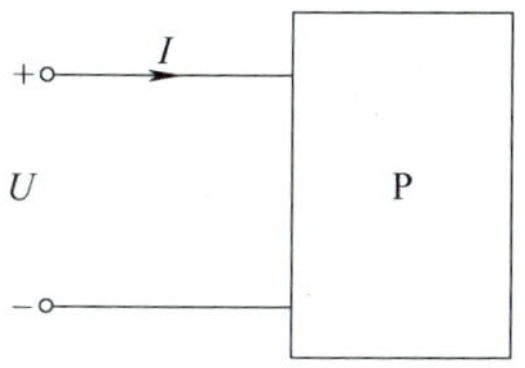

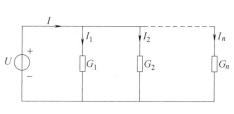

图　1-5-1

一、电阻的串并联及平衡电桥

图 1-5-2 所示为由若干个电阻串联组成的二端电阻网络，每个电阻流过相同的电流，根据基尔霍夫电压定律，有

$$U = U_1 + U_2 + \cdots + U_n = I(R_1 + R_2 + \cdots + R_n) = IR$$

串联等值电阻等于

$$R = R_1 + R_2 + \cdots + R_n$$

可见串联电阻电路的等效电阻是这些串联电阻之和。

图 1-5-3 所示由若干个电阻并联组成的二端电阻网络，每个电阻具有相同的端电压，图中各电阻用电导表示。根据基尔霍夫电流定律，有

$$I = I_1 + I_2 + \cdots + I_n = U(G_1 + G_2 + \cdots + G_n) = UG$$

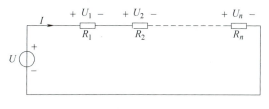

图　1-5-2

图　1-5-3

并联等值电导等于

$$G = G_1 + G_2 + \cdots + G_n$$

可见并联电阻电路的等效电导是这些并联电导之和。

当只有 R_1、R_2 两个电阻并联时，其等效电阻等于

$$R = \frac{R_1 R_2}{R_1 + R_2}$$

图 1-5-4 所示为一桥型电阻电路。假设：$R_1 = 1\Omega$，$R_2 = 2\Omega$，$R_3 = 2\Omega$，$R_4 = 3\Omega$，$R_5 = 6\Omega$。由于四个桥臂满足平衡条件 $R_1 R_5 = R_2 R_4$，所以 a、b 两点的电位恒等。无论a、b 两点间接入多大的电阻，无论 R_3 等于 0 或 ∞，即无论 a、b 间短接或断开，a、b 两点的电位总是相等的，所以 a、b 两点被称为自然等位点。

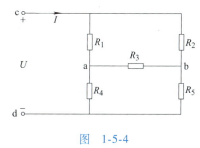

图　1-5-4

当 a、b 两点短接时，R_1 与 R_2 并联，R_4 与 R_5 并联，两个并联后的等效电阻再串联，得到

$$R_{cd} = \frac{R_1 R_2}{R_1 + R_2} + \frac{R_4 R_5}{R_4 + R_5} = \frac{1 \times 2}{1 + 2}\Omega + \frac{3 \times 6}{3 + 6}\Omega = \frac{8}{3}\Omega$$

当 a、b 两点开路时，R_1 与 R_4 串联，R_2 与 R_5 串联，两个串联后的等效电阻再并联，得到

$$R_{cd} = \frac{(R_1 + R_4)(R_2 + R_5)}{(R_1 + R_4) + (R_2 + R_5)} = \frac{(1+3)(2+6)}{(1+3) + (2+6)}\Omega = \frac{8}{3}\Omega$$

自然等位点间的电阻大小无论如何变化，对外界电路而言均为等效，这个性质在分析计

算电路时十分有用。

例 1-5-1　试设计一个 T 形衰减器，已知负载电阻 $R = 2\Omega$，要求：

（1）从输入端看进去的电阻也等于 R。

（2）输入电压与输出电压之比为 5，那么图 1-5-5 的点画线框内的电阻 R_1、R_2 分别应是多少？

解：由要求（1）知

$$R_{ab} = R_1 + \frac{R_2(R_1 + R)}{R_2 + (R_1 + R)} = R$$

即

$$R_1 + \frac{R_2(R_1 + 2)}{R_2 + (R_1 + 2)} = 2 \qquad ①$$

由要求（2）知

$$U_{ab} = 5U_{cd}$$

$$U_{ab} = R_{ab}I = RI = 2I$$

$$U_{cd} = \left[I \frac{R_2}{R_2 + (R_1 + R)} \right] R = \frac{2R_2}{R_2 + (R_1 + 2)} I$$

$$2I = 5\frac{2R_2}{R_2 + (R_1 + 2)} I \qquad ②$$

由①②两式联合求解，得

$$R_1 = \frac{4}{3}\Omega \quad R_2 = \frac{5}{6}\Omega$$

例 1-5-2　图1-5-6中各电阻均为 R，求 a、b 间的等效电阻。

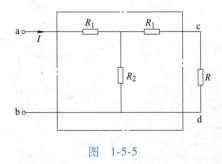
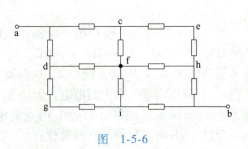

图　1-5-5　　　　　　　　　　　图　1-5-6

解：图 1-5-6 所示电路为一对称电路，根据对称性知道：

c、d 为自然等位点，e、f、g 为自然等位点，h、i 为自然等位点，利用自然等位点的性质，将相应的自然等位点短接，得到

$$R_{ab} = \frac{R}{2} + \frac{R}{4} + \frac{R}{4} + \frac{R}{2} = \frac{3R}{2}$$

二、Y-△变换

Y-△等效变换是对两种由三个电阻组成的三端网络进行的变换。如图 1-5-7a、b 所示电路，图 a 中有三个节点，每两个节点间均连接有一个电阻支路，三条电阻支路组成一个回路，这种连接方式称为三角形（△）联结方式；图 b 中有三条电阻支路，这三条支路的一

个端点联于一个公共点，另一个端点与电路其他部分连接，这种连接方式称为星形（Y）联结方式。

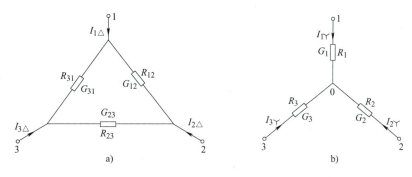

图 1-5-7

上述两种连接方式，当1、2、3三个端钮对外呈现相同的电压、电流特性时，它们之间可以相互等效。下面推导它们之间等效的条件。

对于图1-5-7a，端口电压和电流的关系可描述为：

$$\left.\begin{aligned} I_{1\triangle} &= G_{12}U_{12} + G_{31}U_{13} \\ I_{2\triangle} &= G_{12}U_{21} + G_{23}U_{23} \\ I_{3\triangle} &= G_{31}U_{31} + G_{23}U_{32} \end{aligned}\right\} \tag{1-5-1}$$

对于图1-5-7b：

$$\left.\begin{aligned} I_{1Y} &= G_1 U_{10} = G_1(\varphi_1 - \varphi_0) \\ I_{2Y} &= G_2 U_{20} = G_2(\varphi_2 - \varphi_0) \\ I_{3Y} &= G_3 U_{30} = G_3(\varphi_3 - \varphi_0) \end{aligned}\right\} \tag{1-5-2}$$

由于 $I_{1Y} + I_{2Y} + I_{3Y} = 0$，将式（1-5-2）代入得到

$$\varphi_0 = \frac{G_1\varphi_1 + G_2\varphi_2 + G_3\varphi_3}{G_1 + G_2 + G_3} \tag{1-5-3}$$

将式（1-5-3）代入式（1-5-2）中，整理得

同理：
$$\left.\begin{aligned} I_{1Y} &= \frac{G_1 G_2(\varphi_1 - \varphi_2)}{G_1 + G_2 + G_3} + \frac{G_1 G_3(\varphi_1 - \varphi_3)}{G_1 + G_2 + G_3} \\ &= \frac{G_1 G_2}{G_1 + G_2 + G_3}U_{12} + \frac{G_1 G_3}{G_1 + G_2 + G_3}U_{13} \\ I_{2Y} &= \frac{G_2 G_1}{G_1 + G_2 + G_3}U_{21} + \frac{G_2 G_3}{G_1 + G_2 + G_3}U_{23} \\ I_{3Y} &= \frac{G_3 G_1}{G_1 + G_2 + G_3}U_{31} + \frac{G_3 G_2}{G_1 + G_2 + G_3}U_{32} \end{aligned}\right\} \tag{1-5-4}$$

比较式（1-5-1）、式（1-5-4）可知，欲使两种电路的外部特性相同，则有

$$\left.\begin{aligned} G_{12} &= \frac{G_1 G_2}{G_1 + G_2 + G_3} \\ G_{23} &= \frac{G_2 G_3}{G_1 + G_2 + G_3} \\ G_{31} &= \frac{G_3 G_1}{G_1 + G_2 + G_3} \end{aligned}\right\} \tag{1-5-5}$$

由式（1-5-5）可进一步导出

$$R_{12} = \frac{R_1 R_2 + R_2 R_3 + R_3 R_1}{R_3}$$

$$R_{23} = \frac{R_1 R_2 + R_2 R_3 + R_3 R_1}{R_1} \left.\begin{array}{c}\\\\\\\\\end{array}\right\} \qquad (1\text{-}5\text{-}6)$$

$$R_{31} = \frac{R_1 R_2 + R_2 R_3 + R_3 R_1}{R_2}$$

式（1-5-5）和式（1-5-6）就是由已知星形联结的电导、电阻推求与之等效的三角形联结的电导、电阻的公式。

如果已知三角形联结的电导、电阻，要推求与之等效的星形联结的电导、电阻，那么从式（1-5-5）、式（1-5-6）反求得到

$$G_1 = \frac{G_{12}G_{23} + G_{23}G_{31} + G_{12}G_{31}}{G_{23}}$$

$$G_2 = \frac{G_{12}G_{23} + G_{23}G_{31} + G_{12}G_{31}}{G_{31}} \left.\begin{array}{c}\\\\\\\\\end{array}\right\} \qquad (1\text{-}5\text{-}7)$$

$$G_3 = \frac{G_{12}G_{23} + G_{23}G_{31} + G_{12}G_{31}}{G_{12}}$$

$$R_1 = \frac{R_{12}R_{31}}{R_{12} + R_{23} + R_{31}}$$

$$R_2 = \frac{R_{23}R_{12}}{R_{12} + R_{23} + R_{31}} \left.\begin{array}{c}\\\\\\\\\end{array}\right\} \qquad (1\text{-}5\text{-}8)$$

$$R_3 = \frac{R_{31}R_{23}}{R_{12} + R_{23} + R_{31}}$$

当星形联结或三角形联结的三个电阻相等时，称为对称星形或三角形电阻电路。

当 $R_1 = R_2 = R_3 = R_\curlyvee$ 时，则有

$$R_{12} = R_{23} = R_{31} = R_\triangle = 3R_\curlyvee$$

当 $R_{12} = R_{23} = R_{31} = R_\triangle$ 时，则有

$$R_1 = R_2 = R_3 = R_\curlyvee = \frac{R_\triangle}{3}$$

例 1-5-3　图1-5-8a 所示电路中，求等效电阻 R_{ab}。

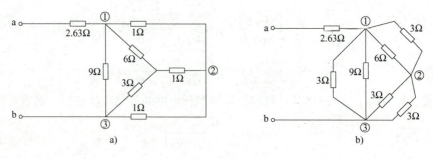

图　1-5-8

解：将图 1-5-8a 中三个 1Ω 的电阻组成的星形联结电路变换为三个 3Ω 的电阻组成的三角形联结电路，如图 1-5-8b 所示，然后再利用电阻的串并联，化简得到

$$R_{ab} = 2.63\Omega + \frac{(R_{12} + R_{23})R_{13}}{(R_{12} + R_{23}) + R_{13}}$$

式中

$$R_{12} = \frac{3 \times 6}{3 + 6}\Omega = 2\Omega$$

$$R_{23} = \frac{3}{2}\Omega$$

$$R_{13} = \frac{3 \times 9}{3 + 9}\Omega = \frac{9}{4}\Omega$$

因此
$$R_{ab} = 2.63\Omega + 1.37\Omega = 4\Omega$$

第六节　电压源与电流源的等效转换

　　在本章第二节中，根据实际电压源与实际电流源的外部特性，建立了实际电压源与实际
电流源的电路模型，分别如图 1-6-1a、
b 所示，图 a 由一个理想电压源与一个
电阻串联而成，是实际电压源模型；
图 b 由一个理想电流源与一个电阻并联
而成，是实际电流源模型。当一个实
际电源的内阻很小时，可近似为一个
理想电压源；当一个实际电源的内阻
很大时，可近似为一个理想电流源。

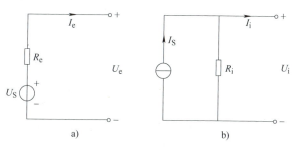

图　1-6-1

　　上述实际电源的两种电路模型可
以相互等效转换。当图 1-6-1a 端口特性 U_e—I_e、图 1-6-1b 端口特性 U_i—I_i 相同时，则说明
对外界电路而言，它们是相互等效的。下面推求它们彼此等效的条件。

　　从图 1-6-1a 可知

$$U_e = U_S - R_e I_e \tag{1-6-1}$$

　　从图 1-6-1b 可知

$$U_i = (I_S - I_i)R_i = R_i I_S - R_i I_i \tag{1-6-2}$$

比较式（1-6-1）、式（1-6-2）得到

$$\begin{cases} R_e = R_i \\ U_S = R_i I_s \end{cases} \quad 或 \quad \begin{cases} R_i = R_e \\ I_S = U_S/R_e \end{cases} \tag{1-6-3}$$

当 $R_e = R_i$，$U_S = R_i I_S$ 时，上述两式表达的伏安特性相同，它表明将一个实际电流源的电路
模型转换为一个实际电压源的电路模型时，与理想电压源串接的电阻 R_e 就等于与理想电流
源并接的电阻 R_i，理想电压源的开路电压就等于理想电流源的电流 I_S 与其并联电阻 R_i 的乘
积，也即是实际电流源的开路电压；同理，将一个实际电压源的电路模型转换为一个实际电
流源的电路模型时，与理想电流源并接的电阻 R_i 就等于与理想电压源串接的电阻 R_e，理想
电流源的电流就等于理想电压源的电压 U_S 除以其串联电阻 R_e，也即是实际电压源的短路
电流。

　　值得指出的是：理想电压源（$R_e = 0$）与理想电流源（$R_i = \infty$）不能相互转换。

　　实际电源两种电路模型的相互转换，不仅适用于独立电源的等效转换，也适用于受控电
源的等效转换。

例1-6-1 在图1-6-2a 所示电路中，已知 $U_{S1} = 7V$，$U_{S2} = 3V$，$R_1 = 2\Omega$，$R_2 = 1\Omega$，$R_3 = 0.2\Omega$，求 R_3 两端的电压 U_3 为多少？

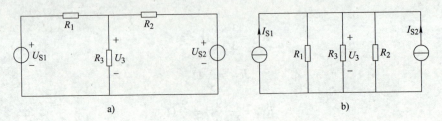

图 1-6-2

解： 根据实际电压源与实际电流源之间的等效变换条件，得到图 1-6-2b 所示的等效电路图，其中

$$I_{S1} = \frac{U_{S1}}{R_1} = \frac{7}{2}A$$

$$I_{S2} = \frac{U_{S2}}{R_2} = 3A$$

那么，R_1、R_2、R_3 三个电阻并联，其并联电阻 R 为

$$R = \frac{1}{\frac{1}{R_1} + \frac{1}{R_2} + \frac{1}{R_3}} = \frac{2}{13}\Omega$$

流过并联电阻 R 的电流为两个理想电流源电流之和 I_S

$$I_S = I_{S1} + I_{S2} = \frac{13}{2}A$$

合成电流 I_S 在并联电阻 R 上产生的电压就是 R_3 两端的电压 U_3，故

$$U_3 = RI_S = 1V$$

例1-6-2 在图1-6-3a 所示电路中，已知 $I_S = 1.5A$，$R_1 = 8\Omega$，$R_2 = 8\Omega$，$r = 4\Omega$，求 I_1、I_2 分别为多少？

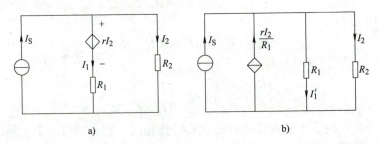

图 1-6-3

解： 利用电源等效转换条件，将图 1-6-3a 中的电流控制的电压源（CCVS）与 R_1 的串联电路转化为电流控制的电流源（CCCS）与 R_1 的并联电路，如图 1-6-3b 所示，由 KCL 得到

$$I_S + \frac{rI_2}{R_1} = \frac{R_2 I_2}{R_1} + I_2$$

代入数据求得

$$I_2 = 1A$$

要进一步求 I_1，而在图 1-6-3b 中已找不到 I_1，需回到图 1-6-3a 中，得到

$$I_1 = I_S - I_2 = 0.5A$$

注意：图 1-6-3b 中流经 R_1 的电流 I_1' 不是图 1-6-3a 中的流经 R_1 的电流 I_1。

例 1-6-3 在图 1-6-4a 所示电路中，$U_S = 3V$，$R_1 = 10\Omega$，$R_2 = 20\Omega$，CCCS 的控制系数 $\beta = 2$，求电流 I。如果当 β 增加至 2.9、2.99、3 时，电流 I 各为多少？

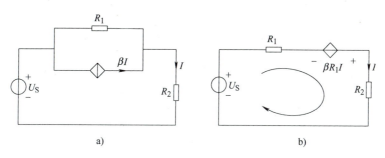

图 1-6-4

解： 利用电源等效变换条件，将图 1-6-4a 中受控电流源 βI 与电阻 R_1 的并联电路转化为受控电压源 $\beta R_1 I$ 与 R_1 的串联电路，如图 1-6-4b 所示，然后按照顺时针方向列写回路的 KVL 方程

$$(R_1 + R_2)I = U_S + \beta R_1 I$$

代入数据

$$(10 + 20)I = 3 + 2 \times 10 \times I$$

得到

$$I = 0.3A$$

当 β 增加到 2.9 时

$$I = 3A$$

当 $\beta = 2.99$ 时

$$I = 30A$$

当 $\beta = 3$ 时，$I \to \infty$。

习 题 一

1-1 在题图 1-1 中，已知 $i = (2 + t)A$，且 $t = 0$ 时，$u_C(0) = 5V$，试求 $u_C = ?$ 电场储能 $W_C = ?$ （其中 $C = 1\mu F$）

1-2 题图 1-2 是一个简化的晶体管电路，求电压放大倍数 U_o/U_i，再求电源发出的功率和负载 R_L 吸收的功率。

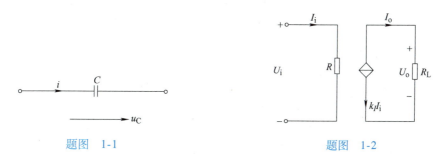

题图 1-1   题图 1-2

1-3 题图1-3所示电路中，电流源 I_S 及其内阻 R_0 为定值，改变负载电阻 R，求 R 为何值时它可获得最大功率，最大功率为多少？

1-4 题图1-4所示电路中，$I_{S1} = 0.5A$，$I_S = 1A$，控制系数 $r = 10\Omega$，电阻 $R = 50\Omega$。方框内为任意电路（设不短路），试求电流 I。

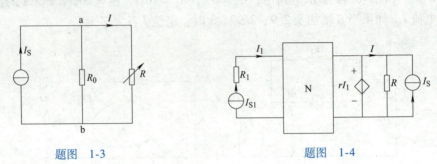

题图 1-3　　　　　　　　　　　　题图 1-4

1-5 电路各参数如题图1-5所示，试求电流 I 为多少？

1-6 题图1-6所示电路中，电压源 $E_1 = 24V$，$E_2 = 20V$，$\alpha = 50$，$R = 50\Omega$，$R_1 = 500\Omega$，试求 U_{ab} 和 U。

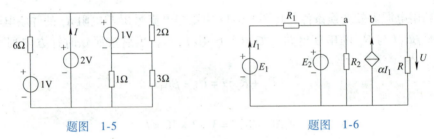

题图 1-5　　　　　　　　　　　　题图 1-6

1-7 题图1-7所示电路中，$R_1 = R_2 = R_3 = R_4 = 40\Omega$，$R_5 = 20\Omega$，$E_1 = 100V$，$E_2 = 20V$。欲使电压源 E_2 中无电流通过，求 R_X 之值。

1-8 电路各参数均标于题图1-8所示电路上，试求 I_2 为多少？

1-9 题图1-9所示电路中，$R_1 = R_2 = R_4 = 10\Omega$，$U_{S1} = 30V$，$U_{S3} = 10V$，$I_3 = 0$，求 I 之值。

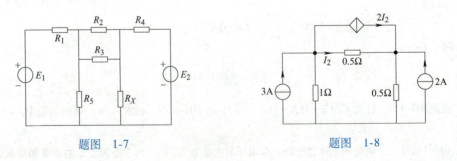

题图 1-7　　　　　　　　　　　　题图 1-8

1-10 题图1-10所示电路中，已知电流表的读数 A_1 为 5A、A_2 为 1A，试求电压源 E 的值及流经电压源的电流 I 为多少？

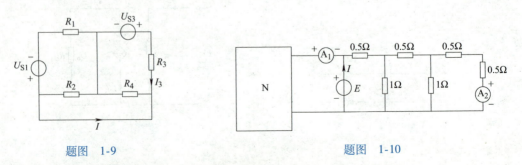

题图 1-9　　　　　　　　　　　　题图 1-10

1-11 题图1-11所示电路中，电流源 $I_S = 6\text{A}$，电阻 $R_1 = 1\Omega$，$R_2 = 2\Omega$，$R_3 = 8\Omega$，$R_4 = 4\Omega$，求电流 I_0。

1-12 电路各参数如题图1-12所示，求输入电阻 R_i。

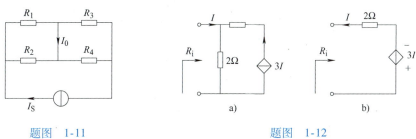

题图　1-11　　　　　　　　　　题图　1-12

1-13 题图1-13所示无限长电阻网络中，阻值均为 R，求 ab 端口入端电阻 R_{ab}。

1-14 题图1-14是由电阻 R 组成的无限长的梯形网络，全部电阻 R 都等于 1Ω，试求从 AB 端口向右看的输入电阻 R_{in}。

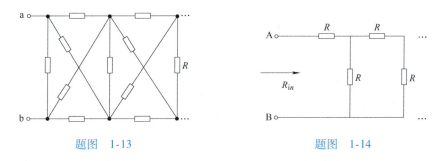

题图　1-13　　　　　　　　　　题图　1-14

1-15 题图1-15所示电路中，已知电流源 $I_{S1} = 2\text{A}$，$I_{S2} = 1\text{A}$，$R = 5\Omega$，$R_1 = 1\Omega$，$R_2 = 2\Omega$，试求电流 I、电压 U 及电流源的端电压 U_1 和 U_2 各为多少？

1-16 题图1-16所示电路中，电压源分别为 $E_1 = 6\text{V}$，$E_2 = 8\text{V}$，$R = 7\Omega$，试求电流 I。

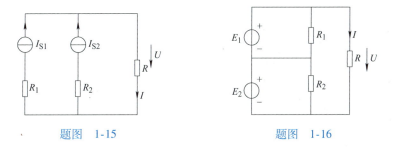

题图　1-15　　　　　　　　　　题图　1-16

1-17 题图1-17所示电路中，U_S 发出功率为36W，电阻 R_1 消耗的功率为18W，试求 U_S、R_2、R_3 的值。

1-18 题图1-18所示电路中，电压源 $E = 12\text{V}$，电流源 $I_S = 100\text{mA}$，电压控制电压源的控制系数 $\mu = 1$，$R_0 = 20\Omega$，$R_1 = 100\Omega$，试求 U_{ab} 和电流源 I_S 发出的功率。

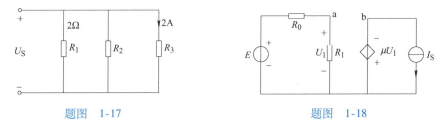

题图　1-17　　　　　　　　　　题图　1-18

1-19 题图1-19所示电路中，电压源 $E = 20\text{V}$，电阻 $R_1 = R_2 = 10\Omega$，$R = 50\Omega$，控制系数 $r_m = 5\Omega$，试求

I 和 U_{ab}。

1-20 题图1-20所示电路中，当 $R = 20\Omega$ 时，求等效电阻 R_{ab}；又当 $R = 30\Omega$ 时，再求等效电阻 R_{ab}。

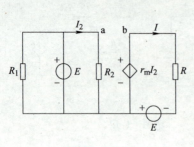

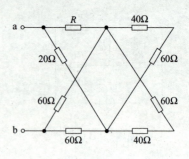

题图 1-19　　　　　　　　　　　题图 1-20

1-21 题图1-21所示电路中，将支路元件用一小方块表示，试问此电路共有几个节点？几条支路？若设 $U_{ab} = 1V$，$U_{bd} = 2V$，$U_{df} = 3V$，$U_{bc} = 4V$，$U_{de} = 5V$，试求其余支路电压？

1-22 题图1-22所示电路中，$R_{12} = 5\Omega$，$R_{23} = R_{31} = 10\Omega$，$R_4 = 8\Omega$，$R_5 = 6\Omega$，$R_6 = 3\Omega$，求 ab 间的等效电阻 R_{ab}。

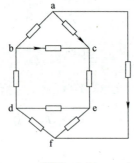

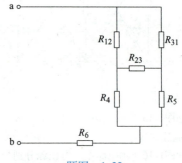

题图 1-21　　　　　　　　　　　题图 1-22

1-23 在题图1-23所示电路中，已知电阻值如图中所标。

（1）若开关 S 闭合，求 R_{ab}。

（2）若开关 S 断开，再求 R_{ab} 为多少？

1-24 题图1-24所示电路为电桥电路，求：

（1）电压 U。

（2）电压 U_{ab}。

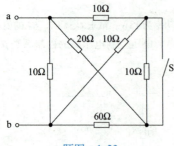

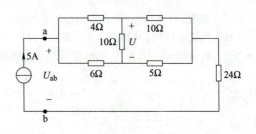

题图 1-23　　　　　　　　　　　题图 1-24

第二章

电路分析的基本方法及定理

Z 知识图谱：

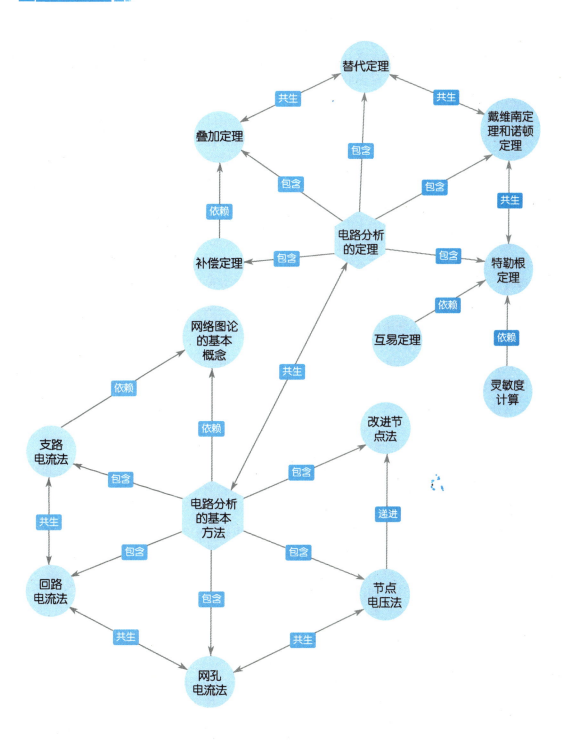

第一节　网络图论的基本概念

电路分析的基本要求是根据电路参数与电路连接关系，求解各支路（元件）的电压和电流。电路分析一般以基尔霍夫定律和元件端口电压、电流约束关系（对于电阻电路即为端口伏安特性）为基础，以支路电流、回路电流或节点电压等为变量建立电路方程，通过求解方程获得电路电压（电流）数值。

进行电路分析时必须知道电路各元件的特性参数和电路的连接结构关系。对于全部由线性元件组成的线性电路，求解支路（元件）电压（电流）的一般方法为：选取待求的电压（电流）变量；根据基尔霍夫定律和元件端口电压、电流约束关系，对网络节点列电流方程，对网络回路列电压方程；求解列出的线性代数方程，得待求的电压（电流）变量。

由线性代数的知识可知，根据基尔霍夫定律和元件端口电压、电流约束关系建立的线性代数方程，其方程个数与变量必须一致，而且线性代数方程之间必须是线性无关的。这样建立的方程才能唯一确定电路变量值。对于简单电路，可以直观地列出所需的方程，但对于复杂电路，如何列出所需的方程就不是那么容易。例如对于图 2-1-1a 所示电路，假定要求 6 条支路的电流，则设定 6 个支路的电流作为求解变量。如果直接应用基尔霍夫两个定律来写节点方程和回路方程，可以列出 4 个不同的节点方程和 7 个不同的回路方程（读者可以自己选取互不相同的 7 个回路）。显然对于 6 个变量而言，有些方程是多余的。那么如何准确选取所需的方程呢？网络图论的基本知识可以帮助解决这个问题。例如在建立基尔霍夫回路电压方程时，根据网络图论中单连支回路建立的回路电压方程是线性无关的，由此建立的回路电压方程组加上基尔霍夫电流方程可以求出电路各支路电流。在采用计算机辅助分析方法研究复杂电路时，一般应用网络图论知识进行系统严密的分析，进而选择电路分析所需的独立变量和电路方程。

本章将系统介绍电路分析的基本方法，应用图论知识，分别以支路电流、回路电流、节点电压和割集电压为变量建立电路方程，然后求解电路方程从而得到各支路的电压、电流及功率。这些方法的特点是严密、系统和规范。本章的重点是讲解各种方法的基本概念，有关复杂电路的分析计算方法放到后面讲授。

在介绍各种电路分析方法前，先介绍一些网络图论的基本知识。

对于一个电路图，如果用点表示其节点，用线段表示其支路，就会得到一个由点和线段组成的图，这个图被称为对应电路图的拓扑图，通常用符号 G 表示。例如，图 2-1-1a 所示电路，其对应的拓扑图如图 2-1-1b 所示。

拓扑图是线段和点组成的集合，它反映了对应的电路图中的支路数、节点数以及各支路与节点之间相互连接的信息。

在拓扑图中，如果任意两点之间至少有一条连通的途径，那么这样的图被称为连通图，如图 2-1-1b 所示，否则被称为非连通图，如图 2-1-2b 所示。如果图 G_1 中所有的线段与点均是图 G 中的全部或部分线段与点，且线段与点的连接关系与图 G 中的一致，那么图 G_1 被称为图 G 的子图。例如，图 2-1-3b、c、d、e 均是图 2-1-3a的子图。

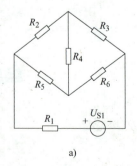

a)

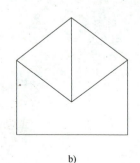

b)

图　2-1-1

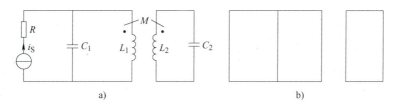

图 2-1-2

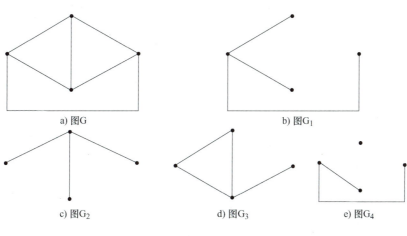

a) 图G   b) 图G_1

c) 图G_2 d) 图G_3 e) 图G_4

图 2-1-3

下面介绍网络图论中非常重要的一个概念——树。树是连通图 G 的一个特殊子图，必须同时满足以下三个条件：

1）子图本身是连通的。

2）包括连通图 G 所有节点。

3）不包含任意回路。

如图 2-1-3 所示的五个图中，图 G_1、G_2、G_3、G_4 均为图 G 的子图，然而图 G_3 中包含了回路，图 G_4 本身不连通，所以图 G_3、G_4 不是图 G 的树，图 G_1、G_2 才是图 G 的树。

组成树的支路称为树支，不包含在树上的支路称为连支（或链支）。图 2-1-3b、c 所示的 G_1、G_2 均是图 G 的树，由此可知：一个图可以有不同的树。虽然构成树的支路不同，但是树支的数目却是相同的。假设连通图 G 的支路数为 b，节点数为 n，那么树支的数目为 $(n-1)$。为什么树支数比节点数少 1 呢？我们可以想象：在依次画各条树支时，第一条树支连接了两个节点，再增加一条新的树支时，只能增加一个新的节点。因为如果不增加新节点就会产生回路，如果同时增加两个新节点，那么又会导致不连通。因此得出结论：节点数减去 1 就等于树支的数目。如果用 n_t 表示树支的数目，则有

$$n_t = n - 1 \tag{2-1-1}$$

连支的数目 l 等于支路数 b 减去树支的数目，即

$$l = b - n + 1 \tag{2-1-2}$$

对于每一条连支而言，有且仅有一个单连支回路。因为树的定义就决定了任意两节点间必然有一条由树支构成的唯一的连通途径，连支搭接在两节点之间又构成一条连通途径，因而任意一条连支可与其两端点之间的唯一由树支构成的路径形成一个回路。一条连支与若干树支必然能形成一个回路，这样的回路称为单连支回路。由于根据单连支回路列写的基尔霍夫电压定律方程彼此独立，所以单连支回路必定是独立回路，也称为基本回路。基本回路数

就等于连支的数目 $b-n+1$。

如果将一个电路铺在一个平面上，除节点之外再没有其他交点，这样的电路被称为平面电路，否则，被称为非平面电路。例如，图 2-1-4 所示的三个电路拓扑图，图 2-1-4a、b 为平面电路对应的拓扑图，图 2-1-4c 为非平面电路对应的拓扑图。虽然，初看上去，图 2-1-4b 含有除节点以外的交点，但只要将 mn 支路重新画成虚线所示支路，丝毫没有改变电路的连接方式，除节点以外的交点则不复存在，因而图 2-1-4b 仍是平面电路对应的拓扑图。然而图 2-1-4c，无论怎样调整各支路的画法，均无法消除除节点以外的支路交点，因而图 2-1-4c 为非平面电路对应的拓扑图。

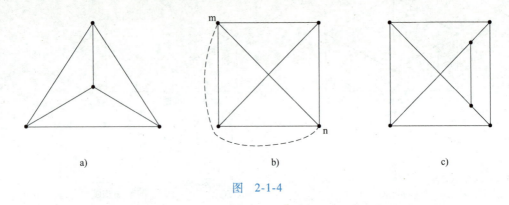

图 2-1-4

在平面电路中，内部没有任何支路的回路称为网孔。它是一种特殊的回路。

关于凸多面体的棱、顶、面的欧拉公式为

$$面的数目 = 棱的数目 - 顶点的数目 + 2$$

如果将凸多面体的一个面任意扩大后（假设棱可以任意伸缩）总可以使其余面（形状变化无关紧要）贴到这个被扩大后的平面上，这样，这些其余面就相当于网孔，而被扩大的面相当于平面图的外围回路，而这个外围回路原本对应凸多面体的一个面，但它不是网孔。因此，欧拉公式中的面的数目减去 1 就是网孔数。于是，一个有 b 条支路、n 个节点的连通平面图的网孔数 m 为

$$m = b - n + 1 \tag{2-1-3}$$

我们发现，网孔数就等于基本回路数。所以网孔是独立回路。

接下来介绍割集的概念。割集是连通图 G 的一个子图，它满足以下两个条件：

1）移去该子图的全部支路，连通图 G 将被分为两个独立部分。

2）当少移去该子图中任一条支路时，则图仍然保持连通。

如图 2-1-5 所示，拓扑图有 5 个节点，10 条支路。图 2-1-5a 用圆弧画出割集，它由支路 2、6、9、4 构成，若移去这 4 条支路，那么图 2-1-5a 被分割成图 2-1-5b 所示的两个独立部分；若少移去其中任一条支路，图 2-1-5b 所示的两部分不再独立而保持连通，因此，(2、6、9、4) 是割集。根据定义，我们还可以找到以下割集：(5、1、6、2)；(2、7、3、10)；(4、8、3、10)；(5、1、9、4)；(2、7、8、4)；(5、1、6、7、3、10) 等。值得指出的是，当移去割集中所有支路，连通图 G 被分成两个独立部分，这种独立部分可以是一个孤立节点，例如割集 (5、1、6、2)，当移去这 4 条支路后，图 2-1-5a 被分成的两个独立部分，其中一个独立部分就是孤立节点[1]。

在选有树的连通图中，只含有一条树支的割集，称为单树支割集。对每一条树支而言，有且仅有一个单树支割集。这是图论的重要定理之一。下面进行证明：对一个图 G 选树，

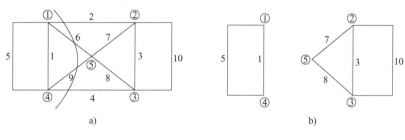

图　2-1-5

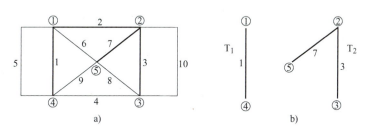

图　2-1-6

树 T 由各树支组成，若将其中一条树支移去后，必然使树 T 分成两个不连通的部分。仍以图 2-1-5a 所示拓扑图为例，选树 T(1、2、3、7)，用粗线条表示，重画于图 2-1-6a。若移去树支 2，余下 $T_1(1)$ 和 $T_2(3、7)$ 两个不连通的部分。图 G 的全部连支也随之分为两组：一组只连于 T_1 或 T_2，例如图 2-1-6a 中的连支 5 只连于 T_1，连支 8、10 只连于 T_2；另一组则跨接于 T_1 和 T_2 之间，例如图 2-1-6a 中的 6、9、4。显然，对于每一条确定的树支，连支分组情况也被随之确定，连支分组情况与每一条树支之间形成了一一对应关系。这样，被移去的树支与跨接于 T_1、T_2 之间的连支即构成对应于这条被移去树支的单树支割集。因此，每一条树支有且仅有一组连支与之构成一个单树支割集。单树支割集也称为基本割集。一个具有 n 个节点的连通图，有（n-1）条树，有（n-1）个单树支割集。

第二节　支路电流法

以支路电流作为电路变量，根据 KCL、KVL 建立电路方程，联合求解电路方程从而解出各支路电流的电路分析方法，称为支路电流法。

如图 2-2-1 所示，已知 R_1、R_2、R_3、U_{S1}、U_{S2}，现要求 I_1、I_2 和 I_3，如图选择各支路电流参考方向。根据基尔霍夫电流定律有

节点 a：　　　　　$-I_1 - I_2 + I_3 = 0$　　　　　(2-2-1)

节点 b：　　　　　$I_1 + I_2 - I_3 = 0$　　　　　(2-2-2)

显然式（2-2-1）与式（2-2-2）是彼此不独立的两个方程。其原因在于任意一条支路总是与两个节点相连，这样，每条支路电流必定是离开一个节点而进入另一节点。因此，在列写全部节点的 KCL 方程中，每条支路电流必定出现两次，一次为正，一次为负。例如支路 1，它

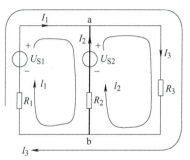

图　2-2-1

与 a、b 两节点相连，I_1 在节点 a 的 KCL 方程中为 $-I_1$，而在节点 b 的 KCL 方程中为 $+I_1$。

因此，将所有节点电流方程相加肯定得到 0≡0 型的等式，即所有节点电流方程不相互独立，但是只要任意去掉一个节点的 KCL 方程，其余的节点 KCL 方程则彼此独立。

一个节点数为 n，支路数为 b 的电路，它的独立节点电流方程数为 $(n-1)$。独立节点电流方程对应的节点称为独立节点。那么，电路的独立节点数为 $(n-1)$。

就像所有节点的 KCL 方程不彼此独立一样，所有回路的 KVL 方程也不彼此独立。如图 2-2-1 所示，l_1、l_2、l_3 是三个回路，如果分别对这三个回路列写 KVL 方程，则有

l_1 回路： $\qquad R_1 I_1 - R_2 I_2 = U_{S1} - U_{S2}$ $\qquad$ (2-2-3)

l_2 回路： $\qquad R_2 I_2 + R_3 I_3 = U_{S2}$ $\qquad$ (2-2-4)

l_3 回路： $\qquad R_1 I_1 + R_3 I_3 = U_{S1}$ $\qquad$ (2-2-5)

式 (2-2-3) 加上式 (2-2-4) 就等于式 (2-2-5)。三个回路的基尔霍夫电压定律方程不相互独立。为此，求解前应首先选择树，例如图 2-2-1 所示，选择 I_2 所在支路为树支（用粗线条表示），I_1、I_3 所在支路则为连支，这样就可以画出两个基本回路（独立回路），此时的基本回路正好是两个网孔，也就是上述的 l_1 回路与 l_2 回路。式 (2-2-3) 与式 (2-2-4) 相互独立。对于基本回路列写的 KVL 方程，必定彼此间相互独立。因为每个方程中都含有唯一的其他方程中不可能包含的单连支支路信息。例如，式 (2-2-3) 中含有 $R_1 I_1$、U_{S1} 项，式 (2-2-4) 中不可能有这两项；式 (2-2-4) 式中含有 $R_3 I_3$ 项，式 (2-2-3) 中也不可能有这项，因此，这两个方程肯定彼此独立。

综上所述，支路电流法是以电路中各支路电流作为电路变量，对 $(n-1)$ 个独立节点列写基尔霍夫电流定律方程，对 $(b-n+1)$ 个独立回路列写基尔霍夫电压定律方程，共列写出 b 个方程，然后求解这 b 个方程，最后得到 b 条支路电流的求解方法。各支路电流求解出来后，各支路对应的电压、功率也就迎刃而解了。

如果将图 2-2-1 中 U_{S2}、R_2 所在支路改换为一个电流源，则成为图 2-2-2 所示电路。若以电流源 I_{S2} 所在支路为树支（用粗线条表示），可画出两个单连支回路 l_1、l_2，由支路电流法得到三个方程如下：

节点 a： $\qquad -I_1 - I_2 + I_3 = 0$

l_1 回路： $\qquad R_1 I_1 + U_{I_{S2}} = U_{S1}$

l_2 回路： $\qquad R_3 I_3 = U_{I_{S2}}$

还有

$$I_2 = I_{S2}$$

从以上方程组可以解出 I_1、I_2、I_3 与 $U_{I_{S2}}$。我们发现如此取树后，两个独立回路均含有电流源所在支路，而对于含有电流源的回路列写 KVL 方程时，会不可避免地引入新的未知量，即电流源两端的电压，从而增加了方程数目，使求解过程更加烦琐。因此，在取树时，应尽可能将电流源所在支路置于连支上，对于以电流源为连支的独立回路不去列写它的 KVL 方程，而代之以电流源所在支路电流就等于该电流源电流的方程。具体求解过程如下：以 R_3 所在支路为树（用粗线条表示），如图 2-2-3 所示，画出两个独立回路，则有

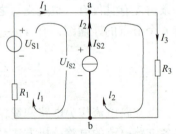

图 2-2-2

节点 a： $\qquad -I_1 - I_2 + I_3 = 0$

l_1 回路： $\qquad R_1 I_1 + R_3 I_3 = U_{S1}$

l_2 回路： $\qquad I_2 = I_{S2}$

电路中含有电流源的个数越多，这样选树求解的优越性就越明显。

在图 2-2-3 中，若将电流源 I_{S2} 所在支路改换为一个受控源，如图 2-2-4 所示。对于含有受控源的电路，列写方程的原则为：首先将受控源视为独立源列写相应方程，然后再增加相

应附加方程，用以建立控制量与方程变量间的关系。选 R_3 所在支路为树，有

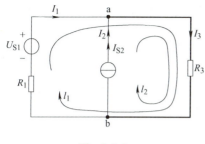

图　2-2-3

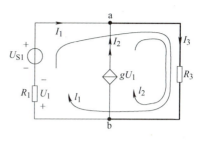

图　2-2-4

节点 a：　　　　　　　　　　　　$-I_1 - I_2 + I_3 = 0$

l_1 回路：　　　　　　　　　　　$R_1 I_1 + R_3 I_3 = U_{S1}$

l_2 回路：　　　　　　　　　　　$I_2 = g U_1$

附加方程：　　　　　　　　　　　$U_1 = R_1 I_1$

从上面的方程组就可以求解出 I_1、I_2 和 I_3。

当一个电路的结构比较复杂、支路数较多时，支路电流法的方程数太多，求解比较困难。

第三节　回路电流法

回路电流法是以一组独立回路电流作为变量列写电路方程求解电路变量的方法。倘若选择基本回路作为独立回路，则回路电流即是各连支电流。

如图 2-3-1 所示，已知 R_1、R_2、R_3、U_{S1}、U_{S2}，要求 I_1、I_2 和 I_3。这里仍然沿用介绍支路电流法的例题，运用回路电流法求解。首先选择 U_{S2}、R_2 所在支路为树支（用粗线条表示），如图选各支路参考方向，以连支电流 I_1、I_3 作为变量，那么树支电流就可以用连支电流表示，即

$$I_2 = I_3 - I_1 \qquad (2\text{-}3\text{-}1)$$

然后对两个独立回路列写 KVL 方程，即

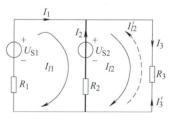

图　2-3-1

l_1 回路：　　$R_1 I_1 - R_2 I_2 = U_{S1} - U_{S2}$　　　$(2\text{-}3\text{-}2)$

l_2 回路：　　　　　　　　　$R_2 I_2 + R_3 I_3 = U_{S2}$　　　　　　　　$(2\text{-}3\text{-}3)$

将式（2-3-1）代入式（2-3-2）与式（2-3-3），整理得到

$$\begin{cases} (R_1 + R_2) I_1 - R_2 I_3 = U_{S1} - U_{S2} & (2\text{-}3\text{-}4) \\ (R_2 + R_3) I_3 - R_2 I_1 = U_{S2} & (2\text{-}3\text{-}5) \end{cases}$$

观察图 2-3-1，我们可以想象每个基本回路中均有一个环流在流动，l_1 回路中有环流 I_{l1}，l_2 回路中有环流 I_{l2}，I_1 所在支路只有一个环流 I_{l1} 流经它，所以 $I_1 = I_{l1}$；同样，I_3 所在支路只有环流 I_{l2} 流经它，所以 $I_3 = I_{l2}$；而 I_2 所在支路有两个环流 I_{l1}、I_{l2} 同时流经它，两个环流的代数和才等于 I_2，即 $I_2 = I_{l2} - I_{l1}$。进一步分析知道，各基本回路中的环流就是对应的基本回路的单连支电流，因为单连支路肯定只有一个环流流经它。

如果将图 2-3-1 中 I_3 的参考方向反一下变为 I_3'，基本回路 l_2 的取向也反一下为 I_{l2}'，那么有

$$\begin{cases} I_2 = -I_1 - I'_3 \\ R_1 I_1 - R_2 I_2 = U_{S1} - U_{S2} \\ -R_2 I_2 + R_3 I'_3 = -U_{S2} \end{cases}$$

整理得 ⟹

$$\begin{cases} (R_1 + R_2)I_1 + R_2 I'_3 = U_{S1} - U_{S2} & (2\text{-}3\text{-}6) \\ (R_2 + R_3)I'_3 + R_2 I_1 = -U_{S2} & (2\text{-}3\text{-}7) \end{cases}$$

归纳式（2-3-4）～式（2-3-7），可以得到运用回路电流法列写基本回路电流方程的一般式

$$\begin{cases} R_{11} I_{l1} + R_{12} I_{l2} = \sum_{l_1} U_S & (2\text{-}3\text{-}8) \\ R_{21} I_{l1} + R_{22} I_{l2} = \sum_{l_2} U_S & (2\text{-}3\text{-}9) \end{cases}$$

在式（2-3-8）、式（2-3-9）中，R_{11} 称为 l_1 回路的自电阻，等于 l_1 回路中各电阻之和，恒为正；R_{22} 称为 l_2 回路的自电阻，等于 l_2 回路中各电阻之和，恒为正；R_{12}、R_{21} 称为 l_1、l_2 回路的互电阻，等于 l_1、l_2 两个回路的公共支路电阻。当 I_{l1}、I_{l2} 流经公共电阻时方向一致，互电阻为正，反之，互电阻为负。式（2-3-8）、式（2-3-9）中方程的右边是各个独立回路中各电压源电压的代数和。当各电压源电动势与回路方向一致时，相应电压源电压取正，反之取负。

对于具有 n 个节点、b 条支路的一般电路，可以对 $(b-n+1)$ 个基本回路列写回路电流方程

$$\begin{cases} R_{11} I_{L1} + R_{12} I_{L2} + \cdots + R_{1l} I_{Ll} = \sum_{L1} U_S \\ R_{21} I_{L1} + R_{22} I_{L2} + \cdots + R_{2l} I_{Ll} = \sum_{L2} U_S \\ \quad\quad\quad\quad\quad\quad \vdots \\ R_{l1} I_{L1} + R_{l2} I_{L2} + \cdots + R_{ll} I_{Ll} = \sum_{Ll} U_S \end{cases}$$

应用克莱姆法则，其中任一回路电流 I_{Lk} 可以表示为

$$I_{Lk} = \frac{\Delta_{1k}}{\Delta} \sum_{L1} U_S + \frac{\Delta_{2k}}{\Delta} \sum_{L2} U_S + \cdots + \frac{\Delta_{lk}}{\Delta} \sum_{Lk} U_S$$

式中，Δ 为系数行列式，$\Delta_{ik} = (-1)^{i+k} \times$（$\Delta$ 中划出 i 行 k 列剩下的余子式）。

$$\Delta = \begin{vmatrix} R_{11} & R_{12} & \cdots & R_{1l} \\ R_{21} & R_{22} & \cdots & R_{2l} \\ \vdots & \vdots & \vdots & \vdots \\ R_{l1} & R_{l2} & \cdots & R_{ll} \end{vmatrix}$$

求出各基本回路电流，就可以进一步求解电路中其他量。

当电路中含有电流源、受控源时，其处理方法与支路电流法相同。

例 2-3-1　如图2-3-2所示电路中，已知 $R_1 = 1\Omega$，$R_4 = 4\Omega$，$R_5 = 5\Omega$，$R_6 = 6\Omega$，$I_{S2} = 2A$，$I_{S3} = 3A$，$U_{S4} = 4V$，试用回路电流法求各支路电流。

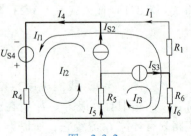

图 2-3-2

解：图 2-3-2 中含有两个电流源，电流源所在支路应尽可能放在连支上，因而选 R_4、U_{S4}、R_5、R_6 所在支路为树（用粗线条表示），如图选择各支路电流参考方向，画出三个基本回路，根据回路电流法，列出

l_1 回路:
$$(R_1 + R_4 + R_6) I_{l1} + R_4 I_{l2} - R_6 I_{l3} = U_{S4}$$

l_2 回路:
$$I_{l2} = I_{S2}$$

l_3 回路:
$$I_{l3} = I_{S3}$$

代入已知数据得到

$$I_{l1} = (14/11)\,\text{A}, I_{l2} = 2\text{A}, I_{l3} = 3\text{A}$$
$$I_1 = I_{l1} = (14/11)\,\text{A}, I_2 = I_{l2} = 2\text{A}, I_3 = I_{l3} = 3\text{A}$$
$$I_4 = I_1 + I_2 = (36/11)\,\text{A}, I_5 = I_2 + I_3 = 5\text{A},$$
$$I_6 = I_3 - I_1 = (19/11)\,\text{A}$$

例 2-3-2 如图2-3-3所示,已知 $R_1 = R_3 = R_4 = R_6 = 2\Omega$,$I_{S2} = 1\text{A}$,$g = 0.5\text{S}$,$U_{S4} = U_{S6} = 2\text{V}$,求各支路电流。

解: 如图选择各支路电流参考方向,选择 R_1、R_4、U_{S4}、R_3 所在支路为树支(用粗线条表示),画出三个基本回路,有

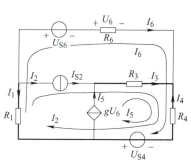

图 2-3-3

$$\begin{cases} I_2 = I_{S2} \\ I_5 = gU_6 \\ (R_1 + R_4 + R_6) I_6 + (R_1 + R_4) I_2 + R_4 I_5 = U_{S4} - U_{S6} \end{cases}$$

附加方程:

$$U_6 = R_6 I_6$$

代入已知数据求解得到

$$I_2 = 1\text{A}, \quad I_6 = -0.5\text{A}, \quad I_5 = -0.5\text{A}$$
$$I_1 = -I_2 - I_6 = -0.5\text{A}, \quad I_4 = -I_6 - I_2 - I_5 = 0\text{A}, \quad I_3 = -I_4 - I_6 = 0.5\text{A}$$

第四节 网孔电流法

在平面电路中,内部没有任何支路的回路就是网孔,它是只存在于平面电路中的特殊回路。如图 2-4-1 所示,该电路有三个网孔。假设在三个网孔中有环流 I_{m1}、I_{m2}、I_{m3} 按顺时针方向流动,那么各支路电流是各网孔环流的代数和,即有

$$I_1 = I_{m1}, \quad I_2 = I_{m1} - I_{m2}, \quad I_3 = I_{m2},$$
$$I_4 = I_{m2} - I_{m3}, \quad I_5 = I_{m3}$$

图 2-4-1

由此可看出,三个网孔环流实际上是电路三条外围支路电流。对三个网孔列写 KVL 方程,得到

$$\begin{matrix} \text{网孔 } m_1: & R_2 I_2 + R_1 I_1 = U_{S1} \\ \text{网孔 } m_2: & -R_2 I_2 + R_3 I_3 + R_4 I_4 = -U_{S4} \\ \text{网孔 } m_3: & -R_4 I_4 + R_5 I_5 = U_{S4} \end{matrix} \right\} \quad (2\text{-}4\text{-}1)$$

将支路电流与网孔环流之间的关系式代入,整理得到

$$\begin{matrix} (R_1 + R_2) I_{m1} - R_2 I_{m2} = U_{S1} \\ -R_2 I_{m1} + (R_2 + R_3 + R_4) I_{m2} - R_4 I_{m3} = -U_{S4} \\ -R_4 I_{m2} + (R_4 + R_5) I_{m3} = U_{S4} \end{matrix} \right\} \quad (2\text{-}4\text{-}2)$$

式（2-4-2）就是以三个网孔环流作为未知量的网孔电流方程。需要指出的是，与回路电流法一样，网孔环流的方向可以自由选择。例如，I_{m1} 也可以选择为按逆时针方向流动，如果以 I_{m1} 为逆时针方向流动，I_{m2}、I_{m3} 仍按顺时针方向流动，得到的网孔电流方程为

$$\left.\begin{aligned}(R_1 + R_2)I_{m1} + R_2 I_{m2} &= -U_{S1} \\ R_2 I_{m1} + (R_2 + R_3 + R_4)I_{m2} - R_4 I_{m3} &= -U_{S4} \\ -R_4 I_{m2} + (R_4 + R_5)I_{m3} &= U_{S4}\end{aligned}\right\} \qquad (2\text{-}4\text{-}3)$$

比较式（2-4-2）、式（2-4-3）后知道，与回路电流法一样，可写出运用网孔电流法列写网孔电流方程的一般式

$$\left.\begin{aligned}R_{11}I_{m1} + R_{12}I_{m2} + \cdots + R_{1m}I_{mm} &= \sum_{m1} U_S \\ R_{21}I_{m1} + R_{22}I_{m2} + \cdots + R_{2m}I_{mm} &= \sum_{m2} U_S \\ &\vdots \\ R_{m1}I_{m1} + R_{m2}I_{m2} + \cdots + R_{mm}I_{mm} &= \sum_{mm} U_S\end{aligned}\right\} \qquad (2\text{-}4\text{-}4)$$

式（2-4-4）中，$R_{ii}(i = 1, 2, \cdots, m)$ 是网孔 i 的自电阻，等于网孔 i 的各电阻之和，恒为正；$R_{ij}(i, j = 1, 2, \cdots, m, i \neq j)$ 是网孔 i、j 之间的互电阻，等于网孔 i、j 公共支路上的电阻之和。当网孔 i、j 的网孔电流流经公共支路时，方向一致，则互电阻为正，反之，互电阻为负。式(2-4-4)的右边是各个网孔中各电压源电压的代数和。当电压源电势与网孔的绕行方向一致时，相应电压源电压取正，反之取负。

由于针对每个网孔列写的网孔电流方程，它含有其他网孔所没有的外围支路信息，例如图 2-4-1 中，针对网孔 m_1 列写的方程中含有外围支路参数 R_1、U_{S1}；针对网孔 m_2 列写的方程中含有外围支路参数 R_3；针对网孔 m_3 列写的方程中含有外围支路参数 R_5，因此，各网孔电流方程是彼此独立的。

综上所述，在平面电路中，以各网孔环流作为未知量，对 $(b - n + 1)$ 个网孔列写 KVL 方程，从而求出各网孔电流（即网孔环流）的电路分析方法，称为网孔电流法。求出各网孔电流后，则各支路电流、相关电压就迎刃而解了。

例 2-4-1 如图2-4-2所示电路，$U_{S1} = 100\text{V}$，$U_{S2} = 140\text{V}$，$R_1 = 15\Omega$，$R_2 = 5\Omega$，$R_3 = 10\Omega$，$R_4 = 4\Omega$，$R_5 = 50\Omega$，求各支路电流。

解： 利用网孔电流法，选择各网孔电流，各支路电流参考方向如图 2-4-2 所示，列写网孔电流方程，得到

网孔 m_1：$\qquad\qquad (R_1 + R_4)I_{m1} - R_4 I_{m2} = -U_{S1}$

网孔 m_2：$\qquad -R_4 I_{m1} + (R_3 + R_4 + R_5)I_{m2} - R_5 I_{m3} = 0$

网孔 m_3：$\qquad\qquad -R_5 I_{m2} + (R_2 + R_5)I_{m3} = U_{S2}$

代入数据整理得

$$19I_{m1} - 4I_{m2} = -100$$
$$-4I_{m1} + 64I_{m2} - 50I_{m3} = 0$$
$$-50I_{m2} + 55I_{m3} = 140$$

解得

$$I_{m1} = -4\text{A}$$
$$I_{m2} = 6\text{A}$$
$$I_{m3} = 8\text{A}$$

$$I_1 = I_{m1} = -4\text{A}, \quad I_2 = I_{m3} = 8\text{A}, \quad I_3 = I_{m2} = 6\text{A}$$

$$I_4 = I_{m2} - I_{m1} = 10\text{A}, \quad I_5 = I_{m3} - I_{m2} = 2\text{A}$$

当电路中含有电流源、受控源时，处理方法与回路电流法、支路电流法相同。

例 2-4-2 如图2-4-3所示电路，$U_{S1} = 1\text{V}$，$U_{S3} = 6\text{V}$，$R_1 = 3\Omega$，$R_2 = 2\Omega$，$R_3 = 3\Omega$，$R_4 = 2\Omega$，$\alpha = -1$，$I_S = 6\text{A}$，求网孔电流 I_{m1}、I_{m2}、I_{m3}。

解：本题的特点是电路中有独立电流源，且在电路的外围，此外，电路中还含有受控源。如图选择三个网孔电流的参考方向，列写网孔电流方程，得到

网孔 m_1：$\qquad\qquad (R_1 + R_2)I_{m1} - R_2 I_{m2} = U_{S1}$

网孔 m_2：$\qquad -R_2 I_{m1} + (R_2 + R_3 + R_4)I_{m2} - R_3 I_{m3} = U_{S3} - \alpha I_2$

网孔 m_3：$\qquad\qquad\qquad I_{m3} = I_S$

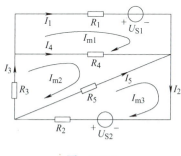

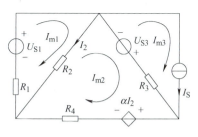

图 2-4-2   图 2-4-3

附加方程

$$I_2 = I_{m1} - I_{m2}$$

代入数据整理得到

$$5I_{m1} - 2I_{m2} = 1$$
$$-3I_{m1} + 8I_{m2} = 24$$

解得

$$I_{m1} = \frac{28}{17}\text{A}$$

$$I_{m2} = \frac{123}{34}\text{A}$$

$$I_{m3} = 6\text{A}$$

第五节 节点电压法

首先介绍节点电压的概念。在电路中，当选取任一节点作为参考节点时，其余节点与此参考节点之间的电压称为对应节点的节点电压。在图 2-5-1 所示电路中，当选择 c 点作为参考节点时，a 点与 c 点间的电压 U_{ac} 称为 a 点的节点电压，常简写为 U_a。同理 b 点的节点电压为 U_{bc}，简写为 U_b。

以节点电压作为未知量，对 $(n-1)$ 个独立节点列写 KCL 方程，从而求出各节点电压，继而进一步求解其他电量的电路分析方法，称为节点电压法。

下面以图 2-5-1 所示电路为例，推导节点电压方程。假设已知 R_1、R_2、R_3、R_4、R_5、R_6、I_{S1}、U_{S4}、U_{S6}，以节点 c 为参考节点，选择各支路电流参考方向如图所示，对独立节点 a、b 列写 KCL 方程，得到

节点 a: $\quad I_1 + I_2 + I_3 + I_4 - I_{S1} = 0 \quad$ (2-5-1)

节点 b: $\quad -I_3 - I_4 + I_5 + I_6 = 0 \quad$ (2-5-2)

其中 $\quad I_1 = \dfrac{U_a}{R_1} = G_1 U_a \quad$ (2-5-3)

$$I_2 = \dfrac{U_a}{R_2} = G_2 U_a \quad (2\text{-}5\text{-}4)$$

$$I_3 = \dfrac{U_a - U_b}{R_3} = G_3(U_a - U_b) \quad (2\text{-}5\text{-}5)$$

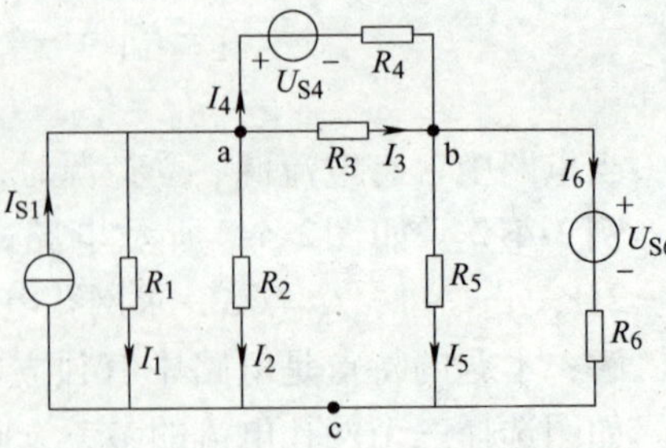

图 2-5-1

$$I_4 = \dfrac{U_a - U_b - U_{S4}}{R_4} = G_4(U_a - U_b - U_{S4}) \quad (2\text{-}5\text{-}6)$$

$$I_5 = \dfrac{U_b}{R_5} = G_5 U_b \quad (2\text{-}5\text{-}7)$$

$$I_6 = \dfrac{U_b - U_{S6}}{R_6} = G_6(U_b - U_{S6}) \quad (2\text{-}5\text{-}8)$$

将式 (2-5-3) ~式 (2-5-8) 代入式 (2-5-1)、式 (2-5-2) 中，整理得到

$$\begin{cases} (G_1 + G_2 + G_3 + G_4)U_a - (G_3 + G_4)U_b = G_4 U_{S4} + I_{S1} & (2\text{-}5\text{-}9) \\ -(G_3 + G_4)U_a + (G_3 + G_4 + G_5 + G_6)U_b = -G_4 U_{S4} + G_6 U_{S6} & (2\text{-}5\text{-}10) \end{cases}$$

联立求解可得 U_a、U_b，再代入式 (2-5-3) ~式 (2-5-8) 即得到各支路电流。式 (2-5-9)、式 (2-5-10) 可写成如下形式

$$\begin{cases} G_{aa}U_a + G_{ab}U_b = \sum_a GU_S + \sum_a I_S & (2\text{-}5\text{-}11) \\ G_{ba}U_a + G_{bb}U_b = \sum_b GU_S + \sum_b I_S & (2\text{-}5\text{-}12) \end{cases}$$

式中，G_{aa} 称为节点 a 的自电导，它等于与节点 a 相连的各支路电导之和，总取正；G_{bb} 称为节点 b 的自电导，它等于与节点 b 相连的各支路电导之和，总取正；$G_{ab}(G_{ba})$ 称为节点 a、b 之间（b、a 之间）的互电导，它等于 a、b 两节点间各支路电导之和，总取负。

对于一个含有 n 个节点、b 条支路的一般电路，可对 $(n-1)$ 个独立节点列写节点电压方程

$$\left.\begin{array}{l} G_{11}U_1 + G_{12}U_2 + \cdots + G_{1(n-1)}U_{(n-1)} = \sum_{(1)} GU_S + \sum_{(1)} I_S \\[2mm] G_{21}U_1 + G_{22}U_2 + \cdots + G_{2(n-1)}U_{(n-1)} = \sum_{(2)} GU_S + \sum_{(2)} I_S \\[2mm] \quad\quad\quad\quad\quad \vdots \\[2mm] G_{(n-1)1}U_1 + G_{(n-1)2}U_2 + \cdots + G_{(n-1)(n-1)}U_{(n-1)} = \sum_{(n-1)} GU_S + \sum_{(n-1)} I_S \end{array}\right\} \quad (2\text{-}5\text{-}13)$$

选择式 (2-5-13) 中任意独立节点 k，写出节点电压方程的一般式

$$G_{kk}U_k + \sum_{\substack{j=1 \\ j \neq k}}^{(n-1)} G_{kj}U_j = \sum_{(k)} GU_S + \sum_{(k)} I_S \quad (2\text{-}5\text{-}14)$$

式 (2-5-14) 包含了四大项，下面逐项分析。

左边第一项 $G_{kk}U_k$：式 (2-5-14) 是针对独立节点 k 列写的节点电压方程，因而节点 k 称为主节点，其余独立节点称为主节点 k 的相邻节点。第一项就是主节点电压 U_k 乘以其自电导 G_{kk}，即主节点电压乘以与主节点相连的各支路电导之和，它总取正。

左边第二项 $\sum\limits_{\substack{j=1 \\ j \neq k}}^{(n-1)} G_{kj}U_j$：各个相邻节点电压 U_j 乘以主节点 k 与该相邻节点 j 之间互电导 G_{kj} 之和，即各个相邻节点电压乘以主节点与该相邻节点之间各支路电导之和的总和，它的每一项总取负。

右边第一项 $\sum\limits_{(k)} GU_S$：与主节点 k 相连的各电压源电压乘以该支路电导的代数和，其中当电压源的电动势方向指向主节点 k 时，取正；反之，取负。

右边第二项 $\sum\limits_{(k)} I_S$：与主节点 k 相连的各电流源电流的代数和，其中当电流源的电流流向主节点 k 时取正；反之，取负。

利用节点电压法求解电路，既可以分析平面电路，也可以分析非平面电路，只要选定一个参考节点就可以按上述规则列写方程进行求解了。当一个电路中独立节点数少于独立回路数时，用节点电压法求解比较方便。特别是当电路只含两个节点时，选择一个节点作为参考节点，只剩下一个独立节点，因而只有一个节点电压方程

$$U_1 = \frac{\sum\limits_{(1)} GU_S + \sum\limits_{(1)} I_S}{G_{11}} \qquad (2\text{-}5\text{-}15)$$

式（2-5-15）就是米尔曼公式。

例 2-5-1 列写图2-5-2所示的典型节点①的节点电压方程。

解： 由于电导 G_2 与电流源 I_{S2} 串联即等效电流源 I_{S2}，电导 G_4、电压源 U_{S4} 与电流源 I_{S4} 串联即等效电流源 I_{S4}，根据节点电压法得到

$$U_{(1)}\left[G_1 + G_3 + G_5 + \frac{G_6 G_6'}{G_6 + G_6'} + G_0\right] - G_1 U_{(2)} - G_3 U_{(3)} - \left(G_5 + \frac{G_6 G_6'}{G_6 + G_6'}\right)U_{(5)}$$

$$= G_1 U_{S1} + G_3\left(U_{S3} - U_{S3}'\right) - \frac{G_6 G_6'}{G_6 + G_6'}U_{S6} + I_{S2} - I_{S4}$$

例 2-5-2 已知 $U_{S1} = 6\text{V}$，$U_{S4} = 8\text{V}$，$I_{S5} = 3\text{A}$，$R_1 = 3\Omega$，$R_2 = 2\Omega$，$R_3 = 6\Omega$，$R_4 = 4\Omega$，$R_5 = 7\Omega$，利用节点电压法求图2-5-3所示电路中各支路电流。

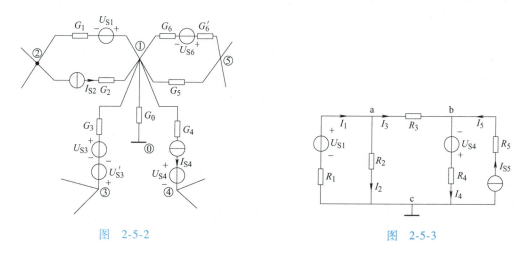

图 2-5-2 　　　　　　　　　　　　　　图 2-5-3

解： 以 c 点作为参考节点，对独立节点 a、b 列写节点电压方程

节点 a： $\qquad\left(\dfrac{1}{R_1} + \dfrac{1}{R_2} + \dfrac{1}{R_3}\right)U_a - \dfrac{1}{R_3}U_b = \dfrac{1}{R_1}U_{S1}$

节点 b： $\left(\dfrac{1}{R_3}+\dfrac{1}{R_4}\right)U_b-\dfrac{1}{R_3}U_a=-\dfrac{U_{S4}}{R_4}+I_{S5}$

代入数据得到

$$U_a=2.57\text{V}$$

$$U_b=3.43\text{V}$$

$$I_1=\frac{U_{S1}-U_a}{R_1}=1.14\text{A}$$

$$I_2=\frac{U_a}{R_2}=1.29\text{A}$$

$$I_3=\frac{U_a-U_b}{R_3}=-0.14\text{A}$$

$$I_4=\frac{U_b+U_{S4}}{R_4}=2.86\text{A}$$

$$I_5=I_{S5}=3\text{A}$$

当电路中含有受控源时，列写方程的原则仍然是：首先将受控源视为独立源列写节点电压方程，然后再增加相应的附加方程，用以建立控制量与节点电压间的关系。

例 2-5-3 图2-5-4所示电路含有两个受控源，电路参数和电源值已在图中注明，求各节点电压。

解：以节点 d 作为参考节点，对独立节点 a、b、c 列写节点电压方程

节点 a： $\left(\dfrac{1}{2}+\dfrac{1}{2}\right)U_a-\dfrac{1}{2}U_b=\dfrac{-4}{2}+4+2U$

节点 b： $-\dfrac{1}{2}U_a+\left(\dfrac{1}{2}+\dfrac{1}{2}+\dfrac{1}{2}+\dfrac{1}{2}\right)U_b-\dfrac{1}{2}U_c=2I+\dfrac{6}{2}$

节点 c： $-\dfrac{1}{2}U_b+\left(\dfrac{1}{2}+\dfrac{1}{2}\right)U_c=-4-\dfrac{6}{2}-1$

附加方程：

$$U=U_a+4$$

$$I=\frac{U_a-U_b}{2}$$

联立求解得

$$U_a=-\frac{54}{7}\text{V},\quad U_b=-\frac{32}{7}\text{V},\quad U_c=-\frac{72}{7}\text{V}$$

例 2-5-4 将数字量转换为模拟量称为数/模（D/A）转换。把三位二进制数（数字量）转换为十进制数（模拟量）的数/模变换解码电路如图 2-5-5a 所示。设十进制数为 K，则 $K=b_2\times2^2+b_1\times2^1+b_0\times2^0$，式中 b_0、b_1、b_2 为二进制数代码，只能取 "0" 或 "1"。将开关 2^0、2^1、2^2 分别与二进制数码的第一、二、三位输入端相对应。当该位代码为 "1" 时，对应开关接通电源 U_S；当该位代码为 "0" 时，则对应开关接地。已知 $R=1\Omega$，试求电压 U_o。

解：假设各开关均接通 "1" 的位置，如图 2-5-5b 所示，列写节点 a、b、c 的节点电压方程

节点 a： $\left(\dfrac{1}{2}+\dfrac{1}{2}+1\right)U_a-U_b=\dfrac{1}{2}U_S$

节点 b： $-U_a+\left(1+1+\dfrac{1}{2}\right)U_b-U_c=\dfrac{1}{2}U_S$

节点 c：
$$-U_b + \left(1 + \frac{1}{2} + \frac{1}{2}\right)U_c = \frac{1}{2}U_S$$

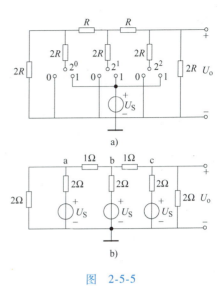

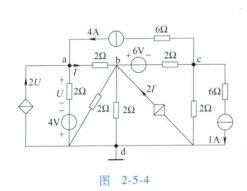

图　2-5-4

图　2-5-5

如果各开关接通"0"的位置，则上述三个方程的右边均为 0，所以得到与各位代码相关的节点电压方程

节点 a：
$$2U_a - U_b = b_0 \times \frac{1}{2}U_S$$

节点 b：
$$-U_a + \frac{5}{2}U_b - U_c = b_1 \times \frac{1}{2}U_S$$

节点 c：
$$-U_b + 2U_c = b_2 \times \frac{1}{2}U_S$$

解之得

$$U_c = \frac{1}{2}U_S \frac{4b_2 + 2b_1 + b_0}{6} = \frac{1}{12}U_S\left(b_2 \times 2^2 + b_1 \times 2^1 + b_0 \times 2^0\right)$$

令 $U_S = 12\text{V}$，则

$$U_c = b_2 \times 2^2 + b_1 \times 2^1 + b_0 \times 2^0 = U_o$$

倘若二进制代码为"111"，则

$$U_o = 1 \times 2^2 + 1 \times 2^1 + 1 \times 2^0 = 7$$

倘若二进制代码为"100"，则

$$U_o = 1 \times 2^2 + 0 \times 2^1 + 0 \times 2^0 = 4$$

第六节　改进节点法

如果电路中含有纯电压源支路，例如图 2-6-1 所示电路，节点 a、b 间的支路 3 仅由一个纯电压源构成，当以 c 点作为参考节点时，用节点电压法求解遇到了问题，即支路 3 的电导为无穷大，无法列写节点 a、b 的节点电压方程，为此，要对节点电压法进行改进。

对于含有纯电压源支路的电路，纯电压源所在支路电流无法用节点电压表示，因而只能先假设该支路电流。以图 2-6-1 所示电路为例，设纯电压源 U_{S3} 所在支路电流为 I_3，对 a、b 两节点列写 KCL 方程，即

节点 a: $\quad I_1 + I_2 - I_3 = 0$

节点 b: $\quad I_3 + I_4 + I_5 = 0$

用节点电压 U_a、U_b 表示 I_1、I_2、I_4 和 I_5，并整理得到

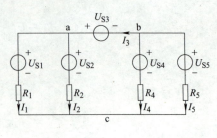

图 2-6-1

节点 a: $\left(\dfrac{1}{R_1} + \dfrac{1}{R_2}\right)U_a = \dfrac{U_{S1}}{R_1} + \dfrac{U_{S2}}{R_2} + I_3$ $\quad$ (2-6-1)

节点 b: $\left(\dfrac{1}{R_4} + \dfrac{1}{R_5}\right)U_b = -\dfrac{U_{S4}}{R_4} + \dfrac{U_{S5}}{R_5} - I_3$ $\quad$ (2-6-2)

式（2-6-1）、式（2-6-2）中含有 3 个未知量，除两独立节点的节点电压 U_a、U_b 外，还有电压源所在支路电流 I_3。显然还需增加一个方程才能求解，很容易知道这个方程是

$$U_a - U_b = U_{S3} \qquad\qquad (2\text{-}6\text{-}3)$$

仔细观察式（2-6-1）~式（2-6-3）后发现，运用节点电压法求解含纯电压源支路电路的方法是：首先将纯电压源所在支路当做电流源支路列写节点电压方程，由于引入了电流源电流（即电压源所在支路电流）新的未知量，因而需补充电压源两端电压与节点电压间的约束关系，上述求解方法就是改进节点法。

例 2-6-1 如图 2-6-2 所示电路，已知 $U_{S1} = 10\text{V}$，$U_{S5} = 5\text{V}$，$G_2 = G_4 = 1\text{S}$，$G_3 = G_6 = 0.5\text{S}$，求两电压源发出的功率。

解：以节点 d 作为参考节点，节点 a、b、c 的电压分别是 U_a、U_b、U_c。从图中可以看出

$$U_a = U_{S1}$$

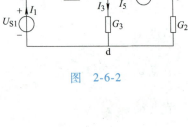

图 2-6-2

所以只要以电流为 I_5 的电流源替代 U_{S5} 所在的纯电压源支路，列写节点 b、c 的节点电压方程

节点 b: $\qquad -G_4 U_a + (G_3 + G_4)U_b = I_5$

节点 c: $\qquad -G_6 U_a + (G_2 + G_6)U_c = -I_5$

附加方程: $\qquad\qquad U_b - U_c = U_{S5}$

代入数据，得以下方程组

$$\begin{cases} U_a = 10\text{V} \\ -U_a + 1.5U_b = I_5 \\ -0.5U_a + 1.5U_c = -I_5 \\ U_b - U_c = 5 \end{cases}$$

求解方程组得到

$$U_a = 10\text{V},\ U_b = 7.5\text{V},\ U_c = 2.5\text{V},\ I_5 = 1.25\text{A}$$

$$I_4 = G_4(U_a - U_b) = 2.5\text{A}$$

$$I_6 = G_6(U_a - U_c) = 3.75\text{A}$$

$$I_1 = I_4 + I_6 = 6.25\text{A}$$

电压源 U_{S1} 发出的功率是 $\qquad P_1 = U_{S1} I_1 = 62.5\text{W}$

电压源 U_{S5} 发出的功率是 $\qquad P_5 = U_{S5} I_5 = 6.25\text{W}$

*第七节　割集电压法

以电路中的树支电压为变量，对（$n-1$）个单树支割集列写 KCL 方程，从而求出各树支电压继而求解其他量的电路分析方法，称为割集电压法。树支电压也称为对应单树支割集的割集电压。

下面以图 2-7-1 所示电路为例，推导割集电压方程，假定已知 G_1、G_3、G_4、G_5、G_6、U_{S1}、I_{S2}、I_{S3}、U_{S4}。选择 G_4、G_5、G_6 所在支路为树（用粗线条表示）。如图选择各支路电流的参考方向。规定切割每一单树支割集的封闭面的外法线方向与树支方向一致，以树支方向作为相应单树支割集的方向。单树支割集 cs4、cs5、cs6 箭头所示方向与相应树支方向一致，代表对应的割集方向。

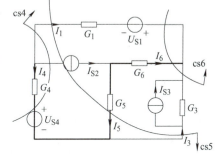

图　2-7-1

割集 cs4：　$I_1 + I_4 + I_{S2} = 0$

割集 cs5：　$I_5 - I_1 - I_3 - I_{S2} = 0$　　　　（2-7-1）

割集 cs6：　$I_1 + I_6 + I_3 = 0$

将各支路电流用树支电压表示，得到

$$
\begin{aligned}
I_1 &= G_1(U_1 + U_{S1}) = G_1(U_4 - U_5 + U_6 + U_{S1}) \\
I_3 &= G_3 U_3 + I_{S3} = G_3(-U_5 + U_6) + I_{S3} \\
I_4 &= G_4(U_4 - U_{S4}) \\
I_5 &= G_5 U_5 \\
I_6 &= G_6 U_6
\end{aligned}
\tag{2-7-2}
$$

将式（2-7-2）代入式（2-7-1），经整理后得到

$$
\begin{aligned}
(G_1 + G_4)U_4 - G_1 U_5 + G_1 U_6 &= -G_1 U_{S1} + G_4 U_{S4} - I_{S2} \\
-G_1 U_4 + (G_1 + G_3 + G_5)U_5 - (G_1 + G_3)U_6 &= G_1 U_{S1} + I_{S2} + I_{S3} \\
G_1 U_4 - (G_1 + G_3)U_5 + (G_1 + G_3 + G_6)U_6 &= -G_1 U_{S1} - I_{S3}
\end{aligned}
\tag{2-7-3}
$$

式（2-7-3）即是以树支电压 U_4、U_5、U_6 作为变量列写的割集电压方程。割集电压方程与节点电压方程相似，存在相应的规律。为了便于叙述其中的规律，写出一个割集电压方程的一般式

$$
G_{kk} U_k + \sum_{\substack{j=1 \\ j \neq k}}^{(n-1)} G_{kj} U_j = \sum_{csk} G U_S + \sum_{csk} I_S
\tag{2-7-4}
$$

式（2-7-4）包含了四大项，下面逐项分析。

左边第一项 $G_{kk} U_k$：式（2-7-4）是针对树支 k 列写的割集电压方程，因而树支 k 称为主树支，对应的割集称为主割集；k 以外的树支称为其余树支，对应的割集称为其余割集。第一项就是主割集电压 U_k 乘以主割集 k 的自电导 G_{kk}，G_{kk} 等于主割集 k 的全部支路电导之和，且总为正。

左边第二项 $\sum\limits_{\substack{j=1 \\ j \neq k}}^{(n-1)} G_{kj} U_j$：其余割集电压 U_j 乘以它与主割集 k 之间的互电导 G_{kj} 的总和。互电导 G_{kj} 等于其余割集 j 与主割集 k 之间公共支路电导的代数和。若两个割集的公共支路与两个割集同时同方向或同时反方向，该支路电导取正，否则取负。还有一种更为简明的判断 G_{kj} 正

负的方法是：沿着树支绕行，两个树支方向相同时，对应两割集互电导为正，反之为负。

右边第一项 $\sum\limits_{csk} GU_S$：它是主割集 k 中含电压源支路上电压源电压与该支路电导之积的代数和。当电压源的电动势方向与主割集 k 的割集方向相反时取正号，反之为负。

右边第二项 $\sum\limits_{csk} I_S$：它是主割集 k 中含电流源支路上的各电流源电流的代数和。当电流源的电流方向与主割集 k 的割集方向相反时，即流入割集封闭曲面者取正号，反之为负。

对于具有 n 个节点、b 条支路的任意电路，根据前述规定可以列出 $(n-1)$ 个割集电压方程。倘若电路中含有纯电压源支路，应将纯电压源支路选为树支，这样既可以避免出现无穷大电导，又可使方程数减少，因为纯电压源所在树支的树支电压（割集电压）就等于电压源电压。

当电路中含有受控源时，同样首先将其看作独立源建立割集电压方程，然后再补充附加方程，列写控制量与电路变量即割集电压之间的关系式。

最后要说明的是：节点电压法实际上就是割集电压法的特殊情况。当围绕每个独立节点取割集，列写割集电压方程时，相应的割集电压即是对应的节点电压，相应的割集电压方程即是对应的节点电压方程。

例 2-7-1 在图2-7-2所示电路中，已知 $G_1 = 1S$，$G_2 = 2S$，$G_3 = 3S$，$G_5 = 5S$，$U_{S1} = 1V$，$U_{S3} = 3V$，$I_{S3} = 3A$，$U_{S4} = 4V$，$U_{S6} = 6V$，试用割集电压法求各支路电流。

解： 图2-7-2所示电路中含有两条纯电压源支路，所以选择支路4、5、6为树支，如图中粗线条所示。支路3为电流源 I_{S3}、电压源 U_{S3} 与 G_3 串联，它就等效为一个电流源 I_{S3}。

割集 cs4：
$$U_4 = U_{S4}$$

割集 cs6：
$$U_6 = U_{S6}$$

割集 cs5：
$$(G_1 + G_2)U_4 + (G_1 + G_2 + G_5)U_5 - G_1 U_6 = G_1 U_{S1} - I_{S3}$$

代入数据，并求解得

$$U_4 = 4V, \ U_6 = 6V, \ U_5 = -1V$$

各支路电流为

$$I_1 = G_1(U_1 + U_{S1}) = G_1(U_6 - U_5 - U_4 + U_{S1}) = 4A$$

$$I_2 = G_2 U_2 = G_2(U_4 + U_5) = 6A$$

$$I_3 = I_{S3} = 3A$$

$$I_4 = I_1 - I_2 = -2A$$

$$I_5 = G_5 U_5 = -5A$$

$$I_6 = I_{S3} - I_1 = -1A$$

例 2-7-2 在图2-7-3所示电路中，已知 $G_1 = G_2 = G_3 = G_5 = 1S$，$I_{S1} = 1A$，$U_{S5} = 5V$，$\mu_1 = 1$，$\mu_2 = 2$，试用割集电压法求各支路电流。

解： 如图选择各支路电流的参考方向，选择支路4、5、6为树支，用粗线条表示。

割集 cs4：
$$U_4 = \mu_1 U_3$$

割集 cs6：
$$U_6 = \mu_2 U_2$$

割集 cs5：
$$G_2 U_4 + (G_2 + G_5 + G_3)U_5 + G_3 U_6 = -G_5 U_{S5} + I_{S1}$$

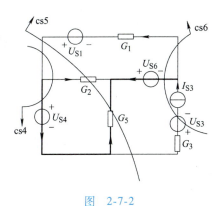

图 2-7-2

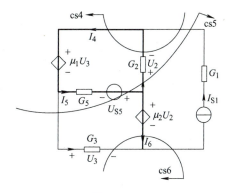

图 2-7-3

附加方程

$$U_2 = -U_5 - U_4$$
$$U_3 = U_5 + U_6$$

代入数据并整理得

$$\begin{cases} U_4 = U_5 + U_6 \\ U_6 = 2(-U_5 - U_4) \\ U_4 + 3U_5 + U_6 = -4 \end{cases}$$

联立求解得

$$U_4 = 1\text{V}, \quad U_5 = -3\text{V}, \quad U_6 = 4\text{V}$$

各支路电流为

$$I_1 = I_{S1} = 1\text{A}$$
$$I_2 = G_2 U_2 = G_2(-U_5 - U_4) = 2\text{A}$$
$$I_3 = G_3 U_3 = G_3(U_5 + U_6) = 1\text{A}$$
$$I_4 = I_1 + I_2 = 3\text{A}$$
$$I_5 = G_5(U_5 + U_{S5}) = 2\text{A}$$
$$I_6 = I_1 - I_3 = 0$$

第八节 叠 加 定 理

在线性电路中，若干独立电源共同作用下的任意支路电流或电压等于当每个独立电源单独作用情况下，在该支路产生的电流或电压的代数和，称为叠加定理。

现以图 2-8-1a 所示电路为例来说明叠加定理。由网孔电流方程知

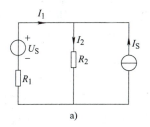

a)

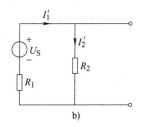

b)

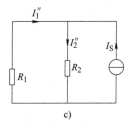

c)

图 2-8-1

$$(R_1 + R_2)I_1 + R_2 I_S = U_S$$

$$I_1 = \frac{U_S}{R_1 + R_2} - \frac{R_2 I_S}{R_1 + R_2}$$

$$I_2 = I_1 + I_S = \frac{U_S}{R_1 + R_2} + \frac{R_1 I_S}{R_1 + R_2}$$

由上两式可知，I_1、I_2 均由两项组成，一项由 U_S 产生，一项由 I_S 产生。不难看出，这两项可由图 2-8-1b、c 求出，即 $I_1 = I_1' + I_1''$，$I_2 = I_2' + I_2''$。I_1、I_2 可表示为：$I_1 = G_1 U_S + \alpha_1 I_S$，$I_2 = G_2 U_S + \alpha_2 I_S$，其中 G_1、G_2、α_1、α_2 都是常系数，由电路的参数及其结构决定，G_1、G_2 具有电导的量纲，α_1、α_2 无量纲，为纯系数。

下面对叠加定理进行证明。假设任意一个具有 n 个节点、b 条支路的线性电路，对 $(n-1)$ 个独立节点列写节点电压方程（先假设电路中无受控源）如下：

$$\left. \begin{aligned} G_{11}U_1 + G_{12}U_2 + \cdots + G_{1k}U_k + \cdots + G_{1(n-1)}U_{(n-1)} &= \sum_{(1)} GU_S + \sum_{(1)} I_S \\ G_{21}U_1 + G_{22}U_2 + \cdots + G_{2k}U_k + \cdots + G_{2(n-1)}U_{(n-1)} &= \sum_{(2)} GU_S + \sum_{(2)} I_S \\ \vdots \qquad\qquad\qquad & \\ G_{(n-1)1}U_1 + G_{(n-1)2}U_2 + \cdots + G_{(n-1)k}U_k + \cdots + G_{(n-1)(n-1)}U_{(n-1)} &= \sum_{(n-1)} GU_S + \sum_{(n-1)} I_S \end{aligned} \right\}$$

$$(2\text{-}8\text{-}1)$$

利用克莱姆法则，节点电压 U_k 为

$$U_k = \frac{\Delta_{1k}}{\Delta}\left(\sum_{(1)} GU_S + \sum_{(1)} I_S \right) + \frac{\Delta_{2k}}{\Delta}\left(\sum_{(2)} GU_S + \sum_{(2)} I_S \right) + \cdots +$$

$$\frac{\Delta_{(n-1)k}}{\Delta}\left(\sum_{(n-1)} GU_S + \sum_{(n-1)} I_S \right) \tag{2-8-2}$$

式中，Δ 是式（2-8-1）左边的系数行列式，即

$$\Delta = \begin{vmatrix} G_{11} & G_{12} & \cdots & G_{1(n-1)} \\ G_{21} & G_{22} & \cdots & G_{2(n-1)} \\ \vdots & \vdots & & \vdots \\ G_{(n-1)1} & G_{(n-1)2} & \cdots & G_{(n-1)(n-1)} \end{vmatrix}$$

$\Delta_{ik}[i = 1, 2, \cdots, n-1]$ 是 Δ 的 (i, k) 元素的余因式，$\Delta_{ik} = (-1)^{i+k} \times$（在 Δ 中划去第 i 行第 k 列后剩下的余子式）。

若电路中含有 p 个独立电压源、q 个独立电流源，将式（2-8-2）每项展开再整理合并，得到

$$U_k = \alpha_{k1} U_{S1} + \alpha_{k2} U_{S2} + \cdots + \alpha_{kp} U_{Sp} + r_{k1} I_{S1} + r_{k2} I_{S2} + \cdots + r_{kq} I_{Sq} \tag{2-8-3}$$

式（2-8-3）说明节点电压 U_k 是各独立源分别单独作用在节点 k 上产生的电压代数和，即节点电压可以叠加。由于各支路电压是节点电压的线性组合，所以支路电压也可以叠加。由于各支路电流又是各支路电压的线性组合，所以支路电流也可以叠加。

当电路中含有受控源时，暂将受控源作为独立源列写节点电压方程，与式（2-8-1）不同的是方程组右边含有各受控源项，将各受控源的控制量用节点电压表示，然后再代入节点电压方程组，结果方程仍具有式（2-8-1）的形式，只不过方程左边的各系数中含有受控源的控制系数，它们与电路参数形成了新的 $G_{ij}(i, j = 1, 2, \cdots, n-1)$ 方程的右边仍然只有独立电压源和独立电流源，故在含受控源的线性电路中，各支路电流（或电压）仍等于各

独立源单独作用情况下的支路电流（或电压）的叠加。

从式（2-8-3）可知，式中的每一项只与一个独立电源有关，这正好说明了每一项所代表的是只保留一个独立电源单独作用，令其他独立电源为零（即将独立电压源所在支路短接、独立电流源所在支路开路）时单一电源所产生的支路电流（或电压）。各个独立电源分别作用于电路所产生的支路电流（或电压）的代数和就是所有独立电源共同作用于电路所产生的支路电流（或电压）。

在线性电路中，当单一电源单独作用于电路，电路的各支路电流（或电压）都正比于该电源的大小。单一电源的大小增减 K 倍，各支路电流（或电压）亦随之增减 K 倍，这一性质称为线性电路的齐次性（或比例性）。当一组独立电源作用于电路在各支路所产生的电流（或电压）为 I'_k（或 U'_k），另一组独立电源作用于电路在各支路所产生的电流（或电压）为 I''_k（或 U''_k），那么两组电源共同作用在各支路所产生的电流 I_k（或电压 U_k）是上述两者的叠加，即 $I_k = I'_k + I''_k$（或 $U_k = U'_k + U''_k$），这一性质称为线性电路的可加性，所以叠加定理是线性电路具有齐次性和可加性的综合反映，是线性电路的一种基本属性。

叠加定理的价值不在于用来求解具体电路中的支路电流或电压，更主要地体现在它的理论意义上。在后面的戴维南定理、非正弦电路和过渡过程等章节都要用到叠加定理。由于电路的功率不与电流或电压呈线性关系，因而电路的功率不能叠加。

例2-8-1 如图2-8-2所示电路，各电阻和受控源的控制系数均未知，已知：当 $U_{S1} = 0V$、$I_{S2} = 3A$ 时，$I_4 = 2A$；当 $U_{S1} = 10V$、$I_{S2} = 0A$ 时，$I_4 = 3A$；当 $U_{S1} = 8V$、$I_{S2} = 1A$ 时，$I_4 = 4A$；求当 $U_{S1} = -8V$、$I_{S2} = -2A$ 时，$I_4 = ?$

解： 根据叠加定理，I_4 为独立源 U_{S1}、I_{S2}、I_{S3} 分别单独作用产生的三个分量相加，根据式（2-8-3）得到

$$I_4 = gU_{S1} + \alpha I_{S2} + \beta I_{S3}$$

式中，g、α、β 都是常数，代入已知条件得

$$2 = g \times 0 + \alpha \times 3 + \beta I_{S3}$$
$$3 = g \times 10 + \alpha \times 0 + \beta I_{S3}$$
$$4 = g \times 8 + \alpha \times 1 + \beta I_{S3}$$

解得

$$g = 1S, \quad \alpha = 3, \quad \beta I_{S3} = -7A$$

于是，当 $U_{S1} = -8V$、$I_{S2} = -2A$ 时

$$I_4 = 1 \times (-8)A + 3 \times (-2)A + (-7)A = -21A$$

例2-8-2 图2-8-3所示的电路中，方框 A 表示任意的线性有源电路。现保持方框内电源不变，改变 U_S 的大小。已知 $U_S = 10V$ 时，$I = 1A$；$U_S = 20V$ 时，$I = 1.5A$。试问 $U_S = 30V$ 时，I 为多大？

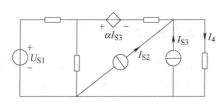

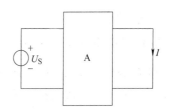

图 2-8-2　　　　　　　　　　　　　图 2-8-3

解：将电路中的独立源分为两组，一组是 U_S，另一组为方框 A 内所有的独立源，而方框 A 内电源不变，根据式（2-8-3）可得

$$I = gU_S + I_A$$

式中，I_A 为方框内全部电源共同作用产生的电流，与 U_S 的大小无关；g，I_A 均为常数，代入已知条件后得

$$1 = 10g + I_A$$
$$1.5 = 20g + I_A$$

解得

$$g = 0.05\text{S}, \quad I_A = 0.5\text{A}$$

当 $U_S = 30\text{V}$ 时，$I = 30\text{V} \times g + I_A = 2\text{A}$

第九节　替　代　定　理

在线性或非线性、时变或非时变电路中，当某支路电压、支路电流具有确定值时，该支路可用一个极性与支路电压极性相同、大小等于该支路电压的独立电压源替代；同样，该支路也可用一个与原支路电流方向相同、大小等于原支路电流的独立电流源替代，这样替代之后对电路中其余部分的电压、电流分配没有影响，即电路中其余部分的电压、电流保持不变，这就是替代定理。

下面证明替代定理。如图 2-9-1a 所示，有源一端口电路 N 外接一条支路 k，支路 k 可为任意元件，假定支路 k 两端的电压为 U_k，电流为 I_k，均为确定值。现在该支路上串联接入一对大小相等、方向相反的两个独立电压源，如图 2-9-1b 所示。显然这一对电压源的接入不会影响电路中各支路电流或电压分配，因为 a、d 为等电位点。又因为 $U_S = U_k$，c、b 亦为等电位点，对其余部分而言，相当于 c、b 间短接。这样就得到如图 2-9-1c 所示的等效电路，即用一个电压源替代了支路 k，这样替代后，没有影响原电路中其他各处的电流或电压，因为替代前后，根据基尔霍夫定律列写的电路方程没有改变，因此替代定理得证。

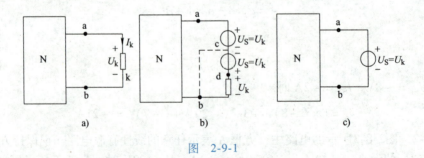

图　2-9-1

根据对偶原理可证明，当已知支路 k 中的电流为确定值 i_k 时，亦可用一个等效电流源 $i_S = i_k$ 来替代原支路 k。

例 2-9-1　在图 2-9-2a 所示电路中，U_S、R、R_X 都未知，要使 $I_X = \dfrac{I}{8}$，求 R_X 应为多少？

解：利用替代定理，将 U_S、R 所在支路替代为电流源 I，将 R_X 所在支路替代为电流源 I_X，如图 2-9-2b 所示，选粗线部分为树，选定回路电流的参考方向，列写回路电流方程

$$I_1 = I$$

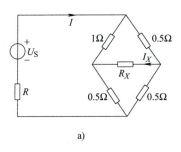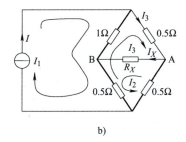

图 2-9-2

$$I_2 = I_X$$
$$(1 + 0.5 + 0.5 + 0.5)I_3 - I_1(1 + 0.5) - I_2(0.5 + 0.5) = 0$$

即

$$2.5I_3 - 1.5I_1 - I_X = 0$$

将 $I_X = \dfrac{I}{8}$ 代入上式得

$$2.5I_3 - 1.5I - \frac{I}{8} = 0$$

$$I_3 = 0.65I$$

又有

$$U_{AB} = -0.5I_3 + 1 \times (I_1 - I_3) = 0.025I$$

所以

$$R_X = \frac{U_{AB}}{I_X} = \frac{0.025I}{\dfrac{I}{8}}\Omega = 0.2\Omega$$

第十节 戴维南定理和诺顿定理

一、戴维南定理

二端网络也称为一端口网络，其中含有电源的二端网络称为有源一端口网络，不含电源的二端网络称为无源一端口网络，它们的符号分别如图 2-10-1a、b 所示。

任一线性有源一端口网络（如图 2-10-2b 所示）对其余部分而言，可以等效为一个电压源 U_d 和电阻 R_d 相串联的电路（如图 2-10-2e 所示），其中 U_d 的大小等于该有源一端口网络的开路电压，电压源的正极与开路端高电位点对应；R_d 等于令该有源一端口网络内所有独立源为零（即电压源短接、电流源开路）后所构成的无源一端口网络的等效电阻。这就是戴维南定理，也称为等效电源定理；U_d 与 R_d 串联的电路称为戴维南等效电路。

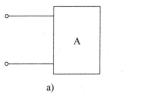

图 2-10-1

a）有源一端口网络 b）无源一端口网络

戴维南定理证明如下：设有源一端口网络 A 的开路电压为 U_d，网络内所有独立电源为零（即电压源短接，电流源开路）后所构成的无源一端口网络等效电阻为 R_d（如图 2-10-2a

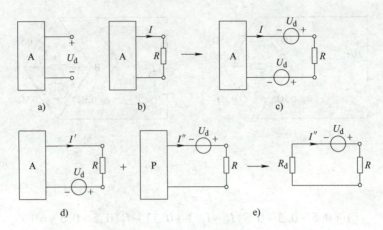

图　2-10-2

所示)。该网络外部负载电阻为 R,流过外部电阻的电流为 I（如图 2-10-2b 所示)。为证明戴维南定理,在电阻支路中接入两个电压源,电压源的数值等于原一端口网络 A 的开路电压（如图 2-10-2c 所示)。因为在一条支路中接入大小相等、方向相反的两个电压源时,对支路电流的大小没有影响,易知此时流过外部电阻的电流不变。而对于图 2-10-2c 的电路,根据叠加定理,其支路电流 I 可以通过图 2-10-2d 所示两个电路分别求解来叠加得到,即支路电流为 $I = I' + I''$。仔细研究图 2-10-2d 所示的左边电路（电流 I' 分量),由于一端口网络 A 的开路电压为 U_d,而串联在电阻支路上的电压源也为 U_d,从电路易知,此时电阻两端的电压为零,即 $I' = 0$；图 2-10-2d 所示的右边电路（电流 I'' 分量),当把无源一端口网络 P 用等效电阻 R_d 替换后（如图 2-10-2e 所示),即成为戴维南定理所描述的等效电路。由上面分析可知,接在有源一端口网络 A 两端的电阻 R,其上流过的电流 I（如图 2-10-2b 所示),完全等于图 2-10-2e 所示电路（戴维南等效电路）的电流,戴维南定理得证。需要注意的是倘若 A 中含受控源,在计算等效电阻 R_d 时受控源应保留在网络 P 中。

要计算一个线性有源一端口网络的戴维南等效电路,其步骤和方法如下:

(1) 计算 U_d　利用电路分析方法,计算相应端口的开路电压。

(2) 计算 R_d　当线性有源一端口网络 A 中不含受控源时,令 A 内所有独立电源为零后得到的无源一端口网络 P 则为纯电阻网络,利用无源一端口网络的等效变换就可求出端口等效电阻；当线性有源一端口网络 A 中含有受控源时,令 A 内所有独立电源为零后得到的一端口网络 P 中仍含有受控源,这时,可采用加压法和开路短路法求 R_d。

1) 加压法:如图 2-10-3a 所示,令有源一端口网络 A 内所有独立源为零后得到一端口网络 P（注意受控源仍需保留),在网络 P 的端口加上一个独立电压源 U（或独立电流源 I),计算出端口电流 I（或端口电压 U),那么 $R_d = U/I$。

2) 开路短路法:图 2-10-3b 所示为戴维南等效电路,从中可知:短路电流 $I_d = U_d/R_d$,当然 $R_d = U_d/I_d$。当求出有源线性

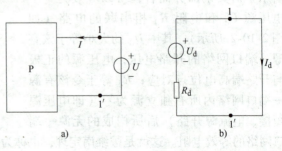

图　2-10-3

一端口网络 A 端口的开路电压 U_d、短路电流 I_d 后,R_d 也就求出来了（注意 U_d、I_d 的参考方向)。

例 2-10-1 利用戴维南定理求图2-10-4a 所示电路中的电流 I 为多少？

解： 将 A、B 左边部分电路看作有源一端口网络，用戴维南等效电路替代后如图 2-10-4b 所示。

（1）求 U_d 将 A、B 端口开路，得到图 2-10-4c 所示电路。

由米尔曼公式得

$$U_d = U_{AB0} = \frac{12/6 - 2 + 18/6}{1/6 + 1/6} V = 9V$$

（2）求等效电阻 R_d 令 A、B 以左的三个独立源为零，得到图 2-10-4d 所示电路，则 A、B 端口的等效电阻为

$$R_d = 6\Omega /\!/ 6\Omega = 3\Omega$$

（3）从图 2-10-4b 中求 I。

$$I = \frac{U_d + 1V}{R_d + \left[4\Omega /\!/ (3+1)\Omega\right]} \frac{4}{4+3+1} = 1A$$

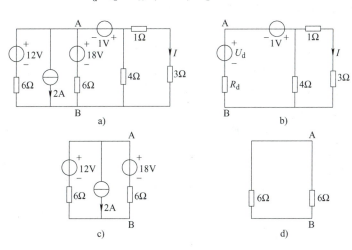

图 2-10-4

例 2-10-2 在图2-10-5a 所示电路中，求 A、B 端口的戴维南等效电路。

解：（1）求 U_d 图 2-10-5a 中 A、B 端口处于开路状态，列写 KVL 方程

$$(1+3)I_2 = 4 + 2I_2$$

$$I_2 = 2A$$

$$U_d = U_{AB0} = 3\Omega \times I_2 = 6V$$

（2）求等效电阻 R_d 下面分别用两种方法求解。

1）开路短路法：开路电压已在（1）中求得，现求 A、B 端口的短路电流。将 A、B 端口短接，如图 2-10-5b 所示，从图中易看出：$3I_2 = 0$，即 $I_2 = 0$，则受控源 $2I_2 = 0$，有

$$I_d = (4/1)A = 4A$$

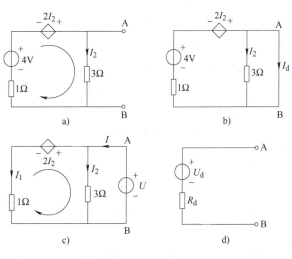

图 2-10-5

$$R_d = U_d/I_d = 1.5\Omega$$

2）加压法：将独立电压源置零后，然后再在 A、B 端口加上一个电压源，如图 2-10-5c 所示。

列写 KVL 方程

$$3I_2 - I_1 = 2I_2$$
$$I_2 = I_1$$

又因为

$$I_2 = \frac{U}{3}$$

所以

$$R_d = \frac{U}{I} = \frac{U}{I_1 + I_2} = \frac{U}{2I_2} = \frac{U}{2 \times \dfrac{U}{3}}\Omega = 1.5\Omega$$

最后，得到 A、B 端口的戴维南等效电路如图 2-10-5d 所示。

二、最大功率的传输条件

当一个线性有源一端口网络化为戴维南等效电路后，在其端口接上可变电阻 R，如图 2-10-6 所示。当 U_d、R_d 已知，那么当 R 为多少时它能获得最大功率？获得的最大功率又为多少？

$$P_R = I^2 R = \left(\frac{U_d}{R_d + R}\right)^2 R = f(R)$$

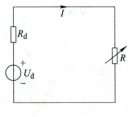

图 2-10-6

令 $\dfrac{\mathrm{d}f(R)}{\mathrm{d}R} = 0$，得到

$$R = R_d \tag{2-10-1}$$

此时

$$P_R = P_{\max} = \frac{U_d^2}{4R_d} \tag{2-10-2}$$

式（2-10-1）就是最大功率的传输条件。若 R_d 是信号源内阻，R 是负载电阻，则当满足最大功率传输条件时，传输效率为 50%，即有一半功率消耗在信号源内阻上。

例2-10-3 在图2-10-7a 所示电路中，两个有源一端口网络 A_1、A_2 串联后与 R 相连，R 从 $0 \to \infty$ 改变，测得 $R = 0\Omega$ 时，$I = 0.2\mathrm{A}$；$R = 50\Omega$ 时，$I = 0.1\mathrm{A}$。

（1）当 R 为多少时，能获得最大功率？

（2）当将图 2-10-7b 所示电路代替 R 接于 A、B 端口时，$R_1 = R_2 = R_3 = 20\Omega$，VCVS 的控制系数 $\mu = 3.6$，求端口电压 U_{AB}。

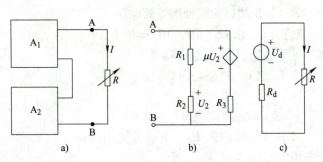

图 2-10-7

解：（1）首先将两个有源一端口网络 A_1、A_2 化为戴维南等效电路，分别记为 U_{d1}、R_{d1}、U_{d2}、R_{d2}，再将 U_{d1}、U_{d2} 等效为一个电压源，记为 U_d，将串联的 R_{d1}、R_{d2} 等效为一个电阻 R_d，于是串联的两个有源一端口网络 A_1、A_2 最后等效为一个电压源 U_d 和一个电阻 R_d 的串联，如图 2-10-7c 所示。

$$I(R + R_{\mathrm{d}}) = U_{\mathrm{d}}$$

代入已知条件

$$0.2(0 + R_{\mathrm{d}}) = U_{\mathrm{d}}$$
$$0.1(50 + R_{\mathrm{d}}) = U_{\mathrm{d}}$$

解之得

$$R_{\mathrm{d}} = 50\,\Omega, \quad U_{\mathrm{d}} = 10\mathrm{V}$$

所以当 $R = R_{\mathrm{d}} = 50\,\Omega$ 时，获得最大功率

$$P_{\max} = \frac{U_{\mathrm{d}}^2}{4R_{\mathrm{d}}} = \frac{10^2}{4 \times 50}\mathrm{W} = 0.5\mathrm{W}$$

（2）将图 2-10-7b 所示电路接于 A、B 端口，利用节点电压法，由米尔曼公式得

$$U_{\mathrm{AB}} = \frac{\dfrac{U_{\mathrm{d}}}{R_{\mathrm{d}}} + \dfrac{\mu U_2}{R_3}}{\dfrac{1}{R_{\mathrm{d}}} + \dfrac{1}{R_1 + R_2} + \dfrac{1}{R_3}} = \frac{0.2 + 0.09 U_{\mathrm{AB}}}{0.095}$$

其中

$$U_2 = \frac{U_{\mathrm{AB}}}{R_1 + R_2} R_2 = \frac{1}{2} U_{\mathrm{AB}}$$

最后得到

$$U_{\mathrm{AB}} = 40\mathrm{V}$$

三、诺顿定理

任一线性有源一端口网络（如图 2-10-8a 所示）对其余部分而言，可以等效
为一个电流源 I_{d} 与一个电阻 R_{d} 相并联的电路（如图 2-10-8b 所示），其中 I_{d} 的
大小等于有源一端口网络端口的短路电流，电流的方向从高电位点流出；R_{d} 等
于戴维南定理中的 R_{d}，即等于令有源一端口网
络内所有独立源为零后所构成的无源一端口网
络的等效电阻。

利用戴维南定理，将网络 A 化为 U_{d}、R_{d}
串联电路，再根据实际电压源与实际电流源模
型的等效变换，将 U_{d}、R_{d} 串联组成的实际电压
源模型化为由 I_{d}、R_{d} 并联组成的实际电流源模
型，其中 $I_{\mathrm{d}} = U_{\mathrm{d}}/R_{\mathrm{d}}$，显然，从图 2-10-8b 中易
看出 I_{d} 就是网络 A 的短路电流，诺顿定理得证。

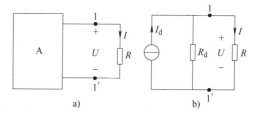

图　2-10-8

要计算一个线性有源一端口网络 A 的诺顿等效电路，只要求出网络 A 的短路电流 I_{d}、
令网络 A 中所有独立源为零后的网络 P 的入端等效电阻 R_{d} 即可。诺顿定理中的 R_{d} 与戴维
南定理中的 R_{d} 是完全相同的，因此求解方法也完全相同。

例 2-10-4　利用诺顿定理计算图 2-10-9a 所示电路中的电流 I。

解：（1）求短路电流 I_{d}　将 A、B 端口短接，右边 $4\,\Omega$ 的电阻被短接，得到图 2-10-9b
所示电路。

$$I_1 = \frac{12}{(3 /\!/ 6) + (3 /\!/ 6)}\mathrm{A} = 3\mathrm{A}$$

$$I_2 = I_1 \times \frac{6}{3 + 6} = 2\mathrm{A}$$

$$I_3 = I_1 \times \frac{3}{3+6} = 1\text{A}$$

$$I_d = I_2 - I_3 = 1\text{A}$$

（2）求等效电阻 R_d　令左边 12V 的电压源为零，左边 4Ω 电阻被短接，如图 2-10-9c 所示。

$$R_d = \left[(3 /\!/ 6) + (3 /\!/ 6) \right] /\!/ 4\Omega = 2\Omega$$

（3）画出 AB 端口以左电路的诺顿等效电路，如图 2-10-9d 所示。

$$I = I_d \frac{R_d}{R_d + 2} = 0.5\text{A}$$

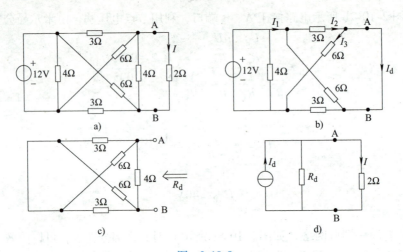

图　2-10-9

例 2-10-5　求图2-10-10a 所示电路的诺顿等效电路。

解：（1）求短路电流 I_d　将 A、B 两端短接，如图 2-10-10b 所示。

由 KVL 有

$$6I = 2, \quad I = \frac{1}{3}\text{A}$$

由 KCL 有

$$I_d + 1 = I + 3I, \quad I_d = 4I - 1\text{A} = \frac{1}{3}\text{A}$$

（2）求 A、B 端口的等效电阻　令 2V 的电压源、1A 的电流源为零，受控源仍然保留，得到图 2-10-10c 所示电路。

$$U_{AB} = 6(-I)$$

$$I_{AB} = -I - 3I = -4I$$

$$R_d = \frac{U_{AB}}{I_{AB}} = 1.5\Omega$$

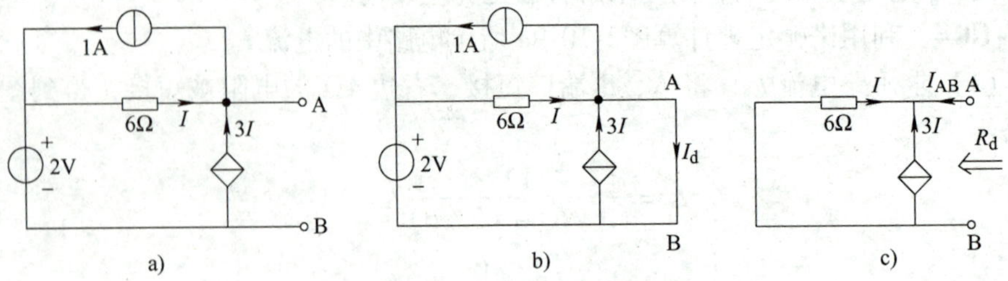

图　2-10-10

戴维南定理和诺顿定理是线性电路中的重要定理，它可将任意复杂的线性有源一端口网络化为等效的、简单的含内阻的电压源或电流源。当只需求电路中某支路的电流或电压时，可将该支路拉出，其余部分看作一端口有源网络 A，将 A 化为戴维南或诺顿等效电路，则被拉出支路的电流或电压就易于求解了。当有源一端口网络的拓扑结构和参数都未知，用一个方框（所谓黑匣子）表示时，如果知道它是线性的，就可以用两个参数 U_d、R_d 或 I_d、R_d 来描述它，并可以用实验方法求出其戴维南或诺顿等效电路。

第十一节　特勒根定理

假设有两个拓扑结构完全相同的网络 N、$\hat{N}$，它们都具有 b 条支路、n 个节点，每条支路电压和电流采用一致的参考方向，对应支路、节点均采用相同的编号，则网络 N 的支路电流与网络 $\hat{N}$ 的对应支路电压的乘积之总和为零，也有网络 N 的支路电压与网络 $\hat{N}$ 的对应支路电流的乘积之总和为零，这就是特勒根定理。用数学表达式表示为

$$\sum_{k=1}^{b} \hat{U}_k I_k = 0, \quad \sum_{k=1}^{b} U_k \hat{I}_k = 0 \tag{2-11-1}$$

下面证明特勒根定理。先看两个具体的电路，然后再扩展到一般电路。如图 2-11-1a、b 所示电路，两电路具有完全相同的拓扑结构，均有 6 条支路、4 个节点。以节点 D、$\hat{D}$ 为参考节点，用 U_A、U_B、U_C 表示节点 A、B、C 的节点电压，$\hat{U}_A$、$\hat{U}_B$、$\hat{U}_C$ 表示节点 $\hat{A}$、$\hat{B}$、$\hat{C}$ 的节点电压，各支路电流、电压采用一致的参考方向，电流下标即是相应支路编号，则有

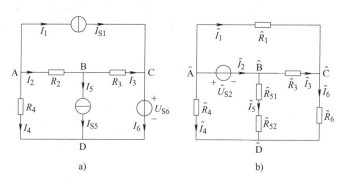

图　2-11-1

KCL：

$$I_1 + I_2 + I_4 = 0$$

$$I_3 + I_5 - I_2 = 0$$

$$I_6 - I_1 - I_3 = 0$$

KVL：

$$\hat{U}_1 = \hat{U}_A - \hat{U}_C \quad \hat{U}_4 = \hat{U}_A$$

$$\hat{U}_2 = \hat{U}_A - \hat{U}_B \quad \hat{U}_5 = \hat{U}_B$$

$$\hat{U}_3 = \hat{U}_B - \hat{U}_C \quad \hat{U}_6 = \hat{U}_C$$

$$\hat{U}_1 I_1 + \hat{U}_2 I_2 + \hat{U}_3 I_3 + \hat{U}_4 I_4 + \hat{U}_5 I_5 + \hat{U}_6 I_6$$

$$= (\hat{U}_A - \hat{U}_C)I_1 + (\hat{U}_A - \hat{U}_B)I_2 + (\hat{U}_B - \hat{U}_C)I_3 + \hat{U}_A I_4 + \hat{U}_B I_5 + \hat{U}_C I_6$$

$$= \hat{U}_A(I_1 + I_2 + I_4) + \hat{U}_B(-I_2 + I_3 + I_5) + \hat{U}_C(-I_1 - I_3 + I_6)$$

$$= \hat{U}_A \sum_A I + \hat{U}_B \sum_B I + \hat{U}_C \sum_C I = 0 \tag{2-11-2}$$

式 (2-11-2) 为 $\hat{U}_A$、$\hat{U}_B$、$\hat{U}_C$ 分别乘以节点 A、B、C 上的各支路电流代数和之总和。现在推想：两个具有完全相同拓扑结构的网络 N、$\hat{N}$，均有 b 条支路、n 个节点，以第 n 个节点为参考节点，那么

$$\sum_{k=1}^{b} \hat{U}_k I_k = \hat{U}_A \sum_A I + \hat{U}_B \sum_B I + \cdots [\text{共}(n-1)\text{项}] = 0$$

式 (2-11-1) 第一式成立，同理可证得式 (2-11-1) 第二式成立，因而特勒根定理得证。

倘若 N、$\hat{N}$ 两个网络是同一个网络，那么有

$$\sum_{k=1}^{b} U_k I_k = 0 \tag{2-11-3}$$

式 (2-11-3) 表示在一个电路中，所有支路电压、对应支路电流的乘积之和恒等于零，其物理实质就是电路功率守恒，即有源支路发出的功率等于无源支路吸收的功率。式 (2-11-3) 又称为特勒根功率定理。虽然式 (2-11-1) 中每一个乘积项也都具有功率量纲，但并不代表电路的真实功率，故被称为特勒根似功率定理。

在证明特勒根定理的过程中，仅仅要求电路中各支路电流在每一个节点上满足 KCL 方程，各支路电压在任意回路中满足 KVL 方程，对支路的构成、支路的伏安特性没有任何限制，因此对于任何线性或非线性、时变或非时变电路，该定理都适用。由此可见，特勒根定理与 KCL、KVL 一样具有普遍性，其实质是表达电路的互连规律性，有人将之称为基尔霍夫第三定律。

特勒根定理可以用于证明互易定理、正弦稳态电路的无功功率平衡，分析计算电路的灵敏度等。特勒根定理的应用还有待进一步开拓。

例 2-11-1　图 2-11-2a、b 所示两个电路具有完全相同的拓扑图，即图 2-11-2c 所示，请注意图 b 中右边虽是开路，也可以作为第 4 条支路，其电流 $\hat{I}_4 = 0$。已知图 a 中 $U_1 = 3\mathrm{V}$，$R_2 = 1\Omega$，$I_3 = 2\mathrm{A}$；图 b 中 $\hat{R}_1 = 1\Omega$，$\hat{I}_2 = 4\mathrm{A}$，$\hat{U}_3 = 5\mathrm{V}$，验证特勒根定理。

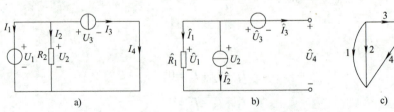

图　2-11-2

解：在图 2-11-2a 中

$$U_1 = U_2 = 3\mathrm{V}, \quad I_2 = U_2/R_2 = 3\mathrm{A}, \quad U_3 = U_1 = 3\mathrm{V}$$

$$I_1 = -I_2 - I_3 = -5\mathrm{A}, \quad I_4 = I_3 = 2\mathrm{A}, \quad U_4 = 0\mathrm{V}$$

在图 2-11-2b 中

$$\hat{I}_3 = \hat{I}_4 = 0, \quad \hat{I}_1 = -\hat{I}_2 = -4\mathrm{A}, \quad \hat{U}_1 = \hat{U}_2 = \hat{R}_1 \hat{I}_1 = -4\mathrm{V}$$

$$\hat{U}_3 = 5\mathrm{V}, \quad \hat{U}_4 = -\hat{U}_3 + \hat{U}_2 = -9\mathrm{V}$$

$$\sum_{k=1}^{4} U_k I_k = U_1 I_1 + U_2 I_2 + U_3 I_3 + U_4 I_4$$

$$= \left[3 \times (-5) + 3 \times 3 + 3 \times 2 + 0 \times 2 \right] V \cdot A = 0 V \cdot A$$

$$\sum_{k=1}^{4} \hat{U}_k \hat{I}_k = \hat{U}_1 \hat{I}_1 + \hat{U}_2 \hat{I}_2 + \hat{U}_3 \hat{I}_3 + \hat{U}_4 \hat{I}_4$$

$$= \left[(-4) \times (-4) + (-4) \times 4 + 5 \times 0 + (-9) \times 0 \right] V \cdot A = 0 V \cdot A$$

$$\sum_{k=1}^{4} \hat{U}_k I_k = \hat{U}_1 I_1 + \hat{U}_2 I_2 + \hat{U}_3 I_3 + \hat{U}_4 I_4$$

$$= \left[(-4) \times (-5) + (-4) \times 3 + 5 \times 2 + (-9) \times 2 \right] V \cdot A = 0 V \cdot A$$

$$\sum_{k=1}^{4} U_k \hat{I}_k = U_1 \hat{I}_1 + U_2 \hat{I}_2 + U_3 \hat{I}_3 + U_4 \hat{I}_4$$

$$= \left[3 \times (-4) + 3 \times 4 + 3 \times 0 + 0 \times 0 \right] V \cdot A = 0 V \cdot A$$

上述四个式子中的前两式验证了图 2-11-2a、b 两电路各自的功率守恒，后两式验证了图 2-11-2a、b 电路之间的似功率守恒。

第十二节　互　易　定　理

一、互易定理的一般形式

对外呈现两个端口的网络，称为二端口网络，也称为双口网络。互易定理是研究线性无源（既无独立源也无受控源）二端口网络的两个端口上电压、电流关系的定理。如图 2-12-1a、b 所示，图中网络 N、$\hat{N}$ 是同一线性无独立源也无受控源的阻性网络，图 a、b 表示网络 N、$\hat{N}$ 连接于两组不同的端口。

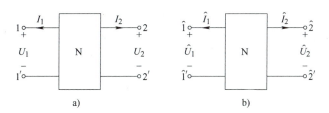

图　2-12-1

由特勒根定理得到

$$U_1 \hat{I}_1 + U_2 \hat{I}_2 + \sum_{k=3}^{b} U_k \hat{I}_k = 0 \qquad (2\text{-}12\text{-}1)$$

$$\hat{U}_1 I_1 + \hat{U}_2 I_2 + \sum_{k=3}^{b} \hat{U}_k I_k = 0 \qquad (2\text{-}12\text{-}2)$$

由于两个图中的 N、$\hat{N}$ 是同一网络，故有

$$U_k = R_k I_k, \quad \hat{U}_k = \hat{R}_k \hat{I}_k = R_k \hat{I}_k$$

则有

$$\sum_{k=3}^{b} U_k \hat{I}_k = \sum_{k=3}^{b} \hat{U}_k I_k = \sum_{k=3}^{b} R_k I_k \hat{I}_k \qquad (2\text{-}12\text{-}3)$$

由式（2-12-1）～式（2-12-3）得到

$$U_1 \hat{I}_1 + U_2 \hat{I}_2 = \hat{U}_1 I_1 + \hat{U}_2 I_2 \qquad (2\text{-}12\text{-}4)$$

式（2-12-4）就是互易定理的一般形式。

二、互易定理的特殊形式

（1）如图 2-12-2 所示，N 为线性不含源的电阻网络，当电压源 U_S 接在支路 1，在支路 2 中产生的电流等于将电压源 U_S 移至支路 2、在支路 1 中产生的电流。这就是互易定理的第一种形式。

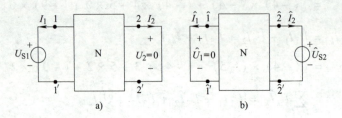

图　2-12-2

图 2-12-2 表明：11′端口接电压源 U_{S1}，22′端口短接；$\hat{1}\hat{1}'$端口短接，$\hat{2}\hat{2}'$端口接电压源 $\hat{U}_{S2}$。若 $U_{S1} = \hat{U}_{S2}$，则由式（2-12-4）得到

$$U_{S1}\hat{I}_1 + 0 \times \hat{I}_2 = 0 \times I_1 + \hat{U}_{S2}I_2$$

$$\hat{I}_1 = I_2$$

互易定理的第一种形式即得证。

（2）如图 2-12-3 所示，N 为线性不含源的电阻网络，当电流源 I_S 接在支路 1，在支路 2 上产生的开路电压等于将电流源 I_S 移至支路 2，在支路 1 上产生的开路电压。这就是互易定理的第二种形式。

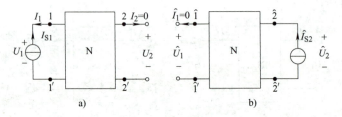

图　2-12-3

图 2-12-3 表明：11′端口接电流源 I_{S1}，22′端口开路；$\hat{1}\hat{1}'$端口开路，$\hat{2}\hat{2}'$端口接电流源 $\hat{I}_{S2}$。若 $I_{S1} = \hat{I}_{S2}$，则由式（2-12-4）得到

$$U_1 \times 0 + U_2(-\hat{I}_{S2}) = \hat{U}_1(-I_{S1}) + \hat{U}_2 \times 0$$

$$U_2 = \hat{U}_1$$

互易定理的第二种形式即得证。

（3）如图 2-12-4 所示，N 为线性不含源的电阻网络，将电流源 I_{S1} 和电压源 $\hat{U}_{S2}$ 分别接在 11′端口和 $\hat{2}\hat{2}'$端口，22′端口短接，$\hat{1}\hat{1}'$端口开路，那么 22′端口的短路电流与 11′端口的电流源电流之比等于 $\hat{1}\hat{1}'$端口的开路电压与 $\hat{2}\hat{2}'$端口的电压源电压之比，即

$$\frac{I_2}{I_{S1}} = \frac{\hat{U}_1}{\hat{U}_{S2}}$$

这就是互易定理的第三种形式。

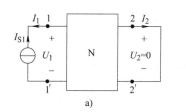 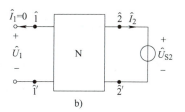

图 2-12-4

图 2-12-4 表明：11′端口接电流源 I_{S1}，22′端口短接；$\hat{1}\hat{1}'$端口开路，$\hat{2}\hat{2}'$端口接电压源 $\hat{U}_{S2}$。由式（2-12-4）得到

$$U_1 \times 0 + 0 \times \hat{I}_2 = \hat{U}_1(-I_{S1}) + \hat{U}_{S2}I_2$$

$$\frac{I_2}{I_{S1}} = \frac{\hat{U}_1}{\hat{U}_{S2}}$$

互易定理的第三种形式得证。

使用互易定理要特别注意两端口支路电压和电流的参考方向应符合图2-12-1 ~ 图2-12-4 中的选定的参考方向。

例 2-12-1 如图2-12-5所示电路，已知 $U_S = 8\text{V}$，$R_1 = 3\Omega$，$R_2 = 6\Omega$，$R_3 = R_4 = 2\Omega$，$R_5 = 1\Omega$，求 $I_5 = ?$

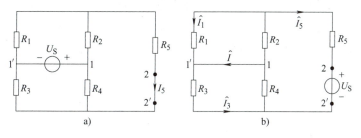

图 2-12-5

解： 利用节点电压法或回路电流法都可以求得 I_5。这里将运用互易定理的第一种形式求解。图 2-12-5a 中电压源 U_S 单独作用时产生的电流 I_5 就等于将电压源 U_S 移至 I_5 所在支路而在原电压源所在支路产生的电流 $\hat{I}$。需要特别提醒的是电源移动前后电压源的电压方向与相关电流的方向应与图 2-12-2 对应。

由图 2-12-5b 得到

$$\hat{I}_5 = \frac{-U_S}{R_5 + (R_1 /\!/ R_2) + (R_3 /\!/ R_4)} = \frac{-8}{1 + 3/\!/6 + 2/\!/2}\text{A} = -2\text{A}$$

$$\hat{I}_1 = -\hat{I}_5 \frac{R_2}{R_1 + R_2} = 2 \times \frac{6}{3+6}\text{A} = \frac{4}{3}\text{A}$$

$$\hat{I}_3 = -\hat{I}_5 \frac{R_4}{R_3 + R_4} = 2 \times \frac{2}{2+2}\text{A} = 1\text{A}$$

$$\hat{I} = \hat{I}_3 - \hat{I}_1 = -\frac{1}{3}\text{A}$$

所以

$$I_5 = \hat{I} = -\frac{1}{3}\text{A}$$

第十三节 补 偿 定 理

在电路中，由于电阻元件的老化、环境温度变化或其他原因，可能使电阻元件的阻值发生变化，这种变化将导致各支路电流重新分配，引起各支路电压、电流随之改变。补偿定理揭示了电阻的变化量与各支路电流变化量的关系。

在一个有源线性电阻电路中，如果某支路的电阻值由原来 R 变化为 $R + \Delta R$，设 R 未变化时通过它的电流为 I，则 R 变为 $R + \Delta R$ 后，该电路中各支路电流和电压的变化量，就等于在 R 变化后的那条支路中，串入一个大小为 ΔRI，电压方向与该支路原电流 I 方向相同的理想电压源单独作用情况下所产生的电流和电压，这就是补偿原理。

下面对补偿定理进行证明。在一有源线性电阻电路中，将变化的电阻从整个电路中拉出来，其余部分用一个有源线性一端口网络表示，如图 2-13-1a 所示。电阻 R 未变化时通过它的电流为 I，当电阻 R 变化为 $R + \Delta R$ 时，通过它的电流变化为 $I + \Delta I$，如图 2-13-1b 所示。在图 2-13-1b 电路中，串进一对大小相等（其中：$\Delta U = \Delta RI$）且方向相反的电压源，如图 2-13-1c 所示。应用叠加定理，将图 2-13-1c 所示电路中的独立源分为两组：一组为有源线性一端口网络 A 内所有独立源和一个 ΔU 共同作用，如图 2-13-1d 所示；一组为一个 ΔU 单独作用，而令 A 中所有独立源为零，如图 2-13-1e 所示。仔细观察图 2-13-1d 中的 M、N 两点，由于 $\Delta U = \Delta RI$，所以图 2-13-1a、d 为等效电路，即图 2-13-1d 中通过电阻 $R + \Delta R$ 的电流亦是 I，那么图 2-13-1e 中通过电阻 $R + \Delta R$ 的电流就是 ΔI，换句话说，图 2-13-1e 给出了电流的变化量。从证明过程知，各支路电流的变化量同样由图 2-13-1e 给出，各支路电压的变化量也由图 2-13-1e 给出。因而补偿定理得证。

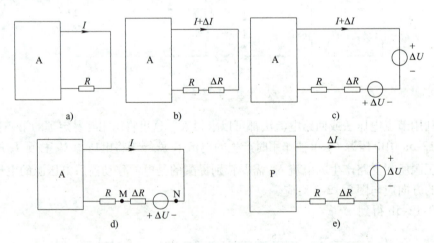

图 2-13-1

例 2-13-1 如图 2-13-2a 所示，电流源 $I_S = 1A$，$R_1 = R_3 = 10\Omega$，$R_2 = R_4 = 20\Omega$，$R_5 = 40\Omega$，求通过 R_2、R_5 的电流；当 R_1 从 10Ω 改变为 12Ω 时，再求通过 R_2、R_5 的电流。

解： 在图 2-13-2a 所示的电桥电路中，$R_1 R_4 = R_2 R_3$，电桥处于平衡状态，于是 $I_5 = 0$，求 I_1、I_2 时可将 R_5 所在支路断开，由分流公式得到

$$I_1 = I_2 = I_S \frac{R_3 + R_4}{(R_1 + R_2) + (R_3 + R_4)} = 0.5A$$

当 R_1 从 10Ω 改变为 12Ω 时，$\Delta R_1 = 2\Omega$，根据补偿定理画出求电流变化量的电路图，如图 2-13-2b 所示（此时令 $I_S = 0$）。

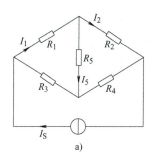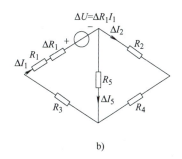

图 2-13-2

$$\Delta I_1 = \frac{-\Delta U}{(R_1 + \Delta R_1) + R_3 + [R_5 /\!/ (R_2 + R_4)]} = \frac{-2 \times 0.5}{12 + 10 + (40 /\!/ 40)} \text{A} = -\frac{1}{42}\text{A}$$

$$\Delta I_2 = \Delta I_1 \frac{R_5}{R_5 + (R_2 + R_4)} = -\frac{1}{84}\text{A} = -0.0119\text{A}$$

$$\Delta I_5 = \Delta I_1 \frac{R_2 + R_4}{R_5 + (R_2 + R_4)} = -\frac{1}{84}\text{A} = -0.0119\text{A}$$

于是

$$I'_2 = I_2 + \Delta I_2 = 0.5\text{A} - 0.0119\text{A} = 0.4881\text{A}$$

$$I'_5 = I_5 + \Delta I_5 = 0 - 0.0119\text{A} = -0.0119\text{A}$$

例 2-13-2 在图2-13-3a 中，已知 $R_1 = 10\Omega$，$R_2 = 30\Omega$，$R_3 = 60\Omega$，$U_S = 18\text{V}$，电流表 A 内阻 $R_A = 1\Omega$。

（1）当不计及电流表内阻时，R_3 所在支路的电流 I 为多少？

（2）考虑电流表内阻对被测量实际值的影响，试计算由此引起的电流 I 的变化量 ΔI 以及电流表的指示值 I' 为多少？

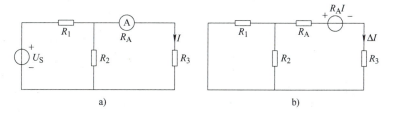

图 2-13-3

解：（1）当不计及电流表内阻时，即令 $R_A = 0$，R_3 所在支路电流为

$$I = \frac{U_S}{R_1 + R_2 /\!/ R_3} \frac{R_2}{R_2 + R_3} = \frac{18}{10 + 30 /\!/ 60} \frac{30}{30 + 60}\text{A} = 0.2\text{A} = 200\text{mA}$$

（2）考虑电流表内阻，$R_A = 1\Omega$，R_3 所在支路阻值变化引起各支路电流变化，根据补偿定理，令 $U_S = 0$，画出求电流变化量的电路图，如图 2-13-3b 所示，则有

$$\Delta I = \frac{-IR_A}{(R_1 /\!/ R_2) + R_A + R_3} = \frac{-0.2 \times 1}{(10 /\!/ 30) + 1 + 60}\text{A}$$

$$= -0.0029\text{A} = -2.9\text{mA}$$

$$I' = I + \Delta I = 200\text{mA} + (-2.9\text{mA}) = 197.1\text{mA}$$

可见，由于电流表内阻的影响，使 R_3 所在支路的电流值从 200mA 减少为 197.1mA，其

误差为

$$\gamma = \left| \frac{\Delta I}{I'} \right| \times 100\% = \left| \frac{-2.9}{197.1} \right| \times 100\% \approx 1.5\%$$

校正值 $I = I' - \Delta I = 200\text{mA}$。因此补偿定理可用于一些实验测量值的校正。

*第十四节 灵敏度计算

所谓灵敏度是指电路中某一参数改变对电路响应（电压或电流）的影响程度。电路设计中，在判别电路性能时，常常用到灵敏度的概念。例如设计一个稳压器，当然希望灵敏度小一些，即希望稳压器内部参数改变时对输出电压的影响越小越好，亦就是稳压效果好。如图 2-14-1a 所示，U_5 为输出电压，则 $\partial U_5 / \partial R_1$ 就是输出电压关于 R_1 的灵敏度，记为 S_{51}。显然，对于一个简单电路，直接计算出 U_5 的解析表达式，再对 R_1 求偏导即得到所需的灵敏度。但是，对于支路数多、结构复杂的电路，要求出相关的解析表达式是不现实的。通过特勒根定理推求灵敏度是一种有效的方法，这种方法通常称为伴随网络法。

所谓伴随网络是与原网络的拓扑结构、支路编号及参考方向完全相同的网络，且各元件与原网络中的各元件有着对应关系。假设原网络仅由电阻和独立电源组成，则原网络中的各元件与伴随网络中的各元件的对应关系如表 2-14-1 所示。

表 2-14-1 原网络与伴随网络间的元件对应关系

网络名称	电阻	独立电压源	独立电流源	输出开路电压	输出短路电流
原网络	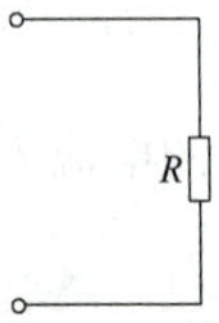 R	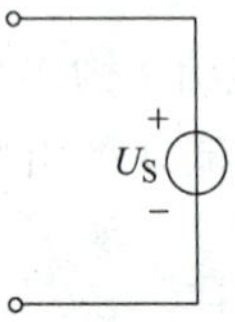 U_S	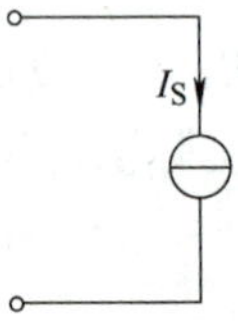 I_S	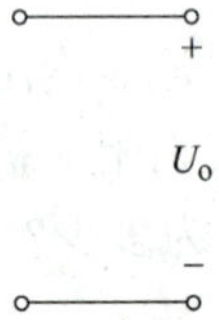 U_o	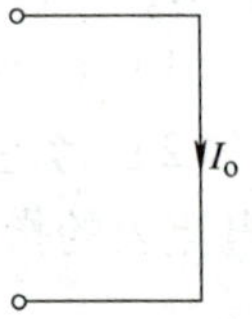 I_o
伴随网络	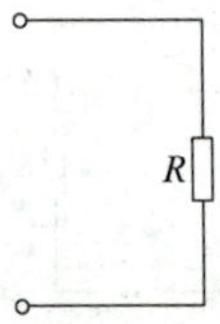 R	 短路	 开路	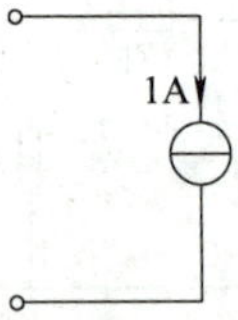 1A	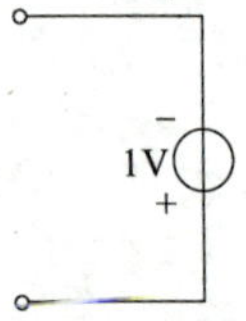 1V

下面推导如何利用伴随网络求灵敏度。

设原网络第 k 条支路的电压、电流为 U_k、I_k $(k = 1, 2, \cdots, b)$，b 为支路数；伴随网络第 k 条支路的电压、电流各为 $\hat{U}_k$、$\hat{I}_k$ $(k = 1, 2, \cdots, b)$。由特勒根定理得

$$\sum_{k=1}^{b} U_k \hat{I}_k = 0 \tag{2-14-1}$$

$$\sum_{k=1}^{b} \hat{U}_k I_k = 0 \tag{2-14-2}$$

当原网络中电阻参数有微小变动时，则第 k 条支路的电压、电流改变为：$U_k + \mathrm{d}U_k$、$I_k + \mathrm{d}I_k$ $(k = 1, 2, \cdots, b)$。同样由特勒根定理得

$$\sum_{k=1}^{b} (U_k + \mathrm{d}U_k) \hat{I}_k = 0 \tag{2-14-3}$$

$$\sum_{k=1}^{b} \hat{U}_k(I_k + \mathrm{d}I_k) = 0 \qquad (2\text{-}14\text{-}4)$$

将式（2-14-3）减去式（2-14-1），又将式（2-14-4）减去式（2-14-2）得到

$$\sum_{k=1}^{b} \hat{I}_k \mathrm{d}U_k = 0 \qquad (2\text{-}14\text{-}5)$$

$$\sum_{k=1}^{b} \hat{U}_k \mathrm{d}I_k = 0 \qquad (2\text{-}14\text{-}6)$$

将式（2-14-5）减去式（2-14-6）得

$$\sum_{k=1}^{b} (\hat{I}_k \mathrm{d}U_k - \hat{U}_k \mathrm{d}I_k) = 0 \qquad (2\text{-}14\text{-}7)$$

式（2-14-7）被称为特勒根似功率增量定理。

如图 2-14-1 所示，其中图 a 表示原电路，图 b 表示其伴随网络。

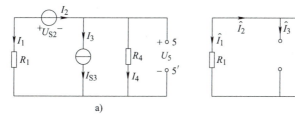 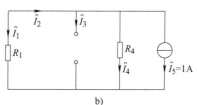

图　2-14-1

由式（2-14-7）得到

$$(\hat{I}_1 \mathrm{d}U_1 - \hat{U}_1 \mathrm{d}I_1) + (\hat{I}_2 \mathrm{d}U_2 - \hat{U}_2 \mathrm{d}I_2) + (\hat{I}_3 \mathrm{d}U_3 - \hat{U}_3 \mathrm{d}I_3) +$$
$$(\hat{I}_4 \mathrm{d}U_4 - \hat{U}_4 \mathrm{d}I_4) + (\hat{I}_5 \mathrm{d}U_5 - \hat{U}_5 \mathrm{d}I_5) = 0 \qquad (2\text{-}14\text{-}8)$$

设原电路中 R_1、R_4 的变化量为 $\mathrm{d}R_1$、$\mathrm{d}R_4$，而伴随网络的电阻始终是 R_1、R_4，则因为

$$U_1 = R_1 I_1, \quad \mathrm{d}U_1 = R_1 \mathrm{d}I_1 + I_1 \mathrm{d}R_1, \quad \hat{U}_1 = R_1 \hat{I}_1$$

故有

$$\hat{I}_1 \mathrm{d}U_1 - \hat{U}_1 \mathrm{d}I_1 = \hat{I}_1(R_1 \mathrm{d}I_1 + I_1 \mathrm{d}R_1) - (R_1 \hat{I}_1)\mathrm{d}I_1 = I_1 \hat{I}_1 \mathrm{d}R_1$$

同理

$$\hat{I}_4 \mathrm{d}U_4 - \hat{U}_4 \mathrm{d}I_4 = I_4 \hat{I}_4 \mathrm{d}R_4$$

原电路中支路 2 是电压源，$U_2 = U_{S2}$，始终不变，故 $\mathrm{d}U_2 = 0$；而伴随网络中支路 2 短路，$\hat{U}_2 = 0$，故有

$$\hat{I}_2 \mathrm{d}U_2 - \hat{U}_2 \mathrm{d}I_2 = \hat{I}_2 \times 0 - 0 \times \mathrm{d}I_2 = 0$$

原电路中支路 3 是电流源，$I_3 = I_{S3}$，始终不变，故 $\mathrm{d}I_3 = 0$；而伴随网络中支路 3 开路，$\hat{I}_3 = 0$，故有

$$\hat{I}_3 \mathrm{d}U_3 - \hat{U}_3 \mathrm{d}I_3 = 0 \times \mathrm{d}U_3 - \hat{U}_3 \times 0 = 0$$

原电路中支路 5 是开路电压输出支路，$I_5 = 0$；而伴随网络中支路 5 是一个单位电流源，$\hat{I}_5 = 1\mathrm{A}$，故有

$$\hat{I}_5 \mathrm{d}U_5 - \hat{U}_5 \mathrm{d}I_5 = 1 \times \mathrm{d}U_5 - \hat{U}_5 \times 0 = 1 \times \mathrm{d}U_5 \quad （乘 1 是量纲匹配需要）$$

将上述结果代入式（2-14-8）中，整理得到

$$1 \times \mathrm{d}U_5 + I_1 \hat{I}_1 \mathrm{d}R_1 + I_4 \hat{I}_4 \mathrm{d}R_4 = 0 \qquad (2\text{-}14\text{-}9)$$

由此可得输出电压 U_5 关于 R_1、R_4 的灵敏度为

$$S_{51} = \frac{\partial U_5}{\partial R_1} = -I_1 \hat{I}_1, \; S_{54} = \frac{\partial U_5}{\partial R_4} = -I_4 \hat{I}_4 \qquad (2\text{-}14\text{-}10)$$

S_{51}、S_{54} 的量纲是 V/Ω。

对于复杂网络灵敏度的计算，通常采用两种方法。第一种方法是伴随网络法，适用于计算当多个电路参数改变对一个输出量的灵敏度；第二种方法是利用上节介绍的补偿定理求解的方法（亦称为扰动法），它适用于计算当一个电路参数改变时对多个输出量的灵敏度。

例 2-14-1 图2-14-2a 所示电路共 6 条支路，支路方向已在图中标出，已知 $R_1 = R_3 = 10\Omega$，$R_2 = R_4 = 20\Omega$，电流源 $I_{S5} = 1\mathrm{A}$，求输出短路电流 I_6 关于电阻 R_1、R_2 的灵敏度。

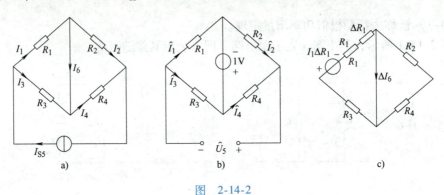

图 2-14-2

解： 利用伴随网络法，画出伴随网络如图 2-14-2b 所示，由特勒根似功率增量定理式（2-14-7）得

$$\sum_{k=1}^{6} \left(\hat{I}_k \mathrm{d}U_k - \hat{U}_k \mathrm{d}I_k \right) = 0 \qquad (2\text{-}14\text{-}11)$$

现需求 I_6 关于 R_1、R_2 的灵敏度，设原网络中 R_1、R_2 的变化量为 $\mathrm{d}R_1$、$\mathrm{d}R_2$，R_3、R_4 不变，则有

$$\hat{I}_1 \mathrm{d}U_1 - \hat{U}_1 \mathrm{d}I_1 = I_1 \hat{I}_1 \mathrm{d}R_1$$
$$\hat{I}_2 \mathrm{d}U_2 - \hat{U}_2 \mathrm{d}I_2 = I_2 \hat{I}_2 \mathrm{d}R_2$$
$$\hat{I}_3 \mathrm{d}U_3 - \hat{U}_3 \mathrm{d}I_3 = \hat{I}_3 (R_3 \mathrm{d}I_3) - (R_3 \hat{I}_3) \mathrm{d}I_3 = 0$$

同理

$$\hat{I}_4 \mathrm{d}U_4 - \hat{U}_4 \mathrm{d}I_4 = 0$$

原网络中支路 5 是电流源，$I_5 = I_{S5}$，$\mathrm{d}I_5 = 0$；而伴随网络中 $\hat{I}_5 = 0$，于是

$$\hat{I}_5 \mathrm{d}U_5 - \hat{U}_5 \mathrm{d}I_5 = 0$$

原网络中支路 6 是短路电流输出支路，$U_6 = 0$，$\mathrm{d}U_6 = 0$；而伴随网络中 $\hat{U}_6 = -1\mathrm{V}$，于是

$$\hat{I}_6 \mathrm{d}U_6 - \hat{U}_6 \mathrm{d}I_6 = 0 - (-1) \times \mathrm{d}I_6 = 1 \times \mathrm{d}I_6 \text{（乘 1 是为了量纲匹配）}$$

将以上结果代入式（2-14-11），整理得

$$I_1 \hat{I}_1 \mathrm{d}R_1 + I_2 \hat{I}_2 \mathrm{d}R_2 + 1 \times \mathrm{d}U_6 = 0$$

则灵敏度为

$$S_{61} = \frac{\partial U_6}{\partial R_1} = -I_1 \hat{I}_1, \; S_{62} = \frac{\partial U_6}{\partial R_2} = -I_2 \hat{I}_2$$

在图 2-14-2a 中

$$I_1 = I_2 = \frac{1}{2}I_{S5} = 0.5\text{A}$$

在图 2-14-2b 中

$$\hat{I}_1 = \frac{1}{R_1 + R_3} = \frac{1}{10 + 10}\text{A} = 0.05\text{A}$$

$$\hat{I}_2 = \frac{-1\text{V}}{R_2 + R_4} = \frac{-1}{20 + 20}\text{A} = -0.025\text{A}$$

最后得到

$$S_{61} = -I_1\hat{I}_1 = -0.5 \times 0.05\text{A}/\Omega = -0.025\text{A}/\Omega$$

$$S_{62} = -I_2\hat{I}_2 = -0.5 \times (-0.025)\text{A}/\Omega = 0.0125\text{A}/\Omega$$

下面再利用扰动法计算。以 S_{61} 为例，根据补偿定理，令 $I_{S5} = 0$，画出求电流变化量的电路图，如图 2-14-2c 所示。

$$\Delta I_6 = -\frac{I_1\Delta R_1}{R_1 + \Delta R_1 + R_3}$$

令 $\Delta R_1 \to 0$，则

$$S_{61} = \frac{\partial I_6}{\partial R_1} = -\frac{I_1}{R_1 + R_3} = -\frac{0.5}{10 + 10}\text{A}/\Omega = -0.025\text{A}/\Omega$$

同理，也可求得 $S_{62} = 0.0125\text{A}/\Omega$。

习 题 二

2-1 在题图2-1所示电路中，已知 $R_1 = 10\Omega$，$R_3 = 20\Omega$，$U_{S1} = 10\text{V}$，$U_{S3} = 20\text{V}$，$I_{S2} = 3\text{A}$，试用支路电流法求 I_3。

2-2 在题图2-2所示电路中，已知 $R_1 = 1\Omega$，$R_2 = 2\Omega$，$R_3 = 3\Omega$，$R_5 = 5\Omega$，$U_{S2} = 10\text{V}$，$I_{S1} = 10\text{A}$，$I_{S4} = 4\text{A}$，试用支路电流法求支路电流 I_3。

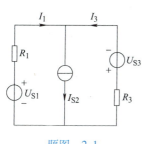

题图 2-1

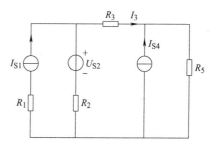

题图 2-2

2-3 在题图2-3所示电路中，已知 $R_1 = 1\Omega$，$R_2 = 2\Omega$，$R_3 = 3\Omega$，$R_4 = 4\Omega$，$I_{S5} = 5\text{A}$，$I_{S6} = 6\text{A}$，试用回路电流法求各支路电流。

2-4 在题图2-4电路中，已知 $R_1 = R_5 = 2\Omega$，$R_2 = R_4 = 1\Omega$，$R_3 = R_6 = 3\Omega$，$R_7 = 4\Omega$，$I_{S4} = 6\text{A}$，$I_{S5} = 1\text{A}$，以 R_1、R_2、R_3、R_4、R_5 支路为树，试求连支电流 I_6 和 I_7。

2-5 试用回路电流法求题图2-5所示电路中流经电阻 2Ω 的电流 I。

2-6 在题图2-6所示电路中，已知 $R_2 = 2\Omega$，$R_3 = 3\Omega$，$R_4 = 4\Omega$，$R_5 = 5\Omega$，$\mu = \alpha = 2$，$U_{S4} = 4\text{V}$，试用网孔电流法求 I_1 和 I_4。

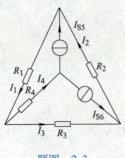

题图　2-3

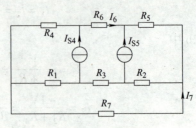

题图　2-4

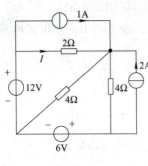

题图　2-5

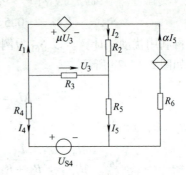

题图　2-6

2-7 在题图2-7所示电路中，已知 $R_4 = 4\Omega$，$R_5 = 5\Omega$，$R_6 = 6\Omega$，$I_{S7} = 7A$，$I_{S8} = 8A$，$I_{S9} = 9A$，试用网孔电流法求各支路电流。

2-8 在题图2-8所示电路中，已知 $U_{S1} = 6V$，$U_{S3} = 8V$，$I_S = 1.8A$，$R_1 = 30\Omega$，$R_2 = 60\Omega$，$R_3 = R_4 = R_5 = 20\Omega$，参考点已标明，试求节点电压 U_a 和电流源 I_S、电压源 U_{S3} 发出的功率。

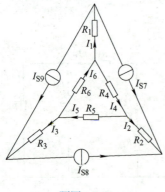

题图　2-7

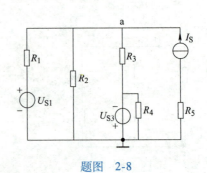

题图　2-8

2-9 在题图2-9所示电路中，已知 $R_1 = R_2 = 10\Omega$，$R_3 = 5\Omega$，$R_4 = R_8 = 12\Omega$，$R_5 = R_6 = R_7 = 4\Omega$，$U_{S1} = 10V$，$I_{S4} = 3.5A$，$I_{S8} = (5/6)$ A，试求节点电压 $U_①$、$U_②$、$U_③$。

2-10 以 d 为参考节点列写题图2-10所示电路的节点电压方程（无须求解）。

2-11 在题图2-11所示电路中，已知 $R_3 = 3\Omega$，$R_4 = 4\Omega$，$R_5 = 5\Omega$，$R_6 = 6\Omega$，$U_{S1} = 1V$，$U_{S2} = 2V$，试用节点电压法求各支路电流。

2-12 在题图2-12所示电路中，已知 $U_S = 12V$，$I_S = 1A$，$\alpha = 2.8$，$R_1 = R_3 = 10\Omega$，$R_2 = R_4 = 5\Omega$，求电流 I_1 及电压源 U_S 发出的功率。

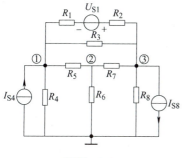

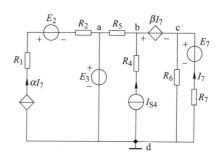

题图　2-9　　　　　　　　　　　　　题图　2-10

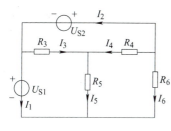

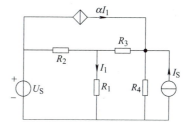

题图　2-11　　　　　　　　　　　　题图　2-12

2-13　电路如题图2-13所示，已知 $R_1 = 1\Omega$，$R_2 = 2\Omega$，$R_3 = 3\Omega$，$R_5 = 5\Omega$，$U_{S5} = 5V$，$U_{S1} = 1V$，要使 U_{ab} 为零，试求 g 值。

2-14　题图2-14所示电路是左右对称结构的，求电压源电流 I 及其功率。

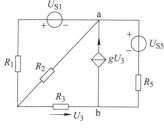

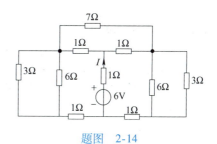

题图　2-13　　　　　　　　　　　　题图　2-14

2-15　在题图2-15所示电路中，已知 $R_2 = 2\Omega$，$R_3 = 3\Omega$，$R_4 = 4\Omega$，$R_7 = 7\Omega$，$U_{S1} = 1V$，$U_{S2} = 2V$，$U_{S5} = 5V$，$I_{S6} = 6A$，试求 I_7 为多少？

2-16　如题图2-16所示电路，设 $R_2 = R_4 = R_5 = 20\Omega$，$R_3 = 40\Omega$，$E_1 = 100V$，$E_2 = -30V$，欲使 R_X 中无电流，求 R_1 为多少？

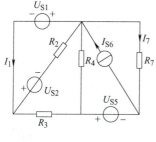

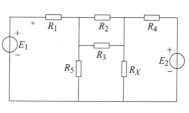

题图　2-15　　　　　　　　　　　　题图　2-16

2-17　在题图2-17所示电路中，已知 $I_S = 1A$，$E_1 = E_2 = 9V$，$R = 6\Omega$，试用叠加定理求各支路电流。

2-18 试用叠加定理求题图2-18所示电路电阻5Ω中的电流。

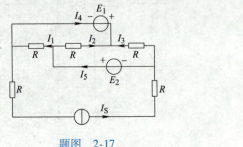

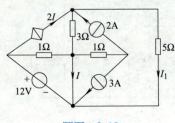

题图 2-17　　　　　　　　　　题图 2-18

2-19 题图2-19所示电路方框内为任意线性有源电路。已知 $U_S = 5V$，$I_S = 1A$，$U = 15V$，若将 U_S 极性反一下，则 $U = 25V$；若将 U_S 极性和 I_S 的方向都反一下，则 $U = 5V$，试问若将 I_S 的方向反一下，U 为多少？

2-20 在题图2-20所示电路中，P 为无独立源的电阻网络（可以含受控源），设 $E_S = 1V$，$I_S = 0A$，测量得 $I = 4A$。求当 $E_S = 3V$，$I_S = 0A$ 时，I 为多少？

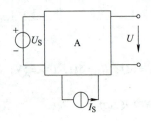

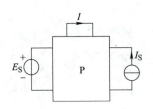

题图 2-19　　　　　　　　　　题图 2-20

2-21 在题图2-21所示电路中，A 为线性有源网络，$I_1 = 2A$，$I_2 = (1/3)$ A，当 R 增加 10Ω 时，$I_1 = 1.5A$，$I_2 = 0.5A$，求当 R 减少 10Ω 时，I_1、I_2 为多少？

2-22 在题图2-22所示电路中，方框内为有源电路（可以含受控源），已知 $I_1 = 0.2A$，$U_2 = 5V$，当 R 增加 10Ω 时，$I_1 = 0.16A$，$U_2 = 6V$，当 R 增加 40Ω 时，求 U_2 为多少？

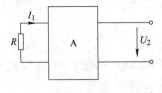

题图 2-21　　　　　　　　　　题图 2-22

2-23 在题图2-23所示电路中，已知 $E_1 = 10V$，$E_2 = 7V$，$E_3 = 4V$，$R_1 = 5Ω$，$R_2 = 7Ω$，$R_3 = 20Ω$，$R_4 = 42Ω$，$R_5 = 2Ω$，试求它的戴维南等效电路。

2-24 在题图2-24所示电路中，已知 $R_1 = 40Ω$，$R_2 = 8Ω$，$R_3 = 3Ω$，$R_4 = 16Ω$，$I_S = 1000mA$，R 任意变化，试问：

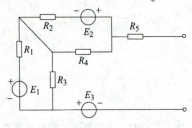

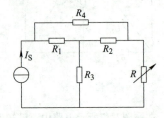

题图 2-23　　　　　　　　　　题图 2-24

（1）R 为多少时，在 R 上消耗的功率最大？$P_{\max}=?$

（2）R 为多少时，通过它的电流最大？$I_{\max}=?$

（3）R 为多少时，其上的电压为最大？$U_{\max}=?$

2-25 电路如题图2-25所示，已知 $I_{S1}=1A$，$R_2=2\Omega$，$R_3=3\Omega$，$g_m=-1S$。

（1）请画出戴维南等效电路图。

（2）求出戴维南等效电压与等效电阻。

2-26 在题图2-26所示电路中，$R_1=25\Omega$，$R_2=100\Omega$，$U_S=10V$，$\alpha=10$，当 R 变化（设不短路）时 U 保持不变，试问 R_3 应为多少？此时 $U=?$

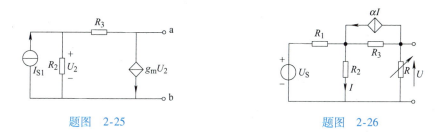

题图 2-25　　　　　　　　　题图 2-26

2-27 在题图2-27所示电路中，已知 $R_1=R_2=R_3=20\Omega$，$g=0.0375S$，$\mu=0.5$，$U_S=10V$，$I_S=1A$，试求诺顿等效电路。

2-28 如题图2-28所示电路，已知 $E=10V$，$R_1=R_2=1k\Omega$，求该电路的诺顿等效电路。

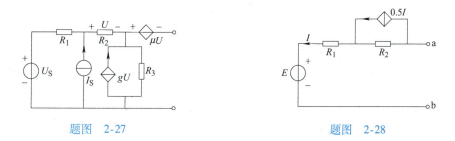

题图 2-27　　　　　　　　　题图 2-28

2-29 电路如题图2-29所示，$I_2=0.5A$，N 为无源电阻网络，求 U_1 为多少？

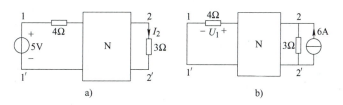

a)　　　　　　　　b)

题图 2-29

2-30 在题图2-30所示电路中，$R_1=1\Omega$，$R_2=2\Omega$，$U_1=1V$，$U_2=2V$，$I_{S2}=3A$，$I_{S1}=2A$，网络 N 内无独立源也无受控源，仅由线性元件构成，负载电阻可以自由改变，试问 R_L 等于多少时负载能从网络中吸收最大的功率？且最大功率为多少？

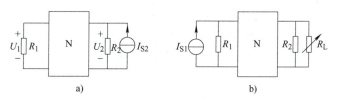

a)　　　　　　　　b)

题图 2-30

2-31　在题图2-31所示电路中，已知 $R_1 = 24\Omega$，$R_2 = 5\Omega$，$R_3 = 40\Omega$，$R_4 = 20\Omega$，$R = 2\Omega$，$E = 24\text{V}$，试用互易定理求通过电阻 R 的电流 I。

2-32　在题图2-32所示电路中，电阻的单位为 Ω，利用互易定理，求开路电压 U。

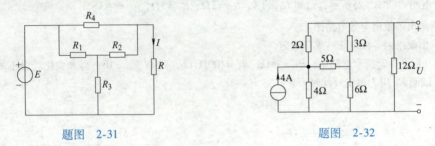

题图　2-31　　　　　　　　　　题图　2-32

2-33　在题图2-33所示电路中，已知 $R_1 = 10\Omega$，$R_2 = 20\Omega$，$U_S = 16\text{V}$，$U_{S1} = 12\text{V}$，$U_{S2} = 24\text{V}$，$U_{S4} = 20\text{V}$，$I_S = 2\text{A}$，$U_{S5} = 40\text{V}$，试求电流 I。

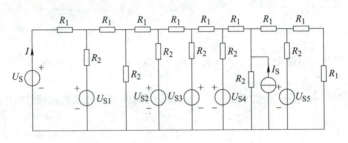

题图　2-33

2-34　在题图 2-34 所示电路中，已知 U_{S1} 单独作用时，$I'_1 = 5\text{A}$，$I'_4 = 2\text{A}$，$I'_5 = 1\text{A}$，$U_{S2} = \dfrac{1}{2}U_{S1}$，$U_{S3} = 2U_{S1}$，求 I_1。

2-35　电路如题图2-35所示。
（1）请画出诺顿等效电路图。
（2）求出诺顿等效电流和等效电阻。

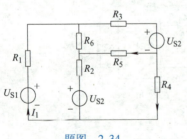

题图　2-34

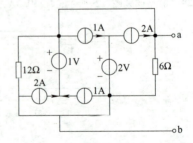

题图　2-35

2-36　在题图2-36所示电路中，已知 $U_S = 2\text{V}$，$R_1 = 400\Omega$，$R_2 = 400\Omega$，$R_3 = R_4 = R_5 = 800\Omega$，求 I_5。若 $R_1 = 500\Omega$，再求 I_5。

2-37　在题图2-37所示电路中，已知 $R_1 = 20\Omega$，$R_2 = 30\Omega$，$R_3 = 14\Omega$，$R_4 = 21\Omega$，$R_5 = 50\Omega$，$R_6 = 5\Omega$，$E = 2\text{V}$，试求支路电流 I_5。若 $R_4 = 25\Omega$，再求 I_5。

2-38　题图2-38所示电路中共五条支路，已在图中标明，已知 $I_{S1} = 1\text{A}$，$R_2 = 2\Omega$，$E_{S3} = 3\text{V}$，$R_4 = 4\Omega$，当 R_2 改变为 $R_2 + \text{d}R_2$ 时，做出其增量网络，求 $\text{d}U_5/\text{d}R_2$ 的灵敏度。

2-39　设题图2-39所示电路中 U_4 为输出量，已知 $R_1 = 6\Omega$，$R_2 = 30\Omega$，$R_3 = 5\Omega$，$R_4 = 15\Omega$，$I_S = 0.2\text{A}$，$E = 2.4\text{V}$，试求灵敏度 $\dfrac{\partial U_4}{\partial R_1}$、$\dfrac{\partial U_4}{\partial R_2}$、$\dfrac{\partial U_4}{\partial R_3}$、$\dfrac{\partial U_4}{\partial R_4}$。

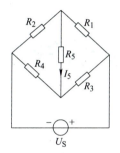

题图 2-36

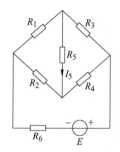

题图 2-37

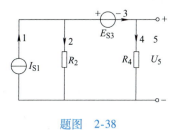

题图 2-38

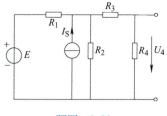

题图 2-39

知识图谱：

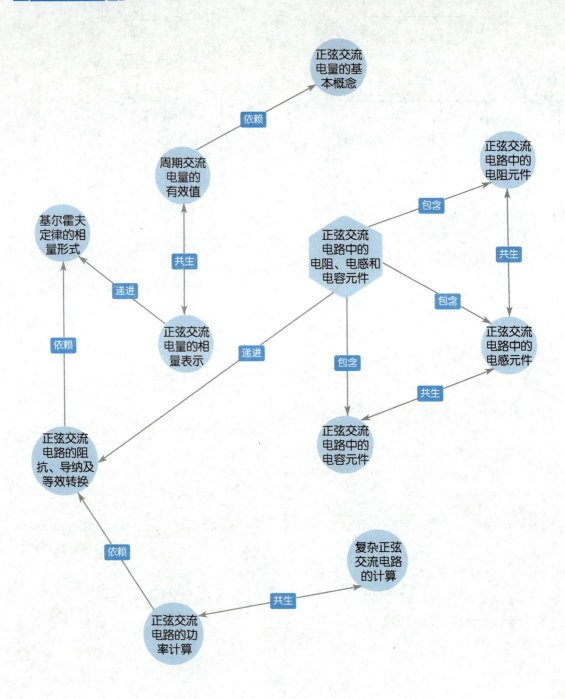

第一节　正弦交流电量的基本概念

在直流电路中，电压和电流的大小、方向都不随时间变化。如果电路中电压和电流随时间作周期性变化，且在一周期内的平均值为零，则称这种电路为交流电路，如图 3-1-1 所示。若电压和电流的波形随时间作正弦（余弦）函数变化，则称这种电路为正弦交流电路。正弦交流电路是最基本和最重要的交流电路。在电力系统中，电能的生产、输送和分配主要以正弦交流电的形式进行。在通信及广播领域，正弦交流电也得到广泛应用。任意非正弦周期交流电量也可按照傅里叶级数分解成一系列不同频率的正弦交流电量之和，然后应用线性电路的叠加原理，按照直流和正弦交流电路的分析方法进行运算处理。因此，正弦交流电路是一般性周期变化电量的分析基础，具有重要的意义。

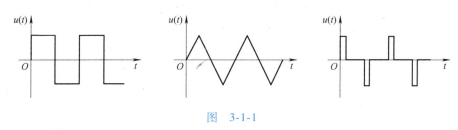

图　3-1-1

一、正弦量的三要素

正弦交流电路中的电压和电流都随时间作正弦规律变化，要确切地描述某一电路中电压或电流的变化，首先必须规定一个参考方向，然后按参考方向写出它的瞬时表达式，得出相应的波形图。下面以图 3-1-2 流过某支路的正弦电流为例，讨论正弦交流电的一些基本概念。

在图 3-1-2 所规定的电压、电流参考方向下，图 3-1-3 表示了正弦交流电流的变化波形，图中横坐标变量取为 ωt，则电流大小与时间的函数关系可表示为

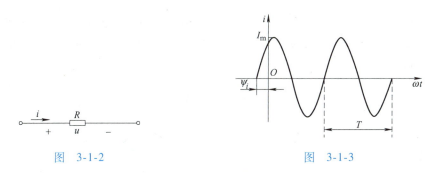

图　3-1-2　　　　　　　　图　3-1-3

$$i(t) = I_m \sin(\omega t + \psi_i) \tag{3-1-1}$$

式中，$i(t)$ 表示电流的瞬时值，常简写成 i；I_m 表示电流变化时所能达到的最大值，称为电流的最大值或振幅。

正弦交流电变化一个循环所需要的时间称为周期，用字母 T 来表示，单位为秒（s）。电流每秒种变化的次数称为频率，用 f 来表示，单位为赫兹（Hz）。周期与频率互为倒数关系（$f = 1/T$）。例如，我国电力工业中交流电的频率（简称工频）为50Hz，它的变化周期为0.02s。在电子技术中，常用千赫（kHz）（$1kHz = 10^3 Hz$）、兆赫（MHz）（$1MHz = 10^6 Hz$）

或吉赫（GHz）（$1\text{GHz} = 10^9\text{Hz}$）作为频率的单位。

式（3-1-1）中 $\omega t + \psi_i$ 是正弦量的相位（角度），单位用度或弧度表示。$\omega t + \psi_i$ 表明正弦函数的变化是随着函数相位的改变而变化的。不同时刻正弦量具有不同的相位，当 $t = 0$ 时的相位 ψ_i 称为正弦量的初相位（角）。通常取 $|\psi_i| \leqslant 180°$ 或 $|\psi_i| \leqslant \pi$。

由于正弦函数经过一个周期（T）相当于相位改变了 2π 弧度，因此可得

$$[\omega(t + T) + \psi_i] - (\omega t + \psi_i) = 2\pi$$

即
$$\omega = \frac{2\pi}{T} = 2\pi f \tag{3-1-2}$$

式中，ω 是正弦量的角频率，表示正弦量在单位时间内变化的弧度数，也称为角速度，单位是弧度/秒（rad/s）。对于 50Hz 的工频正弦交流电，其角频率 $\omega = 2\pi f = 314\text{rad/s}$。

由以上分析可知，任一正弦量的变化规律可由它的振幅、角频率和初相位来确定，因此把正弦交流电量的振幅 I_m、角频率 ω 和初相位 ψ_i 称为正弦量的三要素。

例 3-1-1 已知一个幅值为 311V，频率为 50Hz，初相角为 30° 的正弦交流电压，试写出它的表达式。

解： $\omega = 2\pi f = 314\text{rad/s}$，正弦量的三要素已知，则正弦交流电压可表示为

$$u = 311\sin(314t + 30°)\,\text{V}$$

在正弦稳态交流电路中，电压和电流都是连续变化的。因此，对于某一正弦量，当取不同的起始时间，该正弦量的初相位也随之变化。例如，对于图 3-1-4 所示的正弦交流电量，如果在书写电流表达式时，时间的起点取在电流的从负到正的过零点，则其表达式为

$$i = I_m\sin\omega t$$

此时其初相位 ψ_i 为零。但如果时间的起点取在电流的最大幅值处，则对于同一正弦交流电流，其电流表达式为

$$i = I_m\sin\left(\omega t + \frac{\pi}{2}\right)$$

此时其初相位 $\psi_i = \dfrac{\pi}{2}$。

但对于同一个问题中存在多个正弦量的情况，所有正弦量只能有一个共同的时间起点。例如，某一电路中电流和电压的波形如图 3-1-5 所示，如果时间起点取在电压变化的从负到正过零点，则有

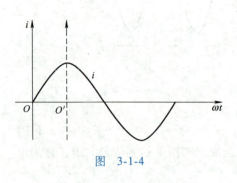

图 3-1-4

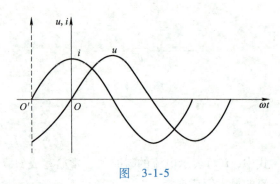

图 3-1-5

$$u = U_m\sin\omega t$$

$$i = I_m\sin\left(\omega t + \frac{\pi}{2}\right)$$

此时电压初相位为零，而电流的初相位为 $\frac{\pi}{2}$。当然也可以取时间起点在电流变化的从负到正的过零点（如图 3-1-5 中虚线），这时电压与电流表达式为

$$u = U_{\mathrm{m}}\sin\left(\omega t - \frac{\pi}{2}\right)$$

$$i = I_{\mathrm{m}}\sin\omega t$$

其电压初相位为 $-\frac{\pi}{2}$，而电流初相位为零。

二、正弦量的相位差

在正弦交流电路稳态分析中，经常遇到多个频率相同而初相位不同的正弦电压和电流，每个电压、电流最大值出现的时刻各不相同。设有同频率的正弦电压和正弦电流

$$u = U_{\mathrm{m}}\sin(\omega t + \psi_u)$$

$$i = I_{\mathrm{m}}\sin(\omega t + \psi_i)$$

它们的波形如图 3-1-6 所示。图中横坐标变量取为 ωt。

为了说明两个同频率正弦量之间的相位关系，引入相位差的概念。两个正弦函数之间的相位之差，称为它们的相位差，用 φ 来表示。上面电压和电流之间的相位差为

$$\varphi = (\omega t + \psi_u) - (\omega t + \psi_i) = \psi_u - \psi_i$$

可见，对于同频率的正弦量来说，相位差 φ 在任何瞬间都为定值，即等于它们的初相位之差。

如果电压和电流之间的相位差 $\varphi = \psi_u - \psi_i > 0$，此时电压 u 的相位超前于电流 i 一个相位角 φ，也就是说电压比电流先达到最大值，即当电压达到最大值时，电流尚需经过 $t = \varphi/\omega$ 时间才会达到最大值，如图 3-1-6 所示。上面所说电压相位超前电流 φ 相位角，也可以表述为电流 i 滞后电压 u 一个 φ 相位角。一般规定超前或滞后的相位角用小于 π 的弧度来表示。

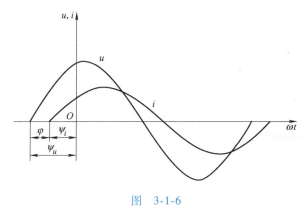

图　3-1-6

若 $\varphi = \psi_u - \psi_i < 0$，则电压 u 滞后于电流 i 相位角 φ，其 u、i 的波形示于图 3-1-7a 中。当 $\varphi = \psi_u - \psi_i = 0$ 时，称 u 和 i 同相，波形如图 3-1-7b 所示。当 $\varphi = \psi_u - \psi_i = \pi$ 时，称 u 和 i 反相，波形如图 3-1-7c 所示。

例 3-1-2　已知同频率的两个正弦交流电压信号，$u_1(t) = 10\sin(\omega t + 135°)\mathrm{V}$，$u_2(t) = 10\sin(\omega t - 90°)\mathrm{V}$，求电压 u_1 与 u_2 的相位差，并判断哪个信号超前？

解：两个电压的相位差为 $\varphi = 135° - (-90°) = 225° > 180°$，因此，修正相位差为 $\varphi = 225° - 360° = -135° < 0°$，可见 u_1 滞后 u_2 135°，也可以说 u_2 超前 u_1 135°，如图 3-1-8 所示。

在正弦稳态分析中，为方便起见，常设定一个正弦量的初相角为零，称之为参考正弦量。由于在正弦稳态电路中，同频的正弦量之间的相位差是与时间无关的常量，所以当一个正相量为参考正弦量后，其他正弦量的初相位也就随之确定了。

如例 3-1-2 中，若取 u_2 为参考正弦量，即将时间起点选为 u_2 从负到正的过零点，则 $u_2(t) = 10\sin\omega t\mathrm{V}$，$u_1(t) = 10\sin(\omega t - 135°)\mathrm{V}$，$u_1$ 与 u_2 的相位差 $\varphi = -135°$ 不变。

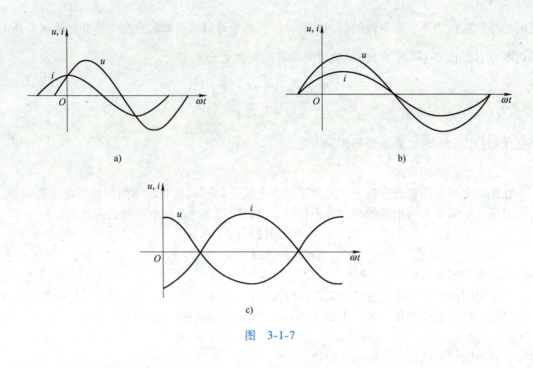

图　3-1-7

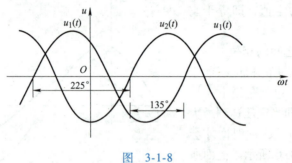

图　3-1-8

第二节　周期交流电量的有效值

周期性电压和电流的大小都随时间变化，要描述它们的大小就必须写出瞬时表达式。对于具体问题，可以采用一些特定的指标值来表示。例如在电工技术中，当考虑电气设备的绝缘安全能承受多大峰值电压以及电气元件能承受多大峰值电流时，需要知道电压和电流的最大值。在考虑周期电流和电压在一个周期内产生的平均效应时，常用"有效值"来度量它们的大小。

周期性电压和电流的有效值是根据能量（或功率）等效的概念来定义的。例如，对于周期变化的交流电流 $i(t)$，它在电阻 R 上产生功率损耗，一个周期时间内消耗的电能为

$$W = \int_0^T i^2 R \mathrm{d}t$$

设有一个直流电流 I，通过同一电阻 R，一个周期时间内消耗的电能为 $W = I^2RT$。若二者一周期内消耗的电能相等，则有

$$I^2RT = R\int_0^T i^2 \mathrm{d}t$$

即

$$I = \sqrt{\frac{1}{T}\int_0^T i^2(t)\,\mathrm{d}t} \tag{3-2-1}$$

式中，I 称为周期交流电流 $i(t)$ 的有效值，它等于瞬时值 $i(t)$ 的二次方在一个周期内的平均值再取二次方根，因此有效值又称为方均根值。从物理意义上讲，周期电流的有效值是从功耗相等的观点来衡量一个周期电流的大小。它把交流电流等效成一个相应的直流电流。当这一直流电流通过同一电阻时，在一个周期时间内产生与交流电流同样的电能消耗。

对于周期性变化的电压 $u(t)$，它的有效值 U 也有类似的定义，即

$$U = \sqrt{\frac{1}{T}\int_0^T u^2(t)\,\mathrm{d}t} \tag{3-2-2}$$

当周期性电流为正弦电流时，设

$$i = I_\mathrm{m}\sin(\omega t + \psi)$$

把电流代入式（3-2-1），得

$$I = \sqrt{\frac{1}{T}\int_0^T I_\mathrm{m}^2\sin^2(\omega t + \psi)\,\mathrm{d}t} = \sqrt{\frac{I_\mathrm{m}^2}{T}\int_0^T \frac{1 - \cos 2(\omega t + \psi)}{2}\,\mathrm{d}t}$$

$$= \sqrt{\frac{I_\mathrm{m}^2}{T}\frac{T}{2}} = \frac{I_\mathrm{m}}{\sqrt{2}} \tag{3-2-3}$$

可见正弦电流的有效值等于最大值 I_m 除以 $\sqrt{2}$。

类似地可以得到正弦电压的最大值与它的有效值之间的关系

$$U = \frac{U_\mathrm{m}}{\sqrt{2}} \tag{3-2-4}$$

这样，我们可以把式（3-1-1）重新表示成

$$i = \sqrt{2}I\sin(\omega t + \psi) \tag{3-2-5}$$

式中，I 为正弦交流电流的有效值。

电气工程上一般所说的正弦电压和电流的大小都是指它们的有效值。通常所说的单相交流电压为 220V，电流为 10A 等，都是指正弦交流电的有效值。一般工程上的电气测量仪表所指的值也大都是指有效值。

第三节　正弦交流电量的相量表示

对于线性稳态电路而言，如果电路内的所有电源均为同一频率的正弦量，则电路任一部分的电压与电流也是与电源同频率的正弦量。在对正弦交流电路进行分析计算时，会遇到大量的同一频率的正弦量相加或相减的问题。如果直接把正弦电压或电流的瞬时表达式相加减，其三角函数的计算是相当繁杂的。为解决这一问题，对正弦交流电路的稳态分析多采用相量（复数）运算的方法来进行。

一、正弦量的相量表示

如上所述，在线性电路中，当电路中施加的激励源都是同频率的正弦量时，则电路中的响应也是与激励源同频率的正弦量。因此，求解线性电路中的正弦稳态响应只需要确定两个要素，即最大值（或有效值）和初相位即可。由数学可知，一个复数具有模和辐角，与正

弦量的两个要素相对应，因而引入复数来表示正弦量，并称之为相量表示法。相量表示法的实质是将正弦稳态由时域变换到频域进行运算，从而简化了正弦交流电路的计算。

下面以正弦电流 $i = I_\mathrm{m}\sin(\omega t + \psi_i)$ 为例，说明其变换过程。

由欧拉公式，一个复指数函数 $I_\mathrm{m}\mathrm{e}^{\mathrm{j}(\omega t + \psi_i)}$ 可写成

$$I_\mathrm{m}\mathrm{e}^{\mathrm{j}(\omega t + \psi_i)} = I_\mathrm{m}\cos(\omega t + \psi_i) + \mathrm{j}I_\mathrm{m}\sin(\omega t + \psi_i)$$

由上式可知，复指数的虚部正好是正弦电流 i，即

$$i = I_\mathrm{m}\sin(\omega t + \psi_i) = \mathrm{Im}\left[I_\mathrm{m}\mathrm{e}^{\mathrm{j}(\omega t + \psi_i)}\right] = \mathrm{Im}\left[I_\mathrm{m}\mathrm{e}^{\mathrm{j}\psi_i}\mathrm{e}^{\mathrm{j}\omega t}\right] = \mathrm{Im}\left[\sqrt{2}I\mathrm{e}^{\mathrm{j}\psi_i}\mathrm{e}^{\mathrm{j}\omega t}\right] \tag{3-3-1}$$

式中，Im [ ] 表示取复数的虚部。上式表明，利用欧拉公式，可把一个实数范围的正弦时间函数与一个复数范围内的复指数函数对应起来，即复指数函数的模为正弦函数的幅值 I_m，辐角为正弦函数的相位 $\omega t + \psi_i$。将式（3-3-1）中 $I_\mathrm{m}\mathrm{e}^{\mathrm{j}\psi_i}$ 定义为

$$\dot{I}_\mathrm{m} = I_\mathrm{m}\mathrm{e}^{\mathrm{j}\psi_i} = I_\mathrm{m}\underline{/\psi_i} \tag{3-3-2}$$

式中，I_m 为幅值；ψ_i 为初相角；$\dot{I}_\mathrm{m}$ 为正弦量的最大值相量。在电工计算中，常用有效值 I 为复数的模、ψ_i 为辐角来表示的相量 $\dot{I}$，称为正弦量的有效值相量，并简称为相量，即

$$\dot{I} = I\mathrm{e}^{\mathrm{j}\psi_i} = I\underline{/\psi_i} \tag{3-3-3}$$

初相角 $\psi_i = 0$ 的相量，称为参考相量，此时 $\dot{I} = I\underline{/0°}$，其对应的正弦量也即参考正弦量。

式（3-3-1）中的 $\mathrm{e}^{\mathrm{j}\omega t} = 1\underline{/\omega t}$ 是一个模为 1、辐角随时间变化的旋转因子，相量 $I_\mathrm{m}\mathrm{e}^{\mathrm{j}\psi_i}$ 乘以旋转因子 $\mathrm{e}^{\mathrm{j}\omega t}$ 时，则表示相量 $\dot{I}_\mathrm{m}$ 的模不变，辐角随时间以角速度 ω 逆时针方向旋转，如图 3-3-1 所示。图中用来表示正弦函数的矢量称为正弦量的相量，相量在复平面上的图形称为相量图。

图中画出了该相量在 $t = 0$ 和 $t = t_1$ 时的位置。当 $t = 0$ 时，该相量与实轴夹角为正弦函数的初相角 ψ_i。该相量以角速度 ω 随时间向逆时针方向旋转，当 $t = t_1$ 时刻，相量转到图中虚线所示位置，此时与实轴夹角为 $\omega t_1 + \psi_i$。由图可以看出，该相量在虚轴上的投影长度等于 $I_\mathrm{m}\sin(\omega t + \psi_i)$，恰好等于对应的正弦函数在该时刻的瞬时值。当 t 继续增大，旋转矢量继续逆时针旋转，各个时刻在虚轴上的投影可以用来表示正弦量。

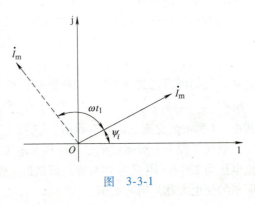

图 3-3-1

由于在正弦交流电路中各正弦量都具有相同的角频率，所以表示正弦量的旋转矢量中均具有相同的旋转因子 $\mathrm{e}^{\mathrm{j}\omega t}$，因此可以在复指数函数中省略 $\mathrm{e}^{\mathrm{j}\omega t}$ 仅用 $I_\mathrm{m}\mathrm{e}^{\mathrm{j}\psi_i}$ 来表示正弦电流。因此在实际应用中，可根据正弦量和相量的对应关系，写出其对应的相量。反之，在给定正弦量的角频率和相量，可以直接写出所对应的正弦量。

例 3-3-1 已知正弦量 $i_1 = 10\sin(\omega t + 30°)\mathrm{A}$，$i_2 = -5\sqrt{2}\sin(\omega t + 60°)\mathrm{A}$，$i_3 = 5\cos(\omega t + 120°)\mathrm{A}$，分别写出这三个正弦量对应的相量。

解：（1）相量是用有效值表示模，初相角表示辐角的复数。因此 i_1 对应的相量形式为

$$\dot{I}_1 = \frac{10}{\sqrt{2}}\underline{/30°}\mathrm{A}$$

$i_2 = -5\sqrt{2}\sin(\omega t + 60°)\mathrm{A} = 5\sqrt{2}\sin(\omega t + 60° - 180°)\mathrm{A}$，与之对应的相量为

$$\dot{I}_2 = 5\underline{/-120°}\mathrm{A}$$

$i_3 = 5\cos(\omega t + 120°)\,\text{A} = 5\sin(\omega t + 120° + 90°)\,\text{A}$，与之对应的相量为

$$\dot{I}_3 = \frac{5}{\sqrt{2}} \underline{/\!-150°}\,\text{A}$$

需要指出，本书讨论的正弦量都是以正弦量 $i = \sqrt{2}I\sin(\omega t + \psi_i)$ 为标准形式的，且满足 $|\psi_i| \leqslant 180°$ 或 $|\psi_i| \leqslant \pi$，因此，与标准形式不同的正弦函数需要先化简成标准形式。

同理，电压正弦量和相量也满足上述关系。

例 3-3-2　已知正弦量的相量形式为 $\dot{I} = 8\underline{/60°}\,\text{A}$，$\dot{U} = 5\underline{/\!-30°}\,\text{V}$，频率 $f = 50\,\text{Hz}$，写出电流、电压的正弦量表达式。

解： 由题意，$\omega = 2\pi f = 314\,\text{rad/s}$

则，电流正弦量瞬时值表达式为 　　　$i = 8\sqrt{2}\sin(314t + 60°)\,\text{A}$

电压正弦量瞬时值表达式为 　　　$u = 5\sqrt{2}\sin(314t - 30°)\,\text{V}$

需要强调的是，相量不等于正弦量，相量只包含了正弦量的幅值（有效值）和初相位两个要素，相量必须乘以旋转因子，再取其虚部才等于正弦量。将正弦量表示成相量，只是一种数学变换，其目的是借助于复数的运算法则解决正弦稳态电路计算复杂的问题。

掌握正弦函数的瞬时值表达式、相量表达式和相量图，并理解它们之间的内在转换关系和意义，是稳态正弦交流电路中相量计算的基础。

二、同频率正弦量的计算

下面来讨论两个同频率正弦量的计算问题。对于图 3-3-2 所示的电路，若已知两条支路中的电流为

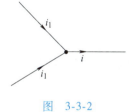

图　3-3-2

$$i_1 = \sqrt{2}I_1\sin(\omega t + \psi_1)$$

$$i_2 = \sqrt{2}I_2\sin(\omega t + \psi_2)$$

则合成电流 i 为

$$i = i_1 + i_2$$

由前面分析得

$$i = i_1 + i_2$$

$$= \text{Im}\big[\sqrt{2}I_1\text{e}^{\text{j}\psi_1}\text{e}^{\text{j}\omega t}\big] + \text{Im}\big[\sqrt{2}I_2\text{e}^{\text{j}\psi_2}\text{e}^{\text{j}\omega t}\big]$$

$$= \text{Im}\big[\sqrt{2}(\dot{I}_1 + \dot{I}_2)\text{e}^{\text{j}\omega t}\big] = \text{Im}\big[\sqrt{2}\dot{I}\text{e}^{\text{j}\omega t}\big]$$

$$= \sqrt{2}I\sin(\omega t + \psi)$$

这里 　　　　　　　　　　$\dot{I} = I\underline{/\psi} = \dot{I}_1 + \dot{I}_2$ 　　　　　　　　　(3-3-4)

由式（3-3-4）可知，要计算合成电流 i 可以通过计算合成电流的相量 $\dot{I}$ 来完成，于是两个同频率的正弦电流相加问题，就转化成这两个正弦电流对应的相量的相加问题，即把三角函数的相加转化为两个复数的相加运算，这种方法称为相量法。

我们还可以在相量图上直观地来分析两个正弦量的相量相加的意义。电流 i_1 与 i_2 的相量 $\dot{I}_1$、$\dot{I}_2$ 示于图 3-3-3 中。

当 $t = 0$ 时，相量处于初始位置。按两个相量相加的平行四边形法则，作 $\dot{I}_1$ 与 $\dot{I}_2$ 的合成相量 $\dot{I}$，如图 3-3-3a 所示。由图可见 $\dot{I}$ 在虚轴上的投影即为 $\dot{I}_1$ 与 $\dot{I}_2$ 相量在虚轴上的投影值之和，合成相量 $\dot{I}$ 在虚轴上的投影即为 $i_1 + i_2$ 的瞬时值。经过时刻 t_1，相量 $\dot{I}_1$ 与 $\dot{I}_2$ 都沿着

逆时针方向旋转了 ωt_1 角度，如图3-3-3b所示，由于 $\dot{I}_1$ 与 $\dot{i}_2$ 的相对位置没有变化，因此其合成相量 $\dot{i}$ 的长度也没有变化。与 $t=0$ 时刻相比，$\dot{i}$ 也逆时针旋转了 ωt_1 相角。此时 $\dot{i}_1$ 与 $\dot{i}_2$ 在虚轴上的投影值之和仍等于合成相量在虚轴上的投影。在任意时刻都可以用合成相量 $\dot{i}$ 在虚轴的

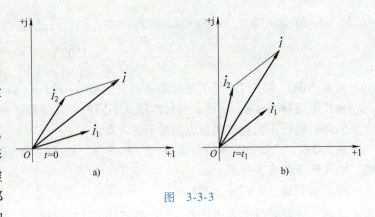

图 3-3-3

投影来表示 $\dot{I}_1$ 与 $\dot{I}_2$ 的投影之和。相量在虚轴的投影即为该相量对应的正弦函数的瞬时值，这样两个正弦函数瞬时值相加之和就等于合成相量所表示的正弦函数瞬时值，从而把三角函数运算变成为相量相加减的复数运算。必须指出，只有同频率的正弦量才可以进行相量运算。

例 3-3-3 已知 $u_1 = \sqrt{2} \times 10\sin(\omega t + 60°)$ V，$u_2 = \sqrt{2} \times 4\sin\omega t$ V，$u = u_1 + u_2$，求 $u = ?$

解： $u = u_1 + u_2$，可采用相量法先求相量 $\dot{U} = \dot{U}_1 + \dot{U}_2$

根据已知 $\dot{U}_1 = 10\underline{/60°}$V，$\dot{U}_2 = 4\underline{/0°}$V

则可求得 $\dot{U} = \dot{U}_1 + \dot{U}_2 = 10\underline{/60°}$V $+ 4\underline{/0°}$V $= (5 + \text{j}8.66 + 4)$ V $= 12.49$ $\underline{/43.9°}$V

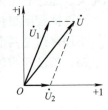

图 3-3-4

总电压 u 的瞬时表达式为

$$u = \sqrt{2} \times 12.49\sin(\omega t + 43.9°)\text{ V}$$

相量 $\dot{U} = \dot{U}_1 + \dot{U}_2$ 也可用图3-3-4的相量图表示。

应该注意的是，同频率正弦量的相加减，绝不能通过简单的有效值或振幅的加减来计算，其他计算也如此。此外，除了正弦交流量之外，相量是不能表示其他周期量的，因此，只有正弦交流电路中才能采用相量法来分析计算。

第四节　正弦交流电路中的电阻元件

电阻元件两端的电压与通过它的电流之间关系受欧姆定律约束。当正弦电流流过电阻 R 时，如图3-4-1a所示，选定电压 u 与电流 i 的参考方向一致，则根据欧姆定律有

$$u = iR \tag{3-4-1}$$

若设电流 $i = \sqrt{2}I\sin(\omega t + \psi_i)$，代入上式有

$$u = \sqrt{2}IR(\sin\omega t + \psi_i) = \sqrt{2}U\sin(\omega t + \psi_u)$$

电流与电压的波形示于图3-4-1c中。由上可见，当流过电阻的电流为正弦函数时，电阻上的电压是与电流同频率的正弦量。电流与电压同相位，即 $\psi_u = \psi_i$，它们的有效值也服从欧姆定律，即

$$U = IR \tag{3-4-2}$$

如果用相量形式来表示，则有

$$\dot{U} = \dot{I}R \tag{3-4-3}$$

上式是复数形式的欧姆定律表达式。该式同时表述了电阻元件上正弦电压与电流之间的相位关系和有效值关系。根据式（3-4-3），可画出电阻元件的相量模型如图3-4-1b所示，电压、

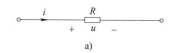

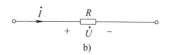

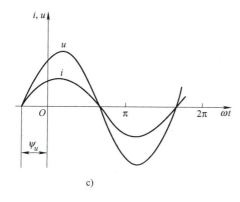

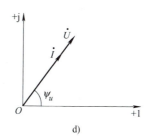

图　3-4-1

电流的相量图，如图 3-4-1d 所示。

　　在图 3-4-1b 所示方向下，电阻元件消耗的瞬时功率为

$$p = ui = 2UI\sin^2\omega t = UI - UI\cos2\omega t \qquad (3\text{-}4\text{-}4)$$

瞬时功率的波形示于图 3-4-2。由式（3-4-4）可见，瞬时功率值可分为一个恒定的分量 UI 和一个以 2ω 角速度变化的分量。由于电阻上电压与电流在任意时刻始终是同方向的，故电阻上瞬时功率总是大于等于零，即电阻元件总是从电路吸收能量，电阻始终是消耗功率的。

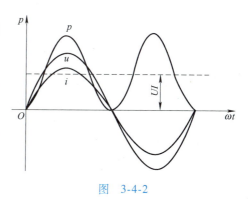

图　3-4-2

　　一般电路中涉及功率问题时总是指一定时间内的平均消耗功率。瞬时功率在一个周期内的平均值称为平均功率，也称为有功功率，用大写字母 P 来表示。电阻元件消耗的平均功率为

$$P = \frac{1}{T}\int_0^T p\,\mathrm{d}t = UI = I^2R = \frac{U^2}{R} \qquad (3\text{-}4\text{-}5)$$

由式（3-4-5）可见，如果按电压和电流的有效值来计算电阻电路的平均功率，则它的计算式与直流电路的计算式相似。

第五节　正弦交流电路中的电感元件

　　电感元件是电路中一种重要和基本的元件，在实际电路中经常遇到由导线绕制而成的电感线圈。当电流通过自感为 L 的线性电感元件时，若取电感元件两端电压与电流的参考方向一致，如图 3-5-1a 所示，则由楞次定律知，电流与电压之间的关系式为

$$u_L = \frac{\mathrm{d}\psi}{\mathrm{d}t} = L\frac{\mathrm{d}i}{\mathrm{d}t} \qquad (3\text{-}5\text{-}1)$$

式中，L 为电感值，单位为亨利（H）。

　　当通过电感的电流为正弦交流电流时，即 $i_L = \sqrt{2}I_L\sin(\omega t + \psi_i)$，代入上式可得电感元件两端的电压为

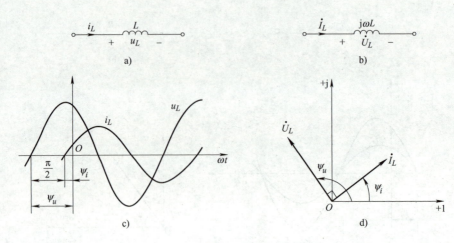

图 3-5-1

$$u_L = L\frac{\mathrm{d}i_L}{\mathrm{d}t} = \sqrt{2}I_L\omega L\sin(\omega t + \psi_i + 90°) = \sqrt{2}U_L\sin(\omega t + \psi_u) \qquad (3\text{-}5\text{-}2)$$

由式 (3-5-2) 可见,电感端电压 u_L 是与 i_L 同频率的正弦量,电压 u_L 的相位超前电流 i_L $\frac{1}{4}$ 周期,即 $\pi/2\mathrm{rad}$ 或 $90°$。电压与电流的波形图如图 3-5-1c 所示。从图看出,在电流的瞬时值从负到正过零点时,电流的变化率最大,此时电压达到正的最大值。随着电流的增大,它的变化率逐渐减小,电压的瞬时值随之减小。当电流达到最大值时,其变化率为零,此时电感两端的电压为零。当电流从最大值下降时,变化率小于零,此时端电压为负值。直至电流从正向负过零点时,电压达反向最大值。由此可见,电感端电压决定于电流的变化率,在电感元件中,某些时刻的电压与电流方向相反。这一现象与电阻元件完全不同。

从式 (3-5-2) 可得,电感电流的有效值 I_L 与电感端电压的有效值之间有关系式

$$U_L = \omega L I_L \qquad (3\text{-}5\text{-}3)$$

式中,ωL 叫做电感线圈的自感电抗,简称感抗,它和电阻具有相同的量纲。当电感 L 的单位取 H,角频率 ω 的单位取 rad/s 时,感抗的单位为 Ω。感抗一般用字母 X_L 表示,即

$$X_L = \frac{U_L}{I_L} = \omega L = 2\pi f L \qquad (3\text{-}5\text{-}4)$$

必须注意的是,感抗 X_L 是电感 L 和通过电感的电流的角频率 ω 的乘积。电感 L 是由电感元件本身的组成结构、材料等决定的,而同一个电感在不同频率的正弦电路中表现出来的感抗值是不相同的。电路中激励源频率越高,电抗值就越大。对于线性电感来说,感抗与频率成正比关系。特别当电路频率 $\omega = 0$(相当于直流电路时),感抗值 $X_L = 0$,即对于直流电路来讲,电感元件相当于一个没有电阻的短接线。当 $\omega \to \infty$ 时,$X_L \to \infty$,电感相当于断路,所以电感对高频电流有较强的抑制作用。

由式 (3-5-2) 可知,电感元件上的电压与电流关系可用相量表示为

$$\dot{U}_L = U_L \underline{/\psi_u} = \omega L I_L \underline{/(\psi_i + 90°)} = \omega L\underline{/90°} \cdot I_L \underline{/\psi_i} \qquad (3\text{-}5\text{-}5)$$
$$= \mathrm{j}\omega L \dot{I}_L = \mathrm{j}X_L \dot{I}_L$$

式中,$1\underline{/90°} = \cos 90° + \mathrm{j}\sin 90° = \mathrm{j}$,$I_L \underline{/\psi_i} = \dot{I}_L$。

式 (3-5-5) 是电感 L 复数形式的欧姆定律表示式,它具有两个含义:电感电压的有效值 U_L 与电流有效值 I_L 之间的比值为电抗 X_L;同时,电感电压 u_L 的相位比电流 i_L 的相位超前 $\frac{\pi}{2}\mathrm{rad}$。电感元件的相量模型如图 3-5-1c 所示,电感的电压相量与电流相量如图 3-5-1d 所示。

类似于电阻与电导的关系，我们令 $B_L = \dfrac{1}{X_L} = \dfrac{1}{\omega L}$，称 B_L 为电感 L 的电纳，简称感纳。B_L 的单位为西门子（S）。

例 3-5-1　一个电阻可忽略的线圈，其电感数值为 $L = 31.8 \times 10^{-3}$H，设流过电流 $i = \sqrt{2}\sin(\omega t - 60°)$A，频率 $f = 50$Hz，问线圈端电压 u_L 为多少？若电流频率 $f = 5000$Hz，重求线圈端电压 u_L。

解：设电流相量 $\dot{I} = 1\underline{/-60°}$A，当频率 $f = 50$Hz 时，感抗

$$X_L = \omega L = 2\pi f L = 314 \times 31.8 \times 10^{-3}\,\Omega = 10\,\Omega$$

由式（3-5-5）可得电压相量

$$\dot{U}_L = \mathrm{j}X_L\dot{I} = 10\underline{/30°}\,\mathrm{V}$$

则有 $u_L = \sqrt{2} \times 10\sin(\omega t + 30°)$V。

当频率 $f = 5000$Hz 时，感抗 $X_L = 2\pi f L = 31400 \times 31.8 \times 10^{-3}\,\Omega = 1000\,\Omega$，电压相量 $\dot{U}_L = \mathrm{j}X_L\dot{I} = 1000\underline{/30°}$V，电压瞬时式 $u_L = \sqrt{2} \times 1000\sin(\omega t + 30°)$V。

由上例可知，尽管流过电感的电流有效值相同，但由于电流频率不同，电感的感抗值相差很大，从而使电感上产生的电压降变化很大。感抗与频率相关的性质非常重要，在工程实际应用中经常利用这种性质来达到特定的目的。

下面分析电感中功率变化情况。输入电感元件的瞬时功率为

$$p_L = u_L i_L = 2U_L I_L\sin(\omega t + 90°)\sin\omega t = U_L I_L\sin 2\omega t \tag{3-5-6}$$

瞬时功率的变化波形如图 3-5-2 所示，瞬时功率是以 2ω 角频率交变的。电感元件的平均功率为

$$P_L = \frac{1}{T}\int_0^T p_L\mathrm{d}t = \frac{1}{T}\int_0^T U_L I_L\sin 2\omega t\,\mathrm{d}t = 0 \tag{3-5-7}$$

可见电感元件不消耗有功功率。

尽管电感元件的平均功率为零，但其瞬时功率不等于零，而是时正时负，这反映了电感元件与外部电路有能量交换。根据定义，电感元件中磁场储能为

$$W_L = \frac{1}{2}Li_L^2 = \frac{1}{2}LI_L^2(1 - \cos 2\omega t) \tag{3-5-8}$$

磁场储能时间变化的波形示于图 3-5-2 中。从该图分析可见，电感中磁场储能的变化可分为四个阶段。在第一个 1/4 周期内，电感元件的电流与电压值均大于零，瞬时功率 $p_L = u_L i_L \geqslant 0$，表示电感一直在吸收能量。随着电流 i 的增大，磁场储能也随之增大，这一阶段是电能转化为磁场储能。在第二个 1/4 周期内，电流从最大值下降，但仍为正值，而电压瞬时值已经小于零，此时电压与电流方向相反。瞬时功率 $p_L = u_L i_L \leqslant 0$，表示电感元件向外释放能量。随着电流逐渐减小，磁场储能也减小直至为零，这一阶段是磁场储能返回给外部电路。

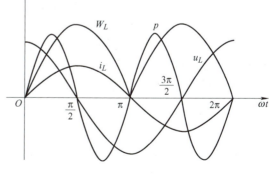

图　3-5-2

接下来的第三和第四个 1/4 周期的情况与前面相似，只是电感中电流和电压的方向与上面情况相反。由分析可知，电感元件在一个周期内与外部电路两次交换能量，但电感元件本身并不消耗电能。

第六节 正弦交流电路中的电容元件

线性非时变电容元件 C 两端加上交流电压 u_C 时，电容中就将有电流 i_C 流过。若取电容元件支路 i_C 的参考方向与电压 u_C 的参考方向一致，如图3-6-1a所示，则有

$$i_C = \frac{\mathrm{d}q}{\mathrm{d}t} = C\frac{\mathrm{d}u_C}{\mathrm{d}t} \tag{3-6-1}$$

当所施加的电压为正弦交流电压 $u_C = \sqrt{2}\,U_C\sin(\omega t + \psi_u)$ 时，电容电流为

$$i_C = C\frac{\mathrm{d}u_C}{\mathrm{d}t} = \sqrt{2}\,\omega C U_C\sin(\omega t + \psi_u + 90°)$$

$$= \sqrt{2}\,I_C\sin(\omega t + \psi_u + 90°) \tag{3-6-2}$$

电容元件上的电压与电流的变化波形如图3-6-1c所示。

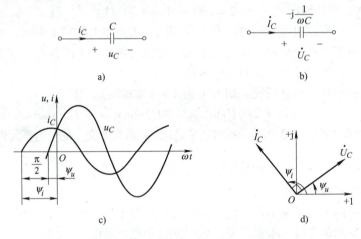

图 3-6-1

由以上分析可得，电容上电压 u_C 与电流 i_C 为同频率的正弦量，电流 i_C 在相位上超前电压 u_C 90°。从波形图上可看出，当电容电压过零值时，电压的变化率最大，此时流过电容的电流幅值达到最大振幅值。而当电容电压达到最大幅值时，其电压变化率为零，此时通过电容的电流值也为零。类似于电感元件的情况，电容元件的电流与电压在某些时刻方向一致，而在另一些时刻方向则相反。

由式（3-6-2）可见，电容元件中电流有效值 I_C 与电压有效值 U_C 之间的关系为

$$U_C = \frac{1}{\omega C}I_C = X_C I_C \tag{3-6-3}$$

式中，$X_C = \dfrac{1}{\omega C} = \dfrac{1}{2\pi f C}$，称为电容的电抗，简称为容抗。当电容 C 的单位为法拉（F），ω 的单位为 rad/s 时，容抗的单位为 Ω，与电阻的量纲相同。

必须注意，容抗 X_C 与角频率 ω 和电容值 C 两个量有关。对于线性电容 C，容抗 X_C 与角频率（或频率 f）成反比，频率越高容抗就越小。假设流过电容的电流幅值一定，则当电流变化的频率升高时，在电容上产生的电压就变小，这一点刚好与电感的特性相反。如果角频率 $\omega = 0$，则此时容抗 X_C 趋向无穷大（相当于直流电路情况）。对直流稳态电路而言，电容元件相当于开路，电容对低频电流有较强的抑制作用。当 $\omega \to \infty$ 时，$X_C \to 0$，电容相当于短路。容抗随频率变化的特性广泛应用于各种电子线路中，如经常用电容元件来进行隔离直

流或进行滤波。

由式（3-6-2）可导出电容元件的电压和电流之间的相量关系式

$$\dot{I}_C = I_C \underline{/\psi_i} = \omega C U_C \underline{/(\psi_u + 90°)} = \omega C \underline{/90°} \cdot U_C \underline{/\psi_u} \tag{3-6-4}$$

$$= j\omega C \dot{U}_C = j\frac{1}{X_C}\dot{U}_C$$

式中，$1\underline{/90°} = j$，$U_C \underline{/\psi_u} = \dot{U}_C$

式（3-6-4）也可写成

$$\dot{U}_C = \frac{1}{j\omega C}\dot{I}_C = -jX_C\dot{I}_C \tag{3-6-5}$$

这是电容元件相量（复数）形式的欧姆定律，电容元件的相量模型如图 3-6-1b 所示，电容电压与电流相量示于图 3-6-1d 中。式（3-6-5）表达了电容元件中电压与电流之间具有的两个含义：电压与电流的有效值之间关系 $U_C = X_C I_C$；电压与电流之间相位关系，即电压相位滞后电流相位 90°。在电路计算中，若已知电容电压或电流值，则可用上式计算出另一个值。

容抗的倒数为电容的电纳，简称为容纳，用字母 B_C 来表示。

$$B_C = \frac{1}{X_C} = \omega C \tag{3-6-6}$$

它的单位为西门子（S）。

例 3-6-1 理想电容器 $C = 31.85\mu F$，当施加电压 $u = \sqrt{2} \times 100\sin(314t - 30°)V$ 时，求流过的电流 i_C；当电容流过 $i_C = \sqrt{2} \times 0.5\sin(314t + 30°)A$ 时，电容两端的电压 U_C 为多少？

解：（1）电压的角频率 $\omega = 314 rad/s$，可得电容的容抗

$$X_C = \frac{1}{\omega C} = 100\Omega$$

电压相量

$$\dot{U}_C = 100\underline{/-30°}V$$

则由式（3-6-4）得

$$\dot{I}_C = j\frac{1}{X_C}\dot{U}_C = 1\underline{/60°}A$$

电流的瞬时式

$$i_C = \sqrt{2}\sin(314t + 60°)A$$

（2）电流相量为 $\dot{I}_C = 0.5\underline{/30°}A$，容抗 $X_C = 100\Omega$，由式（3-6-5）得

$$\dot{U}_C = -jX_C\dot{I}_C = 50\underline{/-60°}V$$

电容的瞬时电压表达式

$$u_C = \sqrt{2} \times 50\sin(\omega t - 60°)V, \quad U_C = 50V$$

下面讨论电容元件的功率。电容元件的瞬时功率 p_C 为

$$p_C = u_C i_C = \sqrt{2}U_C\sin\omega t \times \sqrt{2}I_C\sin(\omega t + 90°) = U_C I_C\sin2\omega t \tag{3-6-7}$$

瞬时功率以 2ω 角频率变化，波形如图 3-6-2 所示。电容元件吸收的平均功率为

$$P_C = \frac{1}{T}\int_0^T p_C dt = \frac{1}{T}\int_0^T U_C I_C\sin2\omega t dt = 0 \tag{3-6-8}$$

可见电容元件并不消耗电能。电容元件中电场储能的瞬时值为

$$W_C = \frac{1}{2}CU_C^2(1 - \cos2\omega t) \tag{3-6-9}$$

类似于对电感元件的功率分析，由图 3-6-2 可知，电容元件在一个周期内与外部电路有两次能量交换。在电压与电流同方向时，电容元件从外电路吸取能量，此时瞬时功率值大于零，电容储能也随之增大。当电压与电流方向相反时，电容元件中储藏能量供给外电路，此时瞬时功率值小于零，电容储能减小。一个周期内电容吸收和放出的能量相等。

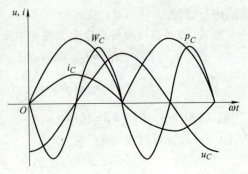

图 3-6-2

第七节　基尔霍夫定律的相量形式

前面几节讨论了电阻、电感和电容中电压和电流的时域关系式，以及相应的相量表达式。对于简单电路，我们已知电路中电压和电流均为与所施加的激励源同频率的正弦量。此结论可推广到线性稳态的复杂正弦交流电路中去。对于复杂的线性电路，如果所有激励源均为同一频率的正弦函数，则各支路的电流和电压都为和激励源有相同频率的正弦函数，都可以表示为相量形式，在电路计算中可采用相量计算的方法。

基尔霍夫节点电流定律的时域表达式为

$$\sum i = 0 \tag{3-7-1}$$

因为所有电流均为相同频率的正弦函数，所以根据本章第三节内容推导，可把时域求和的表达式转化为相量求和形式

$$\sum \dot{I} = 0 \tag{3-7-2}$$

此式表明，对于任一节点，流出节点的电流相量之和等于零。此即为相量形式的基尔霍夫节点电流定律。

基尔霍夫电压定律指出，电路中任一闭合回路的各支路电压降之和为零，即

$$\sum u = 0 \tag{3-7-3}$$

可得相量形式的基尔霍夫电压定律

$$\sum \dot{U} = 0 \tag{3-7-4}$$

在计算分析正弦交流电路中，可利用上述两个定律及相量关系。下面举几个例子加以说明。

例 3-7-1　如图 3-7-1 所示电路中，已知 $u = 100\sqrt{2}\sin(500t - 36.9°)\,\text{V}$，$u_A = 80\sqrt{2}\sin 500t\,\text{V}$，$u_C = 180\sqrt{2}\sin(500t + 90°)\,\text{V}$，试求 u_B。

解：由相量形式的基尔霍夫电压定律，得 $\dot{U} = \dot{U}_A + \dot{U}_B + \dot{U}_C$

$$\begin{aligned}
\dot{U}_B &= \dot{U} - \dot{U}_A - \dot{U}_C \\
&= 100\underline{/-36.9°}\,\text{V} - 80\underline{/0°}\,\text{V} - 180\underline{/90°}\,\text{V} \\
&= (80 - j60 - 80 - j180)\,\text{V} = -j240\,\text{V} = 240\underline{/-90°}\,\text{V}
\end{aligned}$$

写成瞬时值形式

$$u_B = 240\sqrt{2}\sin(500t - 90°)\,\text{V}$$

图 3-7-1

显然在相量形式计算中，$\dot{U} = \dot{U}_A + \dot{U}_B + \dot{U}_C$，而 $U \neq U_A + U_B + U_C$，也就是说，有效值形式不满足基尔霍夫定律。

在线性正弦交流的稳态计算中，利用相量（复数）形式进行计算，$\dot{U}$、$\dot{I}$ 等每个量必须有大小、初相角（或实部、虚部），但有些场合，只知道电压、电流的大小而不知其初相角，此时常用相量图求解。

例 3-7-2　电路如图 3-7-2a 所示，测得电流 $I = 5\mathrm{A}$，电流 $I_R = 4\mathrm{A}$，求总电流 $\dot{I}$ 和流过电感 L 的电流 $\dot{I}_L$。

解： 以外加电压源的电压 $\dot{U}_S$ 为参考相量，画出各支路电流的相量图（见图 3-7-2b）。由元件特性可知，$\dot{I}_R$ 与 $\dot{U}_S$ 同相，$\dot{I} = \dot{I}_R + \dot{I}_L$，电流相量组成直角三角形。$I_L = \sqrt{I^2 - I_R^2} = 3\mathrm{A}$，流过电感的电流 $\dot{I}_L = 3\underline{/-90°}\,\mathrm{A}$。

由直角三角形关系，电流 $\dot{I}$ 与电压 $\dot{U}_S$ 的夹角为 $\arctan(I_L/I_R) = 36.9°$，故 $\dot{I} = 5\underline{/-36.9°}\,\mathrm{A}$。

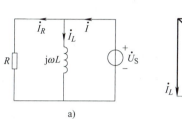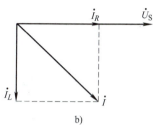

图　3-7-2

从上述结果可以看出，有效值形式 $I \neq I_R + I_L$，三者之间满足电流三角形的几何关系。

例 3-7-3　如图 3-7-3a 所示，为测量一只线圈的参数，将它与 $R_1 = 10\Omega$ 的电阻串联后接入频率为 50Hz 的正弦电源，测得三个电压表读数分别为 $U = 149\mathrm{V}$，电阻 R_1 上电压 $U_1 = 50\mathrm{V}$，线圈两端电压 $U_2 = 121\mathrm{V}$。试求线圈的电阻 R 与电感 L 的值。

解： 首先画一个粗略的相量图，串联电路一般以电流 $\dot{I}$ 作为参考相量较方便，分别作出电压相量如图 3-7-3b 所示。

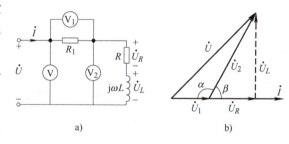

图　3-7-3

因为 $\dot{U} = \dot{U}_1 + \dot{U}_2$，因此电压相量组成一个闭合三角形。在相量图上，利用余弦定理

$$U^2 = U_1^2 + U_2^2 - 2U_1U_2\cos\alpha = U_1^2 + U_2^2 + 2U_1U_2\cos\beta$$

则

$$\cos\beta = \frac{U^2 - U_1^2 - U_2^2}{2U_1U_2} = \frac{149^2 - 50^2 - 121^2}{2 \times 50 \times 121} = 0.418$$

得 $\beta = 65.3°$，从相量图 3-7-3b 可知

$$U_R = U_2\cos\beta = 121 \times 0.418\mathrm{V} = 50.6\mathrm{V}$$

$$U_L = U_2\sin\beta = 110\mathrm{V}$$

另外，$I = \dfrac{U_1}{R_1} = \dfrac{50}{10}\mathrm{A} = 5\mathrm{A}$

因此

$$R = \frac{U_R}{I} = \frac{50.6}{5}\Omega = 10\Omega$$

$$X_L = \frac{U_L}{I} = \frac{110}{5}\Omega = 22\Omega, \quad L = \frac{X_L}{\omega} = \frac{22}{314}\mathrm{H} = 70\mathrm{mH}$$

上述解题方法利用了相量的几何关系，这种方法称为相量图法，是一种常用的解题方

法。可使某些情况的电路计算得到简化。

第八节 正弦交流电路的阻抗、导纳及等效转换

前面几节已导出电阻、电感和电容元件上电压与电流的相量关系，引入了感抗和容抗的概念。当电路中激励源为单一频率的正弦交流电时，各支路响应电压、电流也为同频率的正弦量。所以在正弦稳态电路中，任何一个线性的无源二端网络都可以用一个复数阻抗和导纳来表示。

一、串联电路的阻抗

下面考虑 RLC 串联电路的情况。设在 RLC 串联电路的两端加角频率为 ω 的正弦电压激励，如图 3-8-1a 所示，由前述分析可知，在串联电路中可产生与激励电压同频率的正弦交流电流 i。为方便，正弦交流电路的分析常采用相量法，因此作 RLC 串联电路对应的相量模型如图 3-8-1b 所示。根据基尔霍夫电压定律，可得到相量形式的电压方程

$$\dot{U} = \dot{U}_R + \dot{U}_L + \dot{U}_C \tag{3-8-1}$$

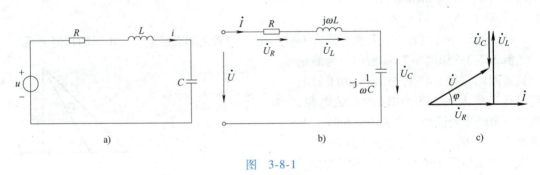

图 3-8-1

令串联电路中电流表达式为 $i = \sqrt{2}I\sin(\omega t + \psi_i)$，相量形式为 $\dot{I} = I\underline{/\psi_i}$，根据前几节所述，电压方程可表示为

$$\dot{U} = \dot{I}R + j\omega L\dot{I} + \frac{1}{j\omega C}\dot{I} = \dot{I}\left[R + j\left(\omega L - \frac{1}{\omega C}\right)\right] = Z\dot{I} \tag{3-8-2}$$

式中，$Z = R + j\omega L - j\dfrac{1}{\omega C} = R + jX_L - jX_C = R + jX$ 为该串联电路的等效复阻抗，它等于端电压相量与电流相量的比值。阻抗 Z 的实部为电路的电阻值，虚部 $X = X_L - X_C = \omega L - \dfrac{1}{\omega C}$ 为电路的电抗。电抗等于感抗 ωL 与容抗 $\dfrac{1}{\omega C}$ 的差值，它是一个带符号的代数量。复数阻抗可表示成极坐标的形式

$$Z = R + jX = z\underline{/\varphi} \tag{3-8-3}$$

式中，z 为阻抗的模，$z = \sqrt{R^2 + X^2} = \left|\dfrac{\dot{U}}{\dot{I}}\right|$；$\varphi$ 为阻抗角，$\varphi = \arctan\dfrac{X}{R}$。

在 RLC 串联电路中，如果 $X > 0$，即感抗 ωL 大于容抗 $\dfrac{1}{\omega C}$，则阻抗角 $\varphi > 0$，这时电路的阻抗呈电感性，电路中电压超前于电流。如果 $X < 0$，即容抗 $\dfrac{1}{\omega C}$ 大于感抗 ωL，阻抗角 $\varphi < 0$，电路阻抗呈电容性，电路中电压滞后于电流。当 $X = 0$ 时，阻抗角 $\varphi = 0$，电路呈电阻

性。一般无源网络的阻抗角总在 $-\dfrac{\pi}{2} \leqslant \varphi \leqslant \dfrac{\pi}{2}$ 范围内。

在作 RLC 串联电路的相量图时（设 $\varphi > 0$），可取电流为参考相量，依次做出电阻、电感和电容的电压相量，如图 3-8-1c 所示。

例 3-8-1   已知 $L = 24\text{mH}$、$R = 30\Omega$ 的线圈与 $C = 2.5\mu F$ 的电容器组成串联支路，接到电压为 100V、角频率为 5000rad/s 的正弦交流电压源上，试求支路中的电流 i 和各元件的电压值。

解： 由题意可知，可以看成一个 RLC 串联电路，设电压源为参考相量，$\dot{U} = 100\underline{/0°}\text{V}$，电路阻抗

$$Z = R + \text{j}\left(\omega L - \frac{1}{\omega C}\right) = \left[30 + \text{j}(120 - 80)\right]\Omega = (30 + \text{j}40)\Omega = 50\underline{/53.1°}\Omega$$

$$\dot{I} = \frac{\dot{U}}{Z} = \frac{100\underline{/0°}\text{V}}{50\underline{/53.1°}\Omega} = 2\underline{/-53.1°}\text{A}$$

$$i = 2\sqrt{2}\sin(5000t - 53.1°)\text{A}$$

线圈上的电压为：

$$\dot{U}_{RL} = (R + \text{j}\omega L)\dot{I} = (30 + \text{j}120) \times 2\underline{/-53.1°}\text{V}$$
$$= (123.7\underline{/75.96°} \times 2\underline{/-53.1°})\text{V} = 247.4\underline{/22.9°}\text{V}$$

电容上的电压为：

$$\dot{U}_C = -\text{j}\frac{1}{\omega C}\dot{I} = -\text{j}80 \times 2\underline{/-53.1°}\text{V} = 160\underline{/-143.1°}\text{V}$$

因此，线圈的电压值为 247.4V，电容器的电压值为 160V。

二、并联电路的导纳

对于 RLC 元件并联组成的电路，如图 3-8-2a 所示，当端口外加频率为 ω 的正弦电压 $u = \sqrt{2}U\sin(wt + \psi_i)$ 时，各支路产生同频率的正弦电流，由基尔霍夫电流定律可得

$$\dot{I} = \dot{I}_R + \dot{I}_L + \dot{I}_C \qquad\qquad (3-8-4)$$

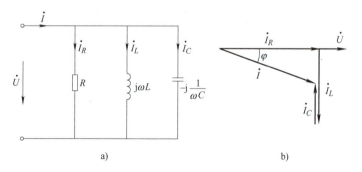

图 3-8-2

把各元件电压电流相量表达式代入上式，可得

$$\dot{I} = \dot{U}\frac{1}{R} + \dot{U}\frac{1}{\text{j}\omega L} + \dot{U}\text{j}\omega C = \dot{U}[G - \text{j}(B_L - B_C)]$$
$$= \dot{U}(G - \text{j}B) = Y\dot{U} \qquad\qquad (3-8-5)$$

式中，$Y = G - \text{j}B = G - \text{j}(B_L - B_C)$，称为电路的复导纳，它等于电流相量与电压相量的比值，$Y = \dot{I}/\dot{U}$。复导纳 Y 中的实部 G 是该电路的电导，虚部 $B = B_L - B_C$ 为电路的电纳，它是感纳 B_L 与容纳 B_C 的差值。并联电路中电压、电流相量图如图 3-8-2b 所示。

同理，将 Y 表示成极坐标的形式

$$Y = \frac{\dot{I}}{\dot{U}} = \frac{I\underline{/\psi_i}}{U\underline{/\psi_u}} = \frac{I}{U}\underline{/(\psi_i - \psi_u)} = G - jB = y\underline{/-\varphi} \qquad (3\text{-}8\text{-}6)$$

式中，y 为复导纳 Y 的模 $|Y|$，$y = \sqrt{G^2 + B^2} = \frac{I}{U}$；$\varphi$ 为端口的阻抗角，$\varphi = \psi_u - \psi_i =$ $\arctan\left(\frac{B}{G}\right)$。

当 $B > 0$，即 $B_L > B_C$ 时，此时 $\varphi > 0$，电路为感性，电压超前于电流。

当 $B < 0$，即 $B_L < B_C$ 时，此时 $\varphi < 0$，电路呈容性，电压滞后于电流。

当 $B = 0$，即 $B_L = B_C$ 时，此时 $\varphi = 0$，电路呈阻性，电流、电压同相位。

取电压作为参考相量，并假设 $B_L > B_C$（感性电路），依次做出电阻、电感和电容的电流相量，得出并联电路中电压、电流相量图如图 3-8-2b 所示。

例 3-8-2 在图 3-8-2a 所示电路中施加频率 $f = 50\text{Hz}$ 的正弦交流电压源，已知 $L = 0.08\text{H}$，电流 $I_R = 3\text{A}$、$I_L = 10\text{A}$、$I_C = 6\text{A}$。试求 U、I 的值。

解：根据电路图 3-8-2a 作相量图如图 3-8-2b 所示，可得

$$I = \sqrt{I_R^2 + (I_L - I_C)^2} = 5\text{A}$$

因为 L 已知而 R、C 未知，故可按 L 求得

$$\dot{U} = \dot{U}_L = j\omega L \dot{I}_L = 251.2\underline{/90°}\text{V}$$

因而 $\qquad\qquad\qquad\qquad\qquad U = 251.2\text{V}$

三、无源一端口网络的等效阻抗和导纳

对于任意复杂的无源一端口网络，当在端口外加一个正弦电压（或电流）激励时，网络中各支路的电压（或电流）均为与激励源同频率的正弦函数。类似于线性电阻一端口网络可用一个等效电阻来表示一样，对于任何一个线性无源一端口网络，也可以用一个等效的入端阻抗或导纳来表示。一端口网络的阻抗 Z 定义为入端电压相量 $\dot{U}$ 与入端电流相量 $\dot{I}$ 之比，即有

$$Z = \frac{\dot{U}}{\dot{I}}$$

式中取电压与电流为关联参考方向。入端导纳 Y 定义为入端电流 $\dot{I}$ 与入端电压 $\dot{U}$ 之比，即

$$Y = \frac{\dot{I}}{\dot{U}}$$

式中电压与电流也取关联参考方向。

可见，对同一个无源一端口网络来说，入端等效阻抗与等效导纳互为倒数，即

$$Y = \frac{1}{Z} \quad 或 \quad Z = \frac{1}{Y}$$

若已知串联等效电路中 $Z = R + jX$，则其等效导纳为

$$Y = \frac{1}{Z} = \frac{1}{R + jX} = \frac{R - jX}{R^2 + X^2}$$

$$= \frac{R}{R^2 + X^2} - j\frac{X}{R^2 + X^2} = G_{eq} - jB_{eq}$$

式中，G_{eq} 为等效电导，$G_{eq} = \dfrac{R}{R^2 + X^2}$

B_{eq} 为等效感纳，$B_{eq} = \dfrac{X}{R^2 + X^2}$

同理，若已知等效导纳 $Y = G - \mathrm{j}B$，可以按照 $Z = \dfrac{1}{Y}$ 求出等效阻抗以及其等效电阻和等效电抗，此处不再推导。

在实际正弦交流电路中，阻抗和导纳之间的连接形式是多种多样的，其换算及等效阻抗（导纳）的计算与电阻（电导）串并联的计算方法完全类似。

n 个阻抗串联而成的电路，其等效阻抗为

$$Z_{\mathrm{eq}} = Z_1 + Z_2 + \cdots + Z_n$$

当电路中的电压、电流均采用关联参考方向时，则各个阻抗的电压分配为

$$\dot{U}_k = \frac{Z_k}{Z_{\mathrm{eq}}} \dot{U}, \quad k = 1, 2, \cdots, n$$

式中，$\dot{U}_k$ 是第 k 个阻抗 Z_k 上的电压，$\dot{U}$ 为串联阻抗端口上的总电压。

同理，n 个导纳并联而成的电路，其等效导纳为

$$Y_{\mathrm{eq}} = Y_1 + Y_2 + \cdots + Y_n$$

当电路中的电压、电流均采用关联参考方向时，则各个导纳上流过的电流分配为

$$\dot{I}_k = \frac{Y_k}{Y_{\mathrm{eq}}} \dot{I}, \quad k = 1, 2, \cdots, n$$

式中，$\dot{I}_k$ 是第 k 个导纳 Y_k 上流过的电流，$\dot{I}$ 为并联电路的端口总电流。

例 3-8-3 图 3-8-3 所示电路中，已知 $Z_1 = (4 + \mathrm{j}10)\,\Omega$，$Z_2 = (8 - \mathrm{j}6)\,\Omega$，$Y_3 = -\mathrm{j}0.12\,\mathrm{S}$，试求该电路的入端阻抗。若外加电压 $u = \sqrt{2} \times 220\sin\omega t\,\mathrm{V}$，求各支路电流。

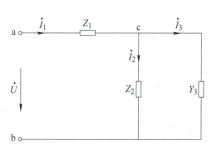

图 3-8-3

解： 先求 cb 端右面等效阻抗，阻抗 Z_2 的等效导纳

$$Y_2 = \frac{1}{Z_2} = \frac{1}{8 - \mathrm{j}6}\,\mathrm{S} = (0.08 + \mathrm{j}0.06)\,\mathrm{S}$$

则

$$Y_{\mathrm{cb}} = Y_2 + Y_3 = (0.08 + \mathrm{j}0.06 - \mathrm{j}0.12)\,\mathrm{S} = (0.08 - \mathrm{j}0.06)\,\mathrm{S} = 0.1\underline{/-36.9°}\,\mathrm{S}$$

cb 右端等效阻抗

$$Z_{\mathrm{cb}} = \frac{1}{Y_{\mathrm{cb}}} = 10\underline{/36.9°}\,\Omega = (8 + \mathrm{j}6)\,\Omega$$

电路入端阻抗

$$Z = Z_1 + Z_{\mathrm{cb}} = (4 + \mathrm{j}10 + 8 + \mathrm{j}6)\,\Omega = 20\underline{/53.1°}\,\Omega$$

设 $\dot{U} = 220\underline{/0°}\,\mathrm{V}$，则

$$\dot{I}_1 = \frac{\dot{U}}{Z} = \frac{220\underline{/0°}}{20\underline{/53.1°}}\,\mathrm{A} = 11\underline{/-53.1°}\,\mathrm{A}$$

$$\dot{U}_{\mathrm{cb}} = \dot{I}_1 Z_{\mathrm{cb}} = 11\underline{/-53.1°} \times 10\underline{/36.9°}\,\mathrm{V} = 110\underline{/-16.2°}\,\mathrm{V}$$

$$\dot{I}_2 = \frac{\dot{U}_{\mathrm{cb}}}{Z_2} = 11\underline{/20.7°}\,\mathrm{A}$$

$$\dot{I}_3 = \dot{U}_{\mathrm{cb}} Y_3 = 13.2\underline{/-106.2°}\,\mathrm{A}$$

对于含受控源的无源一端口网络，则无法用阻抗（导纳）的串并联直接计算，此时可根据其端口电压（电流）相量与电流（电压）相量之比求出等效阻抗（导纳），即

$$Z = \dot{U}/\dot{I} \quad \text{或} \quad Y = \dot{I}/\dot{U}$$

例3-8-4 在图 3-8-4 所示的电路中，包含有电压控制电流源，已知 $R = 10\Omega$，$\frac{1}{\omega C} = 20\Omega$，$g = 0.05S$，试求该一端口网络的入端等效阻抗 Z。

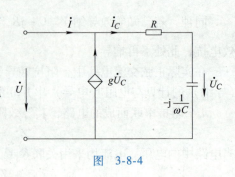

图 3-8-4

解： 设外施电压 $\dot{U}$，则可求出电容支路的电流

$$\dot{I}_C = \frac{\dot{U}}{R - j\frac{1}{\omega C}} = \frac{\dot{U}}{10 - j20}，流入端口的电流 \dot{I} 为$$

$$\dot{I} = \dot{I}_C - g\dot{U}_C = \dot{I}_C - g\left(-j\frac{1}{\omega C}\right)\dot{I}_C = \dot{I}_C(1 + j)$$

因此可得入端阻抗值为

$$Z = \frac{\dot{U}}{\dot{I}} = \frac{(10 - j20)\dot{I}_C}{(1 + j1)\dot{I}_C} = \frac{22.36\underline{/-63.43°}\text{V}}{\sqrt{2}\underline{/45°}\text{A}} = 15.8\underline{/-108.43°}\Omega$$

从上例可看出，含有受控源的一端口网络仍可等效简化为入端阻抗或导纳，但阻抗角 φ 可能大于 $\frac{\pi}{2}$ 或小于 $-\frac{\pi}{2}$，也即等效电阻（电导）可以为负值。

四、无源一端口网络的等效转换

对于正弦交流电路，任一无源一端口网络均可根据其端口电压相量与电流相量求出等效阻抗值

$$Z = \dot{U}/\dot{I} = z\underline{/\varphi} = R + jX$$

该一端口网络可用一个 R 和一个阻抗 jX 串联电路来等效替代。如果一端口网络的电压相量超前电流相量，如图 3-8-5 所示，此时一端口网络的阻抗角 $\varphi > 0$，电抗值 $X > 0$，该一端口网络对外呈电感性。此时可用一电阻 R 和电感 $L = X/\omega$ 来等效替代原来的一端口网络。在电压电流的相量图上，如果把端口电压 $\dot{U}$ 分解成与电流相量同相的分量 $\dot{U}_a$ 和与电流相量正交（超前90°）的分量 $\dot{U}_p$（见图 3-8-5），则电压分量 $\dot{U}_a$ 等于等效电路中电阻 R 上的电压，一般称这一分量为端口电压 $\dot{U}$ 的有功分量。而正交于电流相量的电压分量 $\dot{U}_p$ 等于等效电路中电抗 X 上的电压，这一分量又称为无功分量。

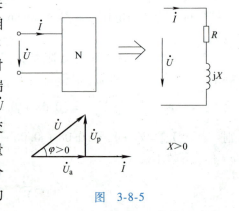

图 3-8-5

如果一端口网络的电压相量滞后于端口电流相量，如图 3-8-6 所示，则此时一端口网络的阻抗角 $\varphi < 0$，电抗值 $X < 0$，该一端口网络呈电容性。此时可用一个电阻 R 和一个电容 $C = \frac{1}{\omega|X|}$ 来等效替代原一端口网络（见图 3-8-6）。

同样地，一端口网络也可以求出导纳值

$$Y = \frac{\dot{I}}{\dot{U}} = y\underline{/-\varphi} = G - jB$$

然后用一个电导 G 和电纳 $-jB$ 的并联电路来等效替代。注意在导纳表达式中，φ 为一端口网络的阻抗角，当电路为感性时，

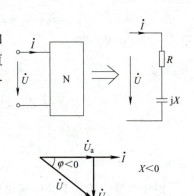

图 3-8-6

$\varphi > 0$，此时 $B > 0$；而当电路呈容性时，$\varphi < 0$，此时 $B < 0$。

无源一端口网络既可以等效为阻抗 Z，也可以等效为导纳 Y，在具体计算中采用哪一种等效电路要视电路的实际情况而定。例如，对于多个一端口网络的串联电路，此时应该把一端口网络等效成为 R 与 X 串联的阻抗电路，这样在计算总的电路阻抗时只需把各阻抗相加即可。但如果是多个一端口网络相并联，则应该把一端口网络等效成为 G 与 $-jB$ 并联的等效导纳电路，这样在计算电路总导纳时只需把各导纳直接相加即可。

必须强调指出，上面所说的一端口网络的等效电路（如等效成电阻与电感串联，电阻与电容串联等）与原来实际的一端口网络的等效替代，是指电路工作于某一确定的角频率情况下而言的。倘若电路的工作频率改变了，则其等效电路也完全变化了。换言之，在某一频率下获得的等效电路不能应用于其他频率时的工作情况。

例 3-8-5　某无源一端口网络，当外加端口电压 $u = 100\sqrt{2}\sin(\omega t + 30°)$ V 时，端口电流 $i = 10\sqrt{2}\sin(\omega t - 23.1°)$ A，求该一端口网络的等效阻抗和串联等效电路，等效导纳和并联等效电路。

解：端口电压相量为 $\dot{U} = 100\underline{/30°}$ V，端口电流相量 $\dot{I} = 10\underline{/-23.1°}$ A

则等效阻抗

$$Z = \frac{\dot{U}}{\dot{I}} = \frac{100\underline{/30°}}{10\underline{/-23.1°}}\Omega = 10\underline{/53.1°}\Omega = (6 + j8)\,\Omega$$

其等效串联电路如图 3-8-7a 所示，等效导纳为

$$Y = \frac{\dot{I}}{\dot{U}} = \frac{10\underline{/-23.1°}}{100\underline{/30°}}\text{S} = 0.1\underline{/-53.1°}\text{S} = (0.06 - j0.08)\,\text{S}$$

其等效并联电路如图 3-8-7b 所示。

例 3-8-6　在图3-8-8所示电路中，已知外加电压 $U = 220$V，容性无源一端口网络的阻抗角为 $30°$，$X_L = 10\Omega$，并测得 $U_L = U'$，求电流 I 及负载端电压 U' 的值。

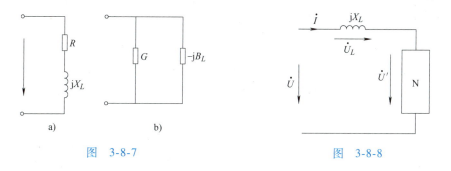

图　3-8-7　　　　　　图　3-8-8

解：由于 X_L 与一端口负载 N 是串联的，流过相同的电流，且电压幅值相等，因此可知一端口负载的阻抗的模与 X_L 相等。故可写出 N 的负载等效阻抗式 $Z_N = 10\underline{/-30°}\Omega$。电路总负载阻抗为

$$Z = Z_N + jX_L = 10\underline{/-30°}\Omega + j10\Omega = 10\underline{/30°}\Omega$$

因此可得

$$I = \frac{U}{z} = 22\text{A}$$

$$U' = Iz_N = 220\text{V}$$

同样，在分析一些阻抗串并联电路时，由于电压、电流只知道大小，且电路参数未知，可借助相量图来求解。

例 3-8-7　图 3-8-9 所示电路，已知 $X_L = 0.6\Omega, I_R = 8\text{A}, I_C = 6\text{A}$，且 $\dot{U}$、$\dot{I}$ 同相。求 R、X_C 的值，并求端口的等效阻抗。

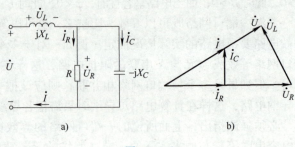

图　3-8-9

解：由电路图可知，$\dot{I}_R$ 与 $\dot{U}_R$ 同相，$\dot{I}_C$ 超前 $\dot{U}_R$（$\dot{U}_C$）90°，取 $\dot{U}_R$ 为参考相量，根据电路画出相量图如图 3-8-9b 所示。

由电流三角形的关系可得

$$I = \sqrt{I_R^2 + I_C^2} = 10\text{A}, \quad U_L = X_L I = 6\text{V}$$

而电压三角形与电流三角形相似，故有

$$U_R = 10\text{V}, \quad U = 8\text{V}$$

所以

$$R = \frac{U_R}{I_R} = \frac{10}{8}\Omega = 1.25\Omega$$

$$X_C = \frac{U_C}{I_C} = \frac{U_R}{I_C} = \frac{10}{6}\Omega = 1.667\Omega$$

因已知端口 $\dot{U}$、$\dot{I}$ 同相，故端口等效阻抗为纯电阻 $R_{\text{eq}} = \dfrac{U}{I} = \dfrac{8}{10}\Omega = 0.8\Omega$。

第九节　正弦交流电路的功率计算

前面分析了正弦交流电路中单个元件 R、L、C 的功率及其变化，本节研究无源一端口网络的功率。通常的无源一端口网络，其内部可能既有耗能元件 R，又有储能元件 L、C，因此耗能和储能会同时发生，使得功率的分析更加复杂。

一、瞬时功率

如果一端口网络的端口电压 $u = \sqrt{2}U\sin(\omega t + \psi_u)$，流入端口的电流 $i = \sqrt{2}I\sin(\omega t + \psi_i)$，且电压与电流参考方向一致，如图 3-9-1a 所示，则由功率定义可得输入该一端口网络的瞬时功率为

$$
\begin{aligned}
p = ui &= \sqrt{2}U\sin(\omega t + \psi_u) \times \sqrt{2}I\sin(\omega t + \psi_i) \\
&= UI\cos(\psi_u - \psi_i) - UI\cos(2\omega t + \psi_u + \psi_i)
\end{aligned}
\tag{3-9-1}
$$

由式（3-9-1）可看出，瞬时功率可分为恒定分量 $UI\cos(\psi_u - \psi_i)$ 与二倍角频率变化的正弦分量 $UI\cos(2\omega t + \psi_u + \psi_i)$。图 3-9-1b 为端口电压 u、端口电流 i 与瞬时功率 p 的波形图。瞬时功率 p 在某些时间段为正值，表示此时一端口网络正在吸收功率。在某些时间段 p 为负值，表示网络在输出功率，将原来储存的能量送回电网。图中消耗功率的比例大于交换功率的比例，即功率曲线在横轴上方所限定的面积大于横轴下方的面积，

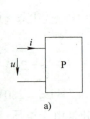

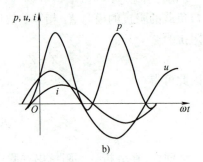

图　3-9-1

表明一端口网络吸收的功率大于释放的功率。一端口网络将从电源获得的能量，一部分与电源进行能量交换，另一部分被消耗掉了。

二、有功功率和功率因数

瞬时功率反映电路功率随时间的变化情况。而瞬时功率在一周期内的平均值，就是无源一端口网络实际消耗的功率，称为平均功率，也称为有功功率，用 P 表示，即

$$P = \frac{1}{T}\int_0^T p\mathrm{d}t = UI\cos(\psi_u - \psi_i) = UI\cos\varphi \tag{3-9-2}$$

式中，U、I 为负载端电压和电流的有效值；$\varphi = \psi_u - \psi_i$ 是端电压与电流在关联参考方向下的相位差；$\cos\varphi$ 称为功率因数，$\varphi = \psi_u - \psi_i$ 称为功率因数角。

由式（3-9-2）可以看出，有功功率不仅与电压 U、电流 I 有关，而且与电路的功率因数 $\cos\varphi$ 有关。当 $\varphi = \psi_u - \psi_i$ 接近 $\frac{\pi}{2}$ 时，功率因数 $\cos\varphi$ 很低（接近0），即使 U 与 I 的乘积很大，负载所吸收的功率仍然很小。

对于纯电感或纯电容负载，其电压与电流互相正交，$\varphi = \pm\frac{\pi}{2}$，此时功率因数 $\cos\varphi = 0$，$P = UI\cos\varphi = 0$。

对于纯电阻负载，$\varphi = 0$，功率因数 $\cos\varphi = 1$。$P = UI\cos\varphi = UI = \frac{U^2}{R} = I^2 R$。

对于一般无源网络负载，其等效负载为感性或容性 $|\varphi| \leqslant \frac{\pi}{2}$。

可以看出纯电感和纯电容消耗的有功功率为0，表明它们不消耗能量。

工程中常说的功率均指有功功率，并常常把"有功"两字省去。如电阻的功率为 0.25W，白炽灯的功率为60W，均指有功功率。

测量负载的有功功率时，既要测出它的电压和电流的有效值，又要测出二者之间的相位差。在工程上一般可用功率表来测量电路的平均功率。图3-9-2 示出了电动式功率表的基本结构、符号图及测量一端口网络有功功率的接线图。功率表有两个线圈：可转动的电压线圈与固定的电流线圈。电压线圈端点2 与电流线圈端点1 标有·号或±号，称为两个线圈的同名端，是功率表的极性标志。

测量一端口网络的功率时，电路连接如图3-9-2b 所示。将电流线圈串入被测量的电路，电压线圈与端口并联。二组线圈中分别流过电流，并产生磁场。功率表的读数等于加在电压线圈上的电压有效值和通过电流线圈的电流有效值的乘积，再乘以电压相量（参考方向从·号指向非·号）和电流相量（参考方向也从·号指向非·号）之间的相位差的余弦，即 $P = UI\cos(\psi_u - \psi_i) = UI\cos\varphi$。若在测量同一负载功率时，功率表的连接方式改为如图3-9-2c 所示，此时流过电流线圈（参考方向为从非·号指向·号）的电流相量相位与原来接法相差180°，因此功率表的读数为 $P = UI\cos[\psi_u - (\psi_i \pm 180°)] = -UI\cos\varphi$，即读数为负值。

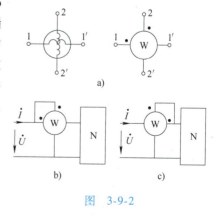

图　3-9-2

三、无功功率

在电力系统中，常引入无功功率的概念，用来反映一端口网络与电源间进行能量交换的

程度。为引出无功功率的概念，把式（3-9-1）瞬时功率重新写为

$$p = UI\cos(\psi_u - \psi_i) - UI\cos(2\omega t + \psi_u + \psi_i)$$
$$= UI\cos(\psi_u - \psi_i) - UI\big[\cos(\psi_u - \psi_i)\cos(2\omega t + 2\psi_i) - \sin(\psi_u - \psi_i)\sin(2\omega t + 2\psi_i)\big]$$
$$= UI\cos\varphi\big[1 - \cos(2\omega t + 2\psi_i)\big] + UI\sin\varphi\sin(2\omega t + 2\psi_i)$$
$$= p_1 + p_2$$

上式中 p_1 功率的传输方向始终不变，代表了电网络实际消耗的电功率分量，其平均值等于网络吸收的有功功率。p_2 是一个幅值为 $UI\sin\varphi$、角频率为 2ω 的正弦交变瞬时功率分量，它是在电源和网络之间往返交换的能量，其平均值为零。它代表了瞬时功率中的无功分量。在工程技术中，为了度量这种在电源和网络负载之间能量交换的程度，定义该瞬时功率中无功分量的最大值为无功功率，用 Q 来表示，即有

$$Q = UI\sin\varphi \tag{3-9-3}$$

它的单位为伏安，简称乏，用 var 来表示。

由式（3-9-3）可知，对于无源一端口网络，由于 $-90° \leqslant \varphi \leqslant 90°$，因而 Q 可为正值，也可为负值。当负载为感性时，功率因数角 $\varphi > 0$，此时无功功率 $Q = UI\sin\varphi > 0$，表示感性负载吸收无功功率。当负载为容性时，功率因数角 $\varphi < 0$，无功功率 $Q = UI\sin\varphi < 0$，表示容性负载发出无功功率。无源一端口网络的无功功率表示了该一端口网络与外电路能量交换的能力。

当一端口网络分别为单一元件 R、L、C 时，它们消耗的无功功率分别为

电阻 R：$\varphi = 0$，无功功率 $Q_R = 0$，表明电阻 R 与外部电路无能量交换。

电感 L：$\varphi = 90°$，无功功率 $Q_L = UI\sin\varphi = UI > 0$，表示 L 从外部电路吸收无功功率。

电容 C：$\varphi = -90°$，无功功率 $Q_C = UI\sin\varphi = -UI < 0$，表示 C 向外部电路发出无功功率。

四、视在功率

在电工技术中，对于发电机、变压器等实际电气设备，规定有额定工作电压与额定工作电流。额定电压和额定电流是指在一定条件下能安全运行的限度，其乘积称作设备容量。为此在电工技术中引入视在功率的概念，其定义为

$$S = UI \tag{3-9-4}$$

为与有功功率相区别，视在功率的单位为伏安（V·A）或千伏安（kV·A）。

有功功率、无功功率和视在功率的关系为

$$P = S\cos\varphi$$
$$Q = S\sin\varphi$$
$$S = UI = \sqrt{P^2 + Q^2}$$
$$\tan\varphi = \frac{Q}{P}$$

由上面各式可看出，视在功率 S、有功功率 P 和无功功率 Q 组成一个直角三角形，称为功率三角形，如图 3-9-3 所示。

五、复数功率和功率守恒

在电力系统的计算中，为了使功率计算表达方便，常在正弦电路中用复数功率来表示元件或一端口网络的功率。复数功率定义为电压相量 $\dot{U}$ 与电流共轭相量 $\overset{*}{I}$ 的乘积，用符号 $\tilde{S}$ 来表示，即

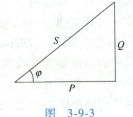

图 3-9-3

$$\tilde{S} = \dot{U}\overset{*}{I} = UI\underline{/\psi_u - \psi_i} = UI\cos\varphi + jUI\sin\varphi = P + jQ \tag{3-9-5}$$

复数功率的单位为伏安（V·A）或千伏安（kV·A）。

可见复数功率的模即为视在功率，幅角是功率因数角，其实部为有功功率，虚部为无功功率。若电压、电流方向一致，则上式表示一端口网络吸收的功率，反之则表示一端口网络发出的功率。

对于无源一端口网络，设其等效阻抗为 Z，电压、电流方向一致，则复数功率也可表示为

$$\tilde{S} = \dot{U}\overset{*}{\dot{I}} = Z\dot{I}\overset{*}{\dot{I}} = I^2 Z = I^2 R + jI^2 X \tag{3-9-6}$$

式中，I、U 为一端口网络电压和电流的有效值。表明一端口消耗的有功功率为 $I^2 R$，消耗的无功功率为 $I^2 X$。

同理，设无源一端口网络等效导纳为 Y，电压、电流方向一致，则复数功率也可表示为

$$\tilde{S} = \dot{U}\overset{*}{\dot{I}} = \dot{U}\dot{U}\overset{*}{Y} = U^2 \overset{*}{Y} = U^2 G + jU^2 B$$

式中，$\overset{*}{Y}$ 为等效导纳 Y 的共轭复数。表明一端口消耗的有功功率为 $U^2 G$，消耗的无功功率为 $U^2 B$。

例3-9-1 已知某无源一端口网络的等效阻抗 $Z = (30 + j40)\,\Omega$，外加端电压的有效值为 100V，求输入该端口的有功功率、无功功率、视在功率和复数功率。

解： 设电压为参考相量 $\dot{U} = 100\underline{/0°}\text{V}$，电路阻抗

$$Z = (30 + j40)\,\Omega = 50\underline{/53.1°}\,\Omega$$

电流相量

$$\dot{I} = \frac{\dot{U}}{Z} = \frac{100\underline{/0°}}{50\underline{/53.1°}}\text{A} = 2\underline{/-53.1°}\text{A}$$

电路的功率因数角 $\varphi = 0° - (-53.1°) = 53.1°$

它等于无源网络的阻抗角，输入电路的有功功率

$$P = UI\cos\varphi = 100 \times 2\cos 53.1°\text{W} = 120\text{W}$$

无功功率

$$Q = UI\sin\varphi = 100 \times 2\sin 53.1°\text{var} = 160\text{var}$$

视在功率

$$S = UI = 100\text{V} \times 2\text{A} = 200\text{V·A}$$

复数功率 $\quad \tilde{S} = \dot{U}\overset{*}{\dot{I}} = 100\underline{/0°}\text{V} \times 2\underline{/53.1°}\text{A} = 200\underline{/53.1°}\text{V·A} = (120 + j160)\text{V·A}$

在上述计算中，由于只有电阻消耗有功功率，因此有功功率的计算也可直接用 Z 的实部来计算

$$P = I^2 R = 2^2 \times 30\text{W} = 120\text{W}$$

同理无功功率

$$Q = I^2 X = 2^2 \times 40\text{var} = 160\text{var}$$

复数功率 $\quad \tilde{S} = P + jQ = (120 + j160)\text{V·A}$

例3-9-2 如图 3-9-4 所示正弦交流稳态电路，已知电压 $U = 200\text{V}$，$I = 2.5\text{A}$，试求该电路的有功功率、无功功率及电路的功率因数。

解：
$$S = UI = 500\text{V·A}$$
$$P = \frac{U^2}{R} = 400\text{W}$$

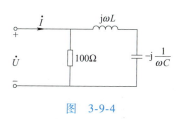

图 3-9-4

$$\cos\varphi = \frac{P}{S} = 0.8$$

由于感抗和容抗的值未知，因此

$$Q = \pm\sqrt{S^2 - P^2} = \pm 300\text{var}$$

例 3-9-3 采用如图 3-9-5 所示的三表法来测量一只线圈的参数，已知施加的正弦电压的频率为 50Hz，电压表的读数为 121V，电流表的读数为 5A，功率表的读数为 250W，试求线圈的电阻 R 与电感 L 的值。

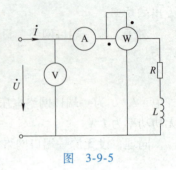

解： 电感线圈可表示成电阻与电感的串联电路，由已知测量数据可得电阻值为

$$R = \frac{P}{I^2} = \frac{250}{5^2}\Omega = 10\Omega,\ 阻抗值\ z = \frac{U}{I} = \frac{121}{5}\Omega = 24.2\Omega$$

图　3-9-5

则感抗

$$X_L = \sqrt{z^2 - R^2} = \sqrt{24.2^2 - 10^2}\,\Omega = 22\Omega$$

得电感值为

$$L = \frac{X_L}{\omega} = \frac{22}{314}\text{H} = 70\text{mH}$$

最后用特勒根定理讨论复杂交流电路中的功率守恒问题。对于任一复杂交流电路，连接到任一节点的各支路电流相量满足基尔霍夫定律，即有

$$\sum_k \dot{I}_k = 0$$

如果把各支路电流的实部与虚部分开表示，则

$$\dot{I}_k = I'_k + jI''_k$$

式中，I'_k 表示支路电流相量实部；I''_k 表示虚部。

节点电流相量形式的基尔霍夫电流定律可写为

$$\sum_k \dot{I}_k = \sum_k I'_k + j\sum_k I''_k = 0$$

由复数的性质可知，节点电流相量之和为零，则其实部之和与虚部之和分别为零，即有

$$\sum_k I'_k = 0,\ \sum_k I''_k = 0$$

把各支路电流均用共轭相量 $\overset{*}{I}_k = I'_k - jI''_k$ 来替代，对各节点求和，可得

$$\sum_k \overset{*}{I}_k = \sum_k I'_k - j\sum_k I''_k = 0$$

可见支路电流相量的共轭相量也满足基尔霍夫电流定律。

若选择各支路电流与电压的参考方向一致，则根据特勒根定律，有

$$\sum_1^b \dot{U}_k\overset{*}{I}_k = 0 \tag{3-9-7}$$

或

$$\sum_1^b \widetilde{S}_k = 0 \tag{3-9-8}$$

上两式表明，一个封闭的电路系统，其各支路的复功率之和为零。

对于电路中的任一支路，给定一种能代表所有支路形式的典型支路如图 3-9-6 所示。它包含支路阻抗 Z_k，电压源 $\dot{U}_{Sk}$ 及电流源 $\dot{I}_{Sk}$。图中 $\dot{I}_{ek}$ 表示流过电压源和阻抗 Z_k 的电流分量。

如果某一实际支路中不包含电压源（或电流源），则只要令对应的 $\dot{U}_{Sk}$ 或 $\dot{I}_{Sk}$ 为零即可。

由图 3-9-6 的支路形式可写出

$$\dot{U}_k = -\dot{U}_{Sk} + \dot{I}_{ek}Z_k$$

$$\dot{I}_k = \dot{I}_{ek} - \dot{I}_{Sk}$$

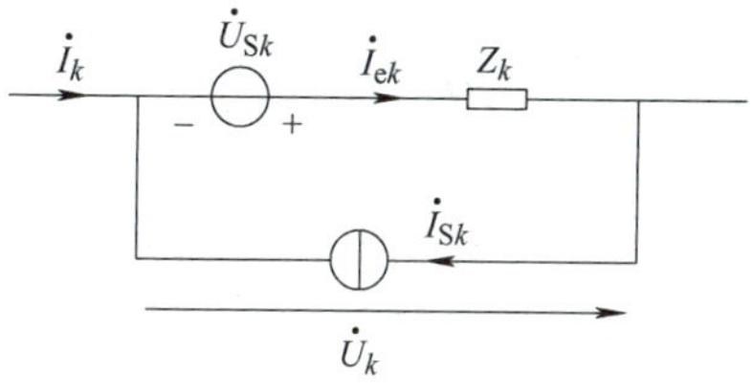

支路电流的共轭相量可表示为

$$\overset{*}{I}_k = \overset{*}{I}_{ek} - \overset{*}{I}_{Sk}$$

把 $\dot{U}_k$ 和 $\overset{*}{I}_k$ 代入式（3-9-7），有

$$\sum_1^b (-\dot{U}_{Sk} + \dot{I}_{ek}Z_k)(\overset{*}{I}_{ek} - \overset{*}{I}_{Sk}) = 0$$

或

$$\sum_1^b \left[-\dot{U}_{Sk}\overset{*}{I}_{ek} + \dot{I}_{ek}\overset{*}{I}_{ek}Z_k - \overset{*}{I}_{Sk}(-\dot{U}_{Sk} + \dot{I}_{ek}Z_k) \right] = 0$$

经整理可得

$$\sum_1^b \dot{U}_{Sk}\overset{*}{I}_{ek} + \sum_1^b \overset{*}{I}_{Sk}\dot{U}_k = \sum_1^b \dot{I}_{ek}\overset{*}{I}_{ek}Z_k \qquad (3\text{-}9\text{-}9)$$

图 3-9-6

式中，左边第一项 $\sum_1^b \dot{U}_{Sk}\overset{*}{I}_{ek}$ 表示所有电压源输出的复数功率；第二项 $\sum_1^b \overset{*}{I}_{Sk}\dot{U}_k$ 表示所有电流源输出的复数功率；等式左边表示电路中所有电源输出的复数功率之和；等式右边 $\sum_1^b \dot{I}_{ek}\overset{*}{I}_{ek}Z_k$ 项表示各支路负载消耗的总复数功率。

于是式（3-9-9）可表示为

$$\sum_k \tilde{S}_{源} = \sum_k \tilde{S}_{负载} \qquad (3\text{-}9\text{-}10)$$

即电路中电源输出复数功率等于负载吸收的复数功率，此即为正弦交流电路中的功率守恒定理。上式中把复数功率的实部与虚部分开，得

$$\sum_k (P_{源} + jQ_{源}) = \sum_k (P_{负载} + jQ_{负载})$$

即有

$$\sum_k P_{源} = \sum_k P_{负载} \qquad (3\text{-}9\text{-}11)$$

$$\sum_k Q_{源} = \sum_k Q_{负载} \qquad (3\text{-}9\text{-}12)$$

上两式表明，在正弦交流电路中，电路的有功功率和无功功率都是守恒的，即电源发出的有功功率等于负载吸收的有功功率，电源发出的无功功率等于负载吸收的无功功率。这里必须注意，在讨论无功功率平衡问题时，给无功功率引入了产生和消耗的概念。在计算无功功率时，感性电路的无功功率 $Q>0$，容性电路的无功功率 $Q<0$。因此电感元件消耗无功功率，而电容元件产生无功功率（或者说电容元件消耗负的无功功率）。式（3-9-12）所示的无功功率平衡式表示，按输出考虑（电压与电流参考方向相反）的所有电源的总无功功率等于按输入考虑（电压与电流参考方向相同）的所有负载的总无功功率。而对于某一电源或负载而言，可能是消耗或者发出无功功率。在复杂交流电路中，有时利用复数功率守恒定律可简化电路计算。

六、功率因数提高

任何一种电气设备的容量决定于它的额定电压和额定电流的大小，但电气设备产生

（对发电机）或消耗（对电动机）的有功功率 $P = UI\cos\varphi$ 不但与电压、电流有关，而且与设备的功率因数 $\cos\varphi$ 有关。当电气设备的功率因数较低时，设备的利用率就很低。举例来说，一台额定容量为 10000kV·A 的变压器，在最大容许输出电压和电流的情况下，如果负载的功率因数为 0.5，则变压器最大输出有功功率为 5000kW。如果把负载功率因数提高到 1，则变压器最大可输出 10000kW 的有功功率。这样设备的利用率就提高了。对于大容量电器设备而言，提高负载的功率因数非常重要。

此外，从电网传输效率来分析，在确定的电压等级和相同的传输功率条件下，提高功率因数可以降低电流值，从而减少线路损耗，并降低电网发送与接收端的电压差。例如要把电能从电站输送到远距离的城市，设线路总电阻为 R_0，则线路损耗 P_0 可表示为

$$P_0 = I^2 R_0$$

与线路上的电流 I^2 成正比。假设传输的功率 P 一定，且线路电压 U 不变，线路电流 I 可写为

$$I = \frac{P}{U\cos\varphi}$$

当 $\cos\varphi$ 值越大时，线路中电流值 I 越小，线路损耗 P_0 也越小。可见提高功率因数对于电网而言有很大的经济意义。

在实际工业应用中，大量的用电负载是感性负载（如荧光灯、三相感应电动机等），使得负载端电流滞后于电压，功率因数 $\cos\varphi$ 较小。要提高功率因数，最简便的措施是在感性负载两端并联电容器，如图 3-9-7a 所示。提高功率因数的具体原理说明如下。

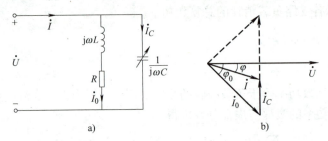

图 3-9-7

设负载两端电压为参考相量 $\dot{U} = U\underline{/0°}\text{V}$，并联电容前，感性负载支路电流 $\dot{I}_0$ 滞后于电压 $\dot{U}\varphi_0$；并联电容后，电容电流 $\dot{I}_C$ 超前电压 $\dot{U}90°$，$\dot{I}_0 + \dot{I}_C = \dot{I}$，根据上述关系做出电压、电流相量图如图 3-9-7b 所示。由图可知，并联电容之后的功率因数 $\cos\varphi > \cos\varphi_0$，即并联电容 C 使功率因数得到提高。随着 $\dot{I}_C$ 继续增大，$\cos\varphi$ 将达到最大值 1 然后减小，负载也由感性变为容性。因此，在实际应用中，需要选择合适的电容大小，以满足工程应用的需求。

例 3-9-4 工频工作下的感性负载端电压为 10kV，有功功率为 1000kW，功率因数为 0.8，现要把功率因数提高到 0.92（感性），求应在负载两端并联多大的电容。

解： 方法一，电流相量图的方法。

根据题意，设电压为参考相量 $\dot{U} = 10^4\underline{/0°}\text{V}$，作相量图如图 3-9-7b。

由题可知，并联电容前负载电流

$$I_0 = \frac{P}{U\cos\varphi_0} = \frac{1000 \times 10^3}{10 \times 10^3 \times 0.8}\text{A} = 125\text{A}$$

功率因数 $\cos\varphi_0 = 0.8$，则 $\varphi_0 = 36.9°$

得电流相量 $\dot{I}_0 = 125\underline{/-36.9°}\text{A}$

并联电容后 $\cos\varphi = 0.92$（感性），则 $\varphi = 23.1°$

如图 3-9-7b 几何关系，$I_0\cos\varphi_0 = I\cos\varphi$，

得

$$I = \frac{I_0\cos\varphi_0}{\cos\varphi} = \frac{125\times0.8}{0.92}\text{A} = 108.7\text{A}$$

进一步求出需要补偿的电容电流

$$I_C = I_0\sin\varphi_0 - I\sin\varphi = 75\text{A} - 42.6\text{A} = 32.4\text{A}$$

从而求出电容值

$$C = \frac{I_C}{\omega U} = \frac{32.4}{2\pi\times50\times10^4}\text{F} = 10.3\mu\text{F}$$

从上题可看出，$I_0\cos\varphi_0 = I\cos\varphi$ 是沿 $\dot{U}$ 方向的电流分量，即电流有功分量。$I_0\sin\varphi_0$、$I\sin\varphi$ 是垂直 $\dot{U}$ 方向的电流分量，即电流无功分量。其差值 $I_C = I_0\sin\varphi_0 - I\sin\varphi$ 也是无功分量。本质上，并联电容器的容性无功电流抵消了感性负载的感性无功电流，使总无功电流减小，功率因数角 φ 也变小，从而提高总电路的功率因数。但是并联电容后原感性负载本身的功率因数并未变化。

方法二，复功率守恒的方法。

首先说明，负载端并联电容不会影响负载的有功功率，即并联电容前后，图 3-9-7a 中负载的有功功率 $P = I_0^2 R$ 保持不变，因为 $I_0 = \dfrac{U}{\sqrt{R^2 + (\omega L)^2}}$ 和 R 均未变。

因此，从复功率守恒的观点看，负载端并联电容的作用是提供负载所需的无功功率，使电源供给负载端的无功功率减少，从而提高电路的功率因数。

并联电容前后，电源供给负载的无功功率分别为

$$Q_0 = P\tan\varphi_0, \quad Q_1 = P\tan\varphi$$

并联电容前后无功功率的变化量即为电容提供的无功功率 Q_C，即

$$Q_C = Q_1 - Q_0$$

而

$$Q_C = -UI_C = -\omega C U^2$$

因此

$$Q_C = -\omega C U^2 = Q_1 - Q_0 = P\tan\varphi - P\tan\varphi_0$$

得

$$C = \frac{P\tan\varphi_0 - P\tan\varphi}{\omega U^2}$$

因此可求得电容值为

$$C = \frac{10^6\times(\tan36.9° - \tan23.1°)}{314\times(10^4)^2}\text{F} = 10.3\mu\text{F}$$

例 3-9-5　电路如图 3-9-8 所示，已知电流表 A 的读数为 5A，电压表 V_1 和 V_2 分别为 220V 和 200V，功率表 W_1 和 W_2 的读数分别为 650W 和 620W。求电路中各参数 R_1、X_1、R_2、X_2 的值。

解：由功率表 W_2 的读数 620W 和电流表的读数 5A，可直接算得 R_2 的值为

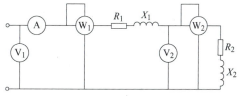

图　3-9-8

$$R_2 = \frac{P_2}{I^2} = \frac{620}{5^2}\Omega = 24.8\Omega$$

根据有功功率平衡关系，可知电阻 R_1 上消耗的功率即为二功率表的读数差，可得 R_1 为

$$R_1 = \frac{P_1 - P_2}{I^2} = \frac{650 - 620}{5^2}\Omega = \frac{30}{25}\Omega = 1.2\Omega$$

R_2 和 X_2 负载的视在功率为电压表 V_2 和电流表读数的乘积，即有

$$S_2 = 200 \times 5 V \cdot A = 1000 V \cdot A$$

可求得 X_2 消耗的无功功率

$$Q_2 = \sqrt{S_2^2 - P_2^2} = \sqrt{1000^2 - 620^2} \, \text{var} = 784.6 \text{var}$$

求得

$$X_2 = \frac{Q_2}{I^2} = \frac{784.6}{5^2} \Omega = 31.38 \Omega$$

该电路总视在功率为

$$S = 220 \times 5 V \cdot A = 1100 V \cdot A$$

总无功功率为

$$Q = \sqrt{S^2 - P_1^2} = 887.4 \text{var}$$

可得 X_1 上的无功功率为

$$Q_1 = Q - Q_2 = 102.8 \text{var}$$

可求得 X_1 为

$$X_1 = \frac{Q_1}{I^2} = \frac{102.8}{5^2} \Omega = 4.1 \Omega$$

第十节　复杂正弦交流电路的计算

在线性正弦交流电路中，如果所有的激励源都是同一频率的正弦函数，则电路中所有响应都是与激励源同频率的正弦量。在电路计算中，通常用相量形式来表示和进行运算。相量形式的基尔霍夫电压与电流定律分别成立，即对于任一节点有 $\sum \dot{I} = 0$，对于任一回路有 $\sum \dot{U} = 0$。另外，对于任一线性无源支路（或无源一端口负载），其阻抗值可表示为 Z，支路电压与电流取关联参考方向时有关系式

$$\dot{U}_k = Z_k \dot{I}_k \ \text{或} \ \dot{I}_k = Y_k \dot{U}_k$$

此式又称为相量形式的欧姆定律。因此，当正弦交流电路用相量形式表示时，描述正弦交流电路中电压、电流之间关系的欧姆定律和基尔霍夫定律与直流电路中的表达式有相同的形式。所有由基尔霍夫定律和欧姆定律推导出来的有关直流电路计算的方法和定理都可推广应用到交流电路的计算中。必须注意，正弦交流电路的计算虽然可采用直流电路的计算方法，但实际计算过程要复杂得多。交流电路计算中列出的方程都是复数方程，各变量的计算除考虑有效值外，还要考虑相位问题，所有的计算都为复数形式。下面举例说明交流电路的计算。

一、基本方法

例 3-10-1　图 3-10-1a 所示电路中，已知 $u_{S1} = 10\sqrt{2} \sin\omega t \, V$，$u_{S2} = 10\sqrt{2} \sin(\omega t + 90°) \, V$，$R = 5\Omega$，$X_L = 5\Omega$，$X_C = 2\Omega$，试用回路电流法求各支路电流，并求各电压源输出的复数功率。

解：对图 3-10-1a 所示时域电路，需要画出其相量模型电路如图 3-10-1b 所示，然后应用电路的基本分析方法。

取网孔回路如图，列出回路方程

$$(R - jX_C)\dot{I}_{m1} - R\dot{I}_{m2} = \dot{U}_{S1}$$

$$-R\dot{I}_{m1} + (R + jX_L)\dot{I}_{m2} = -\dot{U}_{S2}$$

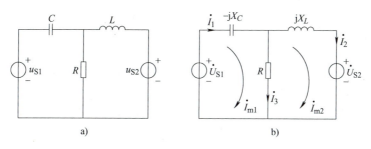

图　3-10-1

代入数据得

$$(5 - j2)\dot{I}_{m1} - 5\dot{I}_{m2} = 10$$

$$-5\dot{I}_{m1} + (5 + j5)\dot{I}_{m2} = -j10$$

$$\dot{I}_{m1} = \frac{10(5 + j5) - j50}{(5 - j2)(5 + j5) - 25}A = \frac{50}{10 + j15}A = 2.77\underline{/-56.3°}A$$

$$\dot{I}_{m2} = \frac{(R - jX_C)\dot{I}_{m1} - \dot{U}_{S1}}{R} = \frac{(5 - j2) \times 2.77\underline{/-56.3°} - 10}{5}A$$

$$= 3.23\underline{/-115.4°}A$$

$$\dot{I}_1 = \dot{I}_{m1} = 2.77\underline{/-56.3°}A$$

$$\dot{I}_2 = \dot{I}_{m2} = 3.23\underline{/-115.4°}A$$

$$\dot{I}_3 = \dot{I}_{m1} - \dot{I}_{m2} = 2.77\underline{/-56.3°}A - 3.23\underline{/-115.4°}A = 2.986\underline{/11.8°}A$$

各电压源输出的复数功率为

$$\tilde{S}_1 = \dot{U}_{S1}\overset{*}{I}_1 = 10\underline{/0°}V \times 2.77\underline{/56.3°}A = 27.7\underline{/56.3°}V \cdot A$$

$$\tilde{S}_2 = \dot{U}_{S2}(-\overset{*}{I}_2) = 10\underline{/90°}V \times 3.23\underline{/-64.6°}A = 32.3\underline{/25.4°}V \cdot A$$

直流电路中含受控源的处理方法在正弦交流电路分析中也完全适用，即首先将受控源视为独立源列写方程，然后再增加相应的附加方程，建立控制量和未知量之间的关系。下面以节点电压法为例说明。

例 3-10-2　图 3-10-2 所示电路中，已知 $i_S = 10\sqrt{2}\sin(5000t + 30°)$A，$R = 10\Omega$，$C = 10\mu$F，试用节点电压法求电流 i_1 和 i_2。

解： 采用节点电压法来解，电路的相量模型此处未画，熟悉的情况下可不画，但必须用相量形式列写基本方程。

设 b 节点为参考点，对 a 节点列出节点电压方程有

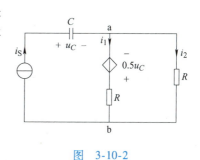

图　3-10-2

$$\dot{U}_a\left(\frac{1}{R} + \frac{1}{R}\right) = -\frac{0.5\dot{U}_C}{R} + \dot{I}_S$$

$$\dot{U}_C = -j\frac{1}{\omega C}\dot{I}_S$$

代入数据

$$\dot{U}_a\left(\frac{1}{10} + \frac{1}{10}\right) = -\frac{0.5\dot{U}_C}{10} + 10\underline{/30°}$$

$$\dot{U}_C = -j20 \times 10\underline{/30°}$$

解之得

$$\dot{U}_a = 50\sqrt{2}\underline{/75°}V$$

$$\dot{I}_2 = \frac{\dot{U}_a}{10} = 5\sqrt{2}\underline{/75°}\,\text{A}$$

$$\dot{I}_1 = \dot{I}_S - \dot{I}_2 = 10\underline{/30°} - 5\sqrt{2}\underline{/75°} = 5\sqrt{2}\underline{/-15°}\,\text{A}$$

则 $\quad i_1 = 10\sin(5000t - 15°)\,\text{A}, i_2 = 10\sin(5000t + 75°)\,\text{A}$

例 3-10-3 电路如图3-10-3所示，已知各电压源的值为 $\dot{E}_A = 220\text{V}$, $\dot{E}_B = 220\underline{/-120°}\text{V}$, $\dot{E}_C = 220\underline{/120°}\text{V}$, 线路阻抗 $Z_l = \text{j}50\Omega$, 负载阻抗分别为 $Z_{AB} = Z_{BC} = (100 + \text{j}300)$ Ω, $Z_{CA} = (100 - \text{j}300)\Omega$, 求各电压源所在支路的电流。

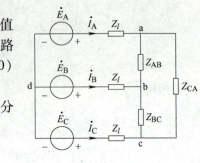

图 3-10-3

解： 本题采用节点电压法来解，设 d 点为参考点，分别对节点 a、b、c 列出节点电压方程，有

$$\dot{U}_a\left(\frac{1}{Z_l} + \frac{1}{Z_{AB}} + \frac{1}{Z_{CA}}\right) - \frac{\dot{U}_b}{Z_{AB}} - \frac{\dot{U}_c}{Z_{CA}} = \frac{\dot{E}_A}{Z_l}$$

$$\dot{U}_b\left(\frac{1}{Z_l} + \frac{1}{Z_{AB}} + \frac{1}{Z_{BC}}\right) - \frac{\dot{U}_a}{Z_{AB}} - \frac{\dot{U}_c}{Z_{BC}} = \frac{\dot{E}_B}{Z_l}$$

$$\dot{U}_c\left(\frac{1}{Z_l} + \frac{1}{Z_{BC}} + \frac{1}{Z_{CA}}\right) - \frac{\dot{U}_a}{Z_{CA}} - \frac{\dot{U}_b}{Z_{BC}} = \frac{\dot{E}_C}{Z_l}$$

代入数据后可得

$$\dot{U}_a\left(\frac{1}{\text{j}50\Omega} + \frac{1}{(100+\text{j}300)\Omega} + \frac{1}{(100-\text{j}300)\Omega}\right) - \frac{\dot{U}_b}{(100+\text{j}300)\Omega} - \frac{\dot{U}_c}{(100-\text{j}300)\Omega} = \frac{220}{\text{j}50}\text{V}$$

$$\dot{U}_b\left(\frac{1}{\text{j}50\Omega} + \frac{1}{(100+\text{j}300)\Omega} + \frac{1}{(100+\text{j}300)\Omega}\right) - \frac{\dot{U}_a}{(100+\text{j}300)\Omega} - \frac{\dot{U}_c}{(100+\text{j}300)\Omega}$$

$$= \frac{220\underline{/-120°}}{\text{j}50}\text{V}$$

$$\dot{U}_c\left(\frac{1}{\text{j}50\Omega} + \frac{1}{(100+\text{j}300)\Omega} + \frac{1}{(100-\text{j}300)\Omega}\right) - \frac{\dot{U}_a}{(100-\text{j}300)\Omega} - \frac{\dot{U}_b}{(100+\text{j}300)\Omega}$$

$$= \frac{220\underline{/120°}}{\text{j}50}\text{V}$$

由上式可联立解得

$$\dot{U}_a = 228\underline{/-20.7°}\text{V}$$

$$\dot{U}_b = 150\underline{/-126°}\text{V}$$

$$\dot{U}_c = 238\underline{/121.6°}\text{V}$$

进一步可求得各电压源支路的电流为

$$\dot{I}_A = \frac{\dot{E}_A - \dot{U}_a}{Z_l} = \frac{220 - 228\underline{/20.7°}}{\text{j}50}\text{A} = 1.62\underline{/-4.8°}\text{A}$$

$$\dot{I}_B = \frac{\dot{E}_B - \dot{U}_b}{Z_l} = \frac{220\underline{/-120°} - 150\underline{/-126°}}{\text{j}50}\text{A} = 1.43\underline{/162°}\text{A}$$

$$\dot{I}_C = \frac{\dot{E}_C - \dot{U}_C}{Z_l} = \frac{220\underline{/120°} - 238\underline{/121.6°}}{\text{j}50}\text{A} = 0.39\underline{/-130°}\text{A}$$

二、基本定理

例 3-10-4 如图 3-10-4a 所示电路，已知电流源 $\dot{I}_S = 4\underline{/60°}\text{A}$，求 ab 左端的戴维南等效

电路。

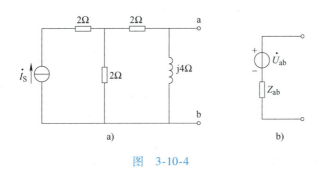

图 3-10-4

解：将 ab 端短接，j4Ω 支路被短路，电路简单，因此先求短路电流 $\dot{I}_{sc}$。

$$\dot{I}_{sc} = \frac{1}{2}\dot{I}_S = 2\underline{/60°}\text{A}$$

将电流源开路，可求得 ab 端等效导纳为

$$Y_{ab} = \left(\frac{1}{4} + \frac{1}{j4}\right)\text{S} = (0.25 - j0.25)\text{S} = 0.25\sqrt{2}\underline{/-45°}\text{S}$$

求戴维南等效电路如图 3-10-4b 所示，其中

$$\dot{U}_{ab} = \frac{\dot{I}_{sc}}{Y_{ab}} = \frac{2\underline{/60°}}{0.25\sqrt{2}\underline{/-45°}}\text{V} = 4\sqrt{2}\underline{/105°}\text{V}$$

$$Z_{ab} = \frac{1}{Y_{ab}} = \frac{1}{0.25\sqrt{2}\underline{/-45°}}\Omega = 2\sqrt{2}\underline{/45°}\Omega = (2+j2)\ \Omega$$

下面研究交流电路中的最大功率传输问题。电路如图 3-10-5a 所示，已知有源一端口网络 A 的戴维南电路的开路电压为 $\dot{U}_0 = U_0\underline{/\varphi}$，等效阻抗 $Z_0 = R_0 + jX_0$，负载阻抗 $Z = R + jX$，其参数分别可调，问当 Z 取何值时，负载可获得最大功率？

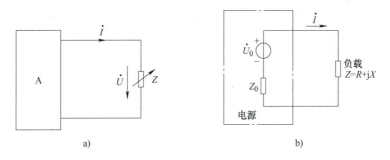

图 3-10-5

将有源一端口网络 A 等效后的电路如图 3-10-5b 所示，流过负载的电流为

$$\dot{I} = \frac{\dot{U}_0}{Z_0 + Z}$$

电流的有效值为

$$I = \frac{U_0}{\sqrt{(R+R_0)^2 + (X+X_0)^2}}$$

负载上有功功率的值为

$$P = I^2 R = \frac{U_0^2 R}{(R + R_0)^2 + (X + X_0)^2}$$

由上式可见，功率的变化与 R 和 X 均有关，但功率 P 与 $(X + X_0)^2$ 参数为单调递减关系，在相同 R 值情况下，当 $X + X_0 = 0$ 时，功率有最大值。因此取 $X = -X_0$，此时功率表达式为

$$P = \frac{U_0^2 R}{(R + R_0)^2}$$

根据同样的方法分析直流电路最大输出功率，可知当 $R = R_0$ 时，功率有极大值

$$P_{\max} = \frac{U_0^2}{4R_0}$$

上面分析表明，在正弦交流电路中，当负载阻抗取电源内阻抗的共轭复数时，即取 $Z = \overset{*}{Z} = R_0 - jX_0$ 时，负载上获得最大功率。上述负载和有源网络的匹配条件称为共轭匹配。

显然，负载获得最大功率时，内阻抗消耗的功率与负载消耗功率相等，电源发出总功率为 $P = 2P_{\max}$，故得最大功率传输时的效率为 50%，对于电力网，这时传送效率太低，不宜采用。但对于通信等弱电系统，则要求传输功率最大，这时要求负载阻抗和电源内阻抗互为共轭。

例3-10-5　电路如图3-10-6a所示，已知电压源 $\dot{U}_S = 100\underline{/0°}\text{V}$，电流源 $\dot{I}_S = 2\underline{/90°}\text{A}$，电路阻抗 $Z_1 = j150\Omega$，$Z_2 = -j50\Omega$，$Z_3 = Z_4 = 50\Omega$。求当负载阻抗 Z_L 为何值时可获得最大有功功率，并求出此功率值。

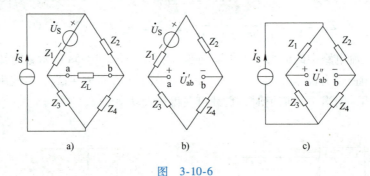

图　3-10-6

解： 首先求出拿掉 Z_L 后从 a、b 两端点视入的戴维南等效电路，由电路图可直接写出其入端阻抗为

$$Z_{ab} = R_{ab} + jX_{ab} = \frac{(Z_1 + Z_2)(Z_3 + Z_4)}{Z_1 + Z_2 + Z_3 + Z_4} = \frac{(j150 - j50)(50 + 50)}{100 + j100}\Omega = (50 + j50)\Omega$$

在计算开路电压 $\dot{U}_{ab}$ 时，采用叠加定理的方法。当 $\dot{U}_S$ 单独作用时，如图3-10-6b 所示。

$$\dot{U}'_{ab} = \frac{-\dot{U}_S}{Z_1 + Z_2 + Z_3 + Z_4}(Z_3 + Z_4) = -\frac{100}{100 + j100} \times 100\text{V} = -50\sqrt{2}\underline{/-45°}\text{V}$$

当 $\dot{I}_S$ 单独作用时，如图3-10-6c 所示。

$$\dot{U}''_{ab} = \dot{I}_S \frac{Z_2 + Z_4}{Z_1 + Z_2 + Z_3 + Z_4} Z_3 - \dot{I}_S \frac{Z_1 + Z_3}{Z_1 + Z_2 + Z_3 + Z_4} Z_4$$

$$= j2 \times \frac{50 - j50}{100 + j100} \times 50\text{V} - j2 \times \frac{50 + j150}{100 + j100} \times 50\text{V}$$

$$= 100\sqrt{2}\underline{/-45°}\text{V}$$

端口开路电压为

$$\dot{U}_{ab} = \dot{U}'_{ab} + \dot{U}''_{ab} = 50\sqrt{2}\underline{/-45°}\,\text{V}$$

由前面讨论的共轭匹配条件可知，当外部负载 $Z_L = \overset{*}{Z}_{ab} = (50-j50)\,\Omega$ 时可获得最大功率，其值为

$$P_{max} = \frac{U^2_{ab}}{4R_0} = \frac{(50\sqrt{2})^2}{4\times 50}\text{W} = 25\,\text{W}$$

习 题 三

3-1 正弦电压 $u = 311\sin\left(314t + \frac{\pi}{6}\right)\text{V}$，求：

（1）振幅、初相位、频率和周期。

（2）画出电压的波形图。

（3）当 $t=0$ 和 $t=0.015\text{s}$ 时的电压瞬时值。

3-2 正弦交流电压的振幅为200V，变化一次所需时间为 0.001s，初相位为 $-60°$，试写出电压瞬时表达式，并画出波形图。

3-3 有一正弦交流电流，它的有效值为 10A，频率为 50Hz，若时间起点取在它的正向最大值处，试写出此正弦电流的瞬时表达式。

3-4 已知电压有效值为100V，电流有效值为 5A，且二者频率均为 50Hz，电流相位滞后电压 1/4 周期。

（1）试以电压 u 为参考正弦量，写出 u 和 i 的瞬时表达式。

（2）若取电流 i 为参考正弦量，写出 u 和 i 的瞬时表达式。

（3）计算电压和电流之间的相位差。

3-5 一组同频率的正弦量，$u_1 = \sqrt{2}\times 220\sin(314t - 30°)\,\text{V}$，$u_2 = \sqrt{2}\times 220\sin(314t + 30°)\,\text{V}$，$i = \sqrt{2}\times 5\sin(314t - 90°)\,\text{A}$。试写出电压和电流的相量表达式，并画出相应的相量图。

3-6 一条串联支路中包含两个元件，第一个元件的电压 $u_1 = \sqrt{2}\times 220\sin(\omega t - 70°)\,\text{V}$，第二个元件的电压 $u_2 = \sqrt{2}\times 200\sin(\omega t + 30°)\,\text{V}$，试求支路电压 $u = u_1 + u_2$，并画出相量图。

3-7 两条支路并联，已知总电流 $i = \sqrt{2}\times 10\sin(314t + 60°)\,\text{A}$，支路 1 的电流 $i = \sqrt{2}\times 5\sin(314t + 30°)\,\text{A}$，求支路 2 电流 i_2，并画出相量图。

3-8 两个正弦电压的频率均为50Hz，它们的相量分别为 $\dot{U}_1 = 50\underline{/30°}\,\text{V}$，$\dot{U}_2 = 40\underline{/-60°}\,\text{V}$，试写出 u_1、u_2 和 $u = u_1 + u_2$ 的瞬时表达式，并作相量图。

3-9 线性电阻 $R = 30\Omega$，其上加正弦交流电压 $u = \sqrt{2}U\sin\omega t$，测得电阻消耗功率为3kW，求正弦交流电压的有效值。

3-10 电阻 $R_1 = 20\Omega$，电阻 $R_2 = 30\Omega$，将两个电阻串联后接在220V、50Hz 的电网上，试求各电阻上的电压值及电阻消耗的功率。

3-11 电感线圈 $L = 20\text{mH}$，电阻可忽略不计，当通过电流 $i_L = \sqrt{2}\sin 1000t\,\text{A}$ 时，试求：

（1）电感线圈两端的电压有效值 U。

（2）当电感线圈两端电压的瞬时值为 20V，且 $du/dt > 0$ 时电流的瞬时值，并求此时电感吸收的瞬时功率。（电压、电流取关联参考方向）

3-12 一个线圈的电阻 $R_L = 10\Omega$，电感 $L = 50\text{mH}$，接到 220V、50Hz 的正弦交流电路中，求线圈的阻抗 Z 和流过线圈的电流 I_L，并画出相量图。

3-13 一个电阻与一个线圈相串联，已知电阻值 $R = 20\Omega$，线圈电感 $L = 0.1\text{H}$，线圈电阻 $R_L = 10\Omega$，外加电压 $u = \sqrt{2}\times 220\sin 314t\,\text{V}$，求流过线圈的电流 i、电阻上电压 u_R 及线圈两端电压 u_L，并画出各相量图。

3-14 电阻 $R = 2\Omega$，与一个线圈相串联（线圈包含电感 L 与电阻 R_L），测得电阻 R 上电压 $U_R = 30\text{V}$，线圈两端电压 $U_{RL} = 50\text{V}$，外加电压 $U = 65\text{V}$，试求线圈的参数 R_L 和 L 的值。（电压频率 $f = 50\text{Hz}$）

3-15 已知电容器 $C = 10\mu\text{F}$，电阻可忽略不计，其上施加220V、50Hz 的电压，求流过电容器的电流

i_C，并作相量图。

3-16 一个电容与电阻并联如题图3-1所示，已知 $R = 1000\Omega$，$C = 20\mu F$，外加 500V、50Hz 的电压，求该电路的导纳 Y，并求流入该电路的电流 i。

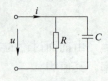

题图 3-1

3-17 电路如题图 3-2 所示，已知电压表 V_1 的读数为 6V，V_2 的读数为 10V，V_3 的读数为 2V，求电压表 V 的读数。

3-18 电路如题图3-3所示，已知 $\dot{U} = 220\underline{/0°}$V，$Z_1 = j10\Omega$，$Z_2 = j50\Omega$，$Z_3 = 100\Omega$，试求各支路电流。

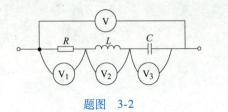

题图 3-2

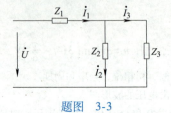

题图 3-3

3-19 电路如题图3-4所示，已知 $Y_1 = (0.2 - j0.6)$S，$Y_2 = (0.6 - j1.2)$S，$Z = (2 - j)\Omega$，求 ab 端口入端阻抗 Z_{ab}。

3-20 已知题图3-5中各电流表 A_1、A_2、A_3 的读数分别为 5A、7A、3A。试求电流表 A 的读数。

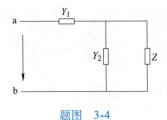

题图 3-4

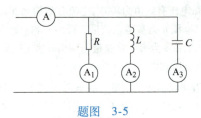

题图 3-5

3-21 电路如题图3-6所示，已知 $f = 50$Hz，$L = 12.75$mH，$C = 796\mu F$，$R = 4\Omega$，$I_L = 10$A，求 U 和 I 的值，并作相量图。

3-22 电路如题图3-7所示，已知 $I = 2$A，$U = 100$V，$U_{ab} = 150$V，$U_C = 200$V，求电路入端阻抗 Z。

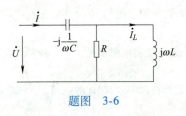

题图 3-6

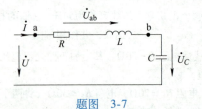

题图 3-7

3-23 电路如题图3-8所示，已知 $U = 100$V，$I_L = 10$A，$I_C = 15$A，$\dot{U}$ 比 $\dot{U}_{ab}$ 超前45°，试求 R、X_L、X_C 的值。

3-24 电路如题图3-9所示，已知电流表 A_1 的读数为 5A，电流表 A_2 的读数为 4A，$X_C = 12.5\Omega$，$U = 100$V，且 $\dot{U}$ 与 $\dot{I}$ 同相，作相量图，求 R_1、R_L、X_L 的值以及电流表 A 的读数。

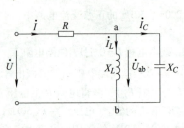

题图 3-8

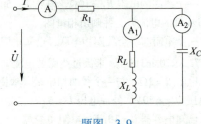

题图 3-9

3-25 RLC 串联电路，已知 $R = 1.5\Omega$，$L = 2\text{mH}$，$C = 2000\mu\text{F}$，试问：

（1）ω_1 等于多少时 $\dot{I}$ 超前 $\dot{U}$ $\dfrac{\pi}{4}$？

（2）ω_2 为多少时 $\dot{U}$ 和 $\dot{I}$ 同相？

（3）ω_3 为多少时 $\dot{U}$ 超前 $\dot{I}$ $\dfrac{\pi}{4}$？

3-26 电路如题图3-10所示，已知 $R = 20\Omega$，$X_L = 20\Omega$，$X_C = 10\Omega$，$I_3 = 1\text{A}$，求 I_1、I_2、I_4 的值以及入端阻抗 Z。

3-27 电路如题图3-11所示，已知 $R_1 = 30\Omega$，$R_2 = 50\Omega$，$R_3 = 100\Omega$，$X_{C1} = 20\Omega$，$X_{C2} = 100\Omega$，$X_L = 50\Omega$，求入端阻抗 Z；若已知 $U = 200\text{V}$，求 I_1、I_2 及 I 的值。

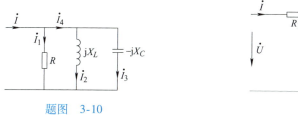
题图 3-10

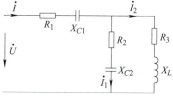
题图 3-11

3-28 电路如题图3-12所示，已知 $Z_1 = (30 + \text{j}40)\Omega$，$Z_2 = (50 - \text{j}20)\Omega$，$Z_3 = (10 + \text{j}20)\Omega$，$U = 100\text{V}$，求各支路电流。

3-29 电路如题图3-13所示，已知 $Y_1 = (0.05 - \text{j}0.05)\text{S}$，$Y_2 = (0.06 - \text{j}0.12)\text{S}$，$Z = (20 - \text{j}50)\Omega$，求入端阻抗 Z_{ab}。

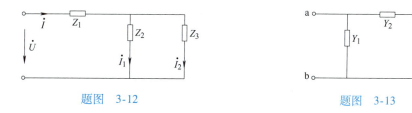

题图 3-12   题图 3-13

3-30 电路如题图3-14所示，设参数已知，求电路的入端阻抗 Z。

3-31 某线圈电阻 $R_L = 10\Omega$，电抗 $X_L = 15\Omega$，接于220V、50Hz电网上，求线圈的有功功率和无功功率。

3-32 一个感性负载接于220V、50Hz的电网上，通过负载的电流为10A，消耗功率1500W，求负载的功率因数 $\cos\varphi$ 及 R、X 的值。

3-33 电路如题图3-15所示，已知功率表读数都为正值，分别指出图a和图b所示电路中哪个二端口网络发出功率。

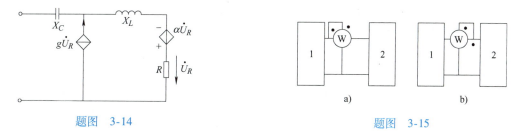

题图 3-14   题图 3-15

3-34 一台感应电动机，功率 $P = 1.1\text{kW}$，额定电压220V、50Hz，测得电流为10A，求：

（1）感应电动机功率因数。

（2）为使电路功率因数提高到0.9，应在电动机两端并联多大电容？

3-35 40W荧光灯，接220V电源时（频率为50Hz），测得灯管电压为100V，若忽略镇流器电阻，求镇流器电感值。若将100支这样的荧光灯管并联，问总有功功率与总无功功率为多大？欲将整个电路的功率因数提高到1，问应并联多大的电容？

3-36 题图3-16a中A、B、C为有源一端口网络，在图示参考方向下，实际电压、电流相量如图b所示，试判别哪些有源网络发出功率，哪些吸收功率。

3-37 电路如题图3-17所示，已知 $R_1 = 3\Omega$，$R_2 = 8\Omega$，$X_L = 4\Omega$，$X_C = 6\Omega$，$\dot{U}_S = 200\underline{/0°}$V，试求图中各功率表的读数。

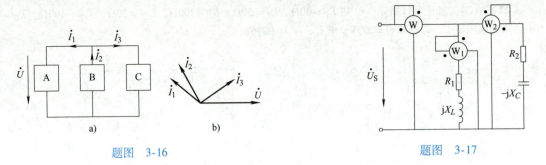

题图 3-16   题图 3-17

3-38 电路如题图3-18所示，已知电流表A读数为2A，电压表 V_1 和 V_2 读数分别为88V和80V，功率表 W_1 和 W_2 读数各为104W和99.2W，试求电路各参数 R_1、R_2、X_1、X_2。

3-39 电路如题图3-19所示，已知 $\dot{U}_{S1} = 120\underline{/0°}$V，$\dot{U}_{S2} = 80\underline{/-30°}$V，$Z_1 = Z_2 = (50 + j50)\Omega$，$Z_3 = (50 - j50)\Omega$，问负载 $Z = R + jX$ 为何值时可获得最大功率，最大功率为多少？

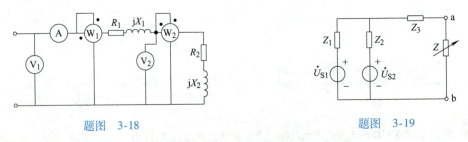

题图 3-18   题图 3-19

3-40 电路如题图3-20所示，已知 $\dot{U}_{S1} = 100\underline{/0°}$V，$\dot{U}_{S2} = 100\underline{/-120°}$V，$\dot{I}_S = 1\underline{/-30°}$A，$R = X_L = X_C = 50\Omega$，试用节点电压法求各支路电流。

3-41 电路如题图3-21所示，已知 $\dot{I}_{S1} = 2\underline{/0°}$A，$\dot{I}_{S2} = 1\underline{/30°}$A，$\dot{U}_S = 20\underline{/90°}$V，$R = X_L = X_C = 10\Omega$，试用回路电流法求各支路电流。

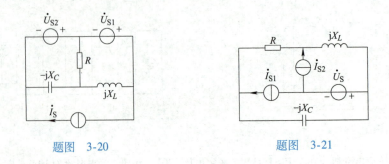

题图 3-20   题图 3-21

3-42 电路如题图3-22所示，已知 $Z_1 = Z_2 = Z_3 = Z_4 = (3 + 4j)\Omega$，$\dot{U}_S = 100\underline{/0°}$V，$\dot{I}_S = 5\underline{/-30°}$A，求电压源与电流源发出的功率。

3-43 电路如题图3-23所示，试分别列出用节点电压法和回路电流法求解电路时的节点电压方程组和回路电流方程组。

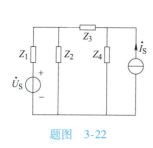

题图 3-22

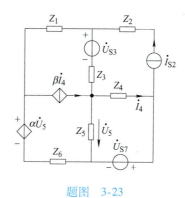

题图 3-23

谐振、互感及三相交流电路

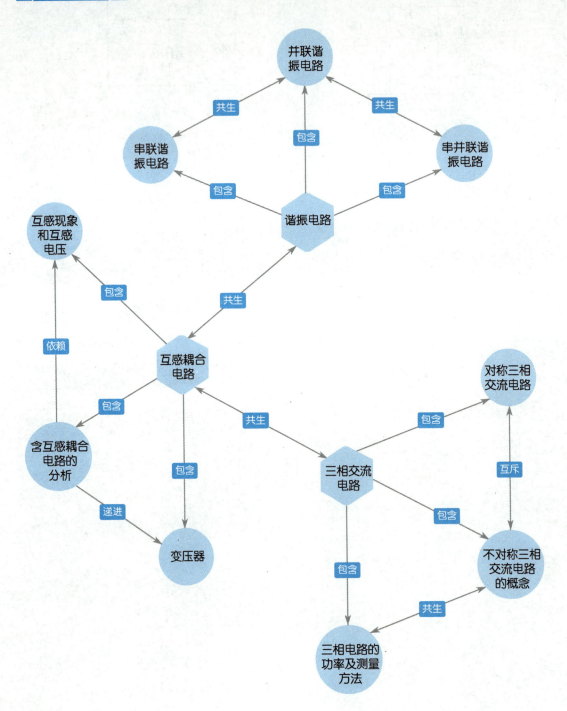

第一节　电路的谐振现象分析

谐振现象是交流电路中产生的一种特殊现象，对谐振现象的研究有着重要的意义。在实际电路中，它既被广泛地应用，有时又需避免谐振情况发生。

对于无源一端口网络，它的入端阻抗或导纳的值通常与电路频率有关。一个包含有电感和电容的无源一端口网络，其入端阻抗或导纳一般为一复数。但在某些特定的电源频率下，其入端阻抗或导纳的虚部可能变为零，此时阻抗或导纳呈纯电阻特性，使端口电压与电流成为同相。无源一端口网络出现这种现象时称为处于谐振状态。下面分别讨论串联谐振与并联谐振现象。

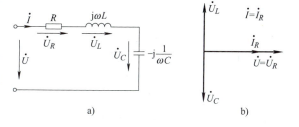

图 4-1-1

图 4-1-1 为电阻、电感和电容的串联电路，当外施的正弦电压角频率为 ω 时，它的入端阻抗为

$$Z = R + \mathrm{j}\omega L - \mathrm{j}\frac{1}{\omega C} = R + \mathrm{j}(X_L - X_C) = R + \mathrm{j}X \qquad (4\text{-}1\text{-}1)$$

由式（4-1-1）可见，RLC 串联电路中感抗 ωL 与容抗 $\dfrac{1}{\omega C}$ 是直接相减的。一般情况下 $X_L \neq X_C$，即 $\omega L \neq \dfrac{1}{\omega C}$，则阻抗的虚部 X 不为零，阻抗角也不为零，此时端电压与电流不同相。当激励电压的角频率变化时，感抗 ωL 与容抗 $\dfrac{1}{\omega C}$ 都发生变化。当 $\omega L = \dfrac{1}{\omega C}$ 时，电抗 $X = \omega L - \dfrac{1}{\omega C} = 0$，电路的入端阻抗 $Z = R$ 为纯电阻。此时电压和电流同相位，电路产生谐振现象。此种电路因为 L 与 C 是相串联的，所以称为串联谐振。电路发生串联谐振的条件为电抗值等于零，即

$$\omega L - \frac{1}{\omega C} = 0 \ \text{或} \ \omega L = \frac{1}{\omega C}$$

电路发生谐振时的角频率称为谐振角频率，用 ω_0 来表示

$$\omega_0 = \frac{1}{\sqrt{LC}} \qquad (4\text{-}1\text{-}2)$$

电路谐振频率为

$$f_0 = \frac{1}{2\pi} \frac{1}{\sqrt{LC}} \qquad (4\text{-}1\text{-}3)$$

对于某一 RLC 串联电路而言，它的谐振角频率完全由电路本身的参数来决定的，它是电路本身固有的属性。只有当外施电压的频率与电路的谐振频率相同时，电路才会发生串联谐振。在实际应用中，对于固定频率的激励源，可采用调节电路参数 L 或 C 的方法来使电路达到谐振。例如，无线电收音机的接收回路就是采用调节电容 C 的方法使电路对某一信号频率产生谐振，以达到选择电波信号的目的。当电路参数不变时，可通过改变外施激励源的频率，使电路达到谐振。

当电路发生谐振时，电路的总电抗 $X = 0$，但感抗 X_L 与容抗 X_C 本身并不为零，它们的值为

$$X_L = X_C = \omega_0 L = \frac{1}{\omega_0 C} = \sqrt{\frac{L}{C}} = \rho \qquad (4\text{-}1\text{-}4)$$

ρ 称为谐振电路的特性阻抗，其单位为 Ω。

当电路发生谐振时，电感电压等于电容电压，且二者相位差为 180°，故互相抵消：

$$\dot{U}_L = j\omega_0 L \dot{I} = j\rho \dot{I}$$

$$\dot{U}_C = -j\frac{1}{\omega_0 C}\dot{I} = -j\rho \dot{I}$$

$$\dot{U}_R = R\dot{I}$$

$$\dot{I} = \frac{\dot{U}}{Z} = \frac{\dot{U}}{R}$$

电阻上的压降等于外加电压。电压与电流的相量图如图 4-1-1b 所示。

当电路发生串联谐振时，其阻抗值 Z 最小，因此当施加的电压 U 不变时，谐振电路中的电流 $I_0 = U/Z = U/R$ 达到最大。这是串联谐振电路的一个重要特征，当电路中电阻值 R 很小时，谐振电流 I_0 就会很大，因此电感电压 $U_L = I_0 X_L$ 与电容电压 $U_C = I_0 X_C$ 就会比外加电压大很多。定义串联谐振电路的特征阻抗 ρ 与电阻 R 的比值为串联电路的品质因数，通常用符号 Q 来表示

$$Q = \frac{\rho}{R} = \frac{\omega_0 L}{R} = \frac{1}{R\omega_0 C} = \frac{1}{R}\sqrt{\frac{L}{C}} \tag{4-1-5}$$

Q 为一无量纲的量，它也可以写成谐振时电感电压 U_L（或电容电压 U_C）与电阻上电压 U_R 的比值，即

$$Q = \frac{\rho}{R} = \frac{I_0\rho}{I_0 R} = \frac{U_C}{U_R} = \frac{U_L}{U_R} \tag{4-1-6}$$

当电路发生谐振时，外加电压等于电阻上电压 U_R，因此当谐振电路具有较大品质因数时，在谐振状态下 U_L 与 U_C 的值可能比外加电压 U 大很多。谐振电路的这一特点在无线电通信中获得广泛应用。例如，收音机的接收回路就是利用串联谐振电路的这一特性，把施加在端口的微弱的无线电电压信号耦合到串联谐振回路中，调节电容使电路产生谐振，从而在电感或电容两端得到一个比输入信号大许多倍的电压输出。

当电路发生谐振时，U_L 与 U_C 可能很大，但输入到串联电路的无功分量却等于零。因为电路中电感上的感性无功电压与电容上的容性无功电压正好相互抵消。根据这个特点，串联谐振又被称做电压谐振。电路的无功功率等于零，电路呈现电阻网络的特性，瞬时功率大于等于零。

当电路发生串联谐振时，电路储存于电感中的磁场能与储存于电容元件中的电场能之间进行能量交换。设外施电压为 $u = U_m\sin\omega_0 t$，则在串联谐振时，电路中电感电流和电容电压分别为

$$i_L = \frac{U_m}{R}\sin\omega_0 t = I_m\sin\omega_0 t$$

$$u_C = \frac{I_m}{\omega_0 C}\sin(\omega_0 t - 90°) = -U_{Cm}\cos\omega_0 t$$

此时电感储存的磁场能为

$$W_L = \frac{1}{2}Li^2 = \frac{1}{2}LI_m^2\sin^2\omega_0 t$$

电容储存的电场能量为

$$W_C = \frac{1}{2}Cu_C^2 = \frac{1}{2}CU_{Cm}^2\cos^2\omega_0 t$$

由 $\omega_0 = \dfrac{1}{\sqrt{LC}}$ 可得

$$LI_{\mathrm{m}}^2 = L(\omega_0 C U_{C\mathrm{m}})^2 = C U_{C\mathrm{m}}^2$$

可见磁场能与电场能的最大值是相等的。电磁场能量的总和

$$W = W_L + W_C = \frac{1}{2} L I_{\mathrm{m}}^2 \sin^2 \omega_0 t + \frac{1}{2} C U_{C\mathrm{m}}^2 \cos^2 \omega_0 t$$

$$= \frac{1}{2} C U_{C\mathrm{m}}^2 = \frac{1}{2} L I_{\mathrm{m}}^2$$

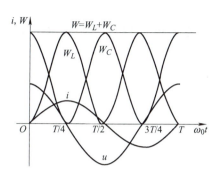

图　4-1-2

当电路发生串联谐振时，电场能量与磁场能量是随时间变化的，它们的变化波形如图 4-1-2 所示，可见在任一时刻串联电路中电磁场能量等于常量。当电场能量增加时，磁场能量就减少相应的数值，反之亦然。这说明电感与电容之间时刻发生着电能转换过程。

例 4-1-1　电路如图 4-1-3 所示，已知 $R = 100\Omega$，$C = 4 \times 10^{-10}\mathrm{F}$，$L = 4 \times 10^{-2}\mathrm{H}$，求该串联电路的谐振频率 f_0、特性阻抗 ρ 和电路的品质因数 Q。

解：电路的谐振角频率

$$\omega_0 = \frac{1}{\sqrt{LC}} = \frac{1}{\sqrt{4 \times 10^{-2} \times 4 \times 10^{-10}}}\mathrm{rad/s} = 2.5 \times 10^5 \mathrm{rad/s}$$

谐振频率

$$f_0 = \frac{\omega_0}{2\pi} = 39.8\mathrm{kHz}$$

特性阻抗

$$\rho = \sqrt{\frac{L}{C}} = 10\mathrm{k}\Omega$$

品质因数

$$Q = \frac{\rho}{R} = 100$$

除了 RLC 串联谐振电路外，并联 RLC 谐振电路也被广泛采用。RLC 并联谐振电路如图 4-1-4a 所示。它的入端导纳为

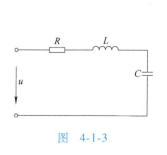

图　4-1-3

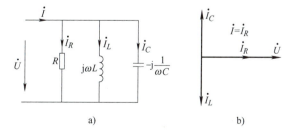

a)

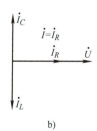

b)

图　4-1-4

$$Y = \frac{1}{R} - \mathrm{j}\left(\frac{1}{\omega L} - \omega C\right)$$

由此式可见，当选择 ω、L 或 C 的参数使之满足并联电路的感纳与容纳相等，即 $\dfrac{1}{\omega L} = \omega C$，

则此时导纳的虚部为零，导纳成为纯电导 $Y = 1/R$，电路入端电压 $\dot{U}$ 与电流 $\dot{I}$ 相位相同。这种情况就称为 RLC 并联电路谐振。由上述可知，并联谐振的角频率为

$$\omega_0 = \frac{1}{\sqrt{LC}}$$

并联谐振的条件是感纳与容纳相等，即 $B_L = B_C$，或 $\frac{1}{\omega L} = \omega C$。此时电路入端电流为

$$\dot{I} = Y\dot{U} = \frac{1}{R}\dot{U}$$

各元件上电流分别为

$$\dot{I}_R = \frac{1}{R}\dot{U} = \dot{I}$$

$$\dot{I}_L = -j\frac{1}{\omega_0 L}\dot{U}$$

$$\dot{I}_C = j\omega_0 C\dot{U}$$

各电流相量如图 4-1-4b 所示。并联谐振时，若外加电压不变，则谐振时流入的电流最小，此电流等于电阻上流过的电流。电感上无功电流 $\dot{I}_L$ 的幅值与电容上无功电流 $\dot{I}_C$ 的幅值相等，相位差为180°，二者互相抵消，故并联谐振又被称为电流谐振。若并联电路中没有电导 G 的支路，则谐振时入端导纳 $Y = 0$，其等效阻抗 $Z \to \infty$，因此由 LC 并联而成的电路在发生谐振时，其入端电流 $\dot{I} = 0$。

并联谐振电路的品质因数定义为电路感纳 $\frac{1}{\omega_0 L}$（或容纳 $\omega_0 C$）与电导 $G = \frac{1}{R}$ 之比，即

$$Q = \frac{\omega_0 C}{G} = \frac{1}{\omega_0 LG} = \frac{1}{G}\sqrt{\frac{C}{L}}$$

品质因数也等于电感电流的幅值（或电容电流的幅值）与流过电阻的电流幅值之比

$$Q = \frac{I_C}{I_R} = \frac{I_L}{I_R}$$

在工程实际应用中，线圈通常总包含有电阻，因此电感线圈与电容的并联电路可等效为图 4-1-5所示的电路。对于这种电路的谐振现象进行分析比较具有实际意义。该电路的入端导纳为

$$Y = \frac{1}{R + j\omega L} + j\omega C$$

$$= \frac{R}{R^2 + (\omega L)^2} - j\frac{\omega L}{R^2 + (\omega L)^2} + j\omega C$$

电路发生谐振的条件是导纳的虚部为零，即

$$\omega C = \frac{\omega L}{R^2 + (\omega L)^2}$$

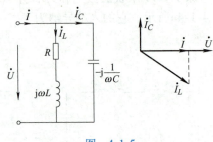

图 4-1-5

由此式可解得谐振角频率为

$$\omega_0 = \sqrt{\frac{L - CR^2}{L^2 C}} = \frac{1}{\sqrt{LC}}\sqrt{1 - \frac{CR^2}{L}}$$

由上式可知，当线圈电阻 $R \ll \sqrt{\frac{L}{C}}$ 时，电路的谐振角频率接近于理想 LC 并联电路谐振频率

$\dfrac{1}{\sqrt{LC}}$。进一步分析可知，当电感支路串入电阻 R 后，其并联谐振频率比理想 LC 电路的谐振频率要小。随着电阻 R 的增大，谐振频率减小直至零。当电阻值 $R > \sqrt{\dfrac{L}{C}}$ 时，ω_0 的根号部分值为负数，ω_0 没有实数值，即是说当电阻增大到一定值后，该电路在任何频率都不会发生谐振。由此可见，若想使 LC 并联电路避免产生谐振现象，只要在电感支路串入一适当大的电阻即可。

由电感和电容经串并联方式组合而成的电路在实际应用中经常要碰到，此类电路在无源滤波网络中被广泛应用。图 4-1-6 画出了由电感电容组成的两种串并联电路。对图 4-1-6a 电路进行分析，可写出此时电路的入端阻抗为

$$Z = j\omega L_1 + \dfrac{(j\omega L_2)\left(-j\dfrac{1}{\omega C}\right)}{j\omega L_2 - j\dfrac{1}{\omega C}}$$

$$= j\omega L_1 - j\dfrac{L_2/C}{\omega L_2 - \dfrac{1}{\omega C}}$$

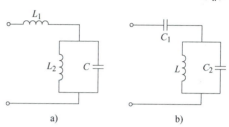

图　4-1-6

由入端阻抗的表达式可看出，电感 L_2 与电容 C 的并联电路在 $\omega_1 = \dfrac{1}{\sqrt{L_2 C}}$ 时会发生并联谐振，此时并联电路的阻抗趋于无穷大，因此整个电路的阻抗也为无穷大，电路相当于开路状态。

当外施电源的频率 $\omega > \omega_1$ 时，L_2 与 C 并联电路的等效阻抗为容性。这样电路将在另一频率 ω_2 时发生 L_1 与 $L_2 C$ 并联电路的串联谐振现象，发生串联谐振的角频率可计算得

$$\omega_2 L_1 = \dfrac{L_2/C}{\omega_2 L_2 - \dfrac{1}{\omega_2 C}}$$

可得

$$\omega_2 = \sqrt{\dfrac{1}{L_2 C} + \dfrac{1}{L_1 C}}$$

此时电路的入端阻抗 $Z = 0$。对于图 4-1-6b 所示的电路，同样可分析得出串联谐振角频率 ω_2 与并联谐振角频率 ω_1，且 $\omega_2 < \omega_1$。

例 4-1-2 为了测量线圈的电阻 R 和电感 L，可将线圈与一可调电容 C 并联，在端部加一高频电压源 u_S 来测量，如图 4-1-7 所示。已知电压源 u_S 的电压为 50V，角频率 $\omega = 10^3\,\mathrm{rad/s}$，当调节电容值到 $C = 50\mu F$ 时，电流表测得的电流值最小，电流为 1A。求线圈电阻 R 和电感 L 的值。

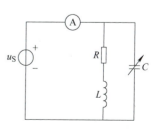

图　4-1-7

解：并联电路的导纳为

$$Y = \dfrac{R}{R^2 + (\omega L)^2} - j\left(\dfrac{\omega L}{R^2 + (\omega L)^2} - \omega C\right)$$

$$= G - j(B_L - B_C)$$

入端电流为

$$\dot{I} = Y\dot{U}_S = \left[G - j(B_L - B_C)\right]\dot{U}_S$$

在调节电容 C 时导纳的实部 $G = \dfrac{R}{R^2 + (\omega L)^2}$ 不变，由式可见，当调节电容使 $\dfrac{\omega L}{R^2 + (\omega L)^2} = \omega C$ 时入端电流有最小值，于是有

$$I = GU$$

即

$$G = \frac{R}{R^2 + (\omega L)^2} = \frac{1}{U} = 0.02\text{S}$$

此时

$$B_L = \frac{\omega L}{R^2 + (\omega L)^2} = \omega C = 10^3 \times 50 \times 10^{-6}\text{S} = 0.05\text{S}$$

可知线圈导纳为

$$Y_L = G - jB_L = (0.02 - j0.05)\text{S}$$

线圈阻抗为

$$Z_L = \frac{1}{Y_L} = \frac{1}{0.02 - j0.05}\Omega = (6.9 + j17.24)\Omega$$

得到线圈电阻为

$$R = 6.9\Omega$$

线圈电感为

$$L = \frac{X_L}{\omega} = 17.24\text{mH}$$

第二节　互感耦合电路

　　由电磁感应定律可知，只要穿过线圈的磁力线（磁通）发生变化，则在线圈中就会感应出电动势。一个线圈由于其自身电流变化会引起交链线圈的磁通变化，从而在线圈中感应出自感电动势。如果电路中有两个非常靠近的线圈，当一个线圈中通过电流，此电流产生的磁力线不但穿过该线圈本身，同时也会有部分磁力线穿过邻近的另一个线圈。这样，当电流变化时，邻近线圈中的磁力线也随之发生变化，从而在线圈中产生感应电动势。这种由于一个线圈的电流变化，通过磁通耦合在另一线圈中产生感应电动势的现象称为互感现象。互感现象在工程实践中是非常广泛的。

　　图 4-2-1 示出了两个位置靠近的线圈 1 和线圈 2，它们的匝数分别为 N_1 和 N_2。当线圈 1 通以电流 i_1 时，在线圈 1 中产生磁通 Φ_{11}，其方向符合右手螺旋法则。线圈 1 的自感为

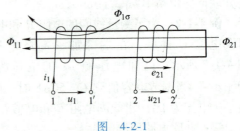

图　4-2-1

$$L_1 = \frac{N_1 \Phi_{11}}{i_1} = \frac{\Psi_{11}}{i_1}$$

Ψ_{11} 称为自感磁链。

　　由 i_1 产生的部分磁通 Φ_{21} 同时也穿越线圈 2，称为线圈 1 对线圈 2 的互感磁通，此时线圈 2 中的互感磁链为 $\Psi_{21} = N_2 \Phi_{21}$。类似于自感磁链的情况，互感磁链 Ψ_{21} 与产生它的电流 i_1 之间存在着对应关系。如果两个线圈附近不存在铁磁介质时，互感磁链与电流之间基本成正比关系。这种对应关系可用一个互感系数来描述，即有

$$M_{21} = \frac{\Psi_{21}}{i_1} \tag{4-2-1}$$

互感系数 M_{21} 简称为互感，其单位为亨利（H）。

由 i_1 产生的另一部分磁通只穿过线圈 1 而不穿越线圈 2，此部分磁通称为漏磁通，用 $\Phi_{1\sigma}$ 来表示，据此定义线圈 1 的漏感系数为

$$L_{1\sigma} = \frac{N_1 \Phi_{1\sigma}}{i_1}$$

各部分磁通之间有

$$\Phi_{11} = \Phi_{21} + \Phi_{1\sigma}$$

同样当线圈 2 通过电流 i_2 而线圈 1 无电流时，线圈 2 产生磁通 Φ_{22}，线圈 2 的自感为

$$L_2 = \frac{N_2 \Phi_{22}}{i_2} = \frac{\Psi_{22}}{i_2}$$

此时有部分互感磁通 Φ_{12} 穿越线圈 1，线圈 2 对线圈 1 的互感为

$$M_{12} = \frac{\Psi_{12}}{i_2} = \frac{N_1 \Phi_{12}}{i_2} \tag{4-2-2}$$

线圈 2 中存在部分漏磁通 $\Phi_{2\sigma}$，线圈 2 的漏感系数为

$$L_{2\sigma} = \frac{N_2 \Phi_{2\sigma}}{i_2}$$

各磁通之间有关系式

$$\Phi_{22} = \Phi_{12} + \Phi_{2\sigma}$$

对于两个相对静止的线圈，由电磁场理论可以证明，它们之间的互感系数 M_{12} 和 M_{21} 是相等的，即有

$$M_{21} = M_{12} = M$$

一般可用耦合系数 K 来衡量两个线圈之间的耦合程度。耦合系数 K 定义为

$$K^2 = \frac{\Phi_{21}}{\Phi_{11}} \frac{\Phi_{12}}{\Phi_{22}} = \frac{\Psi_{21}}{\Psi_{11}} \frac{\Psi_{12}}{\Psi_{22}} = \frac{M^2}{L_1 L_2}$$

即有

$$K = \sqrt{\frac{M^2}{L_1 L_2}} = \frac{M}{\sqrt{L_1 L_2}}$$

对于实际的耦合电路，由于总是存在着漏磁通，因此其耦合系数 K 总是小于 1。只有当两个线圈完全紧密地耦合在一起时，耦合系数才接近于 1。

下面来考虑由于互感现象而产生的感应电动势的性质。在图 4-2-1 中，选择磁通 Φ_{21} 的参考方向与线圈 2 中的电势 e_{21}、电压 u_{21} 参考方向符合右手螺旋法则，线圈 2 的匝数为 N_2，则由电磁感应定律可知，线圈 2 中的感应电动势 e_{21} 为

$$e_{21} = -N_2 \frac{\mathrm{d}\Phi_{21}}{\mathrm{d}t} = -\frac{\mathrm{d}\Psi_{21}}{\mathrm{d}t} = -M\frac{\mathrm{d}i_1}{\mathrm{d}t}$$

线圈 2 中的电压 u_{21} 为

$$u_{21} = -e_{21} = M\frac{\mathrm{d}i_1}{\mathrm{d}t}$$

　　根据同样分析，如果线圈2中通过电流 i_2，则由 i_2 电流产生的互感磁通也会在线圈1中产生感应电动势。如果所取方向使得磁通 Φ_{12}、线圈1中感应电动势 e_{12} 及电压 u_{12} 参考方向符合右手螺旋法则，则线圈1中由 i_2 变化而产生的互感电动势与互感电压分别为

$$e_{12} = -N_1 \frac{\mathrm{d}\Phi_{12}}{\mathrm{d}t} = -\frac{\mathrm{d}\Psi_{12}}{\mathrm{d}t} = -M \frac{\mathrm{d}i_2}{\mathrm{d}t}$$

$$u_{12} = -e_{12} = M \frac{\mathrm{d}i_2}{\mathrm{d}t}$$

对于正弦交流电流，线圈中互感电压与电流之间的关系可用相量表达式表示为

$$\begin{cases} \dot{U}_{21} = \mathrm{j}\omega M \dot{I}_1 = \mathrm{j}X_M \dot{I}_1 \\ \dot{U}_{12} = \mathrm{j}\omega M \dot{I}_2 = \mathrm{j}X_M \dot{I}_2 \end{cases} \qquad (4\text{-}2\text{-}3)$$

式中，$X_M = \omega M$ 称为互感电抗。

　　下面分析两个线圈的实际绕向与互感电压之间的关系。本书前章已论述，对于线圈自感电压而言，只要规定线圈电流与电压参考方向一致，自感电压降总可以写为 $u = L\frac{\mathrm{d}i}{\mathrm{d}t}$，与线圈的实际绕向无关。但对于两个线圈之间的互感而言，绕圈的绕向会影响互感电压的方向。因为产生于一个线圈的互感电压是由另一个线圈中的电流所产生的磁通变化引起的，要判断一个线圈中的电流变化在另一线圈中产生的感应电动势方向，首先要知道由电流产生的磁通的方向，而这一方向是与线圈绕向和线圈间的相对位置直接相关的。图4-2-2 示出了绕在环形磁路上的两个线圈的实际绕向。当电流 i_1 从线圈1端流入时，它在线圈2中产生的磁通 Φ_{21} 的方向如图4-2-2a 所示。如果规定线圈2中互感电压 u_{21} 的参考方向为从线圈2端指向 $2'$端，使得电压 u_{21} 的参考方向与 Φ_{21} 符合右手螺旋法则，则由电磁感应定律可知，此时电压 u_{21} 的表达式为

$$u_{21} = \frac{\mathrm{d}\Psi_{21}}{\mathrm{d}t} = M \frac{\mathrm{d}i_1}{\mathrm{d}t}$$

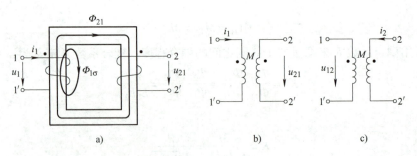

图　4-2-2

即，图4-2-2 所示的绕向结构，当规定电流 i_1 的方向从1端流向 $1'$端、电压 u_{21} 的参考方向从2端指向 $2'$端时，由 i_1 产生的互感电压 $M\frac{\mathrm{d}i_1}{\mathrm{d}t}$ 取正号。

　　在实际电路中，互感元件通常并不画出绕向结构，这样就要用一种标记来指出两个线圈之间的绕向结构关系。电工理论中采用一种称为同名端的标记方法，用·号来特定标记每个磁耦合线圈的一个对应端钮。同名端标记的方法为：先在第一个线圈的任一端作一个标记，令电流 i_1 流入该端口；然后在另一线圈找出一个端点作标记，使得当 i_2 电流流入该端点时，i_1 与 i_2 两个电流产生的磁通是互相加强的，称这两个标记端为同名端。图4-2-2 中的耦合线圈的同名端可由上述法则判断，线圈1端与线圈2端为同名端。当然 $1'$ 与 $2'$ 也为同名端。

标出了两个线圈的同名端后，我们就可以把图 4-2-2a 所示结构的耦合线圈用图 4-2-2b、c 的互感耦合线圈符号图来表示，而不必画出线圈之间的绕向。

图 4-2-3a 表示与上面不同绕向的互感耦合线圈，根据上面所述的同名端的标识方法可知，线圈 1 端与 2′ 端为同名端。线圈的符号如图 4-2-3b、c 所示。

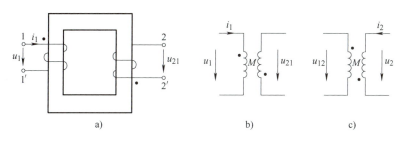

图 4-2-3

当两个线圈的同名端确定后，互感电动势的方向可由此推出。如果选择 i_1 的参考方向为流入同名端，选择 i_2 的参考方向也为流入同名端，则由同名端规则可知，由电流 i_1 产生的磁通 Φ_{21} 的方向与 i_2 方向符合右手螺旋法则。若选择线圈 2 中互感电压 u_{21} 的参考方向从同名端指向非同名端，则可知此时互感电压降为

$$u_{21} = M\frac{\mathrm{d}i_1}{\mathrm{d}t}$$

如图 4-2-2b 所示。同样当选择 i_2 为流入同名端，u_{12} 互感电压参考方向从同名端指向非同名端，则线圈 1 中的互感电压表达式为

$$u_{12} = M\frac{\mathrm{d}i_2}{\mathrm{d}t}$$

如图 4-2-2c 所示。

对于图 4-2-3 的情况，根据上面类似的分析可知，此时两个线圈中互感电压的表达式为

$$u_{12} = -M\frac{\mathrm{d}i_2}{\mathrm{d}t}$$

$$u_{21} = -M\frac{\mathrm{d}i_1}{\mathrm{d}t}$$

由此可得出：当电流参考方向为流入同名端、互感电压的参考方向为从同名端指向非同名端时，互感电压表达式前取正号，反之则取负号。

两个以上的线圈互相之间存在电磁耦合时，各对线圈之间的同名端应用不同的符号加以区别。对于图 4-2-4 所示电路来说，线圈 1 与 2 之间的同名端用·号表示，线圈 2 与 3 之间的同名端用 号表示，线圈 1 与 3 之间的同名端用△号表示。

在工程实践应用中，对于封装在壳子中的磁耦合线圈，它们之间的同名端判别可采用实验的方法加以确定。对于较小的互感线圈，常用的一种方法是使一个线圈通过开关接到一直流电源（如一节干电池），如图 4-2-5 所示，把直流电压表接到另一线圈的两端。当开关 S 突然闭合时，电流 i_1 从电源流入线圈 1 端，且 i_1 随时间增大，即有 $\frac{\mathrm{d}i_1}{\mathrm{d}t} > 0$。此时在线圈 2 中会感应出互感电压 $M\frac{\mathrm{d}i_1}{\mathrm{d}t}$，如果电压表指针向正方向偏转，则表示此时接在电压表正极的端

点 2 的电压高于端点 2′。由同名端意义可知，线圈 1 端与线圈 2 端为一对同名端。若电压表指针反转，则 1 端与 2 端不为一对同名端。

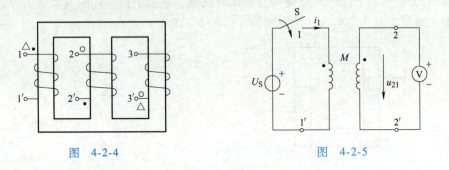

图 4-2-4 　　　　　　　　　　　　　图 4-2-5

下面讨论具有互感的支路电压与电流的一般形式。设有两个互感耦合线圈，线圈 1 自感为 L_1，电阻为 R_1，线圈 2 自感为 L_2，电阻为 R_2，两线圈互感系数为 M。现将两线圈按图 4-2-6a 所示顺向串接，在端口加正弦交流电压 $\dot{U}$，则可写出线圈 1 中电压为

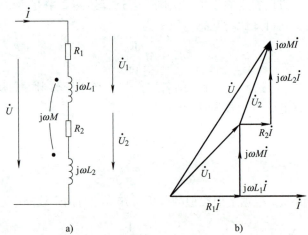

a) 　　　　　　　　　　b)

图 4-2-6

$$\dot{U}_1 = R_1\dot{I} + j\omega L_1\dot{I} + j\omega M\dot{I}$$

线圈 2 中电压为

$$\dot{U}_2 = R_2\dot{I} + j\omega L_2\dot{I} + j\omega M\dot{I}$$

总电压为

$$\dot{U} = \dot{U}_1 + \dot{U}_2 = (R_1 + R_2)\dot{I} + j\omega(L_1 + L_2 + 2M)\dot{I}$$

相量图如图 4-2-6b 所示。电路总等值阻抗为

$$Z = (R_1 + R_2) + j\omega(L_1 + L_2 + 2M) \tag{4-2-4}$$

可见在这种连接方式下等值电感 $L = L_1 + L_2 + 2M$，其值大于两线圈自感之和，这是因为两线圈产生的磁通互相加强。

如果把两个线圈反向串联，如图 4-2-7 所示，则有

$$\dot{U}_1 = R_1\dot{I} + j\omega L_1\dot{I} - j\omega M\dot{I}$$

$$\dot{U}_2 = R_2\dot{I} + j\omega L_2\dot{I} - j\omega M\dot{I}$$

总电压为

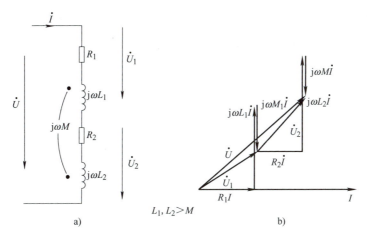

图 4-2-7

$$\dot{U} = \dot{U}_1 + \dot{U}_2 = (R_1 + R_2)\dot{I} + j\omega(L_1 + L_2 - 2M)\dot{I}$$

等效阻抗为

$$Z = R_1 + R_2 + j\omega(L_1 + L_2 - 2M) \tag{4-2-5}$$

等效电感 $L = L_1 + L_2 - 2M$ 小于两自感之和，这是由于两线圈产生的磁通互相抵消所致。相量图如图 4-2-7b 所示。

如果将上述具有互感耦合的线圈并联连接，且把同名端连在一起，如图 4-2-8a 所示，当外加电压为正弦电压 $\dot{U}$ 时，可写出方程

$$\dot{U} = \dot{I}_1(R_1 + j\omega L_1) + j\omega M\dot{I}_2 = Z_1\dot{I}_1 + Z_M\dot{I}_2$$

$$\dot{U} = \dot{I}_2(R_2 + j\omega L_2) + j\omega M\dot{I}_1 = Z_2\dot{I}_2 + Z_M\dot{I}_1$$

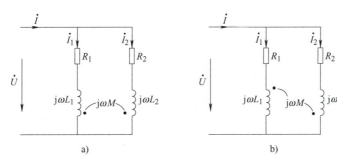

图 4-2-8

联立求解上两个方程，得

$$\dot{I}_1 = \frac{Z_2 - Z_M}{Z_1 Z_2 - Z_M^2}\dot{U}, \quad \dot{I}_2 = \frac{Z_1 - Z_M}{Z_1 Z_2 - Z_M^2}\dot{U}$$

总电流为

$$\dot{I} = \dot{I}_1 + \dot{I}_2 = \frac{Z_1 + Z_2 - 2Z_M}{Z_1 Z_2 - Z_M^2}\dot{U}$$

等效入端阻抗为

$$Z = \frac{\dot{U}}{\dot{I}} = \frac{Z_1 Z_2 - Z_M^2}{Z_1 + Z_2 - 2Z_M} \tag{4-2-6}$$

同理可推出当非同名端连在一起时，如图 4-2-8b 所示电路，入端阻抗为

$$Z = \frac{Z_1 Z_2 - Z_M^2}{Z_1 + Z_2 + 2Z_M} \tag{4-2-7}$$

在分析互感耦合电路时，也可把支路间的耦合关系等效地改用受控源形式来表示。因为某一支路的互感耦合可看成是一个电流控制电压源。例如，可将图 4-2-8a 与图 4-2-8b 电路分别用图 4-2-9a 和图 4-2-9b 电路来等效替代。

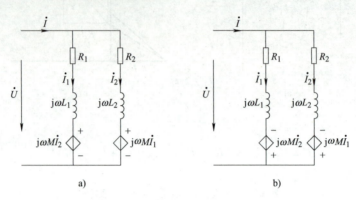

图　4-2-9

空心变压器是电子线路中常见的一种电磁耦合电路，图 4-2-10 是它的原理线路图。它由两个线圈组成，线圈 1 接信号源电压 $\dot{U}_S$，称为变压器的一次侧。线圈 2 接负载 $Z = R + jX$，称为变压器的二次侧。两线圈间以空气为磁介质相耦合。

按照图示的参考方向，可写出

$$\dot{U}_1 = (R_1 + j\omega L_1)\dot{I}_1 - j\omega M\dot{I}_2$$

$$0 = -j\omega M\dot{I}_1 + (R_2 + j\omega L_2 + R + jX)\dot{I}_2$$

令 $R_{22} = R_2 + R$，$X_{22} = \omega L_2 + X$，则方程转化为

$$(R_1 + j\omega L_1)\dot{I}_1 - j\omega M\dot{I}_2 = \dot{U}_1$$

$$-j\omega M\dot{I}_1 + (R_{22} + jX_{22})\dot{I}_2 = 0$$

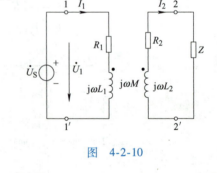

图　4-2-10

由此可解得

$$\dot{I}_2 = \frac{j\omega M}{R_{22} + jX_{22}}\dot{I}_1$$

$$\dot{I}_1 = \frac{\dot{U}_1}{R_1 + j\omega L_1 + \dfrac{(\omega M)^2}{R_{22} + jX_{22}}}$$

于是可得空心变压器一次侧的等效入端阻抗为

$$Z_i = R_1 + j\omega L_1 + \frac{(\omega M)^2}{R_{22} + jX_{22}} = R_1 + j\omega L_1 + \frac{(\omega M)^2}{R_{22}^2 + X_{22}^2}(R_{22} - jX_{22}) \tag{4-2-8}$$

空心变压器二次侧开路（空载情况）时，一次侧的入端阻抗为 $R_1 + j\omega L_1$。在二次侧接入负载后，从一次侧看相当于在原绕组中串联一额外阻抗

$$Z' = \frac{(\omega M)^2}{R_{22}^2 + X_{22}^2}(R_{22} - jX_{22})$$

Z' 表示空心变压器二次侧电路对一次侧电路的影响，称为从二次侧归算到一次侧的归算阻抗。

例 4-2-1 图4-2-10所示的空心变压器，已知一次侧的 $L_1 = 0.004\mathrm{H}$，$R_1 = 50\Omega$，二次侧的 $L_2 = 0.008\mathrm{H}$，$R_2 = 200\Omega$，两绕组间互感 $M = 0.004\mathrm{H}$。一次侧接电压源 $u_S = \sqrt{2} \times 100\sin10^5 t\,\mathrm{V}$，二次侧的负载 $Z = (1000 + \mathrm{j}800)\Omega$。求一次侧电流 I_1，电压源输入到变压器的功率，变压器输出到负载的功率及变压器传输效率。

解： 设电流和电压参考方向如图4-2-10所示，二次侧电路的总电阻和总电抗分别为

$$R_{22} = R_2 + R = 200\Omega + 1000\Omega = 1200\Omega$$

$$X_{22} = \omega L_2 + X = 800\Omega + 800\Omega = 1600\Omega$$

归算到一次侧的阻抗为

$$Z' = \frac{(\omega M)^2}{R_{22}^2 + X_{22}^2}(R_{22} - \mathrm{j}X_{22}) = (48 - \mathrm{j}64)\,\Omega$$

空心变压器一次侧的入端阻抗为

$$Z_i = R_1 + \mathrm{j}\omega L_1 + Z' = 350\underline{/73.74°}\,\Omega$$

已知 $\dot{U}_S = 100\underline{/0°}\,\mathrm{V}$，则一次电流为

$$\dot{I}_1 = \frac{\dot{U}_S}{Z_i} = \frac{100\underline{/0°}}{350\underline{/73.74°}}\mathrm{A} = 0.286\underline{/-73.74°}\,\mathrm{A}$$

二次电流为

$$\dot{I}_2 = \frac{\mathrm{j}\omega M}{R_{22} + \mathrm{j}X_{22}}\dot{I}_1 = 0.057\underline{/-36.87°}\,\mathrm{A}$$

电源输入变压器的功率为

$$P_1 = U_S I_1 \cos\varphi_1 = 100 \times 0.286\cos73.74°\,\mathrm{W} = 8\,\mathrm{W}$$

变压器输出到负载的功率为

$$P_2 = I_2^2 R = 0.057^2 \times 1000\,\mathrm{W} = 3.25\,\mathrm{W}$$

变压器传输效率为

$$\eta = \frac{P_2}{P_1} = \frac{3.25}{8} = 40.6\%$$

对于具有互感耦合的复杂网络，其计算方法与分析无耦合电路时基本相同，只是对存在耦合情况的元件在考虑元件电压时要包含互感电压。互感电压的方向要依据耦合元件的电压和电流参考方向与同名端关系加以确定。在分析具有互感的电路时，一般采用回路电流法。在列写回路电压方程时，注意把元件的互感电压考虑在内。下面通过具体例子来说明具有互感电路的分析过程。

例 4-2-2 电路如图4-2-11所示，已知 $R_1 = R_2 = R_3 = 10\Omega$，$\omega L_1 = \omega L_2 = 20\Omega$，$\omega M = 10\Omega$，$\dot{U}_{S1} = 100\underline{/0°}\,\mathrm{V}$，试求各支路电流。

解： 选择网孔回路并取 $\dot{I}_1$ 和 $\dot{I}_2$ 为回路电流变量。列写网孔回路电压方程

$$\dot{I}_1(R_1 + R_2 + \mathrm{j}\omega L_1) + \mathrm{j}\omega M\dot{I}_2 - R_3\dot{I}_2 = \dot{U}_{S1}$$

$$\dot{I}_2(R_2 + R_3 + \mathrm{j}\omega L_2) + \mathrm{j}\omega M\dot{I}_1 - R_3\dot{I}_1 = 0$$

式中，$\mathrm{j}\omega M\dot{I}_2$ 与 $\mathrm{j}\omega M\dot{I}_1$ 分别代表了由耦合产生的电压值。代入数据得

$$(20 + \mathrm{j}20)\dot{I}_1 - (10 - \mathrm{j}10)\dot{I}_2 = 100\underline{/0°}$$

$$(20 + \mathrm{j}20)\dot{I}_2 - (10 - \mathrm{j}10)\dot{I}_1 = 0$$

解得
$$\dot{I}_1 = \frac{(20+j20)\times100}{(20+j20)^2-(10-j10)^2}\text{A} = 2\sqrt{2}\underline{/-45°}\,\text{A}$$

$$\dot{I}_2 = \frac{10-j10}{20+j20}\dot{I}_1 = \sqrt{2}\underline{/-135°}\,\text{A}$$

$$\dot{I}_3 = \dot{I}_1 - \dot{I}_2 = 2\sqrt{2}\underline{/-45°}\,\text{A} - \sqrt{2}\underline{/-135°}\,\text{A} = 3.16\underline{/-18.4°}\,\text{A}$$

例 4-2-3 试列出图4-2-12所示电路的回路电流方程式。

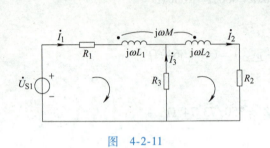

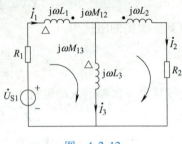

图 4-2-11　　　　　　　　　　　　　　图 4-2-12

解：选用网孔回路列电压方程，取 $\dot{I}_1$ 与 $\dot{I}_2$ 为回路电流变量，逐一写出各个元件的电压表达式

$$R_1\dot{I}_1 + j\omega L_1\dot{I}_1 - j\omega M_{12}\dot{I}_2 + j\omega M_{13}(\dot{I}_1-\dot{I}_2) + j\omega L_3(\dot{I}_1-\dot{I}_2) + j\omega M_{13}\dot{I}_1 = \dot{U}_{S1}$$

$$R_2\dot{I}_2 + j\omega L_2\dot{I}_2 - j\omega M_{12}\dot{I}_1 + j\omega L_3(\dot{I}_2-\dot{I}_1) - j\omega M_{13}\dot{I}_1 = 0$$

经整理可得

$$[R_1 + j\omega(L_1 + 2M_{13} + L_3)]\dot{I}_1 - j\omega(M_{12} + M_{13} + L_3)\dot{I}_2 = \dot{U}_{S1}$$

$$[R_2 + j\omega(L_2 + L_3)]\dot{I}_2 - j\omega(M_{12} + M_{13} + L_3)\dot{I}_1 = 0$$

如果具有互感耦合的两个线圈有一端相连接，则这种具有互感的电路可用一个无互感耦合的等效电路来替代。图4-2-13a 为同名端相连接的互感电路，可写出方程式为

$$\dot{U}_{13} = \dot{I}_1 j\omega L_1 + \dot{I}_2 j\omega M$$

$$\dot{U}_{23} = \dot{I}_2 j\omega L_2 + \dot{I}_1 j\omega M$$

考虑到 $I_3 = \dot{I}_1 + \dot{I}_2$，则上式可改写为

$$\dot{U}_{13} = \dot{I}_1 j\omega L_1 + (\dot{I}_3 - \dot{I}_1)j\omega M$$

$$= \dot{I}_1(j\omega L_1 - j\omega M) + \dot{I}_3 j\omega M$$

$$\dot{U}_{23} = \dot{I}_2 j\omega L_2 + (\dot{I}_3 - \dot{I}_2)j\omega M$$

$$= \dot{I}_2(j\omega L_2 - j\omega M) + \dot{I}_3 j\omega M$$

由上面两式可得到没有耦合的等效电路，如图4-2-13b所示。这种方法称为互感消去法。对于

图 4-2-13

图4-2-13c所示的电路，线圈非同名端连接在一起，则由同样方法可求出其去耦后的等效电路，如图 4-2-13d 所示。采用等效去耦方法在计算含有互感的网络入端阻抗时比较方便。

例 4-2-4 电路如图4-2-14a所示，求 ab 端的入端阻抗。

解：图4-2-14a所示电路包含互感耦合支路，同名端连接在一起。去耦后电路转化为

图 4-2-14b，此时可直接写出其入端阻抗

$$Z = R_1 + j\omega(L_1 - M) + \frac{(R_2 + j\omega M)(j\omega L_2 - j\omega M)}{R_2 + j\omega L_2}$$

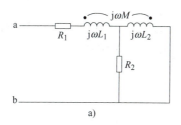 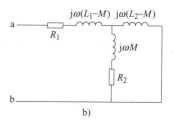

$$\text{图}\quad 4\text{-}2\text{-}14$$

利用变压器互感耦合的作用可完成从一条电路向另一条电路传送电能或信号的工作，而这两条电路之间可以没有电的直接联系。变压器能变换交流电压和电流的大小。图 4-2-15a 为一般变压器的符号，一般把接电源一侧的绕组称为一次侧，接负载一侧的绕组称为二次侧。前面讨论的空心变压器是把两组绕组绕在非导磁材料上。若变压器绕组是绕在高磁导率材料上，在做出一些假定条件后，可把这类变压器视做理想变压器。

对于图 4-2-15a 所示的变压器，一次侧匝数为 N_1，二次侧匝数为 N_2，若假设：①忽略一次侧和二次侧的电阻，变压器磁路中无涡流与磁滞损耗，即变压器本身不消耗能量；②采用高磁导率材料后，无漏磁通存在，绕组耦合系数 $K = 1$；③磁路材料的磁导率 μ 趋于无穷大，因此 L_1、L_2 和 M 均趋向无穷大。在这些假定条件下的变压器称为理想变压器。

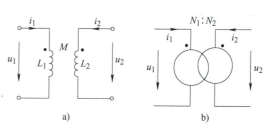

$$\text{图}\quad 4\text{-}2\text{-}15$$

在上面假设条件下，来讨论理想变压器一次侧和二次侧的电压与电流之间的关系。由于两个绕组之间完全耦合，穿过一个绕组的磁通必定穿过另一线圈，漏磁通为零。根据前面的讨论（见图 4-2-1）可知：$\Phi_{11} = \Phi_{21}$ 和 $\Phi_{22} = \Phi_{12}$。如果两绕组产生的磁通是相互加强的，则两线圈交链的总磁通 Φ_1 和 Φ_2 分别为

$$\begin{cases} \Phi_1 = \Phi_{11} + \Phi_{12} = \Phi_{11} + \Phi_{22} = \Phi_0 \\ \Phi_2 = \Phi_{22} + \Phi_{21} = \Phi_{22} + \Phi_{11} = \Phi_0 \end{cases} \tag{4-2-9}$$

可见两个绕组的磁通是相等的，Φ_0 为两绕组的公共磁通。

设变压器一次侧和二次侧匝数分别为 N_1 与 N_2，由图 4-2-15 所示的参考方向，可写出一次侧和二次侧电压分别为

$$\begin{cases} u_1 = N_1 \dfrac{d\Phi_0}{dt} \\ u_2 = N_2 \dfrac{d\Phi_0}{dt} \end{cases} \tag{4-2-10}$$

对于正弦交流电路，磁通 Φ_0 是角频率为 ω 的正弦函数。此时上式可表示为相量形式，有

$$\begin{cases} \dot{U}_1 = N_1 j\omega \dot{\Phi}_0 \\ \dot{U}_2 = N_2 j\omega \dot{\Phi}_0 \end{cases} \tag{4-2-11}$$

一次侧与二次侧电压之比为

$$\frac{\dot{U}_1}{\dot{U}_2} = \frac{N_1 j\omega\dot{\Phi}_0}{N_2 j\omega\dot{\Phi}_0} = \frac{N_1}{N_2} = n \tag{4-2-12}$$

两绕组电压之比等于绕组的匝数比，且 $\dot{U}_1$ 和 $\dot{U}_2$ 同相。式中 n 称为理想变压器的电压比。

下面来推导两个绕组中电流之间的关系。由图 4-2-15 所示参考方向，绕组 1 中电压可表示为

$$u_1 = L_1 \frac{\mathrm{d}i_1}{\mathrm{d}t} + M \frac{\mathrm{d}i_2}{\mathrm{d}t}$$

上式两边用 L_1 相除，得

$$\frac{u_1}{L_1} = \frac{\mathrm{d}i_1}{\mathrm{d}t} + \frac{M}{L_1} \frac{\mathrm{d}i_2}{\mathrm{d}t}$$

由于理想变压器中 L_1、L_2 和 M 均趋于无穷大，因此上式可写为

$$\frac{\mathrm{d}i_1}{\mathrm{d}t} = -\frac{M}{L_1} \frac{\mathrm{d}i_2}{\mathrm{d}t} \tag{4-2-13}$$

又因为绕组 1 自感磁链为 $N_1\Phi_{11} = L_1 i_1$，绕组 2 互感磁链为 $N_2\Phi_{21} = Mi_1$，由于绕组间漏磁为零，因此有 $\Phi_{11} = \Phi_{21}$，即有

$$\frac{N_1}{N_2} = \frac{L_1}{M} \tag{4-2-14}$$

把上式代入到式（4-2-13）可得

$$\frac{\mathrm{d}i_1}{\mathrm{d}t} = -\frac{N_2}{N_1} \frac{\mathrm{d}i_2}{\mathrm{d}t}$$

对于正弦交流电路则有

$$j\omega\dot{I}_1 = -\frac{N_2}{N_1} j\omega\dot{I}_2$$

即有

$$\frac{\dot{I}_1}{\dot{I}_2} = -\frac{N_2}{N_1} \tag{4-2-15}$$

上式表明，理想变压器一次侧和二次侧中电流的有效值之比与两绕组匝数成反比，电流相位差为 180°（在图 4-2-15 所示参考方向下）。

在电路分析中，理想变压器可看成是一个对外具有两个连接端口的元件，理想变压器本身不消耗能量，它只起着变换电压和变换电流的作用，变换比值只由一次侧和二次侧的匝数比决定，与负载无关。

下面讨论理想变压器的阻抗转换作用。设理想变压器二次侧输出端接有负载 Z_L，如图 4-2-16 所示，根据图示的参考方向，可得

$$\dot{U}_2 = -\dot{I}_2 Z_L$$

由式（4-2-11）可得

$$\dot{U}_2 = \frac{N_2}{N_1}\dot{U}_1, \quad \dot{I}_2 = -\frac{N_1}{N_2}\dot{I}_1$$

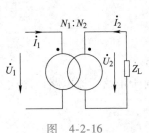

图 4-2-16

代入上式得

$$\dot{U}_1 = \left(\frac{N_1}{N_2}\right)^2 Z_L \dot{I}_1$$

从而求得从理想变压器一次侧看入的等效阻抗为

$$Z = \frac{\dot{U}_1}{\dot{I}_1} = \left(\frac{N_1}{N_2}\right)^2 Z_L = n^2 Z_L \qquad (4\text{-}2\text{-}16)$$

可见当变压器二次侧加负载 Z_L 时，其一次侧入端阻抗与绕组匝数比的平方成正比。电子线路中常用变压器来变换阻抗，以实现负载的匹配。

　　例 4-2-5　设信号源的开路电压有效值为 3V，内阻 $R_0 = 10\Omega$，负载电阻为 90Ω，欲使负载获得最大功率，可在信号源输出与负载之间接入一变压器。求此变压器一次侧与二次侧的匝数比 $n = \dfrac{N_1}{N_2}$ 以及负载上的电压和电流值。

　　解：由于理想变压器不消耗能量，因此供给变压器一次侧的功率等于负载吸收的功率，当理想变压器入端电阻 $R' = R_0 = 10\Omega$ 时，变压器吸收最大功率。

　　根据阻抗变换式（4-2-16），有

$$n^2 = \frac{R'}{R_L} = \frac{10}{90} = \frac{1}{9}$$

即理想变压器匝数比 $n = \dfrac{N_1}{N_2} = \dfrac{1}{3}$ 时，负载可获得最大功率。此时，变压器一次侧电流的有效值为

$$I_1 = \frac{U_S}{R + R'} = \frac{3}{20}A = 0.15A$$

通过负载的电流有效值为

$$I_2 = nI_1 = \frac{1}{3} \times 0.15A = 0.05A$$

负载端电压有效值为

$$U_2 = I_2 R_L = 0.05 \times 90V = 4.5V$$

第三节　对称三相正弦交流电路

　　三相制供电是电力系统普遍采用的供电方式，所谓三相制就是由三个频率相同、相位不同的电源作为供电体系。三相制之所以获得广泛应用，主要是因为它在发电、输送和负载驱动方面与单相制相比有许多优点。与三相供电电源相对应，每组负载也由三个组成，称为三相负载。

　　三相电源的三个电动势和三相负载阻抗有两种基本连接方式，即星形联结（Y联结）和三角形联结（△联结）。图 4-3-1 分别示出了三相电源与三相负载的Y联结与△联结。每相电源与负载分别标以 A 相、B 相和 C 相加以区别。在Y联结方法中，各相电源和负载的输出端称为各相的端点，三相公共联结点称为中性点。在△联结方法中，三相电源或负载分别首尾相连，无中性点。由三相电源或三相负载连接而成的电路称为三相电路。

　　图 4-3-2 画出了电源和负载均为星形联结的三相电路图。图中 Z_l 表示每相线路的阻抗，

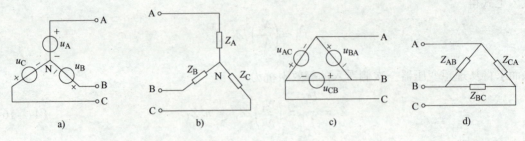

图 4-3-1

从电源端点 A、B、C 至负载端点 A′、B′、C′的三根连线称为端线，通常称为相线，俗称（火线）。Y形联结的三相电源的中性点 N 与负载中性点 N′的连接线称为中性线。在三相星形联结中，具有三根端线和一根中性线的供电方式称为三相四线制，没有中性线的供电方式称为三相三线制。

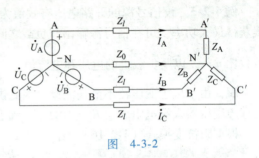

图 4-3-2

图 4-3-3 分别表示了Y联结电源与△联结负载，以及△联结电源与△联结负载的连接方式。在这些连接方式中，对于三相电源和三相负载，不论是△联结还是Y联结，规定通过每个电压源或每个负载阻抗的电流称为相电流，每个电压源或负载阻抗两端的电压称为相电压。流过三根端线的电流称为线电流，端线与端线之间的电压称为线电压。

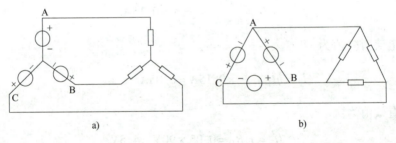

图 4-3-3

如果在三相电源中，三个正弦电压源的振幅相等，电压源之间的相位差均为 1/3 周期（120°），则称这种三相电源系统为对称三相电源。以图 4-3-2 所示Y联结的三相电源系统为例，设备相电源电压分别为

$$\begin{cases} u_A(t) = \sqrt{2}\,U\sin\omega t \\ u_B(t) = \sqrt{2}\,U\sin(\omega t - 120°) \\ u_C(t) = \sqrt{2}\,U\sin(\omega t - 240°) \end{cases} \tag{4-3-1}$$

则它为对称三相电源，可用相量表示为

$$\begin{cases} \dot{U}_A = U\underline{/0°} \\ \dot{U}_B = \dot{U}_A\underline{/-120°} = U\underline{/-120°} \\ \dot{U}_C = \dot{U}_B\underline{/-120°} = U\underline{/-240°} \end{cases} \tag{4-3-2}$$

对称三相电源的相量图和波形图分别示于图 4-3-4 中。对于△联结的三相电源，从波形图可

见，由于三相电压串联后 $u_A + u_B + u_C = 0$，因此在三角形闭合回路中不会产生环流。

对称三相电源各相电压相位差均为 1/3 周期，且 B 相滞后 A 相，而 C 相又滞后 B 相。这种相位间的变化次序称为相序。当各相相位依次滞后变化的次序为 A→B→C→A 时，称它为正序或顺序。当相位变化次序为 C→B→A→C 时，即 B 相滞后 C 相，而 A 相又滞后 B 相，称它为负序或逆序。本章以后讨论的三相电源均以正序为例。当一组三相负载

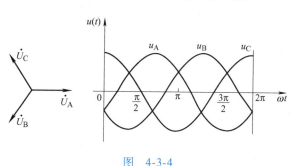

图　4-3-4

的各相阻抗完全相等时，这组负载称为对称三相负载。如果三相电路全部由对称三相电源和对称三相负载构成，则称这种电路为对称三相电路。

一般三相电路可被当成是由多个电源构成的复杂电路，因此可采用前述的复杂正弦交流电路的计算方法进行分析计算。但对于对称三相电路的计算，可利用它的一些特性使电路分析计算得到简化。下面对对称三相电路的特点进行分析。

首先分析Y联结的对称三相负载的线电压、线电流与相电压、相电流之间的关系。图 4-3-5a 所示为一Y联结的对称三相负载，设负载的各相电压为对称且为正序，则电压相量可表示为

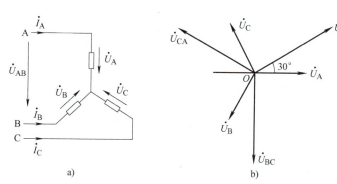

图　4-3-5

$$
\begin{cases}
\dot{U}_A = U\underline{/0°} \\
\dot{U}_B = \dot{U}_A\underline{/-120°} \\
\dot{U}_C = \dot{U}_B\underline{/-120°} = \dot{U}_A\underline{/-240°}
\end{cases}
\tag{4-3-3}
$$

线电压为

$$
\begin{cases}
\dot{U}_{AB} = \dot{U}_A - \dot{U}_B = \dot{U}_A - \dot{U}_A\underline{/-120°} = \sqrt{3}\dot{U}_A\underline{/30°} \\
\dot{U}_{BC} = \dot{U}_B - \dot{U}_C = \dot{U}_B - \dot{U}_B\underline{/-120°} = \sqrt{3}\dot{U}_B\underline{/30°} \\
\dot{U}_{CA} = \dot{U}_C - \dot{U}_A = \dot{U}_C - \dot{U}_C\underline{/-120°} = \sqrt{3}\dot{U}_C\underline{/30°}
\end{cases}
\tag{4-3-4}
$$

对称三相Y联结的负载电路，其线电压也是一组对称的三相电压，线电压有效值是相电压有效值的 $\sqrt{3}$ 倍，$\dot{U}_{AB}$ 相位超前 $\dot{U}_A$ 30°。电压相量图如图 4-3-5b 所示。通过负载各相的电流为

$$\begin{cases} \dot{I}_A = \dfrac{\dot{U}_A}{Z} \\[2mm] \dot{I}_B = \dfrac{\dot{U}_B}{Z} = \dot{I}_A \underline{/-120°} \\[2mm] \dot{I}_C = \dfrac{\dot{U}_C}{Z} = \dot{I}_B \underline{/-120°} \end{cases} \qquad (4\text{-}3\text{-}5)$$

可见负载各相电流也是一组对称三相电流,相序与电压相同。对于丫联结而言,相电流等于线电流。

对于△联结的对称三相负载,如图 4-3-6a 所示,各相电压即等于对应端线间的线电压,如果线电压为对称三相电压,即有

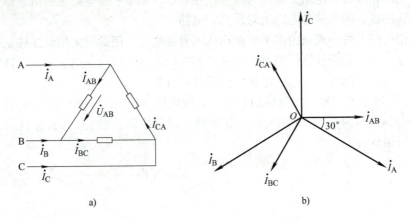

图 4-3-6

$$\dot{U}_{AB} = U \underline{/0°}$$
$$\dot{U}_{BC} = \dot{U}_{AB} \underline{/-120°}$$
$$\dot{U}_{CA} = \dot{U}_{BC} \underline{/-120°}$$

则负载相电流为一组对称三相电流

$$\begin{cases} \dot{I}_{AB} = \dfrac{\dot{U}_{AB}}{Z} \\[2mm] \dot{I}_{BC} = \dfrac{\dot{U}_{BC}}{Z} = \dot{I}_{AB} \underline{/-120°} \\[2mm] \dot{I}_{CA} = \dfrac{\dot{U}_{CA}}{Z} = \dot{I}_{BC} \underline{/-120°} \end{cases} \qquad (4\text{-}3\text{-}6)$$

根据基尔霍夫节点电流定律,可求得线电流为

$$\begin{cases} \dot{I}_A = \dot{I}_{AB} - \dot{I}_{CA} = \sqrt{3}\,\dot{I}_{AB} \underline{/-30°} \\[2mm] \dot{I}_B = \dot{I}_{BC} - \dot{I}_{AB} = \sqrt{3}\,\dot{I}_{BC} \underline{/-30°} \\[2mm] \dot{I}_C = \dot{I}_{CA} - \dot{I}_{BC} = \sqrt{3}\,\dot{I}_{CA} \underline{/-30°} \end{cases} \qquad (4\text{-}3\text{-}7)$$

可见线电流也为一组对称三相电流,线电流 $\dot{I}_A$ 滞后相电流 $\dot{I}_{AB}$ 30°,其有效值为相电流的 $\sqrt{3}$ 倍。电流相量见图 4-3-6b。

下面分析对称三相电路的计算特点。图 4-3-7 为三相四线制电路,由三相对称电源和三相对称负载组成,Z_l 为线路阻抗,Z_0 为中性线阻抗。设中性点 N 为参考点,则可求得

$$\dot{U}_{\mathrm{N'N}} = \frac{\dfrac{\dot{U}_{\mathrm{A}}}{Z + Z_l} + \dfrac{\dot{U}_{\mathrm{B}}}{Z + Z_l} + \dfrac{\dot{U}_{\mathrm{C}}}{Z + Z_l}}{\dfrac{1}{Z + Z_l} + \dfrac{1}{Z + Z_l} + \dfrac{1}{Z + Z_l} + \dfrac{1}{Z_0}} = \frac{\dot{U}_{\mathrm{A}} + \dot{U}_{\mathrm{B}} + \dot{U}_{\mathrm{C}}}{3 + \dfrac{Z_l + Z}{Z_0}} = 0$$

可见对称三相电路中性点的电位是相等的。各相电流

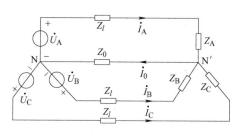

图　4-3-7

$$\dot{I}_{\mathrm{A}} = \frac{\dot{U}_{\mathrm{A}}}{Z + Z_l}$$

$$\dot{I}_{\mathrm{B}} = \frac{\dot{U}_{\mathrm{B}}}{Z + Z_l} = \dot{I}_{\mathrm{A}} \underline{/ - 120°}$$

$$\dot{I}_{\mathrm{C}} = \frac{\dot{U}_{\mathrm{C}}}{Z + Z_l} = \dot{I}_{\mathrm{A}} \underline{/ + 120°}$$

中性线电流 $\dot{I}_{\mathrm{N}} = \dot{I}_{\mathrm{A}} + \dot{I}_{\mathrm{B}} + \dot{I}_{\mathrm{C}} = 0$。因为对称三相负载的阻抗相等，可知相电压为一组对称三相电压。

由上面分析可见，对称三相电路有如下特点：

（1）丫联结的各中性点是等电位的，中性线电流恒为零，中性线阻抗不影响其他电压、电流分布。

（2）由于中性点等电位，各相电流仅决定于各自相电压和相阻抗值，各相计算具有独立性。在计算时，可任取一相电路，并把各中性点相连组成单相图。

（3）因为电路中任一组相电压与相电流是对称的，所以当用单相图计算出一相电压、电流后，其余两相可由对称性直接写出。

（4）对于△联结电路，可由△-丫转换后进行单相计算，然后根据△-丫电压、电流的转换关系求出实际电压、电流。

下面用具体例子来说明对称三相电路的计算特点。

例 4-3-1　图4-3-8a为由两组对称三相电源供电的三相电路。已知 $\dot{E}_{\mathrm{AB}} = 380\underline{/0°}\,\mathrm{V}$，$\dot{E}_{\mathrm{A}} = 220\underline{/0°}\,\mathrm{V}$，$Z_1 = \mathrm{j}4\,\Omega$，$Z_2 = \mathrm{j}3\,\Omega$，$Z_\triangle = (90 + \mathrm{j}60)\,\Omega$，试求负载 $Z_\triangle$ 上的相电压与相电流。

解：为画出单相图，需将△联结的电源与△联结的负载转换为丫联结，如图 4-3-8b 所示。

由△-丫转换的相电压和线电压关系，可知△联结的电源等效转换为丫联结的相电源为

$$\dot{E}_{\mathrm{A}}' = \frac{\dot{E}_{\mathrm{AB}}}{\sqrt{3}} \underline{/ - 30°} = 220\underline{/ - 30°}\,\mathrm{V}$$

由△联结负载转换为丫联结后其等效阻抗为

$$Z_{\mathrm{Y}} = \frac{1}{3} Z_\triangle$$

即

$$Z_{\mathrm{Y}} = (30 + \mathrm{j}20)\,\Omega$$

取 A 相电路，并把各中性点联结，则得到如图 4-3-8c 所示的单相图。设 N 为参考点，则列节点方程为

$$\dot{U}_{\mathrm{aN}} = \frac{\dot{E}_{\mathrm{A}}'/Z_1 + \dot{E}_{\mathrm{A}}/Z_2}{\dfrac{1}{Z_1} + \dfrac{1}{Z_2} + \dfrac{1}{Z_{\mathrm{Y}}}} = \frac{\dfrac{220\underline{/ - 30°}}{\mathrm{j}4} + \dfrac{220\underline{/0°}}{\mathrm{j}3}}{\dfrac{1}{\mathrm{j}4} + \dfrac{1}{\mathrm{j}3} + \dfrac{1}{30 + \mathrm{j}20}}\,\mathrm{V}$$

$$= 207\underline{/-15°}\text{V}$$

则

$$\dot{I}_{AY} = \frac{\dot{U}_{aN}}{Z_Y} = \frac{207\underline{/-15°}}{30+j20}\text{A} = 5.75\underline{/-48.7°}\text{A}$$

此为丫联结的相电流，也为线电流值。则△联结的实际相电流为

$$\dot{I}_{AB} = \frac{\dot{I}_{AY}}{\sqrt{3}}\underline{/30°} = 3.32\underline{/-18.7°}\text{A}$$

相电压为

$$\dot{U}_{AB} = \dot{I}_{AB}Z_\triangle = 359\underline{/15°}\text{V}$$

由对称性可写出各相电压、电流值为

$$\dot{U}_{AB} = 359\underline{/15°}\text{V}, \quad \dot{U}_{BC} = 359\underline{/-105°}\text{V}, \quad \dot{U}_{CA} = 359\underline{/-225°}\text{V}$$

$$\dot{I}_{AB} = 3.32\underline{/-18.7°}\text{A}, \quad \dot{I}_{BC} = 3.32\underline{/-138.7°}\text{A}, \quad \dot{I}_{CA} = 3.32\underline{/-258.7°}\text{A}$$

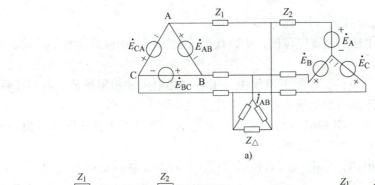

a)

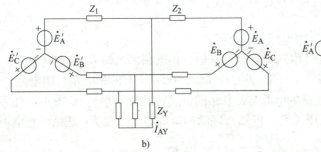

b)

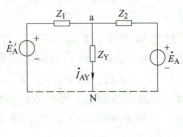

c)

图 4-3-8

第四节   不对称三相电路的概念

  如果三相电路中有三相不对称电源或三相不对称负载，则称为不对称三相电路。不对称三相电路没有第三节所述的特点，不能用单相图进行计算。一般情况下不对称三相电路可看成复杂交流电路，可用一般复杂交流电路方法分析计算，或用其他方法如对称分量法等进行分析。本节仅用一个简单例子来分析不对称三相电路的基本概念。

  图 4-4-1 所示三相电路，假设 $\dot{E}_A$、$\dot{E}_B$、$\dot{E}_C$ 为一组三相对称电源，负载阻抗 Z_A、Z_B、Z_C 不相等，因此它是不对称三相电路。如果采用三相四线制供电，设中性线阻抗可以忽略，

则由图可见，负载各相电压即等于对应的电源相电压。因此可得各相电流为

$$\dot I_{\mathrm{A}} = \frac{\dot U_{\mathrm{AN}}}{Z_{\mathrm{A}}}, \quad \dot I_{\mathrm{B}} = \frac{\dot U_{\mathrm{BN}}}{Z_{\mathrm{B}}}, \quad \dot I_{\mathrm{C}} = \frac{\dot U_{\mathrm{CN}}}{Z_{\mathrm{C}}}$$

由于负载不对称，因此三相负载电流也不对称。其中性线电流 $\dot I_{\mathrm{N}} = \dot I_{\mathrm{A}} + \dot I_{\mathrm{B}} + \dot I_{\mathrm{C}}$ 一般也不为零。

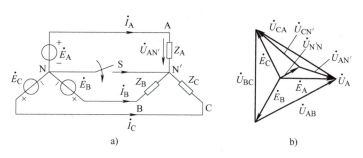

图　4-4-1

当中性线断开时（三相三线制供电），可求出中性点 N 和 N′之间的电压为

$$\dot U_{\mathrm{N'N}} = \frac{\dfrac{\dot E_{\mathrm{A}}}{Z_{\mathrm{A}}} + \dfrac{\dot E_{\mathrm{B}}}{Z_{\mathrm{B}}} + \dfrac{\dot E_{\mathrm{C}}}{Z_{\mathrm{C}}}}{\dfrac{1}{Z_{\mathrm{A}}} + \dfrac{1}{Z_{\mathrm{B}}} + \dfrac{1}{Z_{\mathrm{C}}}}$$

此时即使电源电压对称，两中性点之间的电压也不为零，中性点不是等电位。这种现象称为负载中性点位移。图 4-4-1b 中画出了中性线断开后的电源与负载各相电压相量图。图中 NN′相量表示了负载中性点位移的大小。很显然，当中性点位移较大时，势必引起负载中有的相电压过高，而有的相电压却很低。因此当中性点位移时，可能使某相负载由于过电压而损坏，而另一相负载则由于欠电压而不能正常工作。因此，在三相制供电系统中，总是尽量使各相负载对称分配。特别在民用低压电网中，由于大量单相负载的存在（如照明设备、家用电器等），而负载用电又经常变化，不可能使三相完全对称，因此一般采用三相四线制。在中性线上不装熔丝和开关，使各相负载电压接近对称电源电压。

例 4-4-1　图 4-4-2 是相序指示电路，用来判别三相电路中的各相相序。它是由一个电容和两个灯泡（相当于电阻 R）组成的丫联结电路。已知 $\dfrac{1}{\omega C} = R$，且三相电源对称，试求灯泡两端的电压。

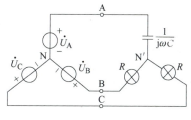

图　4-4-2

解：计算中性点之间的电压，设 $\dot U_{\mathrm{A}} = U\underline{/0^\circ}$，则

$$\dot U_{\mathrm{N'N}} = \frac{\dot U_{\mathrm{A}} \mathrm{j}\omega C + \dot U_{\mathrm{B}}\dfrac{1}{R} + \dot U_{\mathrm{C}}\dfrac{1}{R}}{\mathrm{j}\omega C + \dfrac{1}{R} + \dfrac{1}{R}} = \frac{\mathrm{j}U + U\underline{/-120^\circ} + U\underline{/-240^\circ}}{\mathrm{j} + 2}$$

$$= (-0.2 + \mathrm{j}0.6)U$$

B 相灯泡两端电压为

$$\dot U_{\mathrm{BN'}} = \dot U_{\mathrm{B}} - \dot U_{\mathrm{N'N}} = U\underline{/-120^\circ} - (-0.2 + \mathrm{j}0.6)U$$

其有效值为

$$U_{BN'} = 1.50U$$

C 相灯泡两端电压为

$$\dot{U}_{CN'} = \dot{U}_C - \dot{U}_{N'N} = U\underline{/-240°} - (-0.2 + j0.6)U$$

其有效值为

$$U_{CN'} = 0.4U$$

可见 B 相灯泡电压要高于 C 相灯泡电压，B 相灯泡要比 C 相灯泡亮得多。由此可判断：若接电容的一相为 A 相，则灯泡较亮的为 B 相，较暗的一相为 C 相。

第五节　三相电路的功率及测量方法

三相负载所吸收的平均功率等于各相负载吸收的平均功率之和，即有

$$
\begin{aligned}
P &= P_A + P_B + P_C \\
&= U_A I_A \cos\varphi_A + U_B I_B \cos\varphi_B + U_C I_C \cos\varphi_C
\end{aligned}
\tag{4-5-1}
$$

式中，U_A、U_B、U_C 分别为三相电压有效值；I_A、I_B、I_C 为各相电流有效值；φ_A、φ_B、φ_C 表示各相电压和电流之间的相位差。

在对称三相电路中，各相电压和各相电流有效值均相等，即 $U_A = U_B = U_C = U_{ph}$，$I_A = I_B = I_C = I_{ph}$，各相负载阻抗相同，因此各相电压和电流之间相位差也相等，$\varphi_A = \varphi_B = \varphi_C = \varphi$，则对称三相负载的平均功率为

$$P = 3U_{ph}I_{ph}\cos\varphi \tag{4-5-2}$$

对于丫联结的三相对称负载，线电压 $U_l = \sqrt{3}U_{ph}$，而线电流 $I_l = I_{ph}$，代入上式有

$$P = \sqrt{3}U_l I_l \cos\varphi \tag{4-5-3}$$

如果负载为△联结，则有 $U_{ph} = U_l$，$I_l = \sqrt{3}I_{ph}$，代入式（4-5-2）后得到与上面相同的三相功率表达式。可见无论是丫联结还是△联结，均可用式（4-5-3）来计算对称三相电路平均功率。这里要指出的是，式中 $\cos\varphi$ 为一相负载的功率因数，φ 为相电压与相电流的相位差。

同样可写出三相电路的无功功率为

$$Q = Q_A + Q_B + Q_C = U_A I_A \sin\varphi_A + U_B I_B \sin\varphi_B + U_C I_C \sin\varphi_C$$

对于对称三相电路，则有

$$Q = \sqrt{3}U_l I_l \sin\varphi \tag{4-5-4}$$

三相视在功率定义为

$$S = \sqrt{P^2 + Q^2}$$

对于对称三相电路，则

$$S = \sqrt{3}U_l I_l \tag{4-5-5}$$

定义三相负载的功率因数为

$$\cos\varphi' = \frac{P}{S} \tag{4-5-6}$$

若为对称三相电路，则 $\cos\varphi' = \cos\varphi$，三相电路负载的功率因数等于单相负载的功率因数。

对于三相电路的瞬时功率，设负载为丫联结，相电压为 u_A、u_B、u_C，相电流为 i_A、i_B、

i_C，则三相瞬时总功率为各相瞬时功率之和：

$$p = p_A + p_B + p_C = u_A i_A + u_B i_B + u_C i_C \tag{4-5-7}$$

在对称三相负载时，有 $Z_A = Z_B = Z_C = z\underline{/\varphi}$，若相电压为

$$u_A = \sqrt{2}\,U\sin\omega t$$

$$u_B = \sqrt{2}\,U\sin(\omega t - 120°)$$

$$u_C = \sqrt{2}\,U\sin(\omega t - 240°)$$

相电流为

$$i_A = \sqrt{2}\frac{U}{z}\sin(\omega t - \varphi) = \sqrt{2}\,I\sin(\omega t - \varphi)$$

$$i_B = \sqrt{2}\,I\sin(\omega t - \varphi - 120°)$$

$$i_C = \sqrt{2}\,I\sin(\omega t - \varphi - 240°)$$

将电压与电流瞬时式代入式（4-5-7）中，可得瞬时功率为

$$p = 3U_{ph}I_{ph}\cos\varphi$$

可见对称三相电路瞬时总功率是一个与平均功率相同的常量，它的值不随时间变化。这是三相制供电的优点之一。

下面讨论三相电路功率的测量方法。对于三相三线制系统，不论电路对称与否，均可采用二功率表法来测量三相总功率。其测量连接线路如图 4-5-1 所示。现在分析其测量原理。

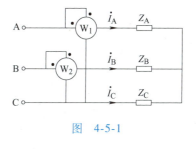

图 4-5-1

根据图中各功率表的连接可知，表 W_1 和表 W_2 的测量读数分别为 $W_1 = \frac{1}{T}\int_0^T i_A u_{AC}\mathrm{d}t$，$W_2 = \frac{1}{T}\int_0^T i_B u_{BC}\mathrm{d}t$，两功率表读数之和为 $W_1 + W_2 = \frac{1}{T}\int_0^T (i_A u_{AC} + i_B u_{BC})\mathrm{d}t$。将负载视做丫联结，则有 $i_A u_{AC} + i_B u_{BC} = i_A(u_A - u_C) + i_B(u_B - u_C) = i_A u_A + i_B u_B - (i_A + i_B)u_C$，在三相三线制中有

$$i_A + i_B + i_C = 0$$

即

$$i_C = -(i_A + i_B)$$

因此两功率表读数之和可表示为

$$W_1 + W_2 = \frac{1}{T}\int_0^T (i_A u_A + i_B u_B + i_C u_C)\mathrm{d}t = \frac{1}{T}\int_0^T (p_A + p_B + p_C)\mathrm{d}t = P$$

即两只功率表读数之和等于三相总功率。这里要特别指出，在用二功率表法测量三相电路功率时，其中一只功率表的读数可能会出现负值，而总功率是两只功率表的代数和。

三相四线制电路不能用上述二功率表法来测量三相功率，因为此时 $i_A + i_B + i_C \ne 0$。对于对称三相四线制电路，可用一只功率表测出单相功率，三相功率为单相功率的三倍。不对称三相四线制要用三只功率表分别测出各相功率。

例 4-5-1 一对称三相负载，每相负载为纯电阻 $R = 11\Omega$，接入线电压为 380V 的电

网。问:

(1) 当负载为Y联结时,从电网吸收多少功率?

(2) 当负载为△联结时,从电网吸收多少功率?

解: (1) 当负载为Y联结时,负载相电压为

$$u_{ph} = \frac{1}{\sqrt{3}} U_l = 220V$$

负载相电流为

$$I_{ph} = \frac{U_{ph}}{R} = 20A$$

由于为纯电阻负载,故 $\cos\varphi = 1$,得三相负载功率为

$$P = \sqrt{3} U_l I_l \cos\varphi = \sqrt{3} \times 380 \times 20 \times 1W = 13.2kW$$

(2) 当负载为△联结时,负载相电压为

$$U_{ph} = U_l = 380V$$

负载相电流为

$$I_{ph} = \frac{U_{ph}}{R} = 20\sqrt{3}A$$

负载线电流为

$$I_l = \sqrt{3} I_{ph} = 60A$$

三相负载功率为

$$P = \sqrt{3} U_l I_l \cos\varphi = \sqrt{3} \times 380 \times 60 \times 1W = 39.5kW$$

例 4-5-2 图4-5-2为一对称三相电路,负载△联结,$Z_\triangle = z\underline{/\varphi}$,三相对称电压源的线电压有效值为 U_l。试证明图中两个功率表的读数之和等于负载三相有功功率。

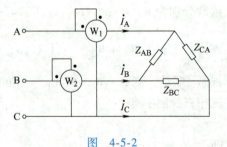

图 4-5-2

解: 设线电压值为

$$\dot{U}_{AB} = U_l\underline{/0°}V$$

$$\dot{U}_{BC} = U_l\underline{/-120°}V$$

$$\dot{U}_{CA} = U_l\underline{/-240°}V$$

则可知

$$\dot{U}_{AC} = -\dot{U}_{CA} = U_l\underline{/-60°}V$$

各相电流为

$$\dot{I}_{AB} = \frac{\dot{U}_{AB}}{Z} = \frac{U_l}{z}\underline{/-\varphi} = I_{ph}\underline{/-\varphi}$$

$$\dot{I}_{BC} = I_{ph}\underline{/(-\varphi-120°)}, \quad \dot{I}_{CA} = I_{ph}\underline{/(-\varphi-240°)}$$

线电流为

$$\dot{I}_A = \sqrt{3}\dot{I}_{AB}\underline{/-30°} = \sqrt{3}I_{ph}\underline{/(-\varphi-30°)} = I_l\underline{/(-\varphi-30°)}$$

$$\dot{I}_B = I_l\underline{/(-\varphi-150°)}, \quad \dot{I}_C = I_l\underline{/(-\varphi-270°)}$$

功率表 W_1 中的功率读数为

$$W_1 = U_l I_l \cos(-60° + \varphi + 30°) = U_l I_l \cos(\varphi - 30°)$$

功率表 W_2 中的功率读数为

$$W_2 = U_l I_l \cos(-120° + \varphi + 150°) = U_l I_l \cos(\varphi + 30°)$$

两功率表读数之和为

$$W_1 + W_2 = U_l I_l [\cos(\varphi - 30°) + \cos(\varphi + 30°)] = \sqrt{3} U_l I_l \cos\varphi$$

可见两功率表读数之和为对称三相负载的有功功率。

浙江大学发明世界上第一台双水内冷发电机

第四章介绍了三相交流电路，其三相交流电源就是三相交流发电机，浙江大学发明世界上第一台双水内冷发电机。

1958 年初，第二个五年计划开始后，中国国民经济快速发展，电力供应严重不足的问题越来越突出。当时，国际上利用氢气冷却和定子水内冷，能够将电网中常用的每分钟 3000 转的汽轮发电机单机容量做到 20 万 kW，而我国的相关工作当时尚处于空气冷却阶段，单机容量仅为 1.2 万 kW 或 2.5 万 kW，差距很大。为了解决国家电力供需的矛盾，浙江大学电机教研组大胆创新、埋头苦干，研发出世界上第一台双水内冷发电机，为国民经济发展做出巨大贡献。

1960 年中华人民共和国第一机械工业部授予浙江大学电机教研组一块银质盾牌。盾牌上镌刻着："你们的成就充分证明，别人用比较长时间才能做到的事情，我们可以用比较短的时间可以做到；别人还没有做到的事情我们也不是不可以做到的。希你们在已取得的成就的基础上，勇猛前进，创造新的更大的成绩"。1964 年国家科委授予双水内冷发电机国家发明证书。1978 年 3 月，第一次全国科学大会在北京召开，会议提出"向科学技术现代化进军"的号召，"双水内冷电机的研究"荣获大会表彰。1985 年"3000 转/分双水内冷发电机"获得国家科技进步一等奖。半个多世纪来，双水内冷发电机技术为国家电力工业的发展做出了巨大贡献。这一技术的发明是浙江大学服务国家重大需求、勇攀科学高峰的生动缩影。

参考摘选自：浙江大学档案馆微信公众号"见证·与新中国共成长——
浙江大学发明世界上第一台双水内冷发电机"2019. 11. 14。

习　题　四

4-1　有一 RLC 串联电路，已知 $R = 5\Omega$，$L = 10\text{mH}$，$C = 1\mu\text{F}$，求该电路的谐振角频率、特性阻抗和品质因数。当外加电压有效值为 24V 时，求谐振电流、电感和电容上的电压值。

4-2　有一 RLC 并联电路，已知 $R = 50\Omega$，$L = 4\text{mH}$，$C = 160\mu\text{F}$，求并联电路谐振频率和品质因数。若外接电流源有效值为 2A，求谐振时电阻、电感及电容上的电流值。

4-3　电路如题图4-1所示，已知 $u = \sqrt{2} \times 100\sin1000t\text{V}$，$R = 50\Omega$，$L = 50\text{mH}$，$C = 20\mu\text{F}$，试求当 S 打开和闭合时，流过电阻上的电流 i 及电容上电压 u_C。

4-4　电路如题图4-2所示，已知电容值 C 为固定，欲使电路在 ω_1 时发生并联谐振，而在 ω_2 时发生串联谐振，求 L_1、L_2 之值。

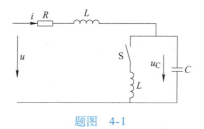

题图　4-1

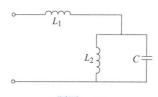

题图　4-2

4-5 并联谐振电路如题图4-3所示，已知 $R = 10\Omega$，$C = 10.5\mu F$，$L = 40mH$，求电路的谐振频率 f_0。

4-6 求题图4-4所示电路的谐振频率和品质因数。

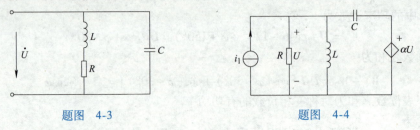

题图　4-3　　　　　　　　　　　题图　4-4

4-7 互感线圈如题图4-5所示，试判别每组线圈之间的同名端。

4-8 在正弦交流电路中，常用题图4-6所示的方法来判别互感线圈之间的同名端。如果图中电流表读数相同，图 a 中的电压表读数大于图 b 中的电压表读数，试判别线圈间的同名端，并说明理由。

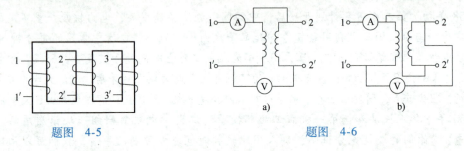

题图　4-5　　　　　　　　　　　题图　4-6

4-9 为测量两线圈之间的互感，先把两个线圈顺向串联连接，外加220V、50Hz电压源，测得电流值 $I = 2.5A$，功率 $P = 62.5W$，然后把线圈反向串联连接，接在同一电源上，测得功率 $P = 250W$，试求此线圈互感值 M。

4-10 已知 $L_1 = 0.1H$，$L_2 = 0.2H$，$M = 0.05H$，外加电压 $u = \sqrt{2} \times 100\sin 314t V$，试求题图 4-7 两种并联接法的支路电流值 i。

4-11 电路如题图4-8所示，已知 $R = 5\Omega$，$\omega L_1 = \omega L_2 = 4\Omega$，$\omega M = 2\Omega$，$\dot{U}_S = 20\underline{/0°}V$，$\dot{I}_S = 2\underline{/90°}A$，试求电压源和电流源的有功功率。

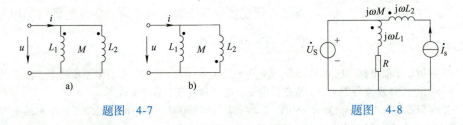

题图　4-7　　　　　　　　　　　题图　4-8

4-12 电路如题图4-9所示，已知 $u_S = \sqrt{2} \times 100\sin 1000t V$，$R_1 = 10\Omega$，$R_2 = 5\Omega$，$L_1 = 5mH$，$L_2 = 13mH$，$M = 3mH$，试求两个功率表的读数。

4-13 电路如题图4-10所示，已知 $R_1 = 12\Omega$，$R_2 = 10\Omega$，$X_{L1} = X_{L2} = X_{L3} = 8\Omega$，$X_M = 4\Omega$，试求 ab 端的入端阻抗 Z。

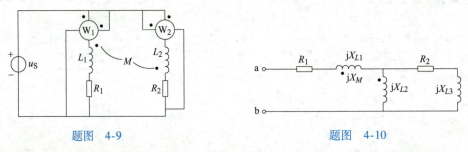

题图　4-9　　　　　　　　　　　题图　4-10

4-14　电路如题图4-11所示，已知 $\dot{U}_S = 220\underline{/0°}\text{V}$，$R_1 = 5\Omega$，$R_2 = 10\Omega$，$L_1 = 0.1\text{H}$，$L_2 = 0.1\text{H}$，$M = 0.05\text{H}$，$Z = 50\Omega$，电源频率 $f = 50\text{Hz}$，试求 $\dot{I}_1$、$\dot{I}_2$、变压器一次侧输入功率、二次侧输出功率及传输效率。

4-15　具有互感耦合的电路如题图4-12所示，试列出用网孔电流法解题所需的方程组。

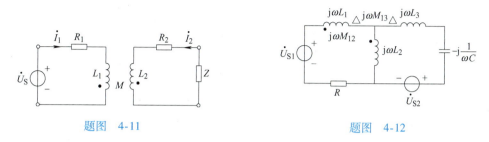

題图　4-11　　　　　　　　　　　題图　4-12

4-16　电路如题图4-13所示，已知 $R_1 = 20\Omega$，$L_1 = 30\text{mH}$，$L_2 = 60\text{mH}$，$M = 20\text{mH}$，在 ab 端外加电压 $u = \sqrt{2}U\sin10^4 t$，问为使电路发生串联谐振，电容 C 应取多大值。

4-17　正弦交流电路如题图4-14所示，已知 $U = 50\text{V}$，$I_1 = I_2 = I = 10\text{A}$，$X_C = 10\Omega$，电路吸收的有功功率为 433W，求 R、X_{L1}、X_{L2} 及 ωM。

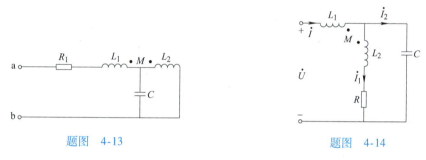

題图　4-13　　　　　　　　　　　題图　4-14

4-18　电路如题图4-15所示，已知 $R = 10\Omega$，为使得入端阻抗等于 160Ω，求理想变压器的匝数比 $N_1 : N_2$。

4-19　电路如题图4-16所示，理想变压器匝数比为 $N_1 : N_2$，求 ab 端的等效阻抗。

題图　4-15　　　　　　　　　　　題图　4-16

4-20　电路如题图4-17所示，求 AB 端的戴维南等效电路。

4-21　电路如题图4-18所示，$Z = (80 + \text{j}60)\Omega$，$R = 5\Omega$，$\omega L_1 = \omega L_2 = 160\Omega$，$\omega M = 90\Omega$，$\dot{U}_S = 10\underline{/0°}\text{V}$。欲使负载 Z 获得最大功率，求电容 C 的容抗 X_C 和理想变压器的匝数比 $N_1 : N_2$，并求 Z 获得的最大功率值。

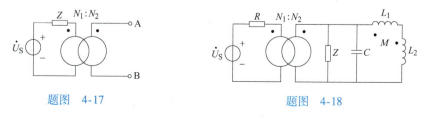

題图　4-17　　　　　　　　　　　題图　4-18

4-22　三相对称电路如题图4-19所示，已知 $\dot{U}_{A1} = 380\underline{/0°}\text{V}$，$\dot{U}_{A2} = 220\underline{/0°}\text{V}$，$Z_1 = 20\text{j}\Omega$，$Z_2 = (40 - $

j30) Ω, $Z_3 = (24 + j18)$ Ω, 试求负载 Z_3 中的相电流和△联结的对称三相电源发出的功率。

4-23 对称三相电路如题图4-20所示，已知 $\dot{U}_A = 100\sqrt{3}\underline{/0°}$V, $Z_Y = (15 + j5\sqrt{3})$ Ω, $Z_\triangle = (45 - j15\sqrt{3})$ Ω, 试求 $\dot{I}_{A1}$ 及 $\dot{I}_{AB}$, 并求Y联结的三相负载 Z_Y 上消耗的功率。

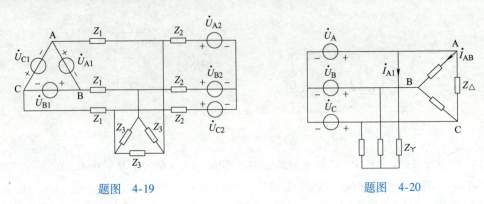

题图 4-19　　　　　　　　题图 4-20

4-24 对称三相电路如题图4-21所示，已知 $U_A = 200$V, $Z_1 = (10 - j5)$ Ω, $Z_2 = (18 - j21)$ Ω, 试求 I_1、I_2 及 U 的值。

4-25 对称三相负载如题图4-22所示，已知线电压为380V, $Z = (8 + j6)$ Ω, 求各功率表的读数。

4-26 利用题图4-23所示电路，可由单相电压 $\dot{U}$ 在三个相等电阻 R 上获得一组对称三相电压。若已知电源频率为50Hz，电阻 $R = 10$ Ω, 试求为使 R 上得到一组对称三相电压所需的 L、C 之值。

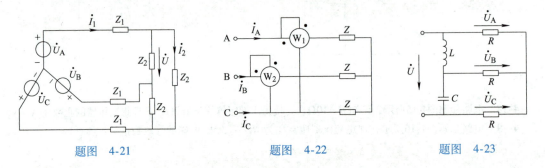

题图 4-21　　　　　　题图 4-22　　　　　　题图 4-23

第五章

非正弦周期电路分析

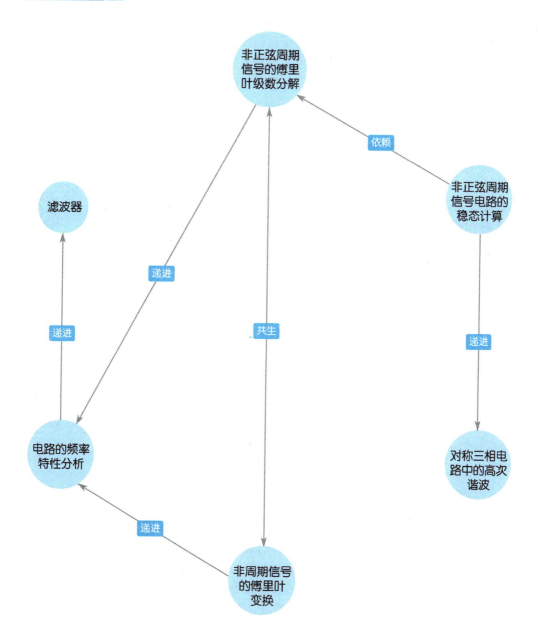

第一节 非正弦周期信号的傅里叶级数分解

前面章节中已对直流电路与正弦交流电路的分析计算方法作了详细介绍，当电路的激励源为直流或正弦交流电源时，可用所述方法对电路进行分析计算。但是在实际电气系统中，却经常会遇到非正弦的激励源问题，例如电力系统的交流发电机所产生的电动势，其波形并非理想的正弦曲线，而是接近正弦波的周期性波形。即使是正弦激励源电路，若电路中存在非线性器件，也会产生非正弦的响应。在电子通信工程中，遇到的电信号大都为非正弦量，如常见的方波、三角波、脉冲波等，有些电信号甚至是非周期性的。

对于线性电路，周期性非正弦信号可以利用傅里叶级数展开把它分解为一系列不同频率的正弦分量，然后用正弦交流电路相量分析方法，分别对不同频率的正弦量单独作用下的电路进行计算，再由线性电路的叠加定理，把各分量叠加，得到非正弦周期信号激励下的响应。这种将非正弦激励分解为一系列不同频率正弦量的分析方法称为谐波分析法。

设周期函数的 $f(t)$ 周期为 T，则有

$$f(t) = f(t + kT) \qquad (k \text{ 为任意整数})$$

如果函数 $f(t)$ 满足狄里赫利条件，那么它就可以分解成为傅里叶级数。一般电工技术中所涉及的周期函数通常都能满足狄里赫利条件，能展开为傅里叶级数，在后面讨论中均忽略这一问题。

对于上述周期函数 $f(t)$，可表示成傅里叶级数

$$f(t) = \frac{a_0}{2} + \sum_{n=1}^{\infty} (a_n \cos n\omega_1 t + b_n \sin n\omega_1 t) \tag{5-1-1}$$

或

$$f(t) = \frac{a_0}{2} + \sum_{n=1}^{\infty} A_n \cos(n\omega_1 t + \psi_n) \tag{5-1-2}$$

式中，$\omega_1 = \dfrac{2\pi}{T}$ 称为基波角频率；两式中系数之间有关系式

或

$$\begin{cases} a_n = A_n \cos\psi_n \\ b_n = -A_n \sin\psi_n \\ A_n = \sqrt{a_n^2 + b_n^2} \\ \psi_n = \arctan\left(\dfrac{-b_n}{a_n}\right) \end{cases} \tag{5-1-3}$$

展开式中除第一项外，每一项都是不同频率的正弦量，$a_0/2$ 称为周期函数的直流分量（恒定分量），第二项 $A_1 \cos(\omega_1 t + \varphi_1)$ 称为基波分量，基波角频率 $\omega_1 = 2\pi/T$，其变化周期与原函数周期相同，其余各项（$n > 1$ 的项）统称为高次谐波。高次谐波分量的频率是基波频率的整数倍。当 $n = 2$ 时称为二次谐波，$n = 3$ 时称为三次谐波等。ψ_n 是第 n 次谐波的初相角。

当 $f(t)$ 已知时，傅里叶级数表达式中各谐波分量的系数可由下面公式求得：

$$\begin{cases} a_0 = \dfrac{2}{T} \int_0^T f(t)\,\mathrm{d}t = \dfrac{2}{T} \int_{-\frac{T}{2}}^{\frac{T}{2}} f(t)\,\mathrm{d}t \\[2mm] a_n = \dfrac{2}{T} \int_0^T f(t) \cos n\omega_1 t\,\mathrm{d}t = \dfrac{2}{T} \int_{-\frac{T}{2}}^{\frac{T}{2}} f(t) \cos n\omega_1 t\,\mathrm{d}t \\[2mm] b_n = \dfrac{2}{T} \int_0^T f(t) \sin n\omega_1 t\,\mathrm{d}t = \dfrac{2}{T} \int_{-\frac{T}{2}}^{\frac{T}{2}} f(t) \sin n\omega_1 t\,\mathrm{d}t \end{cases} \tag{5-1-4}$$

下面用一个具体例子来进行傅里叶分解。

例5-1-1 图5-1-1所示为对称方波电压，其表达式可写为

$$u(t) = \begin{cases} U & -\dfrac{T}{4} < t < \dfrac{T}{4} \\[2mm] -U & -\dfrac{T}{2} < t < -\dfrac{T}{4}, \dfrac{T}{4} < t < \dfrac{T}{2} \end{cases}$$

求此信号的傅里叶级数展开式。

解：根据傅里叶级数的系数推导公式，可得

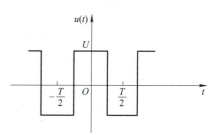

图 5-1-1

$$a_0 = \frac{2}{T} \int_{-\frac{T}{2}}^{\frac{T}{2}} f(t)\,\mathrm{d}t = \frac{2}{T}\left[\int_{-\frac{T}{2}}^{-\frac{T}{4}}(-U)\,\mathrm{d}t + \int_{-\frac{T}{4}}^{\frac{T}{4}} U\,\mathrm{d}t + \int_{\frac{T}{4}}^{\frac{T}{2}}(-U)\,\mathrm{d}t\right] = 0$$

$$a_n = \frac{2}{T} \int_{-\frac{T}{2}}^{\frac{T}{2}} f(t)\cos n\omega_1 t\,\mathrm{d}t$$

$$= \frac{2}{T}\left[\int_{-\frac{T}{2}}^{-\frac{T}{4}}(-U)\cos n\omega_1 t\,\mathrm{d}t + \int_{-\frac{T}{4}}^{\frac{T}{4}} U\cos n\omega_1 t\,\mathrm{d}t + \int_{\frac{T}{4}}^{\frac{T}{2}}(-U)\cos n\omega_1 t\,\mathrm{d}t\right]$$

$$= \frac{U}{n\pi}\left[2\sin n\frac{\pi}{2} - 2\sin n\frac{3}{2}\pi\right]$$

$$= \begin{cases} (-1)^{\frac{(n-1)}{2}} \times \dfrac{4U}{n\pi} & (n\ \text{为奇数}) \\[2mm] 0 & (n\ \text{为偶数}) \end{cases}$$

$$b_n = \frac{2}{T} \int_{-\frac{T}{2}}^{\frac{T}{2}} f(t)\sin n\omega_1 t\,\mathrm{d}t = 0$$

由此可得所求信号的傅里叶级数展开式为

$$u(t) = \frac{4U}{\pi}\left(\cos\omega_1 t - \frac{1}{3}\cos 3\omega_1 t + \frac{1}{5}\cos 5\omega_1 t - \cdots\right)$$

在实际工程计算中，由于傅里叶级数展开为无穷级数，因此要根据级数展开后的收敛情况、电路频率特性及精度要求，来确定所取的项数。一般只要取前面几项主要谐波分量即可。例如，对于上述方波展开的傅里叶级数表达式，当取不同项数合成时，其合成波形画于图5-1-2中。由图可见，当取谐波项数越多时，合成波形就越接近于原来的理想方波，与原波形偏差越小。

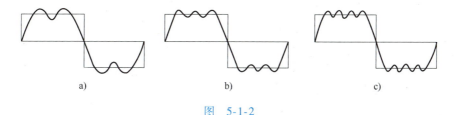

图 5-1-2

a) 1、3次谐波合成 b) 1、3、5次谐波合成 c) 1、3、5、7次谐波合成

在对一些非正弦周期信号展开时，可根据函数的对称性质来确定展开式中的系数变化情况。如果函数为偶函数，$f(t) = f(-t)$，波形对称于 Y 轴（见图5-1-3a），此时它的傅里叶级数展开式中不存在 $\sin n\omega_1 t$ 项谐波，即有 $b_n = 0$，此项不必计算。如果函数为奇函数，即有 $f(t) = -f(-t)$，波形对称于原点（见图5-1-3b），它的傅里叶级数中不包含 $\cos n\omega_1 t$ 项谐

波与直流分量，即有 $a_0 = 0$，$a_n = 0$。如果函数满足 $f(t) = -f\left(t + \dfrac{T}{2}\right)$，即将波形移动半个周期后与原波形对称于 t 轴（见图 5-1-3c），则其傅里叶级数展开后不包含偶次谐波分量，即有 $A_0 = A_2 = A_4 = \cdots = A_{2k} = 0(k = 1, 2, \cdots)$。关于傅里叶级数的详细讨论可参见有关书籍。

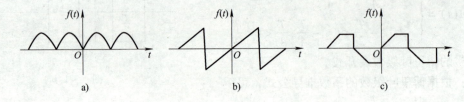

图 5-1-3

a）偶函数 b）奇函数 c）镜对称函数

非正弦周期信号除了可以表示成上述三角函数形式的傅里叶级数展开式外，还可表示成指数形式的傅里叶级数形式。已知函数可展开成傅里叶级数

$$f(t) = \frac{a_0}{2} + \sum_{n=1}^{\infty} a_n \cos n\omega_1 t + \sum_{n=1}^{\infty} b_n \sin n\omega_1 t$$

利用欧拉公式

$$\cos n\omega_1 t = \frac{e^{jn\omega_1 t} + e^{-jn\omega_1 t}}{2}$$

$$\sin n\omega_1 t = \frac{e^{jn\omega_1 t} - e^{-jn\omega_1 t}}{2j}$$

可得

$$f(t) = \frac{a_0}{2} + \sum_{n=1}^{\infty} \left[a_n \left(\frac{e^{jn\omega_1 t} + e^{-jn\omega_1 t}}{2} \right) + b_n \left(\frac{e^{jn\omega_1 t} - e^{-jn\omega_1 t}}{2j} \right) \right]$$

$$= \frac{a_0}{2} + \sum_{n=1}^{\infty} \left[\left(\frac{a_n - jb_n}{2} \right) e^{jn\omega_1 t} + \left(\frac{a_n + jb_n}{2} \right) e^{-jn\omega_1 t} \right]$$

因为 $b_n = \dfrac{1}{T} \displaystyle\int_0^T f(t) \sin n\omega_1 t \, dt$ 对于变量 n 为奇函数，故有

$$\sum_{n=1}^{\infty} \frac{a_n + jb_n}{2} e^{-jn\omega_1 t} = \sum_{n=-1}^{-\infty} \frac{a_n - jb_n}{2} e^{jn\omega_1 t}$$

同时，当 $n = 0$ 时，$b_n = 0$，因此可以把 $f(t)$ 表达式中的各项统一表达为

$$f(t) = \sum_{n=-\infty}^{+\infty} \frac{a_n - jb_n}{2} e^{jn\omega_1 t} = \sum_{n=-\infty}^{+\infty} \dot{F}_n e^{jn\omega_1 t} \qquad (5\text{-}1\text{-}5)$$

式（5-1-5）就是傅里叶级数复指数形式的表达式，它把一个周期信号 $f(t)$ 表示成一系列以 $jn\omega_1 t$ 为指数的复指数函数式，式中

$$\dot{F}_n = \frac{a_n - jb_n}{2} = \frac{A_n}{2} e^{j\psi_n} \qquad (5\text{-}1\text{-}6)$$

系数 a_n、b_n 与傅里叶三角函数展开式中的系数一致。$\dot{F}_n$ 可由下式直接求出：

$$\dot{F}_n = \frac{a_n - jb_n}{2} = \frac{1}{T} \left[\int_0^T f(t) (\cos n\omega_1 t - j\sin n\omega_1 t) \, dt \right]$$

$$= \frac{1}{T} \int_0^T f(t) e^{-jn\omega_1 t} \, dt \qquad (5\text{-}1\text{-}7)$$

或

$$\dot{F}_n = \frac{1}{T} \int_{-\frac{T}{2}}^{\frac{T}{2}} f(t) \mathrm{e}^{-jn\omega_1 t} \mathrm{d}t \tag{5-1-8}$$

$\dot{F}_n$ 为 $n\omega_1$ 的函数，它代表了 $f(t)$ 信号中各谐波分量的所有信息。$\dot{F}_n$ 的模为对应谐波分量的幅值的一半，而 $\dot{F}_n$ 的辐角（当 n 取正值时）则为对应谐波分量的初相角。它是一个已知信号 $f(t)$ 的频域表达式，与信号的时域表达式 $f(t)$ 是完全等价的。$\dot{F}_n$ 称为给定信号的频谱函数。$\dot{F}_n$ 幅值随 $n\omega_1$ 变化的关系 $|\dot{F}_n(n\omega_1)|$ 称为振幅频谱，$\dot{F}_n$ 的相位随 $n\omega_1$ 变化的关系 $\psi(n\omega_1)$ 称为相位频谱。由于系数 $a_n = a_{-n}$，$b_n = -b_{-n}$，因此振幅频谱为偶函数，而相位频谱则为奇函数。信号 $f(t)$ 所包含的各谐波幅值与相位可用幅频特性和相频特性图来直观表示。

例 5-1-2　周期脉冲信号如图 5-1-4a 所示，求该信号的频谱函数 $\dot{U}(n\omega_1)$，并作振幅频谱和相位频谱图。

解：由波形图可知

$$u(t) = \begin{cases} 0 & -\dfrac{T}{2} < t < -\dfrac{\tau}{2} \\ U & -\dfrac{\tau}{2} < t < \dfrac{\tau}{2} \\ 0 & \dfrac{\tau}{2} < t < \dfrac{T}{2} \end{cases}$$

频谱函数为

$$\dot{U}(n\omega_1) = \frac{1}{T} \int_{-\frac{T}{2}}^{\frac{T}{2}} u(t) \mathrm{e}^{-jn\omega_1 t} \mathrm{d}t = \frac{1}{T} \int_{-\frac{\tau}{2}}^{\frac{\tau}{2}} U \mathrm{e}^{-jn\omega_1 t} \mathrm{d}t$$

$$= \frac{U}{T} \frac{\mathrm{e}^{-jn\omega_1 \frac{\tau}{2}} - \mathrm{e}^{jn\omega_1 \frac{\tau}{2}}}{-jn\omega_1} = \frac{\tau U}{T} \left(\frac{\sin \dfrac{n\omega_1 \tau}{2}}{\dfrac{n\omega_1 \tau}{2}} \right) \tag{5-1-9}$$

若 $\tau = \dfrac{T}{4}$，$U = 4\mathrm{V}$，则频谱函数可写为

$$\dot{U}(n\omega_1) = \frac{\sin n\dfrac{\pi}{4}}{n\dfrac{\pi}{4}}$$

根据上面的电压频谱函数，分别取 $n = 1, 2, 3, \cdots$，画出振幅频谱与相应频谱图，如图 5-1-4b、c 所示。注意在作图时，当取 $n = 1$，此时 $\dot{U}(\omega_1) = \dfrac{\sin \dfrac{\pi}{4}}{\dfrac{\pi}{4}} = \dfrac{2\sqrt{2}}{\pi} = 0.9 \underline{/0°}$

其幅值为 0.9，相位为 0°，当取 $n = 2$，此时 $\dot{U}(2\omega_1) = \dfrac{\sin \dfrac{\pi}{2}}{\dfrac{\pi}{2}} = \dfrac{2}{\pi} = 0.637 \underline{/0°}$

其幅值为 0.637，相位为 0°，当取 $n = 5$，此时 $\dot{U}(5\omega_1) = \dfrac{\sin \dfrac{5\pi}{4}}{\dfrac{5\pi}{4}} = -\dfrac{2\sqrt{2}}{5\pi} = 0.18 \underline{/180°}$

其幅值为 0.18，相位为 180°。再根据振幅频谱的偶函数特性和相位频谱的奇函数特性，可画出左半平面的频谱图。

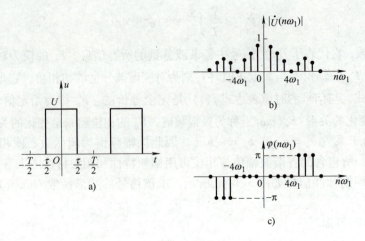

图 5-1-4

从振幅频谱图可看出，周期信号的频谱图是一系列离散的谱线组成的，所有谱线都出现在基波频率 ω_1 的整数倍的频率上。周期信号的这种频谱称为离散频谱。

从频谱函数表达式中可看出，当脉冲重复周期增大时，基波频率 $\omega_1 = \dfrac{2\pi}{T}$ 将变小，谱线之间的间隔缩小，同时振幅也随之减小。当 T 无限增大时，谱线将趋于无限密集，即从离散趋于连续，而幅值却趋于无穷小，这时周期信号也已转化为非周期信号。

第二节　非正弦周期信号电路的稳态计算

对于非正弦周期信号激励的稳态电路，无法用直流电路或正弦交流电路的计算方法来分析计算，而必须先把非正弦周期信号激励用傅里叶级数分解为不同频率的正弦分量之和，然后再分别计算各个频率分量激励下的电路响应。最后用叠加定理把各响应分量进行叠加获得稳态响应。其计算过程的主要步骤可分为三步：

1）把给定的非正弦周期激励源分解为傅里叶级数表达式，即分解为直流分量与各次谐波分量之和，根据展开式各项收敛性及所需精度确定所需谐波项数。

2）分别计算直流分量和各频率谐波分量激励下的电路响应。直流分量用直流电路分析方法，此时电感短路、电容开路；对于不同频率的正弦分量，采用正弦电路相量分析计算方法，这时需注意电路的阻抗随频率而变化，各分量单独计算时应做出对应电路图。

3）应用叠加定理把输出响应的各谐波分量相加得到总的响应值，注意叠加前应把各谐波响应表达成时域瞬时式（因为不同频率的相量式相加是无意义的）。

下面用具体例子来说明线性非正弦周期电路的稳态分析。

例 5-2-1　电路如图 5-2-1 所示，已知 $R = 10\Omega$，$L = 10\text{mH}$，$C = 120\mu\text{F}$，电源电压 $u_S(t) = [10 + \sqrt{2} \times 50\sin\omega t + \sqrt{2} \times 30\sin(3\omega t + 30°) + \sqrt{2} \times 30\sin(5\omega t - 60°)]\text{V}$，基波角频率 $\omega = 314\text{rad/s}$，试求流过电阻的电流 $i(t)$ 及电感两端电压 $u_L(t)$。

解：本题的激励电压源已分解成各次谐波分量，因此可直接进行各次谐波的计算。对于直流分量的计算，可用一般直流电路的解题方法，画出对应直流电

图 5-2-1

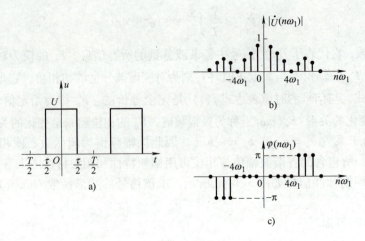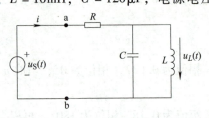

路如图 5-2-2a 所示。已知 $U_0 = 10$V，则得

$$I_0 = \frac{U_0}{R} = \frac{10}{10}\text{A} = 1\text{A}$$

$$U_{L0} = 0\text{V}$$

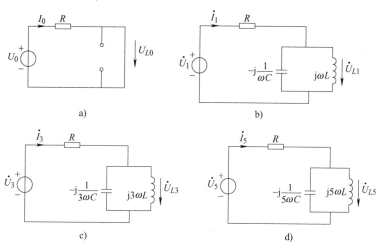

图　5-2-2

对于基波分量 $u_1(t) = \sqrt{2} \times 50\sin\omega t$，其对应电路如图 5-2-2b 所示，$\dot{U}_1 = 50 \underline{/0°}$V，ab 端入端阻抗为

$$Z_{ab1} = R + \frac{\text{j}\omega L\left(-\text{j}\dfrac{1}{\omega C}\right)}{\text{j}\omega L - \text{j}\dfrac{1}{\omega C}} = 10\Omega + \frac{\text{j}3.14 \times (-\text{j}26.5)}{\text{j}3.14 - \text{j}26.5}\Omega = 10.6 \underline{/19.6°}\Omega$$

$$\dot{I}_1 = \frac{\dot{U}_1}{Z_{ab1}} = \frac{50 \underline{/0°}}{10.6 \underline{/-19.6°}}\text{A} = 4.7 \underline{/-19.6°}\text{A}$$

电感两端电压为

$$\dot{U}_{L1} = \dot{U}_1 - R\dot{I}_1 = 50 \underline{/0°}\text{V} - 10 \times 4.7 \underline{/-19.6°}\text{V} = 16.8 \underline{/70°}\text{V}$$

即有

$$i_1(t) = \sqrt{2} \times 4.7\sin(\omega t - 19.6°)\text{A}, u_{L1}(t) = \sqrt{2} \times 16.8\sin(\omega t + 70°)\text{V}$$

对于三次谐波分量，其等效电路如图 5-2-2c 所示，$\dot{U}_3 = 30 \underline{/30°}$V，其入端阻抗为

$$Z_{ab3} = R + \frac{\text{j}3\omega L\left(-\text{j}\dfrac{1}{3\omega C}\right)}{\text{j}3\omega L - \text{j}\dfrac{1}{3\omega C}} = 10\Omega + \frac{\text{j}9.42 \times (-\text{j}8.83)}{\text{j}9.42 - \text{j}8.83}\Omega = 141 \underline{/-86°}\Omega$$

$$\dot{I}_3 = \frac{\dot{U}_3}{Z_{ab3}} = \frac{30 \underline{/30°}}{141 \underline{/-86°}}\text{A} = 0.21 \underline{/116°}\text{A}$$

电感两端电压为

$$\dot{U}_{L3} = \dot{U}_3 - R\dot{I}_3 = 29.9 \underline{/26°}\text{V}$$

即有

$$i_3(t) = \sqrt{2} \times 0.21\sin(3\omega t + 116°)\text{A}, u_{L3}(t) = \sqrt{2} \times 29.9\sin(3\omega t + 26°)\text{V}$$

对于五次谐波，等效电路如图 5-2-2d 所示，有 $\dot{U}_5 = 30\ \angle -60°$V，ab 端入端阻抗为

$$Z_{ab5} = R + \frac{j5\omega L\left(-j\dfrac{1}{5\omega C}\right)}{j5\omega L - j\dfrac{1}{5\omega C}} = 10\Omega + \frac{j15.7 \times (-j5.3)}{j15.7 - j5.3}\Omega = 12.8\ \angle -38.7°\Omega$$

$$\dot{I}_5 = \frac{\dot{U}_5}{Z_{ab5}} = \frac{30\ \angle -60°}{12.8\ \angle -38.7°}\text{A} = 2.3\ \angle -21.3°\text{A}$$

电感两端电压为

$$\dot{U}_{L5} = \dot{U}_5 - \dot{I}_5 R = 18.8\ \angle -110°\text{V}$$

即有

$$i_5(t) = \sqrt{2} \times 2.3\sin(5\omega t - 21.3°)\text{A},\ u_{L5}(t) = \sqrt{2} \times 18.8\sin(5\omega t - 110°)\text{V}$$

最后得到流经电阻的电流值为

$$i_R = i_0 + i_1 + i_3 + i_5 = 1\text{A} + \sqrt{2} \times 4.7\sin(\omega t - 19.6°)\text{A}$$
$$+ \sqrt{2} \times 0.21\sin(3\omega t + 116°)\text{A} + \sqrt{2} \times 2.3\sin(5\omega t - 21.3°)\text{A}$$
$$u_L = u_{L0} + u_{L1} + u_{L3} + u_{L5} = \sqrt{2} \times 16.8\sin(\omega t + 70°)\text{V}$$
$$+ \sqrt{2} \times 29.8\sin(3\omega t + 26°)\text{V} + \sqrt{2} \times 18.8\sin(5\omega t - 110°)\text{V}$$

从计算结果可看出，电路对不同频率的分量呈现不同的特性。当三次谐波激励时，入端阻抗特别大，因此产生的电流分量较小，这是由于接近电路谐振频率点的缘故。

下面讨论非正弦周期信号的有效值和功率问题。前面已定义了周期信号的有效值为

$$U = \sqrt{\frac{1}{T}\int_0^T u^2(t)\,\mathrm{d}t} \qquad I = \sqrt{\frac{1}{T}\int_0^T i^2(t)\,\mathrm{d}t}$$

对于非正弦周期信号电流 $i(t)$，可展开为傅里叶级数

$$i(t) = I_0 + \sum_{k=1}^{\infty} I_{mk}\sin(k\omega t + \varphi_k)$$

代入有效值表达式有

$$I = \sqrt{\frac{1}{T}\int_0^T \left[I_0 + \sum_{k=1}^{\infty} I_{mk}\sin(k\omega t + \varphi_k)\right]^2 \mathrm{d}t}$$

把根号内的平方展开，可得两类表达式：一类是同频率电流分量的平方，可计算得

$$\frac{1}{T}\int_0^T I_0^2\mathrm{d}t = I_0^2$$

$$\sum_{k=1}^{\infty} \frac{1}{T}\int_0^T I_{mk}^2\sin^2(k\omega t + \varphi_k)\mathrm{d}t$$

$$= \sum_{k=1}^{\infty} \frac{I_{mk}^2}{2} = \sum_{k=1}^{\infty} I_k^2$$

第二类为不同频率的电流乘积，由三角函数的正交性可知，不同频率的两个正弦函数乘积在 $[0, T]$ 上积分为零，即有

$$\sum_{j=1}^{\infty}\sum_{k=1}^{\infty} \frac{2}{T}\int_0^T I_{mk}\sin(k\omega t + \varphi_k) \times I_{mj}\sin(j\omega t + \varphi_j)\mathrm{d}t = 0 \qquad\qquad (k \neq j)$$

于是可得周期非正弦交流电流的有效值为

$$I = \sqrt{I_0^2 + \sum_{k=1}^{\infty} I_k^2} = \sqrt{I_0^2 + I_1^2 + I_2^2 + \cdots} \tag{5-2-1}$$

式中，I_k 为各次谐波的有效值。同理可推得非正弦周期电压有效值为

$$U = \sqrt{U_0^2 + \sum_{k=2}^{\infty} U_k^2} = \sqrt{U_0^2 + U_1^2 + U_2^2 + \cdots} \tag{5-2-2}$$

非正弦周期信号的瞬时功率为

$$p(t) = u(t)i(t)$$

式中

$$u(t) = U_0 + \sum_{k=1}^{\infty} \sqrt{2}\,U_k\sin(k\omega t + \varphi_{kU})$$

$$i(t) = I_0 + \sum_{k=1}^{\infty} \sqrt{2}\,I_k\sin(k\omega t + \varphi_{kI})$$

平均功率为

$$P = \frac{1}{T}\int_0^T p(t)\mathrm{d}t = \frac{1}{T}\int_0^T u(t)i(t)\mathrm{d}t$$

将 $u(t)$、$i(t)$ 展开式代入，其乘积的表达式由同频率正弦量与不同频率正弦量乘积组成，考虑到三角函数在 $[0, T]$ 上的正交性，可推得

$$P = U_0 I_0 + \sum_{k=1}^{\infty} U_k I_k \cos(\varphi_{kU} - \varphi_{kI})$$

$$= U_0 I_0 + \sum_{k=1}^{\infty} U_k I_k \cos\varphi_k \tag{5-2-3}$$

式中，$\varphi_k = \varPsi_{kU} - \varPsi_{kI}$ 为 k 次谐波电压与电流相位差。

由式可知，非正弦信号的平均功率等于各谐波信号平均功率之和。

例 5-2-2 如图5-2-3所示电路，已知 $u_{S1}(t) = 10\mathrm{V} + \sqrt{2} \times 60\sin\omega_1 t\,\mathrm{V}$，$u_{S2}(t) = \sqrt{2} \times 40\sin\omega_1 t\,\mathrm{V} + \sqrt{2} \times 30\sin3\omega_1 t\,\mathrm{V}$，$R_1 = R_2 = 10\,\Omega$，$R_3 = 20\,\Omega$，$\omega_1 L_4 = \dfrac{5}{2}\,\Omega$，$\omega_1 L_1 = \omega_1 L_2 = \omega_1 L_3 = \dfrac{1}{\omega_1 C} = 20\,\Omega$，$\omega_1 M = 10\,\Omega$，求 I_1、I_2、U_{ab} 及功率表读数。

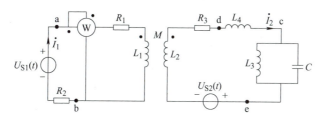

图 5-2-3

解：两个激励源有三个不同频率分量，当直流分量激励时，电路如图5-2-4a 所示，$U_{1(0)} = 10\mathrm{V}$，可得

$$I_{1(0)} = \frac{U_{1(0)}}{R_1 + R_2} = \frac{10}{10 + 10}\mathrm{A} = 0.5\mathrm{A}$$

$$U_{ab(0)} = R_1 I_{1(0)} = 5\mathrm{V}, \quad I_{2(0)} = 0$$

当基波激励时，电路如图5-2-4b 所示，由于 $\omega_1 L_3 = \dfrac{1}{\omega_1 C}$，故 $L_3 C$ 发生并联谐振，$\dot{I}_{2(1)} = 0$，

得

$$\dot{I}_{1(1)} = \frac{\dot{U}_{1(1)}}{R_1 + R_2 + j\omega_1 L_1} = \frac{60\,\underline{/0°}}{20 + j20}\mathrm{A} = \frac{3}{2}\sqrt{2}\,\underline{/-45°}\mathrm{A}$$

$$\dot{U}_{ab(1)} = \dot{I}_{1(1)}(R_1 + j\omega_1 L_1) = \frac{3}{2}\sqrt{2}\,\underline{/-45°} \times (10 + j20)\mathrm{V}$$

$$= 47.4\,\underline{/18.4°}\mathrm{V}$$

$$i_{1(1)}(t) = 3\sin(\omega t - 45°)\mathrm{A}$$

$$u_{ab(1)}(t) = \sqrt{2} \times 47.4\sin(\omega t + 18.4°)\mathrm{V}$$

当三次谐波激励时，电路如图 5-2-4c 所示，de 点阻抗为

$$Z_{de(3)} = j3\omega_1 L_4 + \frac{j3\omega_1 L_3\left(-j\dfrac{1}{3\omega_1 C}\right)}{j3\omega_1 L_3 - j\dfrac{1}{3\omega_1 C}} = \left(j\frac{15}{2} - j\frac{60 \times \dfrac{20}{3}}{60 - \dfrac{20}{3}}\right)\Omega = 0$$

即 de 点相当于短路，可列出回路电流方程为

$$\begin{cases} \dot{I}_{1(3)}(R_1 + R_2 + j3\omega_1 L_1) - j3\omega_1 M\dot{I}_{2(3)} = 0 \\ \dot{I}_{2(3)}(R_3 + j3\omega_1 L_2) - j3\omega_1 M\dot{I}_{1(3)} = -\dot{U}_{2(3)} \end{cases}$$

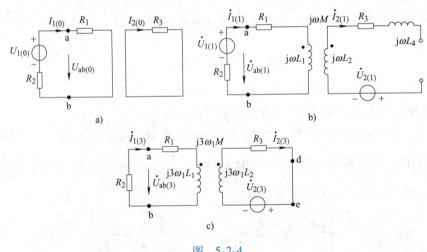

图 5-2-4

代入数据

$$\begin{cases} (20 + j60)\dot{I}_{1(3)} - j30\dot{I}_{2(3)} = 0 \\ (20 + j60)\dot{I}_{2(3)} - j30\dot{I}_{1(3)} = -30\,\underline{/0°} \end{cases}$$

解得

$$\dot{I}_{1(3)} = 0.27\,\underline{/-44°}\mathrm{A}, \dot{I}_{2(3)} = 0.57\,\underline{/-62.4°}\mathrm{A}$$

$$\dot{U}_{ab(3)} = -R_2\dot{I}_{1(3)} = 2.7\,\underline{/136°}\mathrm{V}$$

瞬时式

$$i_{1(3)}(t) = \sqrt{2} \times 0.27\sin(3\omega t - 44°)\mathrm{A}$$

$$i_{2(3)}(t) = \sqrt{2} \times 0.57\sin(3\omega t - 62.4°)\mathrm{A}$$

$$u_{ab(3)}(t) = \sqrt{2} \times 2.7 \sin(3\omega t + 136°) \, V$$

最后可得

$$i_1 = I_{1(0)} + i_{1(1)} + i_{1(3)} = 0.5\,A + 3\sin(\omega t - 45°)\,A + \sqrt{2} \times 0.27\sin(3\omega t - 44°)\,A$$

$$i_2 = i_{2(3)} = \sqrt{2} \times 0.57\sin(3\omega t - 62.4°)\,A$$

$$u_{ab} = u_{ab(0)} + u_{ab(1)} + u_{ab(3)} = 5\,V + \sqrt{2} \times 47.4\sin(\omega t + 18.4°)\,V +$$

$$\sqrt{2} \times 2.7\sin(3\omega t + 136°)\,V$$

$$I_1 = \sqrt{I_{1(0)}^2 + I_{1(1)}^2 + I_{1(3)}^2} = \sqrt{0.5^2 + \left(\frac{3}{2} \times \sqrt{2}\right)^2 + 0.27^2}\,A = 2.2\,A$$

$$I_2 = \sqrt{I_{2(0)}^2 + I_{2(1)}^2 + I_{2(3)}^2} = I_{2(3)} = 0.57\,A$$

$$U_{ab} = \sqrt{U_{ab(0)}^2 + U_{ab(1)}^2 + U_{ab(3)}^2} = \sqrt{5^2 + 47.4^2 + 2.7^2}\,V = 47.7\,V$$

$$P = I_{1(0)}U_{ab(0)} + U_{ab(1)}I_{1(1)}\cos\varphi_1 + U_{ab(3)}I_{1(3)}\cos\varphi_3$$

$$= \left(0.5 \times 5 + 47.4 \times \frac{3}{2} \times \sqrt{2} \times \cos 63.4 + 2.7 \times 0.27 \times \cos 57.6\right)W$$

$$= 48\,W$$

第三节　对称三相电路中的高次谐波

在实际的电力系统中，三相发电机产生的电压往往不是理想的正弦波。电网中变压器等设备由于磁路的非线性，其励磁电流往往是非正弦周期波形，包含有高次谐波分量。因此在三相对称电路中，电网电压与电流都可能产生非正弦波形，即存在高次谐波。下面分析对称三相电路中（电路负载为三相对称线性负载，电源为三相对称电动势）的高次谐波情况。

非正弦三相对称电动势各相的变化规律相似，但在时间上依次相差三分之一周期，取 A 相为参考起点，则三相电动势为

$$\begin{cases} u_A = u(t) \\ u_B = u\left(t - \dfrac{T}{3}\right) \\ u_C = u\left(t - \dfrac{2}{3}T\right) \end{cases} \tag{5-3-1}$$

由于各相电动势为非正弦周期量，可把它们展开为傅里叶级数。一般情况下，发电机的三相电动势均为奇谐波函数，只包含奇次谐波分量。对于各相展开式有

$$u_A(t) = \sqrt{2}\,U_1\sin(\omega t + \varphi_1) + \sqrt{2}\,U_3\sin(3\omega t + \varphi_3) +$$

$$\sqrt{2}\,U_5\sin(5\omega t + \varphi_5) + \sqrt{2}\,U_7\sin(7\omega t + \varphi_7) + \cdots$$

$$u_B(t) = \sqrt{2}\,U_1\sin\left[\omega\left(t - \frac{T}{3}\right) + \varphi_1\right] + \sqrt{2}\,U_3\sin\left[3\omega\left(t - \frac{T}{3}\right) + \varphi_3\right] +$$

$$\sqrt{2}\,U_5\sin\left[5\omega\left(t - \frac{T}{3}\right) + \varphi_5\right] + \sqrt{2}\,U_7\sin\left[7\omega\left(t - \frac{T}{3}\right) + \varphi_7\right] + \cdots$$

即

$$u_B(t) = \sqrt{2}\,U_1\sin\left(\omega t + \varphi_1 - \frac{2}{3}\pi\right) + \sqrt{2}\,U_3\sin(3\omega t + \varphi_3) +$$

$$\sqrt{2}\,U_5\sin\left[5\omega t + \varphi_5 - \frac{4}{3}\pi\right] + \sqrt{2}\,U_7\sin\left[7\omega t + \varphi_7 - \frac{2}{3}\pi\right] + \cdots$$

同理有

$$u_C(t) = \sqrt{2}U_1 \sin\left(\omega t + \varphi_1 - \frac{4}{3}\pi\right) + \sqrt{2}U_3 \sin(3\omega t + \varphi_3) +$$

$$\sqrt{2}U_5 \sin\left[5\omega t + \varphi_5 - \frac{2}{3}\pi\right] + \sqrt{2}U_7 \sin\left[7\omega t + \varphi_7 - \frac{4}{3}\pi\right] + \cdots$$

由上述三相电动势表达式可见，基波、7 次谐波分量各相振幅相等，相位差各为 $\frac{2}{3}\pi$，相序变化依次为 A→B→C→A，因此构成正序对称三相系统。可推得 $n = 6k + 1(k = 0,1,2,\cdots)$ 次谐波分量都组成正序对称三相系统。

各相中五次谐波分量振幅相等，相位各差 $\frac{2}{3}\pi$，但相序变化次序为 A→C→B→A，故构成对称三相负序系统。可推得 $n = 6k - 1(k = 1,2,3,\cdots)$ 次谐波均组成负序系统。

各相中三次谐波分量振幅相等、相位相同，这样的三相系统称为对称零序三相系统。可知 $n = 6k + 3(k = 0,1,2,\cdots)$ 次谐波均构成零序系统。这样三相非正弦周期对称，电动势中的各个同频率分量可分成正序、负序和零序三个不同的系统。

下面分析对称非正弦三相电路的求解方法，先来看在 Y-Y 无中性线连接方式时相电压与线电压的关系。如果电源相电压中含有高次谐波，由于线电压为两个相电压之差，如 $u_{ab} = u_a - u_b$，由前面各相展开式不难看出，对于正序和负序系统的各次谐波分量，其线电压有效值是对应相电压分量有效值的 $\sqrt{3}$ 倍，而对于零序分量，由于其幅值相等、相位相同，在线电压中将不包含这些谐波分量。因此对于电源相电压有效值有

$$U_{ph} = \sqrt{U_{1ph}^2 + U_{3ph}^2 + U_{5ph}^2 + U_{7ph}^2 + \cdots}$$

而线电压有效值为

$$U_1 = \sqrt{U_{1l}^2 + U_{5l}^2 + U_{7l}^2 + U_{11l}^2 + \cdots}$$

$$= \sqrt{3} \times \sqrt{U_{1ph}^2 + U_{5ph}^2 + U_{7ph}^2 + U_{11ph}^2 + \cdots}$$

对于 Y-Y 有中性线系统，如图 5-3-1 所示电路，在基波分量激励时，电路的计算方法已在第四章对称三相正弦电路中作过详细讨论，由于中性点间电压 $\dot{U}_{NN'} = 0$，计算时可采用单相图求得 A 相电压、电流值，然后直接写出 B、C 相的电压、电流值。此时中性线电流为零。同理凡是正序系统的各次谐波，均可用这种方法计算。

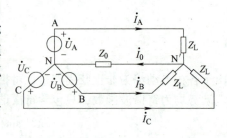

图 5-3-1

对于负序系统的五次谐波分量，其中性点间电压为

$$\dot{U}_{NN'(5)} = \frac{\dfrac{\dot{U}_{A5}}{R + j5\omega L} + \dfrac{\dot{U}_{B5}}{R + j5\omega L} + \dfrac{\dot{U}_{C5}}{R + j5\omega L}}{\dfrac{3}{R + j5\omega L} + \dfrac{1}{Z_0(5)}} = 0$$

因此仍然可以采用与基波分量相同的单相图计算，当得出 A 相电压、电流后，依次写出 B、C 相电压、电流，只是需注意相序为 A→C→B，即 C 相滞后 A 相 $\frac{2}{3}\pi$，B 相滞后 C 相 $\frac{2}{3}\pi$。

对于三相三次谐波电动势，有 $\dot{U}_{A3} = \dot{U}_{B3} = \dot{U}_{C3}$，令 $Z_{L3} = R + j3\omega L$，$Z_{03} = R_0 + j3\omega L_0$，中性点间电压为

$$\dot{U}_{NN'(3)} = \frac{\dfrac{\dot{U}_{A3}}{Z_{L3}} + \dfrac{\dot{U}_{B3}}{Z_{L3}} + \dfrac{\dot{U}_{C3}}{Z_{L3}}}{\dfrac{3}{Z_{L3}} + \dfrac{1}{Z_{03}}} = \frac{\dfrac{3\dot{U}_{A3}}{Z_{L3}}}{\dfrac{3}{Z_{L3}} + \dfrac{1}{Z_{03}}} \neq 0$$

即中性点间电压不为零，它包含有三次谐波分量。可计算负载 A 相三次谐波电流为

$$\dot{I}_{A3} = \frac{\dot{U}_{A3} - \dot{U}_{NN'3}}{Z_{L3}} = \frac{\dot{U}_{A3}}{3Z_{03} + Z_{L3}}$$

可见在计算 A 相三次谐波电流时，A 相电路等效阻抗为 $Z_{L3} + 3Z_{03}$，即包含一个 3 倍中性线阻抗的附加阻抗值。据此可做出计算三相三次谐波的单相计算图（见图 5-3-2）。其余两相的电压、电流与 A 相完全相同。中性线电流是相电流的 3 倍。零序系统中其余谐波分量的计算方法与此相同。

对于 Y-Y 联结无中性线电路，由于零序分量的各相电压大小相同、相位相同，尽管中性点间电压不为零，但无零序分量电流。因此，负载相电流与相电压均不包含零序谐波分量。对于负载接成三角形的 Y-△联结电路，由于相电压等于线电压，而线电压中不包含零序分量，所以负载相电压和相电流不含零序分量，线电流中也不含零序分量。

下面分析非正弦周期三相电源接成三角形的情况。如图 5-3-3 所示，在△联结中串入一电压表，则可知在表两端的瞬时电压为

$$u(t) = u_A(t) + u_B(t) + u_C(t)$$
$$= 3\left[\sqrt{2}\,U_3\sin(3\omega t + \varphi_3) + \sqrt{2}\,U_9\sin(9\omega t + \varphi_9) + \cdots\right]$$

其有效值为

$$U = 3\sqrt{U_3^2 + U_9^2 + \cdots}$$

△联结的环路中存在电动势，会在环路中产生对应的谐波电流。由于三相电源的内阻一般都很小，所以即使是较小的零序谐波分量也会产生一个很大的谐波电流。电源内部的环流会增加发电机绕组损耗，降低发电机效率，使发电机过热，不利于机组运行。因此，一般情况下三相发电机绕组不采用△联结方式。进一步分析可知，在△联结的三相电源中，环流在每相绕组内阻抗上的压降等于该相零序电动势的值，且方向相反，故△联结的电源线电压中不包含零序分量，可推知△-△联结的电路系统中负载上也不包含零序电压、电流分量。

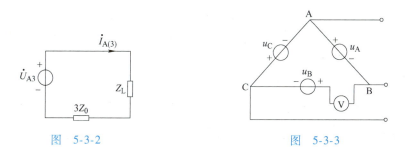

图　5-3-2　　　　　　　　　　图　5-3-3

第四节　非周期信号的傅里叶变换

前面讨论了周期非正弦信号的傅里叶级数展开，下面初步介绍非周期信号的傅里叶变换概念。当周期信号的重复周期 T 无限增大时，周期信号就转化为非周期信号（单个不重复

信号），如对于周期矩形脉冲波，当周期 T 趋于无穷大时，周期信号就转化为单个非周期脉冲。从例 5-1-2 的结果可知，此时信号频谱间隔 $\omega_1 = 2\pi/T$ 趋于零，即谱线从离散转向连续，而其振幅值则趋于零，信号中各分量都变为无穷小。尽管各频率分量从绝对值来看都趋于无穷小，但其相对大小却是不相同的。为区别这种相对大小，在周期 T 趋于无穷大时，求 $\dot{F}_n/(1/T)$ 的极限，并定义此极限值为非周期函数的频谱函数 $F(\mathrm{j}\omega)$，即

$$F(\mathrm{j}\omega) = \lim_{T\to\infty} \frac{\dot{F}_n}{\frac{1}{T}} = \lim_{T\to\infty} \int_{-\frac{T}{2}}^{\frac{T}{2}} f(t)\mathrm{e}^{-\mathrm{j}n\omega_1 t}\mathrm{d}t$$

当 $T\to\infty$ 时，$\omega_1\to 0$，$n\omega_1$ 转化为 ω，即离散的频谱转为连续频谱，上式可改为

$$F(\mathrm{j}\omega) = \int_{-\infty}^{\infty} f(t)\mathrm{e}^{-\mathrm{j}\omega t}\mathrm{d}t \tag{5-4-1}$$

对于一个非周期信号 $f(t)$，可由上式求出其频谱函数，同理若已知非周期信号频谱函数 $F(\mathrm{j}\omega)$，则也可求出其时域表达式。其计算式为

$$f(t) = \frac{1}{2\pi} \int_{-\infty}^{\infty} F(\mathrm{j}\omega)\mathrm{e}^{\mathrm{j}\omega t}\mathrm{d}\omega \tag{5-4-2}$$

式（5-4-1）与式（5-4-2）是一对傅里叶积分变换式，式（5-4-1）把时域信号 $f(t)$ 转换为频域的频谱函数信号，称为傅里叶变换。而式（5-4-2）是把频域信号 $F(\mathrm{j}\omega)$ 变换为时域信号，称为傅里叶反变换。进行傅里叶变换的函数需满足狄里赫里条件和绝对可积条件。

例 5-4-1　求图 5-4-1a 所示的单个矩形波的频谱函数 $F(\mathrm{j}\omega)$，并作振幅频谱与相位频谱图。

解： 单个矩形波的频谱函数为

$$F(\mathrm{j}\omega) = \int_{-\infty}^{\infty} f(t)\mathrm{e}^{-\mathrm{j}\omega t}\mathrm{d}t = \int_{-\tau}^{\tau} U\mathrm{e}^{-\mathrm{j}\omega t}\mathrm{d}t$$

$$= \frac{U}{-\mathrm{j}\omega}\left[\mathrm{e}^{-\mathrm{j}\omega\tau} - \mathrm{e}^{\mathrm{j}\omega\tau}\right]$$

$$= \frac{2U}{\omega}\sin\omega\tau = 2U\tau\frac{\sin\omega\tau}{\omega\tau}$$

它的振幅频谱与相位频谱如图 5-4-1b、c 所示。

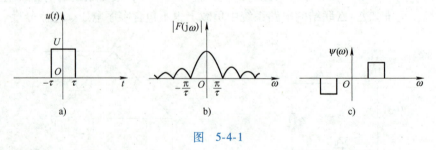

图　5-4-1

从振幅频谱图上可见，矩形脉冲信号所包含的频率分量随频率增大而很快减小，信号主要成分集中于 $-\dfrac{\pi}{\tau} < \omega < \dfrac{\pi}{\tau}$ 之间，即频率宽度为 $\dfrac{-1}{2\tau} < f < \dfrac{1}{2\tau}$。如果脉冲宽度变窄，即 τ 值变小，则信号主要频率分量所占的频率范围就变大。反之，当脉冲变宽，τ 值变大，则其主要频率分量范围就变小。对于一个较窄的脉冲信号，如果电路要使它通过，则电路的特性必须能使较大频率范围的所有信号都能通过。傅里叶变换在信号分析与处理中有重要意义。

第五节　电路的频率特性分析

在对非正弦周期信号进行分析计算中，不同的谐波频率分量，其电路的响应有不同的特性。即使不同频率的谐波分量具有相同的振幅，但其产生的响应也由于电路特性不同而不同。某些电路的阻抗会随频率增大而增大，而某些电路却相反。某些电路在特定频率下会产生串联或并联谐振，使阻抗为零或为无穷大。因此在对非正弦周期信号分析时，不但要考虑信号本身的特性，还需研究电路特性随频率变化的关系，即需要研究电路的频率特性。

一般而言，当激励源频率变化时，电路的阻抗导纳和电压、电流响应值均随之变化，即激励与响应随频率而变，这一变化关系称为电路的频率特性。频率特性可以是复阻抗、复导纳、电压转换比等。例如图 5-5-1 所示电路，设输入信号的频谱函数为 $\dot{U}(j\omega)$，电流响应的频谱函数为 $\dot{I}(j\omega)$，则其激励与响应的频率特性为

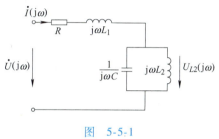

图　5-5-1

$$\frac{\dot{I}(j\omega)}{\dot{U}(j\omega)} = Y(j\omega) = \frac{1}{R + j\omega L_1 + \dfrac{L_2/C}{j\left(\omega L_2 - \dfrac{1}{\omega C}\right)}}$$

若选择电感 L_2 上电压为输出响应，则可写出电压转换比频率特性为

$$\frac{\dot{U}_{L2}(j\omega)}{\dot{U}(j\omega)} = \frac{L_2/C}{\left(R + j\omega L_1\right)\left(j\omega L_2 - j\dfrac{1}{\omega C}\right) + L_2/C}$$

同样可以写出任意两个激励与响应的频率特性关系，利用这些函数关系可以研究不同频率下的电路特性。

下面来研究 RLC 串联电路的复导纳频率特性。RLC 电路的入端导纳为

$$Y = \frac{1}{Z} = \frac{1}{R + j\left(\omega L - \dfrac{1}{\omega C}\right)} = \frac{1}{\sqrt{R^2 + \left(\omega L - \dfrac{1}{\omega C}\right)^2}} \left/ -\arctan\left(\frac{\omega L - \dfrac{1}{\omega C}}{R}\right)\right.$$

$$= y(\omega) \bigm/ -\varphi(\omega) \tag{5-5-1}$$

导纳的模称为幅频特性

$$y(\omega) = \frac{1}{\sqrt{R^2 + \left(\omega L - \dfrac{1}{\omega C}\right)^2}} \tag{5-5-2}$$

导纳的辐角称为相频特性

$$\varphi(\omega) = \arctan\left(\frac{\omega L - \dfrac{1}{\omega C}}{R}\right) \tag{5-5-3}$$

$y(\omega)$ 与 $\varphi(\omega)$ 的特性如图 5-5-2 所示。由图可见 RLC 电路在 $\omega = \omega_0$ 处导纳有一最大值 $y(\omega_0) = \dfrac{1}{R}$，当 ω 偏离 ω_0 时导纳的值就迅速下降。相频特性在 ω_0 处变化较大，当 $\omega < \omega_0$ 时，导纳呈容性；当 $\omega > \omega_0$ 时，导纳呈感性。

当外加电压的有效值 U 固定而频率变化，则可得响应电流的有效值与频率变化的关系为

$$I(\omega) = \frac{U}{\sqrt{R^2 + \left(\omega L - \dfrac{1}{\omega C}\right)^2}} = U y(\omega)$$

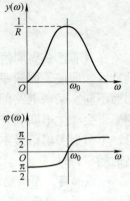

图 5-5-2

由式可见，当外加信号 $u(t)$ 为一系列同振幅不同频率的正弦激励时，电路的响应电流频率特性与导纳频率特性是一致的。对于相同振幅的外加信号，响应电流中 ω_0 及附近频率的分量较大，即这种电路具有从一系列信号中选择所需信号的功能。

下面进一步分析电路参数对幅频特性的影响，把式改为

$$I(\omega) = \frac{U}{\sqrt{R^2 + \left(\omega L - \dfrac{1}{\omega C}\right)^2}} = \frac{U}{\sqrt{R^2 + \left(\dfrac{\omega_0 \omega L}{\omega_0} - \dfrac{\omega_0}{\omega_0 \omega C}\right)^2}}$$

$$= \frac{U}{\sqrt{R^2 + (\omega_0 L)^2 \left(\dfrac{\omega}{\omega_0} - \dfrac{\omega_0}{\omega}\right)^2}} = \frac{U}{R \sqrt{1 + Q^2 \left(\dfrac{\omega}{\omega_0} - \dfrac{\omega_0}{\omega}\right)^2}}$$

$$= \frac{I(\omega_0)}{\sqrt{1 + Q^2 \left(\dfrac{\omega}{\omega_0} - \dfrac{\omega_0}{\omega}\right)^2}}$$

式中，$I(\omega_0) = \dfrac{U}{R}$ 为谐振时最大电流。把上式改写为

$$\frac{I(\omega)}{I(\omega_0)} = \frac{1}{\sqrt{1 + Q^2 \left(\dfrac{\omega}{\omega_0} - \dfrac{\omega_0}{\omega}\right)^2}} \tag{5-5-4}$$

上式的含义即为当外加电压幅值相同时，在不同频率下产生的电流值 $I(\omega)$ 与最大谐振电流 $I(\omega_0)$ 之比，$Q = \dfrac{\omega_0 L}{R}$ 是该谐振电路的品质因数。选择不同的品质因数 Q 作不同曲线，如图 5-5-3 所示。从图中曲线关系可看出品质因数 Q 对电路频率特性的影响，Q 值越大曲线越尖锐，电路对除 ω_0 频率以外的信号削减越多，这意味着谐振电路的选择性越好。反之，当 Q 值变小时，电路选择性较差。

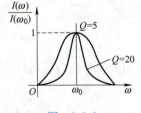

图 5-5-3

如果单从选择性方面而言，Q 值越大谐振曲线越尖锐，电路选择所需频率信号的能力越强，或者说抑制非谐振频率干扰信号的能力越强。但在通信系统中，传递的信号通常并不是只包含一个单一频率的分量，而是占有一定的频率范围（频带宽度），如语音信号等。如果谐振电路的 Q 值很大，则会把许多有效信号滤掉，从而引起严重的失真。因此在设计电路的选择性时，还需考虑谐振电路具有一定的通频带。谐振电路的通频带 B 定义为两个半功率点的频率范围宽度，即是说当外加电压幅度相等，以谐振频率

时在谐振电路上获得的功率 $P_0 = I_0^2 R$ 为基准，当电压频率偏离 ω_0（增大或减小），外加信号电压在谐振电路中产生的功率减小到一半（或者说外加信号产生的电流降到谐振时电流值 I_0 的 $\frac{\sqrt{2}}{2}$）时的上下两个频率值之差，如图 5-5-4 所示。由式（5-5-4）可解出半功率点的频率为

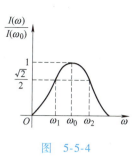

图　5-5-4

$$\frac{\sqrt{2}}{2} = \frac{1}{\sqrt{1 + Q^2 \left(\dfrac{\omega}{\omega_0} - \dfrac{\omega_0}{\omega} \right)^2}}$$

即有

$$Q^2 \left(\frac{\omega}{\omega_0} - \frac{\omega_0}{\omega} \right)^2 = 1$$

解得

$$\omega_1 = -\frac{\omega_0}{2Q} + \sqrt{\left(\frac{\omega_0}{2Q} \right)^2 + \omega_0^2}$$

$$\omega_2 = +\frac{\omega_0}{2Q} + \sqrt{\left(\frac{\omega_0}{2Q} \right)^2 + \omega_0^2}$$

于是电路的通频带为

$$B = \omega_2 - \omega_1 = \frac{\omega_0}{Q} \tag{5-5-5}$$

或

$$\Delta f = \frac{f_0}{Q} \tag{5-5-6}$$

例 5-5-1　图 5-5-5 所示的 *RLC* 谐振电路，设 $R = 10\,\Omega$，$L = 250\,\mu\text{H}$，外加信号的电压幅值为 100mV、频率为 990kHz。现欲通过调节电容 C 来选择该频率信号，问此时电容值为多大？电路的品质因数和通频带为多少？若外加信号中夹杂有 100mV、950kHz 的另一信号，试求该夹杂信号与接收信号的电流比值，并分析该电路的选择性。

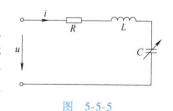

图　5-5-5

解：欲选择某一信号，应调节电容 C 使电路在该频率产生谐振，此时可求出电容为

$$C = \frac{1}{L\omega_0^2} = \frac{1}{250 \times 10^{-6} \times (2\pi \times 990 \times 10^3)^2}\text{F} = 103\text{pF}$$

电路的品质因数为

$$Q = \frac{\omega_0 L}{R} = \frac{2\pi \times 990 \times 10^3 \times 250 \times 10^{-6}}{10} = 155$$

通频带 B 为

$$B = \frac{\omega_0}{Q} = \frac{2\pi \times 990 \times 10^3}{155}\text{rad/s} = 40.1 \times 10^3\text{rad/s}$$

谐振时电流值为

$$I_0 = \frac{U}{R} = \frac{0.1}{10}\text{A} = 0.01\text{A}$$

电路对 950kHz 的信号产生响应电流值为

$$I = I_0 \frac{1}{\sqrt{1 + Q^2\left(\dfrac{\omega}{\omega_0} - \dfrac{\omega_0}{\omega}\right)^2}} = 0.078 I_0$$

可知此时夹杂信号的电流值只有欲接收信号电流值的 7.8%，该电路能分辨这两个信号。

第六节　滤　波　器

　　滤波器是对电路中通过的电源信号进行处理的一类电路，一般滤波电路具有信号输入端和输出端（如图 5-6-1 所示），滤波器电路的主要功能是对通过的信号根据频率的不同，分别进行有选择性的过滤或传递。滤波器电路可以使得所需的信号通过滤波电路，阻止不需要的信号通过。滤波器被广泛应用于信号处理电路，通过滤波电路可以将有用的信号与混杂的干扰噪声信号相分离。

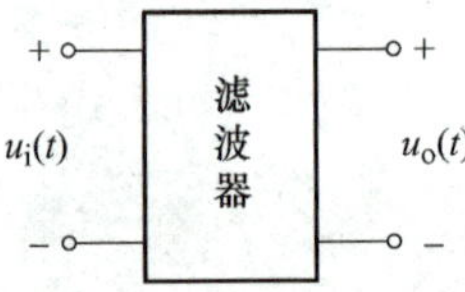

　　滤波器电路的频率特性可以用传递函数加以描述，按照其基本功能的不同，划分为低通滤波器、高通滤波器、带通滤波器和带阻滤波器四类。

图 5-6-1

　　1）低通滤波器可以使得低频信号通过，而高频信号受到衰减。图 5-6-2a 是理想低通滤波器的幅频特性。低通滤波器对于频率从 $0 \sim \omega_0$ 的信号均无衰减通过，而对于频率大于 ω_0 的信号则完全阻止。ω_0 称为低通滤波器的截止频率，$0 \sim \omega_0$ 为滤波器的通频带。

　　在工程实际中理想滤波器是很难实现的，实际低通滤波器的幅频特性如图 5-6-2b 所示。实际低通滤波器的导通与截止区域有一个过渡区，而且在导通与截止区内的幅频特性往往也不是恒定值。在工程设计中可以通过合理的设计无源或有源滤波器电路来逼近理想滤波器幅频特性。

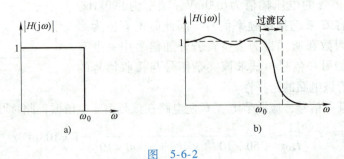

图　5-6-2

　　2）高通滤波器可以使得高频信号通过，而低频信号受到衰减。图 5-6-3a 是理想高通滤波器的幅频特性。高通滤波器对于频率大于 ω_0 的信号均无衰减通过，而对于频率小于 ω_0 的信号则完全阻止。ω_0 称为高通滤波器的截止频率，大于 ω_0 的频率范围为滤波器的通频带。同样实际高通滤波器在截止频率附近也有一个过渡区，其幅频特性如图 5-6-3b 所示。

　　3）带通滤波器是使得某一范围的频率信号通过的滤波电路，图 5-6-4a 是理想带通滤波器的幅频特性。带通滤波器对于频率大于 ω_1 和小于 ω_2 之间的信号均无衰减通过，而对于其余频率信号则完全阻止。ω_1 为带通滤波器的低频截止频率，ω_2 为带通滤波器的高频截止频率，

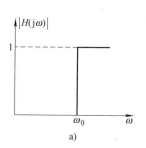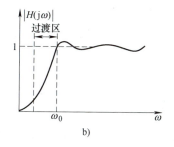

图 5-6-3

$\omega = \omega_2 - \omega_1$ 为带通滤波器的通频带。同样实际带通滤波器在截止频率附近也有一个过渡区。

4）带阻滤波器的特性刚好与带通滤波器相反，带阻滤波器是使得某一范围的频率信号不能通过滤波电路，图 5-6-4b 是理想带阻滤波器的幅频特性。带阻滤波器对于频率大于 ω_1 和小于 ω_2 之间的信号完全阻止通过，而对于其余频率信号均无衰减通过。带阻滤波器的通频带包括频率小于 ω_1 的所有信号和频率大于 ω_2 的所有信号。同样实际带阻滤波器在截止频率附近也有一个过渡区。

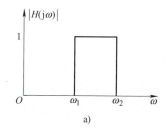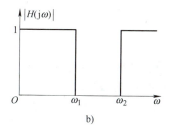

图 5-6-4

仅由电阻、电感、电容等无源元件组成的滤波器电路称为无源滤波器。无源滤波器的种类比较多，以下仅简单介绍一些常见的无源滤波器电路。

（1）无源低通滤波器

图 5-6-5a 是由电阻和电容组成的一阶低通滤波器电路，其传递函数为

$$H(\mathrm{j}\omega) = \frac{\dot{U}_1}{\dot{U}_2} = \frac{1}{RC}\frac{1}{\mathrm{j}\omega + \dfrac{1}{RC}}$$

电路频率特性如图 5-6-5b 所示。由图可见，由电阻和电容组成的一阶低通滤波器电路其幅频特性与理想滤波器特性有较大差别，滤波效果较差。

图 5-6-6 分别是由电感和电容组成的 Γ 形、T 形和 π 形无源低通滤波器电路，串联电感容许低频分量通过电路，限制高频分量通过电路，并联电容把高频分量旁路过滤掉。这些低

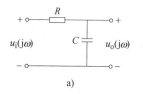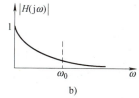

图 5-6-5

通滤波器电路的幅频特性要优于由电阻和电容组成的一阶低通滤波器电路。

（2）无源高通滤波器

图 5-6-7a 是由电阻和电容组成的一阶高通滤波器电路，其传递函数为

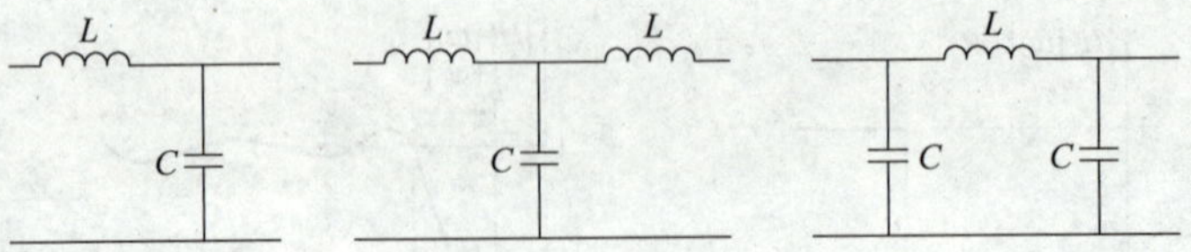

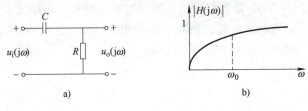

图 5-6-6

$$H(j\omega) = \frac{\dot{U}_1}{\dot{U}_2} = \frac{j\omega}{j\omega + \dfrac{1}{RC}}$$

电路频率特性如图 5-6-7b 所示。由图可见，由电阻和电容组成的一阶高通滤波器电路其幅频特性与理想高通滤波器特性有较大差别。

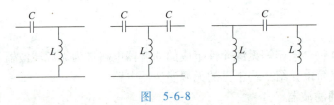

图 5-6-7

图 5-6-8 分别是由电容和电感组成的 Γ 形、T 形和 π 形无源高通滤波器电路，串联电容限制低频信号通过电路，容许高频信号通过电路，并联电感把低频分量旁路过滤掉。这些高通滤波器电路的幅频特性要优于由电阻和电容组成的一阶高通滤波器电路。

图 5-6-8

（3） *RLC* 带通滤波器

RLC 串联电路可以组成带通滤波器电路，图 5-6-9a 所示电路中，输入信号为 $\dot{U}_i(j\omega)$，输出信号 $\dot{U}_o(j\omega)$ 从电阻两端取出。*RLC* 带通滤波器的传递函数为

$$H(j\omega) = \frac{\dot{U}_i(j\omega)}{\dot{U}_o(j\omega)} = \frac{R}{R + j\omega L + \dfrac{1}{j\omega C}}$$

RLC 串联带通滤波器的幅频特性见图 5-6-9b 所示，小于低频截止频率 ω_1 的信号由电容 *C* 衰减，而高于高频截止频率 ω_2 的信号由串联电感 *L* 衰减。只有频率范围在 $\omega_1 \sim \omega_2$ 之间的信号才能通过该滤波器电路。在谐振电路分析时已讨论过该特性曲线，改变电路的品质因数 $Q = \dfrac{1}{R}\sqrt{\dfrac{L}{C}}$ 可以改变 *RLC* 串联带通滤波器的带通滤波频率范围。

（4） *RLC* 带阻滤波器

对于图 5-6-9a 所示电路，输入信号为 $\dot{U}_i(j\omega)$，如果输出信号 $\dot{U}_o(j\omega)$ 从 *LC* 串联元件两端取出，则组成了一个无源带阻滤波器电路。*RLC* 带阻滤波器的传递函数为

带阻滤波器的幅频特性如图5-6-9c所示，输入信号中高于低频截止频率 ω_1 的信号和低于高频截止频率 ω_2 的信号被带阻滤波器电路过滤掉，其余信号则能通过该电路。通过改变电路参数可以改变 RLC 带阻滤波器的滤波频率范围。

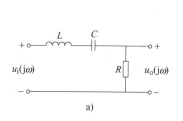 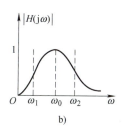 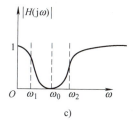

a)   b)   c)

图 5-6-9

$$H(j\omega) = \frac{\dot{U}_i(j\omega)}{\dot{U}_o(j\omega)} = \frac{j\omega L + \dfrac{1}{j\omega C}}{R + j\omega L + \dfrac{1}{j\omega C}}$$

无源滤波器结构简单，利用电阻、电感、电容元件的频率特性组合，可以设计出各种实用的滤波器电路。但无源滤波器电路受负载的影响较大，频率特性与负载相关。而且由于电感元件特性的关系，电感和电容组成的滤波单元可以应用于很高频率的信号处理，但对于较低频率的信号滤波效果较差。

习 题 五

5-1 将题图5-1所示波形展开为傅里叶级数，并作振幅频谱和相位频谱图。

5-2 已知某一信号的频谱图如题图5-2所示，试写出此信号的傅里叶级数表达式。

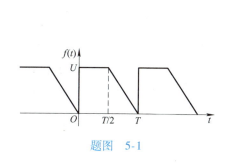 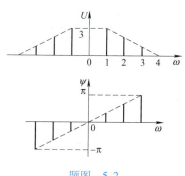

题图 5-1   题图 5-2

5-3 题图5-3所示为全波整流信号，其幅值为 U，周期为 T，试求该信号的指数形式傅里叶级数，并作振幅频谱和相位频谱图。

5-4 电路如题图5-4所示，已知 $R=20\Omega$，$\omega L = \dfrac{1}{\omega C} = 10\Omega$，$u(t) = [10 + \sqrt{2} \times 100\sin\omega t + \sqrt{2} \times 40\sin(3\omega t + 30°)]$V，求 $i(t)$ 及功率表读数。

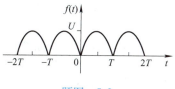 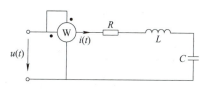

题图 5-3   题图 5-4

5-5 电路如题图 5-5 所示，已知 $u(t) = [5 + \sqrt{2} \times 40\sin(\omega t + 30°) + \sqrt{2} \times 30\sin(3\omega t - 20°)]$V，$i(t) = [1 + \sqrt{2} \times 5\sin(\omega t - 30°) + \sqrt{2} \times 3\sin(3\omega t + 10°)]$A，求 I、U 及功率 P。

5-6 电路如题图 5-6 所示，已知 $R = 10\Omega$，$\omega L = 5\Omega$，$\dfrac{1}{\omega C} = 10\Omega$，$u(t) = [150 + 200\sin\omega t + 100\sin(2\omega t + 90°)]$V，求 $i_R(t)$。

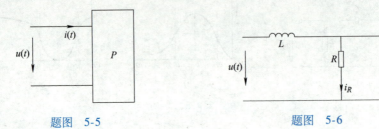

题图 5-5　　　　　　　　　题图 5-6

5-7 电路如题图 5-7 所示，已知 $R = \omega L_2 = \dfrac{1}{\omega C} = 100\Omega$，$\omega L_1 = \dfrac{25}{2}\Omega$，$u(t) = [40 + 30\sin\omega t + 70\sin(3\omega t + 45°)]$V，求 i 及 u_C。

5-8 电路如题图 5-8 所示，已知 $u_S(t) = 30\sqrt{2}\sin\omega t$V，$i_S(t) = 3\sqrt{2}\sin(2\omega t + 45°)$A，且 $r = 30\Omega$，$R = 10\Omega$，$\omega L = 1/\omega C = 20\Omega$。求 i_L、i_C、i_R 和电压源、电流源的平均功率。

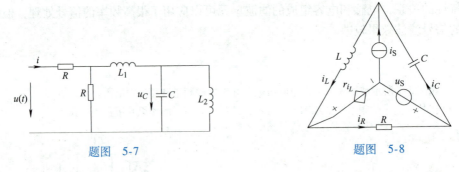

题图 5-7　　　　　　　　　题图 5-8

5-9 电路如题图 5-9 所示，已知 $u_1 = \sqrt{2} \times 220\sin314t$V，$R = 100\Omega$，$L_1 = 50$mH，$L_2 = 100$mH，$C = 50\mu$F，$U_2 = 100$V，求各支路电流及两个电压源的输出功率。

5-10 电路如题图 5-10 所示，已知 $R_1 = R_2 = 10\Omega$，$\omega L_1 = \dfrac{1}{\omega C} = 10\Omega$，$\omega L_2 = 20\Omega$，$\omega M = 5\Omega$，$u_S = 100\sin\omega t$V，$I_S = 1$A，求两个功率表的读数值。

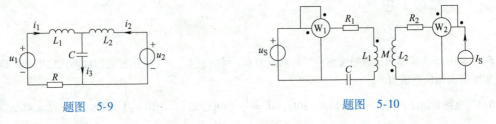

题图 5-9　　　　　　　　　题图 5-10

5-11 电路如题图 5-11 所示，已知 $C = 0.25$F，功率表读数为 100W，$u_S = [10 + 20\sqrt{2}\sin(2t) + 10\sqrt{2}\sin(4t)]$V，且当 u_S 为 $\omega = 2$rad/s 的正弦电压时，$U_{cd} = U_R = 0.5U_S$，当 u_S 为 $\omega = 4$rad/s 的正弦电压时，$U_{cd} = 0$V，求 L_1、L_2、R。

5-12 电路如题图 5-12 所示，已知 $R_1 = R_2 = 100\Omega$，$\omega_1 L = \dfrac{1}{\omega_1 C} = 100\Omega$，$i_L(t)$ 中直流分量 $I_0 = 1$A，基波分量 $I_{L1} = 1$A，三次谐波分量 $I_{L3} = \dfrac{1}{2}$A，求外施电压 $u(t)$ 的有效值。

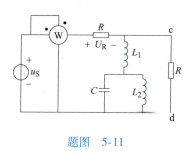

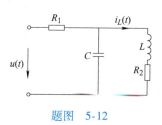

题图　5-11

题图　5-12

5-13 对称三相电路如题图 5-13 所示，已知 $R = \omega_1 L = 50\Omega$，$R_0 = 10\Omega$，$\omega_1 L_0 = \dfrac{10}{3}\Omega$，$u_A = 200$ $\left(\sin\omega_1 t + \dfrac{1}{9}\sin 3\omega_1 t + \dfrac{1}{25}\sin 5\omega_1 t\right)$V，求 i_A、i_0 及其有效值。

5-14 对称三相电路如题图 5-14 所示，已知 $\omega L = 6\Omega$，$\dfrac{1}{\omega C} = 30\Omega$，$e_A = [\sqrt{2} \times 90\sin\omega t + \sqrt{2} \times 60\sin(3\omega t + 30°) + \sqrt{2} \times 50\sin(5\omega t + 90°)]$V，求 U_{AB}、U_A 和 I_A 的值。

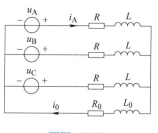

题图　5-13

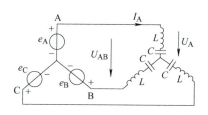

题图　5-14

5-15 在对称三相有中性线系统中，测得负载相电压为 220V（有效值），已知相电压三次谐波分量为基波的 20%，五次谐波分量为基波分量的 15%，负载 $Z_L = 100\Omega$，中性线电阻为零，求负载线电压、线电流和中性线电流有效值。

5-16 电压脉冲信号如题图 5-15 所示，求该信号的连续频谱函数（傅里叶变换式）。

5-17 求信号 $u(t) = [\mathrm{e}^{-t}\sin(10 \times 2\pi t)] \cdot 1(t)$ 的连续频谱函数。

5-18 电路如题图 5-16 所示，已知 $C = 10^{-4}$F，$u(t) = \sqrt{2}\,U_1\sin 1000t + \sqrt{2}\,U_3\sin 3000t$，测得 $u_R(t) = \sqrt{2}\,U_3\sin 3000t$，试求 L_1、L_2 的值。

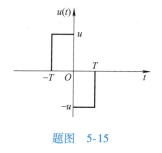

题图　5-15

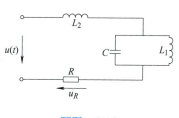

题图　5-16

5-19 电路如题图 5-17 所示，试求下列各频率特性：

题图　5-17

（1）转移电压比 $H(j\omega) = \dfrac{\dot{U}_2}{\dot{U}_1}$。

（2）转移电流比 $N(j\omega) = \dfrac{\dot{I}_L}{\dot{I}_1}$。

（3）入端阻抗 $Z(j\omega) = \dfrac{\dot{U}_1}{\dot{I}_1}$。

第六章

过渡过程的经典解法

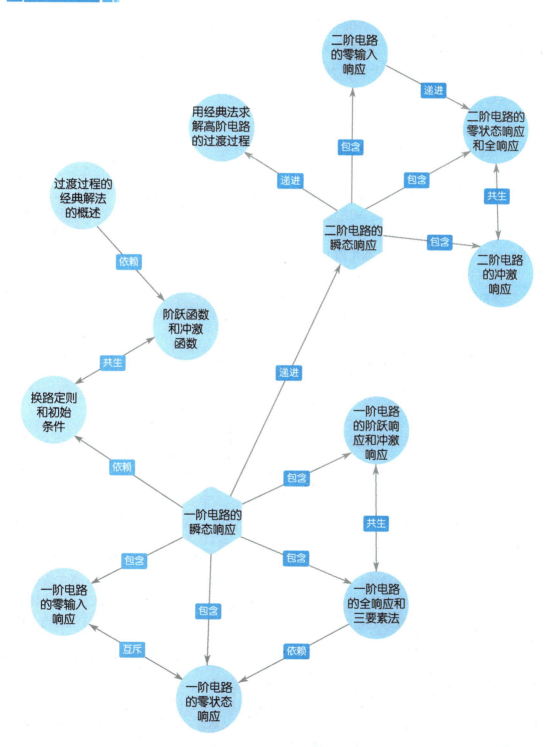

第一节 概 述

本书第二章在讨论电路分析的基本方法和电路定理时，电路中只包含电阻元件。在这类电阻电路分析中，由于电阻元件的外特性为欧姆定律，因此根据基尔霍夫电压定律和电流定律列写的电路方程均是代数方程，电路中任一时刻的电压、电流完全由同一时刻的电源的大小和电路结构参数决定。在随后的几章交流电路分析中，由于电路中含有电感 L 和电容 C 等动态元件（储能元件），所以根据 KVL 和 KCL 列写的电路求解方程应为线性常微分方程。例如对于图 6-1-1a 所示电路，可写出电路的 KVL 方程为

$$L\frac{\mathrm{d}i(t)}{\mathrm{d}t} + Ri(t) = u_\mathrm{S}(t)$$

式中各项分别表示电感电压、电阻电压和电源电压。设电源电压 $u_\mathrm{S}(t) = \sqrt{2}U\sin(\omega t + \phi)$，由微分方程知识可知，方程的解（电路电流）$i(t)$ 包含一个通解（指数形式的解 $ke^{-\alpha t}$，又称暂态解）和一个特解（与激励源同频率的正弦量 $\sqrt{2}I\sin(\omega t + \phi')$，又称稳态解）。当电路在电源激励下经过足够长的时间后，电路的暂态分量趋向于零，电路中只剩下稳态分量（同频率的正弦交流分量）。这种电路状态称为稳态电路。前几章涉及的交流电路分析均为稳态交流电路，因此在电路计算时，电路的响应（电压、电流）只包括与电源同频率的正弦函数（微分方程的特解），而电路中暂态分量均没有考虑。

在本章和第七章中，我们将开始讨论线性电路的过渡过程。当电路出现结构改变，如接通、断开、改接等情况，或者激励、电路参数的骤然变化时，常使电路从一个稳定状态到达另一个稳定状态。状态的改变一般并非立即完成，而需经历一段时间，这段时间状态发生变化的过程称为过渡过程。

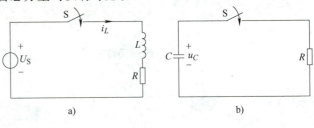

图 6-1-1

如图 6-1-1a 所示电路，电感 L 原来没有通电，即处于零初始状态，当开关 S 闭合后，要经过一段时间，电感上的电流 i_L 才能到达稳态值 $\dfrac{U_\mathrm{S}}{R}$；同样，图 6-1-1b 所示电路，电容 C 原来充过电，两端的初始电压为 u_C，当开关 S 闭合后，电容电压通过电阻 R 放电，也需经过一段时间后，u_C 才能到达稳态值 0V。电路如何从初始状态到达稳定状态的过程即是要研究的过渡过程。

在过渡过程的分析中，常将外界对电路的输入称为激励，将电路在激励作用下所产生的电流、电压称为响应（或输出）。一个电路若引入激励历时已久，那么这个电路在激励作用足够长时间所建立的状态称为强制状态或强迫状态。当一个稳定电路的激励是恒定或随时间作周期性变化时，强制状态就是稳定状态，简称稳态。以前各章所讨论的电路问题均为求解电路稳态解的问题。

仅由电阻和电源组成的网络称为电阻网络，响应是即时跟随的，是无记忆的，故电阻网络也称即时网络。含有电容、电感等动态元件的电路，称为动态电路。在求解动态电路过渡过程时，任一时刻的响应不仅与当前的激励有关，而且与过去的电路状态有关。求电路过渡过程，从数学角度而言，是求微分方程的全解；从物理意义而言，是求响应随时间变化的全过程。

求解动态电路过渡过程通常有四种方法。

1）经典法（电路时域分析法）：根据电路来列写关于响应 $x(t)$ 的微分方程，在时域直接求解微分方程，求出其特解和通解，再由初始条件决定积分常数。

2）运算法（电路复频域分析法）：应用拉普拉斯变换（简称拉氏变换）得到关于响应的复频域代数方程，求出响应的象函数，再经拉氏反变换，最后得到时域解。

3）积分法：利用卷积积分和裘阿梅里积分，在时域中直接求解任意函数激励下的零状态响应。

4）状态变量法：适当选择一组状态变量，将一个 n 阶微分方程变换为 n 个一阶微分方程组，即状态方程，然后求解状态方程最后得到响应。

本章只介绍经典法，研究运用经典法求解线性时不变电路的过渡过程问题。

第二节 阶跃函数和冲激函数

在分析线性电路过渡过程时，常使用一些奇异函数来描述电路中的激励或响应。阶跃函数和冲激函数是两个常用的重要函数。

一、单位阶跃函数

单位阶跃函数 $1(t)$ 定义为

$$1(t) = \begin{cases} 0 & t < 0 \\ 1 & t > 0 \end{cases} \tag{6-2-1}$$

其波形如图 6-2-1 所示。单位阶跃函数 $1(t)$ 在 $t = 0$ 处有跳变，是一个不连续点。将单位阶跃函数乘以常数 K，就得到阶跃函数 $K \cdot 1(t)$，又称为开关函数 $K \cdot 1(t)$。因为它可以用来描述电路中的开关动作，如图 6-2-2 所示。图 6-2-2a 所示电路在 $t = 0$ 时刻开关 S 从 1 切换至 2，那么一端口网络 N 的入端电压 $u(t)$ 就可用阶跃函数表示为：$u(t) = U_S \cdot 1(t)$，如图 6-2-2b 所示。

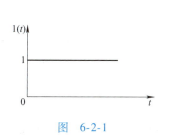

图 6-2-1

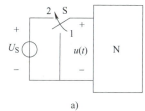

图 6-2-2

延时的单位阶跃函数 $1(t - t_0)$ 定义为

$$1(t - t_0) = \begin{cases} 0 & t < t_0 \\ 1 & t > t_0 \end{cases} \tag{6-2-2}$$

其波形如图 6-2-3 所示。同样以图 6-2-2 为例，若 $t = t_0$ 时刻将开关 S 从 1 切换至 2，那么一端口网络 N 的入端电压 $u(t)$ 就可用延时阶跃函数表示为：$u(t) = U_S \cdot 1(t - t_0)$。

利用阶跃函数和延时阶跃函数，可以表示矩形脉冲函数。如图 6-2-4a 所示的矩形脉冲电压 $u_S(t)$，可看成两个阶跃函数叠加，即有

$$u_S(t) = A \cdot 1(t) - A \cdot 1(t - t_0)$$

如图 6-2-4b 所示。

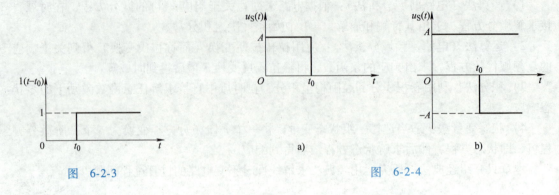

图 6-2-3   图 6-2-4

二、单位冲激函数

单位冲激函数 $\delta(t)$ 定义为

$$\delta(t) = \begin{cases} 0 & t \neq 0 \\ \infty & t = 0 \\ \int_{-\infty}^{\infty} \delta(t)\,dt = 1 \end{cases} \tag{6-2-3}$$

其波形如图 6-2-5a 所示。为了更好地理解单位冲激函数，先来看单位脉冲函数 $p(t)$。单位脉冲函数 $p(t)$ 定义为

$$p(t) = \begin{cases} \dfrac{1}{\Delta} & |t| < \dfrac{\Delta}{2} \\[2mm] 0 & |t| > \dfrac{\Delta}{2} \end{cases} \tag{6-2-4}$$

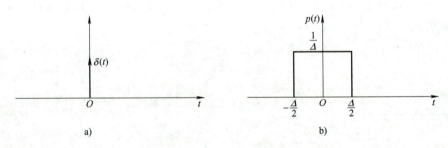

图 6-2-5

其波形如图 6-2-5b 所示。单位脉冲函数的宽度是 Δ，高度是 $\dfrac{1}{\Delta}$，面积为 1。当脉冲宽度 Δ 减小时，其高度 $\dfrac{1}{\Delta}$ 将增大，而面积仍保持为 1。当脉冲宽度 Δ 趋于无限小时，其高度 $\dfrac{1}{\Delta}$ 将趋于无限大，但面积仍然为 1。当脉冲宽度 Δ 趋于零时，这时脉冲函数就成为单位冲激函数。

将单位冲激函数乘以常数 K，就得到冲激强度为 K 的冲激函数，表示为 $K \cdot \delta(t)$。

延时的单位冲激函数 $\delta(t-t_0)$ 定义为

$$\delta(t - t_0) = \begin{cases} 0 & t \neq t_0 \\ \infty & t = t_0 \\ \int_{-\infty}^{\infty} \delta(t - t_0)\,dt = 1 \end{cases} \tag{6-2-5}$$

其波形如图 6-2-6 所示。

单位冲激函数 $\delta(t)$ 有一个非常特殊的性质，即冲激函数的筛分性质。设函数 $f(t)$ 在 $t=0$

时连续，由于 $t \neq 0$ 时 $\delta(t) = 0$，所以有

$$f(t) \cdot \delta(t) = f(0) \cdot \delta(t)$$

因此

$$\int_{-\infty}^{+\infty} f(t) \cdot \delta(t) \mathrm{d}t = \int_{-\infty}^{+\infty} f(0) \cdot \delta(t) \mathrm{d}t = f(0)$$
(6-2-6)

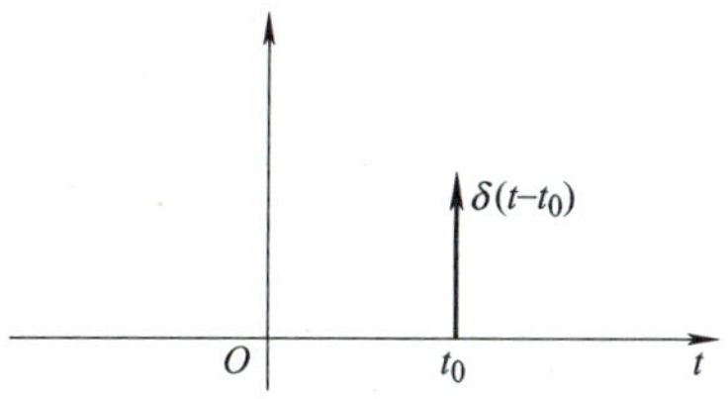

图 6-2-6

同理，对于在 $t = t_0$ 处连续的函数 $f(t)$，有

$$\int_{-\infty}^{+\infty} f(t) \cdot \delta(t - t_0) \mathrm{d}t = \int_{-\infty}^{+\infty} f(t_0) \cdot \delta(t - t_0) \mathrm{d}t = f(t_0)$$
(6-2-7)

单位冲激函数具有将冲激函数出现时刻的函数值通过积分运算筛选分离出来的特性，故而该性质称为筛分性质。

由单位冲激函数与单位阶跃函数的定义可知：单位冲激函数是单位阶跃函数的导数，即

$$\delta(t) = \frac{\mathrm{d}1(t)}{\mathrm{d}t}$$
(6-2-8)

单位阶跃函数是单位冲激函数的积分，即

$$\int_{-\infty}^{t} \delta(t) \mathrm{d}t = \begin{cases} 0 & t < 0 \\ 1 & t > 0 \end{cases} = 1(t)$$
(6-2-9)

冲激函数不是一般函数，属于广义函数，其更严格的定义可参阅有关数学书籍的论述。

第三节　换路定则和初始条件

一、换路定则

电路的结构、参数突然改变或激励的突然变化，统称为换路。在换路时，通常电路服从换路定则。

换路定则1： 当电容电流 i_C 为有限值时，电容上的电荷 q_C 和电压 u_C 在换路瞬间保持连续。

假定换路发生在 $t = 0$ 时刻，0_-、0_+ 分别表示换路前后的瞬间。

在电容上，电荷 q_C、电压 u_C 可表示为电流 i_C 的积分，即

$$\begin{cases} q_C(t) = q_C(t_0) + \int_{t_0}^{t} i_C(\xi) \mathrm{d}\xi \\ u_C(t) = u_C(t_0) + \dfrac{1}{C} \int_{t_0}^{t} i_C(\xi) \mathrm{d}\xi \end{cases}$$
(6-3-1)

令式中 $t_0 = 0_-$，$t = 0_+$，则有

$$\begin{cases} q_C(0_+) = q_C(0_-) + \int_{0_-}^{0+} i_C(\xi) \mathrm{d}\xi \\ u_C(0_+) = u_C(0_-) + \dfrac{1}{C} \int_{0_-}^{0+} i_C(\xi) \mathrm{d}\xi \end{cases}$$
(6-3-2)

当电容电流 i_C 为有限值时，从 $0_- \to 0_+$ 积分项为零，故有

$$\begin{cases} q_C(0_+) = q_C(0_-) \\ u_C(0_+) = u_C(0_-) \end{cases}$$
(6-3-3)

换路定则2： 当电感电压 u_L 为有限值时，电感中的磁链 Ψ_L 和电流 i_L 在换路瞬间保

持连续。

在电感中，磁链 Ψ_L、电流 i_L 可表示为电压 u_L 的积分，即

$$\begin{cases} \Psi_L(t) = \Psi_L(t_0) + \displaystyle\int_{t_0}^{t} u_L(\xi)\,\mathrm{d}\xi \\[2mm] i_L(t) = i_L(t_0) + \dfrac{1}{L}\displaystyle\int_{t_0}^{t} u_L(\xi)\,\mathrm{d}\xi \end{cases} \tag{6-3-4}$$

令式中 $t_0 = 0_-$，$t = 0_+$，则有

$$\begin{cases} \Psi_L(0_+) = \Psi_L(0_-) + \displaystyle\int_{0_-}^{0_+} u_L(\xi)\,\mathrm{d}\xi \\[2mm] i_L(0_+) = i_L(0_-) + \dfrac{1}{L}\displaystyle\int_{0_-}^{0_+} u_L(\xi)\,\mathrm{d}\xi \end{cases} \tag{6-3-5}$$

当电感两端电压 u_L 为有限值时，积分项为零，故而有

$$\begin{cases} \Psi_L(0_+) = \Psi_L(0_-) \\ i_L(0_+) = i_L(0_-) \end{cases} \tag{6-3-6}$$

换路定则还可以从电磁能量一般不能突变的观点来说明。我们知道，电容中储存的电场能为：$W_C = \dfrac{1}{2}Cu_C^2$，电感中储存的磁场能 $W_L = \dfrac{1}{2}Li_L^2$。如果换路前后 u_C、i_L 不连续而发生跳变，则场能 W_C、W_L 亦将发生突变，场能突变意味着电容、电感上的功率为无穷大，而瞬时功率是电压和电流的乘积，功率无穷大将导致电压或电流为无穷大。一般来说，这样会违背基尔霍夫定律。因此，换路前后，电容电压、电感电流不能跳变。当然，在某些特殊的情况下，电容电压、电感电流也会发生强迫跳变，跳变情况将在后面讨论。

二、初始条件的确定

利用换路定则可以确定电路在换路后的初始状态。当已知或求得换路前瞬间的 $u_C(0_-)$ 和 $i_L(0_-)$ 后，可直接利用换路定则得到换路后瞬间的 $u_C(0_+)$ 和 $i_L(0_+)$。在求出 $u_C(0_+)$ 和 $i_L(0_+)$ 以后，利用基尔霍夫定律和欧姆定律可推求 $t = 0_+$ 时其余的电压、电流的初值。具体做法为：电容元件用电压为 $u_C(0_+)$ 的电压源替代，电感元件用电流为 $i_L(0_+)$ 的电流源替代，各独立电源取 $t = 0_+$ 时刻的值，从而得到 $t = 0_+$ 时刻的等效的电阻电路。这样，就可以利用直流电路的各种求解方法，求出各支路电压、电流在 $t = 0_+$ 时刻的初始值，常简称初值。

例 6-3-1 在图 6-3-1a所示电路中，$U_S = 6V$，$R_1 = 2\Omega$，$R_2 = 4\Omega$，$C = 1F$，$L = 3H$，开关 S 打开已久，且 $u_C(0_-) = 2V$，在 $t = 0$ 时刻，将开关 S 合上，求开关 S 闭合后瞬间的 $i_L(0_+)$、$u_C(0_+)$、$i_L'(0_+)$ 和 $u_C'(0_+)$ 各为多少？

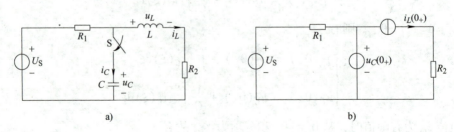

图 6-3-1

解： 当 $t < 0$ 时，S 打开已久，电感 L 相当于短接，则有

$$i_L(0_-) = \frac{U_S}{R_1 + R_2} = 1\text{A}$$

在 $t=0$ 瞬间，S 闭合，由换路定则知

$$i_L(0_+) = i_L(0_-) = 1\text{A}$$
$$u_C(0_+) = u_C(0_-) = 2\text{V}$$

画出 $t=0_+$ 时刻的等效电路，如图 6-3-1b 所示，它是一个直流电阻电路。

$$u_L(0_+) = u_C(0_+) - R_2 i_L(0_+) = -2\text{V}$$

由 $u_L = L\dfrac{\mathrm{d}i_L}{\mathrm{d}t}$ 知

$$\frac{\mathrm{d}i_L(0_+)}{\mathrm{d}t} = \frac{u_L(0_+)}{L} = -\frac{2}{3}\text{A/s}$$

$$i_C(0_+) = \frac{U_S - u_C(0_+)}{R_1} - i_L(0_+) = 1\text{A}$$

由 $i_C = C\dfrac{\mathrm{d}u_C}{\mathrm{d}t}$ 知

$$\frac{\mathrm{d}u_C(0_+)}{\mathrm{d}t} = \frac{i_C(0_+)}{C} = 1\text{V/s}$$

例 6-3-2　在图 6-3-2a 所示电路中，$I_S = 4\text{A}$，$R_1 = R_2 = 2\Omega$，S 闭合已久，求 $t=0$ 时打开 S 瞬间的 $i_{R1}(0_+)$、$i_{R2}(0_+)$。

解：当 $t<0$ 时，S 闭合已久，电容 C_1、C_2 相当于开路，电感 L 相当于短接，则有

$$u_{C2}(0_-) = 0\text{V}$$

由 R_1、R_2 分流，得

$$i_L(0_-) = I_S \times \frac{R_1}{R_1 + R_2} = 2\text{A}$$

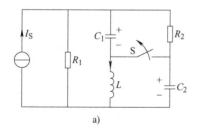 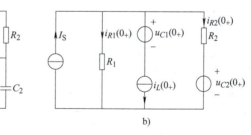

a)　　　　　　　　　　　　b)

图 6-3-2

$$u_{C1}(0_-) = R_2 \times i_L(0_-) = 4\text{V}$$

在 $t=0$ 瞬间，S 打开，由换路定则知

$$u_{C1}(0_+) = u_{C1}(0_-) = 4\text{V}$$
$$u_{C2}(0_+) = u_{C2}(0_-) = 0\text{V}$$
$$i_L(0_+) = i_L(0_-) = 2\text{A}$$

画出 $t=0_+$ 时刻的等效电路，如图 6-3-2b 所示，于是

$$i_{R1}(0_+) = i_{R2}(0_+) = \frac{1}{2}[I_S - i_L(0_+)] = 1\text{A}$$

从上两例题可以看到：换路前后瞬间 u_C 和 i_L 连续，但它们的导数不连续。例 6-3-1 中，

$i_C(0_-) = 0$，$i_C(0_+) = 1\text{A}$，i_C 在换路前后不连续，而 $\dfrac{\mathrm{d}u_C}{\mathrm{d}t} = \dfrac{i_C}{C}$，说明 u_C 的导数不连续；同样，$u_L(0_-) = 0$，$u_L(0_+) = -2\text{V}$，u_L 在换路前后不连续，而 $\dfrac{\mathrm{d}i_L}{\mathrm{d}t} = \dfrac{1}{L}u_L$，说明 i_L 的导数不连续。

下面讨论电容电压和电感电流存在跳变的情况。当电路换路后，电路中存在由电压源、电容组成的回路或纯电容回路时，换路定则不再适用，各电容电压可能会跳变，此时电容电流不再是有限值。请看下面例题。

例6-3-3 在图6-3-3所示电路中，已知 $C_1 = 1\text{F}$，$C_2 = 2\text{F}$，$u_{C1}(0_-) = u_{C2}(0_-) = 1\text{V}$，$U_S = 5\text{V}$，在 $t = 0$ 时，开关 S 闭合，求 S 闭合后瞬间 $u_{C1}(0_+)$、$u_{C2}(0_+)$ 各为多少？

解： S 闭合后瞬间，在 $t = 0_+$ 时有

$$u_{C1}(0_+) + u_{C2}(0_+) = U_S = 5\text{V} \qquad (1)$$

电容电压必须跳变才能满足上式，若沿用换路定则就不可能满足上式。由 KCL 得

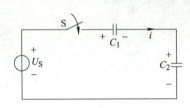

图 6-3-3

$$i = C_1 \frac{\mathrm{d}u_{C1}}{\mathrm{d}t} = C_2 \frac{\mathrm{d}u_{C2}}{\mathrm{d}t}$$

$$C_2 \frac{\mathrm{d}u_{C2}}{\mathrm{d}t} - C_1 \frac{\mathrm{d}u_{C1}}{\mathrm{d}t} = 0$$

$$\int_{0-}^{0+} \left(C_2 \frac{\mathrm{d}u_{C2}}{\mathrm{d}t} - C_1 \frac{\mathrm{d}u_{C1}}{\mathrm{d}t} \right) \mathrm{d}t = 0$$

$$C_2 u_{C2}(0_+) - C_1 u_{C1}(0_+) = C_2 u_{C2}(0_-) - C_1 u_{C1}(0_-) \qquad (2)$$

式（2）表明换路前后电荷守恒，代入数据得

$$2u_{C2}(0_+) - u_{C1}(0_+) = 1 \qquad (3)$$

联立求解式（1）、式（3）得

$$u_{C1}(0_+) = 3\text{V} \qquad u_{C2}(0_+) = 2\text{V}$$

从计算结果知：$u_{C1}(0_+) \neq u_{C1}(0_-)$，$u_{C2}(0_+) \neq u_{C2}(0_-)$，电容电压强迫跳变，电容电流不为有限值。

当电路换路后，电路中存在由电流源和电感组成的割集或纯电感割集时，换路定则亦不再适用，各电感电流可能要发生跳变，此时电感电压不再是有限值。

例6-3-4 如图6-3-4所示电路，已知 $R_1 = 1\Omega$，$R_2 = 2\Omega$，$L_1 = 2\text{H}$，$L_2 = 4\text{H}$，$I_S = 3\text{A}$，开关 S 原在 1 处已久，在 $t = 0$ 时，开关 S 由 1 切换至 2，求换路后瞬间的电感电流 $i_{L1}(0_+)$、$i_{L2}(0_+)$ 为多少？

解： 当 $t < 0$ 时，开关 S 在 1 处已久，L_1、L_2 相当于短接，则

$$i_{L1}(0_-) = I_S \times \frac{R_2}{R_1 + R_2} = 2\text{A}$$

$$i_{L2}(0_-) = I_S \times \frac{R_1}{R_1 + R_2} = 1\text{A}$$

在 S 由 1 切换至 2 后瞬间，$t = 0_+$ 时有

$$i_{L1}(0_+) + i_{L2}(0_+) = 0 \qquad (1)$$

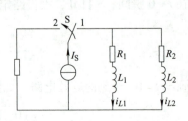

图 6-3-4

$$L_2 \frac{\mathrm{d}i_{L2}}{\mathrm{d}t} + R_2 i_{L2} - \left(L_1 \frac{\mathrm{d}i_{L1}}{\mathrm{d}t} + R_1 i_{L1} \right) = 0 \tag{2}$$

对式（2）从 0_- 到 0_+ 积分得

$$\left(\int_{0_-}^{0_+} L_2 \frac{\mathrm{d}i_{L2}}{\mathrm{d}t} \mathrm{d}t + \int_{0_-}^{0_+} R_2 i_{L2} \mathrm{d}t \right) - \left(\int_{0_-}^{0_+} L_1 \frac{\mathrm{d}i_{L1}}{\mathrm{d}t} \mathrm{d}t + \int_{0_-}^{0_+} R_1 i_{L1} \mathrm{d}t \right) = 0$$

因为 i_{L1}、i_{L2} 仍是有限值，且从 0_- 到 0_+ 的时间间隔为无穷小，故 $\int_{0_-}^{0_+} R_1 i_{L1} \mathrm{d}t = 0$，

$\int_{0_-}^{0_+} R_2 i_{L2} \mathrm{d}t = 0$，于是

$$L_2 i_{L2}(0_+) - L_1 i_{L1}(0_+) = L_2 i_{L2}(0_-) - L_1 i_{L1}(0_-) \tag{3}$$

式（3）表明换路前后磁链守恒。

在式（1）、式（3）中代入数据并联立求解得

$$i_{L1}(0_+) = i_{L2}(0_+) = 0$$

从计算结果知：$i_{L1}(0_+) \neq i_{L1}(0_-)$，$i_{L2}(0_+) \neq i_{L2}(0_-)$，在换路前后电感电流发生强迫跳变，电感电压不为有限值。

本节介绍了换路定则及换路后瞬间初始值的计算，现小结如下：

1）换路定则：通常情况下，在换路前后瞬间电容电压连续，即 $u_C(0_+) = u_C(0_-)$；电感电流连续，即 $i_L(0_+) = i_L(0_-)$。

2）当电路中存在电压源与电容组成的回路或纯电容回路，存在电流源与电感组成的割集或纯电感割集时，在换路前后瞬间电容电压、电感电流将发生强迫突变，不再满足换路定则。

3）当电容电压、电感电流发生强迫跳变时，在节点上电荷守恒，即 $\sum_{节点} q(0_+) = \sum_{节点} q(0_-)$ 或 $\sum_{节点} C u_C(0_+) = \sum_{节点} C u_C(0_-)$。值得注意的是，电荷为代数量，当与节点相连为电容正极板时，电荷取正，反之，取负；在回路中磁链守恒，即 $\sum_{回路} \Psi(0_+) = \sum_{节点} \Psi(0_-)$ 或 $\sum_{回路} L i_L(0_+) = \sum_{回路} L i_L(0_-)$，同样，磁链也为代数量，选择回路方向，当电感电流方向与回路方向一致时，取正，反之取负。

第四节　一阶电路的零输入响应

在用经典法分析电路的过渡过程时，一般先列写电路的基尔霍夫电流或电压定律方程。当电路中含有一个储能元件 L 或 C 时，列写的电路方程通常是一阶微分方程。所以仅含一个独立储能元件的电路称为一阶电路。含有储能元件的电路，只要初值 $i_L(0_+)$ 或 $u_C(0_+)$ 不为零，储能元件中就存在初始的电、磁场能 $\frac{1}{2} C u_C^2(0_+)$ 或 $\frac{1}{2} L i_L^2(0_+)$。即使电路中没有激励，电路中各处的电压、电流并不立即为零，初始储能将通过电阻渐渐释放，释放的过程就是要研究的过渡过程。当电路中没有激励，仅由储能元件的初始储能引起的响应，称为零输入响应。

一、RC 电路的零输入响应

如图 6-4-1 所示电路，开关 S 原在位置 1，电路已达稳态，直流电压源电压为 U_0，则 $u_C(0_-) = U_0$。在 $t = 0$ 时刻，S 由 1 切换至 2，下面推求零输入响应 $u_C(t)$、$i(t)$。

当 $t > 0$，S 切换至 2 后，由 KVL 得

$$Ri + u_C = 0 \qquad (6\text{-}4\text{-}1)$$

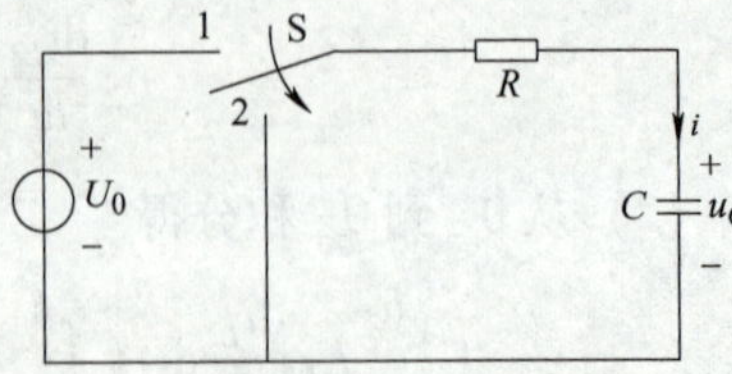

将 $i = C\dfrac{\mathrm{d}u_C}{\mathrm{d}t}$ 代入上式得

$$RC\frac{\mathrm{d}u_C}{\mathrm{d}t} + u_C = 0 \qquad (6\text{-}4\text{-}2)$$

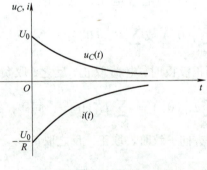

图　6-4-1

式（6-4-2）是一个一阶线性常系数齐次微分方程，其特征方程为

$$RCs + 1 = 0$$

特征根为

$$s = -\frac{1}{RC}$$

齐次方程的通解为

$$u_C(t) = A\mathrm{e}^{st} = A\mathrm{e}^{-\frac{t}{RC}} \qquad (6\text{-}4\text{-}3)$$

式（6-4-3）中的积分常数 A 由初始条件确定。由换路定则得：$u_C(0_+) = u_C(0_-) = U_0$，代入式（6-4-3），则有

$$u_C(0_+) = A = U_0$$

于是

$$u_C(t) = U_0\mathrm{e}^{-\frac{t}{RC}} \qquad (6\text{-}4\text{-}4)$$

$$i(t) = C\frac{\mathrm{d}u_C}{\mathrm{d}t} = -\frac{U_0}{R}\mathrm{e}^{-\frac{t}{RC}} \qquad (6\text{-}4\text{-}5)$$

式（6-4-5）中的负号表示实际的电容放电电流方向与假设的参考方向相反。i 还可以这样求，即

$$i = -\frac{u_C}{R} = -\frac{U_0}{R}\mathrm{e}^{-\frac{t}{RC}}$$

图 6-4-2 绘出了 $u_C(t)$、$i(t)$ 的曲线图，它们都按指数规律衰减。

在式（6-4-4）和式（6-4-5）中，含 $\tau = RC$，τ 具有时间的量纲，因而称为电路的时间常数。当 C 为 1F，R 为 1Ω 时，τ 为 1s。时间常数 τ 的大小反映了过渡过程进展的快慢。τ 越大，过渡过程维持的时间越长、过渡过程进行得越慢；τ 越小，过渡过程维持的时间越短，过渡过程进行得越快。从理论上说，过渡过程需要经过无穷长的时间才能结束，当 $t \to \infty$ 时，指数函数 $\mathrm{e}^{-\frac{t}{\tau}} \to 0$，但实际上 t 经过 $3\tau \sim 5\tau$ 时间后，通常认为过渡过程基本结束，因为响应衰减至初始值的 5% ~ 0.67%，具体参见表6-4-1。

图　6-4-2

表6-4-1　指数函数的衰减与 τ 的关系

t	0	τ	2τ	3τ	4τ	5τ	$\cdots$	∞
$\mathrm{e}^{-\frac{t}{\tau}}$	1	36.8%	13.5%	5%	1.8%	0.67%	$\cdots$	0

下面以电容电压 u_C 的衰减曲线为例，介绍求时间常数 τ 的图解法。在图 6-4-3 中，从衰减曲线上任一点 P 作切线，它与 t 轴的交点为 Q，从 P 点作 t 轴的垂直线，与 t 轴的交点

为 P'，则

$$P'Q = \frac{PP'}{\tan\alpha} = \frac{u_C}{-\dfrac{\mathrm{d}u_C}{\mathrm{d}t}} = \frac{U_0\mathrm{e}^{-\frac{t}{\tau}}}{\dfrac{1}{\tau}U_0\mathrm{e}^{-\frac{t}{\tau}}} = \tau$$

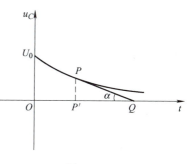

图　6-4-3

通过实验得出 u_C 或 i 的衰减曲线，再由图解法求出 τ，这在实际工作中是一种有用的方法。

时间常数 τ 的大小取决于电路的结构和参数，而与激励无关。RC 串联电路的时间常数 $\tau = RC$。R、C 越大，τ 越大。当 R 一定时、C 越大，则电容 C 上储存的初始能量 $\frac{1}{2}CU_0^2$ 越大，放电时间越长；当 C 一定时、R 越大，则放电电流越小，放电时间越长。

上述的过渡过程实质上是电容中原来储存的电场能转换为电阻消耗的热能的过程。在整个过渡过程中，电阻消耗的总能量为

$$\int_0^\infty Ri^2\mathrm{d}t = \int_0^\infty R\left(-\frac{U_0}{R}\mathrm{e}^{-\frac{t}{RC}}\right)^2\mathrm{d}t$$

$$= \frac{U_0^2}{R}\int_0^\infty \mathrm{e}^{-\frac{2t}{RC}}\mathrm{d}t = \frac{1}{2}CU_0^2 \tag{6-4-6}$$

它就等于电容中储存的初始能量，能量释放完毕，过渡过程结束。

二、RL 电路的零输入响应

如图 6-4-4 所示电路，电压源电压为 U_S，开关 S 原置于位置 1，且电路已达稳态，此时电感相当于短接，$i(0_-) = \dfrac{U_S}{R}$。当 $t = 0$ 时，开关 S 由 1 切换至 2，求零输入响应 $i(t)$、$u_L(t)$。

开关 S 切换至 2 后，如图 6-4-4 所示选定参考方向，由 KVL 得

$$L\frac{\mathrm{d}i}{\mathrm{d}t} + Ri = 0 \tag{6-4-7}$$

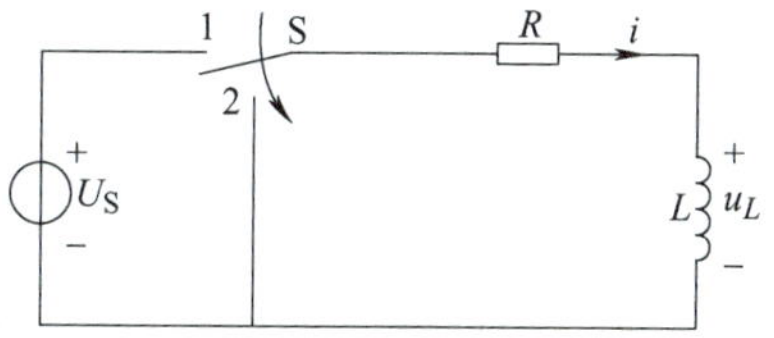

图　6-4-4

式（6-4-7）是一个一阶线性常系数齐次微分方程，其特征方程为

$$sL + R = 0$$

特征根为

$$s = -\frac{R}{L} \tag{6-4-8}$$

齐次方程的通解为

$$i = A\mathrm{e}^{st} = A\mathrm{e}^{-\frac{R}{L}t} \tag{6-4-9}$$

式（6-4-9）中的积分常数 A 由初始条件确定。

由换路定则得

$$i(0_+) = i(0_-) = \frac{U_S}{R} = I_0 \tag{6-4-10}$$

由式（6-4-9）：$i(0_+) = A$，得

$$A = \frac{U_S}{R} = I_0$$

$$i(t) = I_0 e^{-\frac{R}{L}t} = \frac{U_S}{R} e^{-\frac{R}{L}t} \tag{6-4-11}$$

可见换路后，电流 i 从初值 $\dfrac{U_S}{R}$ 按指数规律衰减，最终衰减至零，如图 6-4-5 所示。

电阻电压 $\qquad\qquad u_R(t) = Ri(t) = U_S e^{-\frac{R}{L}t} \tag{6-4-12}$

电感电压 $\qquad\qquad u_L(t) = L\dfrac{\mathrm{d}i}{\mathrm{d}t} = -U_S e^{-\frac{R}{L}t} \tag{6-4-13}$

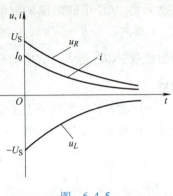

$u_R(t)$、$u_L(t)$ 相差一个负号，两者的变化规律都与电流相同。它们随时间变化曲线亦示于图 6-4-5 中。

在式 (6-4-11)~式 (6-4-13) 中，含 $\tau = \dfrac{L}{R}$，τ 具有时间的量纲，当 R 为 1Ω，L 为 $1H$ 时，则 τ 为 $1s$，与 RC 电路中的时间常数一样，它反映了过渡过程进展的快慢。在 RL 电路中，时间常数 τ 与 L 成正比，与 R 成反比。当 R 一定时，L 越大，电感中储存的初始能量越大，放电时间越长；当 L 一定时，R 越大，电阻 R 消耗的功率 Ri^2 越大，磁场能转化为热能的速率越大，放电时间越短，时间常数越小。

图 6-4-5

在整个过渡过程中，电阻上消耗的总能量为

$$\int_0^\infty Ri^2 \mathrm{d}t = \int_0^\infty R(I_0 e^{-\frac{R}{L}t})^2 \mathrm{d}t = \frac{1}{2}LI_0^2 \tag{6-4-14}$$

电阻上消耗的能量就等于电感 L 上的初始储能。

从 RC 和 RL 电路的零输入响应可以看出，零输入响应的大小与其对应的初始值成正比关系。例如式 (6-4-11)，当电流 i 的初值增大 K 倍，则零输入响应 i 也随之增大 K 倍。这一特性称为零输入线性。

第五节 一阶电路的零状态响应

当所有的储能元件均没有初始储能，电路处于零初始状态情况下，外加激励在电路中产生的响应称为零状态响应。

下面分别讨论激励为直流、正弦交流情况下，RC、RL 电路的零状态响应。

一、直流激励下的零状态响应

1. RC 串联电路

如图 6-5-1 所示，开关 S 原置于位置 2，电路已达稳态，即 $u_C(0_-) = 0\mathrm{V}$，电容上无初始储能。在 $t=0$ 时刻，开关 S 由 2 切换至 1，RC 电路接通直流电压源，求换路后的零状态响应 $u_C(t)$、$i(t)$、$u_R(t)$。

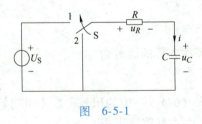

图 6-5-1

当 $t>0$ 时，开关 S 切换至 1，由 KVL 得

$$RC\frac{\mathrm{d}u_C}{\mathrm{d}t} + u_C = U_S \tag{6-5-1}$$

这是一个一阶线性常系数非齐次微分方程。由微分方程求解的知识得特解为

$$u_{Cp}(t) = U_S$$

齐次方程的通解为

$$u_{Ch}(t) = Ae^{-\frac{t}{RC}} = Ae^{-\frac{t}{\tau}} \qquad (6\text{-}5\text{-}2)$$

全解为

$$u_C(t) = u_{Cp}(t) + u_{Ch}(t) = U_S + Ae^{-\frac{t}{\tau}}$$

根据换路定则

$$u_C(0_+) = u_C(0_-) = 0$$

由式(6-5-2)得

$$u_C(0_+) = U_S + A$$

因此

$$A = -U_S$$

最终求得

$$u_C(t) = U_S(1 - e^{-\frac{t}{\tau}}) \qquad (6\text{-}5\text{-}3)$$

$$i(t) = C\frac{\mathrm{d}u_C}{\mathrm{d}t} = \frac{U_S}{R}e^{-\frac{t}{\tau}} \qquad (6\text{-}5\text{-}4)$$

$$u_R(t) = Ri(t) = U_S e^{-\frac{t}{\tau}} \qquad (6\text{-}5\text{-}5)$$

根据式（6-5-3）~式（6-5-5），画出零状态响应 $u_C(t)$、$i(t)$ 与 $u_R(t)$ 随时间变化的曲线，如图6-5-2所示。

在图6-5-1所示电路中，当 $t>0$ 后，电压源对电容 C 充电。电容 C 从初始电压为零逐渐增大，最终充电至稳态电压 U_S，而电流 i 则从初始值逐渐减小，最终衰减至稳态值零。

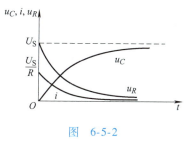

图 6-5-2

对式（6-5-3）进行分析可知：微分方程的特解所对应的分量就是强制分量，齐次方程的通解对应的分量就称为自由分量。当电路中激励为恒定或随时间作周期性变化时，强制分量就是稳态分量，也称为稳态响应；自由分量就是暂态分量，也称为暂态响应。

一般将单位阶跃函数激励下的零状态响应，称为单位阶跃响应。在图6-5-1所示电路中，若 $U_S = 1V$，那么电容电压 $u_C(t)$、电流 $i(t)$ 以及电阻上的电压 $u_R(t)$ 就是单位阶跃响应。若 $U_S = K$ 时，那么电路的零状态响应是对应的单位阶跃响应的 K 倍，这一特性称为零状态线性。

2. RL 串联电路

如图6-5-3所示，开关S置于位置2，电路已达稳态，即 $i(0_-) = 0A$，电感 L 上无初始储能。在 $t = 0$ 时刻，开关S由2切换至1，RL 电路接通直流电压源 U_S，求换路后的零状态响应 $i(t)$、$u_L(t)$ 和 $u_R(t)$。

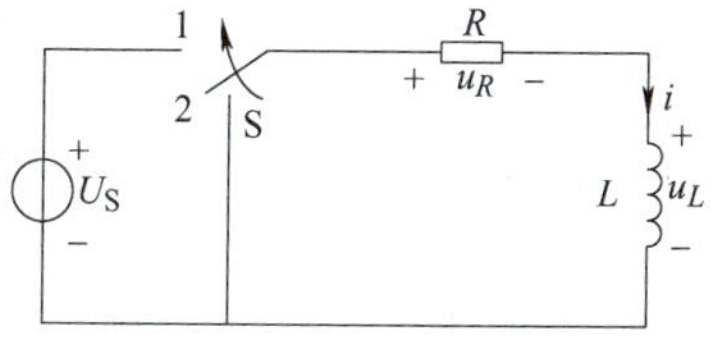

当 $t>0$ 后，开关S切换至1，由KVL得

图 6-5-3

$$L\frac{\mathrm{d}i}{\mathrm{d}t} + Ri = U_S \qquad (6\text{-}5\text{-}6)$$

式（6-5-6）是一个一阶线性常系数非齐次微分方程。该方程的全解是特解和齐次方程的通解之和，即

$$i(t) = i_p(t) + i_h(t) \qquad (6\text{-}5\text{-}7)$$

式中，$i(t)$表示全解；$i_p(t)$表示特解；$i_h(t)$表示通解。

从前面的分析知道：特解对应的分量就是强制分量，此处的激励是直流电源，所以强制分量就是稳态分量。因此换路后电路达到新的稳定状态的稳态电流就是特解，即

$$i(\infty) = \frac{U_S}{R} = i_p(t) \tag{6-5-8}$$

其通解为

$$i_h(t) = Ae^{-\frac{t}{\tau}} \tag{6-5-9}$$

于是，全解为

$$i(t) = i_p(t) + i_h(t) = \frac{U_S}{R} + Ae^{-\frac{t}{\tau}} \tag{6-5-10}$$

式（6-5-10）中的积分常数A由初始条件确定。在$t=0$时刻，根据换路定则

$$i(0_+) = i(0_-) = 0$$

由式（6-5-10）得

$$i(0_+) = \frac{U_S}{R} + A$$

因此

$$A = -\frac{U_S}{R}$$

最终得到

$$i(t) = \frac{U_S}{R}(1 - e^{-\frac{t}{\tau}}) = \frac{U_S}{R}(1 - e^{-\frac{R}{L}t}) \tag{6-5-11}$$

$$u_R(t) = Ri(t) = U_S(1 - e^{-\frac{R}{L}t}) \tag{6-5-12}$$

$$u_L(t) = L\frac{di}{dt} = U_S e^{-\frac{R}{L}t} \tag{6-5-13}$$

显然，$u_R(t) + u_L(t) = U_S$，满足 KVL。图 6-5-4 绘出了零状态响应 $i(t)$、$u_R(t)$ 和 $u_L(t)$ 的曲线。

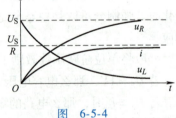

图 6-5-4

二、正弦交流激励下的零状态响应

1. RC 串联电路

仍以图 6-5-1 所示电路为例，将直流电压源改为正弦交流电压源 $u_S(t) = \sqrt{2}U\sin(\omega t + \psi_u)$，当 $t > 0$ 后，由 KVL 得到电路的微分方程为

$$RC\frac{du_C}{dt} + u_C = u_S(t) = \sqrt{2}U\sin(\omega t + \psi_u) \tag{6-5-14}$$

$u_C(t)$ 的全解等于特解 $u_{Cp}(t)$ 和通解 $u_{Ch}(t)$ 之和，即

$$u_C(t) = u_{Cp}(t) + u_{Ch}(t)$$

由于激励是正弦交流激励，$u_{Cp}(t)$ 即为稳态分量，$u_{Ch}(t)$ 即为暂态分量。稳态分量 $u_{Cp}(t)$ 可利用相量计算

$$\dot{I}\left(R - j\frac{1}{\omega C}\right) = \dot{U}$$

$$\dot{I} = \frac{\dot{U}}{R - j\frac{1}{\omega C}} = \frac{U\angle\psi_u}{\sqrt{R^2 + \left(\frac{1}{\omega C}\right)^2}\angle\psi} = \frac{U}{z}\angle\psi_u - \varphi$$

式中

$$\varphi = \arctan\left(-\frac{1}{\omega CR}\right) \qquad z = \sqrt{R^2 + \left(\frac{1}{\omega C}\right)^2}$$

$$\dot{U}_{C\mathrm{p}} = \dot{I}\left(-\mathrm{j}\frac{1}{\omega C}\right) = \frac{U}{z\omega C}\underline{/\psi_u - \varphi - 90°}$$

$$u_{C\mathrm{p}}(t) = \frac{\sqrt{2}\,U}{z\omega C}\sin(\omega t + \psi_u - \varphi - 90°)$$

暂态分量 $u_{C\mathrm{h}}(t)$ 仍为 $A\mathrm{e}^{-\frac{t}{\tau}}$，于是全解为

$$u_C(t) = \frac{\sqrt{2}\,U}{z\omega C}\sin(\omega t + \psi_u - \varphi - 90°) + A\mathrm{e}^{-\frac{t}{\tau}} \tag{6-5-15}$$

当 $t=0$ 时刻，根据换路定则 $u_C(0_+) = u_C(0_-) = 0$，确定积分常数，由式（6-5-15）

$$u_C(0_+) = \frac{\sqrt{2}\,U}{z\omega C}\sin(\psi_u - \varphi - 90°) + A = 0$$

$$A = -\frac{\sqrt{2}\,U}{z\omega C}\sin(\psi_u - \varphi - 90°)$$

最终得到

$$u_C(t) = \frac{\sqrt{2}\,U}{z\omega C}\sin(\omega t + \psi_u - \varphi - 90°) - \frac{\sqrt{2}\,U}{z\omega C}\sin(\psi_u - \varphi - 90°)\mathrm{e}^{-\frac{t}{RC}} \tag{6-5-16}$$

$$i(t) = C\frac{\mathrm{d}u_C}{\mathrm{d}t} = \frac{\sqrt{2}\,U}{z}\sin(\omega t + \psi_u - \varphi) + \frac{\sqrt{2}\,U}{z\omega CR}\sin(\psi_u - \varphi - 90°)\mathrm{e}^{-\frac{t}{RC}} \tag{6-5-17}$$

$$u_R(t) = Ri(t) = \frac{\sqrt{2}\,RU}{z}\sin(\omega t + \psi_u - \varphi) + \frac{\sqrt{2}\,U}{z\omega C}\sin(\psi_u - \varphi - 90°)\mathrm{e}^{-\frac{t}{RC}} \tag{6-5-18}$$

式（6-5-16）~式（6-5-18）说明电源的初相角 ψ_u 对暂态分量的大小有影响，通常 ψ_u 称为接通角。当 $\psi_u = \varphi$ 或 $\psi_u = \varphi + 180°$ 时，电容电压的暂态分量最大。从式（6-5-16）不难看出，电容过渡电压的最大值无论如何不会超过稳态电压幅值 $\frac{\sqrt{2}\,U}{z\omega C}$ 的两倍，但是从式（6-5-17）可以看出，在某些情况下，过渡电流的最大值将大大超过稳态电流的幅值 $\frac{\sqrt{2}\,U}{z}$。例如，当 $\frac{X_C}{R} = \frac{1}{\omega CR} = 500$ 时，$\varphi \approx -90°$，若设接通角 $\psi_u = 90°$，则在换路后瞬间电流暂态分量约为 $\frac{500\sqrt{2}\,U}{z}$，比稳态分量的幅值将大 500 倍左右。工程上遇到接通电容电路，例如接通空载电缆或架空母线时，会形成极大的电流冲击，应注意采取相应的安全措施。

2. RL 串联电路

仍以图 6-5-3 所示电路为例，将直流电压源改为正弦交流电压源 $u_S(t) = \sqrt{2}\,U\sin(\omega t + \psi_u)$，当 $t > 0$ 后，由 KVL 得到电路的微分方程为

$$L\frac{\mathrm{d}i}{\mathrm{d}t} + Ri = u_S(t) = \sqrt{2}\,U\sin(\omega t + \psi_u) \tag{6-5-19}$$

初始条件仍是 $i(0_-) = 0$。如前所述，非齐次微分方程的全解是特解 $i_\mathrm{p}(t)$ 与通解 $i_\mathrm{h}(t)$ 之和，即

$$i(t) = i_\mathrm{p}(t) + i_\mathrm{h}(t)$$

式（6-5-19）右边是正弦函数，特解也是正弦函数，特解就是正弦交流激励下的稳态电流，

可用相量求解

$$\dot{I}_p(R + j\omega L) = \dot{U}$$

$$\dot{I}_p = \frac{\dot{U}}{R + j\omega L} = \frac{U \angle \psi_u}{\sqrt{R^2 + (\omega L)^2} \angle \varphi} = \frac{U}{z} \angle \psi_u - \varphi$$

式中

$$z = \sqrt{R^2 + (\omega L)^2} \qquad \varphi = \arctan\frac{\omega L}{R}$$

$$i_p(t) = \frac{\sqrt{2}U}{z}\sin(\omega t + \psi_u - \varphi) \tag{6-5-20}$$

暂态电流仍为

$$i_h(t) = Ae^{-\frac{t}{\tau}} \tag{6-5-21}$$

于是全解为

$$i(t) = i_p(t) + i_h(t) = \frac{\sqrt{2}U}{z}\sin(\omega t + \psi_u - \varphi) + Ae^{-\frac{t}{\tau}} \tag{6-5-22}$$

根据换路定则

$$i(0_+) = i(0_-) = 0$$

由式（6-5-22）得

$$i(0_+) = \frac{\sqrt{2}U}{z}\sin(\psi_u - \varphi) + A$$

因而

$$A = -\frac{\sqrt{2}U}{z}\sin(\psi_u - \varphi)$$

最终得到

$$i(t) = \frac{\sqrt{2}U}{z}\sin(\omega t + \psi_u - \varphi) - \frac{\sqrt{2}U}{z}\sin(\psi_u - \varphi)e^{-\frac{R}{L}t} \tag{6-5-23}$$

$$u_L(t) = L\frac{di}{dt} = \frac{\sqrt{2}U}{z}\omega L\sin(\omega t + \psi_u - \varphi + 90°) + \frac{\sqrt{2}U}{z}R\sin(\psi_u - \varphi)e^{-\frac{R}{L}t} \tag{6-5-24}$$

$$u_R(t) = \frac{\sqrt{2}U}{z}R\sin(\omega t + \psi_u - \varphi) - \frac{\sqrt{2}U}{z}R\sin(\psi_u - \varphi)e^{-\frac{R}{L}t} \tag{6-5-25}$$

下面分析两种极端情况：

1）换路时，恰好 $\psi_u = \varphi$，由式（6-5-23）~式（6-5-25）知，$\sin(\psi_u - \varphi) = 0$，$i(t)$、$u_L(t)$、$u_R(t)$ 中无暂态分量，即没有发生过渡过程，从初始状态直接进入稳定状态。

2）换路时，$\psi_u = \varphi \pm 90°$，由式（6-5-23）~式（6-5-25）知

$$i(t) = \frac{\sqrt{2}U}{z}\sin(\omega t \pm 90°) \mp \frac{\sqrt{2}U}{z}e^{-\frac{Rt}{L}}$$

$$u_L(t) = \mp \frac{\sqrt{2}U}{z}\omega L\sin\omega t \pm \frac{\sqrt{2}U}{z}Re^{-\frac{Rt}{L}}$$

$$u_R(t) = \frac{\sqrt{2}U}{z}R\sin(\omega t + 90°) \mp \frac{\sqrt{2}U}{z}Re^{-\frac{Rt}{L}}$$

这时，$i(t)$ 中暂态分量指数函数的系数达到最大，通常情况下暂态分量中指数函数的系数介于（1）、（2）两种情况之间。倘若时间常数 τ 很大，衰减很慢，则在经过半个周期时，$i(t)$ 中暂态分量与稳态分量相加后的瞬时电流约为稳态分量幅值 $\frac{\sqrt{2}U}{z}$ 的两倍，同样 $u_L(t)$、$u_R(t)$ 也会超过其稳态分量的幅值。这种过电流、过电压现象在实际电路中必须予以考虑。

回顾上述的 RC、RL 电路的零状态响应，无论是在直流还是在正弦交流激励下，零状态

响应的大小均与激励成正比关系。倘若激励扩大 K 倍，各零状态响应也随之扩大 K 倍，这一特性称为零状态线性。

第六节　一阶电路的全响应和三要素法

由外加激励和非零初始状态的储能元件的初始储能共同引起的响应，称为全响应，全响应就是微分方程的全解，是方程的特解与其齐次方程的通解之和。

如图 6-6-1 所示电路，开关 S 闭合前，电容两端已有初始电压，$u_C(0_-) = U_0$ 在 $t=0$ 时刻，开关 S 闭合，$t>0$ 后，列写电路的 KVL 方程

$$RC\frac{\mathrm{d}u_C}{\mathrm{d}t} + u_C = U_S \qquad (6\text{-}6\text{-}1)$$

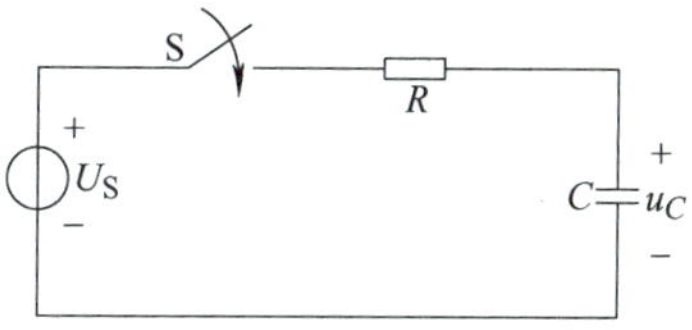

图　6-6-1

式（6-6-1）与上一节的式（6-5-1）一样，同理可得

$$u_C(t) = u_{Cp}(t) + u_{Ch}(t) = U_S + A\mathrm{e}^{-\frac{t}{RC}} \qquad (6\text{-}6\text{-}2)$$

根据换路定则

$$u_C(0_+) = u_C(0_-) = U_0$$

由式（6-6-2）得

$$u_C(0_+) = U_S + A$$

因此

$$A = U_0 - U_S$$

最终得到全响应

$$u_C(t) = U_S + (U_0 - U_S)\mathrm{e}^{-\frac{t}{RC}} \qquad (6\text{-}6\text{-}3)$$

现对式（6-6-3）作一个变形，即

$$u_C(t) = U_0\mathrm{e}^{-\frac{t}{RC}} + U_S\left(1 - \mathrm{e}^{-\frac{t}{RC}}\right) \qquad (6\text{-}6\text{-}4)$$

式（6-6-4）的第一项就是式（6-4-4），即零输入响应；第二项就是式（6-5-3），即零状态响应。因此，式（6-6-4）表明了线性电路的一个重要性质：

$$\text{全响应} = \text{零输入响应} + \text{零状态响应}$$

这一性质也说明了全响应是非零初始状态的储能元件的初始储能与外加激励共同作用的结果。上述结论是从式（6-6-4）引出的，也可以从微分方程式（6-6-1）引出。因为零状态响应 $u_{Czs}(t)$ 满足的方程和初值为

$$RC\frac{\mathrm{d}u_{Czs}}{\mathrm{d}t} + u_{Czs} = U_S \qquad (6\text{-}6\text{-}5)$$

$$u_{Czs}(0_+) = u_{Czs}(0_-) = 0 \qquad (6\text{-}6\text{-}6)$$

零输入响应 u_{Czi} 满足的方程和初值为

$$RC\frac{\mathrm{d}u_{Czi}}{\mathrm{d}t} + u_{Czi} = 0 \qquad (6\text{-}6\text{-}7)$$

$$u_{Czi}(0_+) = u_{Czi}(0_-) = U_0 \qquad (6\text{-}6\text{-}8)$$

将式（6-6-5）与式（6-6-7）相加得

$$RC\frac{\mathrm{d}(u_{Czs} + u_{Czi})}{\mathrm{d}t} + (u_{Czs} + u_{Czi}) = U_S$$

将式（6-6-6）与式（6-6-8）相加得

$$u_{Czs}(0_+) + u_{Czi}(0_+) = U_0$$

显然 $(u_{Czs} + u_{Czi})$ 满足式（6-6-1）及其初始条件，因此，它就是全解 $u_C(t)$，也就证明了零状态响应与零输入响应之和等于全响应。这一方法也适用于高阶线性常系数微分方程的情况，故高阶电路也具备这一性质。

用经典法求解一阶电路过渡过程，一阶电路的全响应等于对应的一阶线性常系数微分方程的全解，记为 $f(t)$，有

$$f(t) = f_p(t) + f_h(t) \tag{6-6-9}$$

式中，$f_p(t)$ 代表方程特解；$f_h(t)$ 代表齐次方程的通解。$f_h(t)$ 为指数形式 $Ae^{-\frac{t}{\tau}}$，则

$$f(t) = f_p(t) + Ae^{-\frac{t}{\tau}} \tag{6-6-10}$$

取 $t = 0_+$ 时刻的值

$$f(0_+) = f_p(0_+) + A$$
$$A = f(0_+) - f_p(0_+)$$

于是得到

$$f(t) = f_p(t) + [f(0_+) - f_p(0_+)]e^{-\frac{t}{\tau}} \tag{6-6-11}$$

式（6-6-11）就是著名的三要素公式。它是求解一阶动态电路的简便有效的工具。式（6-6-11）中包含了一阶动态电路的三个要素：

1）$f_p(t)$：是一阶线性常系数微分方程的特解，是一阶动态电路在激励作用下的强制分量。各种激励函数作用下的特解形式详见表6-6-1。当激励是直流或正弦交流电源时，强制分量即是稳态分量，这时候，可按直流电路、正弦交流稳态电路的求解方法求得 $f_p(t)$，$f_p(t) = f(\infty)$。

2）$f(0_+)$：是响应在换路后瞬间的初始值，按本章第三节中介绍的方法求解。

3）τ：是时间常数，一个一阶电路只有一个时间常数。$\tau = R_{eq}C$ 或 $\tau = \dfrac{L}{R_{eq}}$，R_{eq} 是电路储能元件两端的端口等效电阻。

表 6-6-1　微分方程的特解形式

激励 $e(t)$ 的形式	响应 $f(t)$ 的形式
a（常量）	A（常数）
at^n	$B_0t^n + B_1t^{n-1} + \cdots + B_n$
ae^{Kt}	Ce^{Kt}
$a\sin\omega t$	$C\sin\omega t + D\cos\omega t$
$a\cos\omega t$	
$at^n e^{Kt}\sin\omega t$	$(F_0t^n + F_1t^{n-1} + \cdots + F_n)\ e^{Kt}\sin\omega t +$
$at^n e^{Kt}\cos\omega t$	$(G_0t^n + G_1t^{n-1} + \cdots + G_n)\ e^{Kt}\cos\omega t$

例 6-6-1　如图 6-6-2 所示电路，$U_S = 6\text{V}$，$R_1 = R_2 = 1\Omega$，$C = 0.5\text{F}$，原来 S_1、S_2 打开，C 上无电荷。当 $t = 0$ 时，S_1 闭合，求 $u_C(t)$；当 $t = 2\text{s}$ 时，S_2 又闭合，求 $u_C(t)$。

解：由题意知

$$u_C(0_-) = 0$$

根据换路定则

$$u_C(0_+) = u_C(0_-) = 0$$

此处激励为直流，当 $t=0$ 时，S_1 闭合，$u_C(t)$ 的稳态值为 6V，即有 $u_{Cp}(t)=6V$。

时间常数

$$\tau_1 = R_{eq}C = (R_1+R_2)C = 1s$$

利用三要素公式（6-6-11）得

$$u_C(t) = u_{Cp}(t) + [u_C(0_+) - u_{Cp}(0_+)]e^{-\frac{t}{\tau_1}}$$

$$= (6 - 6e^{-t})V \qquad 0 \leqslant t \leqslant 2s$$

当 $t=2s$，S_2 闭合，有

$$u_C(2_-) = (6 - 6e^{-2})V = 5.19V$$

在 $t=2s$ 的换路时刻，仍满足换路定则

$$u_C(2_+) = u_C(2_-) = 5.19V$$

$u_C(t)$ 的稳态值仍为 6V，则

$$u_{Cp}(t) = 6V$$

时间常数

$$\tau_2 = R_1C = 0.5s$$

又因为换路在 $t=2s$ 进行，延迟了 2s，故而根据三要素公式得

$$u_C(t) = u_{Cp}(t) + [u_C(2_+) - u_{Cp}(2_+)]e^{-\frac{t-2}{\tau_2}}$$

$$= [6 + (5.19 - 6)e^{-2(t-2)}]V$$

$$= (6 - 0.81e^{-2(t-2)})V \qquad t \geqslant 2s$$

例 6-6-2　在图 6-6-3 所示电路中，$e(t) = 3\sin(2t + 30°)V$，$R_1 = R_2 = 0.5\Omega$，$C = 0.5F$，电路已达稳态。当 $t=0$ 时，开关 S 闭合，求开关 S 中的过渡电流 $i_K(t)$？

解：当 $t<0$ 时，电路已达稳态，可利用相量计算。由 KVL 得

$$\dot{I}_C\left(R_1 + R_2 - j\frac{1}{\omega C}\right) = \dot{E}$$

$$\dot{I}_C = \frac{\dot{E}}{R_1 + R_2 - j\frac{1}{\omega C}} = \frac{\frac{3}{\sqrt{2}}\angle 30°}{1 - j1}A = 1.5\angle 75°A$$

$$\dot{U}_C = \dot{I}_C\left(-j\frac{1}{\omega C}\right) = 1.5\angle 75°(-j)V = 1.5\angle -15°V$$

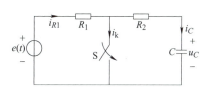

图　6-6-3

$$u_C(t) = 1.5\sqrt{2}\sin(2t - 15°)V \qquad (t<0)$$

$t = 0_-$ 时刻

$$u_C(0_-) = 1.5\sqrt{2}\sin(-15°)V = -0.549V$$

根据换路定则

$$u_C(0_+) = u_C(0_-) = -0.549V$$

且

$$e(0_+) = 3\sin 30°V = 1.5V$$

画出 $t = 0_+$ 时刻的等效电路（图略），即可求得

$$i_K(0_+) = \frac{e(0_+)}{R_1} + \frac{u_C(0_+)}{R_2} = \frac{1.5}{0.5}A + \frac{-0.549}{0.5}A = 1.902A$$

当 $t>0$ 后，$i_{Kp}(t)$ 即是稳态开关电流，此时 R_2、C 串联支路被 S 短接，电容 C 两端的电荷已放电完毕，故

$$i_{Kp}(t) = \frac{e(t)}{R_1} = 6\sin(2t+30°)A$$

时间常数

$$\tau = R_2 C = 0.25s$$

根据三要素公式

$$i_K(t) = i_{Kp}(t) + [i_K(0_+) - i_{Kp}(0_+)]e^{-\frac{t}{\tau}}$$
$$= 6\sin(2t+30°)A + (1.902-3)e^{-\frac{t}{0.25}}A$$
$$= 6\sin(2t+30°)A - 1.098e^{-4t}A$$

例 6-6-3 如图 6-6-4a 所示电路，$U_S = 8.75V$，$R_1 = 1\Omega$，$R_2 = 2\Omega$，控制系数 $g_m = 1S$，$C_1 = 1F$，$C_2 = 2F$，C_1、C_2 原来不带电。

（1）当 $t=0$ 时，S_1 接通，求 $u_{C2}(t)$。

（2）又经过很长时间，电路已稳定，S_2 闭合，再求 $u_{C2}(t)$。

解：（1）首先将图 6-6-4a 中的 MN 以左部分化为戴维南等效电路，如图6-6-4b 所示，根据戴维南定理得

$$U_d = 7V, R_d = 0.4\Omega$$

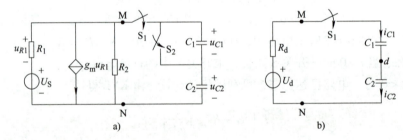

图 6-6-4

当 $t=0$ 时，S_1 接通，S_2 断开，由题意知

$$u_{C1}(0_-) = u_{C2}(0_-) = 0$$

于是

$$u_{C1}(0_+) = u_{C1}(0_-) = 0, \quad u_{C2}(0_+) = u_{C2}(0_-) = 0$$

在节点 d

$$i_{C2} - i_{C1} = 0$$

$$\frac{dq_{C2}}{dt} - \frac{dq_{C1}}{dt} = 0$$

$$\frac{d}{dt}(C_2 u_{C2} - C_1 u_{C1}) = 0$$

上式表明在节点 d 上电荷始终守恒，故

$$\begin{cases} C_2 u_{C2p}(t) - C_1 u_{C1p}(t) = C_2 u_{C2}(0_+) - C_1 u_{C1}(0_+) = 0 \\ u_{C1p}(t) + u_{C2p}(t) = U_d = 7 \end{cases}$$

代入数据，联立求解得

$$u_{C2p}(t) = \frac{7}{3}\text{V}$$

时间常数

$$\tau = R_d C_{eq} = R_d \frac{C_1 C_2}{C_1 + C_2} = \frac{0.8}{3}\text{s}$$

利用三要素公式

$$u_{C2}(t) = u_{C2p}(t) + [u_{C2}(0_+) - u_{C2p}(0_+)]e^{-\frac{t}{\tau}} = \frac{7}{3}(1 - e^{-3.75t})\text{V}$$

（2）又经过很长时间，电路已达稳定，S_2 闭合。取 S_2 闭合瞬间作为新的时间起点，记为 $t' = 0$。

$$u_{C2}(t')\Big|_{t'=0_-} = \frac{7}{3}\text{V}, \quad u_{C2}(t')\Big|_{t'=0_+} = \frac{7}{3}\text{V}$$

S_2 闭合后的 $u_{C2p}(t')$ 就是稳态值

$$u_{C2p}(t') = U_d = 7\text{V}$$

时间常数

$$\tau' = R_d C_2 = 0.8\text{s}$$

利用三要素公式

$$u_{C2}(t') = u_{C2p}(t') + [u_{C2}(0_+) - u_{C2p}(0_+)]e^{-\frac{t'}{\tau'}}$$
$$= \left(7 - \frac{14}{3}e^{-1.25t'}\right)\text{V}$$

值得提醒的是：虽然图6-6-4中含有两个电容元件，但 C_1、C_2 串联，彼此不独立，故而它仍然是一阶电路，可用三要素公式求解。

例 6-6-4 如图 6-6-5所示电路，已知 $U_S = 12\text{V}$，$I_S = 5\text{A}$，$R_1 = 2\Omega$，$R_2 = 3\Omega$，$L_2 = 2.5\text{H}$，电路原处于 S_1 打开、S_2 闭合的稳态。当 $t = 0$ 时，S_1 闭合、S_2 打开，求 $i_2(t)$、$u_{ab}(t)$ 与 $i_1(t)$。

解：换路前电路处于 S_1 打开、S_2 闭合的稳态，则

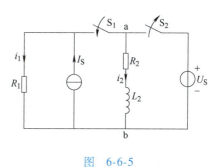

图 **6-6-5**

$$i_2(0_-) = \frac{U_S}{R_2} = 4\text{A}$$

根据换路定则

$$i_2(0_+) = i_2(0_-) = 4\text{A}$$

$t = 0$ 时，S_1 闭合、S_2 打开，则 $i_2(t)$ 就是稳态电流，即

$$i_{2p}(t) = i_2(\infty) = I_S \frac{R_1}{R_1 + R_2} = 2\text{A}$$

时间常数

$$\tau = \frac{L_2}{R_{eq}} = \frac{L_2}{R_1 + R_2} = 0.5\text{s}$$

利用三要素公式

$$i_2(t) = i_{2p}(t) + [i_2(0_+) - i_{2p}(0_+)]e^{-\frac{t}{\tau}}$$

$$= [2 + (4 - 2)e^{-\frac{t}{0.5}}]A = (2 + 2e^{-2t})A$$

$$u_{ab}(t) = R_2 i_2(t) + L_2 \frac{di_2}{dt}$$

$$= 3(2 + 2e^{-2t})V + 2.5(-4e^{-2t})V = (6 - 4e^{-2t})V$$

$$i_1(t) = I_S - i_2(t) = (3 - 2e^{-2t})A$$

例 6-6-5 在图 6-6-6 所示电路中，R_1、L_1 是磁力线圈，$R_1 = 20\Omega$，$L_1 = 1H$，接在 $U = 100V$ 的直流电源上。现要求断开 S 时电压 u_{ab} 不超过 U 的 2 倍，且使电流 i 在 0.06s 内衰减至初值的 5% 以下，求 R_2 为多少？

解： 开关 S 闭合前，电路处于稳态，则

$$i(0_-) = \frac{U}{R_1} = 5A$$

根据换路定则

$$i(0_+) = i(0_-) = 5A$$

$t > 0$ 后，S 断开，回路中没有激励，则

$$i_p(t) = i(\infty) = 0$$

假设二极管 VD 导通时电阻为零，则时间常数

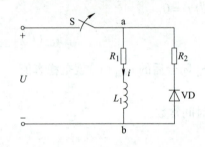

图 6-6-6

$$\tau = \frac{L_1}{R_{eq}} = \frac{L_1}{R_1 + R_2} = \frac{1}{20 + R_2}$$

利用三要素公式

$$i(t) = i_p(t) + [i(0_+) - i_p(0_+)]e^{-\frac{t}{\tau}} = 5e^{-(20+R_2)t}$$

$$u_{ab}(t) = R_1 i(t) + L_1 \frac{di}{dt}$$

$$= 20 \times 5e^{-(20+R_2)t} - 5(20 + R_2)e^{-(20+R_2)t}$$

$$= -5R_2 e^{-(20+R_2)t}$$

根据题意

$$|u_{ab}(0_+)| = 5R_2 \leqslant 2 \times 100, \quad R_2 \leqslant 40\Omega$$

$$i(0.06) \leqslant 5\% i(0_+)$$

$$5e^{-(20+R_2)\times 0.06} \leqslant 0.25, \quad R_2 \geqslant 29.9\Omega$$

因此，$29.9\Omega \leqslant R_2 \leqslant 40\Omega$，$R_2$ 在此范围内取值均能满足要求。

第七节 一阶电路的阶跃响应和冲激响应

一、阶跃响应

在本章第五节一阶电路的零状态响应中，已经介绍了单位阶跃响应的概念。在单位阶跃函数激励下的零状态响应，称为单位阶跃响应。

如图 6-7-1 所示 RL 电路，设电压 $u_S(t)$ 是单位阶跃函数，即 $u_S(t) = 1(t)$，相当于在 $t = 0$ 时刻接通 1V 的直流电压，利用三要素公式，很容易求出阶跃响应 $i(t)$

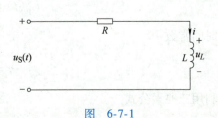

图 6-7-1

$$i(t) = i_p(t) + [i(0_+) - i_p(0_+)]e^{-\frac{t}{\tau}}$$

$$= \frac{1}{R}(1 - e^{-\frac{R}{L}t}) \cdot 1(t) \tag{6-7-1}$$

倘若将图6-7-1中的激励改变为延时的单位阶跃函数，即 $u_S(t) = 1(t - t_0)$，相当于在 $t = t_0$ 时刻接通 1V 的直流电压，仍以 $t = 0$ 时刻作为时间的起点，利用三要素公式得

$$i(t) = i_p(t) + [i(t_{0+}) - i_p(t_{0+})]e^{-\frac{t-t_0}{\tau}}$$

$$= \frac{1}{R}[1 - e^{-\frac{R}{L}(t-t_0)}] \cdot 1(t - t_0) \tag{6-7-2}$$

比较式（6-7-1）与式（6-7-2），发现只要将式（6-7-1）中的时间变量 t 用延时的时间变量 $(t - t_0)$ 替代，就得到式（6-7-2）。由此可见，该电路的激励延时 t_0，则响应也随之延时 t_0，这种电路称为非时变电路。若电路中的 R、L、C、M 均为常系数，这样的电路都是非时变电路。

例6-7-1 在图6-7-1所示电路中，激励 $u_S(t)$ 是图6-7-2所示的矩形脉冲，求电路中产生的零状态响应 $i(t)$。

解： 当 $t < 0$ 时，$i(0_-) = 0$，根据换路定则

$$i(0_+) = i(0_-) = 0$$

当 $0 < t < t_0$ 时

$$i_p(t) = i(\infty) = \frac{U}{R}$$

利用三要素公式得

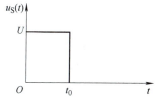

图 **6-7-2**

$$i(t) = i_p(t) + [i(0_+) - i_p(0_+)]e^{-\frac{t}{\tau}}$$

$$= \frac{U}{R}(1 - e^{-\frac{R}{\tau}t}) \tag{6-7-3}$$

当 $t > t_0$ 时，由式（6-7-3）知

$$i(t_{0-}) = \frac{U}{R}(1 - e^{-\frac{R}{L}t_0})$$

根据换路定则

$$i(t_{0+}) = i(t_{0-}) = \frac{U}{R}(1 - e^{-\frac{R}{L}t_0})$$

$$i_p(t) = i(\infty) = 0$$

由三要素公式得

$$i(t) = i_p(t) + [i(t_{0+}) - i_p(t_{0+})]e^{-\frac{t-t_0}{\tau}}$$

$$= \frac{U}{R}(1 - e^{-\frac{R}{L}t_0})e^{-\frac{R}{L}(t-t_0)} \tag{6-7-4}$$

以上求解方法是根据激励的作用对时间进行分段求解的方法。考虑到激励为矩形脉冲，依据叠加定理，$u_S(t) = U[1(t) - 1(t - t_0)]$，因而根据式（6-7-1）、式（6-7-2）以及零状态线性性质，可直接得到

$$i(t) = \frac{U}{R}[1 - e^{-\frac{R}{L}t}] \cdot 1(t) - \frac{U}{R}[1 - e^{-\frac{R}{L}(t-t_0)}] \cdot 1(t - t_0) \tag{6-7-5}$$

式（6-7-5）按时间写成分段函数，即是式（6-7-3）和式（6-7-4）。

仿照上述推算过程，不难写出如图6-7-3所示的周期性矩形脉冲电压序列 $u_S(t)$ 作用下

RL 串联电路的零状态响应电流 $i(t)$ 为

$$i(t) = \frac{U}{R}\left[1 - e^{-\frac{R}{L}t}\right] \cdot 1(t) - \frac{U}{R}\left[1 - e^{-\frac{R}{L}(t-t_0)}\right] \cdot 1(t-t_0) + \frac{U}{R}\left[1 - e^{-\frac{R}{L}(t-T)}\right] \cdot$$

$$1(t - T) - \frac{U}{R}\left[1 - e^{-\frac{R}{L}[(t-(T+t_0)]}\right] \cdot 1[t - (T + t_0)] + \cdots\cdots \tag{6-7-6}$$

二、冲激响应

单位冲激响应是指单位冲激函数 $\delta(t)$ 激励下电路的零状态响应，常以 $h(t)$ 表示。

根据冲激函数的特点，冲激激励 $\delta(t)$ 可看做在 $t = 0$ 时刻电路中有一个幅度为无限大而作用时间为无限小的电源。当 $t < 0$ 时，显然没有激励作用；当 $t = 0$ 时，无限大激励作用，使储能元件的初始储能从 0_- 到

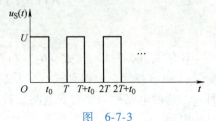

图 6-7-3

0_+ 无限短时间里发生跳变，建立起 $t = 0_+$ 时刻的初始储能；当 $t > 0$ 后，显然也没有激励，电路依靠 $t = 0_+$ 时刻的初始储能产生零输入响应。因此，求冲激响应的关键是求换路后瞬间的初始值。

首先分析 RL 串联电路中的冲激响应。仍以图6-7-1所示电路为例，设 $u_S(t) = \delta(t)$，求电流 $i(t)$ 的冲激响应。

由 KVL 列写 $t = 0$ 时刻的电路微分方程

$$L\frac{\mathrm{d}i}{\mathrm{d}t} + Ri = \delta(t) \tag{6-7-7}$$

从式（6-7-7）可知，$i(t)$ 本身发生跳变，跳变后为有限值，倘若 $i(t)$ 本身为无限值，则 $\frac{\mathrm{d}i}{\mathrm{d}t}$ 中将含有 $\delta(t)$ 的一阶导数，这样式（6-7-7）就不可能成立。根据上述分析，对式（6-7-7）两边从 $t = 0_-$ 到 0_+ 作积分得

$$\int_{0_-}^{0_+} L\frac{\mathrm{d}i}{\mathrm{d}t}\mathrm{d}t + \int_{0_-}^{0_+} Ri\mathrm{d}t = \int_{0_-}^{0_+} \delta(t)\mathrm{d}t$$

如前所述，$i(t)$ 为有限值，上式第二项积分为零，则有

$$L[i(0_+) - i(0_-)] + 0 = 1$$

由于 $i(0_-) = 0$，所以

$$i(0_+) = \frac{1}{L}$$

这里电感电流不满足换路定则，$i(0_+) = \frac{1}{L} \neq i(0_-) = 0$。

当 $t > 0$ 后，$\delta(t) = 0$，式（6-7-7）变为齐次微分方程。直接由三要素公式得

$$i(t) = i_p(t) + [i(0_+) - i_p(0_+)]e^{-\frac{t}{\tau}}$$

$$= \frac{1}{L}e^{-\frac{R}{L}t} \qquad t > 0$$

$$u_L(t) = L\frac{\mathrm{d}i}{\mathrm{d}t} = -\frac{R}{L}e^{-\frac{R}{L}t} \qquad t > 0$$

最终得到 RL 串联电路的冲激响应

$$i(t) = \frac{1}{L}e^{-\frac{R}{L}t} \cdot 1(t) \tag{6-7-8}$$

$$u_L(t) = \delta(t) - \frac{R}{L}e^{-\frac{R}{L}t} \cdot 1(t) \qquad (6\text{-}7\text{-}9)$$

$i(t)$、$u_L(t)$ 随时间变化的曲线如图6-7-4所示。

单位冲激函数是单位阶跃函数的导数，因此在线性非时变电路中，单位冲激响应 $h(t)$ 亦是单位阶跃响应 $s(t)$ 的导数，即

$$\begin{cases} h(t) = \dfrac{\mathrm{d}s(t)}{\mathrm{d}t} \\[2mm] s(t) = \displaystyle\int_{-\infty}^{t} h(t)\,\mathrm{d}t \end{cases} \qquad (6\text{-}7\text{-}10)$$

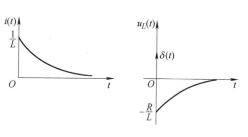

图　6-7-4

式（6-7-10）的证明如下：

单位冲激函数可视为矩形脉冲的极限情况，即

$$\delta(t) = \lim_{\Delta \to 0} \frac{1}{\Delta}\left[1(t) - 1(t-\Delta)\right] = \frac{\mathrm{d}}{\mathrm{d}t}1(t)$$

冲激响应就是由阶跃函数 $\dfrac{1(t)}{\Delta}$ 所产生的响应 $\dfrac{s(t)}{\Delta}$ 与延时阶跃函数 $\dfrac{1(t-\Delta)}{\Delta}$ 所产生的响应 $\dfrac{s(t-\Delta)}{\Delta}$ 的代数和，取极限 $\Delta \to 0$ 得

$$h(t) = \lim_{\Delta \to 0}\frac{1}{\Delta}\left[s(t) - s(t-\Delta)\right] = \frac{\mathrm{d}}{\mathrm{d}t}s(t)$$

根据式（6-7-10），得到冲激响应的另一种求解方法。在上面的 RL 串联电路中，为求其冲激响应，可先求其阶跃响应，阶跃响应很容易由三要素公式得到。

$$\begin{aligned} s(i(t)) &= i_{\mathrm{p}}(t) + \left[i(0_+) - i_{\mathrm{p}}(0_+)\right]e^{-\frac{t}{\tau}} \\ &= \frac{1}{R}\left(1 - e^{-\frac{R}{L}t}\right) \cdot 1(t) \end{aligned}$$

$$\begin{aligned} s(u_L(t)) &= u_{L\mathrm{p}}(t) + \left[u_L(0_+) - u_{L\mathrm{p}}(0_+)\right]e^{-\frac{t}{\tau}} \\ &= e^{-\frac{R}{L}t} \cdot 1(t) \end{aligned}$$

冲激响应

$$h(i(t)) = \frac{\mathrm{d}s(i(t))}{\mathrm{d}t} = \frac{1}{L}e^{-\frac{R}{L}t} \cdot 1(t)$$

$$h(u_L(t)) = \frac{\mathrm{d}s(u_L(t))}{\mathrm{d}t} = -\frac{R}{L}e^{-\frac{R}{L}t} \cdot 1(t) + \delta(t)$$

求解结果与式（6-7-8）、式（6-7-9）相同。

接下来分析 RC 串联电路的冲激响应。如图 6-7-5 所示，电压源 $u_{\mathrm{S}}(t) = \delta(t)$，求电容电压及其电流的冲激响应。

在 $t = 0$ 时刻得到 KVL 方程

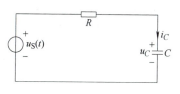

图　6-7-5

$$RC\frac{\mathrm{d}u_C}{\mathrm{d}t} + u_C = \delta(t) \qquad (6\text{-}7\text{-}11)$$

初值 $u_C(0_-) = 0$，分析式（6-7-11）可知，$\dfrac{\mathrm{d}u_C}{\mathrm{d}t}$ 中含有冲激，u_C 本身在 $t = 0$ 时刻跳变但仍为有限值，对式（6-7-11）两边从 0_- 到 0_+ 作积分

$$\int_{0-}^{0+} RC \frac{\mathrm{d}u_C}{\mathrm{d}t}\mathrm{d}t + \int_{0-}^{0+} u_C \mathrm{d}t = \int_{0-}^{0+} \delta(t)\mathrm{d}t$$

$$RC[u_C(0_+) - u_C(0_-)] = 1$$

$$u_C(0_+) = \frac{1}{RC}$$

此处电容电压也不满足换路定则，$u_C(0_+) = \dfrac{1}{RC} \neq u_C(0_-) = 0$。

当 $t > 0$ 后，$\delta(t) = 0$，RC 串联电路相当于短接，由三要素公式得

$$u_C(t) = u_{Cp}(t) + [u_C(0_+) - u_{Cp}(0_+)]e^{-\frac{t}{\tau}}$$

$$u_C(t) = \frac{1}{RC}e^{-\frac{t}{RC}} \cdot 1(t)$$

$$i_C(t) = C\frac{\mathrm{d}u_C}{\mathrm{d}t} = -\frac{1}{R^2C}e^{-\frac{t}{RC}} \cdot 1(t) + \frac{1}{R}\delta(t)$$

当然也可以先求阶跃响应，求导后得到相应的冲激响应，即

$$s(u_C(t)) = (1 - e^{-\frac{t}{RC}}) \cdot 1(t)$$

$$h(u_C(t)) = \frac{\mathrm{d}s(u_C(t))}{\mathrm{d}t} = \frac{1}{RC}e^{-\frac{t}{RC}} \cdot 1(t)$$

$$s(i_C(t)) = \frac{1}{R}e^{-\frac{t}{RC}} \cdot 1(t)$$

$$h(i_C(t)) = \frac{\mathrm{d}s(i_C(t))}{\mathrm{d}t} = -\frac{1}{R^2C}e^{-\frac{t}{RC}} \cdot 1(t) + \frac{1}{R}\delta(t)$$

第八节　二阶电路的零输入响应

　　凡用二阶微分方程描述的电路，称为二阶电路。二阶电路中含有两个独立的储能元件。本节以 RLC 串联电路为例，讨论二阶电路的零输入响应。

　　图6-8-1为 RLC 串联电路，当 $t < 0$ 时，假设电容 C 曾充过电，初始电压为 U_0，电感 L 处于零初始状态，即 $u_C(0_-) = U_0$，$i_L(0_-) = 0$。在 $t = 0$ 时刻，开关 S 闭合，求零输入响应 $u_C(t)$、$i(t)$ 与 $u_L(t)$。

　　如图6-8-1所示选取各电压、电流的参考方向。开关
S 闭合后，根据基尔霍夫电压定律列写描述电路的微分
方程

$$Ri + L\frac{\mathrm{d}i}{\mathrm{d}t} + u_C = 0 \qquad (6\text{-}8\text{-}1)$$

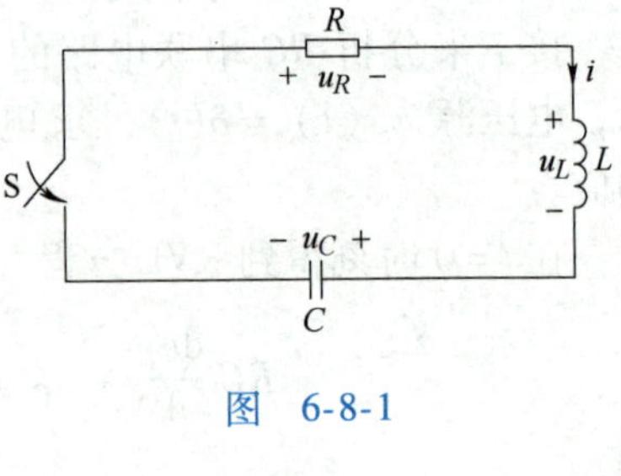

式（6-8-1）中有两个未知变量 i 和 u_C。将 $i = C\dfrac{\mathrm{d}u_C}{\mathrm{d}t}$ 代入

上式消去 i 得

图　6-8-1

$$RC\frac{\mathrm{d}u_C}{\mathrm{d}t} + LC\frac{\mathrm{d}^2 u_C}{\mathrm{d}t^2} + u_C = 0$$

即

$$\frac{\mathrm{d}^2 u_C}{\mathrm{d}t^2} + \frac{R}{L}\frac{\mathrm{d}u_C}{\mathrm{d}t} + \frac{1}{LC}u_C = 0 \tag{6-8-2}$$

也可以利用 $u_C = \frac{1}{C}\int i\mathrm{d}t$ 代入式（6-8-1）消去 u_C，得

$$Ri + L\frac{\mathrm{d}i}{\mathrm{d}t} + \frac{1}{C}\int i\mathrm{d}t = 0$$

对上式两边同时求导

$$L\frac{\mathrm{d}^2 i}{\mathrm{d}t^2} + R\frac{\mathrm{d}i}{\mathrm{d}t} + \frac{1}{C}i = 0$$

即

$$\frac{\mathrm{d}^2 i}{\mathrm{d}t^2} + \frac{R}{L}\frac{\mathrm{d}i}{\mathrm{d}t} + \frac{1}{LC}i = 0 \tag{6-8-3}$$

式（6-8-2）与式（6-8-3）形式完全一致，都是线性常系数二阶齐次微分方程，由此可见，$u_C(t)$ 与 $i(t)$ 具有相同的特征方程和特征根，具有相同的通解形式。可任选其中一式求解，现选择式（6-8-2）。求解二阶微分方程，需要两个初始条件来确定积分常数。

根据换路定则

$$u_C(0_+) = u_C(0_-) = U_0, i(0_+) = i(0_-) = 0$$

特征方程为

$$s^2 + \frac{R}{L}s + \frac{1}{LC} = 0$$

特征根为

$$\begin{cases} s_1 = -\dfrac{R}{2L} + \sqrt{\left(\dfrac{R}{2L}\right)^2 - \dfrac{1}{LC}} \\ s_2 = -\dfrac{R}{2L} - \sqrt{\left(\dfrac{R}{2L}\right)^2 - \dfrac{1}{LC}} \end{cases} \tag{6-8-4}$$

特征根只与电路结构和参数有关。

下面分三种情况讨论方程的解。

1）当 $\left(\dfrac{R}{2L}\right)^2 > \dfrac{1}{LC}$，即 $R > 2\sqrt{\dfrac{L}{C}}$ 时，过渡过程是非周期情况，也称为过阻尼情况。此时特征方程有两个不相等的负实根。通解 $u_C(t)$ 的一般形式为

$$u_C(t) = A_1 \mathrm{e}^{s_1 t} + A_2 \mathrm{e}^{s_2 t} \tag{6-8-5}$$

电流为

$$i(t) = C\frac{\mathrm{d}u_C}{\mathrm{d}t} = CA_1 s_1 \mathrm{e}^{s_1 t} + CA_2 s_2 \mathrm{e}^{s_2 t} \tag{6-8-6}$$

其中积分常数 A_1、A_2 由初始条件确定，对式（6-8-5）、式（6-8-6）取 $t = 0_+$ 时刻值

$$u_C(0_+) = A_1 + A_2, i(0_+) = CA_1 s_1 + CA_2 s_2$$

由初值

$$A_1 + A_2 = U_0, \quad CA_1 s_1 + CA_2 s_2 = 0$$

联立求解上两式得

$$A_1 = \frac{s_2 U_0}{s_2 - s_1} \qquad A_2 = \frac{-s_1 U_0}{s_2 - s_1} \tag{6-8-7}$$

将 A_1、A_2 代入式（6-8-5）、式（6-8-6）得电容电压为

$$u_C(t) = \frac{U_0}{s_2 - s_1}(s_2 e^{s_1 t} - s_1 e^{s_2 t}) \qquad (6\text{-}8\text{-}8)$$

电流为

$$i(t) = \frac{CU_0 s_1 s_2}{s_2 - s_1}(e^{s_1 t} - e^{s_2 t})$$

电感电压为

$$u_L(t) = L\frac{\mathrm{d}i}{\mathrm{d}t} = \frac{LCU_0 s_1 s_2}{s_2 - s_1}(s_1 e^{s_1 t} - s_2 e^{s_2 t})$$

又因 $s_1 s_2 = \dfrac{1}{LC}$,于是

$$i(t) = \frac{U_0}{L(s_2 - s_1)}(e^{s_1 t} - e^{s_2 t}) \qquad (6\text{-}8\text{-}9)$$

$$u_L(t) = \frac{U_0}{s_2 - s_1}(s_1 e^{s_1 t} - s_2 e^{s_2 t}) \qquad (6\text{-}8\text{-}10)$$

$u_C(t)$、$i(t)$、$u_L(t)$ 随时间变化的曲线如图 6-8-2 所示。在式(6-8-8)中,$u_C(t)$ 包含两个分量,s_1、s_2 都为负值,且 $|s_2| > |s_1|$,故 $e^{s_2 t}$ 比 $e^{s_1 t}$ 衰减得快,这两个单调下降的指数函数决定了电容电压 $u_C(t)$ 的放电过程是非周期的。

在式(6-8-9)中,由于 $s_2 - s_1 < 0$,$e^{s_1 t} - e^{s_2 t} \geqslant 0$,所以 $i \leqslant 0$,这说明电流只有大小变化而始终不会改变方向。在图 6-8-1 所示电路中,电流 i 的参考方向与电容电压 $u_C(t)$ 的方向一致,电流为负,意味着电路接通后,电容一直处于放电状态。当 $t = 0_+$ 时,$i(0_+) = 0$;当 $t \to \infty$ 时,电容放电完毕,电流也等于零。在放电过程中,$|i|$ 必然经历由小到大然后趋于零的过程,其中在 $t = t_1$ 时,$|i|$ 达到最大值。

令 $\dfrac{\mathrm{d}i}{\mathrm{d}t} = 0$,得

$$s_1 e^{s_1 t} - s_2 e^{s_2 t} = 0$$

则

$$t_1 = \frac{\ln \dfrac{s_2}{s_1}}{s_1 - s_2}$$

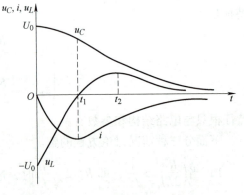

图 6-8-2

$t = t_1$,是 i 的极值点,也是 u_C 的波形转折点,因为 $\dfrac{\mathrm{d}^2 u_C}{\mathrm{d}t^2}\bigg|_{t = t_1} = 0$。

电感电压在 $t = 0_+$ 时初值为 $-U_0$;在 $0 < t < t_1$ 时,由于电流 i 不断负向增加,u_L 为负;在 $t > t_1$ 后,电流负向减少,u_L 为正,最终 u_L 衰减至零。

令 $\dfrac{\mathrm{d}u_L}{\mathrm{d}t} = 0$,得

$$s_1^2 e^{s_1 t} - s_2^2 e^{s_2 t} = 0$$

可求得 u_L 达到最大值的时刻 t_2 为

$$t_2 = \frac{2\ln \dfrac{s_2}{s_1}}{s_1 - s_2} = 2t_1$$

$t = t_2$，是 u_L 的极值点，也是 i 的波形转折点，因为 $\left.\dfrac{\mathrm{d}^2 i_L}{\mathrm{d}t^2}\right|_{t=t_2} = 0$。

现从能量转换角度分析电容通过电阻和电感非周期放电的过程。分两个阶段：①$0 \leqslant t \leqslant t_1$ 为第一阶段，在此阶段，电容电压逐渐降低，电场能量逐渐释放，电流的绝对值逐渐增加，电感的磁场能逐渐增加，只有电阻消耗能量，即电容释放的电场能转化为电感中的磁场储能和供电阻消耗；②$t > t_1$ 为第二阶段，在此阶段，电容电压继续降低，电场能量继续释放，电流的绝对值逐渐减小，电感转变为释放磁场储能，即电容、电感共同释放电磁能量，供给电阻消耗，直至能量耗尽，过渡过程结束。

如果 $u_C(0_+) = 0$，$i(0_+) \neq 0$ 或 $u_C(0_+) \neq 0$，$i(0_+) \neq 0$ 时，分析过程与上相同，只要 $R > 2\sqrt{\dfrac{L}{C}}$，响应都是非周期性的、非振荡性的。

2）当 $\left(\dfrac{R}{2L}\right)^2 = \dfrac{1}{LC}$，即 $R = 2\sqrt{\dfrac{L}{C}}$ 时，过渡过程是临界阻尼情况，此时特征方程有两个相等的负实根。

$$s_1 = s_2 = -\frac{R}{2L} = s \tag{6-8-11}$$

电容电压 $u_C(t)$ 的一般形式为

$$u_C(t) = (A_3 + A_4 t)\mathrm{e}^{st} \tag{6-8-12}$$

电流

$$i(t) = C\frac{\mathrm{d}u_C}{\mathrm{d}t} = C[(A_3 + A_4 t)s + A_4]\mathrm{e}^{st} \tag{6-8-13}$$

由初始条件确定积分常数 A_3、A_4

$$u_C(0_+) = A_3 = U_0$$
$$i(0_+) = C[A_3 s + A_4] = 0$$

解得

$$A_3 = U_0, A_4 = -U_0 s$$

因此

$$u_C(t) = U_0(1 - st)\mathrm{e}^{st} \tag{6-8-14}$$

$$i(t) = -\frac{U_0}{L}t\mathrm{e}^{st} \tag{6-8-15}$$

$$u_L(t) = L\frac{\mathrm{d}i}{\mathrm{d}t} = -U_0(1 + st)\mathrm{e}^{st} \tag{6-8-16}$$

$u_C(t)$、$i(t)$、$u_L(t)$ 随时间变化的曲线与图6-8-2所示的曲线相似，响应仍然是非周期性的、非振荡性的。

3）当 $\left(\dfrac{R}{2L}\right)^2 < \dfrac{1}{LC}$，即 $R < 2\sqrt{\dfrac{L}{C}}$ 时，过渡过程是欠阻尼情况，是周期性振荡情况。此时特征方程有两个实部为负的共轭复根。令 $b = \dfrac{R}{2L}$，称为衰减系数，$\omega_0 = \dfrac{1}{\sqrt{LC}}$ 为谐振角频率，$\omega_\mathrm{d} = \sqrt{\omega_0^2 - b^2}$ 称为振荡角频率，则特征根为

$$s_{1,2} = -\frac{R}{2L} \pm \sqrt{\left(\frac{R}{2L}\right)^2 - \frac{1}{LC}} = -b \pm j\sqrt{\omega_0^2 - b^2}$$
$$= -b \pm j\omega_d \tag{6-8-17}$$

电容电压 $u_C(t)$ 的一般形式为

$$u_C(t) = Ae^{-bt}\sin(\omega_d t + \theta) \tag{6-8-18}$$

电流

$$i(t) = C\frac{du_C}{dt} = CAe^{-bt}[-b\sin(\omega_d t + \theta) + \omega_d\cos(\omega_d t + \theta)] \tag{6-8-19}$$

由初值确定积分常数 A、θ，对式（6-8-18）、式（6-8-19）取 $t = 0_+$ 时刻的值得

$$u_C(0_+) = A\sin\theta = U_0$$
$$i(0_+) = CA[-b\sin\theta + \omega_d\cos\theta] = 0$$

联立求解得

$$\theta = \arctan\frac{\omega_d}{b}, \; A = U_0\frac{\omega_0}{\omega_d} \tag{6-8-20}$$

于是

$$u_C(t) = U_0\frac{\omega_0}{\omega_d}e^{-bt}\sin(\omega_d t + \theta) \tag{6-8-21}$$

$$i(t) = CU_0\frac{\omega_0}{\omega_d}e^{-bt}[-b\sin(\omega_d t + \theta) + \omega_d\cos(\omega_d t + \theta)]$$
$$= \frac{U_0}{L\omega_d}e^{-bt}\sin(\omega_d t + \pi) \tag{6-8-22}$$

$$u_L(t) = L\frac{di}{dt} = \frac{U_0}{\omega_d}e^{-bt}[-b\sin(\omega_d t + \pi) + \omega_d\cos(\omega_d t + \pi)]$$
$$= U_0\frac{\omega_0}{\omega_d}e^{-bt}\sin(\omega_d t - \theta) \tag{6-8-23}$$

$u_C(t)$、$i(t)$、$u_L(t)$ 的波形如图 6-8-3 所示，它们都是振幅按指数规律衰减的正弦波，图中虚线为包络线。当 u_C 达到极大值时，i 为零；当 i 达到极大值时，u_L 为零。这种幅值逐渐减小的振荡称为阻尼振荡或衰减振荡。衰减系数 b 越大，振幅衰减越快；b 越小，振幅衰减越慢。阻尼振荡角频率 $\omega_d = \sqrt{\omega_0^2 - b^2} = \sqrt{\frac{1}{LC} - \left(\frac{R}{2L}\right)^2}$ 决定于电路本身的参数，如果 L 及 C 一定，电阻 R 增大，则 ω_d 减小，振荡减慢，阻尼振荡周期 $T_d = \frac{2\pi}{\omega_d}$ 增大；当 R 增大到 $R = 2\sqrt{\frac{L}{C}}$ 时，则 $\omega_d = 0$，$T_d \to \infty$，

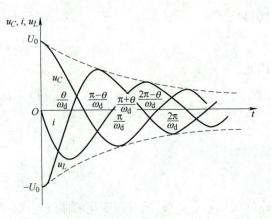

图 6-8-3

于是响应从周期性振荡情况变为非周期非振荡情况；电阻 R 减小，则衰减系数 b 减小，衰减减慢，ω_d 增大，振荡加快。在 $R = 0$ 的极限情况下，衰减系数 $b = 0$，响应变成等幅振荡，也称为无阻尼振荡。无阻尼振荡角频率 ω_d 等于谐振角频率 ω_0，这时式（6-8-21）~式（6-8-23）变为

$$u_C(t) = U_0\sin\left(\omega_0 t + \frac{\pi}{2}\right) \tag{6-8-24}$$

$$i(t) = \frac{U_0}{\omega_0 L} \sin(\omega_0 t + \pi) \tag{6-8-25}$$

$$u_L(t) = U_0 \sin\left(\omega_0 t - \frac{\pi}{2}\right) \tag{6-8-26}$$

上述无阻尼振荡不是由激励源强制作用所形成的，是零输入响应，因此称为自由振荡。从能量转换角度看 RLC 串联电路中的自由振荡，实质上是电容所储存的电场能量和电感所储存的磁场能量反复进行交换的过程。因为 $R=0$，所以无损耗，振荡一旦形成，将持续下去。实际上仅仅依靠储能元件的初始储能而产生的振荡是不可能长久维持的，实际电路中总是有电阻存在的。正弦波信号发生器是由振荡的 RLC 电路，同时利用反馈原理补充能量，用以补偿实际电路中电阻中的能量消耗，从而达到等幅振荡的。

下面从能量转换角度分析 RLC 电路的久阻尼周期性振荡过程。如图6-8-3所示，在第一个衰减振荡的半个周期内 $\left(0 \leqslant t \leqslant \frac{T_d}{2}\right)$，分三个阶段分析：

1) $0 \leqslant t < \frac{\theta}{\omega_d}$ 为第一阶段，在此阶段，电容电压 u_C 逐渐减少，$|i|$ 从零增加到最大值，电容释放的电场能转化为电感中储存的磁场能和电阻损耗，由于电阻较小，电容释放的电场能大部分转化为磁场能。

2) $\frac{\theta}{\omega_d} \leqslant t < \frac{\pi - \theta}{\omega_d}$ 为第二阶段，电容电压继续减小，$|i|$ 也逐渐减小，电容、电感均释放能量，供电阻消耗。在 $t = \frac{\pi - \theta}{\omega_d}$ 时，$u_C = 0$，电容电场储能已放完，电感还有磁场储能。

3) $\frac{\pi - \theta}{\omega_d} \leqslant t \leqslant \frac{\pi}{\omega_d}$ 为第三阶段，$|i|$ 继续减少，电感继续释放磁场能，一部分转换为电容上的电场储能，迫使电容反向充电，一部分供电阻消耗。在 $t = \frac{\pi}{\omega_d} = \frac{T_d}{2}$ 时，电容反向充电结束。电容反向充电的最高电压低于初始电压 U_0。在第二个衰减振荡的半个周期内，能量的转换情况与第一个半周期相似，只是电容在反向放电。如此循环往复，直至能量耗尽，过渡过程结束。

例6-8-1 如图6-8-4所示电路，当 $t=0$ 时开关 S 闭合。已知 $u_C(0_-) = 0$，$i(0_-) = 1A$，$C = 1F$，$L = 1H$。试分别计算 $R = 3\Omega$、$R = 2\Omega$ 及 $R = 1\Omega$ 时的 $u_C(t)$。

解：图6-8-4所示是一个 RLC 串联电路，利用前面的分析结果求解。

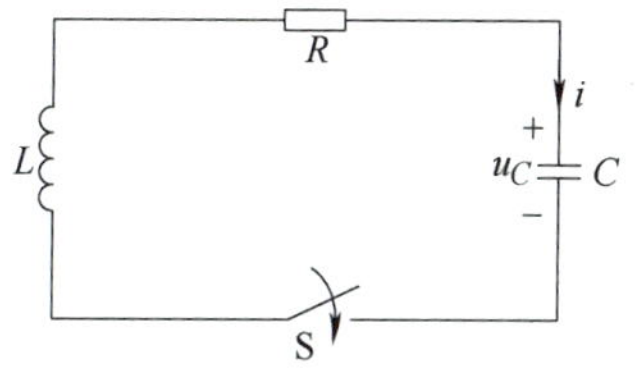

$$2\sqrt{\frac{L}{C}} = 2\Omega$$

（1）当 $R = 3\Omega$ 时，$R > 2\sqrt{\frac{L}{C}}$，过渡过程为过阻尼情况。

图 6-8-4

$$s_{1,2} = -\frac{R}{2L} \pm \sqrt{\left(\frac{R}{2L}\right)^2 - \frac{1}{LC}}$$

$$= -1.5 \pm \sqrt{1.5^2 - 1}$$

$$s_1 = -0.382, \quad s_2 = -2.618$$

$$u_C(t) = A_1 e^{-0.382t} + A_2 e^{-2.618t}$$

$$i(t) = C \frac{du_C}{dt} = C(-0.382 A_1 e^{-0.382t} - 2.618 A_2 e^{-2.618t})$$

根据换路定则

$$u_C(0_+) = 0, i(0_+) = 1A$$

于是

$$u_C(0_+) = A_1 + A_2 = 0$$
$$i(0_+) = C(-0.382A_1 - 2.618A_2) = 1A$$

求得

$$A_1 = 0.447 \qquad A_2 = -0.447$$

故

$$u_C(t) = 0.447e^{-0.382t}V - 0.447e^{-2.618t}V$$

（2）当 $R = 2\Omega$ 时，$R = 2\sqrt{\dfrac{L}{C}}$，过渡过程为临界阻尼情况。

$$s_{1,2} = -\frac{R}{2L} = -1$$
$$u_C(t) = (A_3 + A_4 t)e^{-t}$$
$$i(t) = C\frac{du_C}{dt} = C[A_4 e^{-t} - (A_3 + A_4 t)e^{-t}]$$

由初始条件得

$$u_C(0_+) = A_3 = 0$$
$$i(0_+) = C(A_4 - A_3) = 1A$$

解得

$$A_4 = 1$$

故

$$u_C(t) = te^{-t}V$$

（3）当 $R = 1\Omega$ 时，$R < 2\sqrt{\dfrac{L}{C}}$，过渡过程为欠阻尼情况。

$$s_{1,2} = -\frac{R}{2L} \pm j\sqrt{\frac{1}{LC} - \left(\frac{R}{2L}\right)^2}$$
$$= -\frac{1}{2} \pm j\frac{\sqrt{3}}{2}$$
$$u_C(t) = Ae^{-\frac{t}{2}}\sin\left(\frac{\sqrt{3}}{2}t + \theta\right)$$
$$i(t) = C\frac{du_C}{dt} = CA\left[-\frac{1}{2}e^{-\frac{t}{2}}\sin\left(\frac{\sqrt{3}}{2}t + \theta\right) + \frac{\sqrt{3}}{2}e^{-\frac{t}{2}}\cos\left(\frac{\sqrt{3}}{2}t + \theta\right)\right]$$

由初始条件得

$$u_C(0_+) = A\sin\theta = 0$$
$$i(0_+) = CA\left(-\frac{1}{2}\sin\theta + \frac{\sqrt{3}}{2}\cos\theta\right) = 1$$

解得

$$\theta = 0, \quad A = \frac{2}{\sqrt{3}}$$

故

$$u_C(t) = \frac{2}{\sqrt{3}}e^{-\frac{t}{2}}\sin\frac{\sqrt{3}}{2}tV$$

第九节 二阶电路的零状态响应和全响应

一、零状态响应

本节仍以 RLC 串联电路为例，讨论二阶电路的零状态响应。当 RLC 串联电路接通直流、正弦交流或别的形式的电压源时，自由分量与零输入响应情况完全一样，强制分量按微分方程求特解的方法确定。与一阶电路一样，当激励是直流或正弦交流函数时，特解就是相应的稳态解。然后根据零初始条件确定积分常数，最终求出零状态响应。

如图 6-9-1 所示 RLC 串联电路，当 $t = 0$ 时，开关 S 闭合，求零状态响应 $u_C(t)$。当 $t > 0$ 时，列写回路的 KVL 方程

$$LC \frac{\mathrm{d}^2 u_C}{\mathrm{d}t^2} + RC \frac{\mathrm{d}u_C}{\mathrm{d}t} + u_C = U_S \quad (6\text{-}9\text{-}1)$$

初值

$$u_C(0_+) = u_C(0_-) = 0$$
$$i(0_+) = i(0_-) = 0$$

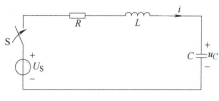

图 6-9-1

方程的特解即为稳态解

$$u_{Cp}(t) = U_S \quad (6\text{-}9\text{-}2)$$

按照特征方程的根的不同情况，方程的通解即暂态解也分为三种情况：

（1）设 $R > 2\sqrt{\dfrac{L}{C}}$，则

$$u_{Ch}(t) = A_1 \mathrm{e}^{s_1 t} + A_2 \mathrm{e}^{s_2 t} \quad (6\text{-}9\text{-}3)$$

（2）设 $R = 2\sqrt{\dfrac{L}{C}}$，则

$$u_{Ch}(t) = (A_3 + A_4 t)\mathrm{e}^{st} \quad (6\text{-}9\text{-}4)$$

（3）设 $R < 2\sqrt{\dfrac{L}{C}}$，则

$$u_{Ch}(t) = A\mathrm{e}^{-bt}\sin(\omega_d t + \theta) \quad (6\text{-}9\text{-}5)$$

式中，$b = \dfrac{R}{2L}$；$\omega_d = \sqrt{\omega_0^2 - b^2} = \sqrt{\dfrac{1}{LC} - \left(\dfrac{R}{2L}\right)^2}$。

对于第一种情况 $R > 2\sqrt{\dfrac{L}{C}}$，全解为

$$
\begin{aligned}
u_C(t) &= u_{Cp}(t) + u_{Ch}(t) \\
&= U_S + A_1 \mathrm{e}^{s_1 t} + A_2 \mathrm{e}^{s_2 t}
\end{aligned} \quad (6\text{-}9\text{-}6)
$$

$$i(t) = C\frac{\mathrm{d}u_C}{\mathrm{d}t} = C(A_1 s_1 \mathrm{e}^{s_1 t} + A_2 s_2 \mathrm{e}^{s_2 t}) \quad (6\text{-}9\text{-}7)$$

由初始条件

$$u_C(0_+) = U_S + A_1 + A_2 = 0$$
$$i(0_+) = C(A_1 s_1 + A_2 s_2) = 0$$

求得

$$A_1 = \frac{-s_2 U_2}{s_2 - s_1}, \quad A_2 = \frac{s_1 U_S}{s_2 - s_1} \quad (6\text{-}9\text{-}8)$$

将 A_1、A_2 代入式（6-9-6）得

$$u_C(t) = U_S + \frac{U_S}{s_1 - s_2}(s_2 e^{s_1 t} - s_1 e^{s_2 t}) \tag{6-9-9}$$

对于第二、第三种情况，可按同样方法求解，不再赘述。

在图 6-9-1 所示电路中，若接通的直流电压源 $U_S = 1V$，则对应的零状态响应即为单位阶跃响应。

二、二阶电路的全响应

在二阶动态电路中，既有激励电源，又有储能元件的初始储能，两者共同引起的响应就是全响应。它对应于二阶微分方程的全解，等于强制分量与自由分量之和，也等于零输入响应与零状态响应之和。

仍然以图 6-9-1 所示电路为例，而将初值改为 $u_C(0_-) = U_0$，$i(0_-) = 0$，再求全响应 $u_C(t)$。

对于 $R > 2\sqrt{\dfrac{L}{C}}$ 的过阻尼情况，$u_C(t)$、$i(t)$ 的全响应即是式（6-9-6）与式（6-9-7），由初始条件得

$$u_C(0_+) = U_S + A_1 + A_2 = U_0$$
$$i(0_+) = C(A_1 s_1 + A_2 s_2) = 0$$

解得

$$A_1 = \frac{-s_2(U_0 - U_S)}{s_1 - s_2}, \quad A_2 = \frac{s_1(U_0 - U_S)}{s_1 - s_2} \tag{6-9-10}$$

于是全响应 $u_C(t)$ 为

$$u_C(t) = U_S - \frac{s_2(U_0 - U_S)}{s_1 - s_2}e^{s_1 t} + \frac{s_1(U_0 - U_S)}{s_1 - s_2}e^{s_2 t} \tag{6-9-11}$$

式（6-9-11）就等于式（6-9-8）与式（6-9-9）之和，也即说明了全响应等于零输入响应与零状态响应之和。

例 6-9-1 在图 6-9-2所示电路中，$R_1 = 10\Omega$，$R_2 = 2\Omega$，$C = \dfrac{1}{4}$F，$L = 2$H，开关 S 在位置"1"已久，当 $t = 0$时，S 由"1"切换至"2"，求 $u_C(t)$ 与 $i_L(t)$。

解：$t < 0$，S 在"1"位置已达稳态，则

$$i_L(0_-) = \frac{6V}{R_1 + R_2} = 0.5A$$
$$u_C(0_-) = R_2 i_L(0_-) = 1V$$

$t > 0$，S 切换至"2"，则

由 KVL 得

$$L\frac{\mathrm{d}i_L}{\mathrm{d}t} + R_1 i_L + u_C = 12 \tag{1}$$

由 KCL 得

$$i_L = C\frac{\mathrm{d}u_C}{\mathrm{d}t} + \frac{u_C}{R_2} \tag{2}$$

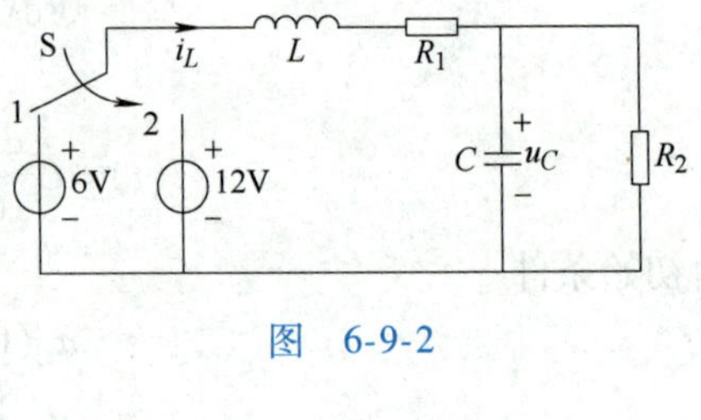

图 6-9-2

将式（2）代入式（1），消去 i_L 整理得

$$LC\frac{\mathrm{d}^2 u_C}{\mathrm{d}t^2} + \left(\frac{L}{R_2} + R_1 C\right)\frac{\mathrm{d}u_C}{\mathrm{d}t} + \left(\frac{R_1}{R_2} + 1\right)u_C = 12$$

代入数据得

$$\frac{d^2 u_C}{dt^2} + 7\frac{du_C}{dt} + 12u_C = 24 \tag{3}$$

式（3）的特解为

$$u_{Cp}(t) = 2\text{V}$$

式（3）对应的特征方程为

$$s^2 + 7s + 12 = 0$$
$$s_1 = -3 \qquad s_2 = -4$$

式（3）对应的齐次方程的通解为

$$u_{Ch}(t) = A_1 e^{-3t} + A_2 e^{-4t}$$

式（3）的全解为

$$u_C(t) = u_{Cp}(t) + u_{Ch}(t) = 2 + A_1 e^{-3t} + A_2 e^{-4t} \tag{4}$$

将式（4）代入式（2），电感电流为

$$i_L(t) = C(-3A_1 e^{-3t} - 4A_2 e^{-4t}) + \frac{1}{R_2}(2 + A_1 e^{-3t} + A_2 e^{-4t})$$

$$= 1 - \frac{1}{4}A_1 e^{-3t} - \frac{1}{2}A_2 e^{-4t}$$

代入初值

$$u_C(0_+) = 2 + A_1 + A_2 = u_C(0_-) = 1$$
$$i_L(0_+) = 1 - \frac{1}{4}A_1 - \frac{1}{2}A_2 = i_L(0_-) = 0.5$$

解得

$$A_1 = -4, A_2 = 3$$

于是

$$u_C(t) = (2 - 4e^{-3t} + 3e^{-4t})\text{V}$$

$$i_L(t) = \left(1 + e^{-3t} - \frac{3}{2}e^{-4t}\right)\text{A}$$

例 6-9-2 在图 6-9-3 所示电路中，S 闭合前，$i_L(0_-) = 0$，$u_C(0_-) = 0$，激励为正弦交流电流源 $i_S(t) = \sqrt{2}\sin t\text{A}$，$L = 1\text{H}$，$C = 1\text{F}$，$R = 1\Omega$，$t = 0$ 时，S 闭合，求开关上的电流 $i_K(t) = ?$

解： 如图选择各电流参考方向，$t > 0$ 后，由 KVL 得

$$i_L + i_C + i_R = i_S$$

$$i_L + C\frac{du_C}{dt} + \frac{u_C}{R} = \sqrt{2}\sin t\text{A}$$

又由 $u_C = u_L = L\frac{di_L}{dt}$，则

$$i_L + LC\frac{d^2 i_L}{dt^2} + \frac{L}{R}\frac{di_L}{dt} = \sqrt{2}\sin t\text{A}$$

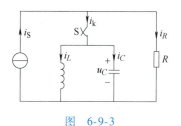

图 **6-9-3**

代入数据得

$$\frac{d^2 i_L}{dt^2} + \frac{di_L}{dt} + i_L = \sqrt{2}\sin t \tag{1}$$

式（1）的特解即是稳态分量，可利用求解正弦交流稳态电路的相量法进行计算

$$\dot{U}_L = \dot{U}_C = \dot{I}_S\left(\frac{1}{\frac{1}{R} + j\omega C - j\frac{1}{\omega L}}\right) = 1\text{V}$$

$\omega C = \dfrac{1}{\omega L}$，出现了并联谐振情况

$$i_{Kp}(t) = 0$$

$$\dot{I}_L = \dfrac{\dot{U}_L}{j\omega L} = \dfrac{1}{j1} = 1 \angle -90°\text{A}$$

$$i_{Lp}(t) = \sqrt{2}\sin(t - 90°)\text{A}$$

由式（1）得到相应的特征方程

$$s^2 + s + 1 = 0$$

$$s_{1,2} = \dfrac{-1}{2} \pm j\dfrac{\sqrt{3}}{2}$$

是一对实部为负的共轭复根，则对应的通解为

$$i_{Lh}(t) = Ae^{-\frac{t}{2}}\sin\left(\dfrac{\sqrt{3}}{2}t + \theta\right)$$

全解为

$$i_L(t) = i_{Lp}(t) + i_{Lh}(t) = \sqrt{2}\sin(t - 90°) + Ae^{-\frac{t}{2}}\sin\left(\dfrac{\sqrt{3}}{2}t + \theta\right)$$

$i_L(t)$ 的导数为

$$i_L'(t) = \sqrt{2}\sin t + Ae^{-\frac{t}{2}}\left[-\dfrac{1}{2}\sin\left(\dfrac{\sqrt{3}}{2}t + \theta\right) + \dfrac{\sqrt{3}}{2}\cos\left(\dfrac{\sqrt{3}}{2}t + \theta\right)\right]$$

利用初始条件确定积分常数 A、θ。

$$i_L(0_+) = i_L(0_-) = 0$$

$$i_L'(0_+) = \dfrac{u_L(0_+)}{L} = \dfrac{u_C(0_+)}{L} = \dfrac{u_C(0_-)}{L} = 0$$

则

$$i_L(0_+) = -\sqrt{2} + A\sin\theta = 0 \tag{2}$$

$$i_L'(0_+) = A\left(-\dfrac{1}{2}\sin\theta + \dfrac{\sqrt{3}}{2}\cos\theta\right) = 0 \tag{3}$$

联立式（1）和式（2）求解得

$$\theta = 60°, A = \dfrac{2\sqrt{6}}{3}$$

故

$$i_L(t) = \sqrt{2}\sin(t - 90°)\text{A} + \dfrac{2\sqrt{6}}{3}e^{-\frac{t}{2}}\sin\left(\dfrac{\sqrt{3}}{2}t + 60°\right)\text{A}$$

$$u_L(t) = u_C(t) = L\dfrac{di_L}{dt} = \sqrt{2}\sin t\,\text{V} + \dfrac{2\sqrt{6}}{3}e^{-\frac{t}{2}}\sin\left(\dfrac{\sqrt{3}}{2}t + 180°\right)\text{V}$$

$$i_C(t) = C\dfrac{du_C}{dt} = \sqrt{2}\sin(t + 90°)\text{A} + \dfrac{2\sqrt{6}}{3}e^{-\frac{t}{2}}\sin\left(\dfrac{\sqrt{3}}{2}t - 60°\right)\text{A}$$

开关电流

$$i_K(t) = i_L(t) + i_C(t) = \dfrac{2\sqrt{6}}{3}e^{-\frac{t}{2}}\sin\dfrac{\sqrt{3}}{2}t\,\text{A}$$

在图 6-9-3 所示电路中，LC 恰好处于并联谐振状态，虽然开关电流的稳态分量为零，但仍存在暂态分量，直到过渡过程结束后，开关电流才为零，相当于开路。

例 6-9-3　图 6-9-4 所示电路原已达稳态，当 $t = 0$ 时开关 S 合上，已知 $R_1 = R_2 = R_3 =$

2Ω，$R_4 = 1\Omega$，$C = 1\text{F}$，$L = 2\text{H}$，$U_\text{S} = 10\text{V}$，求响应 $i_L(t)$。

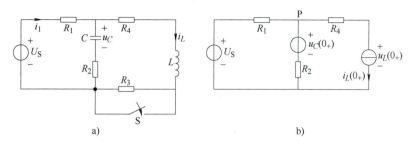

图 6-9-4

解：当 $t < 0$ 时，S 断开

$$i_L(0_-) = \frac{U_\text{S}}{R_1 + R_4 + R_3} = 2\text{A}$$

$$u_C(0_-) = i_L(0_-)\,(R_4 + R_3) = 6\text{V}$$

则

$$i_L(0_+) = i_L(0_-) = 2\text{A}$$

$$u_C(0_+) = u_C(0_-) = 6\text{V}$$

为求 $\dfrac{\mathrm{d}i_L}{\mathrm{d}t}(0_+)$，将电容用电压源替代，电感用电流源替代，画出 $t = 0_+$ 时刻的等效电路，如图 6-9-4b 所示。由节点电压法

$$u_\text{p}(0_+) = \frac{\dfrac{U_\text{S}}{R_1} + \dfrac{u_C(0_+)}{R_2} - i_L(0_+)}{\dfrac{1}{R_1} + \dfrac{1}{R_2}} = 6\text{V}$$

$$u_L(0_+) = u_\text{p}(0_+) - R_4 i_L(0_+) = 4\text{V}$$

$$\frac{\mathrm{d}i_L}{\mathrm{d}t}(0_+) = \frac{u_L(0_+)}{L} = 2\text{A/s}$$

当 $t > 0$ 后，列写 KVL 与 KCL 方程

$$R_1 i_1 + u_C + R_2 i_C = U_\text{S} \tag{1}$$

$$R_1 i_1 + R_4 i_L + u_L = U_\text{S} \tag{2}$$

$$i_1 = i_C + i_L \tag{3}$$

将式（3）代入式（1）得

$$R_1 i_1 + \frac{1}{C}\int(i_1 - i_L)\,\mathrm{d}t + R_2(i_1 - i_L) = U_\text{S}$$

对上式两边同时求导得

$$(R_1 + R_2)\frac{\mathrm{d}i_1}{\mathrm{d}t} - R_2\frac{\mathrm{d}i_L}{\mathrm{d}t} + \frac{1}{C}(i_1 - i_L) = 0 \tag{4}$$

由式（2）得

$$i_1 = \frac{U_\text{S} - L\dfrac{\mathrm{d}i_L}{\mathrm{d}t} - R_4 i_L}{R_1} \tag{5}$$

将式（5）代入式（4），并代入数据整理得

$$4\frac{\mathrm{d}^2 i_L}{\mathrm{d}t^2} + 5\frac{\mathrm{d}i_L}{\mathrm{d}t} + \frac{3}{2}i_L = 5 \tag{6}$$

式（6）是以 i_L 为变量的二阶常系数非齐次微分方程，其特解为

$$i_{Lp}(t) = \frac{10}{3}\text{A}$$

式（6）对应的特征方程为

$$4s^2 + 5s + \frac{3}{2} = 0$$

$$s_1 = -\frac{1}{2}, \ s_2 = -\frac{3}{4}$$

式（6）对应的齐次方程的通解为

$$i_{Lh}(t) = A_1 e^{-\frac{t}{2}} + A_2 e^{-\frac{3t}{4}}$$

全解为

$$i_L(t) = i_{Lp}(t) + i_{Lh}(t) = \frac{10}{3} + A_1 e^{-\frac{t}{2}} + A_2 e^{-\frac{3t}{4}}$$

求导得

$$\frac{di_L}{dt} = -\frac{A_1}{2}e^{-\frac{t}{2}} - \frac{3}{4}A_2 e^{-\frac{3t}{4}}$$

由初始条件

$$i_L(0_+) = \frac{10}{3} + A_1 + A_2 = 2$$

$$\frac{di_L}{dt}(0_+) = -\frac{A_1}{2} - \frac{3}{4}A_2 = 2$$

联立求解得

$$A_1 = 4, \ A_2 = -\frac{16}{3}$$

最终求得

$$i_L(t) = \left(\frac{10}{3} + 4e^{-\frac{t}{2}} - \frac{16}{3}e^{-\frac{3t}{4}}\right)\text{A} \quad t \geqslant 0$$

第十节　二阶电路的冲激响应

冲激响应的概念在一阶电路中已介绍过，现在研究二阶电路中的冲激响应。冲激激励 $\delta(t)$ 的作用是使储能元件在 0_- 到 0_+ 无限短的时间里建立起初始状态，然后电路依靠储能元件的初始储能产生零输入响应。与一阶电路一样，求二阶电路冲激响应的关键是求储能元件换路后瞬间的初始值。

如图 6-10-1 所示 RLC 串联电路，求单位冲激响应 $u_C(t)$ 和 $i(t)$。在 $t=0$ 时刻，列写电路 KVL 方程

$$u_R + u_L + u_C = \delta(t)$$

$$RC\frac{du_C}{dt} + LC\frac{d^2 u_C}{dt^2} + u_C = \delta(t) \qquad (6\text{-}10\text{-}1)$$

初始条件为

$$u_C(0_-) = 0, i(0_-) = 0 \qquad (6\text{-}10\text{-}2)$$

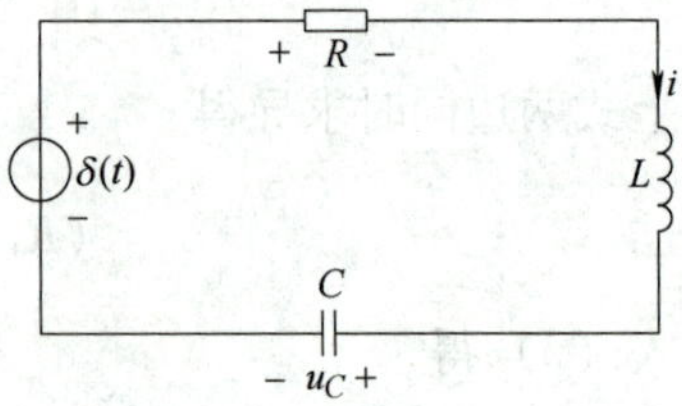

分析式（6-10-1）知：方程右边是冲激函数 $\delta(t)$，故

左方 $\frac{d^2 u_C}{dt^2}$ 中包含冲激，$\frac{du_C}{dt}$ 中包含有限值的跳变，u_C 应连续。因为倘若 $\frac{du_C}{dt}$ 中包含冲激，那

图　6-10-1

么 $\dfrac{\mathrm{d}^2 u_C}{\mathrm{d}t^2}$ 中包含冲激的一阶导数，而方程的右边不含冲激的一阶导数，方程两边不能平衡。因此 u_C 连续而不跳变，即 $u_C(0_+) = u_C(0_-) = 0$。

对式（6-10-1）两边从 $t = 0_-$ 到 0_+ 积分

$$\int_{0-}^{0+} RC \frac{\mathrm{d}u_C}{\mathrm{d}t}\mathrm{d}t + \int_{0-}^{0+} LC \frac{\mathrm{d}^2 u_C}{\mathrm{d}t^2}\mathrm{d}t + \int_{0-}^{0+} u_C \mathrm{d}t = \int_{0-}^{0+} \delta(t)\mathrm{d}t$$

$$RC[u_C(0_+) - u_C(0_-)] + LC\left[\frac{\mathrm{d}u_C}{\mathrm{d}t}(0_+) - \frac{\mathrm{d}u_C}{\mathrm{d}t}(0_-)\right] = 1$$

因为

$$i(0_-) = 0, \frac{\mathrm{d}u_C}{\mathrm{d}t}(0_-) = \frac{i(0_-)}{C} = 0$$

所以

$$\frac{\mathrm{d}u_C}{\mathrm{d}t}(0_+) = \frac{1}{LC}$$

即

$$i(0_+) = \frac{1}{L}$$

当 $t > 0$ 后，$\delta(t) = 0$，电路方程成为

$$LC \frac{\mathrm{d}^2 u_C}{\mathrm{d}t^2} + RC \frac{\mathrm{d}u_C}{\mathrm{d}t} + u_C = 0 \tag{6-10-3}$$

初始条件为

$$u_C(0_+) = 0, \quad i(0_+) = \frac{1}{L} \tag{6-10-4}$$

求式（6-10-1）、式（6-10-2）描述的冲激响应转化为求式（6-10-3）、式（6-10-4）描述的零输入响应问题。按照本章第八节介绍的方法，得到如下三种不同情况的解：

（1）当 $R > 2\sqrt{\dfrac{L}{C}}$ 时，为过阻尼情况。

$$u_C(t) = \frac{1}{LC(s_1 - s_2)}(\mathrm{e}^{s_1 t} - \mathrm{e}^{s_2 t}) \quad t > 0$$

$$i(t) = \frac{1}{L(s_1 - s_2)}(s_1 \mathrm{e}^{s_1 t} - s_2 \mathrm{e}^{s_2 t}) \quad t > 0$$

（2）当 $R = 2\sqrt{\dfrac{L}{C}}$ 时，为临界阻尼情况。

$$u_C(t) = \frac{t}{LC}\mathrm{e}^{st} \qquad t > 0$$

$$i(t) = \frac{1}{L}(1 - st)\mathrm{e}^{st} \qquad t > 0$$

（3）当 $R < 2\sqrt{\dfrac{L}{C}}$ 时，为欠阻尼情况。

$$u_C(t) = \frac{\omega_0^2}{\omega_\mathrm{d}}\mathrm{e}^{-bt}\sin\omega_\mathrm{d} t \quad t > 0$$

$$i(t) = \frac{\omega_0}{L\omega_\mathrm{d}}\mathrm{e}^{-bt}\sin(\omega_\mathrm{d} t - \theta + \pi) \quad t > 0$$

式中，$b = \dfrac{R}{2L}$；$\omega_0 = \dfrac{1}{\sqrt{LC}}$；$\omega_\mathrm{d} = \sqrt{\omega_0^2 - b^2}$；$\theta = \arctan\dfrac{\omega_\mathrm{d}}{b}$。

与一阶电路一样，求冲激响应还可以先求阶跃响应，然后求导得到对应的冲激响应。

例6-10-1 如图6-10-2所示电路，已知 $R = \dfrac{1}{5}\Omega$，$L = \dfrac{1}{6}$H，$C = 1$F，求冲激响应 $i_L(t)$。

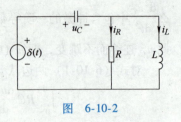

图 6-10-2

解：先求阶跃响应，根据换路定则，有

$$i_L(0_+) = i_L(0_-) = 0,\ u_C(0_+) = u_C(0_-) = 0$$

当 $t > 0$ 后，列写方程：

由 KVL 得

$$u_C + Ri_R = 1 \tag{1}$$
$$u_C + u_L = 0 \tag{2}$$

由 KCL 得

$$i_R = C\frac{\mathrm{d}u_C}{\mathrm{d}t} - i_L \tag{3}$$

将式（2）、式（3）代入式（1），得

$$RCL\frac{\mathrm{d}^2 i_L}{\mathrm{d}t^2} + L\frac{\mathrm{d}i_L}{\mathrm{d}t} + Ri_L = 0 \tag{4}$$

$$\frac{\mathrm{d}^2 i_L}{\mathrm{d}t^2} + 5\frac{\mathrm{d}i_L}{\mathrm{d}t} + 6i_L = 0$$

$$i_L(t) = A_1 \mathrm{e}^{-2t} + A_2 \mathrm{e}^{-3t}$$

由初始条件

$$i_L(0_+) = 0$$

$$\frac{\mathrm{d}i_L}{\mathrm{d}t}(0_+) = \frac{u_L(0_+)}{L} = \frac{1}{L} = 6\mathrm{A/s}$$

确定积分常数

$$i_L(0_+) = A_1 + A_2 = 0$$

$$\frac{\mathrm{d}i_L}{\mathrm{d}t}(0_+) = -2A_1 - 3A_2 = 6$$

解之得

$$A_1 = 6,\ A_2 = -6$$

阶跃响应为

$$i_L(t) = s(t) = (6\mathrm{e}^{-2t} - 6\mathrm{e}^{-3t})\mathrm{A} \qquad t \geqslant 0$$

冲激响应为

$$i_L(t) = h(t) = (-12\mathrm{e}^{-2t} + 18\mathrm{e}^{-3t})\mathrm{A} \qquad t > 0$$

第十一节 用经典法求解高阶电路的过渡过程

利用经典法计算高阶线性电路过渡过程的基本思路和求解步骤与一阶、二阶电路相同。其基本思路和求解步骤如下：

1）求初值。

2）列写电路的微分方程。

3）求微分方程的特解和对应齐次方程的通解，合成全解。

4）利用初始条件确定积分常数。

图 6-11-1 所示是含有三个储能元件的电路，由直流电压源激励，开关 S 原处于断开位置，电路已达稳态，在 $t = 0$ 时将开关 S 闭合，求电流 $i_1(t)$、$i_2(t)$ 和电压 $u_C(t)$。

当 $t < 0$ 时，开关 S 处于断开状态，$i_1(0_-) = i_2(0_-) = 0$，$u_C(0_-) = U_S$。

当 $t > 0$ 后，S 闭合，列写两个网孔的 KVL 方程

$$R_1 i_1 + L_1 \frac{\mathrm{d}i_1}{\mathrm{d}t} + R_3(i_1 - i_2) = U_\mathrm{S} \qquad (6\text{-}11\text{-}1)$$

$$L_2 \frac{\mathrm{d}i_2}{\mathrm{d}t} + \frac{1}{C}\int i_2 \mathrm{d}t + R_2 i_2 - R_3(i_1 - i_2) = 0 \quad (6\text{-}11\text{-}2)$$

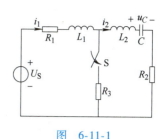

图　6-11-1

由式（6-11-1）得

$$i_2 = \frac{(R_1 + R_3)i_1 + L_1 \dfrac{\mathrm{d}i_1}{\mathrm{d}t} - U_\mathrm{S}}{R_3} \qquad (6\text{-}11\text{-}3)$$

对式（6-11-2）求导并整理得

$$L_2 \frac{\mathrm{d}^2 i_2}{\mathrm{d}t^2} + (R_2 + R_3)\frac{\mathrm{d}i_2}{\mathrm{d}t} - R_3 \frac{\mathrm{d}i_1}{\mathrm{d}t} + \frac{1}{C}i_2 = 0 \qquad (6\text{-}11\text{-}4)$$

将式（6-11-3）代入式（6-11-4）得

$$\frac{L_1 L_2}{R_3}\frac{\mathrm{d}^3 i_1}{\mathrm{d}t^3} + \left[\frac{L_2(R_1 + R_3) + L_1(R_2 + R_3)}{R_3}\right]\frac{\mathrm{d}^2 i_1}{\mathrm{d}t^2} +$$

$$\left[\frac{(R_1 + R_3)(R_2 + R_3)}{R_3} + \frac{L_1}{R_3 C} - R_3\right]\frac{\mathrm{d}i_1}{\mathrm{d}t} + \frac{R_1 + R_3}{R_3 C}i_1 = \frac{U_\mathrm{S}}{R_3 C} \qquad (6\text{-}11\text{-}5)$$

假设图6-11-1所示电路中：$U_\mathrm{S} = 12\mathrm{V}$，$R_1 = 2\Omega$，$R_2 = 2\Omega$，$R_3 = 1\Omega$，$C = 1\mathrm{F}$，$L_1 = L_2 = 1\mathrm{H}$，将上述数据代入式（6-11-5），则有

$$\frac{\mathrm{d}^3 i_1}{\mathrm{d}t^3} + 6\frac{\mathrm{d}^2 i_1}{\mathrm{d}t^2} + 9\frac{\mathrm{d}i_1}{\mathrm{d}t} + 3i_1 = 12 \qquad (6\text{-}11\text{-}6)$$

式（6-11-6）的特征方程为

$$s^3 + 6s^2 + 9s + 3 = 0$$

解得

$$s_1 = -3.88, \quad s_2 = -1.65, \quad s_3 = -0.47$$

对应齐次方程的通解为

$$i_{1\mathrm{h}}(t) = K_1 \mathrm{e}^{-3.88t} + K_2 \mathrm{e}^{-1.65t} + K_3 \mathrm{e}^{-0.47t}$$

式（6-11-6）的特解为

$$i_{1\mathrm{p}}(t) = 4\mathrm{A}$$

则全解为

$$i(t) = i_{1\mathrm{p}}(t) + i_{1\mathrm{h}}(t)$$
$$= 4 + K_1 \mathrm{e}^{-3.88t} + K_2 \mathrm{e}^{-1.65t} + K_3 \mathrm{e}^{-0.47t} \qquad (6\text{-}11\text{-}7)$$

三个积分常数 K_1、K_2、K_3 可由三个初值 $i_1(0_+)$、$\dfrac{\mathrm{d}i_1}{\mathrm{d}t}(0_+)$、$\dfrac{\mathrm{d}^2 i_1}{\mathrm{d}t^2}(0_+)$ 确定。下面求这三个初值。

根据换路定则，有

$$i_1(0_+) = i_1(0_-) = 0, \quad i_2(0_+) = i_2(0_-) = 0$$
$$u_C(0_+) = u_C(0_-) = 12\mathrm{V}$$

在式（6-11-1）中，令 $t = 0_+$，得

$$R_1 i_1(0_+) + L_1 \frac{\mathrm{d}i_1}{\mathrm{d}t}(0_+) + R_3[i_1(0_+) - i_2(0_+)] = 12$$

代入数据即可求得

$$\frac{\mathrm{d}i_1}{\mathrm{d}t}(0_+) = 12\mathrm{A/s}$$

将式（6-11-2）重写为

$$L_2 \frac{di_2}{dt} + u_C + R_2 i_2 - R_3(i_1 - i_2) = 0 \tag{6-11-8}$$

在式（6-11-8）中，令 $t = 0_+$，并代入数据后求得

$$\frac{di_2}{dt}(0_+) = -12\text{A/s}$$

对式（6-11-1）两边关于 t 求导得

$$R_1 \frac{di_1}{dt} + L_1 \frac{d^2 i_1}{dt^2} + R_3\left(\frac{di_1}{dt} - \frac{di_2}{dt}\right) = 0 \tag{6-11-9}$$

在式（6-11-9）中，令 $t = 0_+$，并代入数据后求得

$$\frac{d^2 i_1}{dt^2}(0_+) = -48\text{A/s}^2$$

将三个初值代入式（6-11-7），有

$$\begin{cases} i_1(0_+) = 4 + K_1 + K_2 + K_3 = 0 \\ \dfrac{di_1}{dt}(0_+) = -3.88K_1 - 1.65K_2 - 0.47K_3 = 12 \\ \dfrac{d^2 i_1}{dt^2}(0_+) = 3.88^2 K_1 + 1.65^2 K_2 + 0.47^2 K_3 = -48 \end{cases}$$

求得

$$K_1 = -3.37, \quad K_2 = 1.14, \quad K_3 = -1.77$$

最后得到

$$i_1(t) = (4 - 3.37e^{-3.88t} + 1.14e^{-1.65t} - 1.77e^{-0.47t})\text{A}$$

得到 $i_1(t)$ 后，代入式（6-11-1）、式（6-11-8）中，不难求出 $i_2(t)$ 与 $u_C(t)$，不再赘述。

从本章讨论可知，经典法的主要优点是物理概念清晰，微分方程的特解即为强制响应分量，对应的齐次方程的通解即为自由响应分量，对于工程中常见的一阶电路的过渡过程，利用三要素公式可以方便快捷地求解。

但应用经典法求解 n 阶复杂电路时，为确定积分常数需要推求响应在 $t = 0_+$ 时刻的初值以及它的一阶至 $(n-1)$ 阶的导数值，计算繁杂。对于高阶电路，还可以采用拉普拉斯变换法或状态变量法来分析其过渡过程，详见下一章的介绍。

习 题 六

6-1 题图6-1所示电路中，已知 $U_S = 100\text{V}$、$R = 1000\Omega$、$C = 1\mu\text{F}$，开关 S 合上以前电容未充过电。$t = 0$ 时，S 合上，计算 $t = 0_+$ 时的 i、$\dfrac{di}{dt}$ 及 $\dfrac{d^2 i}{dt^2}$。

6-2 给定电路如题图6-2所示，$U_S = 100\text{V}$，$R = 10\Omega$，$L = 1\text{H}$，$t = 0$ 时，开关 S 合上，计算 $t = 0_+$ 时 $\dfrac{di}{dt}$ 及 $\dfrac{d^2 i}{dt^2}$ 的值。

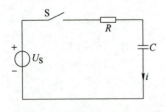

题图 6-1

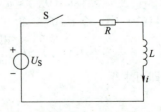

题图 6-2

6-3 题图6-3所示电路中，已知 $U_S = 100\text{V}$，$R_1 = 10\Omega$，$R_2 = 20\Omega$，$R_3 = 20\Omega$，S闭合前电路处于稳态，$t = 0$时S闭合，试求 $i_1(0_+)$ 及 $i_2(0_+)$。

6-4 题图6-4所示电路中，参数为 $R_1 = R_2 = R_3 = 2\Omega$。VCCS的 $g_m = 1\text{s}$，$L = 1\text{H}$，$C = 2\text{F}$，直流电源 $E = 5\text{V}$，电容上无初始电荷。当 $t = 0$ 时，S闭合。求 $i(0_+)$、$\dfrac{\text{d}i}{\text{d}t}(0_+)$。

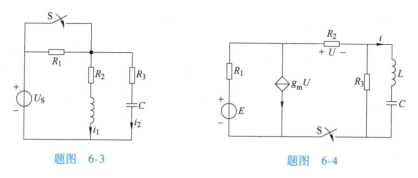

题图 6-3 题图 6-4

6-5 题图6-5所示电路中，$I_S = 6\text{A}$，$L_1 = 1\text{H}$，$L_2 = 2\text{H}$，$R = 1\Omega$，$i_1(0_-) = 1\text{A}$，$i_2(0_-) = 2\text{A}$，问S闭合后 $i_2(0_+)$ 和 $i_2(\infty)$ 各是多少？

6-6 题图6-6所示电路中，$C_1 = 1\text{F}$，$C_2 = 2\text{F}$，$R_1 = 1\Omega$，$R_2 = 2\Omega$，$U_S = 9\text{V}$，开关S打开已久，$t = 0$时将S闭合，试求 $u_{C1}(0_+)$、$u_{C2}(0_+)$。

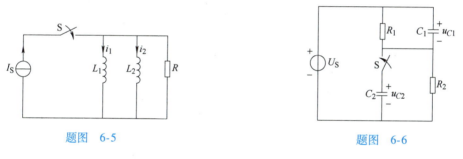

题图 6-5 题图 6-6

6-7 题图6-7所示电路中，$R_1 = R_2 = 1\Omega$，VCCS的 $g_m = 2\text{s}$，$L = 1\text{H}$，$E = 6\text{V}$，$t = 0$时S闭合，求 i_L、$g_m U_1$。

6-8 题图6-8所示电路中，S闭合前电路已达稳态，$t = 0$时S闭合，求 $t > 0$ 时的 $u_2(t)$，其中 $U_S = 10\text{V}$，$L_1 = 0.15\text{H}$，$L_2 = 0.1\text{H}$，$M = 0.05\text{H}$。

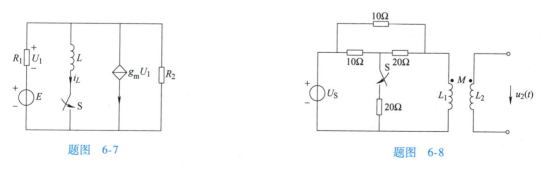

题图 6-7 题图 6-8

6-9 题图6-9a所示电路中，电流源 $i(t)$ 的波形如题图6-9b所示，$R = 1\Omega$，$L = 0.5\text{H}$，试求电感上的电压 $u(t)$。

6-10 电容 $C = 40\mu\text{F}$，经过一电阻放电，放电过程结束时电阻消耗的能量为5J，若在放电开始后 $5.56 \times 10^{-3}\text{s}$ 时，电容放出的能量是它开始时储存能量的一半，试问放电前电容的端电压是多少？所接电阻的值是多少？

6-11 题图 6-10所示电路中，$R = 10\Omega$，$C = 200\mu F$，$u_C(0_-) = 2V$，$u_S = \sqrt{2}\sin(314t - 45°)V$，求开关 S 合上后的 $i(t)$ 和 $u_C(t)$。

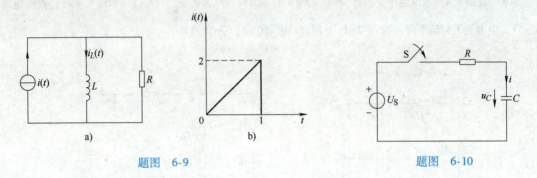

题图 6-9   题图 6-10

6-12 题图 6-11所示电路中，已知 $I_S = 1A$，$\beta = 0.5$，电路已达稳态，现 β 突然从 0.5 变为 1.5，试求 $u(t)$。

6-13 电路如题图 6-12所示，$R_1 = 1\Omega$，$C_1 = 1F$，$C_2 = \frac{1}{2}F$，$u_1(0_-) = 8V$，$u_2(0_-) = 2V$，若 $t = 0$ 时开关闭合，试求 $u_1(t)$、$u_2(t)$、$i(t)$ 和充电结束时两电容的储能。

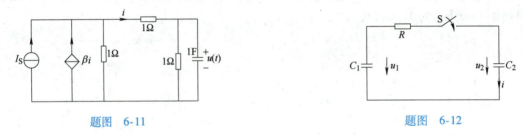

题图 6-11   题图 6-12

6-14 题图 6-13所示电路中，已知 $R_1 = R_2 = R_3 = 20\Omega$，$r = 40\Omega$，$C_1 = C_2 = 0.1F$，$u_S = 12V$，开关 S 闭合已久，试求 S 打开后其两端的电压 $u_0(t)$ 与 $u_{C2}(t)$。

6-15 电路如题图 6-14所示，已知 $U_S = 18V$，$\alpha = 8$，$R = 6\Omega$，$L = 0.9H$，$C = 0.5F$，$i_L(0_-) = 0$，$u_C(0_-) = 0$，$t = 0$ 时开关闭合，试求 $i_L(t)$、$u_C(t)$。

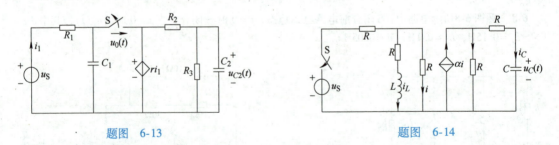

题图 6-13   题图 6-14

6-16 题图 6-15所示电路中，开关 S 原已打开，已知 $L = 1H$，$R_1 = R_2 = R_3 = 1\Omega$，$i_L(0_-) = 0$，$u_S(t) = \delta(t)V$，开关 $t = 1s$ 时闭合，试用经典法求 $i_S(t) = 1(t-1)A$ 时的响应 $i_L(t)$。

6-17 题图 6-16所示电路中，电压源为单位阶跃函数，$u_C(0_-) = 0$，$i_L(0_-) = 0$，$C = 0.25F$，$L = 0.5H$，求 $u_C(t)$、$i_L(t)$。

6-18 题图 6-17所示电路中，$L = 0.3H$，N 为电阻网络，

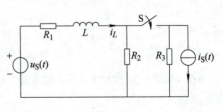

题图 6-15

输出电压的零状态响应 $u_0(t) = (3 - 7.5e^{-30t})V$，若 L 换为电容 C，且 $C = \frac{1}{90}F$，则零状态响应 $u_0(t) = ?$

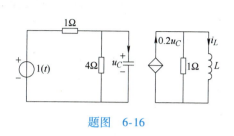

题图 6-16

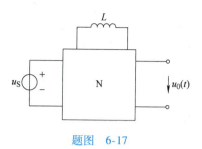

题图 6-17

6-19 题图 6-18所示电路中，已知阶跃响应 $i_C(t) = \frac{1}{6}e^{-25t} \cdot 1(t)$ mA，求 $u_L(t)$。

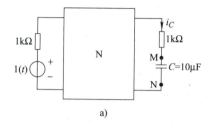

a)

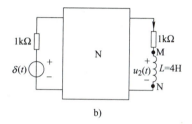

b)

题图 6-18

6-20 试求题图 6-19所示电路暂态分量的形式，已知 $C_1 = 1\mu F$，$C_2 = 2\mu F$，$L = 0.03H$，$R = 100\Omega$。

6-21 题图 6-20所示电路 S 断开时已达稳态，求闭合后的 $i(t)$。

6-22 题图 6-21所示电路中，开关 S 闭合已久，$t = 0$ 时断开 S，试求电感中的过渡电流和电容上的过渡电压。

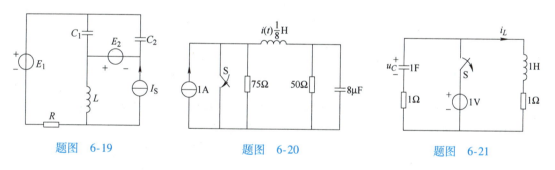

题图 6-19   题图 6-20   题图 6-21

6-23 题图 6-22所示电路中，$L = 1H$，$R = 10\Omega$，$C = \frac{1}{16}F$，$u_C(0_-) = 0$，$i_L(0_-) = 0$，试求 $i_L(0_+)$、$u_C(0_+)$ 和 $i_L(t)$。

6-24 题图 6-23所示电路中，$L = 2H$，$C = \frac{1}{2}F$，$R_1 = 1\Omega$，$R_2 = 2\Omega$，$u_C(0_-) = 1V$，求开关闭合后的 $i(t) = ?$

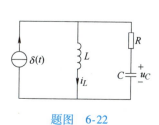

题图 6-22

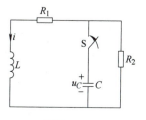

题图 6-23

6-25 上题中，当 R_2 为何值时，电路的过渡过程处于临界情况？

6-26 题图 6-24 所示电路中，开关 S 置于 1 已久，$t=0$ 时，由 1 切换到 2，已知 $R_1=10\Omega$，$R_2=2\Omega$，$C=\frac{1}{4}$F，$L=2$H，求 $u_C(t)$、$i_L(t)$。

6-27 题图 6-25 所示电路中，$E=15$V，$R=20\Omega$，$L=0.4$H，$C=0.004$F，S 原在位置 1，已达稳态。$u_C(0_-)=5$V，$t=0$ 时，S 切换到位置 2，求过渡电压 $u_C(t)$。

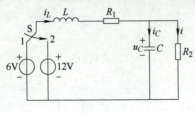

题图 6-24

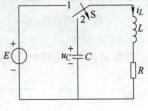

题图 6-25

6-28 上题中，当 $R=10\Omega$ 和 $R=30\Omega$ 时，再求 $u_C(t)$。

6-29 题图 6-26 所示电路中，已知 $R=\frac{1}{5}\Omega$，$L=\frac{1}{6}$H，$C=1$F，求冲激响应 $i_L(t)$。

6-30 题图 6-27 所示电路中，已知，$R_1=100\Omega$，$R_2=30\Omega$，$R_3=60\Omega$，$C=100\mu$F，$L=100$mH，$I_S=0.5$A，$E=30$V，开关 S 原为断开，电路已达稳态，现于 $t=0$ 时闭合 S，求 $i_C(t)$、$i_L(t)$ 及流过开关 S 的 $i(t)$。

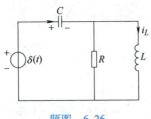

题图 6-26

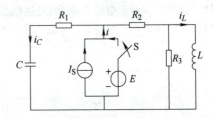

题图 6-27

6-31 题图 6-28 所示电路中，已知 $R_1=6\Omega$，$R_2=2\Omega$，$R_3=2\Omega$，$L=0.1$H，$C=0.1$F，$U_S=12$V，$I_S=3$A，原电路已处于稳态，今在 $t=0$ 时打开开关 S，求 S 打开后的 $u_C(t)$ 和 $i_L(t)$。

6-32 题图 6-29 所示电路中，$I_S=1$A，$C_1=C_2=1$F，$R_1=R_2=10\Omega$，开关打开前电路已达稳态，试求开关 S 断开后它两端的过渡电压。

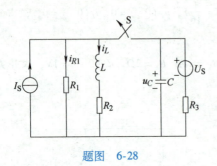

题图 6-28

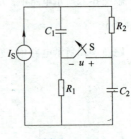

题图 6-29

6-33 题图 6-30 所示电路中，已知 $U_S=1$V，$R_1=R_2=1\Omega$，$L_1=L_2=1$H，原电路已处于稳态，今在 $t=0$ 时闭合开关 S，试用经典法求 S 闭合后通过开关 S 的电流 $i_K(t)$。

6-34 题图 6-31 所示电路中，已知 $U_S=10$V，$R_1=R_2=2\Omega$，$L=2$H，$C=2$F，$r=5\Omega$，原电路已处于稳态，现在 $t=0$ 时闭合开关 S，求 S 闭合后流过开关 S 的电流 $i_K(t)$。

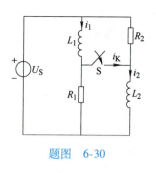

题图 6-30

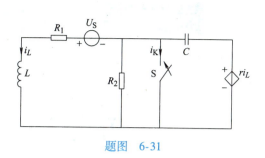

题图 6-31

6-35 题图 6-32所示电路中，已知 $R = 10\Omega$，$U_S = 12V$，$C = 0.01F$，$L = 0.2H$，$\beta = \dfrac{1}{3}$，开关闭合已久，求开关打开后的电压 $u_K(t)$ 和电流 $i_L(t)$。

6-36 题图 6-33所示电路中，N_0 为线性无源零状态网络，当 a、b 间接 R，阶跃响应 $g_u(t) = \dfrac{2}{3}(1 - e^{-\frac{3}{2}t}) \cdot 1(t)V$；当 a、b 间接 $C = 2F$，阶跃响应 $g_u(t) = (1 - e^{-\frac{t}{3}}) \cdot 1(t)V$，如果 R、C 同时并接于 ab，求阶跃响应 $g_u(t) = ?$

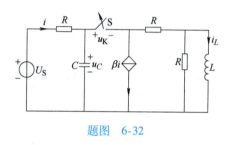

题图 6-32

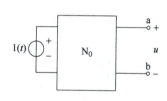

题图 6-33

第二篇 电网络分析篇

拉普拉斯变换法、积分法和状态变量法

Z知识图谱:

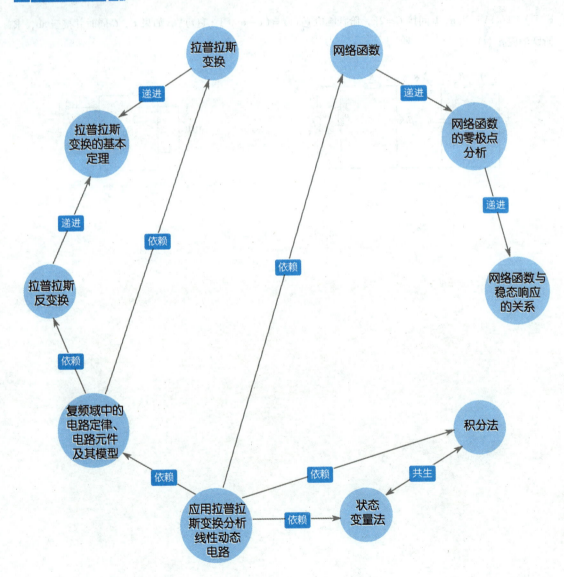

第一节 拉普拉斯变换

分析线性非时变电路时，为便于求解微分方程，常常在数学上实行某种变换，即从时域变换到所谓频域。例如，应用于正弦交流电路中的相量分析法，它将时域中求微分方程的正弦函数特解的问题转化为在频域中求解相量代数方程的问题。如果激励是非周期信号，则通常采用傅里叶变换的方法。傅里叶变换由傅里叶级数发展而来，拉普拉斯变换则是傅里叶变换的扩展。通过拉普拉斯变换，把在时域求解微分方程全解的问题转化为在频域求解代数方程的问题。分析思路是：首先通过拉普拉斯变换，将已知的时域函数变换为频域函数（也称象函数），将时域函数的微分方程转化为相应的频域函数的代数方程，求解代数方程，得到响应的象函数，然后进行拉普拉斯反变换，返回时域，最后得到满足电路初始条件的原时域微分方程的全解。用拉普拉斯变换求解电路过渡过程的方法，称为运算法。

在电路分析中，如果将换路时刻作为时间的起点，那么我们只需研究 $t \geq 0$ 后的电路变量，这样就可以将函数 $f(t)$ 限定在 $[0, \infty)$ 区间。这就相当于将函数 $f(t)$ 乘上了单位阶跃函数，即

$$f(t) \cdot 1(t) = \begin{cases} f(t) & 0 \leq t < \infty \\ 0 & -\infty < t < 0 \end{cases}$$

$f(t) \cdot 1(t)$ 乘以一个衰减因子 $e^{-\sigma t}$，选择适当的 σ（$\sigma > \sigma_0$，σ_0 为一实数），使得 $f(t) e^{-\sigma t}$ 在区间 $[0, \infty)$ 内绝对可积，则它的傅里叶变换为

$$F(j\omega) = \int_{0_-}^{\infty} f(t) e^{-\sigma t} e^{-j\omega t} dt$$

$$= \int_{0_-}^{\infty} f(t) e^{-(\sigma + j\omega)t} dt \tag{7-1-1}$$

式（7-1-1）的积分下限取为 0_-，则把 $t = 0$ 时刻可能出现的冲激函数也包含在被积函数中。令 $s = \sigma + j\omega$，则积分结果是 s 的函数，将式（7-1-1）写为

$$F(s) = \int_{0_-}^{\infty} f(t) e^{-st} dt \tag{7-1-2}$$

式（7-1-2）中的 s 称为复频率。对于一个时间函数 $f(t)$，由式（7-1-2）就可得到一个 $F(s)$，通常将 $f(t)$ 称为原函数，将 $F(s)$ 称为象函数。

对 $F(s)$ 进行傅里叶反变换，有

$$f(t) e^{-\sigma t} = \frac{1}{2\pi} \int_{-\infty}^{\infty} F(s) e^{j\omega t} d\omega$$

上式两边同乘 $e^{\sigma t}$，得

$$f(t) = \frac{1}{2\pi} \int_{-\infty}^{\infty} F(s) e^{(\sigma + j\omega)t} d\omega$$

$$= \frac{1}{2\pi j} \int_{\sigma - j\infty}^{\sigma + j\infty} F(s) e^{st} ds \tag{7-1-3}$$

式（7-1-2）、式（7-1-3）是一对拉普拉斯变换式，式（7-1-2）为拉普拉斯正变换，式（7-1-3）为拉普拉斯反变换，常用手写体"$\mathcal{L}$"表示拉普拉斯变换，记为：

$$F(s) = \mathcal{L}[f(t)]$$

$$f(t) = \mathcal{L}^{-1}[F(s)]$$

如果时间函数 $f(t)$ 满足：

1) $t < 0$ 时，$f(t) = 0$。

2) $t > 0$ 时，$f(t)$ 和 $f'(t)$ 都分段连续，在有限区间内至多存在有限个间断点。

3) $f(t)$ 是指数阶函数，即存在常数 M 和 σ_0，使 $|f(t)| < Me^{\sigma_0 t}$，从而使积分 $\int_{0_-}^{\infty} |f(t)e^{-st}| dt$ 有限，其中 $s = \sigma + j\omega$、$\sigma > \sigma_0$，则 $f(t)$ 的拉普拉斯变换存在。电路中常见函数一般都是指数阶函数。数学中有一些函数，例如 $t^t \cdot 1(t)$、$e^{t^2} \cdot 1(t)$ 等，比指数函数增加得更快，它们的拉普拉斯变换不存在，但这样的函数一般并没有什么实际意义。

下面按拉普拉斯变换的定义式（7-1-2）导出一些常用函数的象函数。

一、指数函数 $e^{-\alpha t} \cdot 1(t)$

$$F(s) = \int_{0_-}^{\infty} e^{-\alpha t} \cdot 1(t) e^{-st} dt = \int_{0_-}^{\infty} e^{-(s+\alpha)t} dt = \frac{1}{s+\alpha}$$

这里应有 $\sigma > -\alpha$。

当 $\alpha \to 0$ 时，$e^{-\alpha t} \cdot 1(t)$ 成为单位阶跃函数 $1(t)$，于是 $1(t)$ 的拉普拉斯变换为 $\frac{1}{s}$，记为

$$1(t) \leftrightarrow \frac{1}{s}$$

当 $\alpha = \pm j\omega$ 时，可得

$$e^{\mp j\omega t} \cdot 1(t) \leftrightarrow \frac{1}{s \pm j\omega}$$

二、单位冲激函数 $\delta(t)$

$$F(s) = \int_{0_-}^{\infty} \delta(t) e^{-st} dt = \int_{0_-}^{0_+} \delta(t) e^{-st} dt = 1$$

式中，利用了 $\delta(t)$ 的筛分性质，即

$$\int_{-\infty}^{\infty} \delta(t) f(t) dt = \int_{0_-}^{0_+} \delta(t) f(t) dt = f(0)$$

一些常用函数的拉普拉斯变换式详见表 7-1-1。

表 7-1-1 一些常用函数的拉普拉斯变换

$f(t)$	$F(s)$	$\cos\omega t \cdot 1(t)$	$\dfrac{s}{s^2 + \omega^2}$
$\delta(t)$	1	$e^{-\alpha t}\sin\omega t \cdot 1(t)$	$\dfrac{\omega}{(s+\alpha)^2 + \omega^2}$
$1(t)$	$\dfrac{1}{s}$	$e^{-\alpha t}\cos\omega t \cdot 1(t)$	$\dfrac{s+\alpha}{(s+\alpha)^2 + \omega^2}$
$e^{-\alpha t} \cdot 1(t)$	$\dfrac{1}{s+\alpha}$	$te^{-\alpha t} \cdot 1(t)$	$\dfrac{1}{(s+\alpha)^2}$
$t^n \cdot 1(t)$（n 为正整数）	$\dfrac{n!}{s^{n+1}}$	$t^n e^{-\alpha t} \cdot 1(t)$（$n$ 为正整数）	$\dfrac{n!}{(s+\alpha)^{n+1}}$
$\sin\omega t \cdot 1(t)$	$\dfrac{\omega}{s^2 + \omega^2}$		

第二节 拉普拉斯变换的基本定理

本节介绍拉普拉斯变换（也称为拉氏变换）的基本性质，了解掌握了这些性质，可以更加方便地求解各种拉普拉斯正反变换。

一、线性定理

设 $\mathcal{L}[f_1(t)] = F_1(s)$，$\mathcal{L}[f_2(t)] = F_2(s)$ 则

$$\mathcal{L}[a_1f_1(t) + a_2f_2(t)] = a_1F_1(s) + a_2F_2(s) \tag{7-2-1}$$

式中，a_1、a_2 为常系数。

证明： $\mathcal{L}[a_1f_1(t) + a_2f_2(t)] = \int_{0_-}^{\infty}[a_1f_1(t) + a_2f_2(t)]e^{-st}dt$

$$= a_1\int_{0_-}^{\infty}f_1(t)e^{-st}dt + a_2\int_{0_-}^{\infty}f_2(t)e^{-st}dt$$

$$= a_1F_1(s) + a_2F_2(s)$$

例 7-2-1 求 $\cos\omega t \cdot 1(t)$、$\sin\omega t \cdot 1(t)$ 和 $\sin(\omega t + \theta) \cdot 1(t)$ 的拉氏变换。

解： $\mathcal{L}[\cos\omega t \cdot 1(t)] = \mathcal{L}\left[\dfrac{e^{j\omega t} + e^{-j\omega t}}{2} \cdot 1(t)\right]$

$$= \frac{1}{2}\left(\frac{1}{s - j\omega} + \frac{1}{s + j\omega}\right) = \frac{s}{s^2 + \omega^2}$$

同理 $\mathcal{L}[\sin\omega t \cdot 1(t)] = \mathcal{L}\left[\dfrac{e^{j\omega t} - e^{-j\omega t}}{j2} \cdot 1(t)\right] = \dfrac{\omega}{s^2 + \omega^2}$

$\mathcal{L}[\sin(\omega t + \theta) \cdot 1(t)] = \mathcal{L}[(\sin\omega t\cos\theta + \cos\omega t\sin\theta) \cdot 1(t)]$

$$= \frac{\omega \cdot \cos\theta + s \cdot \sin\theta}{s^2 + \omega^2}$$

二、微分定理

设 $\mathcal{L}[f(t)] = F(s)$，则

$$\mathcal{L}\left[\frac{d}{dt}f(t)\right] = sF(s) - f(0_-) \tag{7-2-2}$$

证明： 用分部积分公式，得

$$\mathcal{L}\left[\frac{d}{dt}f(t)\right] = f(t)e^{-st}\Big|_{0_-}^{\infty} - \int_{0_-}^{\infty}f(t)(-s)e^{-st}dt$$

上式第一项，当将上限 $t = \infty$ 代入时，其值为零，因为 s 的实部 σ 总可以取得足够大，使之趋于零；当将下限 $t = 0_-$ 代入时，其值为 $f(0_-)$，于是得

$$\mathcal{L}\left[\frac{d}{dt}f(t)\right] = sF(s) - f(0_-)$$

同理可推广得到 $f(t)$ 的高阶导数的拉氏变换式

$$\mathcal{L}\left[\frac{d^n}{dt^n}f(t)\right] = s^nF(s) - s^{n-1}f(0_-) - s^{n-2}f'(0_-)$$

$$- \cdots - sf^{(n-2)}(0_-) - f^{(n-1)}(0_-)$$

例 7-2-2 已知 $\mathcal{L}[1(t)] = \dfrac{1}{s}$，求 $\mathcal{L}[\delta(t)]$、$\mathcal{L}[\delta'(t)]$。

解： 由于 $\dfrac{\mathrm{d}1(t)}{\mathrm{d}t} = \delta(t)$，由式（7-2-2）得

$$\mathcal{L}[\delta(t)] = s \cdot \frac{1}{s} - 1(t)\big|_{t=0_-} = 1$$

同理

$$\mathcal{L}[\delta'(t)] = s \cdot 1 - \delta(t)\big|_{t=0_-} = s$$

三、积分定理

设 $\mathcal{L}[f(t)] = F(s)$，则

$$\mathcal{L}\Big[\int_{0_-}^{t} f(\xi)\,\mathrm{d}\xi\Big] = \frac{F(s)}{s} \tag{7-2-3}$$

证明：

$$\mathcal{L}\Big[\int_{0_-}^{t} f(\xi)\,\mathrm{d}\xi\Big] = \int_{0_-}^{\infty}\Big[\int_{0_-}^{t} f(\xi)\,\mathrm{d}\xi\Big]\mathrm{e}^{-st}\,\mathrm{d}t$$

$$= -\frac{1}{s}\int_{0_-}^{\infty}\Big[\int_{0_-}^{t} f(\xi)\,\mathrm{d}\xi\Big]\mathrm{d}\mathrm{e}^{-st}$$

$$= -\frac{1}{s}\Big\{\Big[\int_{0_-}^{t} f(\xi)\,\mathrm{d}\xi\Big]\mathrm{e}^{-st}\Big|_{0_-}^{\infty} - \int_{0_-}^{\infty}\mathrm{e}^{-st}f(t)\,\mathrm{d}t\Big\}$$

$$= \frac{F(s)}{s}$$

例 7-2-3 求 $\mathcal{L}[t \cdot 1(t)]$。

解： 斜坡函数 $t \cdot 1(t)$ 是单位阶跃函数 $1(t)$ 的积分，由式（7-2-3）得

$$\mathcal{L}[t \cdot 1(t)] = \frac{1/s}{s} = \frac{1}{s^2}$$

四、时域位移（延时）定理

设 $\mathcal{L}[f(t)] = F(s)$，则

$$\mathcal{L}[f(t - t_0) \cdot 1(t - t_0)] = \mathrm{e}^{-st_0}F(s) \tag{7-2-4}$$

证明： 令 $\xi = t - t_0$，则 $t = \xi + t_0$，则

$$\mathcal{L}[f(t - t_0) \cdot 1(t - t_0)] = \int_{0_-}^{\infty} f(t - t_0) \cdot 1(t - t_0)\mathrm{e}^{-st}\,\mathrm{d}t$$

将积分下限从 0_- 改为 t_{0_-}，不影响积分值，所以有

$$\mathcal{L}[f(t - t_0) \cdot 1(t - t_0)] = \int_{t_{0_-}}^{\infty} f(t - t_0) \cdot 1(t - t_0)\mathrm{e}^{-st}\,\mathrm{d}t$$

$$= \int_{0_-}^{\infty} f(\xi) \cdot 1(\xi)\mathrm{e}^{-s(\xi + t_0)}\,\mathrm{d}\xi$$

$$= \mathrm{e}^{-st_0}F(s)$$

例 7-2-4 求图7-2-1所示函数 $f(t)$ 的拉普拉斯变换式。

解： 由图可知

$$f(t) = 1(t) - 1(t - t_0)$$

$$\mathcal{L}[f(t)] = \mathcal{L}[1(t) - 1(t - t_0)]$$

$$= \frac{1}{s} - \frac{\mathrm{e}^{-st_0}}{s}$$

$$= \frac{1}{s}(1 - \mathrm{e}^{-st_0})$$

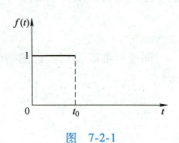

图 7-2-1

五、复频域位移定理

设 $\mathscr{L}^{-1}[F(s)] = f(t)$，则

$$\mathscr{L}^{-1}[F(s \pm s_0)] = e^{\mp s_0 t}f(t) \tag{7-2-5}$$

证明：

$$\mathscr{L}[e^{\mp s_0 t}f(t)] = \int_{0_-}^{\infty} e^{\mp s_0 t}f(t)e^{-st}dt$$

$$= \int_{0_-}^{\infty} f(t)e^{-(s \pm s_0)t}dt = F(s \pm s_0)$$

例7-2-5　已知 $\mathscr{L}^{-1}\left[\dfrac{s}{s^2 + \omega^2}\right] = \cos\omega t \cdot 1(t)$，$\mathscr{L}^{-1}\left[\dfrac{\omega}{s^2 + \omega^2}\right] = \sin\omega t \cdot 1(t)$，求

$\dfrac{s + a}{(s + a)^2 + \omega^2}$ 和 $\dfrac{\omega}{(s + a)^2 + \omega^2}$ 的拉普拉斯反变换。

解：利用复频域位移定理

$$\mathscr{L}^{-1}\left[\frac{s + a}{(s + a)^2 + \omega^2}\right] = e^{-at}\cos\omega t \cdot 1(t)$$

$$\mathscr{L}^{-1}\left[\frac{\omega}{(s + a)^2 + \omega^2}\right] = e^{-at}\sin\omega t \cdot 1(t)$$

六、卷积定理

设 $\mathscr{L}[f_1(t)] = F_1(s)$，$\mathscr{L}[f_2(t)] = F_2(s)$，则

$$\mathscr{L}[f_1(t) * f_2(t)] = \mathscr{L}\left[\int_{0_-}^{t} f_1(t - \tau)f_2(\tau)d\tau\right] = F_1(s) \cdot F_2(s) \tag{7-2-6}$$

证明： $\mathscr{L}\left[\displaystyle\int_{0_-}^{t} f_1(t - \tau)f_2(\tau)d\tau\right] = \int_{0_-}^{\infty}\left[\int_{0_-}^{t} f_1(t - \tau)f_2(\tau)d\tau\right]e^{-st}dt$

因为 $f_1(t)$ 的自变量小于零时 $f_1(t) = 0$，故将积分上限从 t 改为 ∞，不影响积分值，所以有

$$\mathscr{L}\left[\int_{0_-}^{t} f_1(t - \tau)f_2(\tau)d\tau\right] = \int_{0_-}^{\infty}\int_{0_-}^{\infty} f_1(t - \tau)f_2(\tau)d\tau e^{-st}dt$$

令 $x = t - \tau$，代入上式得

$$\mathscr{L}\left[\int_{0_-}^{t} f_1(t - \tau)f_2(\tau)d\tau\right] = \int_{0_-}^{\infty} f_2(\tau)\left[\int_{-\tau_-}^{\infty} f_1(x)e^{-s(x+\tau)}dx\right]d\tau$$

$$= \int_{0_-}^{\infty} f_2(\tau)e^{-s\tau}\left[\int_{-\tau_-}^{\infty} f_1(x)e^{-sx}dx\right]d\tau$$

$$= \left[\int_{0_-}^{\infty} f_2(\tau)e^{-s\tau}d\tau\right]\left[\int_{0_-}^{\infty} f_1(x)e^{-sx}dx\right]$$

$$= F_2(s) \cdot F_1(s)$$

例7-2-6　求 $\dfrac{1}{(s + a)^2}$ 的拉普拉斯反变换式。

解：已知 $\mathscr{L}^{-1}\left[\dfrac{1}{s + a}\right] = e^{-at} \cdot 1(t)$，利用卷积定理得

$$\mathscr{L}^{-1}\left[\frac{1}{s + a} \cdot \frac{1}{s + a}\right] = \int_{0_-}^{t} e^{-a(t-\tau)} \cdot 1(t - \tau)e^{-a\tau} \cdot 1(\tau)d\tau$$

$$= \int_{0_-}^{t} e^{-at}d\tau$$

$$= te^{-at}$$

同理可推得

$$\mathscr{L}^{-1}\left[\frac{1}{(s+a)^n}\right] = \frac{1}{(n-1)!}t^{n-1}\mathrm{e}^{-at}$$

七、初值定理

设 $\mathscr{L}[f(t)] = F(s)$，则 $f(0_+) = \lim_{s\to\infty}sF(s)$。

证明： 由微分定理

$$\mathscr{L}\left[\frac{\mathrm{d}}{\mathrm{d}t}f(t)\right] = \int_{0_+}^{\infty}\frac{\mathrm{d}}{\mathrm{d}t}f(t)\mathrm{e}^{-st}\mathrm{d}t = sF(s) - f(0_+)$$

此处用 $f(0_+)$ 而不用 $f(0_-)$，是因为我们感兴趣的是换路后的初值。令 $s\to\infty$，则

$$0 = \lim_{s\to\infty}\left[sF(s) - f(0_+)\right]$$

$$f(0_+) = \lim_{s\to\infty}sF(s)$$

例7-2-7 设 $f(t) = (1 - \mathrm{e}^{-t})\cdot 1(t)$，验证初值定理。

解：

$$F(s) = \frac{1}{s} - \frac{1}{s+1} = \frac{1}{s(s+1)}$$

$$f(0_+) = \lim_{s\to\infty}sF(s) = \lim_{s\to\infty}\frac{1}{s+1} = 0$$

又

$$f(0_+) = 1 - \mathrm{e}^0 = 0$$

得证。

八、终值定理

设 $\mathscr{L}[f(t)] = F(s)$，则 $f(\infty) = \lim_{s\to 0}sF(s)$。

证明： 由微分定理

$$\mathscr{L}\left[\frac{\mathrm{d}}{\mathrm{d}t}f(t)\right] = \int_{0_+}^{\infty}\frac{\mathrm{d}}{\mathrm{d}t}f(t)\mathrm{e}^{-st}\mathrm{d}t = sF(s) - f(0_+)$$

令 $s\to 0$，则

$$f(\infty) - f(0_+) = \lim_{s\to 0}\left[sF(s) - f(0_+)\right]$$

$$f(\infty) = \lim_{s\to 0}sF(s)$$

例7-2-8 仍设 $f(t) = (1 - \mathrm{e}^{-t})\cdot 1(t)$，验证终值定理。

解：

$$F(s) = \frac{1}{s(s+1)}$$

$$f(\infty) = \lim_{s\to 0}sF(s) = \lim_{s\to 0}\frac{1}{s+1} = 1$$

又

$$f(\infty) = 1 - \mathrm{e}^{-\infty} = 1$$

得证。

注意：利用终值定理求 $f(\infty)$ 的前提条件是 $f(\infty)$ 必须存在，且是唯一确定的值。例如当 $f(t) = \sin t$ 时，$f(\infty)$ 不确定，不能运用终值定理。

第三节 拉普拉斯反变换

利用拉普拉斯反变换的定义式 (7-1-3)，将象函数 $F(s)$ 代入式中进行积分，即可求出相应的原函数 $f(t)$，但往往求积分的运算并不简单。下面介绍求反变换的一种较为简便的

方法。

设有理分式函数

$$F(s) = \frac{Q(s)}{P(s)} = \frac{b_m s^m + b_{m-1} s^{m-1} + \cdots + b_1 s + b_0}{a_n s^n + a_{n-1} s^{n-1} + \cdots + a_1 s + a_0}$$

若 $m \geqslant n$，则 $F(s)$ 可通过多项式除法得

$$F(s) = c_{m-n} s^{m-n} + \cdots + c_2 s^2 + c_1 s + c_0 + \frac{Q_1(s)}{P(s)}$$

式中，整式 $c_{m-n} s^{m-n} + \cdots + c_2 s^2 + c_1 s + c_0$ 的拉普拉斯反变换为 $c_{m-n} \delta^{(m-n)}(t) + \cdots + c_2 \delta^{(2)}(t) + c_1 \delta^{(1)}(t) + c_0 \delta(t)$；$\dfrac{Q_1(s)}{P(s)}$ 是有理真分式，记为 $F_1(s) = \dfrac{Q_1(s)}{P(s)}$。对于电路问题，多数 $F(s)$ 是有理真分式，即 $n \geqslant m$ 情况。为求 $F_1(s)$ 的拉普拉斯反变换，通常利用部分分式展开的方法，将之展开成简单分式之和。简单分式的反变换，可直接查表 7-1-1 获得。

令 $P(s) = 0$，求出相应的 n 个根，记作 $p_i (i = 1, 2, \cdots, n)$。根据所求根的不同类型，下面分三种情况进行讨论。

一、当 $P(s) = 0$ 有 n 个不相同的实数根时

$F_1(s)$ 按部分分式展开为

$$F_1(s) = \frac{Q_1(s)}{P(s)} = \frac{K_1}{s - p_1} + \frac{K_2}{s - p_2} + \cdots + \frac{K_i}{s - p_i} + \cdots + \frac{K_n}{s - p_n}$$

式中，$K_1, K_2, \cdots, K_n$ 是对应于 $F_1(s)$ 极点 $p_1, p_2, \cdots, p_n$ 的留数。留数 K_i 可由下面两式求出，即

$$K_i = \left[F_1(s) \cdot (s - p_i) \right] \Big|_{s = p_i} \tag{7-3-1}$$

或

$$K_i = \lim_{s \to p_i} \frac{Q_1(s)}{P'(s)} = \frac{Q_1(s)}{P'(s)} \Big|_{s = p_i} \tag{7-3-2}$$

于是 $F_1(s)$ 的反变换式为

$$f_1(t) = \sum_{i=1}^{n} K_i \mathrm{e}^{p_i t} \tag{7-3-3}$$

例 7-3-1　求 $F(s) = \dfrac{6(s+1)(s+3)}{s(s+2)(s+4)(s+5)}$ 的拉普拉斯反变换式。

解：$F(s)$ 的部分分式展开式为

$$F(s) = \frac{K_0}{s} + \frac{K_1}{s+2} + \frac{K_2}{s+4} + \frac{K_3}{s+5}$$

$$K_0 = sF(s) \Big|_{s=0} = \frac{6(s+1)(s+3)}{(s+2)(s+4)(s+5)} \Big|_{s=0} = \frac{9}{20}$$

$$K_1 = (s+2)F(s) \Big|_{s=-2} = \frac{6(s+1)(s+3)}{s(s+4)(s+5)} \Big|_{s=-2} = \frac{1}{2}$$

同理可得

$$K_2 = \frac{9}{4}, \ K_3 = -\frac{16}{5}$$

于是

$$\mathscr{L}^{-1}[F(s)] = \left[\frac{9}{20} + \frac{1}{2} \mathrm{e}^{-2t} + \frac{9}{4} \mathrm{e}^{-4t} - \frac{16}{5} \mathrm{e}^{-5t} \right] \cdot 1(t)$$

二、当 $P(s)=0$ 包含有共轭复根时

设
$$F_1(s) = \frac{Q_1(s)}{P(s)} = \frac{Q_1(s)}{[s+(d-j\omega)][s+(d+j\omega)]P_1(s)}$$

$$= \frac{K_1}{s+(d-j\omega)} + \frac{K_2}{s+(d+k\omega)} + \frac{Q_2(s)}{P_1(s)}$$

当 $F_1(s)$ 是实系数多项式时，K_1 是复数，K_2 是 K_1 的共轭复数。

$$K_1 = F_1(s)[s+(d-j\omega)]\Big|_{s=-d+j\omega} = A\underline{/\theta}$$

$$K_2 = F_1(s)[s+(d+j\omega)]\Big|_{s=-d-j\omega} = A\underline{/-\theta}$$

$$\frac{K_1}{s+(d-j\omega)} + \frac{K_2}{s+(d+j\omega)} = Ae^{j\theta}e^{-(d-j\omega)t} + Ae^{-j\theta}e^{-(d+j\omega)t}$$

$$= Ae^{-dt}[e^{j(\omega t+\theta)} + e^{-j(\omega t+\theta)}]$$

$$= 2|A|e^{-dt}\cos(\omega t+\theta)\cdot 1(t)$$

例 7-3-2   求 $F_1(s) = \dfrac{5(s+1)}{s(s^2+2s+2)}$ 的原函数 $f(t)$。

解：
$$F(s) = \frac{5(s+1)}{s(s+1-j)(s+1+j)}$$

$$F(s) = \frac{K_0}{s} + \frac{K_1}{s+1-j} + \frac{K_2}{s+1+j}$$

由式（7-3-1），得

$$K_0 = sF(s)\Big|_{s=0} = 2.5$$

$$K_1 = (s+1-j)F(s)\Big|_{s=-1+j} = \frac{5(-1+j+1)}{(-1+j)(-1+j+1+j)} = 1.77\underline{/-135°}$$

$$K_2 = 1.77\underline{/135°}$$

$F(s)$ 的原函数 $f(t)$ 为

$$f(t) = [2.5 + 3.54e^{-t}\cos(t-135°)]\cdot 1(t)$$

三、当 $P(s)=0$ 包含有重根时

设 $P(s)=0$ 包含一个 r 重根 p_1，则

$$F_1(s) = \frac{Q_1(s)}{P(s)} = \frac{Q_1(s)}{(s-p_1)^r P_1(s)}$$

$$= \frac{K_{11}}{s-p_1} + \frac{K_{12}}{(s-p_1)^2} + \cdots + \frac{K_{1r}}{(s-p_1)^r} + \frac{Q_2(s)}{P_1(s)}$$

全式乘 $(s-p_1)^r$，再令 $s=p_1$，得

$$K_{1r} = (s-p_1)^r F_1(s)\Big|_{s=p_1}$$

将 $(s-p_1)^r F_1(s)$ 关于 s 求导，再令 $s=p_1$，得

$$K_{1(r-1)} = \frac{d}{ds}[(s-p_1)^r F_1(s)]\Big|_{s=p_1}$$

同理可依次求得 $K_{1(r-2)}$，$\cdots$，K_{12}，K_{11}。通式为

$$K_{1j} = \frac{1}{(r-j)!} \frac{\mathrm{d}^{r-j}}{\mathrm{d}s^{r-j}} \left[(s-p_1)^r F_1(s) \right] \Big|_{s=p_1}$$

例 7-3-3 求 $F(s) = \dfrac{5(s+3)}{(s+1)^3(s+2)}$ 的原函数 $f(t)$。

解： $F(s)$ 的部分分式展开式为

$$F(s) = \frac{K_{11}}{s+1} + \frac{K_{12}}{(s+1)^2} + \frac{K_{13}}{(s+1)^3} + \frac{K_2}{s+2}$$

$$K_2 = (s+2)F(s) \Big|_{s=-2} = -5$$

$$K_{13} = (s+1)^3 F(s) \Big|_{s=-1} = 10$$

$$K_{12} = \frac{\mathrm{d}}{\mathrm{d}s} \left[(s+1)^3 F(s) \right] \Big|_{s=-1} = -5$$

$$K_{11} = \frac{1}{2!} \frac{\mathrm{d}^2}{\mathrm{d}s^2} \left[(s+1)^3 F(s) \right] \Big|_{s=-1} = 5$$

于是 $F(s)$ 的原函数 $f(t)$ 为

$$f(t) = (5\mathrm{e}^{-t} - 5t\mathrm{e}^{-t} + 5t^2\mathrm{e}^{-t} - 5\mathrm{e}^{-2t}) \cdot 1(t)$$

第四节 复频域中的电路定律、电路元件及其模型

电路分析中两个重要的定律是基尔霍夫电流定律（KCL）和基尔霍夫电压定律（KVL），其表达式为

$$\text{KCL:} \qquad \sum i(t) = 0$$
$$\text{KVL:} \qquad \sum u(t) = 0$$

对两个定律的方程式作拉普拉斯变换，即有

$$\text{KCL:} \qquad \sum I(s) = 0$$
$$\text{KVL:} \qquad \sum U(s) = 0$$

上面两式就是基尔霍夫定律的复频域（s 域）形式。这说明各支路电流的象函数仍遵循 KCL，回路中各支路电压的象函数仍遵循 KVL。

下面介绍各电路元件的复频域（s 域）模型，也称运算电路模型。

一、线性电阻元件

图 7-4-1a 表示线性电阻元件的时域模型，当其电压、电流参考方向选为一致时，其电压、电流的时域关系式是

$$u(t) = Ri(t)$$

经拉普拉斯变换得电压、电流象函数间的关系为

$$U(s) = RI(s) \tag{7-4-1}$$

因此，电阻复频域（s 域）模型如图 7-4-1b 所示。

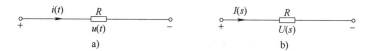

图 7-4-1

二、线性电感元件

图7-4-2a 表示线性电感元件的时域模型，当其电压、电流参考方向一致时，电压、电流的时域关系式是

$$u_L(t) = L\frac{\mathrm{d}i_L(t)}{\mathrm{d}t}$$

经拉普拉斯变换后，得

$$U_L(s) = L[sI_L(s) - i_L(0_-)]$$
$$U_L(s) = sLI_L(s) - Li_L(0_-) \qquad (7\text{-}4\text{-}2)$$

根据式（7-4-2）可以画出电感元件的复频域模型，如图7-4-2b 所示，其中 sL 称为电感的运算感抗，$Li_L(0_-)$ 取决于电感电流的初始值，称为附加运算电压，它体现了初始储能的作用，如同独立电压源一样，参考方向如图7-4-2b 所示。电感电压 $U_L(s)$ 等于运算感抗 sL 与 $I_L(s)$ 的乘积与 $Li_L(0_-)$ 两项之差，而不只是 sL 上的电压。通过等效变换，得到电感元件的另一个复频域模型，如图7-4-2c 所示。在这个模型中 sL 仍是电感的运算感抗，与之并联的 $\dfrac{i_L(0_-)}{s}$ 如同独立电流源一样。

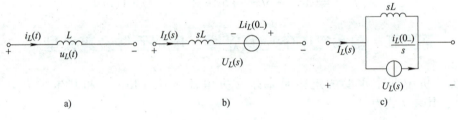

图 7-4-2

三、线性电容元件

图7-4-3a 表示线性电容元件的时域模型，当其电压、电流参考方向一致时，电压、电流的时域关系式是

$$i_C(t) = C\frac{\mathrm{d}u_C(t)}{\mathrm{d}t}$$

图 7-4-3

经拉普拉斯变换后，得

$$I_C(s) = C[sU_C(s) - u_C(0_-)]$$
$$U_C(s) = \frac{1}{sC}I_C(s) + \frac{u_C(0_-)}{s} \qquad (7\text{-}4\text{-}3)$$

根据式（7-4-3）可以画出电容元件的复频域模型，如图 7-4-3b 所示，其中 $\dfrac{1}{sC}$ 称为电容的运

算容抗，$\dfrac{u_C(0_-)}{s}$ 取决于电容电压的初始值，称为附加运算电压，它体现了初始储能的作用，

如同独立电压源一般，参考方向如图 7-4-3b 所示。电容电压 $U_C(s)$ 等于运算容抗 $\dfrac{1}{sC}$ 与 $I_C(s)$

的乘积与 $\dfrac{u_C(0_-)}{s}$ 两项之和，而不仅仅是 $\dfrac{1}{sC}$ 上的电压。通过等效变换，还可得到电容元件的

另一个复频域模型，如图 7-4-3c 所示。在这个模型中 $\dfrac{1}{sC}$ 仍是电容的运算容抗，与之并联的

$Cu_C(0_-)$ 就如同一个独立电流源。

四、独立电源

对于独立电压源、电流源，只需将相应的电压源电压、电流源电流的时域表达式，经过
拉普拉斯变换，得到相应的象函数即可。例如，直流电压源电压 $E \cdot 1(t)$ 变换为 $\dfrac{E}{s}$；正弦电

流源电流 $I_m \sin(\omega t + \theta) \cdot 1(t)$ 变换为 $I_m \dfrac{s\sin\theta + \omega\cos\theta}{s^2 + \omega^2}$。

五、受控电源

对于受控电源，如果控制系数为常数，那么复频域电路模型与其时域电路一样，形式不
变。图 7-4-4a 为时域中的 VCVS，图 b 为其复频域电路模型。同理可得其他形式受控电源的
复频域电路模型。

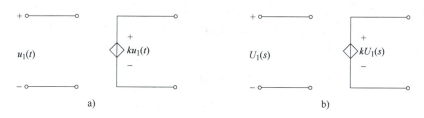

图　7-4-4

第五节　应用拉普拉斯变换分析线性动态电路

图 7-5-1a 所示是一个 RLC 串联电路，初始条件是 $u_C(0_-)$、$i_L(0_-)$，利用上一节的电
路元件及其模型，可画出相应的复频域电路模型，即运算电路，如图 7-5-1b 所示。

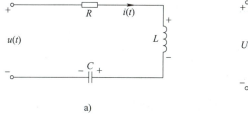 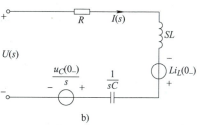

图　7-5-1

根据复频域的 KVL，得

$$RI(s) + sLI(s) - Li_L(0_-) + \frac{1}{sC}I(s) + \frac{u_C(0_-)}{s} = U(s)$$

$$\left(R + sL + \frac{1}{sC}\right)I(s) = U(s) + Li_L(0_-) - \frac{u_C(0_-)}{s}$$

令 $Z(s) = R + sL + \dfrac{1}{sC}$，则上式写为

$$Z(s)I(s) = U(s) + Li_L(0_-) - \frac{u_C(0_-)}{s}$$

式中，$Z(s)$ 称为 RLC 串联电路的运算阻抗，其倒数 $Y(s) = \dfrac{1}{Z(s)}$ 称为运算导纳。在正弦稳态

电路中，RLC 串联阻抗是 $Z(j\omega) = R + j\omega L + \dfrac{1}{j\omega C}$，形式上与 $Z(s)$ 相似。

在运算电路中，将初始条件作为附加运算电源处理后，所有运算阻抗上的电压、电流关系符合欧姆定律形式。因为运算电路中的 KCL、KVL 和欧姆定律在形式上与直流稳态电路或正弦稳态电路都相似，所以在稳态电路中运用过的各种分析方法和定理均可引伸至运算电路。例如，节点电压法、回路电流法、叠加定理、Y-△变换、戴维南定理、双口网络等均可以直接应用于运算电路。这样就把时域求解微分方程的问题转换为复频域中求解运算电路的代数运算问题。

应用拉普拉斯变换分析线性动态电路过渡过程的方法，通常被称为运算法。应用运算法求解的思路为：建立运算电路，求网络响应的象函数，求网络响应的原函数。

例 7-5-1   如图7-5-2a所示电路，开关闭合前处于零状态，试求电流 $i_1(t)$。

解：因为电路原处于零状态，画出其运算电路如图 7-5-2b 所示，采用戴维南定理，求 ab 以左电路的戴维南等效电压

$$U_d(s) = \frac{\dfrac{100}{s} \times 10}{s + 10 + 10} = \frac{1000}{s(s+20)}$$

等效运算阻抗

$$Z_d(s) = \frac{10(s+10)}{s+10+10} = \frac{10(s+10)}{s+20}$$

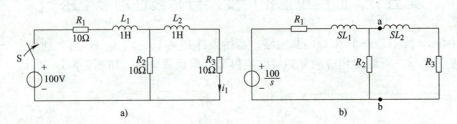

图 7-5-2

故电流的象函数

$$I_1(s) = \frac{U_d(s)}{Z_d(s) + R_3 + sL_2} = \frac{1000}{s(s^2 + 40s + 300)}$$

$$= \frac{3.33}{s} + \frac{-5}{s+10} + \frac{1.67}{s+30}$$

最后求原函数

$$i_1(t) = \mathcal{L}^{-1}[I_1(s)] = (3.33 - 5\mathrm{e}^{-10t} + 1.67\mathrm{e}^{-30t}) \cdot 1(t)\,\mathrm{A}$$

例 7-5-2 如图7-5-3a所示电路，$U_{S1} = 200\mathrm{V}$，$U_{S2} = 100\mathrm{V}$，$R_1 = 30\Omega$，$R_2 = 10\Omega$，$R_3 = 20\Omega$，$L = 0.1\mathrm{H}$，$C = 1000\mu\mathrm{F}$，开关 S 在位置 1 时电路处于稳态，在 $t = 0$ 时将开关置于位置 2，求 $u_C(t)$。

解： 当 $t < 0$ 时，开关位于"1"且电路处于稳态，则

$$i_L(0_-) = \frac{U_{S1}}{R_1 + R_2} = 5\mathrm{A}$$

$$u_C(0_-) = U_{S2} = 100\mathrm{V}$$

作运算电路如图 7-5-3b 所示，由节点电压法

$$U_C(s) = \frac{\left[\dfrac{200}{s} + Li_L(0_-)\right]\dfrac{1}{R_1 + sL} + \dfrac{u_C(0_-)}{s}sC}{\dfrac{1}{R_1 + sL} + \dfrac{1}{R_2} + sC}$$

$$= \frac{100s^2 + 35000s + 2 \times 10^6}{s(s+200)^2}$$

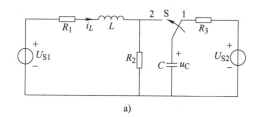 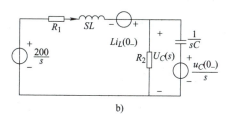

图 7-5-3

在没有作拉普拉斯反变换之前，可用初值、终值定理检验结果的正确性。

$$u_C(0_+) = \lim_{s \to \infty} sU_C(s) = 100\mathrm{V}$$

$$u_C(\infty) = \lim_{s \to \infty} sU_C(s) = 50\mathrm{V}$$

符合电路实际情况。

将 $U_C(s)$ 作部分分式展开并求出相应系数得

$$U_C(s) = \frac{50}{s} + \frac{50}{s+200} + \frac{5000}{(s+200)^2}$$

最后得原函数

$$u_C(t) = (50 + 50\mathrm{e}^{-200t} + 5000t\mathrm{e}^{-200t}) \cdot 1(t)\,\mathrm{V}$$

例 7-5-3 RC 并联电路如图7-5-4a所示，换路前电路处于零状态，电流源为单位冲激函数 $\delta(t)$，试求 $u_C(t)$ 和 $i_C(t)$。

解： 作运算电路如图 7-5-4b 所示

$$U_C(s) = I(s)/Y(s) = \frac{1}{sC + \dfrac{1}{R}} = \frac{1}{C}\frac{1}{s + \dfrac{1}{RC}}$$

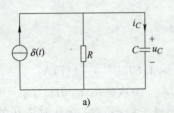
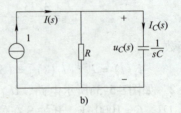

图 7-5-4

原函数

$$u_C(t) = \frac{1}{C} e^{-\frac{t}{RC}} \cdot 1(t)$$

$$I_C(s) = U_C(s) Y_C(s) = \frac{s}{s + \frac{1}{RC}} = 1 - \frac{\frac{1}{RC}}{s + \frac{1}{RC}}$$

原函数

$$i_C(t) = \delta(t) - \frac{1}{RC} e^{-\frac{t}{RC}} \cdot 1(t) \, A$$

$i_C(t)$ 中的冲激部分就是迫使 $u_C(t)$ 发生突变的初始瞬间的充电电流，$t>0$ 后，电容向电阻放电，相当于零输入响应。冲激激励的影响仅仅体现在骤然建立了新的初始状态。当出现冲激函数激励时，用运算法求解较方便。

例 7-5-4 如图7-5-5a所示电路，开关 S 原在闭合位置已久，在 $t=0$ 时将开关 S 打开，求打开后的 $i_1(t)$ 和 $i_2(t)$？

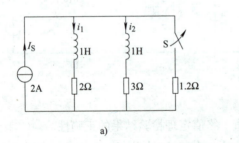
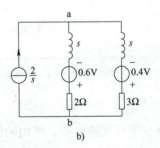

图 7-5-5

解： 当 $t<0$ 时，开关 S 闭合已久，电路原处于稳态

$$i_1(0_-) = 0.6A \qquad i_2(0_-) = 0.4A$$

当 $t>0$ 时，开关 S 打开后的运算电路如图 7-5-5b 所示。

$$U_{ab}(s) = \frac{\dfrac{2}{s} - \dfrac{0.6}{s+2} - \dfrac{0.4}{s+3}}{\dfrac{1}{s+2} + \dfrac{1}{s+3}}$$

$$= \frac{s^2 + 7.4s + 12}{s(2s+5)}$$

$$= \frac{1}{2} + \frac{2.45s + 6}{s(s+2.5)}$$

$$= \frac{1}{2} + \frac{2.4}{s} + \frac{0.05}{s+2.5}$$

原函数

$$u_{ab}(t) = \frac{1}{2}\delta(t) + (2.4 + 0.05e^{-2.5t}) \cdot 1(t) \text{ V}$$

$$I_1(s) = \frac{U_{ab}(s) + 0.6}{s+2} = \frac{1.2}{s} - \frac{0.1}{s+2.5}$$

$$I_2(s) = \frac{U_{ab}(s) + 0.4}{s+3} = \frac{0.8}{s} + \frac{0.1}{s+2.5}$$

原函数

$$i_1(t) = (1.2 - 0.1e^{-2.5t}) \cdot 1(t) \text{ A}$$

$$i_2(t) = (0.8 + 0.1e^{-2.5t}) \cdot 1(t) \text{ A}$$

注意此题在开关 S 断开后是含纯电感与电流源组成的割集的非常态电路，此时电感电流 i_1 和 i_2 在换路前后瞬间发生了跳变。将 $t = 0_+$ 代入原函数得：$i_1(0_+) = 1.1\text{A}$，$i_2(0_+) = 0.9\text{A}$，它们都不等于换路前的初值：$i_1(0_-) = 0.6\text{A}$，$i_2(0_-) = 0.4\text{A}$。在用经典法求解时，需利用磁链守恒计算换路后瞬间的 $i_1(0_+)$、$i_2(0_+)$，而采用运算法求解可以避免求跳变初值的麻烦。同理，对于含有纯电容回路或纯电容与电压源组成回路的电路，也是采用运算法求解更方便。因为在复频域运算电路中仅用到 $i_L(0_-)$、$u_C(0_-)$，故不必计算 $i_L(0_+)$、$u_C(0_+)$。因为拉普拉斯变换式中积分下限定为 0_-，所以从 0_- 到 0_+ 的变化情况已经包含在拉氏变换式当中了。

例 7-5-5　图 7-5-6a 所示电路含有受控源，$t = 0$ 时开关 S 闭合，求零状态响应电流 $i_1(t)$、$i_2(t)$。

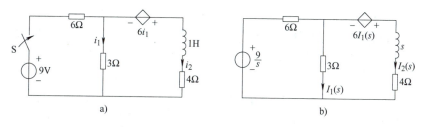

图　7-5-6

解：根据时域电路画出对应的复频域运算电路，如图 7-5-6b 所示。以 $I_1(s)$、$I_2(s)$ 作为连支电流列写回路电流方程

$$(6+3)I_1(s) + 6I_2(s) = \frac{9}{s}$$

$$6I_1(s) + (6+4+s)I_2(s) = \frac{9}{s} + 6I_1(s)$$

解之得

$$I_1(s) = \frac{s+4}{s(s+10)} = \frac{2}{5}\frac{1}{s} + \frac{3}{5}\frac{1}{s+10}$$

$$I_2(s) = \frac{9}{s(s+10)} = \frac{9}{10}\left(\frac{1}{s} - \frac{1}{s+10}\right)$$

原函数

$$i_1(t) = \left(\frac{2}{5} + \frac{3}{5}\mathrm{e}^{-10t}\right) \cdot 1(t)\,\mathrm{A}$$

$$i_2(t) = \frac{9}{10}(1 - \mathrm{e}^{-10t}) \cdot 1(t)\,\mathrm{A}$$

第六节　网络函数

在图7-6-1中，$e(t)$表示电路中某个激励，$r(t)$表示在该激励作用下所产生的某一零状态响应。经拉普拉斯变换后得到$e(t)$的象函数为$E(s)$，$r(t)$的象函数为$R(s)$，那么，网络函数$H(s)$的定义是：电路零状态响应$r(t)$的象函数$R(s)$与激励$e(t)$的象函数$E(s)$之比，即

$$H(s) = \frac{R(s)}{E(s)} \tag{7-6-1}$$

按照激励和响应的位置不同，网络函数可以分为策动点函数（又称为输入函数或入端函数）和传递函数（又称为传输函数或转移函数）。所谓策动点函数是当激励和响应在同一端口时的网络函数，而传递函数则是当激励和响应在不

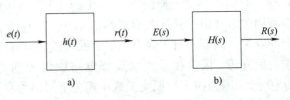

图 7-6-1

同端口时的网络函数。图7-6-2表示了六种形式的网络函数，其中图a、b表示策动点函数，图c、d、e、f表示传递函数。图a中网络函数$H(s) = I(s)/U(s)$即是入端运算导纳（复频域入端导纳）；图b中网络函数$H(s) = U(s)/I(s)$即是入端运算阻抗（复频域入端阻抗）；图c中$H(s) = U_2(s)/I_1(s)$即是转移运算阻抗，图d中$H(s) = I_2(s)/I_1(s)$即是转移电流比；图e中$H(s) = U_2(s)/U_1(s)$即是转移电压比；图f中$H(s) = I_2(s)/U_1(s)$即是转移运算导纳。

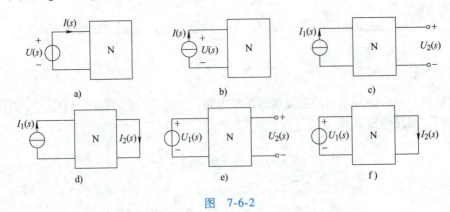

图 7-6-2

对于已知结构的线性网络，激励和响应指定后，就可以按定义式（7-6-1）计算网络函数。

例7-6-1　在图7-6-3a所示电路中，激励为11′端口电压，响应分别为电流i_1和i_2，试求网络函数$H_1(s)$、$H_2(s)$。

解： 作运算电路如图7-6-3b 所示

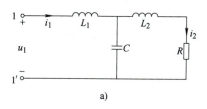
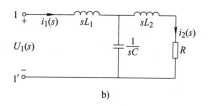

图 7-6-3

$$U_1(s) = I_1(s)\left[sL_1 + \frac{\dfrac{1}{sC}(R+sL_2)}{\dfrac{1}{sC}+R+sL_2}\right]$$

$$H_1(s) = \frac{I_1(s)}{U_1(s)} = \frac{1}{sL_1 + \dfrac{\dfrac{1}{sC}(R+sL_2)}{\dfrac{1}{sC}+R+sL_2}}$$

$$= \frac{L_2Cs^2 + RCs + 1}{L_1L_2Cs^3 + RCL_1s^2 + (L_1+L_2)s + R}$$

$$I_2(s) = I_1(s)\frac{\dfrac{1}{sC}}{\dfrac{1}{sC}+R+sL_2}$$

$$H_2(s) = \frac{I_2(s)}{U_1(s)} = \frac{I_2(s)}{I_1(s)}\frac{I_1(s)}{U_1(s)}$$

$$= \frac{\dfrac{1}{sC}}{\dfrac{1}{sC}+R+sL_2}H_1(s)$$

$$= \frac{1}{L_1L_2Cs^3 + RCL_1s^2 + (L_1+L_2)s + R}$$

例7-6-2　图7-6-4所示为有源滤波器电路，其中运算放大器的放大倍数 A 为无限大。试求网络函数 $H(s) = \dfrac{U_2(s)}{U_1(s)}$。

解：　$I_{C1}(s) = U_{C1}(s)sC_1$

因为运算放大器的放大倍数 A 为无限大，所以 $U_0(s) \approx 0$，$I_0(s) \approx 0$。

$$I_2(s) = I_{G2}(s) = I_{C2}(s) = G_2U_{G2}(s) \approx G_2U_{C1}(s)$$

$$U_{C2}(s) = I_2(s)\frac{1}{sC_2} = \frac{G_2}{sC_2}U_{C1}(s)$$

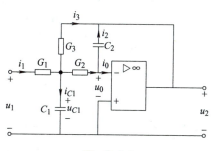

图 7-6-4

$$U_2(s) \approx -U_{C2}(s) = -\frac{G_2}{sC_2}U_{C1}(s)$$

$$I_3(s) = G_3[U_{G2}(s) + U_{C2}(s)]$$

$$\approx G_3\left[U_{C1}(s) + \frac{G_2}{sC_2}U_{C1}(s)\right]$$

$$= \left(G_3 + \frac{G_2 G_3}{sC_2}\right)U_{C1}(s)$$

$$I_1(s) = I_2(s) + I_3(s) + I_{C1}(s)$$

$$I_1(s) = \left(G_2 + G_3 + \frac{G_2 G_3}{sC_2} + sC_1\right)U_{C1}(s)$$

则

$$U_1(s) = \frac{I_1(s)}{G_1} + U_{C1}(s)$$

$$= \frac{C_1 C_2 s^2 + (G_1 + G_2 + G_3)C_2 s + G_2 G_3}{G_1 C_2 s}U_{C1}(s)$$

$$H(s) = \frac{U_2(s)}{U_1(s)} = \frac{-G_1 G_2}{C_1 C_2 s^2 + (G_1 + G_2 + G_3)C_2 s + G_2 G_3}$$

由上述例题可知，电路的拓扑结构和参数完全确定了网络函数。对于线性、非时变、集中参数电路，$H(s)$是s的实系数有理函数，即

$$H(s) = \frac{N(s)}{D(s)} = \frac{b_m s^m + b_{m-1}s^{m-1} + \cdots + b_1 s + b_0}{a_n s^n + a_{n-1}s^{n-1} + \cdots + a_1 s + a_0} \tag{7-6-2}$$

由式（7-6-1）可得

$$R(s) = H(s)E(s) \tag{7-6-3}$$

当$E(s) = 1$即$e(t) = \delta(t)$时，$R(s) = H(s)$，这说明$H(s)$是单位冲激函数$\delta(t)$激励下的零状态响应$h(t)$的象函数。换言之，$H(s)$的原函数即是单位冲激响应$h(t)$。冲激响应$h(t)$知道了，就可以求出$H(s)$，也就可以确定任意激励下的零状态响应。反之，若已知某一激励作用下的零状态响应，由$E(s)$与$R(s)$也就可以求出$H(s)$，从而确定其他任意激励下的零状态响应。因此，线性电路冲激激励作用的零状态响应确定后，其他任意激励作用的零状态响应也就确定了。

例 7-6-3 某零状态一端口网络，当端口接电流源$i_S(t) = 10\delta(t)$A 时，端口电压$u(t) = 10^6 e^{-100t}$V。现将该一端口网络与一个$1\mathrm{k}\Omega$电阻串联，然后再接电压源$u_S(t) = 5[1(t) - 1(t - 0.01)]$V，试求通过该电压源的电流的零状态响应。

解： 该一端口网络的入端运算阻抗为

$$Z(s) = \frac{U(s)}{I_S(s)} = \frac{\dfrac{10^6}{s+100}}{10} = \frac{10^5}{s+100}$$

串上$1\mathrm{k}\Omega$电阻后，总入端运算阻抗

$$Z_1(s) = Z(s) + 1000 = \frac{1000(s+200)}{s+100}$$

电压源电压

$$U_S(s) = \frac{5}{s}(1 - e^{-0.01s})$$

则

$$I(s) = \frac{U_S(s)}{Z_t(s)} = \frac{5(s+100)}{1000s(s+200)}(1 - e^{-0.01s})$$

$$= \frac{1}{400}\left(\frac{1}{s} + \frac{1}{s+200}\right)(1 - e^{-0.01s})$$

$$i(t) = \frac{1}{400}(1 + e^{-200t}) \cdot 1(t)\,A - \frac{1}{400}\left[1 + e^{-200(t-0.01)}\right] \cdot 1(t-0.01)\,A$$

例7-6-4　在图7-6-5a所示电路中，11′端口接单位阶跃电压源时，22′端口开路电压的零状态响应为 $u_0(t) = (1 - e^{-100t}) \cdot 1(t)\,V$；在图7-6-5b中，11′端口接单位冲激电压源时，22′端口短路电流的零状态响应为 $i_d(t) = 5e^{-50t} \cdot 1(t)\,A$；在图7-6-5c中，22′端口接入电阻 $R = 30\,\Omega$，11′端口施加电压 $u_S(t)$，以电阻上的电流 $i(t)$ 作为输出，试求网络函数 $H(s)$；若 $u_S(t) = 5e^{-40t} \cdot 1(t)\,V$，则 $i(t) = ?$

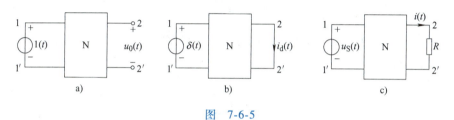

图　7-6-5

解：由图 a 知，当 $U_S(s) = \dfrac{1}{s}$ 时

$$U_0(s) = \frac{1}{s} - \frac{1}{s+100} = \frac{100}{s(s+100)}$$

$$H_1(s) = \frac{U_0(s)}{U_S(s)} = \frac{100}{s+100}$$

由上式知，当 $U_S(s) = 1$ 时，图 a 中 22′端口的开路电压为

$$U_0'(s) = \frac{100}{s+100}$$

又由图 b 知，当 $U_S(s) = 1$ 时，22′端口的短路电流为

$$I_d(s) = \frac{5}{s+50}$$

故而当 $U_S(s) = 1$ 时，图 c 电路 22′端口以左的戴维南等效电路的等效运算阻抗为

$$Z_d(s) = \frac{U_0'(s)}{I_d(s)} = \frac{20(s+50)}{s+100}$$

然后，易从戴维南等效电路求得网络函数

$$H(s) = \frac{U_0'(s)}{Z_d(s)+R} = \frac{\dfrac{100}{s+100}}{\dfrac{20(s+50)}{s+100}+30} = \frac{2}{s+80}$$

当 $U_S(s) = \dfrac{5}{s+40}$ 时

$$I(s) = H(s)U_\mathrm{S}(s) = \frac{2}{s+80}\frac{5}{s+40}$$

$$= \frac{1}{4}\left(\frac{1}{s+40} - \frac{1}{s+80}\right)$$

最后得到

$$i(t) = \frac{1}{4}(\mathrm{e}^{-40t} - \mathrm{e}^{-80t}) \cdot 1(t)\,\mathrm{A}$$

第七节　网络函数的零极点分析

一、网络函数的零点与极点

网络函数 $H(s)$ 是关于 s 的实系数函数，表示为

$$H(s) = \frac{Q(s)}{P(s)} \tag{7-7-1}$$

式（7-7-1）中 $Q(s)$、$P(s)$ 分别为 $H(s)$ 的分子、分母多项式，对它们作因式分解，假设分子、分母无公因式，则

$$H(s) = H_0\frac{(s-z_1)(s-z_2)\cdots(s-z_m)}{(s-p_1)(s-p_2)\cdots(s-p_n)} \tag{7-7-2}$$

式中，$z_1,z_2,\cdots,z_m$ 称为 $H(s)$ 的零点；$p_1,p_2,\cdots,p_n$ 称为 $H(s)$ 的极点；$H_0 = b_m/a_n$，称为 $H(s)$ 的增益常数。

零点、极点、增益常数确定了，网络函数就被唯一地确定了。

回顾第六章用经典法在时域分析线性动态网络的过渡过程时，响应与激励的关系是用线性常系数微分方程表示的，即

$$a_n\frac{\mathrm{d}^n r(t)}{\mathrm{d}t^n} + a_{n-1}\frac{\mathrm{d}^{n-1}r(t)}{\mathrm{d}t^{n-1}} + \cdots + a_1\frac{\mathrm{d}r(t)}{\mathrm{d}t} + a_0 r(t)$$

$$= b_m\frac{\mathrm{d}^m e(t)}{\mathrm{d}t^m} + b_{m-1}\frac{\mathrm{d}^{m-1}e(t)}{\mathrm{d}t^{m-1}} + \cdots + b_1\frac{\mathrm{d}e(t)}{\mathrm{d}t} + b_0 e(t) \tag{7-7-3}$$

式中，$e(t)$、$r(t)$ 分别是激励与响应的时域函数，当线性动态网络处于零初始状态时，对式（7-7-3）作拉普拉斯变换得

$$(a_n s^n + a_{n-1}s^{n-1} + \cdots + a_1 s + a_0)R(s)$$

$$= (b_m s^m + b_{m-1}s^{m-1} + \cdots + b_1 s + b_0)E(s) \tag{7-7-4}$$

令 $H(s) = \dfrac{R(s)}{E(s)}$，则有

$$H(s) = \frac{b_m s^m + b_{m-1}s^{m-1} + \cdots + b_1 s + b_0}{a_n s^n + a_{n-1}s^{n-1} + \cdots + a_1 s + a_0} \tag{7-7-5}$$

由此可见，网络函数的极点就是时域微分方程所对应的特征方程的特征根。

例 7-7-1　已知网络函数的极点 $p_1 = -3$，$p_2 = -4$；零点 $z_1 = -2$，$z_2 = -7$，$H(\mathrm{j}\omega)\big|_{\omega\to\infty} = 3$，求 $H(s)$。

解： 由题意知

$$H(s) = H_0\frac{(s+2)(s+7)}{(s+3)(s+4)}$$

当 $s = j\omega \to \infty$ 时，$H_0 = 3$，于是有

$$H(s) = \frac{3(s^2 + 9s + 14)}{s^2 + 7s + 12}$$

网络函数的极点反映了该网络固有的一种特征。对于图7-7-1所示的电路，取 $u_0(t)$ 为输出，$u_i(t)$ 为输入激励，网络函数为

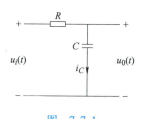

图　7-7-1

$$H(s) = \frac{U_0(s)}{U_i(s)} = \frac{\dfrac{1}{sC}}{R + \dfrac{1}{sC}} = \frac{1}{RC} \frac{1}{s + \dfrac{1}{RC}}$$

若取 $i_C(t)$ 为输出，$u_i(t)$ 为输入激励，网络函数为

$$H(s) = \frac{i_C(s)}{U_i(s)} = \frac{1}{R + \dfrac{1}{sC}} = \frac{1}{R} \frac{s}{s + \dfrac{1}{RC}}$$

当输入端施加冲激电压 $u_i(t) = \delta(t)$，电路的冲激响应为

$$U_0(s) = \frac{\dfrac{1}{sC}}{R + \dfrac{1}{sC}} = \frac{1}{RC} \frac{1}{s + \dfrac{1}{RC}}$$

若电容初始电压为 $u_C(0_-)$，输入为零时，电路的零输入响应为

$$U_0(s) = \frac{u_C(0_-)}{s} \frac{R}{R + \dfrac{1}{sC}} = \frac{u_C(0_-)}{s + \dfrac{1}{RC}}$$

由上面的分析可见，同一电路的网络函数、冲激响应和零输入响应各式中，其分母表达式都包含了相同的极点 $z = -\dfrac{1}{RC}$。网络函数的极点是电路本身的内部特征，它决定了网络的冲激响应和零输入响应的变化规律。网络函数的极点有时又称为网络的自然频率或固有频率。

二、网络函数的极点与冲激响应的关系

将网络函数 $H(s)$ 写成部分分式展开的形式（假设无重极点）

$$H(s) = \frac{K_1}{s - p_1} + \frac{K_2}{s - p_2} + \frac{K_i}{s - p_i} + \cdots + \frac{K_n}{s - p_n} = \sum_{i=1}^{n} \frac{K_i}{s - p_i} \tag{7-7-6}$$

式中，$p_1, p_2, \cdots, p_n$ 是 $H(s)$ 的极点，同时也是相应微分方程的特征方程的特征根，其冲激响应为

$$h(t) = \mathscr{L}^{-1}[H(s)]$$

$$= K_1 e^{p_1 t} + K_2 e^{p_2 t} + \cdots + K_i e^{p_i t} + \cdots + K_n e^{p_n t} = \sum_{i=1}^{n} K_i e^{p_i t} \tag{7-7-7}$$

图 7-7-2 表示了网络函数 $H(s)$ 的极点在 s 平面上的位置及其相应的冲激响应曲线。从图 7-7-2中可看出：当极点为 $0(p_1 = 0)$ 时，$h_1(t)$ 为恒定值；当极点为负实数（$p_2 < 0$）时，$h_2(t)$ 为衰减的指数曲线；当极点为正实数（$p_3 > 0$）时，$h_3(t)$ 为增长的指数曲线；当两极点为共轭虚根（p_4、p_5 为一对共轭虚根）时，$h_{45}(t)$ 为等幅正弦曲线；当两极点为左半平面的共轭复数（p_6、p_7 为一对左半平面的共轭复数）时，$h_{67}(t)$ 是幅值衰减的正弦函数；当两极点为

右半平面的共轭复数(p_8、p_9 为一对右半平面的共轭复数）时，$h_{89}(t)$ 是幅值增长的正弦函数。

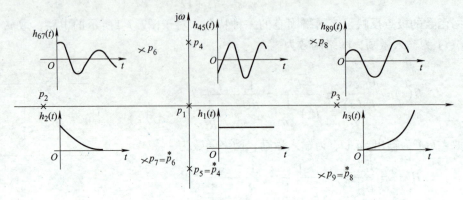

图 7-7-2

通常用冲激响应 $h(t)$ 来判别网络的稳定性。当 $\lim\limits_{t\to\infty} h(t)=0$ 时，说明网络是渐近稳定的；当 $\lim\limits_{t\to\infty} h(t)\to\infty$ 时，说明网络是不稳定的；当 $\lim\limits_{t\to\infty} h(t)$ 为有限值时，说明网络是稳定的。可见利用网络函数的极点能判断网络的稳定性。当网络函数的全部极点都在 s 的左半平面时，网络是渐近稳定的；当有一个或一个以上的极点在 s 的右半平面时，网络是不稳定的；当有一个或一个以上的极点在 s 平面的虚轴上，其余极点都在 s 的左半平面时，则网络稳定。对于含受控源网络或非线性网络，特别需要关注其稳定性问题。

例7-7-2 在图7-7-3a所示电路中含有 CCCS，试求当控制系数 K 改变时的冲激响应$i_2(t)$。

解： 作运算电路如图 7-7-3b 所示，利用戴维南定理，将 ab 以左有源一端口网络化为戴维南等效电路形式，由节点电压法求其开路电压 $U_d(s)$

$$U_d(s) = U_{ab0}(s) = \frac{1 - KI_1(s)}{1/1}$$

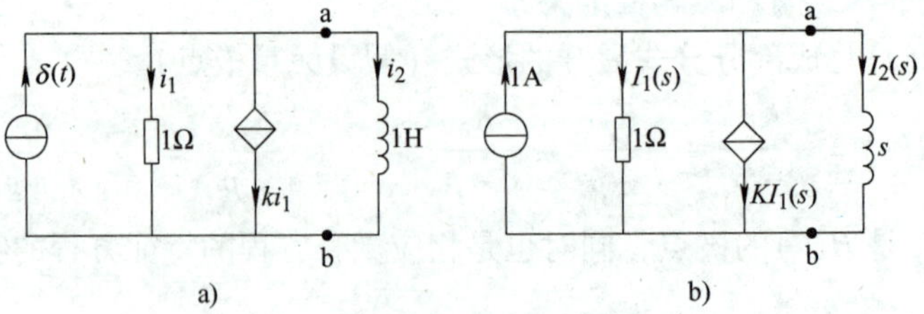

图 7-7-3

$$I_1(s) = U_{ab0}(s)/1$$

于是

$$U_d(s) = U_{ab0}(s) = \frac{1}{1+K}$$

将 ab 端口短接得

$$I_d(s) = 1$$

则戴维南等效阻抗

$$Z_d(s) = \frac{U_{ab0}(s)}{I_d(s)} = \frac{1}{1+K}$$

因而

$$I_2(s) = \frac{U_d(s)}{Z_d(s) + s} = \frac{\dfrac{1}{1+K}}{s + \dfrac{1}{1+K}}$$

经拉氏反变换,得

$$i_2(t) = \frac{1}{1+K} e^{-\frac{t}{1+K}} \cdot 1(t)$$

讨论:

1) 当 $1+K>0$, 即 $K>-1$ 时, $i_2(t)$ 随着时间增长而衰减, 网络是渐近稳定的。例如设 $K=1$ 时, $i_2(t) = \dfrac{1}{2} e^{-\frac{t}{2}} \cdot 1(t)$, 网络函数的极点为 $-\dfrac{1}{2}$。

2) 当 $1+K<0$ 即 $K<-1$ 时, $i_2(t)$ 随着时间增长而发散, 网络是不稳定的。例如设 $K=-2$ 时, $i_2(t) = (-e^t) \cdot 1(t)$, 网络函数的极点为 1。

3) 当 $1+K=0$ 即 $K=-1$ 时, $i_2(t)$ 的函数式无意义, 此时回到图 7-7-3a 电路可知, 1Ω 的电阻支路与 CCCS 支路两条支路在 $K=-1$ 时相当于开路, 所以 $i_2(t) = \delta(t)$。

以上分析未考虑 $H(s)$ 中含重极点的情况, 对于 $H(s)$ 的分母有重根的情况, 请看下面例题。

例 7-7-3 设某网络函数为 $H(s) = \dfrac{\omega_0^2}{(s^2 + \omega_0^2)^2}$, 试求冲激响应 $h(t)$。

解: $H(s)$ 的极点在 s 平面的虚轴上, $s = \pm j\omega_0$, 且为二重极点。

$$H(s) = \left(\frac{\omega_0}{s^2 + \omega_0^2}\right)^2 = \left(\frac{\dfrac{1}{j2\omega_0}}{s - j\omega_0} - \frac{\dfrac{1}{j2\omega_0}}{s + j\omega_0}\right)^2$$

$$= \left(\frac{1}{2j\omega_0}\right)^2 \left[\left(\frac{1}{s - j\omega_0}\right)^2 + \left(\frac{1}{s + j\omega_0}\right)^2 - \frac{2}{s^2 + \omega_0^2}\right]$$

由表 7-1-1,得

$$h(t) = -\frac{1}{4\omega_0^2}\left(t e^{j\omega_0 t} + t e^{-j\omega_0 t} - \frac{2}{\omega_0}\sin\omega_0 t\right) \cdot 1(t)$$

$$= -\frac{1}{2\omega_0^2}\left(t\cos\omega_0 t - \frac{1}{\omega_0}\sin\omega_0 t\right) \cdot 1(t)$$

$h(t)$ 中含有 $-\dfrac{1}{2\omega_0^2} t\cos\omega_0 t$ 项, 当 $t\to\infty$ 时, $h(t)\to\infty$, 故在虚轴上有多重共轭极点时, 与有单重共轭极点不同, 因为在虚轴上有多重共轭极点时 $h(t)\to\infty$, 在虚轴上有单重共轭极点时 $h(t)$ 为等幅的正弦函数。对于不在虚轴上的多重极点的网络函数, 对应的冲激响应 $h(t)$ 的变化规律基本上与单重极点时情况一致。

三、网络函数的零极点与频率响应的关系

在网络函数 $H(s)$ 中令 $s = j\omega$, 则 $H(j\omega)$ 随频率变化的特性称为频率特性, 又称为频率响应。将 $H(j\omega)$ 表示为

$$H(\mathrm{j}\omega) = R(\mathrm{j}\omega) + \mathrm{j}X(\mathrm{j}\omega) = |H(\mathrm{j}\omega)| \underline{/H(\mathrm{j}\omega)} \qquad (7\text{-}7\text{-}8)$$

式（7-7-8）中 $R(\mathrm{j}\omega)$、$X(\mathrm{j}\omega)$、$|H(\mathrm{j}\omega)|$、$\underline{/H(\mathrm{j}\omega)}$ 分别为 $H(\mathrm{j}\omega)$ 的实部、虚部、模和相位，都是 ω 的函数，可以证明：$R(\mathrm{j}\omega)$、$|H(\mathrm{j}\omega)|$ 是 ω 的偶函数；$X(\mathrm{j}\omega)$、$\underline{/H(\mathrm{j}\omega)}$ 是 ω 的奇函数，而且 $H(\mathrm{j}\omega)$ 与 $H(-\mathrm{j}\omega)$ 互为共轭，即有

$$H(\mathrm{j}\omega) = \overset{*}{H}(-\mathrm{j}\omega) \qquad (7\text{-}7\text{-}9)$$

例 7-7-4 给定 $H(s) = \dfrac{s+2}{s^2+4s+3}$，求其实频特性 $R(\mathrm{j}\omega)$，虚频特性 $X(\mathrm{j}\omega)$，幅频特性 $|H(\mathrm{j}\omega)|$ 和相频特性 $\underline{/H(\mathrm{j}\omega)}$，然后再求 $\overset{*}{H}(\mathrm{j}\omega)$ 和 $H(-\mathrm{j}\omega)$。

解： 令 $s = \mathrm{j}\omega$，代入 $H(s)$ 得

$$H(\mathrm{j}\omega) = \frac{\mathrm{j}\omega + 2}{(3-\omega^2) + \mathrm{j}4\omega} = \frac{(6+2\omega^2) - \mathrm{j}\omega(5+\omega^2)}{9+10\omega^2+\omega^4}$$

于是得

$$R(\mathrm{j}\omega) = \frac{6+2\omega^2}{9+10\omega^2+\omega^4}$$

$$X(\mathrm{j}\omega) = \frac{-\omega(5+\omega^2)}{9+10\omega^2+\omega^4}$$

$$|H(\mathrm{j}\omega)| = \frac{(\omega^2+4)^{\frac{1}{2}}}{(9+10\omega^2+\omega^4)^{\frac{1}{2}}}$$

$$\underline{/H(\mathrm{j}\omega)} = \arctan\frac{\omega}{2} - \arctan\frac{4\omega}{3-\omega^2}$$

$$\overset{*}{H}(\mathrm{j}\omega) = \frac{(6+2\omega^2) + \mathrm{j}\omega(5+\omega^2)}{9+10\omega^2+\omega^4} = H(-\mathrm{j}\omega)$$

从此例可以看出 $R(\mathrm{j}\omega)$ 和 $|H(\mathrm{j}\omega)|$ 是 ω 的偶函数，$X(\mathrm{j}\omega)$ 和 $\underline{/H(\mathrm{j}\omega)}$ 是 ω 的奇函数。

根据式（7-7-2）可知

$$H(\mathrm{j}\omega) = H_0 \frac{(\mathrm{j}\omega - z_1)(\mathrm{j}\omega - z_2)\cdots(\mathrm{j}\omega - z_m)}{(\mathrm{j}\omega - p_1)(\mathrm{j}\omega - p_2)\cdots(\mathrm{j}\omega - p_n)}$$

$$= H_0 \frac{\displaystyle\prod_{i=1}^{m}(\mathrm{j}\omega - z_i)}{\displaystyle\prod_{j=1}^{n}(\mathrm{j}\omega - p_j)} \qquad (7\text{-}7\text{-}10)$$

$$|H(\mathrm{j}\omega)| = H_0 \frac{\displaystyle\prod_{i=1}^{m}|\mathrm{j}\omega - z_i|}{\displaystyle\prod_{j=1}^{n}|\mathrm{j}\omega - p_j|} \qquad (7\text{-}7\text{-}11)$$

$$\underline{/H(\mathrm{j}\omega)} = \sum_{i=1}^{m}\arg(\mathrm{j}\omega - z_i) - \sum_{j=1}^{m}\arg(\mathrm{j}\omega - p_j) \qquad (7\text{-}7\text{-}12)$$

当网络函数 $H(s)$ 的零、极点和增益常数 H_0 已知时，可以编写计算机程序求其频率特性，即幅频特性和相频特性。

第八节　网络函数与稳态响应的关系

一、直流激励作用下稳态响应与网络函数的关系

当电路在直流 $E \cdot 1(t)$ 激励作用下，已知网络函数 $H(s)$，其零状态响应的运算式为

$$R(s) = H(s)\frac{E}{s} = \frac{K_0}{s} + \sum_{i=1}^{n}\frac{K_i}{s - p_i} \tag{7-8-1}$$

为简化讨论，假设 $H(s)$ 只有单极点，且均在 s 平面的左半平面，K_i 是 $R(s)$ 在极点 p_i 处的留数，K_0 是 $R(s)$ 在极点 $p_0 = 0$ 处的留数，此极点是由激励阶跃函数 $E \cdot 1(t)$ 引入的，根据拉普拉斯反变换，得

$$r(t) = K_0 + \sum_{i=1}^{n}K_i e^{p_i t} \tag{7-8-2}$$

因为已假设所有 $H(s)$ 的极点 p_i 均在 s 平面的左半平面，所以 $\sum_{i=1}^{n}K_i e^{p_i t}$ 随时间的增长而衰减至零，是暂态响应分量，K_0 是稳态响应分量。利用部分分式展开求留数的方法，得到

$$K_0 = sR(s)\,|_{s=0} = EH(s)\,|_{s=0} = EH(0) \tag{7-8-3}$$

这样就建立了直流激励作用下稳定电路系统的稳态响应与网络函数之间的关系。

二、正弦函数激励下稳态响应与网络函数的关系

当电路在正弦函数 $E_m\sin(\omega t + \theta)$ 激励下，已知网络函数 $H(s)$，其零状态响应的运算式为

$$R(s) = E_m H(s)\frac{s\sin\theta + \omega\cos\theta}{s^2 + \omega^2}$$

$$= \frac{K_{11}}{s - j\omega} + \frac{K_{12}}{s + j\omega} + \sum_{i=1}^{n}\frac{K_i}{s - p_i} \tag{7-8-4}$$

式中，$\sum_{i=1}^{n}\dfrac{K_i}{s - p_i}$ 对应暂态响应分量，$\dfrac{K_{11}}{s - j\omega} + \dfrac{K_{12}}{s + j\omega}$ 对应正弦稳态响应分量。利用部分分式展开求留数的方法，得到

$$K_{11} = (s - j\omega)R(s)\,|_{s=j\omega}$$

$$= E_m(s - j\omega)\frac{s\sin\theta + \omega\cos\theta}{s^2 + \omega^2}H(s)\,|_{s=j\omega}$$

$$= \frac{E_m\omega(j\sin\theta + \cos\theta)}{j2\omega}H(j\omega)$$

$$= \frac{E_m e^{j\theta}}{j2}H(j\omega)$$

同理

$$K_{12} = \frac{E_m e^{-j\theta}}{-j2}H(-j\omega)$$

于是

$$r(t) = K_{11}e^{j\omega t} + K_{12}e^{-j\omega t} + \sum_{i=1}^{n}K_i e^{p_i t} \tag{7-8-5}$$

其中稳态响应分量

$$r_p(t) = K_{11}e^{j\omega t} + K_{12}e^{-j\omega t}$$

$$= \frac{E_m}{j2}\left[e^{j(\omega t + \theta)}\,|H(j\omega)|\,\underline{/H(j\omega)} - e^{-j(\omega t + \theta)}\,|H(-j\omega)|\,\underline{/H(-j\omega)} \right]$$

因为 $$H(j\omega) = \overset{*}{H}(-j\omega)$$

即 $$|H(j\omega)| = |H(-j\omega)|, \underline{/H(j\omega)} = -\underline{/H(j\omega)}$$

所以 $$r_p(t) = E_m|H(j\omega)|\sin[\omega t + \theta + \underline{/H(j\omega)}] \tag{7-8-6}$$

式（7-8-6）说明：在正弦函数激励作用下，在一个稳定的电路系统中，稳态响应分量是与激励同频率的正弦函数，其振幅在激励振幅的基础上有一个$|H(j\omega)|$大小的增益，其相位在激励相位的基础上有一个$\underline{/H(j\omega)}$大小的相移。这样就建立了正弦函数激励作用下稳定电路系统的稳态响应分量与网络函数之间的关系。

例7-8-1 如图7-8-1a所示电路，已知$R_1 = 1\Omega$，$R_2 = 3\Omega$，$L = 1H$，电流控制的电流源的控制系数$\alpha = 2$，求：

（1）网络函数$H(s) = \dfrac{U_{ab}(s)}{E(s)}$。

（2）设$e(t)$为直流电压激励，$e(t) = 10V$，求输出$u_{ab}(t)$的稳态响应分量。

（3）设$e(t)$为正弦交流激励，$e(t) = 10\sin\left(\dfrac{t}{3} + 30°\right)V$，求输出$u_{ab}(t)$的稳态响应分量。

解：（1）画出图7-8-1a所示电路的运算电路，如图7-8-1b所示，应用网孔电流法列写方程

$$(1 + s)I_1(s) + \alpha I_1(s)s = E(s)$$

整理得 $$I_1(s) = \frac{E(s)}{1 + 3s}$$

$$U_{ab}(s) = -R_2 2I_1(s) = \frac{-6E(s)}{1 + 3s}$$

故 $$H(s) = \frac{U_{ab}(s)}{E(s)} = \frac{-6}{1 + 3s}$$

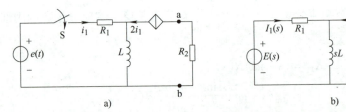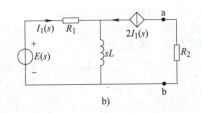

图 7-8-1

（2）网络函数$H(s)$的极点为$-\dfrac{1}{3}$，在s的左半平面，因此图7-8-1a所示电路是稳定的，暂态分量随时间增长衰减至零。根据式（7-8-3）得到输出$u_{abp}(t)$的稳态响应分量

$$u_{abp}(t) = 10H(0)V = 10 \times \frac{-6}{1 + 3 \times 0}V = -60V$$

（3）当$e(t) = 10\sin\left(\dfrac{t}{3} + 30°\right)V$时

$$H(j\omega) = H\left(j\frac{1}{3}\right) = \frac{-6}{1 + 3 \times j\dfrac{1}{3}} = 3\sqrt{2}\underline{/135°}$$

根据式（7-8-6）得到输出 $u_{ab}(t)$ 的稳态响应分量

$$u_{abp}(t) = 30\sqrt{2}\sin\left(\frac{t}{3}+30°+135°\right)V$$

$$= 30\sqrt{2}\sin\left(\frac{t}{3}+165°\right)V$$

第九节　积　分　法

一、利用网络函数证明线性、非时变网络的零状态响应的线性性质和非时变性质

1. 线性叠加性质

一个线性、非时变网络的网络函数 $H(s)$ 是 s 的实系数有理分式，表示为

$$H(s) = \frac{b_m s^m + b_{m-1}s^{m-1} + \cdots + b_1 s + b_0}{a_n s^n + a_{n-1}s^{n-1} + \cdots + a_1 s + a_0} \tag{7-9-1}$$

由式（7-6-1）知，零状态响应象函数 $R(s)$ 是激励象函数 $E(s)$ 乘以网络函数 $H(s)$，即

$$R(s) = H(s)E(s) \tag{7-9-2}$$

假设激励为 $E_1(s)$，则零状态响应 $R_1(s) = H(s)E_1(s)$，再设激励为 $E_2(s)$，则零状态响应 $R_2(s) = H(s)E_2(s)$；如果激励 $E_3(s) = a_1 E_1(s) + a_2 E_2(s)$，其中 a_1、a_2 为常系数，则

$$R_3(s) = H(s)E_3(s) = H(s)\left[a_1 E_1(s) + a_2 E_2(s)\right]$$

$$= a_1 H(s)E_1(s) + a_2 H(s)E_2(s)$$

即

$$R_3(s) = a_1 R_1(s) + a_2 R_2(s) \tag{7-9-3}$$

式（7-9-3）表明零状态响应满足线性定理，具有线性性质，也就是说：若干激励共同作用产生的零状态响应是每个激励单独作用情况下所产生的零状态响应的线性叠加。

2. 非时变性质

网络函数仍为 $H(s)$，现设激励为 $e_1(t) \cdot 1(t)$，对应的象函数为 $E_1(s)$，在该激励作用下的零状态响应为

$$R_1(s) = H(s)E_1(s) \tag{7-9-4}$$

零状态响应 $R_1(s)$ 对应的原函数为 $r_1(t)$，即

$$r_1(t) = \mathscr{L}^{-1}\left[R_1(s)\right] \tag{7-9-5}$$

假设激励 $e_2(t)$ 是延迟了 t_d 秒后作用于电路的 $e_1(t)$，也就是说 $e_2(t) = e_1(t-t_d) \cdot 1(t-t_d)$，那么激励 $e_2(t)$ 对应的象函数 $E_2(s) = E_1(s)\mathrm{e}^{-st_d}$，在激励 $e_2(t)$ 作用下的零状态响应为

$$R_2(s) = H(s)E_2(s) = H(s)E_1(s)\mathrm{e}^{-st_d}$$

$$R_2(s) = R_1(s)\mathrm{e}^{-st_d} \tag{7-9-6}$$

零状态响应 $R_2(S)$ 对应的原函数为 $r_2(t)$，即

$$r_2(t) = \mathscr{L}^{-1}\left[R_2(s)\right] = \mathscr{L}^{-1}\left[R_1(s)\mathrm{e}^{-st_d}\right]$$

$$r_2(t) = r_1(t-t_d) \cdot 1(t-t_d) \tag{7-9-7}$$

式（7-9-7）利用了时域位移定理式（7-2-4），它说明了零状态响应具有非时变性质，也就是说：激励延迟 t_d 后的零状态响应等于原激励的零状态响应延迟 t_d。

上述两个性质只适用于 R、L、C、M、受控源系数都是常数的电路。

二、卷积积分

线性非时变电路的冲激响应确定后，任意激励下的零状态响应也就确定了。下面将推导由冲激响应 $h(t)$ 直接计算任意激励作用下电路零状态响应 $r(t)$ 的时域积分公式。

假设式（7-9-2）中 $H(s)$、$E(s)$、$R(s)$ 的原函数分别为 $h(t)$、$e(t)$、$r(t)$，根据卷积定理，由式（7-9-2）即得

$$r(t) = \int_0^t e(\tau)h(t-\tau)\mathrm{d}\tau \qquad t \geq 0 \tag{7-9-8}$$

或

$$r(t) = \int_0^t h(\tau)e(t-\tau)\mathrm{d}\tau \qquad t \geq 0 \tag{7-9-9}$$

利用式（7-9-8）、式（7-9-9）两个卷积公式，不必通过频域转换，就能直接在时域计算零状态响应，这种由冲激响应直接计算任意激励下零状态响应的卷积积分法，又称为波尔定理。

当激励函数 $e(t)$ 较复杂，不是直流、正弦或指数函数，如果用上一章介绍的经典法难以找到在激励 $e(t)$ 作用下微分方程的特解，如果用运算法难以推求 $e(t)$ 的象函数 $E(s)$，那么用卷积积分求解就是解决问题的较好方案。

式（7-9-8）还可以在时域中根据叠加定理直接推出。图 7-9-1a 表示连续的激励函数 $e(t)$，将激励 $e(t)$ 分割成无限多个窄矩形脉冲序列，每个窄矩形脉冲宽为 $\Delta\tau$，高为 $e(\tau_k)$。原激励 $e(t)$ 的作用，相当于上述无限多个窄矩形脉冲依次作用于电路，在 τ_k 时刻相当于一个如图 7-9-1b 所示的延时的窄矩形脉冲作用，用 Δp_k 表示窄矩形脉冲，即

$$\Delta p_k = e(\tau_k)\{1(t-\tau_k) - 1[t-(\tau_k+\Delta\tau)]\}$$

$$= e(\tau_k)\Delta\tau \times \frac{1(t-\tau_k)-1[t-(\tau_k+\Delta\tau)]}{\Delta\tau} \tag{7-9-10}$$

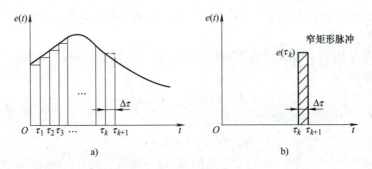

图　7-9-1

当分割无限密集时，$\Delta\tau \rightarrow 0$，由式（7-9-10）得

$$\Delta p_k = e(\tau_k)\Delta\tau\delta(t-\tau_k) \tag{7-9-11}$$

当已知冲激函数 $\delta(t)$ 激励下的零状态响应是 $h(t)\cdot 1(t)$，则由非时变性质式（7-9-7）知，延时冲激函数 $\delta(t-\tau_k)$ 激励下的零状态响应是 $h(t-\tau_k)\cdot 1(t-\tau_k)$；然后利用线性叠加性质，$e(\tau_k)\Delta\tau\delta(t-\tau_k)$ 激励下的零状态响应是 $e(\tau_k)\Delta\tau h(t-\tau_k)\cdot 1(t-\tau_k)$。最后，对无限多个窄矩形脉冲作用下的零状态响应分量求和并取极限即得到式（7-9-8）。

$$r(t) = \lim_{\Delta\tau \rightarrow 0} \sum_{k=0}^n e(\tau_k)\Delta\tau h(t-\tau_k)\cdot 1(t-\tau_k)$$

$$= \int_0^t e(\tau)h(t-\tau)\mathrm{d}\tau$$

当 $\tau > t$ 时，在 t 瞬时，相应激励还未作用于电路，故积分上限取为 t；因为变量 τ 的积分上

下限是 0 和 t，在 $\tau < t$ 的情况下 $1(t-\tau)$ 等于 1，所以积分式中不必考虑 $1(t-\tau)$。

从卷积积分推演的过程可知，式（7-9-8）可看成是一系列冲激激励连续作用下零状态响应线性叠加的结果。值得注意的是：无论激励是否为连续函数，式（7-9-8）均适用，但当激励为非连续函数时，式（7-9-9）通常不能直接套用。

例 7-9-1　在图 7-9-2a 所示电路中，$R = 0.5\Omega$，$C = 1\text{F}$，电压 $u(t)$ 的波形如图 7-9-2b 所示，求零状态响应 $u(t)$？

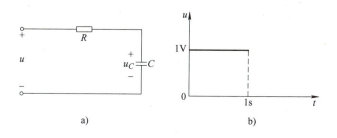

图　7-9-2

解： 网络函数
$$H(s) = \frac{\dfrac{1}{sC}}{R + \dfrac{1}{sC}} = \frac{2}{s+2}$$

冲激响应
$$h(t) = \mathscr{L}^{-1}[H(s)] = 2e^{-2t}$$

当 $0 \le t \le 1\text{s}$ 时，由式（7-9-8）得

$$u_C(t) = \int_0^t 1(\tau) 2e^{-2(t-\tau)} d\tau \, \text{V}$$

$$= e^{-2t} \int_0^t 2e^{2\tau} d\tau \, \text{V}$$

$$= e^{-2t}(e^{2t} - 1) \, \text{V}$$

$$= (1 - e^{-2t}) \, \text{V}$$

当 $t > 1\text{s}$ 时，有

$$u_C(t) = \int_0^1 1(\tau) 2e^{-2(t-\tau)} d\tau \, \text{V} + \int_1^t 0 \cdot 2e^{-2(t-\tau)} d\tau \, \text{V}$$

$$= e^{-2t} \int_0^1 2e^{2\tau} d\tau \, \text{V}$$

$$= e^{-2t}(e^2 - 1) \, \text{V} = 6.389e^{-2t} \, \text{V}$$

例 7-9-2　在图 7-9-3a 所示电路中，电流源 $i_S(t)$ 如图 7-9-3b 所示，电容电压的初值为 $u_C(0_-) = U_0$，求电容电压 $u_C(t)$ 的全响应。

解：（1）求零输入响应 $u_{Czi}(t)$，此时 $i_S(t)$ 为零，相当于开路，故

$$u_{Czi}(t) = U_0 e^{-\frac{t}{RC}} \qquad t \ge 0$$

（2）求零状态响应 $u_{Czs}(t)$，先画图 7-9-3a 所示电路的运算电路（略），求出网络函数

$$H(s) = \frac{U_C(s)}{I_S(S)} = \frac{R \dfrac{1}{sC}}{R + \dfrac{1}{sC}} = \frac{\dfrac{1}{C}}{s + \dfrac{1}{RC}}$$

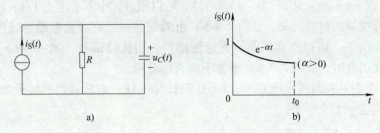

图　7-9-3

故冲激响应为

$$h(t) = \frac{1}{C} e^{-\frac{t}{RC}}$$

当 $0 \leqslant t \leqslant t_0$ 时，由式（7-9-8）得

$$u_{Czs}(t) = \int_0^t e^{-\alpha\tau} \frac{1}{C} e^{-\frac{t-\tau}{RC}} d\tau$$

$$= \frac{1}{C} e^{-\frac{t}{RC}} \int_0^t e^{-\alpha\tau} e^{\frac{\tau}{RC}} d\tau$$

$$= \frac{\frac{1}{C} e^{-\frac{t}{RC}}}{\frac{1}{RC} - \alpha} \left[e^{\left(\frac{1}{RC} - \alpha\right)t} - 1 \right]$$

令 $RC = \tau$，且 $\alpha \neq \dfrac{1}{\tau}$，则

$$u_{Czs}(t) = \frac{R}{1 - \alpha\tau} \left(e^{-\alpha t} - e^{-\frac{t}{\tau}} \right)$$

当 $t \geqslant t_0$ 时，有

$$u_{Czs}(t) = \int_0^{t_0} e^{-\alpha\tau} \frac{1}{C} e^{-\frac{1}{RC}(t-\tau)} d\tau$$

$$= \frac{1}{C} e^{-\frac{t}{RC}} \int_0^{t_0} e^{-\alpha\tau} e^{\frac{\tau}{RC}} d\tau$$

$$= \frac{R}{1 - \alpha\tau} \left(e^{-\alpha t_0} e^{-\frac{t-t_0}{\tau}} - e^{-\frac{t}{\tau}} \right)$$

（3）求全响应 $u_C(t)$，全响应是零输入响应与零状态响应之和，即

$$u_C(t) = u_{Czi}(t) + u_{Czs}(t)$$

当 $0 \leqslant t \leqslant t_0$ 时

$$u_C(t) = U_0 e^{-\frac{t}{\tau}} + \frac{R}{1 - \alpha\tau} \left(e^{-\alpha t} - e^{-\frac{t}{\tau}} \right)$$

当 $t > t_0$ 时

$$u_C(t) = U_0 e^{-\frac{t}{\tau}} + \frac{R}{1 - \alpha\tau} \left(e^{-\alpha t_0} e^{-\frac{t-t_0}{\tau}} - e^{-\frac{t}{\tau}} \right)$$

*三、叠加积分

将激励函数 $e(t)$ 按垂直方向分割为无限多个窄矩形脉冲函数的叠加，结果推导出了卷积积分公式。现在，将 $e(t)$ 按水平方向分割为无限多个阶跃函数的叠加，则可推导出另一个计算零状态响应的积分公式。

如图 7-9-4 所示，将 $e(t)$ 按水平方向分割，相当于 $t=0$ 时有一个阶跃函数 $e(0) \cdot 1(t)$ 作用于电路，在 $t = \tau_1$ 时刻，有一个小的延时阶跃函数作用，记为 Δq_1，则

$$\Delta q_1 = [e(\tau_1) - e(0)] \cdot 1(t - \tau_1)$$

同样地，在 $t = \tau_k$ 时刻，有一个小的延时阶跃函数作用，记为 Δq_k，有

$$\Delta q_k = [e(\tau_k) - e(\tau_{k-1})] \cdot 1(t - \tau_k) \quad (7\text{-}9\text{-}12)$$

若 $\tau_k - \tau_{k-1} = \Delta\tau$，则

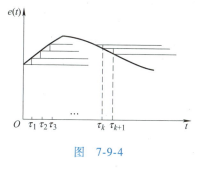

图 7-9-4

$$\Delta q_k = \frac{[e(\tau_k) - e(\tau_{k-1})]}{\Delta\tau} \Delta\tau \cdot 1(t - \tau_k)$$

$$\Delta q_k = e'(\tau_k) \Delta\tau \cdot 1(t - \tau_k) \quad (7\text{-}9\text{-}13)$$

无限多个阶跃函数依次作用于电路，所产生的零状态响应的叠加，就是激励函数 $e(t)$ 作用下的零状态响应。

设单位阶跃函数激励下的零状态响应为 $g(t) \cdot 1(t)$，根据线性性质与时不变性质，则 $e(0) \cdot 1(t)$ 激励下的零状态响应为 $e(0)g(t) \cdot 1(t)$；在 $e'(\tau_k)\Delta\tau \cdot 1(t - \tau_k)$ 延时阶跃函数激励下的零状态响应为 $e'(\tau_k)\Delta\tau g(t - \tau_k) \cdot 1(t - \tau_k)$，对无限多个阶跃函数作用下的零状态响应分量求和并取极限，得到

$$r(t) = e(0)g(t) \cdot 1(t) + \lim_{\Delta\tau \to 0} \sum_{k=1}^{n} e'(\tau_k) \Delta\tau g(t - \tau_k) \cdot 1(t - \tau_k)$$

$$r(t) = e(0)g(t) + \int_0^t e'(\tau)g(t - \tau)\mathrm{d}\tau \quad t \geq 0 \quad (7\text{-}9\text{-}14)$$

式（7-9-14）就是叠加积分公式，也称为裘阿梅里积分公式。

值得注意的是：倘若激励函数 $e(t)$ 不连续，则相当于在间断点存在一个确定量的阶跃函数，分段积分时，必须考虑间断点处的阶跃函数所产生的响应，请看下面例题。

例 7-9-3 在图 7-9-5a 所示电路中，已知 $R_1 = 3\Omega$，$R_2 = 6\Omega$，$C = 0.5\mathrm{F}$，激励 $e(t)$ 如图 7-9-5b 所示，即

$$e(t) = \begin{cases} 3\mathrm{e}^{-2t} & 0 \leq t \leq 2\mathrm{s} \\ 0 & t > 2\mathrm{s} \end{cases}$$

试求输出电压 $u_C(t)$ 的零状态响应。

解： 先求阶跃响应 $g(t)$：

网络函数

$$H(s) = \frac{\dfrac{1}{sC + \dfrac{1}{R_2}}}{R_1 + \dfrac{1}{sC + \dfrac{1}{R_2}}}$$

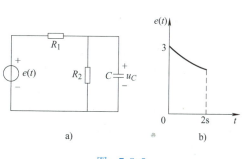

图 7-9-5

$$= \frac{R_2}{R_1 R_2 Cs + R_1 + R_2} = \frac{2}{3} \cdot \frac{1}{s + 1}$$

当激励为单位阶跃函数 $1(t)$ 时，有

$$R(s) = H(s)E(s)$$

$$= \frac{2}{3} \cdot \frac{1}{s+1} \cdot \frac{1}{s}$$

$$= \frac{2}{3} \left(\frac{1}{s} - \frac{1}{s+1} \right)$$

$$g(t) = r(t) = \frac{2}{3}(1 - e^{-t})V$$

当 $0 \leqslant t \leqslant 2s$ 时，根据式 (7-9-14) 得

$$u_C(t) = e(0)g(t) + \int_0^t e'(\tau)g(t-\tau)\mathrm{d}\tau$$

$$= 3 \times \frac{2}{3}(1 - e^{-t})V + \int_0^t (-6e^{-2\tau}) \times \frac{2}{3}[1 - e^{-(t-\tau)}]\mathrm{d}\tau V$$

$$= 2(1 - e^{-t})V + \int_0^t (-4e^{-2\tau} + 4e^{-t}e^{-\tau})\mathrm{d}\tau V$$

$$= 2(e^{-t} - e^{-2t})V$$

当 $t > 2s$ 时，有

$$u_C(t) = e(0)g(t) + \int_0^2 e'(\tau)g(t-\tau)\mathrm{d}\tau + [0 - e(2)]g(t-2)$$

$$= \left\{ 2(1 - e^{-t}) + 2e^{-4} - 2 - 4e^{-2}e^{-t} + 4e^{-t} - 3e^{-4} \times \frac{2}{3}[1 - e^{-(t-2)}] \right\}V$$

$$= 2(1 - e^{-2})e^{-t}V = 1.729e^{-t}V$$

第十节　状态变量法

随着近代系统科学与计算机科学的发展，分析系统动态过程的状态变量法应运而生。所谓系统是指由若干相互联系、相互作用的环节组合而成的具有特定功能的整体，而电网络也可以看做是一个小系统，所以状态变量法当然可应用于电网络的分析。状态变量法既可用于分析线性网络，也适用于分析非线性网络，目前数学上已有较完备的解析方法和数值方法可以求解状态方程，利用计算机编程还可以求解大型动态网络问题。本节将以电路为研究对象，介绍状态变量法的一些基本概念和分析方法，为以后学习现代控制理论、系统工程等知识奠定良好基础。

一、状态变量

状态的概念在电路与系统理论中均十分重要。在论述状态的定义之前，先回顾一下电路过渡过程的分析。当电路中全部的电容电压、电感电流的初值以及激励已知，就可以利用换路定则、磁链或电荷守恒求出各个响应的初值，还可以通过求解微分方程确定将来全部响应的变化，这说明：要研究电路将来的性状，并不需要了解历史演变的全过程，历史的作用完全体现在初值时刻的电容电压和电感电流中。由此可见，电路中存在着一组必须知道的、个数最少的独立变量，任意瞬间已知了这组变量值，已知了激励，就可以确定电路将来的性状。这样的独立变量就称为状态变量，用列矩阵表示后，称为状态向量。

现在论述状态的定义：一个电路的状态是指在任何时刻必须知道的最少量的信息，这些信息与该时刻以后的激励就足以确定该电路此后的性状。状态变量就是描述电路状态的一组变量，这组变量在任何时刻的值表征了该时刻电路的状态。

在电路分析中，常常选择电容电压与电感电流作为状态变量，当然也可以选择电容电荷与电感磁链作为状态变量，状态变量的选择不是唯一的。

在 R、L、C 动态电路中，状态变量的个数就等于独立的储能元件数。当电路中含有一个纯电容回路或电容与电压源组成的回路时，在这个回路中，其中一个电容电压可以用其他电容电压和电压源电压表示，因此不是独立变量，不能取为状态变量，所以状态变量数就少一个，上述这样的回路，称为病态回路。

同理，如果电路中含有一个纯电感割集或电感与电流源组成的割集，就有一个电感电流不独立而不能取为状态变量，上述这样的割集称为病态割集。综上所述，得到状态变量的个数 n 为

$$n = 电容数 + 电感数 - 病态回路与病态割集数 \tag{7-10-1}$$

式中，电容数、电感数指电容、电感串并联化简后的计数。

二、状态方程和输出方程

状态变量满足状态方程，下面以图 7-10-1 所示的 RLC 串联电路为例来介绍状态方程和输出方程。

选择 u_C 与 i_L 作为状态变量，由基尔霍夫定律得

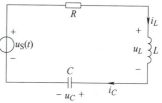

$$C \frac{du_C}{dt} = i_C = i_L$$

$$L \frac{di_L}{dt} = u_S - Ri_L - u_C$$

整理后得

图　7-10-1

$$\begin{cases} \dfrac{du_C}{dt} = \dfrac{1}{C} i_L \\ \dfrac{di_L}{dt} = -\dfrac{1}{L} u_C - \dfrac{R}{L} i_L + \dfrac{u_S}{L} \end{cases} \tag{7-10-2}$$

以上两个独立的一阶微分方程组就是状态方程。

如果将式（7-10-2）中上面一个式子代入下面一个式子，整理后得

$$LC \frac{d^2 u_C}{dt^2} + RC \frac{du_C}{dt} + u_C = u_S \tag{7-10-3}$$

式（7-10-3）就是第六章中用经典法求解电路过渡过程的二阶微分方程。由此可知，状态变量法也即是将一个 n 阶微分方程转化为 n 个一阶微分方程组，然后求解一阶微分方程组的分析方法。

将式（7-10-2）写成矩阵形式

$$\begin{bmatrix} \dfrac{du_C}{dt} \\ \dfrac{di_L}{dt} \end{bmatrix} = \begin{bmatrix} 0 & \dfrac{1}{C} \\ -\dfrac{1}{L} & -\dfrac{R}{L} \end{bmatrix} \begin{bmatrix} u_C \\ i_L \end{bmatrix} + \begin{bmatrix} 0 \\ \dfrac{1}{L} \end{bmatrix} \begin{bmatrix} u_S \end{bmatrix} \tag{7-10-4}$$

从上述例子可以看出，状态方程就是关于状态变量的一组一阶微分方程，状态方程的数目就是状态变量的数目。状态方程的左边是状态变量对时间的一阶导数，方程的右边是关于状态变量与激励的线性组合，对于含有 n 个状态变量、m 个激励源的线性非时变电路，状态方程一般式的矩阵形式为

$$\dot{X} = AX + BF \tag{7-10-5}$$

式中，X 为 n 维状态变量向量；$\dot{X}$ 为 n 维状态变量一阶导数向量；A 为 $n \times n$ 的常数矩阵；B 为 $n \times m$ 的常数矩阵；F 为 m 维激励列向量。

列写状态方程，实际上就是求矩阵 A 和 B，它们取决于电路的结构与参数。

在图 7-10-1 所示电路中，倘若以 u_L、u_R 作为输出量，那么可用状态变量和激励（输入）来表示输出量，有

$$u_L = u_S - Ri_L - u_C$$
$$u_R = Ri_L$$

写成矩阵形式

$$\begin{bmatrix} u_L \\ u_R \end{bmatrix} = \begin{bmatrix} -1 & -R \\ 0 & R \end{bmatrix}\begin{bmatrix} u_C \\ i_L \end{bmatrix} + \begin{bmatrix} 1 \\ 0 \end{bmatrix}\begin{bmatrix} u_S \end{bmatrix} \tag{7-10-6}$$

式 (7-10-6) 就是输出方程，输出方程的一般式的矩阵形式为

$$Y = CX + DF \tag{7-10-7}$$

式中，Y 为输出列向量；C、D 为常数矩阵，由电路的结构与参数决定。

三、状态方程的列写

给定一个电网络，可直接列写其状态方程。列写状态方程的方法有：观察 法、等效电源法、拓扑法等。下面将分别介绍等效电源法和拓扑法。

1. 等效电源法

对于一个给定的电网络，要列写其状态方程，就是要用状态变量和外加激励来表示电容电流 $i_C\left(\text{正比于} \dfrac{\mathrm{d}u_C}{\mathrm{d}t}\right)$ 和电感电压 $u_L\left(\text{正比于} \dfrac{\mathrm{d}i_L}{\mathrm{d}t}\right)$。等效电源法利用替代定理，用电压为 u_C 的电压源替代电容，用电流为 i_L 的电流源替代电感，那么，原网络则化为等效电阻网络。利用求解电阻网络的方法求出电容电流 i_C 和电感电压 u_L，经整理，即可得到相应的状态方程。详细求解过程请看下面例题。

例 7-10-1 电路如图 7-10-2a 所示，试列写电路的状态方程；若以 u_{L1} 和 i_{R4} 作为输出，列写其输出方程。

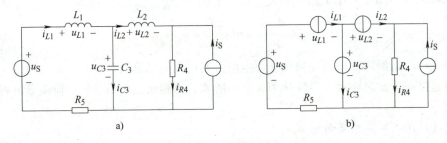

图 7-10-2

解： 选电感电流 i_{L1}、i_{L2} 和电容电压 u_{C3} 作为状态变量，用电流为 i_{L1}、i_{L2} 的电流源替代电感 L_1、L_2，用电压为 u_{C3} 的电压源替代电容 C，得到如图 7-10-2b 所示的等效电阻电路。由 KCL、KVL 得

$$u_{L1} = u_S - R_5 i_{L1} - u_{C3} = -R_5 i_{L1} - u_{C3} + u_S$$
$$u_{L2} = u_{C3} - R_4(i_{L2} + i_S) = -R_4 i_{L2} + u_{C3} - R_4 i_S$$
$$i_{C3} = i_{L1} - i_{L2}$$

整理并写成矩阵形式

$$\begin{bmatrix} \dfrac{\mathrm{d}i_{L1}}{\mathrm{d}t} \\[2mm] \dfrac{\mathrm{d}i_{L2}}{\mathrm{d}t} \\[2mm] \dfrac{\mathrm{d}u_{C3}}{\mathrm{d}t} \end{bmatrix} = \begin{bmatrix} -\dfrac{R_5}{L_1} & 0 & -\dfrac{1}{L_1} \\[2mm] 0 & -\dfrac{R_4}{L_2} & \dfrac{1}{L_2} \\[2mm] \dfrac{1}{C_3} & -\dfrac{1}{C_3} & 0 \end{bmatrix} \begin{bmatrix} i_{L1} \\[1mm] i_{L2} \\[1mm] u_{C3} \end{bmatrix} + \begin{bmatrix} \dfrac{1}{L_1} & 0 \\[2mm] 0 & -\dfrac{R_4}{L_2} \\[2mm] 0 & 0 \end{bmatrix} \begin{bmatrix} u_{S} \\[1mm] i_{S} \end{bmatrix}$$

该矩阵方程即为所求的状态方程。

以 u_{L1} 和 i_{R4} 为输出量，则有

$$u_{L1} = -R_5 i_{L1} - u_{C3} + u_{S}$$

$$i_{R4} = i_{L2} + i_{S}$$

整理得输出方程的矩阵形式

$$\begin{bmatrix} u_{L1} \\ i_{R4} \end{bmatrix} = \begin{bmatrix} -R_5 & 0 & -1 \\ 0 & 1 & 0 \end{bmatrix} \begin{bmatrix} i_{L1} \\ i_{L2} \\ u_{C3} \end{bmatrix} + \begin{bmatrix} 1 & 0 \\ 0 & 1 \end{bmatrix} \begin{bmatrix} u_{S} \\ i_{S} \end{bmatrix}$$

例 7-10-2 在图7-10-3a所示电路中，$R_1 = R_2 = 1\Omega$，回转器系数 $r = 1\Omega$，$L = 2\mathrm{H}$，$C = 0.5\mathrm{F}$，试列写状态方程。

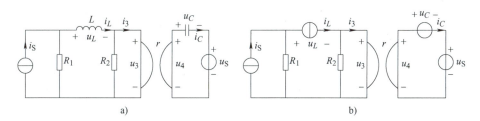

图 7-10-3

解：选电感电流 i_L、电容电压 u_C 作为状态变量，分别将电感、电容替换为电流源与电压源，如图 7-10-3b 所示，由回转器特性方程知

$$u_3 = ri_C = i_C, \quad u_4 = ri_3 = i_3$$

又由 KCL、KVL 得

$$\begin{aligned} u_L &= R_1(i_S - i_L) - R_2(i_L - i_3) \\ &= R_1 i_S - (R_1 + R_2)i_L + R_2 i_3 \\ &= i_S - 2i_L + i_3 \\ &= i_S - 2i_L + u_4 \end{aligned}$$

即

$$L\frac{\mathrm{d}i_L}{\mathrm{d}t} = i_S - 2i_L + u_C + u_S$$

$$\begin{aligned} i_C = u_3 &= R_2(i_L - i_3) \\ &= i_L - i_3 \\ &= i_L - u_4 \end{aligned}$$

即

$$C\frac{\mathrm{d}u_C}{\mathrm{d}t} = i_L - (u_C + u_S)$$

整理得

$$\begin{bmatrix} \dfrac{\mathrm{d}i_L}{\mathrm{d}t} \\ \dfrac{\mathrm{d}u_C}{\mathrm{d}t} \end{bmatrix} = \begin{bmatrix} -1 & 0.5 \\ 2 & -2 \end{bmatrix} \begin{bmatrix} i_L \\ u_C \end{bmatrix} + \begin{bmatrix} 0.5 & 0.5 \\ 0 & -2 \end{bmatrix} \begin{bmatrix} i_S \\ u_S \end{bmatrix}$$

2. 拓扑法

借助网络图论的知识而建立的系统的列写状态方程的方法，称为拓扑法。根据列写状态方程的思路，要获得 $\dfrac{\mathrm{d}u_C}{\mathrm{d}t}$ 项，则列写含有电容的节点（或割集）的 KCL 方程；要获得 $\dfrac{\mathrm{d}i_L}{\mathrm{d}t}$ 项，则列写含有电感的回路的 KVL 方程。列写状态方程的步骤归结如下：

1）假设网络中不含病态回路和病态割集，是一个常态网络，则必可选择一个常态树，所有的电容置于树支上，而所有的电感置于连支上。

2）选择常态树中包含的所有电容电压、连支中包含的所有电感电流作为状态变量。

3）对每一个电容列写单树支割集的 KCL 方程。

4）对每一个电感列写单连支回路的 KVL 方程。

5）消去非状态变量的电压、电流，整理即得到状态方程。

例 7-10-3 电路如图7-10-4所示，试列写其状态方程。

解：（1）选择电容 C、电阻 R_1 和电压源 u_S、电阻 R_2 所在支路为树，如图中粗线所示。

（2）选择电容电压 u_C、电感电流 i_{L1}、i_{L2} 作为状态变量，其参考方向如图中所示。

（3）对电容 C 列写单树支割集的 KCL 方程，即

$$C\frac{\mathrm{d}u_C}{\mathrm{d}t} = -i_{L1} - i_{L2} \tag{1}$$

（4）对包含电感 L_1 的单连支回路列写 KVL 方程

$$L_1\frac{\mathrm{d}i_{L1}}{\mathrm{d}t} = u_C + R_1 i_C + u_S \tag{2}$$

对包含电感 L_2 的单连支回路列写 KVL 方程

$$L_2\frac{\mathrm{d}i_{L2}}{\mathrm{d}t} = u_C + R_1 i_C + u_S - R_2 i_{R2} \tag{3}$$

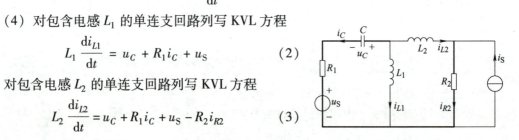

图 **7-10-4**

（5）消去非状态变量 i_C、i_{R2}，即用状态变量和激励表示，得

$$i_C = -i_{L1} - i_{L2} \tag{4}$$

$$i_{R2} = i_{L2} + i_S \tag{5}$$

将式（4）、式（5）代入式（2）、式（3），得

$$L_1\frac{\mathrm{d}i_{L1}}{\mathrm{d}t} = u_C - R_1 i_{L1} - R_1 i_{L2} + u_S \tag{6}$$

$$L_2\frac{\mathrm{d}i_{L2}}{\mathrm{d}t} = u_C - R_1 i_{L1} - (R_1 + R_2) i_{L2} - R_2 i_S + u_S \tag{7}$$

将式（1）、式（6）、式（7）三式分别除以 C、L_1、L_2，即得到状态方程

$$\frac{\mathrm{d}u_C}{\mathrm{d}t} = -\frac{1}{C} i_{L1} - \frac{1}{C} i_{L2}$$

$$\frac{\mathrm{d}i_{L1}}{\mathrm{d}t} = \frac{1}{L_1}u_C - \frac{R_1}{L_1}i_{L1} - \frac{R_1}{L_1}i_{L2} + \frac{1}{L_1}u_S$$

$$\frac{\mathrm{d}i_{L2}}{\mathrm{d}t} = \frac{1}{L_2}u_C - \frac{R_1}{L_2}i_{L1} - \frac{R_1+R_2}{L_2}i_{L2} + \frac{1}{L_2}u_S - \frac{R_2}{L_2}i_S$$

写成矩阵形式

$$
\begin{bmatrix} \dfrac{\mathrm{d}u_C}{\mathrm{d}t} \\[2mm] \dfrac{\mathrm{d}i_{L1}}{\mathrm{d}t} \\[2mm] \dfrac{\mathrm{d}i_{L2}}{\mathrm{d}t} \end{bmatrix}
=
\begin{bmatrix} 0 & -\dfrac{1}{C} & -\dfrac{1}{C} \\[2mm] \dfrac{1}{L_1} & -\dfrac{R_1}{L_1} & -\dfrac{R_1}{L_1} \\[2mm] \dfrac{1}{L_2} & -\dfrac{R_1}{L_2} & -\dfrac{R_1+R_2}{L_2} \end{bmatrix}
\begin{bmatrix} u_C \\[2mm] i_{L1} \\[2mm] i_{L2} \end{bmatrix}
+
\begin{bmatrix} 0 & 0 \\[2mm] \dfrac{1}{L_1} & 0 \\[2mm] \dfrac{1}{L_2} & -\dfrac{R_2}{L_2} \end{bmatrix}
\begin{bmatrix} u_S \\[2mm] i_S \end{bmatrix}
$$

当网络中含有病态回路或病态割集时，该网络被称为病态网络。病态网络中状态变量的个数 n 满足式（7-10-1），对于病态网络列写状态方程的方法及其状态方程的特点详见下面例题。

例7-10-4 电路如图7-10-5所示，试列写其状态方程。

解： 该电路中含有一个病态回路，两个电容电压只有一个是独立的，因此该电路只有两个状态变量。选择 u_{C1}、i_L 作为状态变量。选择电容 C_1、电压源 u_S 和电阻 R 所在支路作为树支，如图7-10-5中粗线所示，各元件电压、电流的参考方向亦如图所示。

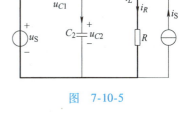

图 7-10-5

对电容 C_1 列写单树支割集的 KCL 方程

$$C_1\frac{\mathrm{d}u_{C1}}{\mathrm{d}t} = i_L + C_2\frac{\mathrm{d}u_{C2}}{\mathrm{d}t}$$

对电感 L 列写单连支回路的 KVL 方程

$$L\frac{\mathrm{d}i_L}{\mathrm{d}t} = -u_{C1} + u_S - Ri_R$$

非状态变量 u_{C2}、i_R 可表示为

$$u_{C2} = u_S - u_{C1}$$
$$i_R = i_L + i_S$$

将两个非状态变量的表达式代入前面两式中，得

$$C_1\frac{\mathrm{d}u_{C1}}{\mathrm{d}t} = i_L + C_2\frac{\mathrm{d}u_S}{\mathrm{d}t} - C_2\frac{\mathrm{d}u_{C1}}{\mathrm{d}t}$$

$$L\frac{\mathrm{d}i_L}{\mathrm{d}t} = -u_{C1} - Ri_L + u_S - Ri_S$$

经整理并写成矩阵形式，最后得到

$$
\begin{bmatrix} \dfrac{\mathrm{d}u_{C1}}{\mathrm{d}t} \\[2mm] \dfrac{\mathrm{d}i_L}{\mathrm{d}t} \end{bmatrix}
=
\begin{bmatrix} 0 & \dfrac{1}{C_1+C_2} \\[2mm] -\dfrac{1}{L} & -\dfrac{R}{L} \end{bmatrix}
\begin{bmatrix} u_{C1} \\[2mm] i_L \end{bmatrix}
+
\begin{bmatrix} 0 & 0 \\[2mm] \dfrac{1}{L} & -\dfrac{R}{L} \end{bmatrix}
\begin{bmatrix} u_S \\[2mm] i_S \end{bmatrix}
+
\begin{bmatrix} \dfrac{C_2}{C_1+C_2} & 0 \\[2mm] 0 & 0 \end{bmatrix}
\begin{bmatrix} \dfrac{\mathrm{d}u_S}{\mathrm{d}t} \\[2mm] \dfrac{\mathrm{d}i_S}{\mathrm{d}t} \end{bmatrix}
$$

从上面例题可知，病态网络状态方程的列写方法和步骤与常态网络基本相同，但病态网络状态方程的形式与常态网络有所不同，它还含有激励的一阶导数项，具有以下一般形式：

$$\dot{\boldsymbol{X}} = \boldsymbol{A}\boldsymbol{X} + \boldsymbol{B}_1\boldsymbol{F} + \boldsymbol{B}_2\dot{\boldsymbol{F}} \tag{7-10-8}$$

与式（7-10-5）相比，式（7-10-8）多了 $\boldsymbol{B}_2\dot{\boldsymbol{F}}$ 项，$\dot{\boldsymbol{F}}$ 为激励的一阶导数列向量，$\boldsymbol{B}_2$ 为常数

矩阵。

四、状态方程的求解

求解状态方程的数学方法有多种，可以在时域求解，可以在复频域求解，还可以利用计算机求其数值解。这里只介绍应用拉普拉斯变换求解状态方程的解析方法。

n 维状态方程的一般式为

$$\dot{X}(t) = AX(t) + BF(t) \tag{7-10-9}$$

对式（7-10-9）两边进行拉普拉斯变换，应用微分定理和线性性质得

$$sX(s) - X(0) = AX(s) + BF(s)$$

$$[s\mathbf{1} - A]X(s) = X(0) + BF(s) \tag{7-10-10}$$

令 $\boldsymbol{\lambda}(s) = [s\mathbf{1} - A]^{-1}$，称为预解矩阵。

式（7-10-10）两边左乘预解矩阵 $\boldsymbol{\lambda}(s)$ 得

$$X(s) = \boldsymbol{\lambda}(s)X(0) + \boldsymbol{\lambda}(s)BF(s) \tag{7-10-11}$$

式（7-10-11）就是状态方程的复频域解。

对式（7-10-11）两边取拉普拉斯反变换，得到状态变量的时域解为

$$X(t) = \mathcal{L}^{-1}[\boldsymbol{\lambda}(s)X(0)] + \mathcal{L}^{-1}[\boldsymbol{\lambda}(s)BF(s)] \tag{7-10-12}$$

$$\downarrow \qquad\qquad \downarrow \qquad\qquad \downarrow$$

[状态变量的全响应向量]　[零输入响应向量]　[零状态响应向量]

式（7-10-12）表明每一个状态变量的全响应由零输入响应和零状态响应叠加而成。

输出方程的一般式为

$$Y(t) = CX(t) + DF(t) \tag{7-10-13}$$

对式（7-10-13）两边进行拉普拉斯变换，有

$$Y(s) = CX(s) + DF(s) \tag{7-10-14}$$

将式（7-10-11）代入式（7-10-14）得

$$Y(s) = C\boldsymbol{\lambda}(s)X(0) + C\boldsymbol{\lambda}(s)BF(s) + DF(s) \tag{7-10-15}$$
$$= C\boldsymbol{\lambda}(s)X(0) + [C\boldsymbol{\lambda}(s)B + D]F(s)$$

对式（7-10-15）两边取拉普拉斯反变换，得到输出变量的时域解为

$$Y(t) = \mathcal{L}^{-1}[C\boldsymbol{\lambda}(s)X(0)] + \mathcal{L}^{-1}\{[C\boldsymbol{\lambda}(s)B + D]F(s)\} \tag{7-10-16}$$

$$\downarrow \qquad\qquad \downarrow \qquad\qquad \downarrow$$

[输出变量的全响应向量]　[零输入响应向量]　[零状态响应向量]

应用拉普拉斯变换求解状态方程的关键是求预解矩阵 $\boldsymbol{\lambda}(s)$，它由系数矩阵 A 所确定，所以系数矩阵 A 表征了网络的固有特性。

例 7-10-5　已知状态方程和初始值分别为

$$\begin{bmatrix} \dot{x}_1(t) \\ \dot{x}_2(t) \end{bmatrix} = \begin{bmatrix} 0 & 1 \\ -2 & -3 \end{bmatrix}\begin{bmatrix} x_1(t) \\ x_2(t) \end{bmatrix} + \begin{bmatrix} 0 \\ 6 \end{bmatrix} \cdot 1(t)$$

$$\begin{bmatrix} x_1(0) \\ x_2(0) \end{bmatrix} = \begin{bmatrix} 4 \\ 0 \end{bmatrix}$$

输出方程为

$$y(t) = \begin{bmatrix} 1 & 1 \end{bmatrix}\begin{bmatrix} x_1(t) \\ x_2(t) \end{bmatrix}$$

求 $x_1(t)$、$x_2(t)$ 和 $y(t)$。

解：预解矩阵

$$\boldsymbol{\lambda}(s) = [s\mathbf{1} - \boldsymbol{A}]^{-1} = \begin{bmatrix} s & -1 \\ 2 & s+3 \end{bmatrix}^{-1} = \frac{\begin{bmatrix} s+3 & 1 \\ -2 & s \end{bmatrix}}{s^2 + 3s + 2}$$

由式（7-10-11），有

$$\begin{bmatrix} X_1(s) \\ X_2(s) \end{bmatrix} = \frac{\begin{bmatrix} s+3 & 1 \\ -2 & s \end{bmatrix}}{s^2 + 3s + 2}\begin{bmatrix} 4 \\ 0 \end{bmatrix} + \frac{\begin{bmatrix} s+3 & 1 \\ -2 & s \end{bmatrix}}{s^2 + 3s + 2}\begin{bmatrix} 0 \\ 6 \end{bmatrix}\frac{1}{s}$$

$$= \frac{\begin{bmatrix} 4s+12 \\ -8 \end{bmatrix} + \begin{bmatrix} \dfrac{6}{s} \\ 6 \end{bmatrix}}{s^2 + 3s + 2}$$

$$= \begin{bmatrix} \dfrac{8}{s+1} - \dfrac{4}{s+2} \\ \dfrac{-8}{s+1} + \dfrac{8}{s+2} \end{bmatrix} + \begin{bmatrix} \dfrac{3}{s} - \dfrac{6}{s+1} + \dfrac{3}{s+2} \\ \dfrac{6}{s+1} - \dfrac{6}{s+2} \end{bmatrix}$$

经拉普拉斯反变换得状态变量的全响应

$$\begin{bmatrix} x_1(t) \\ x_2(t) \end{bmatrix} = \begin{bmatrix} 8e^{-t} - 4e^{-2t} \\ -8e^{-t} + 8e^{-2t} \end{bmatrix} + \begin{bmatrix} 3 - 6e^{-t} + 3e^{-2t} \\ 6e^{-t} - 6e^{-2t} \end{bmatrix}$$

$$= \begin{bmatrix} 3 + 2e^{-t} - e^{-2t} \\ -2e^{-t} + 2e^{-2t} \end{bmatrix} \qquad t \geq 0$$

输出变量的全响应为

$$y(t) = x_1(t) + x_2(t)$$
$$= 3 + e^{-2t} \qquad t \geq 0$$

当 $t = 0_+$ 时，有
$$\begin{bmatrix} x_1(0_+) \\ x_2(0_+) \end{bmatrix} = \begin{bmatrix} 4 \\ 0 \end{bmatrix}$$

可见，状态变量的全响应满足初值条件，经校验求解正确。

学以致用，知行合一，让我们致敬"中国导弹驱逐舰之父"潘镜芙！

第七章介绍了网络函数，网络函数的概念不仅用于电路理论，还被广泛应用于信号处理、通信工程、控制系统分析等领域，学好理论并且积极应用就可以得到创新。2016 年 3 月 14 日，时任浙江大学校长吴朝晖院士一行驱车前往上海，看望浙大校友潘镜芙院士，潘院士欣然对工科专业的学弟学妹们提出了建议："基础课一定要学好，提高动手能力；在求是的基础上将理论与实践相结合进行创新。在实践中踏踏实实一步一步地走就可以得到创新。"

潘镜芙院士是浙江大学电机系（电气工程学院前身）1952 届毕业生！潘院士把一生都奉献给了祖国的海军建设，在极其薄弱的科研基础上做出了开创性的工作，让国产驱逐舰迈入国际先进行列，有力地推动了海军装备的发展。他倾注所有心血在驱逐舰设计上，让国产驱逐舰实现零的突破，被誉为"中国导弹驱逐舰之父"。毫不夸张地说，"他进入的是在中国近乎空白的领域，瞄准的却是世界最先进的水平"。

1971 年 12 月 31 日，中国第一艘国产导弹驱逐舰首舰"济南号"交船完工，人民海军第一次拥有了具有远洋作战能力的水面舰艇。它的问世，实现了首次安装舰上导弹，武器从单个装备发展为武器系统，这标志着我国具备了自主研制导弹驱逐舰的能力，实现了海军舰船发展史上具有里程碑意义的重大跨越，潘镜芙被外国同行称为"中国第一个全武器系统专家"。

20 世纪 80 年代中期，潘镜芙担任我国第二代 052 型导弹驱逐舰的总设计师。他大胆采用国内最新科研成果，建立陆上试验场，亲自主持武器系统的对接调试，解决了大量技术难题；并在 051 型导弹驱逐舰的基础上，继续强化"系统工程"设计理念进行设计，强调全舰各个系统间有机协同，综合性能兼优，舰上武器和电子系统设备首次组成作战系统，实现作战指挥自动化。作战系统的形成，使舰艇作战指挥和控制的发展迈出了重要一步。

"今天，让我们致敬'中国导弹驱逐舰之父'潘镜芙！"，希望同学们铭记潘院士的谆谆教诲——学以致用，知行合一，用实际行动向潘院士致敬！

参考摘选自：浙江大学电气工程学院微信公众号：百年电气故事"今天，让我们致敬'中国导弹驱逐舰之父'潘镜芙！"2020.04.23

习　题　七

7-1　求下列象函数的原函数。

(1)　$F(s) = \dfrac{s+4}{2s^2+5s+3}$

(2)　$F(s) = \dfrac{s^2+3s+7}{[(s+2)^2+4](s+1)}$

(3)　$F(s) = \dfrac{2s^2+3s+2}{(s+1)^3}$

(4)　$F(s) = \dfrac{s+2}{s(s+1)^2(s+3)}$

7-2　如题图7-1所示电路，电容上初始电压均为零。试求开关 S 闭合后 $u_{C1}(t)$ 及 $u_{C2}(t)$（用运算法求解）。

7-3　在题图7-2所示电路中，参数已标明，$t=0$ 时开关 S 合上，求 i_2 的零状态响应。

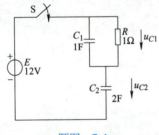

题图　7-1

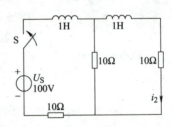

题图　7-2

7-4　如题图7-3所示电路，已知 $u_C(0_-) = 1\text{V}$，$i_L(0_-) = 5\text{A}$，$e(t) = 12\sin 5t \cdot 1(t)\text{V}$，用运算法计算 $i_L(t)$。

7-5　在题图7-4所示电路中，$U_S = e^{-t} \cdot 1(t)\text{V}$，$R = 1\Omega$，$C = 1\text{F}$，$R_L = 2\Omega$，$L = 1\text{H}$，$u_C(0_-) = 0$，$i_L(0_-) = 0$，试求 $i(t)$。

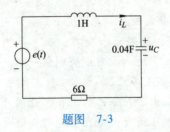

题图　7-3

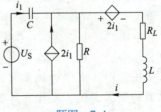

题图　7-4

7-6　在题图7-5所示电路中，已知 $R_1 = R_2 = 2\Omega$，$C = 0.1\text{F}$，$L = \dfrac{5}{8}\text{H}$，$U_{S1} = 4\text{V}$，$U_{S2} = 2\text{V}$，原电路已处于稳态，$t=0$ 时闭合开关 S。

(1)　作运算电路图。

(2)　求 $u_C(t)$ 的运算电压 $U_C(s)$。

(3)　求 $u_C(t)$。

7-7 电路如题图7-6所示，已知 $R_1 = 30\Omega$，$R_2 = R_3 = 5\Omega$，$L_1 = 0.1\mathrm{H}$，$C = 1000\mu\mathrm{F}$，$U_\mathrm{S} = 140\mathrm{V}$，求 $u_\mathrm{k}(t)$。

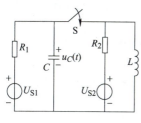

题图　7-5

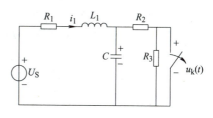

题图　7-6

7-8 在题图7-7所示电路中，已知 $L = 1\mathrm{H}$，$R_1 = R_2 = 1\Omega$，$C = 1\mathrm{F}$，$I_\mathrm{S} = 1\mathrm{A}$，$e(t) = \delta(t)$。原电路已处于稳态，今在 $t = 0$ 时间闭合 S，试作运算电路图，并求 $u_C(t)$ 的运算电压 $U_C(s)$。

7-9 已知网络函数 $H(s) = (s+1)/(s^2 + 5s + 6)$，试求冲激响应 $h(t)$ 和阶跃响应 $r(t)$。

7-10 在题图7-8所示电路中，设 u_1 为输入，u_2 为输出，试求网络函数 $H(s)$，并作零极点图。

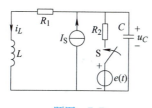

题图　7-7

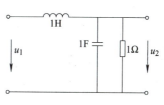

题图　7-8

7-11 在题图7-9所示电路中，已知 $L_1 = 2\mathrm{H}$，$L_2 = 1\mathrm{H}$，$M = 1\mathrm{H}$，试求网络函数 $H(s) = U_2(s)/U_1(s)$。

7-12 若网络函数的零极点分布如题图7-10所示，试画 $H(\mathrm{j}\omega)$ 的幅频及相频特性。

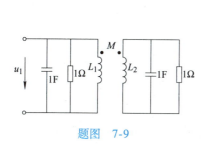

题图　7-9

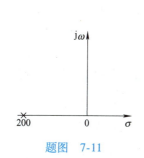

题图　7-10

7-13 题图7-11所示为网络函数的零极点图，并知增益常数 $H_0 = 100$，试求：

（1）幅频和相频特性。

（2）阶跃响应。

7-14 求题图7-12a所示电路在题图 7-12b 所示电流信号输入时的输出电压 $u_C(t)$。

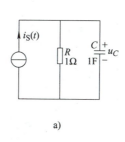

题图　7-11

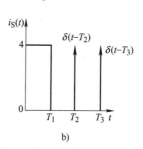

a)

b)

题图　7-12

7-15 某无源单口网络，端口加以单位阶跃电流源时，端口电压的零状态响应为 $(1-e^{-t})\cdot1(t)$ V。现将该单口网络并联电容 C 后再串以电阻 R（见题图7-13），连接后的电路接通电压源 $u_S=10\cdot1(t)$ V，试求通过电压源的过渡电流。

7-16 某无源单口网络，端口加以单位冲激电压源时，端口电流的零状态响应为 $e^{-2t}\cdot1(t)$ A，现将该网络端口加电压源 $u_S=10\cdot1(t)$ V 且知该网络处于非零状态，端口电流的初始值 $i(0)=2$ A，试求全响应 $i(t)$。

7-17 在题图7-14所示电路中，N 为线性无独立电源，零初始状态的动态网络，当 $u_1(t)=1(t)$ V 时，$u_2(t)$ 的稳态电压为零，当 $u_1(t)=\delta(t)$ 时，$u_2(t)=(A_1e^{-4.5t}+A_2e^{-8t})\cdot1(t)$ V，且 $u_2(0_+)=50$ V。求：

(1) $H(s)=U_2(s)/U_1(s)$。

(2) 若 $u_1(t)=10\sin(6t+30°)$ V，求 u_2 的稳态电压 $u_{2N}(t)$。

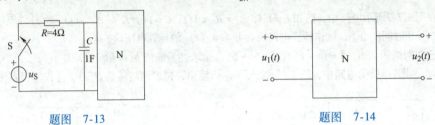

题图 7-13　　　　　　　　　　　　题图 7-14

7-18 题图7-15为零状态电路，已知图 a 中 $i_S(t)=2\cdot1(t)$ A，$u_L(t)=4e^{-4t}\cdot1(t)$ V，$u_3(t)=(2-2e^{-4t})\cdot1(t)$ V，求图 b 中，当 $u_S(t)=1(t)$ V 时，$i_1(t)=?$

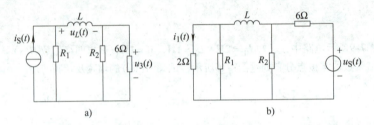

题图 7-15

7-19 题图7-16所示电路中方框部分无独立源和受控源，在单位冲激源的激励下（见图 a、b），各输出的零状态响应分别为：$i_1(t)=e^{-t}\cdot1(t)$ A，$u_{20}(t)=\delta(t)-e^{-t}\cdot1(t)$ V，$i_{2d}=\delta(t)-e^{-t}\cdot1(t)$ A。设图 c 中 $u_S=5e^{-5t}\cdot1(t)$ V。试求 $i_2(t)$。

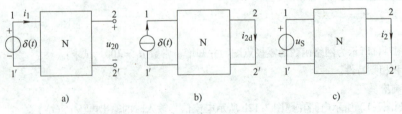

题图 7-16

7-20 设题图7-17所示电路中，N 为零初始条件的无源网络，已知图 a 中，$u_2(t)=(2e^{-t}+3e^{-2t})\cdot1(t)$ V，图 b 中 $i_S(t)=1(t-0.1)$ A，试求 $i_1(t)$。

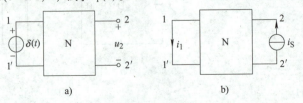

题图 7-17

7-21 题图7-18所示网络方框 N 内有直流源和初始条件，当 $u_S = 5e^{-2t}V$ 时，$i_2 = (1 + 3e^{-2t} - 5e^{-t})A$。当 $u_S = 10e^{-2t}V$ 时，$i_2 = (1 + 6e^{-2t} - 8e^{-t})A$。问：

（1）当 $u_S = 20e^{-2t}V$ 时，$i_2 = ?$

（2）当 $u_S = 10\sin 2tV$ 时，$i_2 = ?$

7-22 题图7-19a中的 N 为一无独立源（但具有非零初始条件的储能元件）线性双口网络，已知 $u_1(t) = \delta(t)$ 时，$u_2(t) = 2e^{-t}V$，$t > 0$；$u_1(t) = 1(t)V$ 时，$u_2(t) = (3 + 4e^{-t})V$，$t > 0$；求：

（1）u_2 的零输入响应 $u_{2zi}(t)$。

题图　7-18

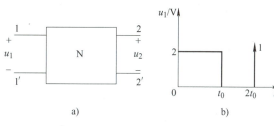

a)

题图　7-19

（2）电压传递函数 $H(s) = \dfrac{U_2(s)}{U_1(s)}$ 及 u_2 的冲激响应和单位阶跃响应。

（3）当 $u_1(t)$ 为图 b 所示的波形时，求 $u_2(t)$ 的全响应。

7-23 某网络函数 $H(s) = U(s)/E(s)$ 有一个零点和两个极点。零点在复平面上的坐标是 $(-2, 0)$，极点在复平面上的坐标是 $(-3, 2)$ 和 $(-3, -2)$，且知输入 $e(t) = 26 \times 1(t)$ 时，输出 $u(t)$ 的稳态响应为8V，则该网络函数 $H(s) = ?$ 若输入 $e(t) = 141.4\sin(2t + 30°)$，求输出的稳态响应。

7-24 已知某线性无源网络的冲激响应为 $h(t)$，激励 $e(t)$ 如题图7-20所示，则 $t > t_0$ 时，输出的零状态响应 $y(t)$ 用卷积求解时，其积分式 $y(t) = ?$

7-25 上题中，若已知阶跃响应为 $g(t)$，激励 $e(t)$ 不变，求 $t > t_0$ 时输出的零状态响应 $y(t)$。

7-26 在题图7-21a 所示电路中，u_S 的波形如图 b 所示，即 $u_S = t[1(t) - 1(t-1)]V$，$i(0) = 0$。

（1）用卷积积分计算 $i(t)$。

（2）用裘阿梅尔积分计算 $i(t)$。

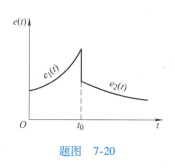

题图　7-20

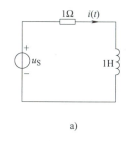

a)

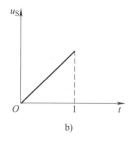

b)

题图　7-21

7-27 已知题 7-26 中 u_S 的波形如题图 7-22 所示，按图示波形重解题 7-26。

7-28 若题 7-26 中 u_S 的波形如题图 7-23 所示，按图示波形重解题 7-26。

7-29 在题图 7-24 所示电路中，已知 $R = 1/2\Omega$，$L = 2H$，$C = 0.5F$，$u_S(t) = 1(t)V$，试建立状态方程，并求解 $u_C(t)$ 和 $i_L(t)$（设 $u_C(0) = 0, i_L(0) = 0$）。

7-30 试建立题图7-25所示电路的状态方程。其中，$L_1 = 1H$，$L_2 = \dfrac{1}{2}H$，$C = 1F$，$R_1 = 1\Omega$，$R_2 = 2\Omega$。

7-31 电路如题图 7-26 所示，建立图示电路的状态方程。

7-32 电路如题图 7-27 所示，建立图示电路的状态方程。

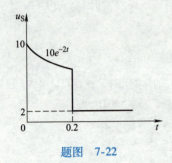

题图 7-22

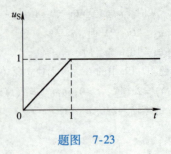

题图 7-23

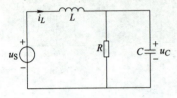

题图 7-24

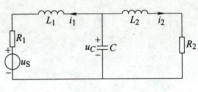

题图 7-25

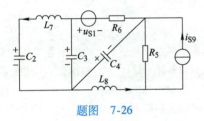

题图 7-26

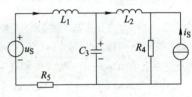

题图 7-27

知识图谱：

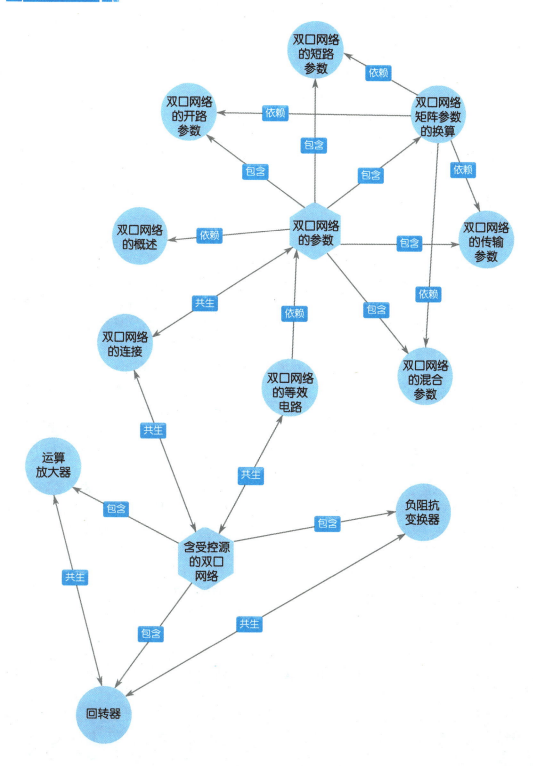

第一节　概　述

任何一个网络，不论其内部复杂与否，如果有四个端子与外电路相连接，则称该网络为四端网络（见图 8-1-1a）。如果流进一个端子的电流等于流出另一个端子的电流，则称这两个端子为一个端口。四端网络中，如果两对端子的流入和流出的电流始终相等（见图 8-1-1b），即进入 1 端和离开 1′端的电流均为 $\dot{I}_1$，而进入 2 端和离开 2′端的电流均为 $\dot{I}_2$，则该网络称为二端口网络，简称为双口网络。

应当指出，四个端子对外连接的网络不一定是双口网络，因为四个线端的电流可以不是两两成对的，端子电流只满足基尔霍夫电流定律的约束 $\dot{I}_1 + \dot{I}_2 = \dot{I}_1' + \dot{I}_2'$，只有当端子电流还同时满足 $\dot{I}_1 = \dot{I}_1'$、$\dot{I}_2 = \dot{I}_2'$ 时，该四端网络才是双口网络。

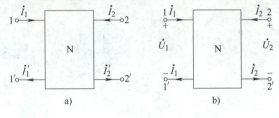

图　8-1-1

双口网络电压和电流的参考方向选取如图 8-1-1b 所示，端口电流流入的端子标为 1 或 2，电流流出的端子标为 1′或 2′。端口电压的参考方向通常选取与电流参考方向相同，$\dot{U}_1$ 从 1 端指向 1′端，$\dot{U}_2$ 从 2 端指向 2′端。在分析变压器、放大器等实际双口电路器件时，往往称 1-1′端口为输入端口，2-2′端口为输出端口。

双口网络在有关电路和网络理论分析中占有重要地位，研究双口网络有其现实意义。有些大型网络，如集成电路器件等，对于应用者来说，其内部结构的特性是难以确定的，实际上使用者往往只对该网络的端口电压、电流及其关系感兴趣。即是说，只需对网络的端口变量进行分析和测试，并建立等效的电路，而不用去研究网络内部的结构和参数，这些内容就成为讨论端口网络的专题。双口网络在工程应用中有广泛用途。某些器件，如变压器、互感器、晶体管放大器、滤波网络等，当不对内部状态进行研究时，都可作为双口网络对待。

本章主要分析由线性的电阻、电感、电容和线性受控源组成的双口网络，规定双口网络内无独立电源，并处于零状态下进行讨论。双口网络分析可以在直流、正弦交流稳态或复频域中进行，本章主要是在正弦交流稳态下进行讨论。对于有独立源情况，可应用叠加定理加以推导，或参阅相关书籍。

图 8-1-1b 所示的线性无独立源双口网络，共有 $\dot{U}_1$、$\dot{I}_1$、$\dot{U}_2$、$\dot{I}_2$ 四个变量。我们知道，一个无源一端口网络的端口电压和电流之间的关系，总可以用阻抗或者导纳来表示，即电压和电流两个变量中，只有一个是独立的，另一个变量受端口特性所约束。同样，对于双口网络，若其内部结构确定，则不管外电路情况如何变化，其中任意两个变量必能表示为另外两个变量的线性方程。这些线性方程反映了双口网络的端口电压和电流之间的关系，反映了双口网络的外部特征。在讨论双口网络问题时，可由这些方程进行分析计算。

根据所选取的变量不同，双口网络可以建立六组不同的外特性方程，相应地有六组不同的参数。以下分别加以叙述。

第二节　双口网络的开路参数

如果用双口网络的端口电流 $\dot{I}_1$ 和 $\dot{I}_2$ 来表示端口电压 $\dot{U}_1$ 和 $\dot{U}_2$，则可得到一组以开路参数表示的基本方程。如图 8-2-1 所示，用电流源 $\dot{I}_{S1}$ 和 $\dot{I}_{S2}$ 分别替代端口电流 $\dot{I}_1$ 和 $\dot{I}_2$，且使 $\dot{I}_{S1} =$

$\dot{I}_1$，$\dot{I}_{S2} = \dot{I}_2$，应用叠加定理和线性定理求端口电压 $\dot{U}_1$ 和 $\dot{U}_2$，可得

$$\begin{cases} \dot{U}_1 = Z_{11}\dot{I}_{S1} + Z_{12}\dot{I}_{S2} \\ \dot{U}_2 = Z_{21}\dot{I}_{S1} + Z_{22}\dot{I}_{S2} \end{cases} \quad (8\text{-}2\text{-}1)$$

上式也可写为

$$\begin{cases} \dot{U}_1 = Z_{11}\dot{I}_1 + Z_{12}\dot{I}_2 \\ \dot{U}_2 = Z_{21}\dot{I}_1 + Z_{22}\dot{I}_2 \end{cases} \quad (8\text{-}2\text{-}2)$$

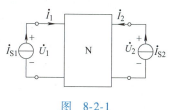

图　8-2-1

式中，Z_{11}、Z_{12}、Z_{21}、Z_{22} 是与网络内部结构和参数有关而与外部电路无关的一组参数，这些参数反映了端口电流与端口电压之间的关系。对于无独立源线性双口网络，不管其内部情况如何复杂，对端口变量或对外电路而言，总是可以用 Z_{11}、Z_{12}、Z_{21}、Z_{22} 等一组参数来表示。这组参数称为 Z 参数，四个参数充分地代表了一个无独立源双口网络。

在双口网络的结构和元件参数值已知的情况下，为计算双口网络的 Z 参数，可以任意给出一种特定的外电路状况，利用网络的基本分析方法，如回路电流法、节点电压法等，计算出一组端口变量 $\dot{U}_1$、$\dot{U}_2$、$\dot{I}_1$、$\dot{I}_2$，代入基本方程式（8-2-2），得到两个以 Z 参数为变量的方程。变动外电路状况，可以获得另外两个方程式。解这四个方程组，可以得 Z_{11}、Z_{12}、Z_{21}、Z_{22} 四个参数。

当实际计算双口网络 Z 参数时，可以采用使某一端口开路的方法来实现。在图 8-2-2a 电路中，令 2-2′端口开路，即有 $\dot{I}_2 = 0$，则式（8-2-2）简化为

$$\begin{cases} \dot{U}_1 = Z_{11}\dot{I}_1 \\ \dot{U}_2 = Z_{21}\dot{I}_1 \end{cases} \quad (8\text{-}2\text{-}3)$$

可得电路参数计算式为

$$\begin{cases} Z_{11} = \left.\dfrac{\dot{U}_1}{\dot{I}_1}\right|_{\dot{I}_2 = 0} \\ Z_{21} = \left.\dfrac{\dot{U}_2}{\dot{I}_1}\right|_{\dot{I}_2 = 0} \end{cases} \quad (8\text{-}2\text{-}4)$$

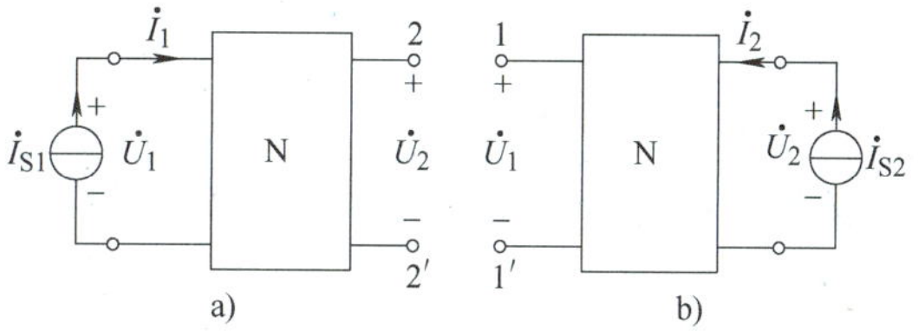

图　8-2-2

同样若令 1-1′端口开路，则有 $\dot{I}_1 = 0$，（见图 8-2-2b），可得另外两个参数计算式为

$$\begin{cases} Z_{12} = \left.\dfrac{\dot{U}_1}{\dot{I}_2}\right|_{\dot{I}_1 = 0} \\ Z_{22} = \left.\dfrac{\dot{U}_2}{\dot{I}_2}\right|_{\dot{I}_1 = 0} \end{cases} \quad (8\text{-}2\text{-}5)$$

上述参数计算表达式进一步表明了 Z 参数的含义：端口 2-2′开路时，Z_{11} 是端口 1-1′的入端阻抗；端口 1-1′开路时，Z_{22} 是端口 2-2′的入端阻抗；端口 2-2′开路时，Z_{21} 是端口 2-2′电压与端口 1-1′电流之比，即为端口间转移阻抗；端口 1-1′开路时，Z_{12} 是端口 1-1′电压与端口 2-2′电流之比，也为端口间转移阻抗。由于双口网络的 Z 参数可以在一个端口开路情况下计算得出，它们都是在开路情况下的入端阻抗或转移阻抗，所以又称 Z 参数为开路参数。

当双口网络内不存在受控源时，根据互易定理，有关系式

$$Z_{12} = Z_{21}$$

可见无受控源网络只需要三个参数来代表，四个参数中只有三个参数是独立参数。

当双口网络内不包含受控源时，由互易定理可知 $Z_{12} = Z_{21}$。如果双口网络除了 $Z_{12} = Z_{21}$ 以外，还有 $Z_{11} = Z_{22}$，此时把双口网络的两个端口互换位置后与外电路连接，其外特性完全一样。这种网络被称为对称双口网络。结构上对称的网络一定是对称双口网络，但对称双口网络并不一定结构上对称。对于一个对称双口网络，只需要两个参数就足以来表示它。

Z 参数可根据式（8-2-4）和式（8-2-5）计算，也可以通过实验直接测定。

例 8-2-1 电阻网络如图 8-2-3 所示，已知 $R_1 = 0.5\Omega$，$R_2 = R_4 = 2\Omega$，$R_3 = 1.5\Omega$，求该双口网络的 Z 参数。

解： 将端口 2-2′开路，在端口 1-1′外加电流源 $\dot{I}_{S1} = \dot{I}_1$，根据式（8-2-4）可得

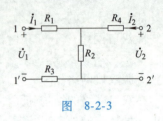

图 8-2-3

$$Z_{11} = \left.\frac{\dot{U}_1}{\dot{I}_1}\right|_{\dot{I}_2=0} = \frac{\dot{I}_1(R_1+R_2+R_3)}{\dot{I}_1} = R_1 + R_2 + R_3 = 4\Omega$$

$$Z_{21} = \left.\frac{\dot{U}_2}{\dot{I}_1}\right|_{\dot{I}_2=0} = \frac{\dot{I}_1 R_2}{\dot{I}_1} = R_2 = 2\Omega$$

同理，将端口 1-1′开路，在端口 2-2′外加电流源 $\dot{I}_{S2} = \dot{I}_2$，由式（8-2-5）可得

$$Z_{12} = \left.\frac{\dot{U}_1}{\dot{I}_2}\right|_{\dot{I}_2=0} = \frac{\dot{I}_2 R_2}{\dot{I}_2} = R_2 = 2\Omega$$

$$Z_{22} = \left.\frac{\dot{U}_2}{\dot{I}_2}\right|_{\dot{I}_2=0} = \frac{\dot{I}_2(R_2+R_4)}{\dot{I}_2} = R_2 + R_4 = 4\Omega$$

此网络为对称双口网络。

例 8-2-2 求图 8-2-4 所示双口网络的 Z 参数，已知 $R = 3\Omega$，$\omega L_1 = \omega L_2 = 3\Omega$，$\omega M = 1\Omega$。

解： 方法一

令 2-2′端口开路，在 1-1′端口外加电流 $\dot{I}_1$，分别计算此时 $\dot{U}_1$ 和 $\dot{U}_2$ 为

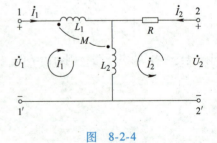

图 8-2-4

$$\dot{U}_1 = j\omega L_1 \dot{I}_1 + j\omega L_2 \dot{I}_1 + 2\times j\omega M \dot{I}_1$$
$$= j(3+3+2\times1)\dot{I}_1 = j8\dot{I}_1$$
$$\dot{U}_2 = j\omega L_2 \dot{I}_1 + j\omega M \dot{I}_1 = j(3+1)\dot{I}_1 = j4\dot{I}_1$$

由式（8-2-4）可知

$$Z_{11} = \left.\frac{\dot{U}_1}{\dot{I}_1}\right|_{\dot{I}_2=0} = \frac{j8\dot{I}_1}{\dot{I}_1}\Omega = j8\Omega$$

$$Z_{21} = \left.\frac{\dot{U}_2}{\dot{I}_1}\right|_{\dot{I}_2=0} = \frac{j4\dot{I}_1}{\dot{I}_1}\Omega = j4\Omega$$

令 1-1′端口开路，在 2-2′端口外加电流 $\dot{I}_2$，分别计算 $\dot{U}_1$ 和 $\dot{U}_2$ 为

$$\dot{U}_1 = j\omega L_2 \dot{I}_2 + j\omega M \dot{I}_2 = j(3+1)\dot{I}_2 = j4\dot{I}_2$$

$$\dot{U}_2 = R\dot{I}_2 + j\omega L_2 \dot{I}_2 = (3+j3)\dot{I}_2$$

可得

$$Z_{12} = \frac{\dot{U}_1}{\dot{I}_2}\bigg|_{\dot{I}_1 = 0} = \frac{j4\dot{I}_2}{\dot{I}_2}\Omega = j4\Omega$$

$$Z_{22} = \frac{\dot{U}_2}{\dot{I}_2}\bigg|_{\dot{I}_1 = 0} = \frac{(3 + j3)\dot{I}_2}{\dot{I}_2}\Omega = (3 + j3)\Omega$$

方法二

设在两个端口施加电压源 $\dot{U}_1$ 与 $\dot{U}_2$，用回路电流法对该电路列写方程

$$\dot{U}_1 = j\omega L_1 \dot{I}_1 + j\omega M(\dot{I}_1 + \dot{I}_2) + j\omega L_2(\dot{I}_1 + \dot{I}_2) + j\omega M \dot{I}_1$$

$$\dot{U}_2 = R\dot{I}_2 + j\omega L_2(\dot{I}_1 + \dot{I}_2) + j\omega M \dot{I}_1$$

整理得

$$\dot{U}_1 = j\omega(L_1 + L_2 + 2M)\dot{I}_1 + j\omega(L_2 + M)\dot{I}_2 = j8\dot{I}_1 + j4\dot{I}_2$$

$$\dot{U}_2 = j\omega(L_2 + M)\dot{I}_1 + (j\omega L_2 + R)\dot{I}_2 = j4\dot{I}_1 + (3 + j3)\dot{I}_2$$

比较式(8-2-2)，可知双口网络的 Z 参数为

$$Z_{11} = j8\Omega \ , \ Z_{12} = j4\Omega$$
$$Z_{21} = j4\Omega \ , \ Z_{22} = (3 + j3)\Omega$$

第三节　双口网络的短路参数

若用双口网络的端口电压 $\dot{U}_1$ 和 $\dot{U}_2$ 来表示端口电流 $\dot{I}_1$ 和 $\dot{I}_2$，则可以得到一组以短路参数 Y 来表示的基本方程。如图 8-3-1 所示的双口网络，如果端口电压 $\dot{U}_1$ 和 $\dot{U}_2$ 已知，则可将端口电压分别用电压源 $\dot{U}_{S1} = \dot{U}_1$ 和 $\dot{U}_{S2} = \dot{U}_2$ 来等效替代。根据叠加定理和线性定理，端口电流 $\dot{I}_1$ 和 $\dot{I}_2$ 可表示为

$$\begin{cases} \dot{I}_1 = Y_{11}\dot{U}_1 + Y_{12}\dot{U}_2 \\ \dot{I}_2 = Y_{21}\dot{U}_1 + Y_{22}\dot{U}_2 \end{cases} \tag{8-3-1}$$

上式即为用短路参数 Y_{11}、Y_{12}、Y_{21}、Y_{22} 表示的双口网络基本方程，式中的短路参数是与端口内部结构和参数有关的一组系数。如果双口网络结构和元件参数已知，则可以通过计算来获得短路参数。一般可以通过将双口网络的一个端口短路的方法来计算短路参数。如图 8-3-2a 所示，把双口网络 2-2′端口直接短路，在 1-1′端口外加电压源 $\dot{U}_{S1} = \dot{U}_1$，分别计算此时两个端口的电流 $\dot{I}_1$ 和 $\dot{I}_2$，由式（8-3-1）可知，短路参数表达式为

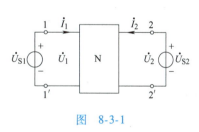

图 8-3-1

$$\begin{cases} Y_{11} = \dfrac{\dot{I}_1}{\dot{U}_1}\bigg|_{\dot{U}_2 = 0} \\[3mm] Y_{21} = \dfrac{\dot{I}_2}{\dot{U}_1}\bigg|_{\dot{U}_2 = 0} \end{cases} \tag{8-3-2}$$

同理，如图 8-3-2b 所示，把双口网络的 1-1′端口短路，在 2-2′端口外施电压源 $\dot{U}_{S2} = \dot{U}_2$，计算此时端口电流 $\dot{I}_1$ 和 $\dot{I}_2$，得

$$
\begin{cases}
Y_{12} = \dfrac{\dot{I}_1}{\dot{U}_2}\bigg|_{\dot{U}_1=0} \\[3mm]
Y_{22} = \dfrac{\dot{I}_2}{\dot{U}_2}\bigg|_{\dot{U}_1=0}
\end{cases}
\tag{8-3-3}
$$

图 8-3-2

由式（8-3-2）和式（8-3-3）可知，Y_{11} 是 2-2′端口短路时 1-1′端口的入端导纳；Y_{22} 是 1-1′端口短路时 2-2′端口的入端导纳；Y_{12} 是 1-1′端口短路时两个端口间的转移导纳；Y_{21} 是 2-2′端口短路时两个端口间的转移导纳。

在实际工作中，双口网络的参数也可以通过实验手段测量获得。由式（8-3-2）和式（8-3-3）可知，只要把一个端口短路，在另一个端口施加电压，然后测量获得两个端口的输入电流，即可计算该网络的短路参数。

当双口网络内不包含受控源时，由互易定理可知 $Y_{12} = Y_{21}$。如果双口网络除了 $Y_{12} = Y_{21}$ 以外，还有 $Y_{11} = Y_{22}$，这种网络被称为对称双口网络。

当双口网络开路参数已知时，其短路参数可通过求逆矩阵来导出。当开路参数 Z 和短路参数 Y 用矩阵形式来表示时，它们互为逆矩阵关系。把式（8-2-2）写成矩阵形式，有

$$
\begin{bmatrix} \dot{U}_1 \\ \dot{U}_2 \end{bmatrix} = \begin{bmatrix} Z_{11} & Z_{12} \\ Z_{21} & Z_{22} \end{bmatrix} \begin{bmatrix} \dot{I}_1 \\ \dot{I}_2 \end{bmatrix}
\tag{8-3-4}
$$

对上式两边乘 Z 参数矩阵的逆矩阵，得

$$
\begin{bmatrix} \dot{I}_1 \\ \dot{I}_2 \end{bmatrix} = \begin{bmatrix} Z_{11} & Z_{12} \\ Z_{21} & Z_{22} \end{bmatrix}^{-1} \begin{bmatrix} \dot{U}_1 \\ \dot{U}_2 \end{bmatrix} = \begin{bmatrix} Y_{11} & Y_{12} \\ Y_{21} & Y_{22} \end{bmatrix} \begin{bmatrix} \dot{U}_1 \\ \dot{U}_2 \end{bmatrix}
\tag{8-3-5}
$$

即有

$$
[Y] = [Z]^{-1}
\tag{8-3-6}
$$

例 8-3-1 双口网络如图 8-3-3a 所示，求当角频率为 ω 时的 Y 参数矩阵。

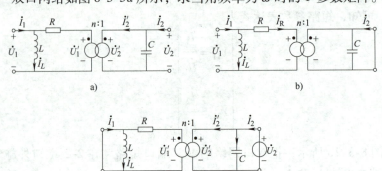

图 8-3-3

解：令 2-2'端口短路（见图 8-3-3b），$\dot{U}_2 = 0$，则可知 $\dot{U}_1' = 0$，得

$$Y_{11} = \frac{\dot{I}_1}{\dot{U}_1}\bigg|_{\dot{U}_1=0} = \frac{\dot{U}_1/j\omega L + \dot{U}_1/R}{\dot{U}_1} = \frac{1}{R} + \frac{1}{j\omega L}$$

$$\dot{I}_R = \frac{\dot{U}_1}{R}, \quad \dot{I}_2 = -n\dot{I}_R = -\frac{n}{R}\dot{U}_1$$

$$Y_{21} = \frac{\dot{I}_2}{\dot{U}_1}\bigg|_{\dot{U}_2=0} = \frac{-\dfrac{n}{R}\dot{U}_1}{\dot{U}_1} = -\frac{n}{R}$$

令 1-1'端口短路（见图 8-3-3c），$\dot{U}_1 = 0$，$\dot{I}_C = \dfrac{\dot{U}_2}{\dfrac{1}{j\omega C}}$，$\dot{U}_1' = n\dot{U}_2$，得

$$\dot{I}_R = -\frac{\dot{U}_1'}{R}, \qquad \dot{I}_2' = -n\dot{I}_R = \frac{n^2}{R}\dot{U}_2$$

$$Y_{12} = \frac{\dot{I}_1}{\dot{U}_2}\bigg|_{\dot{U}_1=0} = \frac{\dot{I}_R}{\dot{U}_2} = \frac{-\dfrac{n}{R}\dot{U}_2}{\dot{U}_2} = -\frac{n}{R}$$

$$Y_{22} = \frac{\dot{I}_2}{\dot{U}_2}\bigg|_{\dot{U}_1=0} = \frac{\dfrac{n^2}{R}\dot{U}_2 + \dot{U}_2/\dfrac{1}{j\omega C}}{\dot{U}_2} = \frac{n^2}{R} + j\omega C$$

Y 参数矩阵为

$$Y = \begin{bmatrix} \dfrac{1}{R} + \dfrac{1}{j\omega L} & -\dfrac{n}{R} \\[3mm] -\dfrac{n}{R} & j\omega C + \dfrac{n^2}{R} \end{bmatrix}$$

例 8-3-2 双口网络如图 8-3-4 所示，求当角频率为 ω 时的 Y 参数矩阵。

解：对双口网络两端口分别施加电压 $\dot{U}_1$ 和 $\dot{U}_2$，可计算各支路电流分别为

$$\dot{I}_{L1} = \frac{\dot{U}_1}{j\omega L}, \quad \dot{I}_{L2} = \frac{\dot{U}_2}{j\omega L}, \quad \dot{I}_C = \frac{\dot{U}_1 - \dot{U}_2}{1/(j\omega C)}$$

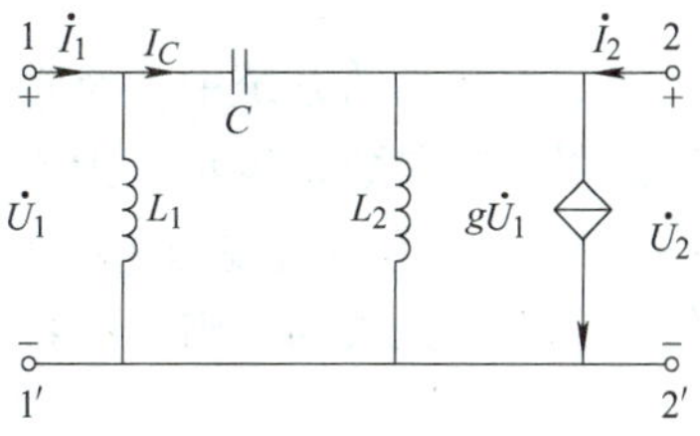

端口电流为

$$\dot{I}_1 = \dot{I}_{L1} + \dot{I}_C = \frac{\dot{U}_1}{j\omega L} + \frac{\dot{U}_1 - \dot{U}_2}{1/(j\omega C)} = \left(\frac{1}{j\omega L} + j\omega C\right)\dot{U}_1 + (-j\omega C)\dot{U}_2$$

$$\dot{I}_2 = \dot{I}_{L2} - \dot{I}_C + g\dot{U}_1 = \frac{\dot{U}_2}{j\omega L} - \frac{\dot{U}_1 - \dot{U}_2}{1/(j\omega C)} + g\dot{U}_1$$

$$= (-j\omega C + g)\dot{U}_1 + \left(j\omega C + \frac{1}{j\omega L}\right)\dot{U}_2$$

得双口网络 Y 参数矩阵为

图 8-3-4

$$Y = \begin{bmatrix} j\omega C + \dfrac{1}{j\omega L} & -j\omega C \\[3mm] g - j\omega C & j\omega C + \dfrac{1}{j\omega L} \end{bmatrix}$$

例 8-3-3 电路如图 8-3-5 所示，已知 $R_1 = R_2 = 10\Omega$，$U_S = 8V$，N 为线性无源双口网络，

短路参数为 $Y = \begin{bmatrix} \dfrac{3}{80} & -\dfrac{1}{40} \\ -\dfrac{1}{40} & \dfrac{1}{20} \end{bmatrix}$，求支路电流 I_1 和 I_2。

解： 存在双口网络的电路可用回路电流法来解，取两个网孔回路方向如图所示，令回路电流分别等于支路电流 I_1 和 I_2，列回路电压方程得

$$R_1 I_1 + U_1 = U_S$$
$$R_2 I_2 + U_2 = 0$$

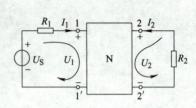

图 8-3-5

把式 (8-3-1) 代入上式，经整理后可得

$$(1 + R_1 Y_{11}) U_1 + R_1 Y_{12} U_2 = U_S$$
$$R_2 Y_{21} U_1 + (1 + R_2 Y_{22}) U_2 = 0$$

代入数据得

$$\frac{11}{8} U_1 - \frac{1}{4} U_2 = 8$$

$$-\frac{1}{4} U_1 + \frac{3}{2} U_2 = 0$$

解得

$$U_1 = 6V$$
$$U_2 = 1V$$

支路电流为

$$I_1 = \frac{U_S - U_1}{R_1} = 0.2A$$

$$I_2 = \frac{-U_2}{R_2} = -0.1A$$

第四节 双口网络的传输参数

在电力和通信系统中，经常讨论输入端口电压电流和输出端口电压、电流之间的关系，此时采用传输参数来表示较为方便。若以端口 1-1′ 作为输入端，端口 2-2′ 作为输出端（见图 8-4-1），并用输出端的电压 $\dot{U}_2$ 和电流 $(-\dot{I}_2)$ 来表示输入端电压 $\dot{U}_1$ 和电流 $\dot{I}_1$，则可得到以传输参数为系数的一组端口特性方程

$$\begin{cases} \dot{U}_1 = A \dot{U}_2 + B(-\dot{I}_2) \\ \dot{I}_1 = C \dot{U}_2 + D(-\dot{I}_2) \end{cases} \qquad (8\text{-}4\text{-}1)$$

注意方程式中输出端电流表示为 $-\dot{I}_2$，主要是考虑负载端参考方向习惯上取为关联参考方向。式中 A、B、C、D 为双口网络的传输参数，简称 T 参数。

计算双口网络的传输参数可以通过把网络输出端开路和短路后获得。根据传输参数基本方程式 (8-4-1)，若令负载输出端开路，则有 $\dot{I}_2 = 0$，可得

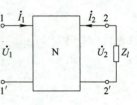

图 8-4-1

$$\begin{cases} A = \dfrac{\dot{U}_1}{\dot{U}_2} \bigg|_{\dot{I}_2=0} \\[4mm] C = \dfrac{\dot{I}_1}{\dot{U}_2} \bigg|_{\dot{I}_2=0} \end{cases} \tag{8-4-2}$$

同理，若令负载输出端短路，则有 $\dot{U}_2 = 0$，可得

$$\begin{cases} B = \dfrac{\dot{U}_1}{-\dot{I}_2} \bigg|_{\dot{U}_2=0} \\[4mm] D = \dfrac{\dot{I}_1}{-\dot{I}_2} \bigg|_{\dot{U}_2=0} \end{cases} \tag{8-4-3}$$

可以看出，A 是输出端开路时输入与输出电压之比，B 是输出端短路时输入电压与输出电流之比，C 是输出端开路时输入电流与输出电压之比，D 是输出端短路时输入与输出电流之比。A、D 为无量纲系数，B 具有电阻的量纲，C 具有电导的量纲。

将式（8-4-1）写成矩阵形式有

$$\begin{bmatrix} \dot{U}_1 \\ \dot{I}_1 \end{bmatrix} = \begin{bmatrix} A & B \\ C & D \end{bmatrix} \begin{bmatrix} \dot{U}_2 \\ -\dot{I}_2 \end{bmatrix} = T \begin{bmatrix} \dot{U}_2 \\ -\dot{I}_2 \end{bmatrix} \tag{8-4-4}$$

式中

$$T = \begin{bmatrix} A & B \\ C & D \end{bmatrix} \tag{8-4-5}$$

为了讨论传输参数的互易性和对称性，先来分析传输参数和短路参数的关系。若双口网络的短路参数 Y 已知，则可直接从短路参数推出传输参数。从式（8-3-1）中解出 $\dot{U}_1$ 和 $\dot{I}_1$，得

$$\begin{cases} \dot{U}_1 = \dot{U}_2 \left(-\dfrac{Y_{22}}{Y_{21}} \right) + \dfrac{\dot{I}_2}{Y_{21}} \\[4mm] \dot{I}_1 = \dot{U}_2 \left(Y_{12} - \dfrac{Y_{11}Y_{22}}{Y_{21}} \right) + \dfrac{Y_{11}}{Y_{21}} \dot{I}_2 \end{cases} \tag{8-4-6}$$

比较式（8-4-6）与式（8-4-1），可知传输参数用短路参数表示为

$$\begin{cases} A = -\dfrac{Y_{22}}{Y_{21}}, & B = -\dfrac{1}{Y_{21}} \\[4mm] C = Y_{12} - \dfrac{Y_{11}Y_{22}}{Y_{21}}, & D = -\dfrac{Y_{11}}{Y_{21}} \end{cases} \tag{8-4-7}$$

若双口网络不包含受控源，此时由互易定理知 $Y_{12} = Y_{21}$，即有

$$AD - BC = 1 \tag{8-4-8}$$

上式就是互易双口网络传输参数的特征式，即传输参数 T 的行列式等于1。

对于对称双口网络，有 $Y_{12} = Y_{21}$ 和 $Y_{11} = Y_{22}$，比较式（8-4-7）中的 A 和 D 参数，可知对称双口网络时，除 $AD - BC = 1$ 外，还有

$$A = D \tag{8-4-9}$$

例 8-4-1 在图 8-4-2a 所示双端口网络中，已知 $R_1 = 12\Omega$，$R_2 = 6\Omega$，$R_3 = 12\Omega$，$R_4 = 6\Omega$。试求传输参数。

解： 图 8-4-2b、c 分别为端口 2-2′ 开路和短路时的电路图。端口 2-2′ 开路时，可得

$$\dot{I}_1 = \dfrac{\dot{U}_1}{R_3 + R_1(R_2 + R_4)/(R_1 + R_2 + R_4)} = \dfrac{1}{18}\dot{U}_1$$

$$\dot{I}_{R4} = \dot{I}_1 \frac{R_1}{R_1 + R_2 + R_4} = \frac{1}{36}\dot{U}_1$$

$$\dot{U}_2 = R_2\dot{I}_{R4} + R_3\dot{I}_1 = \frac{1}{6}\dot{U}_1 + \frac{4}{6}\dot{U}_1 = \frac{5}{6}\dot{U}_1$$

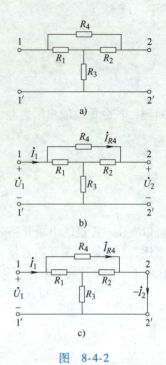

根据式（8-4-2）得

$$A = \left.\frac{\dot{U}_1}{\dot{U}_2}\right|_{\dot{I}_2=0} = 1.2, \quad C = \left.\frac{\dot{I}_1}{\dot{U}_2}\right|_{\dot{I}_2=0} = \frac{1}{15}\text{S}$$

端口 2-2′短路时，可得

$$\dot{I}_{R4} = \frac{\dot{U}_1}{R_4} = \frac{1}{6}\dot{U}_1, \quad \dot{I}_{R1} = \frac{\dot{U}_1}{R_1 + \dfrac{R_2 R_3}{R_2 + R_3}} = \frac{1}{16}\dot{U}_1$$

$$\dot{I}_{R2} = \dot{I}_{R1}\frac{R_3}{R_2 + R_3} = \frac{1}{24}\dot{U}_1$$

$$\dot{I}_1 = \dot{I}_{R1} + \dot{I}_{R4} = \frac{11}{48}\dot{U}_1$$

$$-\dot{I}_2 = \dot{I}_{R2} + \dot{I}_{R4} = \frac{5}{24}\dot{U}_1$$

图 8-4-2

根据式（8-4-3）得

$$B = \left.\frac{\dot{U}_1}{-\dot{I}_2}\right|_{\dot{U}_2=0} = \frac{24}{5}\Omega$$

$$D = \left.\frac{\dot{I}_1}{-\dot{I}_2}\right|_{\dot{U}_2=0} = \frac{11}{10}$$

由于该双口网络为纯电阻网络，所以是互易网络，把上述系数代入式（8-4-8）验证，符合

$$AD - BC = \frac{6}{5} \times \frac{11}{10} - \frac{1}{15} \times \frac{24}{5} = 1$$

例8-4-2 电路如图 8-4-3 所示，已知 $U_\text{S} = 6\text{V}$，$R = 3\Omega$，无源双端口网络的传输矩阵

$$\boldsymbol{T} = \begin{bmatrix} \dfrac{3}{2} & 12 \\[2mm] \dfrac{1}{6} & 2 \end{bmatrix}$$

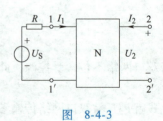

图 8-4-3

试求 2-2′端口的戴维南等效电路。

解： 当 2-2′端口开路时，由式（8-4-2）知，1-1′端口的入端阻抗

$$Z_{01} = \frac{A}{C} = 9\Omega$$

此时 1-1′端口和 2-2′端口电压分别为

$$U_{01} = U_\text{S}\frac{Z_{01}}{R + Z_{01}} = 6 \times \frac{9}{12}\text{V} = 4.5\text{V}$$

$$U_{02} = U_{01}/A = \frac{2}{3} \times 4.5\text{V} = 3\text{V}$$

U_{02} 即为 2-2′端口的开路电压。

当 2-2′端口短路时，由式（8-4-3）可知，1-1′端口的入端阻抗为

$$Z_{S1} = \frac{B}{D} = 6\Omega$$

此时 1-1′端口的电压和 2-2′端口的电流分别为

$$U_{S1} = U_S \frac{Z_{S1}}{R + Z_{S1}} = 6 \times \frac{6}{3+6}V = 4V$$

$$-I_{S2} = \frac{U_{S1}}{B} = \frac{4}{12}A = \frac{1}{3}A$$

I_{S2} 即为端口短路电流。由戴维南定理知，其一端口网络的入端阻抗为

$$Z_O = \frac{U_{O2}}{-I_{S2}} = \frac{3}{\frac{1}{3}}\Omega = 9\Omega$$

例 8-4-3 图 8-4-4 所示电路是晶体管小信号放大器的等效电路，求该电路的传输参数矩阵。

解：由式（8-4-2）和式（8-4-3）可得

$$A = \frac{\dot{U}_1}{\dot{U}_2}\bigg|_{\dot{I}_2 = 0} = \frac{-1}{g_m R_2}$$

$$B = \frac{\dot{U}_1}{-\dot{I}_2}\bigg|_{\dot{U}_2 = 0} = \frac{-1}{g_m}$$

$$C = \frac{\dot{I}_1}{\dot{U}_2}\bigg|_{\dot{I}_2 = 0} = \frac{-1}{g_m R_1 R_2}$$

$$D = \frac{\dot{I}_1}{-\dot{I}_2}\bigg|_{\dot{U}_2 = 0} = \frac{-1}{g_m R_1}$$

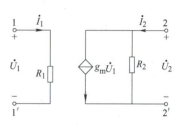

图 8-4-4

传输参数矩阵为

$$T = \begin{bmatrix} -\dfrac{1}{g_m R_2} & -\dfrac{1}{g_m} \\[2mm] -\dfrac{1}{g_m R_1 R_2} & -\dfrac{1}{g_m R_1} \end{bmatrix}$$

由于电路包含受控源，因此传输参数包含四个独立的参数。

第五节　双口网络的混合参数

若给定双端口网络的 $\dot{I}_1$ 和 $\dot{U}_2$，求取 $\dot{U}_1$ 和 $\dot{I}_2$，则双口网络的端口特性方程为

$$\begin{cases} \dot{U}_1 = H_{11}\dot{I}_1 + H_{12}\dot{U}_2 \\ \dot{I}_2 = H_{21}\dot{I}_1 + H_{22}\dot{U}_2 \end{cases} \tag{8-5-1}$$

上式即为双口网络混合参数表示的端口电压、电流之间的关系式，H_{11}、H_{12}、H_{21}、H_{22} 为双端口网络的混合参数，各参数的物理含义可以由下列式子表述：

$$\begin{cases} H_{11} = \dfrac{\dot{U}_1}{\dot{I}_1}\bigg|_{\dot{U}_2=0} & H_{12} = \dfrac{\dot{U}_1}{\dot{U}_2}\bigg|_{\dot{I}_1=0} \\[3mm] H_{21} = \dfrac{\dot{I}_2}{\dot{I}_1}\bigg|_{\dot{U}_2=0} & H_{22} = \dfrac{\dot{I}_2}{\dot{U}_2}\bigg|_{\dot{I}_1=0} \end{cases} \qquad (8\text{-}5\text{-}2)$$

由上式可看出，H_{11} 为输出短路时输入端口的入端阻抗，具有阻抗的量纲；H_{21} 是输出端口短路时输出电流与输入短路电流之比值，称为短路电流比，与晶体管电路放大倍数类似；H_{12} 为输入端口开路时输入与输出端口电压比值，称为开路反向电压比；H_{22} 为输入端口开路时，输出端口的入端导纳。H 参数中各系数具有阻抗、导纳量纲，或为电压、电流比值，故称为混合参数。

式（8-5-1）可写成矩阵形式

$$\begin{bmatrix} \dot{U}_1 \\ \dot{I}_2 \end{bmatrix} = \begin{bmatrix} H_{11} & H_{12} \\ H_{21} & H_{22} \end{bmatrix}\begin{bmatrix} \dot{I}_1 \\ \dot{U}_2 \end{bmatrix} = [H]\begin{bmatrix} \dot{I}_1 \\ \dot{U}_2 \end{bmatrix} \qquad (8\text{-}5\text{-}3)$$

式中

$$[H] = \begin{bmatrix} H_{11} & H_{12} \\ H_{21} & H_{22} \end{bmatrix} \qquad (8\text{-}5\text{-}4)$$

若已知双端口网络的 Z 参数，则可直接推导出双口网络的 H 参数。由本章第二节双口网络 Z 参数方程为

$$\begin{cases} \dot{U}_1 = Z_{11}\dot{I}_1 + Z_{12}\dot{I}_2 \\ \dot{U}_2 = Z_{21}\dot{I}_1 + Z_{22}\dot{I}_2 \end{cases} \qquad (8\text{-}5\text{-}5)$$

从上式可解出用 $\dot{I}_1$、$\dot{U}_2$ 表示的 $\dot{U}_1$ 和 $\dot{I}_2$ 为

$$\begin{cases} \dot{U}_1 = \left(Z_{11} - \dfrac{Z_{12}Z_{21}}{Z_{22}} \right)\dot{I}_1 + \dfrac{Z_{12}}{Z_{22}}\dot{U}_2 \\[3mm] \dot{I}_2 = -\dfrac{Z_{21}}{Z_{22}}\dot{I}_1 + \dfrac{1}{Z_{22}}\dot{U}_2 \end{cases} \qquad (8\text{-}5\text{-}6)$$

比较式（8-5-6）与式（8-5-1），可得

$$\begin{cases} H_{11} = Z_{11} - \dfrac{Z_{12}Z_{21}}{Z_{22}} & H_{12} = \dfrac{Z_{12}}{Z_{22}} \\[3mm] H_{21} = -\dfrac{Z_{21}}{Z_{22}} & H_{22} = \dfrac{1}{Z_{22}} \end{cases} \qquad (8\text{-}5\text{-}7)$$

对于互易电路，有 $Z_{12} = Z_{21}$，由上式可知

$$H_{21} = -H_{12}$$

此式即为 H 参数在互易电路时的特征式。

当双口网络为对称电路时，有 $Z_{12} = Z_{21}$ 和 $Z_{11} = Z_{22}$，由式（8-5-7）可知，对称双口网络除了 $H_{21} = -H_{12}$ 外，还有

$$H_{11}H_{22} - H_{12}H_{21} = 1 \qquad (8\text{-}5\text{-}8)$$

即对称双口网络 H 参数的矩阵行列式等于 1。

例 8-5-1 电路如图 8-5-1a 所示，电阻参数标示于图上，求该双口网络的混合参数。

解： 先求 H_{11} 和 H_{21}，由式（8-5-2）知，令 2-2′端口短路（见图 8-5-1b），有

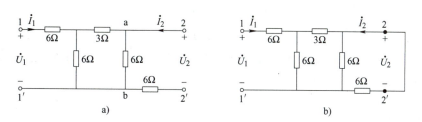

图 8-5-1

$$H_{11} = \frac{\dot{U}_1}{\dot{I}_1}\bigg|_{\dot{U}_2=0} = \frac{\dot{U}_1}{\dot{U}_1/9\Omega} = 9\Omega$$

$$H_{21} = \frac{\dot{I}_2}{\dot{I}_1}\bigg|_{\dot{U}_2=0} = \frac{-\frac{1}{4}\dot{I}_1}{\dot{I}} = -\frac{1}{4}$$

求 H_{12} 和 H_{22} 时，根据式（8-5-2），令 1-1′端口开路，在 2-2′端口加电压 $\dot{U}_2$，有

$$H_{22} = \frac{\dot{I}_2}{\dot{U}_2}\bigg|_{\dot{I}_1=0} = \frac{\dot{U}_2\big/\left(\frac{48}{5}\Omega\right)}{\dot{U}_2} = \frac{5}{48}\text{S}$$

$$H_{12} = \frac{\dot{U}_1}{\dot{U}_2}\bigg|_{\dot{I}_1=0} = \frac{\frac{1}{4}\dot{U}_2}{\dot{U}_2} = \frac{1}{4}$$

双口网络混合参数矩阵为

$$\boldsymbol{H} = \begin{bmatrix} 9 & \dfrac{1}{4} \\[2mm] -\dfrac{1}{4} & \dfrac{5}{48} \end{bmatrix}$$

该电路为纯电阻双口网络，满足互易性，由 H 参数可知

$$H_{12} = -H_{21} = \frac{1}{4}$$

第六节 双口网络矩阵参数的换算

前面介绍了双口网络的四种参数表达式，即开路参数 Z、短路参数 Y、传输参数 T 和混合参数 H。双口网络还有两组参数表达式，即逆混合参数和逆传输参数。逆混合参数是取 $\dot{U}_1$ 和 $\dot{I}_2$ 为自变量，$\dot{I}_1$ 和 $\dot{U}_2$ 为因变量，双口网络的端口特征方程表示为

$$\begin{cases} \dot{I}_1 = G_{11}\dot{U}_1 + G_{12}\dot{I}_2 \\ \dot{U}_2 = G_{21}\dot{U}_1 + G_{22}\dot{I}_2 \end{cases} \tag{8-6-1}$$

逆传输参数是把 $\dot{U}_1$、$-\dot{I}_1$ 作为自变量，$\dot{U}_2$、$\dot{I}_2$ 作为待求量，即把端口 1-1′与 2-2′互换，逆传输参数的端口特征方程表示为

$$\begin{cases}\dot{U}_2 = A'\dot{U}_1 + B'(-\dot{I}_1)\\ \dot{I}_2 = C'\dot{U}_1 + D'(-\dot{I}_1)\end{cases} \tag{8-6-2}$$

同一双口网络可以用前述六种参数来表征其端口特性，在实际应用中根据需要或方便选取某种矩阵参数进行运算或分析。

对于同一个双口网络，其开路参数 Z、短路参数 Y、传输参数 T 和混合参数 H 之间的互相转换关系可根据基本方程推导得出，表8-6-1列出了各参数之间的换算关系，以备考查。

表 8-6-1

	Z 参数	Y 参数	H 参数	T 参数
Z 参数	$\begin{array}{cc}Z_{11} & Z_{12}\\ Z_{21} & Z_{22}\end{array}$	$\begin{array}{cc}\dfrac{Y_{22}}{\Delta_Y} & -\dfrac{Y_{12}}{\Delta_Y}\\ -\dfrac{Y_{21}}{\Delta_Y} & \dfrac{Y_{11}}{\Delta_Y}\end{array}$	$\begin{array}{cc}\dfrac{\Delta_H}{H_{12}} & -\dfrac{H_{12}}{H_{22}}\\ -\dfrac{H_{21}}{H_{22}} & \dfrac{1}{H_{22}}\end{array}$	$\begin{array}{cc}\dfrac{A}{C} & \dfrac{\Delta_T}{C}\\ \dfrac{1}{C} & \dfrac{D}{C}\end{array}$
Y 参数	$\begin{array}{cc}\dfrac{Z_{22}}{\Delta_Z} & -\dfrac{Z_{12}}{\Delta_Z}\\ -\dfrac{Z_{21}}{\Delta_Z} & \dfrac{Z_{11}}{\Delta_Z}\end{array}$	$\begin{array}{cc}Y_{11} & Y_{12}\\ Y_{21} & Y_{22}\end{array}$	$\begin{array}{cc}\dfrac{1}{H_{11}} & -\dfrac{H_{12}}{H_{11}}\\ \dfrac{H_{21}}{H_{11}} & \dfrac{\Delta_H}{H_{11}}\end{array}$	$\begin{array}{cc}\dfrac{D}{B} & -\dfrac{\Delta_T}{B}\\ -\dfrac{1}{B} & \dfrac{A}{B}\end{array}$
H 参数	$\begin{array}{cc}\dfrac{\Delta_Z}{Z_{22}} & \dfrac{Z_{12}}{Z_2}\\ -\dfrac{Z_{21}}{Z_{22}} & \dfrac{1}{Z_{22}}\end{array}$	$\begin{array}{cc}\dfrac{1}{Y_{11}} & -\dfrac{Y_{12}}{Y_{11}}\\ \dfrac{Y_{21}}{Y_{11}} & \dfrac{\Delta_Y}{Y_{11}}\end{array}$	$\begin{array}{cc}H_{11} & H_{12}\\ H_{21} & H_{22}\end{array}$	$\begin{array}{cc}\dfrac{B}{D} & \dfrac{\Delta_T}{D}\\ -\dfrac{1}{D} & \dfrac{C}{D}\end{array}$
T 参数	$\begin{array}{cc}\dfrac{Z_{11}}{Z_{21}} & \dfrac{\Delta_Z}{Z_{21}}\\ \dfrac{1}{Z_{21}} & \dfrac{Z_{22}}{Z_{21}}\end{array}$	$\begin{array}{cc}-\dfrac{Y_{22}}{Y_{21}} & -\dfrac{1}{Y_{21}}\\ -\dfrac{\Delta_Y}{Y_{21}} & -\dfrac{Y_{11}}{Y_{21}}\end{array}$	$\begin{array}{cc}-\dfrac{\Delta_H}{H_{21}} & -\dfrac{H_{11}}{H_{21}}\\ -\dfrac{H_{22}}{H_{21}} & -\dfrac{1}{H_{21}}\end{array}$	$\begin{array}{cc}A & B\\ C & D\end{array}$

表8-6-1中

$$\Delta_Z = \begin{vmatrix} Z_{11} & Z_{12}\\ Z_{21} & Z_{22}\end{vmatrix}, \qquad \Delta_Y = \begin{vmatrix} Y_{11} & Y_{12}\\ Y_{21} & Y_{22}\end{vmatrix}$$

$$\Delta_H = \begin{vmatrix} H_{11} & H_{12}\\ H_{21} & H_{22}\end{vmatrix}, \qquad \Delta_T = \begin{vmatrix} A & B\\ C & D\end{vmatrix}$$

第七节　双口网络的等效电路

当双口网络用某个等效电路来替代时，等效电路必须和原网络具有相同的外部特性。对于无独立源和受控源的双口网络，可以用三个独立参数来表征它。通常，一组确定的参数所对应的电路是不唯一的，其中最简单的有三个阻抗或导纳元件组成的等效电路。图8-7-1所示的 T 形和 π 形电路即为最

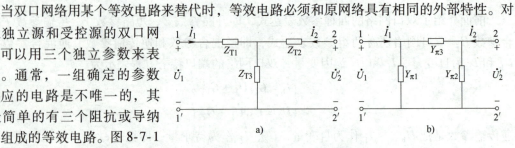

图　8-7-1

简双口网络等效电路。

对于 T 形等效电路，如果一个双口网络的参数已知，则可采用反推法计算出等效电路的阻抗。若已知双口网络的开路参数 Z，则可根据图 8-7-1a 算出 T 形等效电路的 Z 参数为

$$Z_{11} = Z_{T1} + Z_{T3}, \quad Z_{22} = Z_{T2} + Z_{T3}, \quad Z_{12} = Z_{21} = Z_{T3}$$

由上式解出

$$\begin{cases} Z_{T1} = Z_{11} - Z_{12} \\ Z_{T2} = Z_{22} - Z_{12} \\ Z_{T3} = Z_{12} \end{cases} \tag{8-7-1}$$

若 Z 参数已知，可立即得到 T 形等效电路的三个阻抗值。

如果已知双口网络的传输参数，则先计算 T 形等效电路的传输参数

$$A = \frac{Z_{T1} + Z_{T3}}{Z_{T3}}$$

$$C = \frac{1}{Z_{T3}}$$

$$D = \frac{Z_{T2} + Z_{T3}}{Z_{T3}}$$

由上面三式得

$$\begin{cases} Z_{T1} = \dfrac{A - 1}{C} \\ Z_{T2} = \dfrac{D - 1}{C} \\ Z_{T3} = \dfrac{1}{C} \end{cases} \tag{8-7-2}$$

若双口网络的传输参数已知，则可由上式得到 T 形等效电路的阻抗值。

若已知双口网络的短路参数 Y，则采用 π 形等效电路较方便。对于图 8-7-1b，计算 π 形电路的短路参数

$$Y_{11} = Y_{\pi1} + Y_{\pi3}, \quad Y_{22} = Y_{\pi2} + Y_{\pi3}, \quad Y_{21} = Y_{12} = -Y_{\pi3}$$

由上式可解得

$$\begin{cases} Y_{\pi1} = Y_{11} + Y_{12} \\ Y_{\pi2} = Y_{22} + Y_{12} \\ Y_{\pi3} = -Y_{12} \end{cases} \tag{8-7-3}$$

同理可推导出传输参数与 π 形等效电路的关系。

对于非互易的双口网络，其外特性要用四个参数来确定，所以等效电路要有四个电路元件组成，且组成等效电路时有多种结构形式。例如，若已知非互易双口网络的四个独立短路参数 Y_{11}、Y_{12}、Y_{21}、Y_{22}，则可用图 8-7-2 所示的等效电路来替代原双口网络。由等效电路图中可看出，其外特性与原双口网络短路参数完全一致。

图 8-7-3 所示电路则是混合参数表示时的一种等效电路，其外特性方程

$$\dot{U}_1 = H_{11}\dot{I}_1 + H_{12}\dot{U}_2$$

$$\dot{I}_2 = H_{21}\dot{I}_1 + H_{22}\dot{U}_2$$

与原双端口网络的 H 参数外特性完全一致。

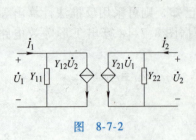

图 8-7-2

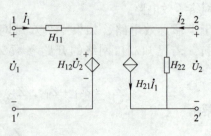

图 8-7-3

第八节　双口网络的连接

一个复杂的双口网络可以看成由几个简单双口网络以各种方式连接而成。较简单的双口网络易于设计和分析，因此可以将几个简单双口网络互相连接，合成一个所需的复杂的双口网络。两个或两个以上双口网络在互相连接时要保持原双口网络的性质不被破坏，即要保持原双口网络端口电流一进一出相等。双口网络的连接方式共有五种，如图 8-8-1 所示，包括级联（图 8-8-1a）、并联（图 8-8-1b）、串联（图 8-8-1c）、串并联（图 8-8-1d）和并串联（图 8-8-1e）。对于不同的连接方式，可以应用不同的双口网络参数进行计算，下面分别加以讨论。

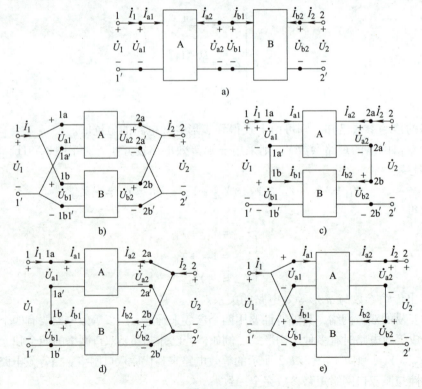

图　8-8-1

多个双口网络以 8-8-1a 方式相连时称为双口网络的级联。每一个双口网络称为一节，多个网络级联后的整个网络仍为一个双口网络。若每一个双口网络的传输参数 T 已知，则有

$$\begin{bmatrix} \dot{U}_{a1} \\ \dot{I}_{a1} \end{bmatrix} = [T_A] \begin{bmatrix} \dot{U}_{a2} \\ -\dot{I}_{a2} \end{bmatrix} \tag{8-8-1}$$

$$\begin{bmatrix} \dot{U}_{b1} \\ \dot{I}_{b1} \end{bmatrix} = [T_B] \begin{bmatrix} \dot{U}_{b2} \\ -\dot{I}_{b2} \end{bmatrix} \tag{8-8-2}$$

考虑到 $\dot{U}_1 = \dot{U}_{a1}$，$\dot{U}_{a2} = \dot{U}_{b1}$，$\dot{U}_2 = \dot{U}_{b2}$，$\dot{I}_1 = \dot{I}_{a1}$，$\dot{I}_{b1} = -\dot{I}_{a2}$，$\dot{I}_2 = \dot{I}_{b2}$，可得

$$\begin{bmatrix} \dot{U}_1 \\ \dot{I}_1 \end{bmatrix} = [T_A] \begin{bmatrix} \dot{U}_{a2} \\ -\dot{I}_{a2} \end{bmatrix} = [T_A] \begin{bmatrix} \dot{U}_{b1} \\ \dot{I}_{b1} \end{bmatrix} = [T_A][T_B] \begin{bmatrix} \dot{U}_{b2} \\ -\dot{I}_{b2} \end{bmatrix} = [T] \begin{bmatrix} \dot{U}_2 \\ -\dot{I}_2 \end{bmatrix} \tag{8-8-3}$$

由上式可知，多个双口网络级联时，其合成的双口网络传输参数 $[T]$ 等于各网络传输参数矩阵之积，即有

$$[T] = [T_A][T_B] \tag{8-8-4}$$

可见对于级联方式，用传输参数 T 表示较方便。

两个双口网络的并联是将各网络的输入和输出端口分别并联，构成一个新的双口网络，如图8-8-1b所示。在分析并联连接的双口网络时，采用短路参数 Y 较为方便。从图8-8-1b中可看出，两个网络的输入和输出端口的电压分别相等，即有 $\dot{U}_{a1} = \dot{U}_{b1} = \dot{U}_1$，$\dot{U}_{a2} = \dot{U}_{b2} = \dot{U}_2$，而各端口的总电流为两个网络对应端口电流之和，即有 $\dot{I}_1 = \dot{I}_{a1} + \dot{I}_{b1}$，$\dot{I}_2 = \dot{I}_{a2} + \dot{I}_{b2}$，得

$$\begin{bmatrix} \dot{I}_1 \\ \dot{I}_2 \end{bmatrix} = \begin{bmatrix} \dot{I}_{a1} \\ \dot{I}_{a2} \end{bmatrix} + \begin{bmatrix} \dot{I}_{b1} \\ \dot{I}_{b2} \end{bmatrix} = [Y_A] \begin{bmatrix} \dot{U}_1 \\ \dot{U}_2 \end{bmatrix} + [Y_B] \begin{bmatrix} \dot{U}_1 \\ \dot{U}_2 \end{bmatrix}$$

$$= \{[Y_A] + [Y_B]\} \begin{bmatrix} \dot{U}_1 \\ \dot{U}_2 \end{bmatrix} = [Y] \begin{bmatrix} \dot{U}_1 \\ \dot{U}_2 \end{bmatrix} \tag{8-8-5}$$

可知对于并联双口网络，其等效网络的短路参数 Y 为各并联网络短路参数矩阵相加，即有

$$[Y] = [Y_A] + [Y_B] \tag{8-8-6}$$

双口网络在进行并联计算时，应保证其网络连接的有效性。前已指出，双口网络的一个端口中流入和流出的电流必须相等，即 $\dot{I}_1 = \dot{I}'_1$，$\dot{I}_2 = \dot{I}'_2$。如果并联后任何一个双口网络的端口特性被破坏，则并联网络短路参数计算式（8-8-6）就不成立。举一个简单例子，如图8-8-2所示，其中图a、b两个双口网络的短路参数矩阵均为

$$[Y_1] = [Y_2] = \begin{bmatrix} 1 & -\dfrac{1}{2} \\ -\dfrac{1}{2} & 1 \end{bmatrix}$$

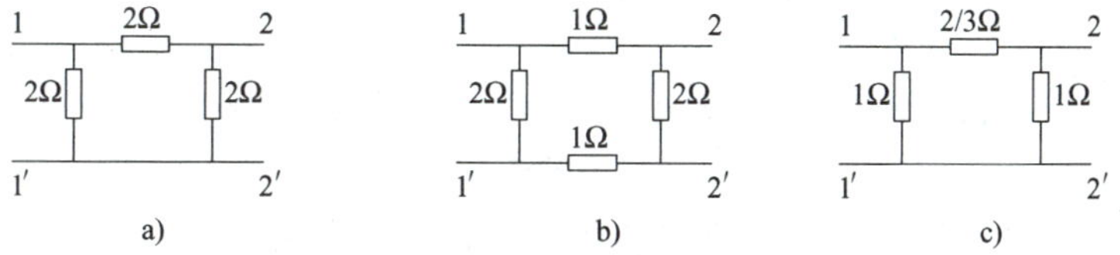

图　8-8-2

两个双口网络并联后其合成的等效网络短路参数由式（8-8-6）计算得

$$[Y] = [Y_1] + [Y_2] = \begin{bmatrix} 2 & -1 \\ -1 & 2 \end{bmatrix}$$

两个网络并联后的电路如图8-8-2c所示。直接计算其短路参数得

$$[Y] = \begin{bmatrix} \dfrac{5}{2} & -\dfrac{3}{2} \\[2mm] -\dfrac{3}{2} & \dfrac{5}{2} \end{bmatrix}$$

显然两者不相符合，说明图中两个双口网络并联时，短路参数不能按式（8-8-6）计算。实际上当两个网络并联后，原网络任一端口一进一出两个电流不再保持相同，破坏了作为双口网络的条件，因此不能用并联时参数公式计算。

怎样判别双口网络并联连接的有效性呢？根据并联连接后原双口网络端口电流应保持两两成对的规则，具体可按图 8-8-3 所示电路进行有效性判别。

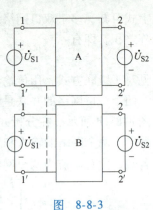

设同时给两个双口网络 A 和 B 的输入输出端口各接上相同的电压源，如果此时有 $\dot{U}_{A12} = \dot{U}_{B12}$，则 A 和 B 就能有效并联。其理由作如下说明：由基尔霍夫电压定律，从 $\dot{U}_{A12} = \dot{U}_{B12}$ 可推得 $\dot{U}_{A1'2'} = \dot{U}_{B1'2'}$。此时若将 A 和 B 的一个对应点相连（图中虚线所示），则其余三个对应点（即 A1 和 B1，A2 和 B2，A2′ 和 B2′）分别为等电位点。当两个网络并联后，任一网络的外部条件不变，并联后其端口电流也保持不变，即仍保持端口电流两两成对。但如果 $\dot{U}_{A12} \neq \dot{U}_{B12}$，$\dot{U}_{A1'2'} \neq \dot{U}_{B1'2'}$，并联后网络外部条件有变化，电流会重新分配，即破坏了原网络端口特性，不能满足并联连接的有效性条件。

图 8-8-3

只有满足并联连接有效性时，双口网络并联等效参数才能用式（8-8-6）计算。两个有公共地线的双口网络（即 T 形网络）必满足并联的有效性条件。

双口网络串联是将两个双口网络的输入、输出端口分别串联构成一个新的双口网络，如图 8-8-1c 所示。串联连接的网络，采用开路参数计算较为方便。由图 8-8-1c 可见，串联连接时

$$\dot{I}_{a1} = \dot{I}_{b1} = \dot{I}_1 , \quad \dot{I}_{a2} = \dot{I}_{b2} = \dot{I}_2 , \quad \dot{U}_1 = \dot{U}_{a1} + \dot{U}_{b1} , \quad \dot{U}_2 = \dot{U}_{a2} + \dot{U}_{b2}$$

可得

$$\begin{bmatrix} \dot{U}_1 \\ \dot{U}_2 \end{bmatrix} = \begin{bmatrix} \dot{U}_{a1} \\ \dot{U}_{a2} \end{bmatrix} + \begin{bmatrix} \dot{U}_{b1} \\ \dot{U}_{b2} \end{bmatrix} = [Z_A] \begin{bmatrix} \dot{I}_1 \\ \dot{I}_2 \end{bmatrix} + [Z_B] \begin{bmatrix} \dot{I}_1 \\ \dot{I}_2 \end{bmatrix}$$

$$= ([Z_A] + [Z_B]) \begin{bmatrix} \dot{I}_1 \\ \dot{I}_2 \end{bmatrix} = [Z] \begin{bmatrix} \dot{I}_1 \\ \dot{I}_2 \end{bmatrix} \qquad (8\text{-}8\text{-}7)$$

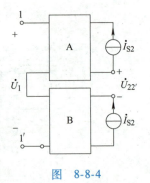

可见串联连接时，合成的双口网络开路参数等于两个原网络开路参数的矩阵相加，即

$$[Z] = [Z_A] + [Z_B] \qquad (8\text{-}8\text{-}8)$$

双口网络串联时也存在连接有效性问题，只有满足连接有效性的串联网络才可以用上式计算串联后的合成参数。串联有效性判断电路如图 8-8-4 所示，当 $\dot{U}_{22'} = 0$ 时，满足串联连接的有效性。

图 8-8-4

第九节 运算放大器

运算放大器是目前获得广泛应用的一种多端器件。随着电子技术的发展，研究开发了多种不同类型的通用和专用运算放大器。运算放大器的使用简化了许多电路设计问题，使得电

路设计可以用类似组装模块的方式进行，降低了研究开发和生产成本。运算放大器已成为重要的电子器件单元之一。

运算放大器具有很高的电压增益（或称放大倍数），同时又具有高输入阻抗和低输出阻抗的特点。运算放大器内部集成了许多晶体管电路，内部结构复杂。实际应用的运算放大器型号众多，其内部结构各不相同，但从电路分析的角度出发，如果只把运算放大器作为多端器件来研究，则其外部特性及由电路特性构成的电路模型是分析研究的出发点。

运算放大器通过几个端口与外部电路相连接，其电路符号如图8-9-1所示。运算放大器有两个输入端a和b，图中"＋"符号表示正相输入端，"－"符号表示反相输入端，c端为运算放大器的输出端，A为放大器的电压放大倍数。需要注意的是，尽管有时运算放大器电路中没有出现电源连接符号，但运算放大器必须有电源供电，运算放大器的输入和输出端电位均相对于接地端（供电电源零电位点）而言。

下面讨论运算放大器的输入、输出特性。运算放大器的输入、输出端开环特性为

$$u_c = A(u_b - u_a) = A(u_+ - u_-)$$

式中，u_+ 和 u_- 分别表示施加到正相和反相输入端的电压，在图8-9-2a所示接线方式下，若运算放大器开环放大系数为A，反相输入端施加电压信号 u_1，正相输入端接地，则输出电压为

$$u_2 = -Au_1 \tag{8-9-1}$$

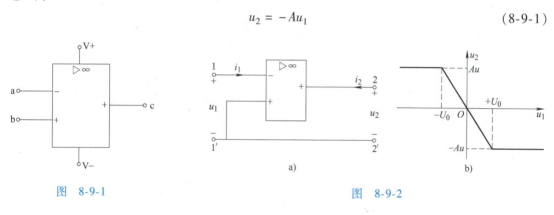

图 8-9-1　　　　　　　　　　　　　　　图 8-9-2

运算放大器的输入电压和输出电压之间的关系如图8-9-2b所示。由于运算放大器的电源电压值是有限的，一般为几伏到十几伏，而放大器的电压放大倍数A很大，所以只有当输入电压 u_1 非常小的情况下（往往为μV级），式（8-9-1）才有效。输入电压增大到一定值后，输出电压将出现饱和现象。

运算放大器的等效电路如图8-9-3所示，R_1 为输入电阻，其阻值很大，一般为 $10^6 \sim 10^8 \Omega$；R_2 为输出电阻，一般为 100Ω 左右。理想情况下，当 R_1 趋向于无穷大，则输入电流近似等于零（称虚断）；当电压放大倍数A为无限大而输出电压最大值为一个较小的有限值时，输入端电压差近似为零（称虚短）。输入端虚断和虚短的概念是分析理想运算放大器的基础。

运算放大器的电压增益太大往往使电路工作不稳定，易受干扰影响。在实际应用中，电压增益往往不要求非常大，而是要求工作在某一特定值下，这可借助负反馈方法达到这一目的。实际上运算放大器大部分情况都是在负反馈状态下工作。如图8-9-4a所示电路，R_f 为负反馈电阻，R_f 和 R_S 的比值用来控制输出电压 u_2 和信号电压 u_S 的比例关系。它的等效电路如图8-9-4b所示。设 O 点为电位参考点，当输出端口不接负载时，用节点电压法列写节点电压方程

$$\begin{cases} \left(\dfrac{1}{R_S}+\dfrac{1}{R_1}+\dfrac{1}{R_f}\right)u_1 - \dfrac{1}{R_f}u_2 = \dfrac{1}{R_S}u_S \\[3mm] -\dfrac{1}{R_f}u_1 + \left(\dfrac{1}{R_2}+\dfrac{1}{R_f}\right)u_2 = -A\dfrac{u_1}{R_2} \end{cases} \tag{8-9-2}$$

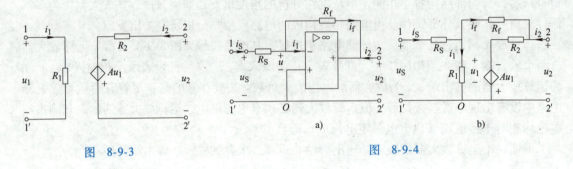

图 8-9-3   图 8-9-4

解上列方程，合并整理得

$$u_2 = \begin{vmatrix} \dfrac{1}{R_S}+\dfrac{1}{R_1}+\dfrac{1}{R_f} & \dfrac{u_S}{R_S} \\[3mm] \dfrac{A}{R_2}-\dfrac{1}{R_f} & 0 \end{vmatrix} \Bigg/ \begin{vmatrix} \dfrac{1}{R_S}+\dfrac{1}{R_1}+\dfrac{1}{R_f} & -\dfrac{1}{R_f} \\[3mm] \dfrac{A}{R_2}-\dfrac{1}{R_f} & \dfrac{1}{R_2}+\dfrac{1}{R_f} \end{vmatrix}$$

$$u_2 = \frac{-\left(\dfrac{A}{R_2}-\dfrac{1}{R_f}\right)\dfrac{u_S}{R_S}}{\left(\dfrac{1}{R_S}+\dfrac{1}{R_1}+\dfrac{1}{R_f}\right)\left(\dfrac{1}{R_2}+\dfrac{1}{R_f}\right)+\dfrac{1}{R_f}\left(\dfrac{A}{R_2}-\dfrac{1}{R_f}\right)} \tag{8-9-3}$$

u_2 与 u_S 的比值为

$$\frac{u_2}{u_S} = -\frac{R_f}{R_S}\,\frac{1}{1+\dfrac{\left(1+\dfrac{R_2}{R_f}\right)\left(1+\dfrac{R_f}{R_S}+\dfrac{R_f}{R_1}\right)}{A-\dfrac{R_2}{R_f}}}$$

在理想情况下，$A\to\infty$，分母的第二项为零，有

$$\frac{u_2}{u_S} \approx -\frac{R_f}{R_S} \tag{8-9-4}$$

从上式结果可以导出一个有用的推论。当运算放大器的放大系数足够大时，输入、输出电压的比值只与连接在运算放大器外部的电阻有关，要得到不同放大系数的放大器，只要简单地调整外部连接的电阻即可，可见，只要控制 R_f 和 R_S 的比值，就能很好控制电压增益，同时可增加电路的稳定性。根据此原理，运算放大器可以组成各种形式的比例放大器。

    在实际电路分析中，当运算放大器的放大倍数足够大时，输入电压 u_d 接近于零，因此在电路电压分析（如建立基尔霍夫电压方程）时，把正相和反相输入端之间的电压看成零（输入端"虚短"的概念）；当运算放大器输入端电阻相当大时，输入电流接近于零，在电路电流分析时，把输入电流看成零（输入端"虚断"的概念）。上述"虚短"和"虚断"概念即组成了理想运算放大器的分析基础。

    例 8-9-1   试计算图 8-9-5 所示电路中输入电压 u_1 与输出电压 u_2 的关系。

    解：根据输入端"虚短"概念，输入电流为

$$i_1 = \frac{u_1}{R_1}$$

根据输入端"虚断"概念有

$$i_1 = i_2$$

输出电压为

$$u_2 = -i_2 R_2 = -\frac{R_2}{R_1} u_1$$

输入、输出电压关系为

$$\frac{u_2}{u_1} = -\frac{R_2}{R_1}$$

由此可见，输入、输出电压为比例放大，相位反向，上述电路即为反相比例放大器电路。

例 8-9-2 试计算图 8-9-6 所示电路中输入、输出电压关系。

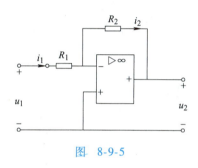

图 8-9-5

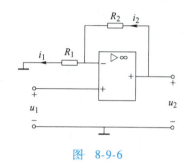

图 8-9-6

解： 根据输入端"虚短"概念，输入电流为

$$i_1 = \frac{u_1}{R_1}$$

根据输入端"虚断"概念有

$$i_1 = i_2$$

输出电压为

$$u_2 = i_1 R_1 + i_2 R_2 = i_1 (R_1 + R_2) = u_1 \frac{R_1 + R_2}{R_1}$$

输入、输出电压关系为

$$\frac{u_2}{u_1} = 1 + \frac{R_2}{R_1}$$

由此可见，上述电路为同相比例放大器电路。

运算放大器的应用非常广泛，除用做放大电压外，它还可用做积分器、微分器、加法器等。

例 8-9-3 试说明图 8-9-7 所示电路中输出电压和三个输入信号电压的关系。

解： 由于 $i = i_1 + i_2 + i_3$，$u_1 \approx 0$，$i = i_f$，所以

$$i_f = i_1 + i_2 + i_3$$

$$i_f = \frac{-u_2 + u_1}{R_f} = \frac{u_{S1}}{R_1} + \frac{u_{S2}}{R_2} + \frac{u_{S3}}{R_3}$$

即

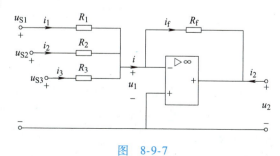

图 8-9-7

$$u_2 = -\left(\frac{R_f}{R_1}u_{S1} + \frac{R_f}{R_2}u_{S2} + \frac{R_f}{R_3}u_{S3}\right)$$

这说明 u_2 等于三个输入电压各自乘以一定比例系数 $\frac{R_f}{R_1}$、$\frac{R_f}{R_2}$、$\frac{R_f}{R_3}$ 之后反相相加（即比例加法器）。

当 $R_f = R_1 = R_2 = R_3$ 时

$$u_2 = -\ (u_{S1} + u_{S2} + u_{S3})$$

这时输出电压是三个输入电压反相之和（即加法器）。

第十节 回 转 器

回转器是一种双口网络，它在理论与实践中都有重大意义。回转器的符号如图 8-10-1 所示。端口电压参考方向从 1（或 2）端指向 1′（或 2′）端。端口电流参考方向从 1（或 2）端进入，1′（或 2′）端出来。

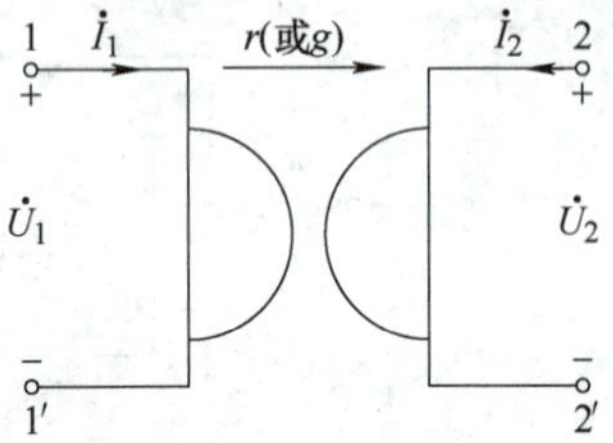

图中 r 称回转电阻，g 称回转电导，r 与 g 互为倒数。r（或 g）下的箭头表示回转方向。回转器的定义为

$$\begin{cases} \dot{U}_1 = -r\,\dot{I}_2 \\ \dot{U}_2 = r\,\dot{I}_1 \end{cases} \tag{8-10-1}$$

或

$$\begin{cases} \dot{I}_1 = g\,\dot{U}_2 \\ \dot{I}_2 = -g\,\dot{U}_1 \end{cases} \tag{8-10-2}$$

图 8-10-1

式（8-10-1）写成 Z 参数矩阵形式有

$$\begin{bmatrix} \dot{U}_1 \\ \dot{U}_2 \end{bmatrix} = \begin{bmatrix} \dot{Z}_{11} & \dot{Z}_{12} \\ \dot{Z}_{21} & \dot{Z}_{22} \end{bmatrix}\begin{bmatrix} \dot{I}_1 \\ \dot{I}_2 \end{bmatrix} = \begin{bmatrix} 0 & -r \\ r & 0 \end{bmatrix}\begin{bmatrix} \dot{I}_1 \\ \dot{I}_2 \end{bmatrix} = [Z]\begin{bmatrix} \dot{I}_1 \\ \dot{I}_2 \end{bmatrix}$$

$$\boldsymbol{Z} = \begin{bmatrix} 0 & -r \\ r & 0 \end{bmatrix} \tag{8-10-3}$$

式（8-10-2）写成 Y 参数矩阵形式有

$$\begin{bmatrix} \dot{I}_1 \\ \dot{I}_2 \end{bmatrix} = \begin{bmatrix} Y_{11} & Y_{12} \\ Y_{21} & Y_{22} \end{bmatrix}\begin{bmatrix} \dot{U}_1 \\ \dot{U}_2 \end{bmatrix} = \begin{bmatrix} 0 & g \\ -g & 0 \end{bmatrix} = [Y]\begin{bmatrix} \dot{U}_1 \\ \dot{U}_2 \end{bmatrix}$$

$$\boldsymbol{Y} = [Y] = \begin{bmatrix} 0 & g \\ -g & 0 \end{bmatrix} \tag{8-10-4}$$

写成 T 参数传输矩阵形式有

$$\begin{bmatrix} \dot{U}_1 \\ \dot{U}_2 \end{bmatrix} = \begin{bmatrix} 0 & \dfrac{1}{g} \\ g & 0 \end{bmatrix}\begin{bmatrix} \dot{U}_2 \\ -\dot{I}_2 \end{bmatrix} = [T]\begin{bmatrix} \dot{U}_2 \\ -\dot{I}_2 \end{bmatrix}$$

$$\boldsymbol{T} = \begin{bmatrix} 0 & \dfrac{1}{g} \\ g & 0 \end{bmatrix} \tag{8-10-5}$$

图 8-10-2 所示为两种等效电路模型。回转器能将一个端口的电流转为另一端口的电压，能将一个端口的电感 L 或电容 C 回转为从另一端口看进去的等效电容 C' 或等效电感 L'。回转器的这些能力，在实际应用中有着重要作用。特别是将电容参数回转成电感参数，在微电子领域有着重大意义。如图 8-10-3 所示，设回转器的回转常数为 r，由式（8-10-1）得

$$\dot{U}_1 = -r\,\dot{I}_2 = -r\left(-\frac{\dot{U}_2}{1/\mathrm{j}\omega C}\right) = \mathrm{j}\omega Cr^2\dot{I}_1$$

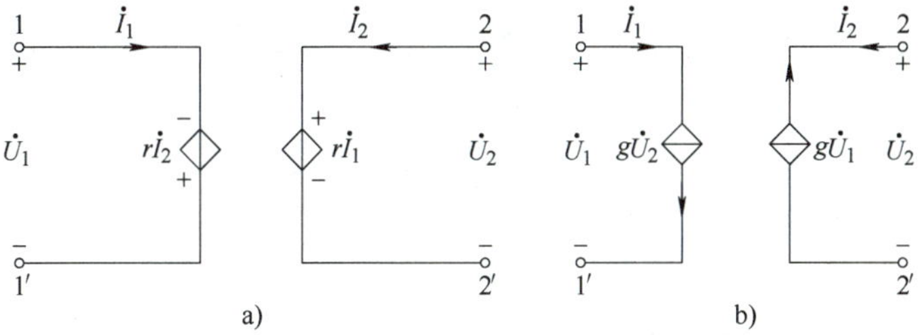

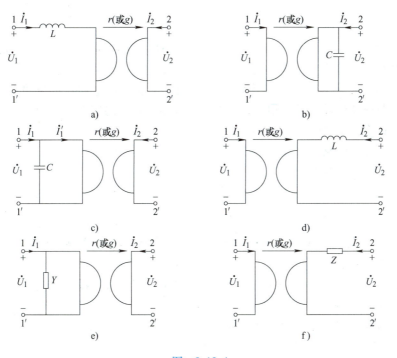

图 8-10-2 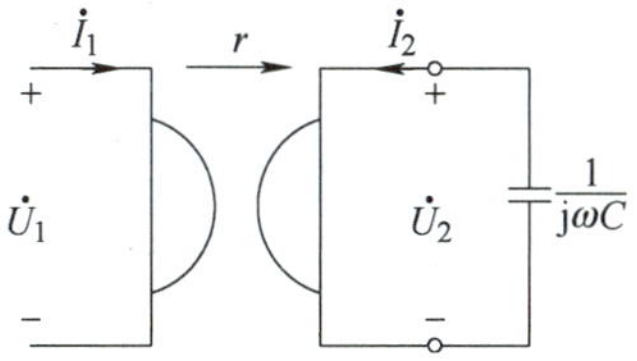   图 8-10-3

可见，从输入端看入回转器相当于一个纯电感，其电感量为

$$L = r^2 C$$

图 8-10-4 给出了几个典型的例子。

由式（8-10-3）可知，回转器不具有互易性。因为互易性条件为 $Z_{12} = Z_{21}$，但回转器 $Z_{12} = -r \neq Z_{21} = r$。回转器为非储能元件，任一瞬间输入回转器的总功率为零。

图 8-10-4

a）L 串接在入口内   b）L 回转为并接于出口的 $C(=g^2L)$

c）C 并接在入口内   d）C 回转为串接于出口的 $L(=r^2C)$

e）Y 并接在入口内   f）Y 回转为串接于出口的 $Z(=r^2Y)$

例 8-10-1 试证明图 8-10-5a、b 两个双口网络关于端口是等值的。

证明： 设两图中都施加等值 $\dot{U}_1$ 电压，在图 a 中，由式（8-10-1）有

$$\dot{U}_2 = r\,\dot{I}_1' = r(\dot{I}_1 - \dot{I}_L) = r\,\dot{I}_1 + \mathrm{j}\frac{\dot{U}_1}{g\omega L} \tag{1}$$

式中，$r = \dfrac{1}{g}$，为回转器的回转常数。

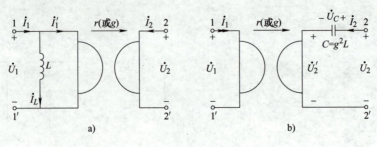

图 8-10-5

在图 8-10-5b 中，由式（8-10-2）有

$$\dot{U}_2 = \dot{U}_2' + \dot{U}_C = r\dot{I}_1 + \dot{I}_2\left(-j\frac{1}{\omega C}\right) = r\dot{I}_1 + jg\frac{\dot{U}_1}{\omega C} \tag{2}$$

比较式（1）和式（2），考虑到 $C = g^2 L$，两电路具有相同端口特性，证毕。

第十一节　负阻抗变换器

负阻抗变换器（Negative Impedance Converter，NIC）是一种能够将一个阻抗或元件参数按一定比例进行变换并改变其符号的双口元件。负阻抗变换器可以利用有源器件（如晶体管或运算放大器）将正阻抗元件转换为负等效阻抗。这一概念初看起来可能有些反直觉，因为阻抗通常与电流流动的阻力相关联。然而，在某些特定的应用中，如有源滤波器和振荡器，负阻抗可以发挥重要作用。

负阻抗变换器的电路符号如图 8-11-1 所示。负阻抗变换器的端口电压、电流关系为

$$\begin{cases} \dot{U}_1 = K_U \dot{U}_2 \\ \dot{I}_2 = K_I \dot{I}_1 \end{cases} \tag{8-11-1}$$

式中，K_U 和 K_I 为负阻抗变换器电压和电流的变比。负阻抗变换器输入、输出端口的电压、电流参考方向采用标准参考方向，电流是由 1 和 2 端进入，从 1′ 和 2′ 端流出；输入端口电压是从 1 指向 1′ 端，输出端口电压由 2 指向 2′ 端。

图　8-11-1

用矩阵形式表示电压电流关系式，有

$$\begin{bmatrix} \dot{U}_1 \\ \dot{I}_2 \end{bmatrix} = \begin{bmatrix} 0 & K_U \\ K_I & 0 \end{bmatrix} \begin{bmatrix} \dot{I}_1 \\ \dot{U}_2 \end{bmatrix} \tag{8-11-2}$$

如图 8-11-2 所示电路，在负阻抗变换器的输出端口上接负载阻抗 Z_L 时，输入端阻抗为

$$Z_1 = \frac{\dot{U}_1}{\dot{I}_1} = \frac{K_U \dot{U}_2}{\frac{1}{K_I}\dot{I}_2} = K_U K_I \frac{\dot{U}_2}{\dot{I}_2} \tag{8-11-3}$$

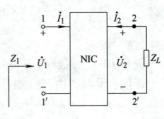

由于 $\dfrac{\dot{U}_2}{-\dot{I}_2} = Z_L$，则有 $Z_1 = -K_U K_I Z_L$。

图　8-11-2

　　这说明了只要$K_U K_I > 0$，从输入端看，都得到与Z_L符号相反的阻抗，并且数值上放大了$K_U K_I$倍。

　　如果在输出端接$Z_L = -jX_C$（容抗）时，从输入端看，则为$Z_1 = -K_U K_I(-jX_C) = jK_U K_I X_C$，将容抗$X_C$变换为等效感抗$K_U K_I X_C$了。同样，如果在输出端接$Z_L = jX_L$（感抗），从输入端看，则为$Z_1 = -K_U K_I(jX_L) = -jK_U K_I X_L$，将感抗$X_L$变换为等效容抗$K_U K_I X_L$了。负阻抗变换器为电路设计中实现负$R$、$L$、$C$提供了可能性。

　　负阻抗变换器根据其实现方式可分为多种类型，但主要可以分为电流反向型（INIC）和电压反向型（VNIC）两大类。INIC 通过运算放大器的反馈作用，使得输出电流与输入电流方向相反，但大小成比例。这种变换器在特定条件下可以实现输入阻抗等于负载阻抗的负倍数。INIC 在电子电路设计中常用于模拟电感、滤波电路和振荡器等领域。VNIC 则通过运算放大器的反馈作用，使得输出电压与输入电压方向相反，但大小也成比例。VNIC 在电路中的应用同样广泛，特别是在需要电压反向和阻抗变换的场合。负阻抗变换器作为一种重要的电子电路器件，在电路理论及工程实践中具有广泛的应用，例如在传统的RLC振荡电路中，由于电感的等效电阻会导致阻尼效应，使得振荡难以维持，通过引入负阻抗变换器产生的负阻，可以有效抵消这种阻尼效应，实现无阻尼等幅振荡或增幅振荡。负阻抗变换器还可以用于精密测量领域，由于电流表或电压表的内阻抗不为零，测量时会产生负载效应导致误差。通过引入负阻抗变换器产生的负阻抗来抵消这种内阻抗，可以提高测量的准确性。

习　题　八

8-1　试确定题图 8-1 所示双口网络的 $\boldsymbol{Z}$ 参数矩阵。

8-2　试用两种方法确定题图 8-2 所示双口网络的 $\boldsymbol{Z}$ 参数矩阵（角频率为ω）。

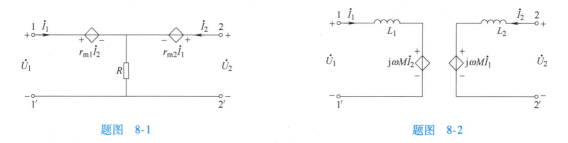

　　题图　8-1　　　　　　　　　　　　　　　　　　　题图　8-2

8-3　如题图 8-3 所示电路，已知 $R_1 = 20\Omega$，$R_2 = 10\Omega$，$\dfrac{1}{\omega C} = 40\Omega$，$\omega L = 50\Omega$。试求 $\boldsymbol{Z}$ 参数矩阵。

8-4　如题图 8-4 所示双口网络，试求当角频率为ω时的 $\boldsymbol{Y}$ 参数矩阵。

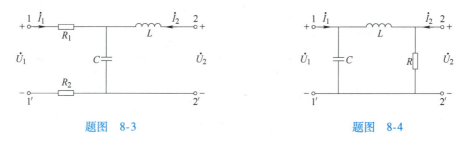

　　题图　8-3　　　　　　　　　　　　　　　　　　　题图　8-4

8-5　试求题图 8-5 所示双口网络的 $\boldsymbol{Y}$ 参数矩阵。

8-6　如题图8-6所示双口网络，求当角频率为ω时的 $\boldsymbol{Y}$ 参数矩阵。

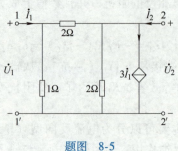

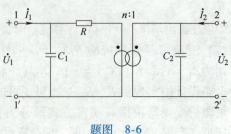

题图 8-5　　　　　　　　　　　　　　题图 8-6

8-7　如题图 8-7 所示晶体管放大器的等效电路，试求 **H** 参数矩阵。

8-8　如题图 8-8 所示双口网络 N_1、N_2 间耦合系数为 1，试求混合参数 **H** 矩阵。

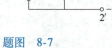

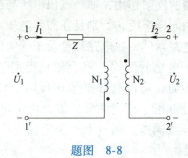

题图 8-7　　　　　　　　　　　　　　题图 8-8

8-9　试求题图 8-9 所示双口网络的 **H** 参数矩阵。

8-10　如题图 8-10 所示双口网络，试求其接在工频电路中的 **T** 参数矩阵。

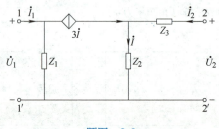

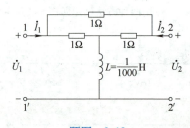

题图 8-9　　　　　　　　　　　　　　题图 8-10

8-11　题图 8-11 所示无源双口网络 N 的传输参数 $A=2.5$，$B=6\Omega$，$C=0.5S$，$D=1.6$。试求 $R=$? 时，R 吸收最大功率。若 $U_S=9V$，求 R 吸收的最大功率 P_{max} 及此时 U_S 输出功率 P_{US}。

8-12　试求题图 8-12 所示无源双口网络当角频率为 ω 时的传输参数 **T** 矩阵。

8-13　试求题图 8-13 所示双口网络的逆传输参数 **T′** 矩阵。

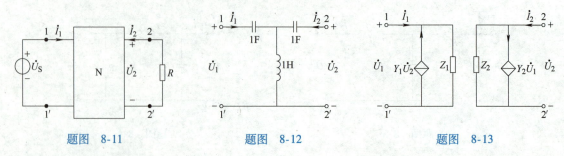

题图 8-11　　　　　　题图 8-12　　　　　　题图 8-13

8-14　题图 8-14 所示为无源双口网络的两种等效电路，试求这两种等效电路的 **Z**、**Y**、**H**、**T** 参数矩阵。

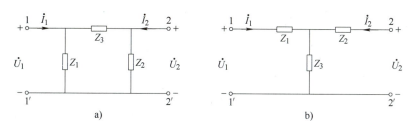

题图 8-14

*8-15 如题图 8-15 所示无源双口网络 N，试用最方便的一种参数解下列问题：

（1）当 $I_1 = 3A$，$I_2 = 0$ 时，$U_1 = 5V$，$U_2 = -2V$；当 $I_1 = 0$，$I_2 = 2A$ 时，$U_1 = 6V$，$U_2 = 3V$，求当 $I_1 = 5A$，$I_2 = 6A$ 时，$U_1 = ?$ $U_2 = ?$

（2）当 $U_1 = 2V$，$U_2 = 0$ 时，$I_1 = -3A$，$I_2 = 1A$；当 $U_1 = 0$，$U_2 = -1V$ 时，$I_1 = 6A$，$I_2 = 7A$。求当 $U_1 = 1V$，$U_2 = 1V$ 时，$I_1 = ?$ $I_2 = ?$

（3）当 $U_1 = 0$，$I_2 = 3A$ 时，$I_1 = 5A$，$U_2 = 0$；当 $U_1 = -3V$，$I_2 = 0$ 时，$I_1 = 9A$，$U_2 = 6V$。求当 $U_1 = 3V$，$I_2 = 7A$ 时，$I_1 = ?$ $U_2 = ?$

（4）当 $U_1 = 1V$，$I_1 = 0$ 时，$U_2 = 6V$，$I_2 = 5A$；当 $U_1 = 0$，$I_1 = 10A$ 时，$U_2 = 5V$，$I_2 = 3A$。求当 $U_1 = 1V$，$I_1 = -1A$ 时，$U_2 = ?$ $I_2 = ?$

8-16 试求题图 8-16 所示复合双口网络的 **Z** 参数矩阵。

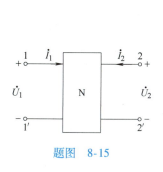

题图 8-15

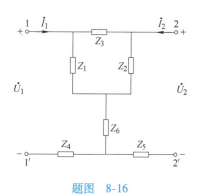

题图 8-16

8-17 试求题图 8-17 所示复合双口网络的 **Y** 参数矩阵，已知 $\boldsymbol{Y}_a = \begin{bmatrix} Y_{a11} & Y_{a12} \\ Y_{a21} & Y_{a22} \end{bmatrix}$。

8-18 试求题图 8-18 所示双口网络的 **H** 参数矩阵。

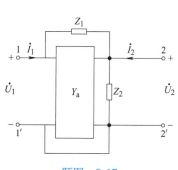

题图 8-17

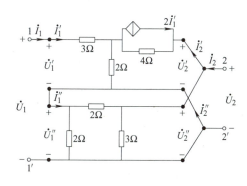

题图 8-18

8-19 试求题图 8-19 所示复合双口网络的传输参数 **T** 矩阵，理想变压器的电压比为 $n:1$。

8-20 试求题图 8-20 所示理想运算放大器电路的传递函数 $\dot{U}_2/\dot{U}_1$。

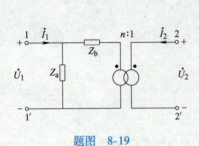

题图 8-19

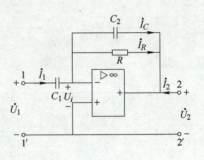

题图 8-20

8-21　如题图 8-21 所示理想运算放大器电路，角频率为 ω，求输入阻抗 Z_1。

8-22　如题图 8-22 所示具有两个理想运算放大器的电路，已知 ω、$\dot{U}_1$、R_1、R_2、R_3、R_4、C，$\dot{U}_2$ 开路，求 $\dot{I}_1$。

8-23　试求题图 8-23 所示电路的输入电阻 R_{ab}。

8-24　试求题图 8-24 所示网络的传输矩阵。

8-25　试求题图 8-25 所示双口网络的 T 参数矩阵，设回转器的回转电导 $g = 2\mathrm{S}$，$R_1 = 2\Omega$，$R_2 = 4\Omega$，理想变压器的电压比为 $0.5:1$。

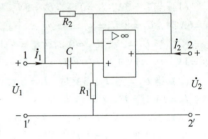

题图 8-21

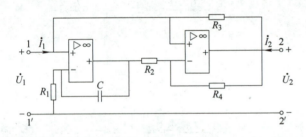

题图 8-22

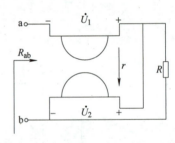

题图 8-23

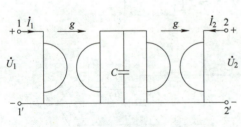

题图 8-24

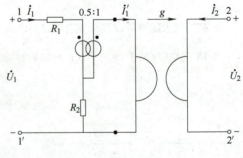

题图 8-25

网络矩阵分析

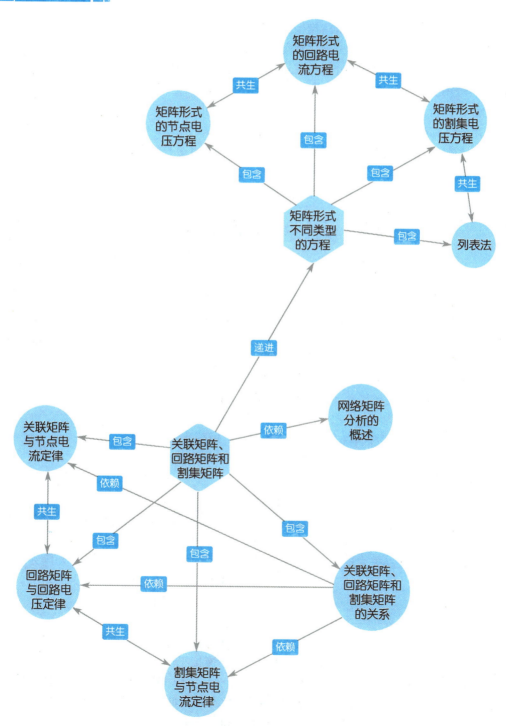

第一节　概　　述

当电路的结构比较简单时，可以直接利用基尔霍夫定律及前面章节所介绍的支路法、回路法和节点法，由人工通过观察法直接建立所需的方程组来解题。但在实际工程应用中，一个网络往往包含许多支路和器件，如在大规模集成电路设计时，电网络所包含的元器件与支路数可能有成千上万个。对于网络结构很复杂的电路，用前述的观察法来列出所需的方程解题就会非常困难，因此必须研究系统化建立电路方程的方法。解决复杂网络问题可以应用网络图论的方法对电路进行系统化分析，在近代电路理论领域中，矩阵分析数学工具在解题时得到广泛的应用。用矩阵方法来列写电路方程能使计算过程更加简单和系统化，便于应用计算机辅助设计分析，同时也能使论证和推导过程得以简化。

求解矩阵形式表示的电路方程，可以归结为解矩阵相量的问题，一般可应用诸如高斯消元法等进行解题计算。目前也可采用矩阵计算工具软件如 MATLAB 软件等方便快捷地进行矩阵运算。

本章主要应用矩阵方法介绍如何系统地分析网络的图和建立电路方程，即建立矩阵形式的节点电压方程、割集电压方程和回路电流方程等。

第二节　关联矩阵与节点电流定律

根据第一章中介绍的图论知识可知，实际电路结构可用一个有向图来具体描述。例如，某一电路的有向图如图 9-2-1 所示，把有向图各节点和支路编号，然后依次把各支路与相应连接点的连接信息用数字形式记忆下来。根据这些信息可完整描述电路的连接关系，若把这些信息输入计算机，则计算机就会根据这些信息自动识别电路关系，并应用基尔霍夫定律建立相应的电路方程，进行相应的运算。

电路中支路与节点的连接关系可用关联矩阵来描述。设电路的节点数为 n_t，支路数为 b，依次给节点和支路编号（节点编号用一圆圈加以区别），然后把有向图用一个 $n_t \times b$ 阶矩阵来表示，记为 A_a。矩阵的行对应于有向图的节点，矩阵的列对应于网络的支路。A_a 中的元素 a_{jk} 作如下定义：

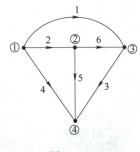

图　9-2-1

$$a_{jk} = \begin{cases} 0 & \text{当支路 } k \text{ 不连接到节点 } j \text{ 时} \\ +1 & \text{当支路 } k \text{ 连接到节点 } j \text{，且方向为离开节点 } j \text{ 时} \\ -1 & \text{当支路 } k \text{ 不连接到节点 } j \text{，且方向为指向节点 } j \text{ 时} \end{cases} \tag{9-2-1}$$

A_a 称为电路的节点—支路关联矩阵。例如对于图 9-2-1 所示的电路，可写出关联矩阵为

$$A_a = \begin{bmatrix} 1 & 1 & 0 & 1 & 0 & 0 \\ 0 & -1 & 0 & 0 & 1 & 1 \\ -1 & 0 & 1 & 0 & 0 & -1 \\ 0 & 0 & -1 & -1 & -1 & 0 \end{bmatrix}$$

关联矩阵的每一列对应于一条支路，每一支路必连接于两个节点，且方向为一进一出。因此 A_a 的每一列中只包含两个非零元素 +1 和 -1，如上面关联矩阵所示。如果把所有行的元素按列相加，则得到全零的行，因此矩阵 A_a 的行不是彼此独立的。对于 A_a 中任一行元素可以通过把除该行以外的所有行相加并变号而获得。

如果把 A_a 的任一行划去，剩下的矩阵为 $n \times b$ 阶矩阵（$n = n_t - 1$），记作 A。由上分析可知，用该新矩阵 A 来代替 A_a 同样能充分描述有向图的连接关系，矩阵 A 称为降价关联矩阵，划去的行对应的节点即为参考节点，图 9-2-1 中若以节点④为参考点，则其降价关联矩阵为

$$A = \begin{bmatrix} 1 & 1 & 0 & 1 & 0 & 0 \\ 0 & -1 & 0 & 0 & 1 & 1 \\ -1 & 0 & 1 & 0 & 0 & -1 \end{bmatrix}$$

在实际应用中，通常采用降价关联矩阵形式，因此在一般叙述中往往略去"降价"二字。关联矩阵可由给定的网络有向图得出，同样当给定关联矩阵 A 后也可推导出它所代表的有向图。

关联矩阵 A 的每一行是相互独立的，每行之间是线性无关的，A 的秩等于矩阵的行数 n。实际上由 A 的元素 a_{jk} 的定义可知，关联矩阵的每一行反映了该节点的电流平衡关系式。A 中线性独立的 n 行代表了网络中 $n = n_t - 1$ 个节点的电流平衡关系。

下面分析关联矩阵 A 与支路电流、支路电压、节点电位之间的关系。设网络各支路电流为 i_1，i_2，$\cdots$，i_b，支路电流方向与有向图支路方向一致，用矩阵形式表示的支路电流列向量为 $\boldsymbol{i} = \begin{bmatrix} i_1, & i_2, & \cdots, & i_b \end{bmatrix}^T$。

若用关联矩阵 A（$n \times b$）左乘支路电流列向量 $\boldsymbol{i}$，可得一 n 行的列向量矩阵。由关联矩阵的定义可知，该列向量中每一行的元素之和恰为离开该节点的支路电流与流入该节点的支路电流之代数和，且离开节点时电流为正，流入节点时电流为负。由基尔霍夫节点电流定律可知，节点电流代数和恒为零。因此可得 A 左乘 $\boldsymbol{i}$ 后其值为零向量，即有

$$\boldsymbol{Ai} = 0 \tag{9-2-2}$$

该式反映了网络各节点的电流平衡关系，称为矩阵形式的基尔霍夫电流定律。对于正弦稳态交流电路分析，上式可写为

$$\boldsymbol{A\dot{i}} = 0 \tag{9-2-3}$$

对于图 9-2-1 所示的网络，设支路电流列向量为 $\boldsymbol{i} = \begin{bmatrix} i_1, & i_2, & i_3, & i_4, & i_5, & i_6 \end{bmatrix}^T$，该网络的关联矩阵已写出，用 A 左乘 $\boldsymbol{i}$ 可得

$$\boldsymbol{Ai} = \begin{bmatrix} 1 & 1 & 0 & 1 & 0 & 0 \\ 0 & -1 & 0 & 0 & 1 & 1 \\ -1 & 0 & 1 & 0 & 0 & -1 \end{bmatrix} \begin{bmatrix} i_1 \\ i_2 \\ i_3 \\ i_4 \\ i_5 \\ i_6 \end{bmatrix} = \begin{bmatrix} i_1 + i_2 + i_4 \\ -i_2 + i_5 + i_6 \\ -i_1 + i_3 - i_6 \end{bmatrix} = \begin{bmatrix} 0 \\ 0 \\ 0 \end{bmatrix}$$

由式可见，$\boldsymbol{Ai}$ 的乘积列向量其实为 n 个节点的 KCL 方程式。

在用节点电压法解题时要用到节点电压与支路电压之间的关系。下面分析节点电压与支路电压之间关系的矩阵形式。设网络各节点电压的列向量为 $\boldsymbol{u}_n = \begin{bmatrix} u_①, & u_②, & \cdots, & u_ⓝ \end{bmatrix}^T$，（式中为使节点电压与支路电压相区别，在下标中用一加圈数字表示节点），参考节点的电压为零。支路电压列向量为 $\boldsymbol{u} = \begin{bmatrix} u_1, & u_2, & \cdots, & u_b \end{bmatrix}^T$。若用关联矩阵的转置矩阵 A^T 左乘节点电压列向量 $\boldsymbol{u}_n$，可得一个 b 行的列矩阵。前已指出，A 中每一列只包含两个元素（若支路连接于参考节点，则该列只包含一个元素），反映支路所连接的两个节点，且为一正一负，即支路方向离开节点为正，反之为负。因此与 $\boldsymbol{u}_n$ 乘积的列向量每一行中只包含该支路离开节点的电压与指向节点的电压之差，即为该支路的支路电压值。因此 A^T 左乘 $\boldsymbol{u}_n$ 的值即为支路电压列向量 $\boldsymbol{u}$，即有

$$A^T \boldsymbol{u}_n = \boldsymbol{u} \tag{9-2-4}$$

对于正弦稳态交流电路有

$$A^{\mathrm{T}}\dot{U}_n = \dot{U} \tag{9-2-5}$$

对于图 9-2-1 所示的网络，其节点电压列向量为 $u_n = [u_①,\ u_②,\ u_③]^{\mathrm{T}}$，用 A^{T} 左乘 u_n，得

$$A^{\mathrm{T}}u_n = \begin{bmatrix} 1 & 0 & -1 \\ 1 & -1 & 0 \\ 0 & 0 & 1 \\ 1 & 0 & 0 \\ 0 & 1 & 0 \\ 0 & 1 & -1 \end{bmatrix} \begin{bmatrix} u_① \\ u_② \\ u_③ \end{bmatrix} = \begin{bmatrix} u_① - u_③ \\ u_① - u_② \\ u_③ \\ u_① \\ u_② \\ u_② - u_③ \end{bmatrix} = \begin{bmatrix} u_1 \\ u_2 \\ u_3 \\ u_4 \\ u_5 \\ u_6 \end{bmatrix} = u$$

式（9-2-4）反映了节点电压与支路电压之间的关系。

第三节　回路矩阵与回路电压定律

关联矩阵 A 反映了电路节点与支路之间的连接关系，由此可建立矩阵形式的基尔霍夫电流定律。与此相似，当用回路电流法分析电路时，必须建立回路与支路之间的关系，如必需知道回路是由哪些支路所组成，支路与回路之间的参考方向关系。这些关系可以用一个回路矩阵 B_a 来描述。B_a 的行对应于某一回路，B_a 的列对应于某条支路，矩阵的元素 b_{jk} 满足以下关系：

$$b_{jk} = \begin{cases} 0 & \text{支路 } k \text{ 不包含在回路 } j \text{ 中} \\ 1 & \text{支路 } k \text{ 包含在回路 } j \text{ 中,且方向和回路 } j \text{ 走向一致} \\ -1 & \text{支路 } k \text{ 包含在回路 } j \text{ 中,且方向和回路 } j \text{ 走向相反} \end{cases} \tag{9-3-1}$$

B_a 矩阵充分反映了回路与支路的关联情况。

在用回路电流法分析计算电路问题时，选取正确合适的独立回路是一个重要的问题。对于某一电路，可以选择许多不同的回路。如对于图 9-3-1 所示的网络有向图，至少可以选择 7 个不同的回路来列写回路矩阵 B_a，但这样列出的回路矩阵中，有些回路对应的 B_a 中的行是线性相关的，就是说 B_a 中的某些行可以通过其他行的代数运算而得到。在电路分析中，当用基尔霍夫定律建立回路方程时，只有一组线性独立的回路电压方程才有实际意义。在前面已讨论过如何选取网络的回路来获得独立的基尔霍夫回路电压方程，独立回路可以选取单连支回路。选择单连支回路来建立的回路矩阵，称为基本回路矩阵，用 B_f 来表示。如对于图 9-3-1 所示网络，若选取支路 1、2、3 作为树，可写出它的基本回路矩阵为

$$B_f = \begin{bmatrix} 1 & -1 & 1 & 1 & 0 & 0 \\ 1 & -1 & 0 & 0 & 1 & 0 \\ 0 & -1 & 1 & 0 & 0 & 1 \end{bmatrix}$$

基本回路矩阵为 $(b - n_t + 1) \times b$ 阶矩阵。矩阵的秩等于矩阵的行数。

上面在对图 9-3-1 网络编号时，若支路编号采取先树支后连支的安排，这样建立的基本回路矩阵右半部是一个 l 阶的单位矩阵（l 为连支数）即基本回路矩阵可以表述为

$$B_f = [B_t \ \vdots \ 1] \tag{9-3-2}$$

这里要指出的是，回路矩阵的行反映了某一回路与支路之间的关系，而回路矩阵的列则反映了某一支路与所有回路之间的关系。就是说，从某一列元素中可以看出有多少回路穿越该支路，且可判别出回路方向与支路方向之间的关系，它实际上隐含着支路电流与回

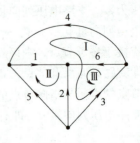

图　9-3-1

路电流之间的关系信息。

对于平面网孔，另一种选取独立回路的方法是选择网孔回路，由网孔回路建立的回路矩阵称做网孔回路矩阵，可用 $\boldsymbol{B}_\mathrm{m}$ 来表示。如对于图 9-3-1 所示的网络，可写出其网孔回路矩阵为

$$\boldsymbol{B}_\mathrm{m} = \begin{bmatrix} -1 & 0 & 0 & -1 & 0 & 1 \\ 1 & -1 & 0 & 0 & 1 & 0 \\ 0 & 1 & -1 & 0 & 0 & -1 \end{bmatrix}$$

这里取回路方向为顺时针方向。

回路矩阵的每一行元素反映了该回路中所包含的支路及其方向。若设网络支路电压的参考方向与支路电流方向一致，写成列向量为 $\boldsymbol{u} = [u_1, u_2, \cdots, u_b]^\mathrm{T}$，用回路矩阵 $\boldsymbol{B}_\mathrm{f}$ 左乘支路电压列向量 $\boldsymbol{u}$，可得 $b - n_\mathrm{t} + 1$ 个元素的列向量，其中每一行都包含了该回路中所有支路电压代数和，且当支路电压方向与回路一致时为正，反之为负。由基尔霍夫电压定律可知，任一闭合回路的电压代数和恒为零，因此可知 $\boldsymbol{B}_\mathrm{f}$ 与 $\boldsymbol{u}$ 的乘积为零，即有

$$\boldsymbol{B}_\mathrm{f}\boldsymbol{u} = \boldsymbol{0} \tag{9-3-3}$$
$$\boldsymbol{B}_\mathrm{m}\boldsymbol{u} = \boldsymbol{0} \tag{9-3-4}$$

对于正弦稳态交流电路，有

$$\boldsymbol{B}_\mathrm{f}\dot{\boldsymbol{U}} = 0 \tag{9-3-5}$$
$$\boldsymbol{B}_\mathrm{m}\dot{\boldsymbol{U}} = 0 \tag{9-3-6}$$

对于图 9-3-1 所示的网络，其支路电压列向量为 $\boldsymbol{u} = [u_1, u_2, u_3, u_4, u_5, u_6]^\mathrm{T}$，用前面得到的基本回路矩阵 $\boldsymbol{B}_\mathrm{f}$ 左乘 $\boldsymbol{u}$，可得

$$\boldsymbol{B}_\mathrm{f}\boldsymbol{u} = \begin{bmatrix} 1 & -1 & 1 & 1 & 0 & 0 \\ 1 & -1 & 0 & 0 & 1 & 0 \\ 0 & -1 & 1 & 0 & 0 & 1 \end{bmatrix} \begin{bmatrix} u_1 \\ u_2 \\ u_3 \\ u_4 \\ u_5 \\ u_6 \end{bmatrix} = \begin{bmatrix} u_1 - u_2 + u_3 + u_4 \\ u_1 - u_2 + u_5 \\ -u_2 + u_3 + u_6 \end{bmatrix} = \begin{bmatrix} 0 \\ 0 \\ 0 \end{bmatrix}$$

由上式可看出，乘积的每一行是各回路中支路电压代数和，是基尔霍夫电压定律的反映，式（9-3-3）和式（9-3-4）称为矩阵形式的基尔霍夫电压定律。

下面分析支路电流与回路电流之间的关系。前面已指出，回路矩阵的每一列元素实际上是反映某一支路中所穿过的回路和方向。设回路电流列向量为 $\boldsymbol{i}_\mathrm{l} = [i_{l1}, i_{l2}, \cdots, i_{l(b-n_\mathrm{t}+1)}]^\mathrm{T}$，则用 $\boldsymbol{B}_\mathrm{f}^\mathrm{T}$ 左乘 $\boldsymbol{i}_\mathrm{l}$ 后，乘积的每一行之和恰为流过该支路中所有回路电流的代数和，且回路电流方向与支路方向一致时为正，反之为负。由回路电流法解题的知识可知，任一支路中所有回路电流代数和为该支路电流之值。因此可知 $\boldsymbol{B}_\mathrm{f}^\mathrm{T}$ 与 $\boldsymbol{i}_\mathrm{l}$ 的乘积为支路电流列向量 $\boldsymbol{i}$，即有

$$\boldsymbol{B}_\mathrm{f}^\mathrm{T}\boldsymbol{i}_\mathrm{l} = \boldsymbol{i} \tag{9-3-7}$$

或

$$\boldsymbol{B}_\mathrm{f}^\mathrm{T}\dot{\boldsymbol{I}}_\mathrm{l} = \dot{\boldsymbol{I}} \tag{9-3-8}$$

例如对于图 9-3-1 所示网络，选单连支回路为独立回路，此时回路电流即为连支电流，有
$$\dot{\boldsymbol{I}}_\mathrm{l} = [\dot{I}_4, \dot{I}_5, \dot{I}_6]^\mathrm{T}$$
用 $\boldsymbol{B}_\mathrm{f}^\mathrm{T}$ 左乘 $\dot{\boldsymbol{I}}_\mathrm{l}$，得

$$
B_f^T \dot{I}_1 =
\begin{bmatrix}
1 & 1 & 0 \\
-1 & -1 & -1 \\
1 & 0 & 1 \\
1 & 0 & 0 \\
0 & 1 & 0 \\
0 & 0 & 1
\end{bmatrix}
\begin{bmatrix}
\dot{I}_4 \\
\dot{I}_5 \\
\dot{I}_6
\end{bmatrix}
=
\begin{bmatrix}
\dot{I}_4 + \dot{I}_5 \\
-\dot{I}_4 - \dot{I}_5 - \dot{I}_6 \\
\dot{I}_4 + \dot{I}_6 \\
\dot{I}_4 \\
\dot{I}_5 \\
\dot{I}_6
\end{bmatrix}
=
\begin{bmatrix}
\dot{I}_1 \\
\dot{I}_2 \\
\dot{I}_3 \\
\dot{I}_4 \\
\dot{I}_5 \\
\dot{I}_6
\end{bmatrix}
= \dot{I}
$$

第四节 割集矩阵与节点电流定律

割集电压法分析电路问题可以看做是节点法的一种推广。第二章已介绍过割集的定义、基本概念和初步应用。割集与支路之间的联系可以用一个矩阵 Q_a 来描述。矩阵的行号对应着割集号，矩阵的列号对应于支路，矩阵中的元素 q_{ik} 作如下定义：

$$
q_{jk} =
\begin{cases}
0 & \text{当支路 } k \text{ 不在割集 } j \text{ 内} \\
1 & \text{当支路 } k \text{ 在割集 } j \text{ 内，且方向与割集 } j \text{ 方向一致} \\
-1 & \text{当支路 } k \text{ 在割集 } j \text{ 内，且方向与割集 } j \text{ 方向相反}
\end{cases}
\tag{9-4-1}
$$

这样建立的矩阵 Q_a 称为割集矩阵。通常对于一定的电路，可以选择许多不同的割集，但在用割集电压法解题时，只有一组独立的割集电压方程才有意义。因此，与选择独立回路相类似，实际应用中往往选择单树支割集作为一组独立的割集。当选用单树支割集时，这样建立的割集矩阵称为基本割集矩阵，记作 Q_f。Q_f 为 $(n_t - 1) \times b$ 阶矩阵。

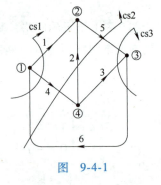

图 9-4-1

对于图 9-4-1 所示的网络，若选择 1、2、3 支路为树，单树支割集及方向如图示，可写出其基本割集矩阵为

$$
Q_f =
\begin{bmatrix}
1 & 0 & 0 & 1 & 0 & -1 \\
0 & 1 & 0 & -1 & -1 & 1 \\
0 & 0 & 1 & 0 & 1 & -1
\end{bmatrix}
$$

上式左半部分为一单位矩阵。一般当支路编号严格按照先树支后连支编号且顺次列写，割集方向取树支方向时，Q_f 中对应树支元素的子矩阵必是一个 $(n_t - 1) \times (n_t - 1)$ 阶单位矩阵，Q_f 可表示为

$$
Q_f = [1 \vdots Q_1]
\tag{9-4-2}
$$

式中，Q_1 表示由连支元素组成的割集子矩阵。

割集可以看成是一个广义的节点。由割集矩阵中元素的定义可知，割集矩阵的每一行元素反映了穿过该割集表面的所有支路及其方向。若用 Q_f 左乘支路电流列向量 i，则其乘积的每一行之和恰为穿过该割集表面的支路电流的代数和。由基尔霍夫定律可知，任一广义节点（割集包围的部分）的电流代数和恒为零，因此 Q_f 与支路电流列向量 i 之积为零向量，即有

$$
Q_f i = 0
\tag{9-4-3}
$$

或

$$
Q_f \dot{I} = 0
\tag{9-4-4}
$$

上式是广义节点的基尔霍夫电流定律的矩阵形式。

对于图 9-4-1 所示的网络，其支路电流列向量为 $\dot{\boldsymbol{I}} = [\,\dot{I}_1,\ \dot{I}_2,\ \dot{I}_3,\ \dot{I}_4,\ \dot{I}_5,\ \dot{I}_6\,]^{\mathrm{T}}$，前面已写出其基本割集矩阵 $\boldsymbol{Q}_{\mathrm{f}}$。用 $\boldsymbol{Q}_{\mathrm{f}}$ 左乘 $\dot{\boldsymbol{I}}$，可得

$$\boldsymbol{Q}_{\mathrm{f}}\dot{\boldsymbol{I}} = \begin{bmatrix} 1 & 0 & 0 & 1 & 0 & -1 \\ 0 & 1 & 0 & -1 & -1 & 1 \\ 0 & 0 & 1 & 0 & 1 & -1 \end{bmatrix} \begin{bmatrix} \dot{I}_1 \\ \dot{I}_2 \\ \dot{I}_3 \\ \dot{I}_4 \\ \dot{I}_5 \\ \dot{I}_6 \end{bmatrix} = \begin{bmatrix} \dot{I}_1 + \dot{I}_4 - \dot{I}_6 \\ \dot{I}_2 - \dot{I}_4 - \dot{I}_5 + \dot{I}_6 \\ \dot{I}_3 + \dot{I}_5 - \dot{I}_6 \end{bmatrix} = \begin{bmatrix} 0 \\ 0 \\ 0 \end{bmatrix}$$

在用割集电压法分析网络问题时，割集电压作为一组独立变量。若选择单树支割集为基本割集，则割集电压即为树支电压，即有 $\boldsymbol{u}_{\mathrm{cs}} = \boldsymbol{u}_{\mathrm{t}}$。类似于节点电位与支路电压之间的关系，若用割集矩阵的转置矩阵 $\boldsymbol{Q}_{\mathrm{f}}^{\mathrm{T}}$ 左乘割集电压列向量 $\boldsymbol{u}_{\mathrm{cs}}$，其乘积为支路电压列向量 $\boldsymbol{u}$，即有

$$\boldsymbol{Q}_{\mathrm{f}}^{\mathrm{T}}\boldsymbol{u}_{\mathrm{cs}} = \boldsymbol{u} \tag{9-4-5}$$

此式反映了割集电压与支路电压之间的关系。例如对于图 9-4-1 所示的网络，选单树支割集为基本割集，则割集电压列向量即为树支电压

$$\dot{\boldsymbol{U}}_{\mathrm{cs}} = \dot{\boldsymbol{U}}_{\mathrm{t}} = [\,\dot{U}_1\ \dot{U}_2\ \dot{U}_3\,]^{\mathrm{T}}$$

用 $\boldsymbol{Q}_{\mathrm{f}}^{\mathrm{T}}$ 左乘 $\dot{\boldsymbol{U}}_{\mathrm{cs}}$，可得

$$\boldsymbol{Q}_{\mathrm{f}}^{\mathrm{T}}\dot{\boldsymbol{U}}_{\mathrm{cs}} = \begin{bmatrix} 1 & 0 & 0 \\ 0 & 1 & 0 \\ 0 & 0 & 1 \\ 1 & -1 & 0 \\ 0 & -1 & 1 \\ -1 & 1 & -1 \end{bmatrix} \begin{bmatrix} \dot{U}_1 \\ \dot{U}_2 \\ \dot{U}_3 \end{bmatrix} = \begin{bmatrix} \dot{U}_1 \\ \dot{U}_2 \\ \dot{U}_3 \\ \dot{U}_1 - \dot{U}_2 \\ -\dot{U}_2 + \dot{U}_3 \\ -\dot{U}_1 + \dot{U}_2 - \dot{U}_3 \end{bmatrix} = \begin{bmatrix} \dot{U}_1 \\ \dot{U}_2 \\ \dot{U}_3 \\ \dot{U}_4 \\ \dot{U}_5 \\ \dot{U}_6 \end{bmatrix} = \dot{\boldsymbol{U}}$$

第五节 关联矩阵、回路矩阵和割集矩阵的关系

对于同一个电路，若各支路、节点的编号及方向均相同时，对其列写出的关联矩阵、回路矩阵和割集矩阵之间存在着一定的联系。

对于图 9-5-1 所示的有向图，选支路 1、2、3 为树支，作单树支割集如图所示，则可写出其基本回路矩阵与基本割集矩阵如下：

$$\boldsymbol{B}_{\mathrm{f}} = \begin{bmatrix} -1 & 1 & -1 & 1 & 0 & 0 \\ 1 & -1 & 0 & 0 & 1 & 0 \\ 0 & 1 & -1 & 0 & 0 & 1 \end{bmatrix}$$

$$\boldsymbol{Q}_{\mathrm{f}} = \begin{bmatrix} 1 & 0 & 0 & 1 & -1 & 0 \\ 0 & 1 & 0 & -1 & 1 & -1 \\ 0 & 0 & 1 & 1 & 0 & 1 \end{bmatrix}$$

用 $\boldsymbol{B}_{\mathrm{f}}$ 左乘 $\boldsymbol{Q}_{\mathrm{f}}^{\mathrm{T}}$，可得

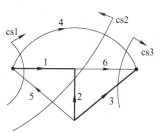

图 9-5-1

$$\boldsymbol{B}_f \boldsymbol{Q}_f^T = \begin{bmatrix} -1 & 1 & -1 & 1 & 0 & 0 \\ 1 & -1 & 0 & 0 & 1 & 0 \\ 0 & 1 & -1 & 0 & 0 & 1 \end{bmatrix} \begin{bmatrix} 1 & 0 & 0 \\ 0 & 1 & 0 \\ 0 & 0 & 1 \\ 1 & -1 & 1 \\ -1 & 1 & 0 \\ 0 & -1 & 1 \end{bmatrix} = \begin{bmatrix} 0 & 0 & 0 \\ 0 & 0 & 0 \\ 0 & 0 & 0 \end{bmatrix}$$

即有

$$\boldsymbol{B}_f \boldsymbol{Q}_f^T = 0 \tag{9-5-1}$$

由矩阵性质可得另一形式为

$$\boldsymbol{Q}_f \boldsymbol{B}_f^T = 0 \tag{9-5-2}$$

此两式反映了在相同编号的网络中，基本割集矩阵 $\boldsymbol{Q}_f$ 与基本回路矩阵 $\boldsymbol{B}_f$ 之间的关系。

对于式（9-5-1）的一般证明可简略描述如下：令 $\boldsymbol{B}_f \boldsymbol{Q}_f^T = \boldsymbol{D}$，则 $\boldsymbol{D}$ 中任一元素为 $d_{jk} = \sum_{i=1}^{b} b_{ji} q_{ki}$，下标 j 表示第 j 条单连支回路，k 表示第 k 个割集，而 $b_{ji} q_{ki}$ 则表示把 $\boldsymbol{B}_f$ 第 j 回路中 i 支路元素与 $\boldsymbol{Q}_f$ 第 k 割集中 i 支路元素相乘。显然，若 i 支路不是同时包含在 j 回路与 k 割集中，则其乘积必为零。而同时包含在 j 回路与 k 割集中的支路条数必为偶数。因为若移去 k 割集的所有支路，则电路分为独立的两部分。若闭合回路跨越两部分电路，显然其连接两部分的支路条数（包含在 k 割集中）必为偶数条。例如对于图 9-5-1 所示的网络，同时包含在割集 1 与回路 1（由支路 4 组成的单连支回路）中的支路为 4 与 1。

对于成对出现在回路和割集中的支路，如果两条支路方向与回路一致，（此时 $\boldsymbol{B}_f$ 对应行中两个元素 b_{ji} 同号），则该两条支路与割集方向必一正一反（此时 $\boldsymbol{Q}_f$ 对应行中两个元素 q_{ki} 异号），则 d_{jk} 的值必为零。反之，若两条支路方向与回路方向一正一反，则相对于割集方向必同号，其乘积 $d_{jk} = \sum_{i=1}^{b} b_{ji} q_{ki}$ 亦为零。可见矩阵 $\boldsymbol{D}$ 中元素均为零，从而可推出式（9-5-1）。

若网络支路编号严格按先树支后连支编排，则式（9-5-1）可写为

$$\boldsymbol{B}_f \boldsymbol{Q}_f^T = [\boldsymbol{B}_t \vdots 1][1 \vdots \boldsymbol{Q}_l]^T = \boldsymbol{B}_t + \boldsymbol{Q}_l^T = 0$$

即有

$$\boldsymbol{B}_t = -\boldsymbol{Q}_l^T \tag{9-5-3}$$

式中，$\boldsymbol{B}_t$ 表示由树支组成的回路矩阵子矩阵；$\boldsymbol{Q}_l$ 表示由连支组成的割集矩阵子矩阵。

对于图 9-5-1 的电路，若设节点 4 为参考节点，写出它的关联矩阵为

$$\boldsymbol{A} = \begin{bmatrix} 1 & 0 & 0 & 1 & -1 & 0 \\ -1 & -1 & 0 & 0 & 0 & 1 \\ 0 & 0 & -1 & -1 & 0 & -1 \end{bmatrix}$$

用 $\boldsymbol{A}$ 左乘 $\boldsymbol{B}_f^T$，得

$$\boldsymbol{A}\boldsymbol{B}_f^T = \begin{bmatrix} 1 & 0 & 0 & 1 & -1 & 0 \\ -1 & -1 & 0 & 0 & 0 & 1 \\ 0 & 0 & -1 & -1 & 0 & -1 \end{bmatrix} \begin{bmatrix} -1 & 1 & 0 \\ 1 & -1 & 1 \\ -1 & 0 & -1 \\ 1 & 0 & 0 \\ 0 & 1 & 0 \\ 0 & 0 & 1 \end{bmatrix} = \begin{bmatrix} 0 & 0 & 0 \\ 0 & 0 & 0 \\ 0 & 0 & 0 \end{bmatrix}$$

即有

$$AB_f^T = 0 \tag{9-5-4}$$

或

$$B_f A^T = 0 \tag{9-5-5}$$

实际上若选择割集只包围一个节点，且割集方向离开节点，则这样组成的割集即为关联矩阵 A，就是说关联矩阵无非是割集矩阵的一种形式。由式（9-5-1）即可知式（9-5-4）成立。

如果支路编号按先树支后连支方式，则关联矩阵可表示为 $A = [A_t \vdots A_l]$，其中 A_t 表示由所有树支元素组成的子矩阵，A_l 表示由连支元素组成的子矩阵。式（9-5-4）可描述为

$$AB_f^T = [A_t \vdots A_l][B_t \vdots 1]^T = A_t B_t^T + A_l = 0$$

上式左乘 A_t^{-1}，可得

$$B_t^T = -A_t^{-1}A_l$$

即有

$$B_t = -A_l^T[A_t^{-1}]^T \tag{9-5-6}$$

据此，基本回路矩阵可写成

$$B_f = [B_t \vdots 1] = [-A_l^T[A_t^{-1}]^T \vdots 1] \tag{9-5-7}$$

从该表达式可见，对于一个支路编号采用先树支后连支方式的电路，其基本回路矩阵 B_f 可通过关联矩阵求得。

同理，由式（9-5-3）及式（9-5-6）可得，$Q_l = A_t^{-1}A_l$，因此基本割集矩阵又可表达为

$$Q_f = [1 \vdots Q_l] = [1 \vdots A_t^{-1} \cdot A_l] \tag{9-5-8}$$

由上式可知，基本割集矩阵可由关联矩阵求得。

当采用计算机辅助计算建立状态方程时，直接写回路矩阵或割集矩阵往往比较困难，而推求关联矩阵却很方便。因此在实际应用时往往由关联矩阵通过式（9-5-7）和式（9-5-8）求得回路矩阵与割集矩阵。

第六节　矩阵形式的节点电压方程

在第二章中已讨论过用节点电压法（又称节点电位法）来求解电路。对于不太复杂的电路，可用手工方法来直观地建立节点电压方程组，然后求出各节点电位和支路电流。本节介绍用系统方法来建立矩阵形式的节点电压方程组。在采用计算机辅助分析求解电路问题（如对大规模集成电路的分析计算）时，这种方法有较大的优越性。

在讨论实际电路问题的时候，首先必须定义一个能代表一般支路结构的典型支路。图 9-6-1 所示为通常采用的不含受控源的一种典型支路结构，它由支路元件（电阻 R_k、电感 L_k 及电容 C_k）、独立电压源 u_{Sk} 和独立电流源 i_{Sk} 所组成，支路电流 i_k、支路电压 u_k 及 u_{Sk} 和 i_{Sk} 的参考方向如图中规定。在实际电路中，如果某条支路不包含独立电压源或独立电流源，则可令对应的 u_{Sk} 或 i_{Sk} 为零。

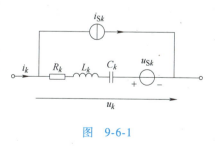

图　9-6-1

对于图 9-6-1 所示的一般性支路，在正弦稳态情况下，可写出其支路电压、电流关系式，有

$$\dot{U}_k = Z_k(\dot{I}_k - \dot{I}_{Sk}) + \dot{U}_{Sk} \tag{9-6-1}$$

则对于包含有 b 条支路的网络，可写出各支路电压、电流关系式为

$$\begin{cases} \dot{U}_1 = Z_1(\dot{I}_1 - \dot{I}_{S1}) + \dot{U}_{S1} \\ \quad\vdots \\ \dot{U}_k = Z_k(\dot{I}_k - \dot{I}_{Sk}) + \dot{U}_{Sk} \\ \quad\vdots \\ \dot{U}_b = Z_b(\dot{I}_b - \dot{I}_{Sb}) + \dot{U}_{Sb} \end{cases} \tag{9-6-2}$$

把上式写为矩阵形式，有

$$\dot{U} = Z(\dot{I} - \dot{I}_S) + \dot{U}_S \tag{9-6-3}$$

式中，$\dot{U}$ 为支路电压列向量矩阵；$\dot{I}$ 为支路电流列向量矩阵；$\dot{I}_S$ 与 $\dot{U}_S$ 为支路中独立电流源与独立电压源列向量矩阵；Z 为支路阻抗矩阵，当电路不包含受控源时，它为一对角矩阵，即有

$$Z = \text{diag}[Z_1, Z_2, \cdots, Z_k, \cdots, Z_b] \tag{9-6-4}$$

对式（9-6-3）两边左乘支路阻抗矩阵的逆矩阵，并解出支路电流列向量为

$$\dot{I} = Y\dot{U} - Y\dot{U}_S + \dot{I}_S \tag{9-6-5}$$

式中，$Y = Z^{-1}$ 称为支路导纳矩阵。当 Z 为对角矩阵时，Y 也为一对角矩阵，且有

$$Y = \text{diag}\left[\frac{1}{Z_1}, \frac{1}{Z_2}, \cdots, \frac{1}{Z_k}, \cdots, \frac{1}{Z_b}\right] \tag{9-6-6}$$

或

$$Y = \text{diag}[Y_1, Y_2, \cdots, Y_k, \cdots, Y_b] \tag{9-6-7}$$

对式（9-6-5）两边左乘关联矩阵 A，考虑到矩阵形式的基尔霍夫电流定律，有

$$A\dot{I} = AY\dot{U} - AY\dot{U}_S + A\dot{I}_S = 0$$

即有

$$AY\dot{U} = AY\dot{U}_S - A\dot{I}_S$$

由支路电压与节点电位之间的关系式 $\dot{U} = A^T\dot{U}_n$，上式可写为

$$AYA^T\dot{U}_n = AY\dot{U}_S - A\dot{I}_S \tag{9-6-8}$$

或

$$Y_n\dot{U}_n = AY\dot{U}_S - A\dot{I}_S \tag{9-6-9}$$

式中，$Y_n = AYA^T$ 称为节点导纳矩阵。

上两式即为矩阵形式的节点电压方程，$\dot{U}_n$ 为待求的节点电位列向量矩阵，式中其余各矩阵元素均可根据求解网络的实际电路结构和参数，对照典型支路所规定的参考方向分别系统地列写出来。解式（9-6-9）矩阵方程，可解得节点电位值 $\dot{U}_n$，进而求出支路电压值 $\dot{U} = A^T\dot{U}_n$，再由式（9-6-5）求出支路电流值 $\dot{I}$。一般在用矩阵形式的节点电压方程解题时，包含以下几个主要步骤：

1）作有向图，标出各支路电压、电流参考方向。

2）对各支路、节点编号。

3）选定参考节点，建立关联矩阵 A。

4）参照一般性支路（典型支路）的结构和方向，分别写出支路导纳矩阵 Y、支路电压源列矩阵 $\dot{U}_S$ 及支路电流源列矩阵 $\dot{I}_S$。

5）根据式（9-6-9）解出节点电位列向量 $\dot{U}_n$。

6）由 $\dot{U} = A^T\dot{U}_n$ 求出支路电压 $\dot{U}$，由式（9-6-5）求出支路电流 $\dot{I}$，并求出支路中流过元件（阻抗 Z）的电流 $\dot{I}_e = \dot{I} - \dot{I}_S$。

例9-6-1 电路如图9-6-2a所示，各支路阻抗值、电压源及电流源均如图。试建立矩阵形式的节点电压方程式。

解：电路的有向图及参考方向见图9-6-2b。选节点④为参考节点，则可写出其关联矩阵 A 为

$$A = \begin{bmatrix} 1 & 1 & 1 & 0 & 0 & 0 \\ 0 & -1 & 0 & 1 & 1 & 0 \\ -1 & 0 & 0 & 0 & -1 & 1 \end{bmatrix}$$

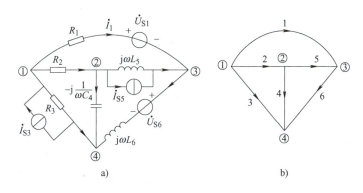

a)   b)

图 9-6-2

电压源向量为

$$\dot{U}_S = [\dot{U}_{S1}, \ 0, \ 0, \ 0, \ 0, \ \dot{U}_{S6}]^T$$

电流源向量为

$$\dot{I}_S = [0, \ 0, \ -\dot{I}_{S3}, \ 0, \ \dot{I}_{S5}, \ 0]^T$$

支路导纳矩阵为

$$Y = \text{diag}\left[\frac{1}{R_1}, \ \frac{1}{R_2}, \ \frac{1}{R_3}, \ j\omega C_4, \ -j\frac{1}{\omega L_5}, \ -j\frac{1}{\omega L_6}\right]$$

然后写出其节点导纳矩阵为

$$Y_n = AYA^T = \begin{bmatrix} 1 & 1 & 1 & 0 & 0 & 0 \\ 0 & -1 & 0 & 1 & 1 & 0 \\ -1 & 0 & 0 & 0 & -1 & 1 \end{bmatrix} \times \begin{bmatrix} \frac{1}{R_1} & & & & & \\ & \frac{1}{R_2} & & & & \\ & & \frac{1}{R_3} & & & \\ & & & j\omega C_4 & & \\ & & & & -j\frac{1}{\omega L_5} & \\ & & & & & -j\frac{1}{\omega L_6} \end{bmatrix} \begin{bmatrix} 1 & 0 & -1 \\ 1 & -1 & 0 \\ 1 & 0 & 0 \\ 0 & 1 & 0 \\ 0 & 1 & -1 \\ 0 & 0 & 1 \end{bmatrix}$$

$$= \begin{bmatrix} \dfrac{1}{R_1}+\dfrac{1}{R_2}+\dfrac{1}{R_3} & -\dfrac{1}{R_2} & -\dfrac{1}{R_1} \\[2mm] -\dfrac{1}{R_2} & \dfrac{1}{R_2}+j\omega C_4-j\dfrac{1}{\omega L_5} & j\dfrac{1}{\omega L_5} \\[2mm] -\dfrac{1}{R_1} & j\dfrac{1}{\omega L_5} & \dfrac{1}{R_1}-j\dfrac{1}{\omega L_5}-j\dfrac{1}{\omega L_6} \end{bmatrix}$$

$$\boldsymbol{A}\boldsymbol{Y}\dot{\boldsymbol{U}}_S = \begin{bmatrix} 1 & 1 & 1 & 0 & 0 & 0 \\ 0 & -1 & 0 & 1 & 1 & 0 \\ -1 & 0 & 0 & 0 & -1 & 1 \end{bmatrix} \times \begin{bmatrix} \dfrac{1}{R_1} \\ & \dfrac{1}{R_2} \\ & & \dfrac{1}{R_3} \\ & & & j\omega C_4 \\ & & & & -j\dfrac{1}{\omega L_5} \\ & & & & & -j\dfrac{1}{\omega L_6} \end{bmatrix} \begin{bmatrix} \dot{U}_{S1} \\ 0 \\ 0 \\ 0 \\ 0 \\ \dot{U}_{S6} \end{bmatrix} = \begin{bmatrix} \dfrac{\dot{U}_{S1}}{R_1} \\ 0 \\ -\dfrac{\dot{U}_{S1}}{R_1}-j\dfrac{\dot{U}_{S6}}{\omega L_6} \end{bmatrix}$$

$$\boldsymbol{A}\dot{\boldsymbol{I}}_S = \begin{bmatrix} 1 & 1 & 1 & 0 & 0 & 0 \\ 0 & -1 & 0 & 1 & 1 & 0 \\ -1 & 0 & 0 & 0 & -1 & 1 \end{bmatrix} \begin{bmatrix} 0 \\ 0 \\ -\dot{I}_{S3} \\ \dot{I}_{S5} \\ \dot{I}_{S5} \\ 0 \end{bmatrix} = \begin{bmatrix} -\dot{I}_{S3} \\ \dot{I}_{S5} \\ -\dot{I}_{S5} \end{bmatrix}$$

最后可得矩阵形式的节点电压方程式为

$$\begin{bmatrix} \dfrac{1}{R_1}+\dfrac{1}{R_2}+\dfrac{1}{R_3} & -\dfrac{1}{R_2} & -\dfrac{1}{R_1} \\[2mm] -\dfrac{1}{R_2} & \dfrac{1}{R_2}+j\omega C_4-j\dfrac{1}{\omega L_5} & j\dfrac{1}{\omega L_5} \\[2mm] -\dfrac{1}{R_1} & j\dfrac{1}{\omega L_5} & \dfrac{1}{R_1}-j\dfrac{1}{\omega L_5}-j\dfrac{1}{\omega L_6} \end{bmatrix} \begin{bmatrix} \dot{U}_{①} \\ \dot{U}_{②} \\ \dot{U}_{③} \end{bmatrix} = \begin{bmatrix} \dfrac{\dot{U}_{S1}}{R_1} \\ 0 \\ -\dfrac{\dot{U}_{S1}}{R_1}-j\dfrac{\dot{U}_{S6}}{\omega L_6} \end{bmatrix} - \begin{bmatrix} -\dot{I}_{S3} \\ \dot{I}_{S5} \\ -\dot{I}_{S5} \end{bmatrix}$$

由上式可看出，用系统方法建立的节点电压方程式与第二章中用观察法直接列写的结果是完全相同的。虽然在简单电路的解题中并未体现其特点，但对于大型网络，则可由计算机自动生成方程组。上面的过程可由计算机完成。

上面讨论的例子中未包含受控源，如果考虑受控源情况，则矩阵方程的形式要复杂得多。由于受控源有四种形式，且在电路中控制变量可以是支路电压、电流，也可以是元件电压、电流（见上面讨论的典型支路），因此想写出一个包含所有情况的一般性方程形式就会变得很复杂。下面仅分别讨论包含元件电流控制的电压源与元件电压控制的电流源两种情况。

在一般支路中，若包含有元件电流控制的电压源，则一般支路形式如图 9-6-3 所示。图中 $\dot{I}_{ej}$ 为第 j 条支路中流过元件 Z_j 的电流，$\dot{I}_{ej}=\dot{I}_j-\dot{I}_{Sj}$，$r_{kj}$ 为控制系数。若设一个有 b 条支路的电网络，其中第 k 支路中有一个受 j 支路元件电流控制的电压源，其方向如图 9-6-3 所示，则 k 支路电压方程为

$$\dot{U}_k = Z_k(\dot{I}_k - \dot{I}_{Sk}) + r_{kj}\dot{I}_{ej} + \dot{U}_{Sk} \qquad (9\text{-}6\text{-}10)$$

而其余支路电压方程完全与式（9-6-2）相同。写出该电路的各支路电压方程式组，并用矩阵形式表示为

$$
\begin{bmatrix} \dot{U}_1 \\ \vdots \\ \dot{U}_j \\ \vdots \\ \dot{U}_k \\ \vdots \\ \dot{U}_b \end{bmatrix} =
\begin{bmatrix} Z_1 & & & & & \\ & \ddots & & & & \\ & & Z_j & & & \\ & & & \ddots & & \\ & r_{kj} & \cdots & Z_k & & \\ & & & & \ddots & \\ & & & & & Z_b \end{bmatrix}
\begin{bmatrix} \dot{I}_1 - \dot{I}_{S1} \\ \vdots \\ \dot{I}_j - \dot{I}_{Sj} \\ \vdots \\ \dot{I}_k - \dot{I}_{Sk} \\ \vdots \\ \dot{I}_b - \dot{I}_{Sb} \end{bmatrix} +
\begin{bmatrix} \dot{U}_{S1} \\ \vdots \\ \dot{U}_{Sj} \\ \vdots \\ \dot{U}_{Sk} \\ \vdots \\ \dot{U}_{Sb} \end{bmatrix} \qquad (9\text{-}6\text{-}11)
$$

或记为

$$\dot{\boldsymbol{U}} = \boldsymbol{Z}(\dot{\boldsymbol{I}} - \dot{\boldsymbol{I}}_S) + \dot{\boldsymbol{U}}_S \qquad (9\text{-}6\text{-}12)$$

上式与不包含受控源时的形式完全相同，其差别在于支路阻抗矩阵 $\boldsymbol{Z}$。对于包含有元件电流控制的电压源情况，其支路阻抗矩阵 $\boldsymbol{Z}$ 中第 k 行（受控电压源支路号）第 j 列（控制电流支路号）位置出现一个受控源控制系数 r_{kj}。此时支路阻抗矩阵 $\boldsymbol{Z}$ 不再为对角矩阵，但其矩阵方程表达式却与不含受控源完全相同，因此其求解过程也与上面介绍的完全一致。由此可见，对于包含元件电流控制电压源情况，在列写矩阵形式节点电压方程时，只需把受控源控制系数写入支路阻抗矩阵的对应位置，其余步骤与不含受控源完全相同。

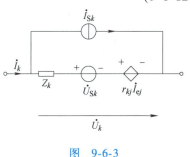

图 9-6-3

例 9-6-2 电路如图9-6-4所示，各元件参数及电源情况标于图上，支路 1 与 2 之间存在互感，设 $\omega L_1 = \omega L_2 = R_3 = R_4 = R_5 = 10\Omega$，$R_6 = 10\Omega$，$\omega M = 5\Omega$，$\dot{U}_{S3} = 10\underline{/0°}\text{V}$，试建立矩阵形式的节点电压方程。

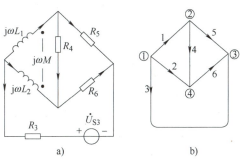

图 9-6-4

解： 互感现象可看成是某一支路控制电流在另一支路中产生的受控电压源，其控制系数即为互感值 $\text{j}\omega M$。画出电路的有向图，如图9-6-4b 所示，节点及支路编号如图所示，选节点④为参考节点，可写出其关联矩阵为

$$
\boldsymbol{A} = \begin{bmatrix} 1 & 1 & 1 & 0 & 0 & 0 \\ -1 & 0 & 0 & 1 & 1 & 0 \\ 0 & 0 & -1 & 0 & -1 & -1 \end{bmatrix}
$$

把互感电压作为元件电流控制电压源，控制系数为 $j\omega M$，参照典型支路图 9-6-3，可写出支路阻抗矩阵为

$$Z = \begin{bmatrix} j\omega L_1 & j\omega M & 0 & 0 & 0 & 0 \\ j\omega M & j\omega L_2 & 0 & 0 & 0 & 0 \\ 0 & 0 & R_3 & 0 & 0 & 0 \\ 0 & 0 & 0 & R_4 & 0 & 0 \\ 0 & 0 & 0 & 0 & R_5 & 0 \\ 0 & 0 & 0 & 0 & 0 & R_6 \end{bmatrix} = \begin{bmatrix} j10 & j5 & 0 & 0 & 0 & 0 \\ j5 & j10 & 0 & 0 & 0 & 0 \\ 0 & 0 & 10 & 0 & 0 & 0 \\ 0 & 0 & 0 & 10 & 0 & 0 \\ 0 & 0 & 0 & 0 & 10 & 0 \\ 0 & 0 & 0 & 0 & 0 & 10 \end{bmatrix}$$

支路导纳矩阵为

$$Y = Z^{-1} = \begin{bmatrix} -j\dfrac{2}{15} & j\dfrac{1}{15} & 0 & 0 & 0 & 0 \\ j\dfrac{1}{15} & -j\dfrac{2}{15} & 0 & 0 & 0 & 0 \\ 0 & 0 & 0.1 & 0 & 0 & 0 \\ 0 & 0 & 0 & 0.1 & 0 & 0 \\ 0 & 0 & 0 & 0 & 0.1 & 0 \\ 0 & 0 & 0 & 0 & 0 & 0.1 \end{bmatrix}$$

$$\dot{U}_S = [0, \ 0, \ \dot{U}_{S3}, \ 0, \ 0, \ 0]^T$$

$$\dot{I}_S = [0, \ 0, \ 0, \ 0, \ 0, \ 0]^T$$

$$AY = \begin{bmatrix} 1 & 1 & 1 & 0 & 0 & 0 \\ -1 & 0 & 0 & 1 & 1 & 0 \\ 0 & 0 & -1 & 0 & -1 & -1 \end{bmatrix} \begin{bmatrix} -j\dfrac{2}{15} & j\dfrac{1}{15} & & & & \\ j\dfrac{1}{15} & -j\dfrac{2}{15} & & & & \\ & & 0.1 & & & \\ & & & 0.1 & & \\ & & & & 0.1 & \\ & & & & & 0.1 \end{bmatrix}$$

$$= \begin{bmatrix} -j\dfrac{1}{15} & -j\dfrac{1}{15} & 0.1 & 0 & 0 & 0 \\ j\dfrac{2}{15} & -j\dfrac{1}{15} & 0 & 0.1 & 0.1 & 0 \\ 0 & 0 & -0.1 & 0 & -0.1 & -0.1 \end{bmatrix}$$

$$AYA^T = \begin{bmatrix} 0.1 - j\dfrac{2}{15} & j\dfrac{1}{15} & -0.1 \\ j\dfrac{1}{15} & 0.2 - j\dfrac{2}{15} & -0.1 \\ -0.1 & -0.1 & 0.3 \end{bmatrix}$$

$$AY\dot{U}_S - A\dot{I}_S = \begin{bmatrix} 1 \\ 0 \\ -1 \end{bmatrix}$$

最后可得矩阵方程为

$$\begin{bmatrix} 0.1 - \mathrm{j}\dfrac{2}{15} & \mathrm{j}\dfrac{1}{15} & -0.1 \\[2mm] \mathrm{j}\dfrac{1}{15} & 0.2 - \mathrm{j}\dfrac{2}{15} & -0.1 \\[2mm] -0.1 & -0.1 & 0.3 \end{bmatrix} \begin{bmatrix} \dot{U}_① \\[2mm] \dot{U}_② \\[2mm] \dot{U}_③ \end{bmatrix} = \begin{bmatrix} 1 \\[2mm] 0 \\[2mm] -1 \end{bmatrix}$$

如果网络中包含有元件电压控制的电流源，其一般支路形式如图 9-6-5 所示。对于这种形式的电路，可直接列写出支路电流表达式为

$$\dot{I}_k = Y_k(\dot{U}_k - \dot{U}_{Sk}) + g_{kj}(\dot{U}_j - \dot{U}_{Sj}) + \dot{I}_{Sk} \tag{9-6-13}$$

式中，g_{kj} 表示由 j 支路中元件电压 $\dot{U}_{ej}(=\dot{U}_j - \dot{U}_{Sj})$ 控制 k 支路中电流源的受控源控制系数。与上面分析受控源情况相同，若 b 条支路中 k 支路有一受支路 j 元件电压控制的电流源，则可写出各支路电流方程式，并用矩阵形式表示为

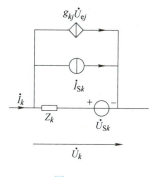

图 9-6-5

$$\begin{bmatrix} \dot{I}_1 \\ \vdots \\ \dot{I}_j \\ \vdots \\ \dot{I}_k \\ \vdots \\ \dot{I}_b \end{bmatrix} = \begin{bmatrix} Y_1 & & & & & \\ & \ddots & & & & \\ & & Y_j & & & \\ & & \vdots & \ddots & & \\ & & g_{kj} & \cdots & Y_k & \\ & & & & & \ddots \\ & & & & & & Y_b \end{bmatrix} \begin{bmatrix} \dot{U}_1 - \dot{U}_{S1} \\ \vdots \\ \dot{U}_j - \dot{U}_{Sj} \\ \vdots \\ \dot{U}_k - \dot{U}_{Sk} \\ \vdots \\ \dot{U}_b - \dot{U}_{Sb} \end{bmatrix} + \begin{bmatrix} \dot{I}_{S1} \\ \vdots \\ \dot{I}_{Sj} \\ \vdots \\ \dot{I}_{Sk} \\ \vdots \\ \dot{I}_{Sb} \end{bmatrix} \tag{9-6-14}$$

或写成

$$\dot{I} = Y(\dot{U} - \dot{U}_S) + \dot{I}_S \tag{9-6-15}$$

可见对于元件电压控制的电流源情况，可直接列写支路导纳矩阵，把相应的受控源控制系数写入到 Y 的对应位置。其余的计算方法与不包含受控源情况完全相同。

第七节 矩阵形式的回路电流方程

建立矩阵形式的回路电流方程组，其推导过程与第六节节点电压法相类似。首先定义一个一般性支路（典型支路）如图 9-6-1 所示，然后写出每一支路的电压、电流关系式，并用矩阵形式表示为

$$\dot{U} = Z\dot{I} - Z\dot{I}_S + \dot{U}_S \tag{9-7-1}$$

当网络不包含受控源时，Z 为一对角矩阵。

把式 (9-7-1) 两边左乘回路矩阵 B_f，并考虑到式 (9-3-5) 与式 (9-3-8)，可得

$$B_f\dot{U} = B_f Z B_f^{\mathrm{T}}\dot{I}_1 - B_f Z\dot{I}_S + B_f\dot{U}_S = 0$$

即有

$$B_f Z B_f^{\mathrm{T}}\dot{I}_1 = B_f Z\dot{I}_S - B_f\dot{U}_S \tag{9-7-2}$$

或

$$Z_1 \dot{I}_1 = B_f Z \dot{I}_S - B_f \dot{U}_S \tag{9-7-3}$$

式中，$Z_1 = B_f Z B_f^T$ 称为回路阻抗矩阵；$\dot{I}_1$ 为回路电流列向量。式（9-7-2）与式（9-7-3）即为矩阵形式的回路电流方程。式中各量 $\dot{U}_S$、$\dot{I}_S$、Z 及 B_f 可由实际电路及有向图，参考典型支路方向而系统地列写出来。由该矩阵形式的回路电流方程组可解出回路电流值 $\dot{I}_1$，然后求出各支路电流 $\dot{I} = B_f^T \dot{I}_1$，再由式（9-7-1）求出各支路电压 $\dot{U}$。

例 9-7-1 电路及其有向图如图9-7-1所示，取支路1、2、3为树支，试建立矩阵形式的回路电流方程。

解：选择单连支回路作为基本回路，则可写出基本回路矩阵为

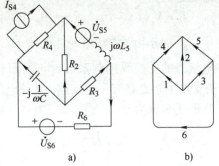

图 9-7-1

$$B_f = \begin{bmatrix} 1 & -1 & 0 & 1 & 0 & 0 \\ 0 & -1 & 1 & 0 & 1 & 0 \\ -1 & 0 & 1 & 0 & 0 & 1 \end{bmatrix}$$

支路阻抗矩阵为

$$Z = \mathrm{diag}\left[-j\frac{1}{\omega C}, \ R_2, \ R_3, \ R_4, \ j\omega L_5, \ R_6 \right]$$

电压源及电流源列向量为

$$\dot{U}_S = \begin{bmatrix} 0 & 0 & 0 & 0 & -\dot{U}_{S5} & -\dot{U}_{S6} \end{bmatrix}^T$$

$$\dot{I}_S = \begin{bmatrix} 0 & 0 & 0 & \dot{I}_{S4} & 0 & 0 \end{bmatrix}^T$$

$$B_f Z = \begin{bmatrix} -j\dfrac{1}{\omega C} & -R_2 & 0 & R_4 & 0 & 0 \\[2mm] 0 & -R_2 & R_3 & 0 & j\omega L_5 & 0 \\[2mm] j\dfrac{1}{\omega C} & 0 & R_3 & 0 & 0 & R_6 \end{bmatrix}$$

回路阻抗矩阵为

$$Z_1 = B_f Z B_f^T = \begin{bmatrix} -j\dfrac{1}{\omega C} + R_2 + R_4 & R_2 & j\dfrac{1}{\omega C} \\[3mm] R_2 & R_2 + R_3 + j\omega L_5 & R_3 \\[3mm] j\dfrac{1}{\omega C} & R_3 & R_3 + R_6 - j\dfrac{1}{\omega C} \end{bmatrix}$$

$$B_f Z \dot{I}_S - B_f \dot{U}_S = \begin{bmatrix} R_4 \dot{I}_{S4} \\[2mm] \dot{U}_{S5} \\[2mm] \dot{U}_{S6} \end{bmatrix}$$

最后可得矩阵形式的回路方程为

$$\begin{bmatrix} -j\dfrac{1}{\omega C} + R_2 + R_4 & R_2 & j\dfrac{1}{\omega C} \\[3mm] R_2 & R_2 + R_3 + j\omega L_5 & R_3 \\[3mm] j\dfrac{1}{\omega C} & R_3 & R_3 + R_6 - j\dfrac{1}{\omega C} \end{bmatrix} \begin{bmatrix} \dot{I}_{l1} \\[2mm] \dot{I}_{l2} \\[2mm] \dot{I}_{l3} \end{bmatrix} = \begin{bmatrix} R_4 \dot{I}_{S4} \\[2mm] \dot{U}_{S5} \\[2mm] \dot{U}_{S6} \end{bmatrix}$$

对于具有受控源的电路，如元件电压控制电流源或元件电流控制电压源，其处理方法和节点电压法相同，受控源情况可在列写支路阻抗矩阵 $\boldsymbol{Z}$ 或支路导纳矩阵 $\boldsymbol{Y}$ 中加以考虑。由于在采用回路电流法时需要预先选择一组独立回路，因此在实际应用中不如节点法方便。

第八节　矩阵形式的割集电压方程

矩阵形式的割集电压方程式及推导过程与节点方程相同，当选取网络的典型支路与节点法相同时（图9-6-1所示），可写出各支路电流表达式的矩阵形式为

$$\dot{\boldsymbol{I}} = \boldsymbol{Y}(\dot{\boldsymbol{U}} - \dot{\boldsymbol{U}}_\mathrm{S}) + \dot{\boldsymbol{I}}_\mathrm{S}$$

上式两边左乘基本割集矩阵 $\boldsymbol{Q}_\mathrm{f}$，并考虑到式（9-4-4）与式（9-4-5），可得

$$\boldsymbol{Q}_\mathrm{f}\dot{\boldsymbol{I}} = \boldsymbol{Q}_\mathrm{f}\boldsymbol{Y}\boldsymbol{Q}_\mathrm{f}^\mathrm{T}\dot{\boldsymbol{U}}_\mathrm{cs} - \boldsymbol{Q}_\mathrm{f}\boldsymbol{Y}\dot{\boldsymbol{U}}_\mathrm{S} + \boldsymbol{Q}_\mathrm{f}\dot{\boldsymbol{I}}_\mathrm{S} = 0$$

即有

$$\boldsymbol{Q}_\mathrm{f}\boldsymbol{Y}\boldsymbol{Q}_\mathrm{f}^\mathrm{T}\dot{\boldsymbol{U}}_\mathrm{cs} = \boldsymbol{Q}_\mathrm{f}\boldsymbol{Y}\dot{\boldsymbol{U}}_\mathrm{S} - \boldsymbol{Q}_\mathrm{f}\dot{\boldsymbol{I}}_\mathrm{S} \tag{9-8-1}$$

或

$$\boldsymbol{Y}_\mathrm{q}\dot{\boldsymbol{U}}_\mathrm{cs} = \boldsymbol{Q}_\mathrm{f}\boldsymbol{Y}\dot{\boldsymbol{U}}_\mathrm{S} - \boldsymbol{Q}_\mathrm{f}\dot{\boldsymbol{I}}_\mathrm{S} \tag{9-8-2}$$

上式即为矩阵形式的割集电压方程，其中 $\boldsymbol{Y}_\mathrm{q} = \boldsymbol{Q}_\mathrm{f}\boldsymbol{Y}\boldsymbol{Q}_\mathrm{f}^\mathrm{T}$ 称为割集导纳矩阵，$\boldsymbol{U}_\mathrm{cs}$ 为割集电压列向量，当选择单树支割集时，它也为树支电压列向量，即有 $\dot{\boldsymbol{U}}_\mathrm{cs} = \dot{\boldsymbol{U}}_\mathrm{t}$。由上面矩阵方程可求出割集电压 $\dot{\boldsymbol{U}}_\mathrm{cs}$，然后可求出各支路电压向量、电流列向量及元件电流列向量为

$$\dot{\boldsymbol{U}} = \boldsymbol{Q}_\mathrm{f}^\mathrm{T}\dot{\boldsymbol{U}}_\mathrm{cs}$$
$$\dot{\boldsymbol{I}} = \boldsymbol{Y}\dot{\boldsymbol{U}} - \boldsymbol{Y}\dot{\boldsymbol{U}}_\mathrm{S} + \dot{\boldsymbol{I}}_\mathrm{S}$$
$$\dot{\boldsymbol{I}}_\mathrm{e} = \dot{\boldsymbol{I}} - \dot{\boldsymbol{I}}_\mathrm{S}$$

当电路中包含受控源时，处理情况与前面介绍的相同，这里不再作介绍。

例 9-8-1　电路如图9-8-1所示，电流源角频率为 ω，试建立矩阵形式的割集电压方程。

解： 作有向图如图9-8-1b所示，选取支路1、2、3为树。单树支割集的基本割集矩阵为

$$\boldsymbol{Q}_\mathrm{f} = \begin{bmatrix} 1 & 0 & 0 & -1 & -1 \\ 0 & 1 & 0 & -1 & -1 \\ 0 & 0 & 1 & 0 & 1 \end{bmatrix}$$

由于电路中不包含受控源，因此支路导纳矩阵为一对角矩阵

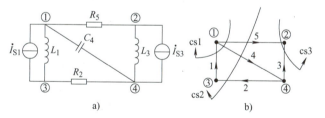

图　9-8-1

$$\boldsymbol{Y} = \mathrm{diag}\left[\frac{1}{\mathrm{j}\omega L_1},\ \frac{1}{R_2},\ \frac{1}{\mathrm{j}\omega L_3},\ \mathrm{j}\omega C_4,\ \frac{1}{R_5} \right]$$

支路电压源列向量为零，支路电流源列向量为

$$\dot{\boldsymbol{I}}_\mathrm{S} = \begin{bmatrix} \dot{I}_\mathrm{S1},\ 0,\ \dot{I}_\mathrm{S3},\ 0,\ 0 \end{bmatrix}^\mathrm{T}$$

割集电压即为树支电压，有

$$\dot{\boldsymbol{U}}_\mathrm{cs} = \begin{bmatrix} \dot{U}_\mathrm{cs1} \\ \dot{U}_\mathrm{cs2} \\ \dot{U}_\mathrm{cs3} \end{bmatrix} = \begin{bmatrix} \dot{U}_1 \\ \dot{U}_2 \\ \dot{U}_3 \end{bmatrix} = \begin{bmatrix} \dot{U}_\mathrm{t} \end{bmatrix}$$

割集导纳矩阵为

$$Y_q = Q_f Y Q_f^T = \begin{bmatrix} \dfrac{1}{j\omega C} + j\omega C_4 + \dfrac{1}{R_5} & j\omega C_4 + \dfrac{1}{R_5} & -\dfrac{1}{R_5} \\[3mm] j\omega C_4 + \dfrac{1}{R_5} & \dfrac{1}{R_2} + \dfrac{1}{R_5} + j\omega C_4 & -\dfrac{1}{R_5} \\[3mm] -\dfrac{1}{R_5} & -\dfrac{1}{R_5} & \dfrac{1}{R_5} + \dfrac{1}{j\omega L_3} \end{bmatrix}$$

$$Q_f \dot{I}_S = \begin{bmatrix} \dot{I}_{S1} \\ 0 \\ \dot{I}_{S3} \end{bmatrix}$$

代入式（9-8-2），可得矩阵形式割集电压方程为

$$Y_q \dot{U}_t = -Q_f \dot{I}_S$$

第九节 列表法（2b 法）

前面介绍的节点法和回路法建立矩阵方程，所需建立的方程个数比较少，采用计算机辅助分析时计算工作量也较少，但对于电路中受控源的处理比较麻烦，而且对于含多端元件的电路不适用。如果不在乎方程个数，只考虑使得方程简单易于建立，则可以用支路电压和支路电流同时作为变量（共为 $2b$ 个变量），对电路建立节点电流方程、回路电压方程和支路电压、电流关系式（共为 $2b$ 个方程），直接解出各支路电压和电流。这种方法又称为 $2b$ 法。

假设电网络有 n 个节点，b 条支路，下面来考虑如何建立 $2b$ 个独立方程。由矩阵形式的 KCL

$$[A][\dot{I}] = [0] \tag{9-9-1}$$

可得 $n_t - 1$ 个方程，式中 $[A]$ 为关联矩阵，$[\dot{I}]$ 为支路电流列向量，由矩阵形式的 KVL

$$[B_f][\dot{U}] = [0] \tag{9-9-2}$$

可得 $b - n_t + 1$ 个方程，式中 B_f 为基本回路矩阵（单连支回路矩阵），$[\dot{U}]$ 为支路电压列向量。这样一共可得 b 个方程。

另外 b 个方程可通过对 b 条支路列写电压、电流关系而得到。列表法在列方程时，为使得支路方程易于建立，通常以一个二端元件作为一条支路，受控源被控边作为一条支路，而控制变量用原来的电压、电流所在的元件作为支路，互感、理想变压器、回转器等二端口元件作为两条支路。根据支路情况分别写出方程。

b 条支路电压和电流关系式可写成矩阵形式，为

$$\begin{bmatrix} K_{11} \cdots K_{1b} \\ \vdots \\ K_{b1} \cdots K_{bb} \end{bmatrix} \begin{bmatrix} \dot{I}_1 \\ \vdots \\ \dot{I}_b \end{bmatrix} + \begin{bmatrix} F_{11} \cdots F_{1b} \\ \vdots \\ F_{b1} \cdots F_{bb} \end{bmatrix} \begin{bmatrix} \dot{U}_1 \\ \vdots \\ \dot{U}_b \end{bmatrix} = \begin{bmatrix} \dot{V}_1 \\ \vdots \\ \dot{V}_b \end{bmatrix} \tag{9-9-3}$$

式中，K_{ij} 和 F_{ij} 为支路电压和电流关系方程系数；$\dot{V}_i$ 为支路中电压或电流源；K_{ij}、F_{ij} 和 V_i 由支路情况决定。

下面对不同支路情况进行说明。

对于第 i 条电阻支路，支路方程为 $\dot{U}_i - R_i \dot{I}_i = 0$，易知 $[K]$、$[F]$ 矩阵中第 i 行只有对角元素，$K_{ii} = -R_i$，$F_{ii} = 1$，而 $V_i = 0$。同理可知，对于电容和电感支路也可以填写出 $[K]$、$[F]$、$[\dot{V}]$ 的对应元素。

独立电压源方程为 $\dot{U} = \dot{U}_S$，因此 $[F]$ 中对应行对角元素为1，$[K]$ 中对角元素为0，$\dot{V}$ 中对应行元素为 $\dot{U}_S$，独立电流源也可依此类推。

如果支路为一个电流控制电压源，设方程为 $\dot{U}_i = r_{ij}\dot{I}_j$，则此时应在 $[F]$ 矩阵的 i 行对角元素填入1，在 $[K]$ 矩阵的 i 行 j 列填入 $-r_{ij}$，$[\dot{V}]$ 中 i 行为0。其余受控源情况可依此类推。

对于互感支路，方程为 $\dot{U}_i - j\omega L_i\dot{I}_i - j\omega M\dot{I}_j = 0$ 和 $\dot{U}_j - j\omega M\dot{I}_i - j\omega L_j\dot{I}_j = 0$，因此 $[F]$ 中 i、j 行对角元素均为1，非对角元素为零。$[K]$ 中 i、j 行对角元素分别为 $-j\omega L_i$ 和 $-j\omega L_j$，同时在 i 行 j 列和 j 行 i 列中分别填入 $-j\omega M$。

由上面可以看出，在列表法计算时，根据不同支路在 $[K]$、$[F]$ 和 $[\dot{V}]$ 矩阵中填入相应元素，因此被称为列表法。

将式（9-9-1）、式（9-9-2）和式（9-9-3）合并为一个统一的矩阵方程，得

$$\begin{bmatrix} A & 0 \\ 0 & B_f \\ K & F \end{bmatrix} \begin{bmatrix} \dot{I} \\ \dot{U} \end{bmatrix} = \begin{bmatrix} 0 \\ 0 \\ \dot{V} \end{bmatrix} \tag{9-9-4}$$

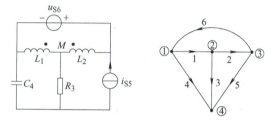

图 9-9-1

例 9-9-1 电路如图9-9-1所示，采用列表法计算，试建立 $[F]$、$[K]$ 矩阵和 $[\dot{V}]$ 列向量。

解： 给原电路图节点和支路分别编号，支路选取原则为每一元件作为一条支路。关联矩阵 A 和基本回路矩阵 B_f 前面已有详细介绍。这里要指出的是，对于平面网络，回路方程的建立可以选取平面网孔，这样可以免去选择树的工作，使回路方程建立较简单。由 $[A][\dot{I}] = [0]$ 和 $[B_f][\dot{U}] = [0]$ 可得到 b 个独立方程。

根据列表法中 $[F]$、$[K]$ 和 $[\dot{V}]$ 的元素建立方式，对照图 9-9-1 中支路状况，可写出各矩阵为

$$[F] = \begin{bmatrix} 1 & 0 & \cdots & & & 0 \\ 0 & 1 & & & & \\ & & 1 & & & \vdots \\ \vdots & & & 1 & & \\ & & & & 0 & 0 \\ 0 & & \cdots & & 0 & 1 \end{bmatrix}$$

$$[K] = \begin{bmatrix} -j\omega L_1 & j\omega M & & & & \\ j\omega M & -j\omega L_2 & & & & \\ & & -R_3 & & & \\ & & & j\dfrac{1}{\omega C_4} & & \\ & & & & 1 & \\ & & & & & 0 \end{bmatrix}$$

$$[\dot{V}] = \begin{bmatrix} 0 \\ 0 \\ 0 \\ 0 \\ \dot{I}_{S5} \\ \dot{U}_{S6} \end{bmatrix}$$

"奉献祖国"是责任和使命

　　第九章介绍了网络矩阵方程，用矩阵方法来列写电路方程，使计算过程系统化，为应用计算机辅助设计分析奠定基础。计算机辅助分析软件，可以优化设计方案，缩短设计周期，减少设计成本。

　　1957 年，韩祯祥去莫斯科动力学院电力系学习，并在 1961 年获副博士学位。1980 年，韩祯祥到美国伦斯勒理工学院和能源部邦涅维尔电力局做访问学者。在那个时候，一贯注重理论与实践相结合的他认为，对于工科的学者来说，光学习理论知识是远远不够的，动手实践能力特别重要，在邦涅维尔电力局访问期间，参与了相关软件编写工作。由于工作完成得非常出色，邦涅维尔电力局把他参与编写的那套软件，再加上其他几套颇具实用价值的软件一起赠送给他。正是这些分析软件，对我国电力系统的研究与建设起到了巨大推动作用。韩祯祥说："是祖国派我们出国学习世界上最先进的科学技术，回到中国尽快参加祖国建设就是我唯一的愿望"。"祖国需要我们建设，哪里需要我们，就到哪里去，我们的思想就是这样的"。"奉献祖国"是他时刻牢记在心的责任和使命。韩祯祥一生都秉持着此般报国热忱，长期致力于电力系统及其自动化学科的前沿研究，用心培养技术人才，践行初心和使命。

　　1984～1988 年间，韩祯祥任浙江大学校长，积极推行教育教学改革。在此期间，浙江大学竺可桢学院——原浙江大学（工科）混合班创办，以"起点高、内容新、能力强、着重培养创造欲"为指导思想，贯彻因材施教原则，培养基础厚实、思路开阔、有创新能力的德智体全面发展的工科人才。作为学校针对优秀本科生实施"特别培养"和"精英培养"的荣誉学院，浙江大学竺可桢学院已经成为浙江大学教学改革的"试验田"、追求卓越教育的优质平台和特殊培养的重要基地，培养出了一批又一批战略性科学家、创新性工程科技人才、高科技创业人才及各界领袖人物。1999 年韩祯祥当选为中国科学院院士。

　　一腔报国志，满怀求是情！韩祯祥院士将一生献给祖国，致力学科前沿研究，助力创新人才培养！致敬韩祯祥院士！

参考摘选自：《韩祯祥：求是人的报国情》

习 题 九

9-1　写出题图9-1所示有向图的关联矩阵 A_a 及降价关联矩阵 A（节点④为参考节点）。

9-2　对于题图9-1所示的有向图，若选择支路 1、2、3 为树，试写出基本回路矩阵 B_f。

9-3　试求题图9-1所示的网孔回路矩阵 B_m（规定网孔回路均为顺时针方向）。

9-4　对于题图9-1所示的有向图，若选择支路 1、2、3 为树，试写出基本割集矩阵 Q_f。

9-5　对于某个有向图，若在列写关联矩阵 A 与基本回路矩阵 B_f 时，各支路编号及方向完全相同，试证明 $AB_f^T = 0$。

9-6　对于题图9-2所示的有向图，若选择支路 1、2、3 为树，写出基本回路矩阵 B_f 和基本割集矩阵 Q_f，并证明 $Q_l = -B_t^T$。

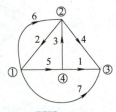

题图 9-1

9-7 已知基本回路矩阵 $\boldsymbol{B}_f$，试求基本割集矩阵 $\boldsymbol{Q}_f$。

$$\boldsymbol{B}_f = \begin{bmatrix} 1 & 1 & 1 & 1 & 0 & 0 \\ 1 & 1 & 0 & 0 & 1 & 0 \\ 0 & 1 & 1 & 0 & 0 & 1 \end{bmatrix} = [\,\boldsymbol{B}_t \;\vdots\; \boldsymbol{1}\,]$$

9-8 电路及有向图如题图9-3所示，试用系统步骤建立矩阵形式的节点电压方程（节点④为参考点）。

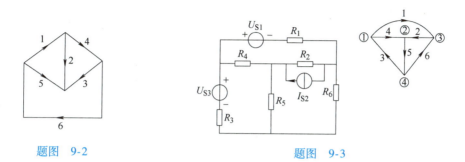

题图 9-2   题图 9-3

9-9 上题中选支路4、5、6为树，试用系统步骤建立矩阵形式的回路电流方程式（选取单连支回路作为独立回路）。

9-10 电路如题图9-4所示，激励源角频率为 ω，试写出支路导纳矩阵 $\boldsymbol{Y}$，节点导纳矩阵 $\boldsymbol{Y}_n$ 及矩阵形式的节点电压方程。

9-11 设题图9-5电路中，电源角频率为 ω，互感 $M=0$，试列出节点电压方程。

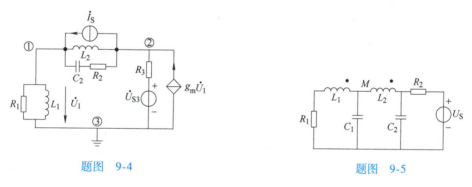

题图 9-4   题图 9-5

9-12 设上题中互感不为零，试列出节点电压方程。

9-13 电路如题图9-6所示，选电感和电容支路为树支，试建立支路阻抗矩阵，回路阻抗矩阵和矩阵形式的回路电流方程。

9-14 电路如题图9-7所示，激励源角频率为 ω，若选择三个电感支路为树，试写出支路阻抗矩阵 $\boldsymbol{Z}$、回路阻抗矩阵 $\boldsymbol{Z}_1$、矩阵形式的回路电流方程。

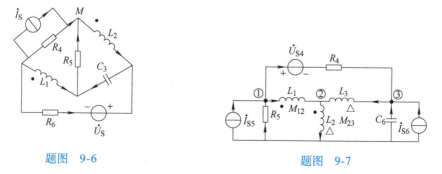

题图 9-6   题图 9-7

9-15 试求题图9-3所示电路的网孔电流方程（所有回路为顺时针方向）。

9-16 电路如题图9-3所示，选1、2、3支路为树支，试列出矩阵形式的单树支割集电压方程。

9-17 某网络除独立源外，还包含若干元件电流控制电流源，典型支路可选取如题图9-8所示，其中 $\dot{I}_{ej}$ 为支路 j 的元件电流，试将支路电流相量 $\dot{I}$ 用支路电压相量 $\dot{U}$ 来表示，并说明支路导纳矩阵 Y 的变化。

9-18 电路及有向图如题图9-9所示，试写出用列表法解题的矩阵方程。

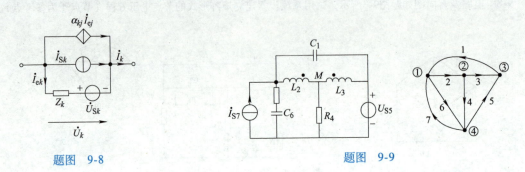

题图 9-8   题图 9-9

第十章

分布参数电路

Z 知识图谱：

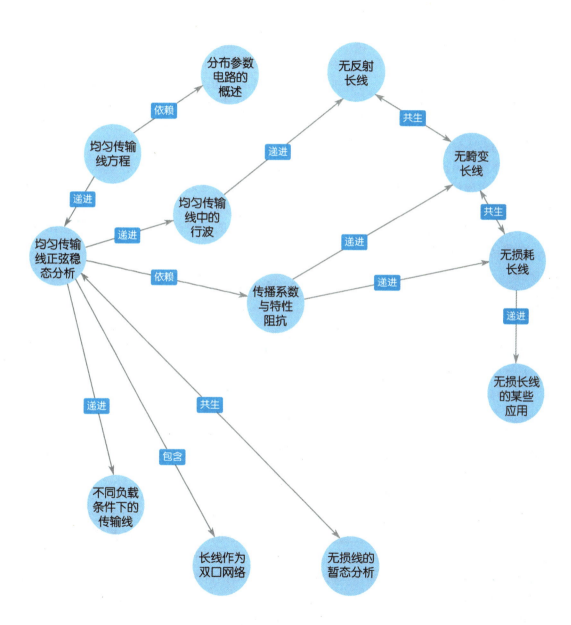

第一节　概　　述

前面讨论的都是集中参数电路，电路中的电、磁、热等现象用有限个集中的电路元件来模拟。例如，将线路中的损耗集中起来用电阻模拟，线圈中的磁场效应用电感模拟，电容器中的电场效应用电容模拟，这种由等效的集中元件组成的电路称为集中参数电路。当元件和电路的线性尺寸 l 与电源频率 f 所对应的波长 λ 相比很小（$\lambda = v/f$，v 为真空中的光速），一般在 $l < \lambda/30$ 的情况下，可以用集中参数电路的方法处理。其中的电压 u、电流 i 只是时间 t 的函数，列写的动态方程是常微分方程。

在高压远距离交流电力线路、高频信号电信线路中，在同一瞬间沿线的电压、电流都不相同，必须作为分布参数处理。计算机和高速数控系统，虽然线路尺寸不大，但当 $l > \lambda/30$ 时，如果仍采用集中参数电路的方法会造成很大误差。同样，当电路在极短时的冲击电压（或电流）的作用下，例如变压器在雷电的冲击波作用下，变压器绕组间电压的分布也需用分布参数的方法处理。

在分布参数电路（简称长线）中，电压、电流不仅是时间的函数，而且是距离的函数，列写的动态方程是偏微分方程。分布参数致使信号传输有延迟现象，有各种行波和驻波现象，阻抗匹配的性质与集中参数也不相同。

对于长线中电、磁、热现象的研究，可以用电磁场的方法，也可用分布参数电路的方法，本章只讨论后者。

第二节　均匀传输线方程

首先引入表征传输线特性的电路参数：

R_0：导线每单位长度具有的电阻，其单位为 Ω/m，在电力传输线中，常用 Ω/km。

L_0：导线每单位长度具有的电感，其单位为 H/m，H/km。

C_0：单位长度导线之间的电容，其单位为 F/m，F/km。

G_0：单位长度导线之间的电导，其单位为 S/m，S/km。

传输线的这些参数，可以根据传输线的几何形状、尺寸和它周围的介质的特性，用电磁场的理论计算得出，也可以用实验的方法测出。R_0 的值主要取决于导线的电导率和截面积等；G_0 的值主要取决于两导线间绝缘的完善程度。

如果沿线 R_0、L_0、G_0、C_0 参数到处相等，则称为均匀传输线。这样的电路称为均匀分布参数电路。当然实际的传输线不可能是均匀的。架空线在有支架处和没有支架处是不一样的，因而漏电的情况不尽相同。在架空线的每一跨度之间，由于导线的自重引起的下垂情况也改变了传输线对大地的电容的分布均匀性。但是，为了便于分析，通常忽略所有造成不均匀性的因素而把实际的传输线当作均匀的传输线。以后的讨论都局限于均匀传输线。

传输线上的电流、两线间的电压，一般是随时间变化的，不同位置处的电压、电流是不相等的。图 10-2-1 表示两根均匀的传输长线，在长线的 x 处取一小段长度元 $\mathrm{d}x$（图中为清晰起见，故意将此长度元放大了）。在此 $\mathrm{d}x$ 段中，设导线的电阻为 $R_0\mathrm{d}x$，电感为 $L_0\mathrm{d}x$，导线间漏电导为 $G_0\mathrm{d}x$，导线间漏电容为 $C_0\mathrm{d}x$。

图 10-2-1 中 $\mathrm{d}x$ 线段左方的电压、电流记为 u、i，右方的电压、电流记为 $u + \dfrac{\partial u}{\partial x}\mathrm{d}x$ 和

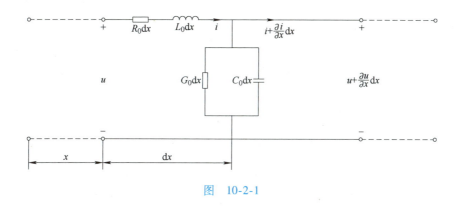

图　10-2-1

$i + \dfrac{\partial i}{\partial x}\mathrm{d}x$，此段的电压降是由电阻 $R_0\mathrm{d}x$ 和电感 $L_0\mathrm{d}x$ 上的压降组成的，由 KVL 知

$$u - \left(u + \frac{\partial u}{\partial x}\mathrm{d}x \right) = (R_0\mathrm{d}x)\,i + (L_0\mathrm{d}x)\frac{\partial i}{\partial t} \tag{10-2-1}$$

此段的漏电流是由电导 $G_0\mathrm{d}x$ 和电容 $C_0\mathrm{d}x$ 中的电流组成的，由 KCL 知

$$i - \left(i + \frac{\partial i}{\partial x}\mathrm{d}x \right) = (G_0\mathrm{d}x)\left(u + \frac{\partial u}{\partial x}\mathrm{d}x \right) + (C_0\mathrm{d}x)\frac{\partial}{\partial t}\left(u + \frac{\partial u}{\partial x}\mathrm{d}x \right) \tag{10-2-2}$$

略去二阶小项，整理得

$$-\frac{\partial u}{\partial x} = R_0 i + L_0\,\frac{\partial i}{\partial t} \tag{10-2-3}$$

$$-\frac{\partial i}{\partial x} = G_0 u + C_0\,\frac{\partial u}{\partial t} \tag{10-2-4}$$

这是偏微分方程组，u、i 是 t、x 的函数，可写成 $u(x,t)$、$i(x,t)$。上两式就是均匀传输线方程，方程组中含有两个变量 u、i。下面推求只含一个变量 u（或 i）的方程。

式（10-2-3）对 x 求偏导

$$-\frac{\partial^2 u}{\partial x^2} = \left(R_0 + L_0\,\frac{\partial}{\partial t} \right)\frac{\partial i}{\partial x} \tag{10-2-5}$$

再将式（10-2-4）代入上式，整理得

$$\frac{\partial^2 u}{\partial x^2} = \left(R_0 + L_0\,\frac{\partial}{\partial t} \right)\left(G_0 + C_0\,\frac{\partial}{\partial t} \right)u \tag{10-2-6}$$

同理可推得

$$\frac{\partial^2 i}{\partial x^2} = \left(G_0 + C_0\,\frac{\partial}{\partial t} \right)\left(R_0 + L_0\,\frac{\partial}{\partial t} \right)i \tag{10-2-7}$$

式（10-2-6）、式（10-2-7）也是均匀传输线方程，它们具有相同的形式，互成对偶。有了式（10-2-3）、式（10-2-4）或式（10-2-6）、式（10-2-7）给定的偏微分方程，再结合初始条件和边界条件，即可唯一地决定其解 $u(x,t)$ 和 $i(x,t)$。显然，这些偏微分方程对任意波形的电压、电流都是适用的。但一般情况下，这些方程的解析解是不易求出的。

第三节　均匀传输线正弦稳态分析

一、长线复数方程的推导

在正弦激励下，沿线各处的电压、电流在稳态时都是正弦波，故可用相量（复数）表

示，记作

$$u(x,t) = \text{Im}\{\sqrt{2}\,\dot{U}(x)\,\text{e}^{\text{j}\omega t}\} \tag{10-3-1}$$

$$i(x,t) = \text{Im}\{\sqrt{2}\,\dot{I}(x)\,\text{e}^{\text{j}\omega t}\} \tag{10-3-2}$$

式中，Im 表示取虚部；$\dot{U}(x)$、$\dot{I}(x)$ 各为电压、电流相量，只和 x 有关，以下简写为 $\dot{U}$、$\dot{I}$。

将式（10-3-1）、式（10-3-2）代入式（10-2-6）、式（10-2-7），得

$$\frac{\text{d}^2\dot{U}}{\text{d}x^2} = (R_0 + \text{j}\omega L_0)(G_0 + \text{j}\omega C_0)\dot{U} = \gamma^2\,\dot{U} \tag{10-3-3}$$

$$\frac{\text{d}^2\dot{I}}{\text{d}x^2} = (G_0 + \text{j}\omega C_0)(R_0 + \text{j}\omega L_0)\dot{I} = \gamma^2\,\dot{I} \tag{10-3-4}$$

式中

$$\gamma = \sqrt{(R_0 + \text{j}\omega L_0)(G_0 + \text{j}\omega C_0)} = \sqrt{Z_0 Y_0} = \beta + \text{j}\alpha \tag{10-3-5}$$

式中，γ、β、α 分别称为传播系数、衰减系数和相位系数，它们的意义在本章第四节解释；$Z_0 = R_0 + \text{j}\omega L_0$ 是长线的单位长度的串联阻抗，单位是 Ω/m 或 Ω/km；$Y_0 = G_0 + \text{j}\omega C_0$ 是长线的单位长度的并联导纳，单位是 S/m 或 S/km。

从式（10-3-5）可知，γ 的辐角总是小于等于 $\pi/2$，故 β 和 α 都是正值，β 的单位是奈培/公里（Np/km）或奈培/米（Np/m），更实用的单位是分贝/公里（dB/km）或分贝/米（dB/m），关于奈培和分贝的意义见本章第五节。α 的单位是 rad/km 或 rad/m。

式（10-3-3）、式（10-3-4）是复数形式的齐次常微分方程，求解的方法与实数形式的常微分方程相同，其特征方程为 $s^2 - \gamma^2 = 0$，特征根为 $s_{1,2} = \pm\gamma$，故式（10-3-3）的解为

$$\dot{U} = \dot{A}_1\text{e}^{-\gamma x} + \dot{A}_2\text{e}^{\gamma x} \tag{10-3-6}$$

式中，$\dot{A}_1$，$\dot{A}_2$ 是积分常数，由边值条件决定。

将式（10-2-3）改写为复数形式

$$\frac{\text{d}\dot{U}}{\text{d}x} = (R_0 + \text{j}\omega L_0)\dot{I}$$

故

$$\dot{I} = -\frac{1}{R_0 + \text{j}\omega L_0}\frac{\text{d}\dot{U}}{\text{d}x} = -\frac{1}{Z_0}\frac{\text{d}\dot{U}}{\text{d}x} =$$

$$\frac{\gamma}{Z_0}(\dot{A}_1\text{e}^{-\gamma x} - \dot{A}_2\text{e}^{\gamma x}) = \frac{1}{Z_\text{C}}(\dot{A}_1\text{e}^{-\gamma x} - \dot{A}_2\text{e}^{\gamma x}) \tag{10-3-7}$$

式中

$$Z_\text{C} = \frac{Z_0}{\gamma} = \sqrt{\frac{Z_0}{Y_0}} = z_\text{C}\,\text{e}^{\text{j}\theta} \tag{10-3-8}$$

称为长线的特性阻抗，单位是 Ω。特性阻抗的意义在第四节、第五节详述。

特性阻抗 Z_C 和传播系数 γ 是均匀传输线的基本参数，它们只与电路参数 R_0、L_0、G_0、C_0 和频率 ω 有关。

为了求式（10-3-6）、式（10-3-7）确定的解，需要知道边界条件。设始端电压、电流各为 $\dot{U}_1$、$\dot{I}_1$，代入此两式中得

$$\dot{U}_1 = \dot{A}_1 + \dot{A}_2, \quad \dot{I}_1 = \frac{1}{Z_\text{C}}(\dot{A}_1 - \dot{A}_2)$$

解得

$$\dot{A}_1 = \frac{1}{2}(\dot{U}_1 + Z_\text{C}\dot{I}_1), \quad \dot{A}_2 = \frac{1}{2}(\dot{U}_1 - Z_\text{C}\dot{I}_1) \tag{10-3-9}$$

将 $\dot{A}_1$、$\dot{A}_2$ 代入式（10-3-6）、式（10-3-7），得到沿线任一点处的电压 $\dot{U}$ 和电流 $\dot{I}$，它们由始端电压 $\dot{U}_1$ 和始端电流 $\dot{I}_1$ 表示。

$$\dot{U} = \frac{1}{2}(\dot{U}_1 + Z_C \dot{I}_1)\mathrm{e}^{-\gamma x} + \frac{1}{2}(\dot{U}_1 - Z_C \dot{I}_1)\mathrm{e}^{\gamma x}$$

$$= \dot{U}_1\left(\frac{\mathrm{e}^{\gamma x} + \mathrm{e}^{-\gamma x}}{2}\right) - Z_C \dot{I}_1\left(\frac{\mathrm{e}^{\gamma x} - \mathrm{e}^{-\gamma x}}{2}\right) = \dot{U}_1 \mathrm{ch}\gamma x - Z_C \dot{I}_1 \mathrm{sh}\gamma x \qquad (10\text{-}3\text{-}10)$$

同理可得

$$\dot{I} = -\frac{\dot{U}_1}{Z_C}\mathrm{sh}\gamma x + \dot{I}_1 \mathrm{ch}\gamma x \qquad (10\text{-}3\text{-}11)$$

在以上推导中，利用双曲线函数公式

$$\mathrm{ch}\gamma x = \frac{\mathrm{e}^{\gamma x} + \mathrm{e}^{-\gamma x}}{2}, \quad \mathrm{sh}\gamma x = \frac{\mathrm{e}^{\gamma x} - \mathrm{e}^{-\gamma x}}{2}$$

现令 $x = l$，l 是线长，则终端的电压 $\dot{U}_2$ 和电流 $\dot{I}_2$ 由式（10-3-10）、式（10-3-11）得

$$\begin{bmatrix} \dot{U}_2 \\ \dot{I}_2 \end{bmatrix} = \begin{bmatrix} \mathrm{ch}\gamma l & -Z_C \mathrm{sh}\gamma l \\ -\dfrac{\mathrm{sh}\gamma l}{Z_C} & \mathrm{ch}\gamma l \end{bmatrix} \begin{bmatrix} \dot{U}_1 \\ \dot{I}_1 \end{bmatrix} \qquad (10\text{-}3\text{-}12)$$

如果已知终端电压、电流，解上式可得始端电压、电流

$$\begin{bmatrix} \dot{U}_1 \\ \dot{I}_1 \end{bmatrix} = \begin{bmatrix} \mathrm{ch}\gamma l & -Z_C \mathrm{sh}\gamma l \\ -\dfrac{\mathrm{sh}\gamma l}{Z_C} & \mathrm{ch}\gamma l \end{bmatrix}^{-1} \begin{bmatrix} \dot{U}_2 \\ \dot{I}_2 \end{bmatrix} = \begin{bmatrix} \mathrm{ch}\gamma l & Z_C \mathrm{sh}\gamma l \\ \dfrac{\mathrm{sh}\gamma l}{Z_C} & \mathrm{ch}\gamma l \end{bmatrix} \begin{bmatrix} \dot{U}_2 \\ \dot{I}_2 \end{bmatrix} \qquad (10\text{-}3\text{-}13)$$

在上式推导中，利用了恒等式

$$\mathrm{ch}^2\gamma l - \mathrm{sh}^2\gamma l = 1$$

已知 $\dot{U}_2$、$\dot{I}_2$，也不难求沿线任一点的电压 $\dot{U}$ 和电流 $\dot{I}$，只需将式（10-3-13）代入式（10-3-10）、式（10-3-11）中即可。

$$\begin{bmatrix} \dot{U} \\ \dot{I} \end{bmatrix} = \begin{bmatrix} \mathrm{ch}\gamma x & -Z_C \mathrm{sh}\gamma x \\ -\dfrac{\mathrm{sh}\gamma x}{Z_C} & \mathrm{ch}\gamma x \end{bmatrix} \begin{bmatrix} \dot{U}_1 \\ \dot{I}_1 \end{bmatrix} = \begin{bmatrix} \mathrm{ch}\gamma x & -Z_C \mathrm{sh}\gamma x \\ -\dfrac{\mathrm{sh}\gamma x}{Z_C} & \mathrm{ch}\gamma x \end{bmatrix} \begin{bmatrix} \mathrm{ch}\gamma l & Z_C \mathrm{sh}\gamma l \\ \dfrac{\mathrm{sh}\gamma l}{Z_C} & \mathrm{ch}\gamma l \end{bmatrix}$$

$$\begin{bmatrix} \dot{U} \\ \dot{I} \end{bmatrix} = \begin{bmatrix} \mathrm{ch}\gamma(l-x) & Z_C \mathrm{sh}\gamma(l-x) \\ \dfrac{\mathrm{sh}\gamma(l-x)}{Z_C} & \mathrm{ch}\gamma l(l-x) \end{bmatrix} \begin{bmatrix} \dot{U}_2 \\ \dot{I}_2 \end{bmatrix} \qquad (10\text{-}3\text{-}14)$$

令 $x' = l - x$，x' 是从任一点到终端的距离，上式成为

$$\begin{bmatrix} \dot{U} \\ \dot{I} \end{bmatrix} = \begin{bmatrix} \mathrm{ch}\gamma x' & Z_C \mathrm{sh}\gamma x' \\ \dfrac{\mathrm{sh}\gamma x'}{Z_C} & \mathrm{ch}\gamma x' \end{bmatrix} \begin{bmatrix} \dot{U}_2 \\ \dot{I}_2 \end{bmatrix} \qquad (10\text{-}3\text{-}15)$$

式（10-3-10）、式（10-3-11）和式（10-3-15）都是长线的基本方程。

二、输入阻抗和长线参数的测试

设传输线长为 l，由式（10-3-13）中的两式可求始端输入阻抗为

$$Z_{1i} = \frac{\dot{U}_1}{\dot{I}_1} = \frac{\dot{U}_2 \mathrm{ch}\gamma l + Z_C \dot{I}_2 \mathrm{sh}\gamma l}{\dfrac{\dot{U}_2}{Z_C}\mathrm{sh}\gamma l + \dot{I}_2 \mathrm{ch}\gamma l} \qquad (10\text{-}3\text{-}16)$$

设负载阻抗 $Z_2 = \dfrac{\dot{U}_2}{\dot{I}_2}$，代入上式

$$Z_{1i} = Z_C \frac{Z_2 \mathrm{ch}\gamma l + Z_C \mathrm{sh}\gamma l}{Z_2 \mathrm{sh}\gamma l + Z_C \mathrm{ch}\gamma l} = Z_C \frac{Z_2 + Z_C \mathrm{th}\gamma l}{Z_C + Z_2 \mathrm{th}\gamma l} \qquad (10\text{-}3\text{-}17)$$

当终端空载时，$Z_2 = \infty$，$\dot{I}_2 = 0$，有

$$Z_{1o} = \frac{\dot{U}_{1o}}{\dot{I}_{1o}} = \frac{Z_C}{\text{th}\gamma l} \qquad (10\text{-}3\text{-}18)$$

当终端短路时，$Z_2 = 0$，$\dot{U}_2 = 0$，有

$$Z_{1s} = \frac{\dot{U}_{1s}}{\dot{I}_{1s}} = Z_C \text{th}\gamma l \qquad (10\text{-}3\text{-}19)$$

将 Z_{1o}、Z_{1s} 代入式（10-3-17）中，得

$$Z_{1i} = \frac{Z_C}{\text{th}\gamma l} \frac{Z_2 + Z_C \text{th}\gamma l}{\dfrac{Z_C}{\text{th}\gamma l} + Z_2} = Z_{1o} \frac{Z_2 + Z_{1s}}{Z_{1o} + Z_2} \qquad (10\text{-}3\text{-}20)$$

在上式中，首先用实验的方法测出在终端开路、短路时始端的输入阻抗 Z_{1o}、Z_{1s}，如再知道负载阻抗 Z_2，就可计算此时的始端输入阻抗 Z_{1i}，作出 Z_{1i} 关于 Z_2 的函数关系，即可预先估计线路运行状况。

根据实验测得数据 Z_{1o}、Z_{1s}，还可计算传输线的参数。由式（10-3-18）、式（10-3-19）知

$$Z_C = \sqrt{Z_{1o} Z_{1s}} \qquad (10\text{-}3\text{-}21)$$

$$\text{th}\gamma l = \sqrt{Z_{1s}/Z_{1o}} \qquad (10\text{-}3\text{-}22)$$

又因为

$$\text{th}\gamma l = \frac{\text{e}^{\gamma l} - \text{e}^{-\gamma l}}{\text{e}^{\gamma l} + \text{e}^{-\gamma l}} = \frac{\text{e}^{2\gamma l} - 1}{\text{e}^{2\gamma l} + 1} \qquad (10\text{-}3\text{-}23)$$

合并上两式，得

$$\frac{\text{e}^{2\gamma l} - 1}{\text{e}^{2\gamma l} + 1} = \frac{\sqrt{Z_{1s}/Z_{1o}}}{1} \rightarrow \frac{2\text{e}^{2\gamma l}}{2} = \frac{1 + \sqrt{Z_{1s}/Z_{1o}}}{1 - \sqrt{Z_{1s}/Z_{1o}}}$$

故

$$\gamma = \frac{1}{2l}\ln\left(\frac{1 + \sqrt{Z_{1s}/Z_{1o}}}{1 - \sqrt{Z_{1s}/Z_{1o}}}\right) \qquad (10\text{-}3\text{-}24)$$

从式（10-3-21）、式（10-3-24）可计算 Z_0、Y_0，因 $\gamma = \sqrt{Z_0 Y_0}$，$Z_C = \sqrt{Z_0/Y_0}$，于是

$$Z_0 = \gamma Z_C, \quad Y_0 = \gamma/Z_C \qquad (10\text{-}3\text{-}25)$$

又知，$Z_0 = R_0 + \text{j}\omega L_0$，$Y_0 = G_0 + \text{j}\omega C_0$，从 Z_0、Y_0 和 ω 可求 R_0、L_0、G_0、C_0。

例 10-3-1 某单相均匀传输线的 $R_0 = 0.08\Omega/\text{km}$，$\omega L_0 = 0.4\Omega/\text{km}$，$\omega C_0 = 3 \times 10^{-6}\text{S/km}$，$G_0 = 0$，线长 $l = 300\text{km}$，负载终端电压 130kV，负载消耗功率 50MW，负载功率因数 0.9（感性），求始端电压、始端电流、输入功率和效率。

解： 取终端电压 $\dot{U}_2$ 作为参考相量，即 $\dot{U}_2 = 130 \times 10^3 \underline{/0°}\text{V}$，则终端电流为

$$I_2 = \frac{P_2}{U_2\cos\varphi_2} = \frac{50 \times 10^6}{130 \times 10^3 \times 0.9}\text{A} = 427.4\text{A}$$

$$\varphi_2 = \arccos 0.9 = 25.84°$$

所以

$$\dot{I}_2 = 427.4 \underline{/-25.84°}\text{A}$$

单位长度的串联阻抗为

$$Z_0 = R_0 + \text{j}\omega L_0 = (0.08 + \text{j}0.4)\Omega/\text{km} = 0.408 \underline{/78.7°}\Omega/\text{km}$$

单位长度的并联导纳为

$$Y_0 = G_0 + \text{j}\omega C_0 = 3 \times 10^{-6} \underline{/90°}\text{S/km}$$

特性阻抗 $$Z_C = \sqrt{\frac{Z_0}{Y_0}} = 369 \underline{/-5.65°} \Omega$$

传播系数 $$\gamma = \sqrt{Z_0 Y_0} = 1.11 \times 10^{-3} \underline{/84.4°} \mathrm{km}^{-1}$$

$$\gamma l = 1.11 \times 10^{-3} \underline{/84.4°} \times 300 = 0.333 \underline{/84.4°} = 0.0302 + \mathrm{j}0.331$$

$$e^{\gamma l} = e^{0.0302} e^{\mathrm{j}0.331} = 1.031 \underline{/18.97°} = 0.975 + \mathrm{j}0.335$$

$$e^{-\gamma l} = \frac{1}{1.031} \underline{/-18.97°} = 0.917 - \mathrm{j}0.315$$

$$\mathrm{ch}\gamma l = \frac{1}{2}(e^{\gamma l} + e^{-\gamma l}) = 0.946 + \mathrm{j}0.01 = 0.946 \underline{/0.6°}$$

$$\mathrm{sh}\gamma l = \frac{1}{2}(e^{\gamma l} - e^{-\gamma l}) = 0.029 + \mathrm{j}0.325 = 0.326 \underline{/84.9°}$$

$$\dot{U}_1 = \dot{U}_2 \mathrm{ch}\gamma l + Z_C \dot{I}_2 \mathrm{sh}\gamma l = 130 \times 10^3 \times 0.946 \underline{/0.6°}\mathrm{V} + 369 \underline{/-5.65°} \times$$
$$427.4 \underline{/-25.84°} \times 0.326 \underline{/84.9°}\mathrm{V} = 160 \times 10^3 \underline{/15.5°}\mathrm{V}$$

$$\dot{I}_1 = \dot{I}_2 \mathrm{ch}\gamma l + \frac{\dot{U}_2}{Z_C}\mathrm{sh}\gamma l = 427.4 \underline{/-25.84°} \times 0.946 \underline{/0.6°}\mathrm{A} + \frac{130 \times 10^3}{369 \underline{/-5.65°}} \times$$
$$0.326 \underline{/84.9°}\mathrm{A} = 370 \underline{/-8.97°}\mathrm{A}$$

始端电压为 160kV，始端电流为 370A，始端功率 P_1 为

$$P_1 = U_1 I_1 \cos\varphi_1 = 160 \times 10^3 \times 370 \times \cos(15.5° + 8.97°)\mathrm{W} = 53.9\mathrm{MW}$$

传输效率 $$\eta = \frac{P_2}{P_1} = \frac{50 \times 10^6}{53.9 \times 10^6} = 0.928$$

例 10-3-2 传输线的长度为 80km，工作在频率为 800Hz 的情况下，其开路输入阻抗 $Z_{1o} = 330 \underline{/-30°}\Omega$，短路输入阻抗 $Z_{1s} = 1600 \underline{/7°}\Omega$（注意分别是负载开路和短路），求分布参数。

解： 由式（10-3-21）知

$$Z_C = \sqrt{Z_{1o} Z_{1s}} = \sqrt{330 \underline{/-30°} \times 1600 \underline{/7°}} \Omega = 726.6 \underline{/-11.5°}\Omega$$

$$\mathrm{th}\gamma l = \sqrt{Z_{1s}/Z_{1o}} = \sqrt{\frac{1600 \underline{/7°}}{330 \underline{/-30°}}} = 2.2 \underline{/18.5°}$$

因为 $$\mathrm{th}\gamma l = \frac{e^{\gamma l} - e^{-\gamma l}}{e^{\gamma l} + e^{-\gamma l}} = \frac{e^{2\gamma l} - 1}{e^{2\gamma l} + 1}$$

所以 $$e^{2\gamma l} = \frac{1 + \mathrm{th}\gamma l}{1 - \mathrm{th}\gamma l} = \frac{1 + 2.2 \underline{/18.5°}}{1 - 2.2 \underline{/18.5°}} = \frac{3.07 + \mathrm{j}0.7}{-1.09 - \mathrm{j}0.7} = 2.43 \underline{/160.1°} = e^{2\beta l} \underline{/2\alpha l}$$

故 $$\beta = \frac{1}{2l}\ln 2.43 = \frac{\ln 2.43}{2 \times 80}\mathrm{Np/km} = 5.54 \times 10^{-3}\mathrm{Np/km}$$

$$\alpha = \frac{160.10}{2l} \frac{\pi}{180°} = 0.0175\mathrm{rad/km}$$

传播系数

$$\gamma = \beta + \mathrm{j}\alpha = (5.54 \times 10^{-3} + \mathrm{j}17.5 \times 10^{-3})\mathrm{km}^{-1} = 18.4 \times 10^{-3} \underline{/72.4°}\mathrm{km}^{-1}$$

由式（10-3-25）知

$$Z_0 = R_0 + \mathrm{j}\omega L_0 = \gamma Z_C = 18.4 \times 10^{-3} \underline{/72.4°} \times 726.6 \underline{/-11.5°}\Omega/\mathrm{km}$$
$$= 13.4 \underline{/60.9°}\Omega/\mathrm{km}$$

所以

$$R_0 = 6.52\,\Omega/\text{km}, \quad L_0 = \frac{11.7}{2\pi \times 800}\,\text{mH/km} = 2.33\,\text{mH/km}$$

$$Y_0 = G_0 + j\omega C_0 = \gamma/Z_C = \frac{18.4 \times 10^{-3}\,\underline{/72.4°}}{726.6\,\underline{/-11.5°}}\,\text{S/km} = 25.3 \times 10^{-6}\,\underline{/83.9°}\,\text{S/km}$$

$$G_0 = 2.69 \times 10^{-6}\,\text{S/km}$$

$$C_0 = \frac{25.3 \times 10^{-6}}{2\pi \times 800}\,\text{F/km} = 5.04 \times 10^{-3}\,\mu\text{F/km}$$

第四节　均匀传输线中的行波

本节讨论长线方程的正弦稳态解的物理含义。从式（10-3-6）知，电压 $\dot{U}$ 由两项组成，第一项为 $\dot{A}_1 \mathrm{e}^{-\gamma x} = \dot{A}_1 \mathrm{e}^{-\beta x} \mathrm{e}^{-j\alpha x} = A_1 \mathrm{e}^{-\beta x} \mathrm{e}^{j(-\alpha x + \varphi_1)}$（设 $\dot{A}_1 = A_1 \mathrm{e}^{j\varphi_1}$），将它写成时间函数，记为 u_+，则

$$u_+ = \sqrt{2}A_1 \mathrm{e}^{-\beta x} \sin(\omega t - \alpha x + \varphi_1) \tag{10-4-1}$$

u_+ 是时间 t 和距离 x 的函数。先考察某一固定地点的电压变化，设 $x = x_1$，则

$$u_+ = \sqrt{2}A_1 \mathrm{e}^{-\beta x_1} \sin(\omega t - \alpha x_1 + \varphi_1) = U_{\text{mx1}} \sin(\omega t + \varphi_{x1}) \tag{10-4-2}$$

式中，$U_{\text{mx1}} = \sqrt{2}A_1 \mathrm{e}^{-\beta x_1}$ 是正弦函数的振幅；$\varphi_{x1} = -\alpha x_1 + \varphi_1$ 是正弦函数的初相。可见在某点 x_1 的 u_+ 是随时间而变的等幅正弦振荡。

若 $t = t_1$ 时，在 x_1 处出现 u_+ 的某一相位 φ，则经过 Δt 后当 $t_2 = t_1 + \Delta t$ 时，u_+ 相位为 φ 的点将出现在 x_2 而不是 x_1，且

$$\omega t_1 - \alpha x_1 = \omega t_2 - \alpha x_2$$

或

$$x_2 - x_1 = \frac{\omega(t_2 - t_1)}{\alpha} = \frac{\omega \Delta t}{\alpha}$$

若 $\Delta t > 0$，则 $\Delta x = x_2 - x_1$ 也大于零，即 u_+ 的保持相位不变的点要随着时间沿线向 x 增大方向移动，如图 10-4-1 所示。

再固定某一时间 $t = t_1$，考察沿线电压变化，则

$$u_+ = \sqrt{2}A_1 \mathrm{e}^{-\beta x} \sin(\omega t_1 - \alpha x + \varphi_1) \tag{10-4-3}$$

它是随距离 x 变化的正弦衰减振荡，振幅为 $\sqrt{2}A_1 \mathrm{e}^{-\beta x}$，故衰减系数 β 表示 u_+ 的幅值随着向前传播时每单位长度衰减的大小；式（10-4-3）中的 αx 是正弦函数的相角，故相位系数 α 表示 u_+ 的相位随着向前传播时每单位长度变化的大小。衰减系数 β 和相位系数 α 都与 u_+ 的传播有关，故 $\gamma = \beta + j\alpha$ 称为传播系数。

$t = t_1$ 和 $t_2 = t_1 + \Delta t$ 两个瞬时 u_+ 沿线分布曲线如图 10-4-2 所示。它们是以 $\pm\sqrt{2}A_1 \mathrm{e}^{-\beta x}$ 为包络线的衰减正弦曲线。$t = t_1$ 时的 u_+ 曲线随时间向 x 增大方向移动了 Δx 的距离，即为 $t = t_2$ 时的 u_+ 曲线，而且仍以 $\pm\sqrt{2}A_1 \mathrm{e}^{-\beta x}$ 为包络线。

综上所述，u_+ 是随着时间的增大沿 x 增大方向推进，并在推进方向逐渐衰减的行波。这种自电源向负载方向推进的行波称为正向行波。

行波的推进速度是用相位保持不变的点的移动速度来表示的，称为相位速度，可由下式计算：

$$v = \lim_{\Delta t \to 0} \frac{\Delta x}{\Delta t} = \frac{\omega}{\alpha} \tag{10-4-4}$$

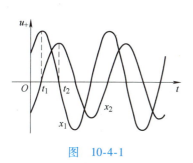

图 10-4-1

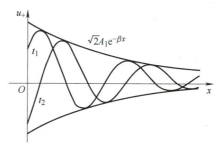

图 10-4-2

行波在一个周期行进的距离称为波长 λ，于是

$$\lambda = vT = v/f = 2\pi v/\omega = 2\pi/\alpha \tag{10-4-5}$$

可见频率越高，波长越短，50Hz 的架空线波长为 6000km，而高频传输线波长却很短，从几厘米到几十米。当线长和波长相近时，就需将传输线看成分布参数电路。例如，对于杭州地区的电力线，可以看成集中参数，不致造成大的误差；但对于 300MHz 的高频线，当线长为 1m 时，就应当看成分布参数，因为 1m 正好是一个波长，$\lambda = v/f = 3 \times 10^8/(300 \times 10^6)\,\mathrm{m} = 1\mathrm{m}$。在 1m 长的线路中，线上各点的电压、电流分布在大小和方向上都不相同。

式（10-3-6）中电压 $\dot{U}$ 的第二项为 $\dot{A}_2 e^{\gamma x} = A_2 e^{\beta x} e^{j(\alpha x + \varphi_2)}$（设 $\dot{A}_2 = A_2 \underline{/\varphi_2}$），对应的时间函数记为 u_-

$$u_- = \sqrt{2} A_2 e^{\beta x} \sin(\omega t + \alpha x + \varphi_2) \tag{10-4-6}$$

u_- 是沿 x 减少的方向以相速 $v = -\omega/\alpha$ 传播的衰减波，即由终端沿线向始端传播的衰减正弦波，称为反向行波。

这样，式（10-3-6）表示的电压 u 由 u_+ 和 u_- 组成，前者是入射行波，简称直波；后者是反射行波，简称回波。

同样，也可将式（10-3-7）中的电流 $\dot{I}$ 分解为电流直波和电流回波，即

$$\dot{I} = \dot{I}_+ - \dot{I}_- = \frac{\dot{A}_1}{Z_C} e^{-\gamma x} - \frac{\dot{A}_2}{Z_C} e^{\gamma x} \tag{10-4-7}$$

现在解释特性阻抗的含义。从式（10-4-6）和式（10-4-7）可知

$$\frac{\dot{U}_+}{\dot{I}_+} = Z_C \tag{10-4-8}$$

即特性阻抗 Z_C 是入射电压对入射电流之比，Z_C 也称为波阻抗。

将电压、电流写成瞬时函数表达式

$$u(x,t) = \sqrt{2} A_1 e^{-\beta x} \sin(\omega t - \alpha x + \varphi_1) + \sqrt{2} A_2 e^{\beta x} \sin(\omega t + \alpha x + \varphi_2)$$
$$= u_+(x,t) + u_-(x,t) \tag{10-4-9}$$

$$i(x,t) = \sqrt{2} \frac{A_1}{|Z_C|} e^{-\beta x} \sin(\omega t - \alpha x + \varphi_1 - \theta) - \sqrt{2} \frac{A_2}{|Z_C|} e^{\beta x}$$
$$\sin(\omega t + \alpha x + \varphi_2 - \theta) = i_+(x,t) - i_-(x,t) \tag{10-4-10}$$

式中，$Z_C = |Z_C| \underline{/\theta}$。

沿传输线任一点，反射电压（或反射电流）对入射电压（或入射电流）之比，称为反射系数 N，可以证明

$$N = \frac{Z_1 - Z_C}{Z_1 + Z_C} e^{2\gamma x} \tag{10-4-11}$$

式中，$Z_1 = \dfrac{\dot{U}_1}{\dot{I}_1}$ 是始端输入阻抗。

在始端上 $x = 0$，$N = \dfrac{Z_1 - Z_C}{Z_1 + Z_C}$。反射系数 N 是一个复数，说明反射波与入射波在幅值和相位上的差异。

N 的另一表达式为

$$N = \frac{Z_2 - Z_C}{Z_2 + Z_C} e^{-2\gamma x'} \tag{10-4-12}$$

在终端上

$$x' = 0, \quad N = \frac{Z_2 - Z_C}{Z_2 + Z_C} \tag{10-4-13}$$

式中，$Z_2 = \dfrac{\dot{U}_2}{\dot{I}_2}$ 是终端负载阻抗。

实际上反射系数只有在均匀传输线的均匀性受到破坏的地方才需要计算，例如线的终端或分支点。在这些点由于线的均匀性受到破坏，所以当入射波到达这些地方将发生反射。

最后应指出，将正弦稳态电压、电流分解为直波、回波两个分量，只是为了分析和计算的方便，在线路中实际存在的电压、电流是直波、回波合成的结果。

第五节　传播系数与特性阻抗

从前面的分析可知，传输线的工作特性和传播系数与特性阻抗都有密切的关系，有必要对它们作进一步的讨论。

一、传播系数

传播系数 γ 是一个复数，定义为

$$\gamma = \sqrt{Z_0 Y_0} = \sqrt{(R_0 + j\omega L_0)(G_0 + j\omega C_0)} = \beta + j\alpha \tag{10-5-1}$$

其中，实部 β 称为衰减常数，虚部 α 称为相位常数。从前面的分析可以看出，β 表示入射波和反射波沿线的衰减特性，其单位通常用 Np/m 或 dB/m。在有线通信中通常用奈培（Np）表示电平，Np 是根据研究量的比值的自然对数定义的。以两个电压 U_1 和 U_2 为例，Np 定义为 $Np = \ln\left|\dfrac{U_2}{U_1}\right|$，而分贝是根据常用对数定义的，即 $dB = 20 \lg\left|\dfrac{U_2}{U_1}\right|$，$1 Np = 8.686 dB$，$1 dB = 0.115 Np$。$\alpha$ 表示入射波和反射波沿线的相位变化的特性，单位通常用 rad/m。

为了计算均匀传输线的 β 和 α，设 R_0、L_0、C_0 和 G_0 为已知，则根据 $\gamma = \beta + j\alpha$，有

$$|\gamma|^2 = \alpha^2 + \beta^2, \gamma^2 = \beta^2 - \alpha^2 + j2\alpha\beta = (R_0 G_0 - \omega^2 L_0 C_0) + j(G_0 \omega L_0 + R_0 \omega C_0)$$

从以上两式可求得

$$\beta = \sqrt{\frac{1}{2}(z_0 y_0 + R_0 G_0 - \omega^2 L_0 C_0)} \tag{10-5-2}$$

$$\alpha = \sqrt{\frac{1}{2}(z_0 y_0 - R_0 G_0 + \omega^2 L_0 C_0)} \tag{10-5-3}$$

其中

$$z_0 = \sqrt{R_0^2 + \omega^2 L_0^2}, \quad y_0 = \sqrt{G_0^2 + \omega^2 C_0^2}$$

β 和 α 与角频率的变化关系分别如图 10-5-1a 和图 10-5-1b 所示。相位常数 α 是单调地随频率增高而增加，β 则随频率的增高而在有限的范围内变化。

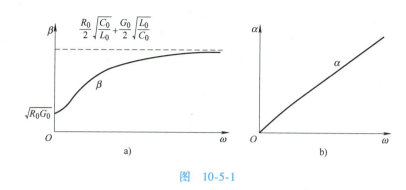

图 10-5-1

二、特性阻抗

特性阻抗 Z_C 定义为

$$Z_C = \sqrt{\frac{Z_0}{Y_0}} = \sqrt{\frac{R_0 + j\omega L_0}{G_0 + j\omega C_0}} = |Z_C| \, e^{j\theta} \tag{10-5-4}$$

式中

$$|Z_C| = \sqrt[4]{\frac{R_0^2 + \omega^2 L_0^2}{G_0^2 + \omega^2 C_0^2}}, \quad \theta = \frac{1}{2}\arctan^{-1}\left(\frac{\omega L_0 G_0 - \omega C_0 R_0}{R_0 G_0 + \omega^2 L_0 C_0}\right)$$

根据以上两式，可作出特性阻抗的模和辐角的曲线如图 10-5-2 所示。

由图可知，当 $\omega = 0$ 时，即在直流情况下

$$|Z_C| = \sqrt{\frac{R_0}{G_0}}, \quad \theta = 0 \tag{10-5-5}$$

此时特性阻抗是纯电阻。对工作频率较高的传输线，由于 $R_0 \ll \omega L_0$ 和 $G_0 \ll \omega C_0$，所以 $|Z_C| \approx \sqrt{\dfrac{L_0}{C_0}}$，可见此时 Z_C 也是纯电阻性质的。

图 10-5-2

电力电缆的 Z_C 约为 50Ω，电力架空线的 Z_C 约为 $300 \sim 400\Omega$，一般双绞线的 Z_C 为 $100 \sim 200\Omega$，通信中使用的同轴电缆的 Z_C 约为 $40 \sim 100\Omega$（常用的有 50Ω、75Ω）。大多数长线满足 $\dfrac{\omega L_0}{R_0} < \dfrac{\omega C_0}{G_0}$ 的条件（架空线的 G_0 常可略去，电缆的 C_0 较大），故 Z_C 的辐角 θ 多为负值。

从式（10-5-4）可以看出，当 $\omega = 0$ 时，$|Z_C| = \sqrt{\dfrac{R_0}{G_0}}$；当 $\omega \to \infty$ 时，$|Z_C| = \sqrt{\dfrac{L_0}{C_0}}$。不论是架空线还是电缆，都有 $R_0/G_0 > L_0/C_0$，所以 $\omega = 0$ 时的 $|Z_C|$ 比 $\omega \to \infty$ 时的大。

第六节　不同负载条件下的传输线

本节讨论均匀传输线在终端接不同负载时线上电压、电流的分布，当终端接匹配阻抗时的情况在第七节中讨论。

当传输线终端电压为 $\dot{U}_2$、电流为 $\dot{I}_2$ 时，终端的负载阻抗为 $Z_2 = \dot{U}_2/\dot{I}_2$，此时传输线上的电压、电流由式（10-3-15）表示。下面分别讨论终端开路、短路和接阻抗 Z_L 时传输线上的电压、电流分布。

一、终端开路

当终端开路时，$I_2 = 0$，传输线上的电压、电流相量分别是

$$\dot{U}_{\rm o} = {\rm ch}\gamma x' \dot{U}_2 \tag{10-6-1}$$

$$\dot{I}_{\rm o} = \frac{{\rm sh}\gamma x'}{Z_{\rm C}} \dot{U}_2 \tag{10-6-2}$$

将 $\gamma = \beta + {\rm j}\alpha$ 代入上式，并对复数变量作双曲函数展开

$$\dot{U}_{\rm o} = \dot{U}_2 ({\rm ch}\beta x'{\rm chj}\alpha x' + {\rm sh}\beta x'{\rm shj}\alpha x')$$

$$= \dot{U}_2 ({\rm ch}\beta x'\cos\alpha x' + {\rm jsh}\beta x'\sin\alpha x') \tag{10-6-3}$$

$$\dot{I}_{\rm o} = \frac{\dot{U}_2}{Z_{\rm C}} ({\rm sh}\beta x'{\rm chj}\alpha x' + {\rm ch}\beta x'{\rm shj}\alpha x')$$

$$= \frac{\dot{U}_2}{Z_{\rm C}} ({\rm sh}\beta x'\cos\alpha x' + {\rm jch}\beta x'\sin\alpha x') \tag{10-6-4}$$

由上式可得电压、电流有效值的沿线分布

$$U_{\rm o} = U_2 |{\rm ch}\beta x'{\rm chj}\alpha x' + {\rm sh}\beta x'{\rm shj}\alpha x'|$$

$$= U_2 \sqrt{{\rm ch}^2\beta x'\cos^2\alpha x' + {\rm sh}^2\beta x'\sin^2\alpha x'}$$

$$= U_2 \sqrt{{\rm ch}^2\beta x' + \cos^2\alpha x' - 1}$$

$$= \frac{U_2}{\sqrt{2}} \sqrt{{\rm ch}2\beta x' + \cos2\alpha x'} \tag{10-6-5}$$

$$I_{\rm o} = \left|\frac{\dot{U}_2}{Z_{\rm C}}\right| |{\rm sh}\beta x'{\rm chj}\alpha x' + {\rm ch}\beta x'{\rm shj}\alpha x'|$$

$$= \left|\frac{\dot{U}_2}{Z_{\rm C}}\right| \sqrt{{\rm sh}^2\beta x'\cos^2\alpha x' + {\rm ch}^2\beta x'\sin^2\alpha x'}$$

$$= \frac{\dot{U}_2}{|Z_{\rm C}|} \sqrt{{\rm ch}^2\beta x' - \cos^2\alpha x'}$$

$$= \frac{U_2}{\sqrt{2}|Z_{\rm C}|} \sqrt{{\rm ch}2\beta x' - \cos2\alpha x'} \tag{10-6-6}$$

图 10-6-1 给出了 ${\rm ch}2\beta x' \pm \cos2\alpha x'$ 的曲线，它们分别与 $U_{\rm o}^2$ 和 $I_{\rm o}^2$ 成正比。可以看出，$U_{\rm o}^2$ 和 $I_{\rm o}^2$ 的最大值和最小值大约每隔 $\lambda/4$ 更替一次。在终端处电流为零，而电压为最大值。如果传输线的长度不超过 $\lambda/4$，则空载时电流的有效值从线的始端逐渐变小，到终端时为零，而电压的有效值则从始端向终端增长，到终端时为最大值。显然，此时终端电压的有效值将比始端高。$U_{\rm o}$ 和 $I_{\rm o}$ 随 x' 的变化与 $U_{\rm o}^2$ 和 $I_{\rm o}^2$ 相似，只不过波动较小。

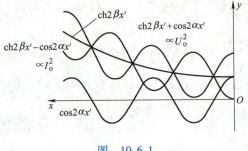

图　10-6-1

二、终端短路

当终端短路时，$U_2 = 0$，传输线上的电压、电流相量分别是

$$\dot{U}_{\rm s} = Z_{\rm C} \dot{I}_2 {\rm sh}\gamma x' \tag{10-6-7}$$

$$\dot{I}_{\mathrm{s}} = \dot{I}_2 \mathrm{ch}\gamma x' \tag{10-6-8}$$

比较式（10-6-7）、式（10-6-8）和式（10-6-1）、式（10-6-2）可知，终端短路时电压和电流有效值沿传输线的分布与终端开路时相似，有

$$U_{\mathrm{s}} = \frac{|Z_{\mathrm{C}}| I_2}{\sqrt{2}} \sqrt{\mathrm{ch}2\beta x' - \cos 2\alpha x'} \tag{10-6-9}$$

$$I_{\mathrm{s}} = \frac{I_2}{\sqrt{2}} \sqrt{\mathrm{ch}2\beta x' + \cos 2\alpha x'} \tag{10-6-10}$$

U_{s}^2 和 I_{s}^2 随 x' 变化的曲线如图 10-6-2 所示。

三、终端接阻抗 Z_{L}

当传输线终端接阻抗 Z_{L} 时，它的工作状态可由相应的终端开路时的状态和短路时的状态叠加得到。将 $\dot{U}_2 = Z_{\mathrm{L}} \dot{I}_2$ 代入式（10-3-15），得

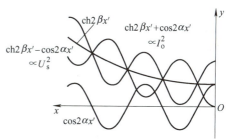

图 10-6-2

$$\dot{U} = \dot{U}_2 \mathrm{ch}\gamma x' + Z_{\mathrm{C}} \dot{I}_2 \mathrm{sh}\gamma x' = \dot{U}_2 \left(\mathrm{ch}\gamma x' + \frac{Z_{\mathrm{C}}}{Z_{\mathrm{L}}} \mathrm{sh}\gamma x' \right) \tag{10-6-11}$$

$$\dot{I} = \frac{\dot{U}_2}{Z_{\mathrm{C}}} \mathrm{sh}\gamma x' + \dot{I}_2 \mathrm{ch}\gamma x' = \dot{I}_2 \left(\frac{Z_{\mathrm{L}}}{Z_{\mathrm{C}}} \mathrm{sh}\gamma x' + \mathrm{ch}\gamma x' \right) \tag{10-6-12}$$

令 $Z_{\mathrm{C}}/Z_{\mathrm{L}} = \mathrm{th}\sigma = \mathrm{th}(\mu + \mathrm{j}v)$，$\sigma = \mu + \mathrm{j}v$ 是一个复数，可将上两式写为

$$\dot{U} = \frac{\dot{U}_2}{\mathrm{ch}\sigma} (\mathrm{ch}\gamma x' \mathrm{ch}\sigma + \mathrm{sh}\gamma x' \mathrm{sh}\sigma) = \frac{\dot{U}_2}{\mathrm{ch}\sigma} \mathrm{ch}(\gamma x' + \sigma) \tag{10-6-13}$$

$$\dot{I} = \frac{\dot{I}_2}{\mathrm{sh}\sigma} (\mathrm{sh}\gamma x' \mathrm{ch}\sigma + \mathrm{ch}\gamma x' \mathrm{sh}\sigma) = \frac{\dot{I}_2}{\mathrm{sh}\sigma} \mathrm{sh}(\gamma x' + \sigma) \tag{10-6-14}$$

比较上两式与式（10-6-1）和式（10-6-2），可以看出终端接有阻抗 Z_{L} 时，U^2 和 I^2 分别与 $\mathrm{ch}2(\beta'x + \mu) \pm \cos 2(\alpha x' + v)$ 成正比。

第七节 无反射长线

如在长线的终端连接与特性阻抗 Z_{C} 相同的负载，即

$$Z_2 = \frac{\dot{U}_2}{\dot{I}_2} = Z_{\mathrm{C}} \tag{10-7-1}$$

此时，式（10-3-15）成为

$$\dot{U} = \dot{U}_2 \mathrm{ch}\gamma x' + Z_{\mathrm{C}} \dot{I}_2 \mathrm{sh}\gamma x' = \dot{U}_2 (\mathrm{ch}\gamma x' + \mathrm{sh}\gamma x') = \dot{U}_2 \mathrm{e}^{\gamma x'} \tag{10-7-2}$$

$$\dot{I} = \frac{\dot{U}_2}{Z_{\mathrm{C}}} \mathrm{sh}\gamma x' + \dot{I}_2 \mathrm{ch}\gamma x' = \dot{I}_2 (\mathrm{sh}\gamma x' + \mathrm{ch}\gamma x') = \dot{I}_2 \mathrm{e}^{\gamma x'} \tag{10-7-3}$$

线上任一点向右看去的等效阻抗（输入阻抗）为

$$Z_{\mathrm{i}} = \frac{\dot{U}}{\dot{I}} = \frac{\dot{U}_2}{\dot{I}_2} = Z_2 = Z_{\mathrm{C}} = \frac{\dot{U}_1}{\dot{I}_1} \tag{10-7-4}$$

由此看出，线上任何点（包括始端和终端）的电压 $\dot{U}$ 和电流 $\dot{I}$ 之比都等于特性阻抗。如在任意点将线切断，去掉右面的部分，并代之以阻抗为 Z_{C} 的集中参数元件，则不会影响左

面部分的线路状态。在终端的反射系数可从式（10-4-12）求得 $N=0$，即无反射。这说明终端阻抗和传输线阻抗匹配，故称此时的线为匹配长线，或称无反射长线。无反射长线相当于无限长的输电线。

设 $\dot{U}_2 = U_2 \underline{/0°}$，此时任意点的电压和电流为

$$u(x,t) = \sqrt{2}\,U_2 e^{\beta x'} \sin(\omega t + \alpha x') \tag{10-7-5}$$

$$i(x,t) = \sqrt{2}\,\frac{U_2}{Z_C} e^{\beta x'} \sin(\omega t + \alpha x' - \theta) \tag{10-7-6}$$

式中，$Z_C = |Z_C| \underline{/\theta}$，如前所述，$Z_C$ 的相角 θ 多为负值，故电流 i 常超前电压 u。

任意点的功率称为自然功率

$$P_e = UI\cos\theta = \frac{U_2^2}{|Z_C|} e^{2\beta x'} \cos\theta \tag{10-7-7}$$

始端的功率为

$$P_1 = \frac{U_2^2}{|Z_C|} e^{2\beta l} \cos\theta \tag{10-7-8}$$

终端的功率为

$$P_2 = \frac{U_2^2}{|Z_C|} \cos\theta \tag{10-7-9}$$

于是传输效率为

$$\eta = \frac{P_2}{P_1} = e^{-2\beta l} \tag{10-7-10}$$

所以

$$\beta l = \frac{1}{2} \ln \frac{P_1}{P_2} \tag{10-7-11}$$

当 $\dfrac{P_1}{P_2} = e^2$ 时，$\beta l = \dfrac{1}{2}\ln e^2 = 1\mathrm{Np}$。实用上常用 dB 作为 βl 的单位，即

$$\beta l = 10 \lg \frac{P_1}{P_2} \tag{10-7-12}$$

当 $\lg \dfrac{P_1}{P_2} = 0.1$ 时，即当 $\dfrac{P_1}{P_2} = 10^{0.1} = 1.259$ 时，$\beta l = 1\mathrm{dB}$。

这两个单位的关系是：$1\mathrm{dB} = 0.115\mathrm{Np}$，$1\mathrm{Np} = 8.686\mathrm{dB}$。

图 10-7-1 表示了匹配情况下沿线电压、电流有效值的分布。

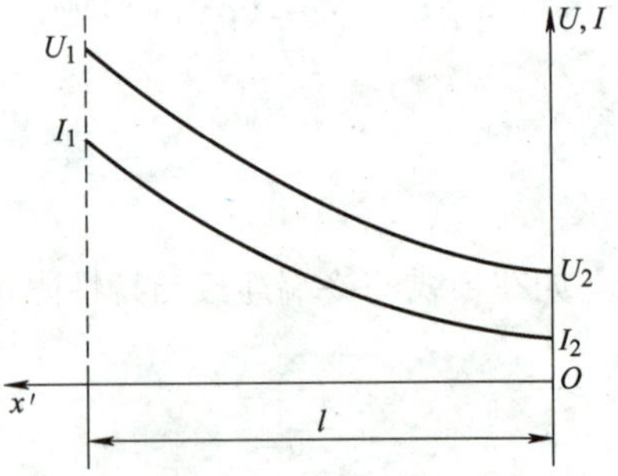

例 10-7-1 在例 10-3-1 中，如负载 $Z_2 = Z_C = 369 \underline{/-5.65°}\,\Omega$，始端电压不变，$\dot{U}_1 = 160 \underline{/15.5°}\mathrm{kV}$，求终端电压 $\dot{U}_2$、终端电流 $\dot{I}_2$、始端电流 $\dot{I}_1$、功率 P_1、P_2 和传输效率。

图 10-7-1

解：由式（10-7-2）知

$$\dot{U}_1 = \dot{U}_2 e^{\gamma l} = 160 \underline{/15.5°}\mathrm{kV}$$

$$\dot{U}_2 = (160 \underline{/15.5°}/1.031 \underline{/18.97°})\mathrm{kV} = 155.2 \underline{/-3.47°}\mathrm{kV}$$

$$\dot{I}_2 = \frac{\dot{U}_2}{Z_C} = (155.2 \underline{/-3.47°}/369 \underline{/-5.65°})\mathrm{kA} = 0.421 \underline{/2.18°}\mathrm{kA}$$

$$\dot{I}_1 = \frac{\dot{U}_1}{Z_C} = (160\ \underline{/15.5°}/369\ \underline{/-5.65°})\,\text{kA} = 0.434\ \underline{/21.2°}\,\text{kA}$$

$$P_1 = R_e\{\dot{U}_1 \overset{*}{\dot{I}}_1\} = 160 \times 0.434\cos(-5.65°)\,\text{MW} = 69.1\,\text{MW}$$

$$P_2 = R_e\{\dot{U}_2 \overset{*}{\dot{I}}_2\} = 155.2 \times 0.421\cos(-5.65°)\,\text{MW} = 65\,\text{MW}$$

$$\eta = P_2/P_1 = 0.94$$

将本例与例 10-3-1 比较可知,一般情况下,匹配情况下的效率较高。许多通信用传输线都工作在匹配情况下,以避免产生反射波带来的不利影响,例如反射波的出现会造成信号传输的失真。

第八节 无畸变长线

若线路参数满足条件

$$L_0/R_0 = C_0/G_0 \tag{10-8-1}$$

从式 (10-3-5) 知

$$\gamma = \sqrt{Z_0 Y_0} = \sqrt{(R_0 + j\omega L_0)(G_0 + j\omega C_0)}$$

$$= \sqrt{R_0 G_0}\sqrt{\left(1 + j\frac{\omega L_0}{R_0}\right)\left(1 + j\frac{\omega C_0}{G_0}\right)}$$

$$= \sqrt{R_0 G_0}\left(1 + j\frac{\omega L_0}{R_0}\right) = \beta + j\alpha \tag{10-8-2}$$

故

$$\beta = \sqrt{R_0 G_0}, \quad \alpha = \omega L_0\sqrt{G_0/R_0} = \omega\sqrt{L_0 C_0} \tag{10-8-3}$$

相位速度

$$v = \omega/\alpha = 1/\sqrt{L_0 C_0} \tag{10-8-4}$$

此时,β 和 v 都与频率无关。

在电信线路中,语音和音乐都是非正弦波,希望从始端到终端无畸变(不失真)地传送。从式 (10-4-1) 知,要求 β 与频率无关,以使各次谐波的幅值衰减一致;又要求相速与频率无关,以使各次谐波齐步前进,没有相位畸变。满足式 (10-8-1) 的长线称为无畸变线,又称不失真线。

此时的特性阻抗

$$Z_C = \sqrt{Z_0/Y_0} = \sqrt{\frac{R_0 + j\omega L_0}{G_0 + j\omega C_0}} = \sqrt{\frac{L_0}{C_0}}\sqrt{\frac{R_0/L_0 + j\omega}{G_0/C_0 + j\omega}} = \sqrt{\frac{L_0}{C_0}} \tag{10-8-5}$$

为一纯电阻,与频率无关,易于实现阻抗匹配。

在通信线路中,通常 $L_0/R_0 < C_0/G_0$,为满足无畸变条件,可在一定距离串接电感线圈或在电缆芯周围包上一层磁导率较大的带子,以提高 L_0 值。

最后,简要说明一下式 (10-8-4) 中相速与光速的关系:以双线传输线为例,单位长度的电感 L_0 为

$$L_0 = \frac{\mu}{\pi}\ln\frac{d}{r} \tag{10-8-6}$$

式中,d 为导线间距离;r 为导线半径;μ 为磁导率。

单位长度的电容 C_0 为

$$C_0 = \frac{\pi\varepsilon}{\ln\dfrac{d}{r}} \tag{10-8-7}$$

式中，ε 为介电常数。

以上两式可在电磁场理论有关教材中找到。将它们代入式（10-8-4），得

$$v = \frac{1}{\sqrt{L_0 C_0}} = \frac{1}{\sqrt{\mu\varepsilon}} = \frac{1}{\sqrt{\mu_r \varepsilon_r} \sqrt{\mu_0 \varepsilon_0}} \qquad (10\text{-}8\text{-}8)$$

式中，μ_0、ε_0 各为真空中的磁导率和介电常数；μ_r、ε_r 各为材料的相对磁导率和相对介电常数。

已知 $\mu_0 = 4\pi \times 10^{-7}\,\mathrm{H/m}$，$\varepsilon_0 = \dfrac{1}{9 \times 10^9 \times 4\pi}\,\mathrm{F/m}$，故 $\dfrac{1}{\sqrt{\mu_0 \varepsilon_0}} = 3 \times 10^8\,\mathrm{m/s}$，即是光速 c，故

$$v = \frac{c}{\sqrt{\mu_r \varepsilon_r}} \qquad (10\text{-}8\text{-}9)$$

对于架空线，μ_r 和 ε_r 都接近于 1，故无畸变架空线中相位速度就是光速；对于电缆，$\mu_r \approx 1$，$\varepsilon_r > 1$，故无畸变电缆中相速小于真空中光速。

第九节　无损耗长线

如果长线的电路参数 $R_0 = 0$，$G_0 = 0$，则称为无损耗长线。在高频传输线中，$\omega L_0 \gg R_0$，$\omega_0 C_0 \gg G_0$，略去 R_0、G_0，即可近似地看作无损耗线。此时

$$\gamma = \sqrt{Z_0 Y_0} = \sqrt{(j\omega L_0)(j\omega C_0)} = j\omega \sqrt{L_0 C_0} = j\alpha$$

可见此时的 $\beta = 0$，即无衰减。相位速度为

$$v = \frac{\omega}{\alpha} = \frac{1}{\sqrt{L_0 C_0}} \qquad (10\text{-}9\text{-}1)$$

此式与无畸变长线的公式相同，即相速与频率无关，依据上节论述，β（等于零）和 v 都与频率无关，故无损耗线也是无畸变线。

特性阻抗为

$$Z_C = \sqrt{\frac{Z_0}{Y_0}} = \sqrt{\frac{j\omega L_0}{j\omega C_0}} = \sqrt{\frac{L_0}{C_0}} = |Z_C| \underline{/0^\circ} \qquad (10\text{-}9\text{-}2)$$

此式也与无畸变线的表达式相同，特性阻抗为一纯电阻，易于实现负载匹配。

从式（10-3-15）可求沿线任一点 x' 处电压、电流的复数表达式

$$\dot{U} = \dot{U}_2 \operatorname{ch}\gamma x' + Z_C \dot{I}_2 \operatorname{sh}\gamma x' = \dot{U}_2 \cos\alpha x' + jZ_C \dot{I}_2 \sin\alpha x' \qquad (10\text{-}9\text{-}3)$$

$$\dot{I} = \frac{\dot{U}_2}{Z_C} \operatorname{sh}\gamma x' + \dot{I}_2 \operatorname{ch}\gamma x' = j\frac{\dot{U}_2}{Z_C} \sin\alpha x' + \dot{I}_2 \cos\alpha x' \qquad (10\text{-}9\text{-}4)$$

这就是一般的无损耗长线方程，下面讨论几种特殊情况。

（1）当终端阻抗与无损耗线匹配时，即 $Z_2 = Z_C$，上两式成为

$$\dot{U} = \dot{U}_2 \cos\alpha x' + j\dot{U}_2 \sin\alpha x' = \dot{U}_2 \mathrm{e}^{j\alpha x'} \qquad (10\text{-}9\text{-}5)$$

$$\dot{I} = j\dot{I}_2 \sin\alpha x' + \dot{I}_2 \cos\alpha x' = \dot{I}_2 \mathrm{e}^{j\alpha x'} \qquad (10\text{-}9\text{-}6)$$

这表示沿线的电压、电流是一直波，无反射波。直波向前传播，速度为 $v = 1/\sqrt{L_0 C_0}$，大小不衰减，线上各点的 $\dot{U}$、$\dot{I}$ 同相，各处的输入阻抗（向右看）为 $Z_i = \dot{U}/\dot{I} = Z_C = \sqrt{L_0/C_0}$。

（2）当终端开路时，即 $Z_2 \to \infty$，$I_2 = 0$，由式（10-9-3）、式（10-9-4）知

$$\dot{U} = \dot{U}_2 \cos\alpha x' \qquad (10\text{-}9\text{-}7)$$

$$\dot{I} = \text{j}\frac{\dot{U}_2}{Z_C}\sin\alpha x' \qquad (10\text{-}9\text{-}8)$$

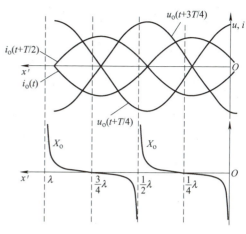

写成时间函数（设 $\dot{U}_2 = U_2 \angle 0°$）

$$u(x',t) = \sqrt{2}\,U_2\cos\alpha x'\sin\omega t \quad (10\text{-}9\text{-}9)$$

$$i(x',t) = \sqrt{2}\frac{U_2}{Z_C}\sin\alpha x'\sin(\omega t + 90°)$$

$$= \sqrt{2}\frac{U_2}{Z_C}\sin\alpha x'\cos\omega t \qquad (10\text{-}9\text{-}10)$$

上两式都具有驻波的形式，图 10-9-1 画出了 u、i 随 x' 变化的波形。由于电压 u 中含 $\cos\alpha x'$，在 $x'=0$，$\lambda/2$，λ，$\cdots$ 处，$u = \pm\sqrt{2}\,U_2\sin\omega t$，电压的幅值最大；在 $x'=\lambda/4$，$3\lambda/4$，$\cdots$ 处，$u = 0$，电压始终为零。前者处在波腹处，后者处在波节处。同理在 $x'=0$，$\lambda/2$，λ，$\cdots$ 处，$i = 0$，处于波节处；在 $x'=\lambda/4$，$3\lambda/4\lambda$，$\cdots$ 处，

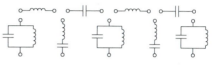

图 10-9-1

$i = \pm\sqrt{2}\dfrac{U_2}{Z_C}\cos\omega t$，电流的幅值最大，$i$ 处于波腹处。

沿线任一点向右看的输入阻抗为

$$Z_i = \frac{\dot{U}}{\dot{I}} = -\text{j}Z_C\cot\alpha x' = \text{j}X_i$$

如图 10-9-1 所示，在 $0 < x' < \lambda/4$，$\lambda/2 < x' < 3\lambda/4\cdots$ 处，输入电抗 X_i 的值为负，Z_i 相当于电容；在 $\lambda/4 < x' < \lambda/2$，$3\lambda/4 < x' < \lambda\cdots$ 处，X_i 的值为正，Z_i 相当于电感；在 $x'=0$，$\lambda/2$，λ，$\cdots$ 处，$X_i = \infty$，Z_i 相当于并联谐振；在 $x'=\lambda/4$，$3\lambda/4$，$\cdots$ 处，$X_i = 0$，Z_i 相当于串联谐振。以上四种情况都形象地表示在图 10-9-1 的下方。

驻波有波节，不论是在电压波节处或在电流波节处，瞬时功率恒为零，显然具有驻波形式的电压、电流不能传送功率。两波节间存在着电场能和磁场能的交换。例如，在 $x'=\lambda/4$ 处是电压 u 的波节，在 $x'=\lambda/2$ 处是电流 i 的波节，在 $x'=\lambda/4 \sim \lambda/2$ 间形成电场能和磁场能之间的相互转换。

（3）当终端短路时，即 $Z_2 = 0$，$\dot{U}_2 = 0$，由式（10-9-3）、式（10-9-4）知

$$\dot{U} = \text{j}Z_C\,\dot{I}_2\sin\alpha x' \qquad\qquad (10\text{-}9\text{-}11)$$

$$\dot{I} = \dot{I}_2\cos\alpha x' \qquad\qquad (10\text{-}9\text{-}12)$$

写成时间函数（设 $\dot{I}_2 = I_2 \angle 0°$）

$$u(x,t) = \sqrt{2}\,Z_C I_2\sin\alpha x'\sin(\omega t + 90°)$$

$$= \sqrt{2}\,Z_C I_2\sin\alpha x'\cos\omega t \qquad\qquad (10\text{-}9\text{-}13)$$

$$i(x,t) = \sqrt{2}\,I_2\cos\alpha x'\sin\omega t \qquad\qquad (10\text{-}9\text{-}14)$$

上两者也都具有驻波的形式，图 10-9-2 画出了 u、i 随 x' 变化的波形。由于电压 u 中含 $\sin\alpha x'$，在 $x'=\lambda/4$，$3\lambda/4$，$\cdots$ 处，$u = \pm\sqrt{2}\,Z_C I_2\cos\omega t$，电压的幅值最大；在 $x'=0$，$\lambda/2$，λ，$\cdots$ 处，$u = 0$，电压始终为零。前者处于波腹处，后者处于波节处。同理在 $x'=\lambda/4$，$3\lambda/4$，$\cdots$ 处，$i = 0$，处于波节处；在 $x'=0$，$\lambda/2$，λ，$\cdots$ 处，$i = \pm\sqrt{2}\,I_2\sin\omega t$，电流幅值最大，处于波腹处。

终端短路时沿线任一点的输入阻抗

$$Z_i = \frac{\dot{U}}{\dot{I}} = jZ_C \tan\alpha x' = jX_i \qquad (10\text{-}9\text{-}15)$$

如图 10-9-2 所示，在 $0 < x' < \lambda/4$，$\lambda/2 < x' < 3\lambda/4 \cdots$ 处，输入电抗 X_i 的值为正，Z_i 相当于电感；在 $\lambda/4 < x' < \lambda/2$，$3\lambda/4 < x' < \lambda \cdots$ 处，X_i 的值为负，Z_i 相当于电容；在 $x' = \lambda/4$，$3\lambda/4 \cdots$ 处，$X_i = \infty$，Z_i 相当于并联谐振；在 $x' = 0$，$\lambda/2$，$\lambda \cdots$ 处，$X_i = 0$，Z_i 相当于串联谐振。

由式（10-4-13）知，终端处的反射系数为 $N = \frac{Z_2 - Z_C}{Z_2 + Z_C}$，在无损线终端开路或短路的情况下 $N = \pm 1$，即反射系数为 ± 1，入射波行进至终端完全反射回来形成反射波，入射波和反射波相加组成驻波。从式（10-9-9）知，在终端开路时

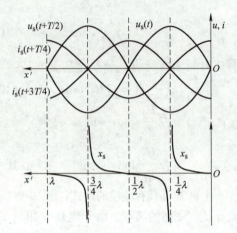

图 10-9-2

$$u = \sqrt{2}\,U_2 \cos\alpha x' \sin\omega t = \frac{\sqrt{2}}{2} U_2 [\sin(\omega t - \alpha x') + \sin(\omega t + \alpha x')] \qquad (10\text{-}9\text{-}16)$$

式中，第一项是入射波；第二项是反射波。

由此可见，形成驻波的条件是无损线且在终端全反射。终端开路时，反射系数 $N = 1$；终端短路时，反射系数 $N = -1$。

比较图 10-9-1 和图 10-9-2 可知，短路长线相当于开路长线距终端 $\lambda/4$ 处的条件，将开路长线截短 $\lambda/4$ 后，再将终端短路，线路的工作情况不变。或者短路线可用延长 $\lambda/4$ 的开路线代替，不会影响原短路线的工作状态。

（4）当终端接电容或电感时，相当于前述终端开路，距终端 $0 < x' < \lambda/4$，$\lambda/2 < x' < 3\lambda/4 \cdots$ 处的条件，也相当于当终端短路，距终端 $\lambda/4 < x' < \lambda/2$，$3\lambda/4 < x' < \lambda \cdots$ 处的条件。

下面只讨论终端接电感的无损长线方程，此时 $Z_2 = j\omega L_2 = jX_2$，则

$$\dot{U} = \dot{U}_2 \cos\alpha x' + j\,\dot{I}_2 Z_C \sin\alpha x' = j\,\dot{I}_2 (X_2 \cos\alpha x' + Z_C \sin\alpha x')$$

$$= j\,\dot{I}_2 \sqrt{X_2^2 + Z_C^2}\,\sin(\alpha x' + \varphi) \qquad (10\text{-}9\text{-}17)$$

$$\dot{I} = j\frac{\dot{U}_2}{Z_C}\sin\alpha x' + \dot{I}_2 \cos\alpha x' = \frac{\dot{I}_2}{Z_C}(-X_2 \sin\alpha x' + Z_C \cos\alpha x')$$

$$= \frac{\dot{I}_2}{Z_C}\sqrt{X_2^2 + Z_C^2}\,\cos(\alpha x' + \varphi) \qquad (10\text{-}9\text{-}18)$$

式中，$\varphi = \arctan\dfrac{X_2}{Z_C}$。

写成时间函数式（设 $\dot{I}_2 = I_2 \underline{/0°}$）

$$u(x,t) = \sqrt{2}\,I_2 \sqrt{X_2^2 + Z_C^2}\,\sin(\alpha x' + \varphi)\cos\omega t \qquad (10\text{-}9\text{-}19)$$

$$i(x,t) = \sqrt{2}\,\frac{I_2}{Z_C}\sqrt{X_2^2 + Z_C^2}\,\cos(\alpha x' + \varphi)\sin\omega t \qquad (10\text{-}9\text{-}20)$$

由上两式知，电压、电流都是驻波，但在终端 $x' = 0$ 处，既非 u 的波节（波腹），也非 i 的波节（波腹），如图 10-9-3 所示。

比较式（10-9-19）、式（10-9-20）与式（10-9-13）、式（10-9-14）可知，当前两式中 $X_2 = 0$ 时，则化为后两式；再者，将终端接电感的无损线可以用原线延长 φ/α 的短路无损耗线代替，不改变原线的工作情况。

同理可推断：终端接电容的无损线可以用原线延长 φ/α 的开路无损耗线等效替换。

例 10-9-1 图 10-9-4 电路中 $e = \sqrt{2}\sin 10^8 t\,\mathrm{V}$，$R = 5\mathrm{k\Omega}$，$L = 0.01\mathrm{mH}$，欲使电路达到并联谐振，在 a、b 端接空载无损线，求该线长度 l。已知该线的 $Z_C = 300\Omega$，波速是光速，求终端开路电压 u_2。

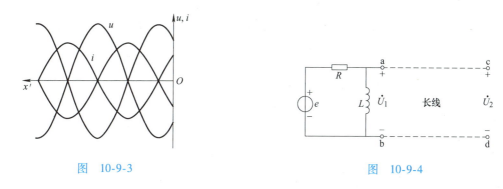

图 10-9-3 图 10-9-4

解： 为使电路达到并联谐振，只要使得电感感抗 ωL 等于无损线在 ab 端口的入端容抗。即 $X_L = X_C = \omega L = 10^8 \times 0.01 \times 10^{-3}\,\Omega = 10^3\,\Omega$。

无损线空载时的电路方程为

$$\dot{U}_1 = \dot{U}_2 \cos\alpha l, \quad \dot{I}_1 = \mathrm{j}\frac{\dot{U}_2}{Z_C}\sin\alpha l$$

输入阻抗为

$$Z_i = \frac{\dot{U}_1}{\dot{I}_1} = -\mathrm{j}Z_C \cot\alpha l = -\mathrm{j}X_C$$

即

$$300\cot\alpha l = 1000$$

$$\tan\alpha l = 0.3$$

$$\alpha l = 16.7° = 0.291\,\mathrm{rad}$$

又

$$\alpha = \frac{\omega}{v} = \frac{10^8}{3 \times 10^8} = \frac{1}{3}$$

所以

$$l = 0.874\,\mathrm{m}$$

$$\dot{U}_2 = \frac{\dot{U}_1}{\cos\alpha l} = \frac{\dot{E}}{\cos\alpha l} = \frac{1\underline{/0°}}{\cos 16.7°}\mathrm{V} = 1.04\mathrm{V}$$

最后得

$$u_2 = \sqrt{2} \times 1.04\sin 10^8 t\,\mathrm{V}$$

第十节　无损长线的某些应用

一、代替电感、电容

如上所述，不同长度的无损短路线或开路线可作为电感或电容元件，用于滤波、振荡器等，请见下两例。

例 10-10-1 某高频无损线，特性阻抗 $Z_C = 350\Omega$，波长 $\lambda = 1\mathrm{m}$，波速为光速，希望用该无损线代替大小为 $0.09\mathrm{\mu H}$ 的电感，求所需长度。

解：小于$\lambda/4$的短接无损线相当于电感，由无损短路线方程

$$\dot{U}_1 = jZ_C \dot{I}_2 \sin\alpha l, \quad \dot{I}_1 = \dot{I}_2 \cos\alpha l$$

入端阻抗为

$$Z_i = \frac{\dot{U}_1}{\dot{I}_1} = jZ_C \tan\alpha l = j\omega L$$

由于$v = \lambda f$，所以

$$f = \frac{v}{\lambda} = \frac{3 \times 10^8}{1} \text{Hz} = 3 \times 10^8 \text{Hz}$$

$$\omega = 2\pi f = 18.86 \times 10^8 \text{rad/s}$$

$$j\omega L = j18.86 \times 10^8 \times 0.09 \times 10^{-6}\Omega = 169.7\Omega$$

$$\tan\alpha l = \frac{\omega L}{Z_C} = \frac{169.7}{350} = 0.485$$

$$\alpha l = 25.87° = 0.452 \text{rad}$$

又$\alpha = \dfrac{2\pi}{\lambda} = 2\pi$，最后得

$$l = \frac{0.452}{2\pi}\text{m} = 0.072\text{m}$$

综上所述，将无损短路线用做电感时，求线长的公式为

$$l = \frac{1}{\alpha}\arctan\left(\frac{\omega L}{Z_C}\right) \tag{10-10-1}$$

例10-10-2 上题，希望用无损线代替电容2pF，求所需长度。

解：小于$\lambda/4$的开路无损线相当于电容。输入阻抗$Z_i = -jZ_C \cot\alpha l = \dfrac{1}{j\omega C}$，故线长$l$为

$$l = \frac{1}{\alpha}\text{arccot}\left(\frac{1}{Z_C \omega C}\right) \tag{10-10-2}$$

代入数据

$$l = \frac{1}{2\pi}\text{arccot}\left(\frac{1}{350 \times 18.86 \times 10^8 \times 2 \times 10^{-12}}\right)\text{m} = \frac{1}{2\pi}\text{arccot}\left(\frac{1}{1.32}\right)\text{m} = 0.147\text{m}$$

综上所述，将无损开路线用做电容时，求线长的公式为

$$l = \frac{1}{\alpha}\text{arccot}\left(\frac{1}{Z_C \omega C}\right)$$

二、用做绝缘支架和仪表连线

$\lambda/4$的短路无损线的输入阻抗为$Z_i = jZ_C \tan\alpha \dfrac{\lambda}{4} = jZ_C \tan\dfrac{\pi}{2} = \infty$，输入阻抗极高，在超高频电路中可用其作为绝缘支架，如图10-10-1所示。这样可避免常规绝缘子的介质损耗。

也可利用$\lambda/4$的短接无损线测量高频线路上的电压$\dot{U}_1$，如图10-10-2所示。在AB处并接对信号频率来说$\lambda/4$的短路无损线，由短路线方程知：$\dot{U}_1 = jZ_C \dot{I}_2 \sin\alpha \dfrac{\lambda}{4} = jZ_C \dot{I}_2$，故有效值$I_2 = \dot{U}_1/Z_C$。在短路线处接热电偶，与$U_1$成正比的$I_2$在热电偶处发热，产生热电动势由毫伏计测出。

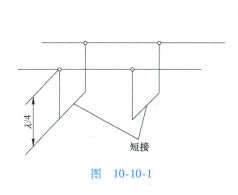

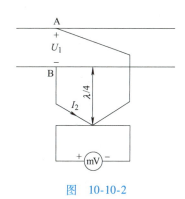

图　10-10-1

图　10-10-2

三、用做阻抗变换

图 10-10-3 中天线的阻抗 Z_2 是一纯电阻 $Z_2 = R_2$，左方的馈电线的特性阻抗为 $Z_{C1} \neq R_2$，二者不相匹配。为此，其间串接具有特性阻抗 Z_{C2} 的无损线，长度为 $\lambda/4$ 以使从 ab 向右看的输入阻抗 $Z_{ab} = Z_{C1}$，达到匹配的目的。

由式（10-3-17）知，输入阻抗 Z_{ab} 为

$$Z_{ab} = Z_{C2} \frac{R_2 + Z_{C2} \mathrm{th}\gamma l}{Z_{C2} + R_2 \mathrm{th}\gamma l} = Z_{C1}$$

对于 $\lambda/4$ 无损线

$$\mathrm{th}\gamma l = \mathrm{th}(\mathrm{j}\alpha l) = \mathrm{j}\tan\left(\frac{2\pi}{\lambda} \frac{\lambda}{4}\right) = \mathrm{j}\infty$$

故

$$Z_{C1} = Z_{C2} \frac{Z_{C2}}{R_2}$$

所以

$$Z_{C2} = \sqrt{Z_{C1} R_2} \qquad\qquad (10\text{-}10\text{-}3)$$

图 10-10-4 中上部是特性阻抗为 Z_C 的无损线（从 11′到 33′），其负载阻抗为 Z_2，为使达到匹配的目的，在 22′处并接同样特性阻抗的无损短路线，选择 l_1、l_2 使从 22′处向右看的等效并联输入阻抗为 Z_C，即

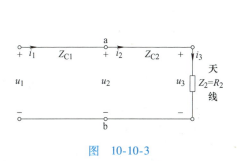

图　10-10-3

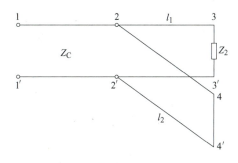

图　10-10-4

$$Z_C = Z_{i22'} = Z_{il1} /\!/ Z_{il2} \qquad\qquad (10\text{-}10\text{-}4)$$

或写成

$$Y_{i22} = Y_{il1} + Y_{il2} = \frac{1}{Z_C} \qquad\qquad (10\text{-}10\text{-}5)$$

又知

$$Z_{il1} = Z_C \frac{Z_2 + \mathrm{j}Z_C \tan\alpha l_1}{Z_C + \mathrm{j}Z_2 \tan\alpha l_1}, \quad Z_{il2} = \mathrm{j}Z_C \tan\alpha l_2$$

将 Z_{il1}、Z_{il2} 代入式（10-10-5），得

$$\frac{1}{Z_C} = \frac{1}{Z_C}\frac{Z_C + jZ_2\tan\alpha l_1}{Z_CZ_2 + jZ_C\tan\alpha l_1} + \frac{1}{jZ_C\tan\alpha l_2} \tag{10-10-6}$$

已知 Z_C、Z_2、α，由此复数方程可解出两个未知量 l_1、l_2。

例 10-10-3 如图 10-10-3所示线路，$Z_{C1} = 300\Omega$，$l_1 = \lambda/2$ 的无损线与负载 Z_2 不匹配，现用 $l_2 = \lambda/4$、特性阻抗为 Z_{C2} 的另一无损线串接其间，使之匹配，求 $Z_{C2} = ?$ 又设 Z_{C1} 线的始端电压 $u_1 = 10\sin10^8 t\,\mathrm{V}$，$Z_2 = R_2 = 600\Omega$，求 i_1、u_2、i_2、u_3、i_3。

解： 为满足匹配条件，利用式（10-10-3）得

$$Z_{C2} = \sqrt{Z_{C1}R_2} = \sqrt{300\underline{/0°} \times 600}\,\Omega = 424.3\underline{/0°}\,\Omega \tag{10-10-7}$$

在 Z_{C1} 线的终端无反射，由式（10-9-5）、式（10-9-6）知

$$\dot{U}_1 = \dot{U}_2 e^{j\alpha l_1} = \dot{U}_2 e^{j\frac{2\pi}{\lambda}\frac{\lambda}{2}} = \dot{U}_2 e^{j\pi} = -\dot{U}_2 \tag{10-10-8}$$

$$\dot{I}_1 = \dot{I}_2 e^{j\alpha l_1} = -\dot{I}_2 \tag{10-10-9}$$

$$\dot{I}_1 = \frac{\dot{U}_1}{Z_{C1}} = \frac{\frac{10}{\sqrt{2}}\underline{/0°}}{300\underline{/0°}}\,\mathrm{A} = \frac{0.0333}{\sqrt{2}}\underline{/0°}\,\mathrm{A}$$

故

$$i_1 = 0.333\sin(10^8 t)\,\mathrm{A}, i_2 = 0.333\sin(10^8 t + 180°)\,\mathrm{A}$$

$$u_2 = -u_1 = 10\sin(10^8 t + 180°)\,\mathrm{V}$$

又由无损长线基本方程

$$\dot{U}_2 = \dot{U}_3\cos\alpha l_2 + jZ_{C2}\dot{I}_3\sin\alpha l_2$$

$$\dot{I}_2 = j\frac{\dot{U}_3}{Z_C}\sin\alpha l_2 + \dot{I}_3\cos\alpha l_2$$

因为

$$\alpha l_2 = \frac{2\pi}{\lambda}\frac{\lambda}{4} = \frac{\pi}{2}$$

故

$$\dot{U}_2 = jZ_{C2}\dot{I}_3$$

$$\dot{I}_3 = \frac{\dot{U}_2}{jZ_{C2}} = \frac{-\dot{U}_1}{jZ_{C2}} = j\frac{\dot{U}_1}{Z_{C2}} = j\frac{\frac{10}{\sqrt{2}}\underline{/0°}}{424.3\underline{/0°}}\,\mathrm{A} = \frac{0.0236}{\sqrt{2}}\underline{/90°}\,\mathrm{A}$$

又

$$\dot{I}_2 = j\frac{\dot{U}_3}{Z_{C2}}$$

$$\dot{U}_3 = -jZ_{C2}\dot{I}_2 = -j424.3\underline{/0°} \times \frac{0.0333}{\sqrt{2}}\underline{/180°}\,\mathrm{A} = \frac{14.14}{\sqrt{2}}\underline{/90°}\,\mathrm{A}$$

故

$$u_3 = 14.14\sin(10^8 t + 90°)\,\mathrm{V}, i_3 = 0.0236\sin(10^8 t + 90°)\,\mathrm{A}$$

例 10-10-4 图 10-10-4中上方无损耗的特性阻抗 $Z_C = 60\Omega$，负载 $Z_2 = 80\Omega$。为使 11′始端处的输入阻抗也等于 Z_C，即匹配，用长为 l_2 的同样的无损线并接在距第一对线终端的 l_1 处，已知信号波长 λ 为 10m，波速为光速，求 l_1、l_2。

解： 由式（10-10-6）知

$$\frac{1}{60} = \frac{1}{60}\frac{60 + j80\tan\alpha l_1}{80 + j60\tan\alpha l_1} + \frac{1}{j60\tan\alpha l_2}$$

化简为
$$1 = \left[\frac{4800 + 4800\tan^2\alpha l_1}{80^2 + 60^2\tan^2\alpha l_1} + \frac{\text{j}2800\tan\alpha l_1}{80^2 + 60^2\tan^2\alpha l_1} \right] - \text{j}\frac{1}{\tan\alpha l_2}$$

令实、虚部分别相等

$$4800 + 4800\tan^2\alpha l_1 = 6400 + 3600\tan^2\alpha l_1 \tag{10-10-10}$$

$$6400 + 3600\tan^2\alpha l_1 = 2800\tan\alpha l_1\tan\alpha l_2 \tag{10-10-11}$$

由式（10-10-10），得

$$\tan^2\alpha l_1 = \frac{4}{3}, \quad \alpha l_1 = 49.1° = 0.857\text{rad} \tag{10-10-12}$$

将式（10-10-12）代入式（10-10-11），得

$$6400 + 3600 \times \frac{4}{3} = 2800 \times \sqrt{\frac{4}{3}}\tan\alpha l_2$$

故
$$\tan\alpha l_2 = 3.464, \quad \alpha l_2 = 1.289\text{rad} \tag{10-10-13}$$

因为
$$\alpha = \frac{2\pi}{\lambda} = \frac{2\pi}{10}\text{rad/m} = 0.628\text{rad/m}$$

故
$$l_1 = \frac{\alpha l_1}{\alpha} = \frac{0.857}{0.628}\text{m} = 1.365\text{m}, \quad l_2 = \frac{1.289}{0.628}\text{m} = 2.053\text{m}$$

第十一节　长线作为双口网络

从长线的基本方程式（10-3-15）知
$$\dot{U}_1 = \dot{U}_2\text{ch}\gamma l + Z_\text{C}\dot{I}_2\text{sh}\gamma l \tag{10-11-1}$$

$$\dot{I}_1 = \frac{\dot{U}_2}{Z_\text{C}}\text{sh}\gamma l + \dot{I}_2\text{ch}\gamma l \tag{10-11-2}$$

可将长线看成双口网络（图 10-11-1a），其传输参数方程为
$$\dot{U}_1 = A\dot{U}_2 + B\dot{I}_2, \quad \dot{I}_1 = C\dot{U}_2 + D\dot{I}_2 \tag{10-11-3}$$

$$A = D = \text{ch}\gamma l, \quad B = Z_\text{C}\text{sh}\gamma l, \quad C = \frac{1}{Z_\text{C}}\text{sh}\gamma l \tag{10-11-4}$$

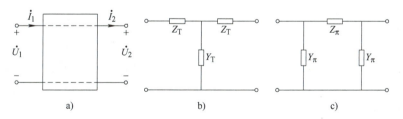

图　10-11-1

显然，长线是对称双口网络，这是因为 $A = D$，且
$$AD - BC = \text{ch}^2\gamma l - \text{sh}^2\gamma l = 1 \tag{10-11-5}$$

可以用 T 形、π 形网络模拟长线，在图 10-11-1b 所示的 T 形网络中
$$Z_\text{T} = \frac{A-1}{C} = Z_\text{C}\frac{\text{ch}\gamma l - 1}{\text{sh}\gamma l}, \quad Y_\text{T} = C = \frac{1}{Z_\text{C}}\text{sh}\gamma l \tag{10-11-6}$$

在图 10-11-1c 所示的 π 形网络中

$$Z_\pi = B = Z_C \text{ch}\gamma l, \quad Y_\pi = \frac{A-1}{B} = \frac{\text{ch}\gamma l - 1}{Z_C \text{sh}\gamma l} \tag{10-11-7}$$

第十二节　无损线的暂态分析

对于无损线，式（10-2-3）、式（10-2-4）可简化为

$$-\frac{\partial u}{\partial x} = L_0 \frac{\partial i}{\partial t}, \quad -\frac{\partial i}{\partial x} = C_0 \frac{\partial u}{\partial t} \tag{10-12-1}$$

可用拉氏变换求解此偏微分方程组，记为

$$\mathscr{L}[u(x,t)] = U(x,s), \mathscr{L}[i(x,t)] = I(x,s) \tag{10-12-2}$$

将式（10-12-1）作拉氏变换，得

$$-\frac{\mathrm{d}U}{\mathrm{d}x} = sL_0 I - L_0 i(x,0), \quad -\frac{\mathrm{d}I}{\mathrm{d}x} = sC_0 U - C_0 U(x,0) \tag{10-12-3}$$

此时 U、I 不再是 t 的函数，只是 x 的函数，故原偏微分方程化为常微分方程。式中 $u(x,0)$ 和 $i(x,0)$ 是电压、电流的初始条件。如设初始条件为零，即 $u(x,0)=0$，$i(x,0)=0$，从式（10-12-3）推得

$$\frac{\mathrm{d}^2 U}{\mathrm{d}x^2} = L_0 C_0 s^2 U, \quad \frac{\mathrm{d}^2 I}{\mathrm{d}x^2} = L_0 C_0 s^2 I \tag{10-12-4}$$

上式中 U 的通解为

$$U = A_1 \mathrm{e}^{-\sqrt{L_0 C_0}sx} + A_2 \mathrm{e}^{\sqrt{L_0 C_0}sx} = A_1 \mathrm{e}^{-\frac{s}{v}x} + A_2 \mathrm{e}^{\frac{s}{v}x} \tag{10-12-5}$$

式中，$v = 1/\sqrt{L_0 C_0}$ 是行波的波速。

有了 U 的表达式，代入式（10-12-3）中第一式，得

$$I = -\frac{\mathrm{d}U}{sL_0 \mathrm{d}x} = \sqrt{\frac{C_0}{L_0}}(A_1 \mathrm{e}^{-\sqrt{L_0 C_0}sx} - A_2 \mathrm{e}^{\sqrt{L_0 C_0}sx})$$

$$= \frac{1}{Z_C}(A_1 \mathrm{e}^{-\frac{s}{v}x} - A_2 \mathrm{e}^{\frac{s}{v}x}) \tag{10-12-6}$$

式中，$Z_C = \sqrt{\dfrac{L_0}{C_0}}$ 是线的特性阻抗；A_1、A_2 是积分常数（但可含有参数 s），由边值条件决定。

例 10-12-1　初始条件为零的无损线，当终端接等于特性阻抗的负载，始端接直流电压源时，即 $u(0,t)=E\cdot 1(t)$，求沿线任一点的过渡电压 $u(x,t)$ 和电流 $i(x,t)$。

解：边值条件为

$$\begin{cases} U(0) = E/s & x=0 \\ U(l) = Z_C I(l) & x=l \end{cases} \tag{10-12-7}$$

将此边值条件分别代入式（10-12-5）、式（10-12-6）得

$$U(0) = E/s = A_1 + A_2 \tag{10-12-8}$$

$$U(l) = A_1 \mathrm{e}^{-\frac{sl}{v}} + A_2 \mathrm{e}^{\frac{sl}{v}} = Z_C I_l = Z_C \frac{1}{Z_C}(A_1 \mathrm{e}^{-\frac{sl}{v}} - A_2 \mathrm{e}^{\frac{sl}{v}})$$

$$= A_1 \mathrm{e}^{-\frac{sl}{v}} - A_2 \mathrm{e}^{\frac{sl}{v}} \tag{10-12-9}$$

从式（10-12-9）知 A_2 必为零，代入式（10-12-8）得

$$A_1 = E/s$$

于是
$$U = \frac{E}{s} e^{-\frac{s}{v}x}, I = \frac{E}{Z_C s} e^{-\frac{s}{v}x} \tag{10-12-10}$$

它们的反变换为

$$u(x,t) = E \cdot 1\left(t - \frac{x}{v}\right), i(x,t) = \sqrt{\frac{C_0}{L_0}} E \cdot 1\left(t - \frac{x}{v}\right) \tag{10-12-11}$$

图 10-12-1 绘出了 u, i 的波形图，在 $t = \frac{x}{v}$ 瞬间，u, i 的直波进到了 x 处。在此后的 $\mathrm{d}t$ 时间，u 波行进了 $\mathrm{d}x = v\mathrm{d}t$，线段 $\mathrm{d}x$ 被充电了 $\mathrm{d}q = (C_0\mathrm{d}x)E$，充电电流为 $i = \mathrm{d}q/\mathrm{d}t = C_0 vE = \sqrt{\frac{C_0}{L_0}}E$，这一电流形成磁场，此时磁通增

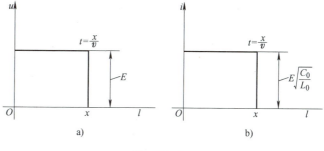

图 10-12-1

加了 $\mathrm{d}\Phi = L_0 \mathrm{d}x \sqrt{\frac{C_0}{L_0}}$，感应电动势形成的自感压降为 $u = \frac{\mathrm{d}\Phi}{\mathrm{d}t} = L_0 v \sqrt{\frac{C_0}{L_0}} E$，这些解释都与式（10-12-11）一致。

例 10-12-2 初始条件为零的无损线，设长度为无限，始端接通单位指数的电压源，求线上任一点的过渡电压 u, i。

解：从式（10-12-5）、式（10-12-6）知含有 $e^{-\frac{s}{v}x}$ 的项是直波，含有 $e^{\frac{s}{v}x}$ 的项是回波，今长度为无限，故回波应为零，两式简化为

$$U = A_1 e^{-\frac{s}{v}x} \tag{10-12-12}$$

$$I = \frac{A_1}{Z_C} e^{-\frac{s}{v}x} \tag{10-12-13}$$

当 $x = 0$ 时，$U = A_1 = \frac{1}{s+\alpha}$，代入上两式得

$$U = \frac{1}{s+\alpha} e^{-\frac{s}{v}x} \tag{10-12-14}$$

$$I = \frac{1/(s+\alpha)}{Z_C} e^{-\frac{s}{v}x} \tag{10-12-15}$$

对上两式作拉氏变换，利用拉氏变换的时移定理，可得

$$u(x,t) = e^{-\left(t - \frac{x}{v}\right)} \cdot 1\left(t - \frac{x}{v}\right) \tag{10-12-16}$$

$$i(x,t) = \frac{e^{-\left(t - \frac{x}{v}\right)} \cdot 1\left(t - \frac{x}{v}\right)}{Z_C} \tag{10-12-17}$$

图 10-12-2a 中做出了 $u_s(t)$ 随时间变化的波形，图 10-12-2b 中为 $u(x,t)$ 在两瞬时下的随 x 变化的波形。在某时刻 $t = t_1$ 时，$x_1 = vt_1$，在 $x = x_1$ 处，$u(x_1, t_1) = 1\mathrm{V}$；在 $x = 0$ 处，$u(0, t_1) = e^{-t_1}\mathrm{V}$。随时间的流逝，直波向右传播，当 $t = t_2 > t_1$ 时，直波波峰向右前进至 x_2，在 $x = x_2$ 处，$u(x_2, t_2) = 1\mathrm{V}$；在 $t = 0$ 处，$u(0, t_2) = e^{-t_2}\mathrm{V}$。

电流 $i(x,t)$ 的波形与 $u(x,t)$ 的波形相似，只相差一因子 $Z_C = \sqrt{\dfrac{L_0}{C_0}}$。

在无损线更一般的情况下，式（10-12-5）、式（10-12-6）的解为（设初始条件为零）

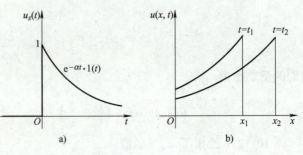

图 10-12-2

$$u(x,\ t) = u_r\left(t - \frac{x}{v}\right) + u_f\left(t + \frac{x}{v}\right)$$

$$\tag{10-12-18}$$

$$i(x,\ t) = \frac{u_r}{Z_C}\left(t - \frac{x}{v}\right) - \frac{u_f}{Z_C}\left(t + \frac{x}{v}\right) \tag{10-12-19}$$

式中，$u_r\left(t - \dfrac{x}{v}\right)$ 表示正向行波（入射波或直波）；$u_f\left(t + \dfrac{x}{v}\right)$ 表示反向行波（反射波或回波）。u_r、u_f 是泛函数，由边界条件决定。

习 题 十

10-1 某三相传输线长 300km，$R_0 = 0.08\Omega/\text{km}$，$\omega L_0 = 0.4\Omega/\text{km}$，$\omega C_0 = 2.8\mu\text{S}/\text{km}$，$G_0$ 略去不计，求线的特性阻抗 Z_C 和传播系数。

10-2 上题，已知负载端线电压为 $220\sin\omega t\,\text{kV}$，吸收功率 100MW，功率因数 0.90（感性），求输入端的线电压、电流、输入功率和传输效率。

10-3 上题，如始端电压保持不变，终端负载被切断，求终端线电压。

10-4 上题，如始端电压保持不变，终端负载被短接，求终端电流。

10-5 一条 4km 长的同轴电缆，$\omega = 10^5\text{rad/s}$，$Z_C = 60\ \underline{/-20°}\ \Omega$，$\beta = 0.8\text{dB/km}$，$\alpha = 0.5\text{rad/km}$，终端是匹配的，始端电压 $u_S = \sqrt{2} \times 5\sin 10^5 t\,\text{V}$，内阻 $R_0 = 60\Omega$，求终端电压 u_2 和电流 i_2。

10-6 题图 10-1 为两段无损线，$Z_{C1} = 600\Omega$，$Z_{C2} = 700\Omega$，终端电阻 $R_2 = 700\Omega$，为使在 AB 处不发生反射，求 AB 间应接电阻 R_1 等于多少？

10-7 在题图 10-1 电路中，设 $Z_{C1} = Z_{C2} = Z_C$，传播系数 $\gamma_1 = \gamma_2$，线长 $l_1 = l_2$，且 $R_1 = R_2 = Z_C$，求 1-1′ 端口输入阻抗。

10-8 一条无损线的长度为 1.5m，频率为 200MHz，波速是光速，特性阻抗是 300Ω，终端接负载与之匹配，求此线的输入阻抗；又如负载为 600Ω 时，求输入阻抗。

题图 10-1

10-9 在 $f = 300\text{MHz}$ 的高频无损线路中，为了得到 $C = 4 \times 10^{-3}\mu\text{F}$ 的电容，利用短于 $\lambda/4$ 的开路线来代替，设波速是光速，特性阻抗 $Z_C = 600\Omega$，求线的长度。

10-10 在 $f = 100\text{MHz}$ 的无损线路中，为了得到 $L = 2 \times 10^{-3}\text{mH}$ 的电感，利用短于 $\lambda/4$ 的短路线来代替，设波速是光速，特性阻抗等于 600Ω，求线的长度。

10-11 为测量高频 $f = 300\text{MHz}$ 的线路电压，可由 $\lambda/4$ 的无损线实现，无损线的始端接被测电压，终端接热电偶（相当于短路）。已知 $L_0 = 2.8 \times 10^{-3}\text{H/km}$，$C_0 = 4 \times 10^{-3}\mu\text{F/km}$，求线长。

10-12 题图 10-2 中无损线的特性阻抗 $Z_C = 60\Omega$，终端负载 $Z_2 = 70\Omega$，为使负载匹配，在距终端 l_1 处接同样参数的无损短路线，长度 l_2。设信号波长为 5m，求 l_1、l_2 应为多少？

10-13 题图 10-3 中无损线的 11′ 端接电压源，$u_S(t) = 10\sqrt{2}\sin(\omega t + 15°)\text{V}$，22′ 端开路，33′ 端短路。各段的特性阻抗都是 150Ω，线长分别为 $l_1 = 0.5\lambda$，$l_2 = \dfrac{1}{3}\lambda$，$l_3 = \dfrac{1}{6}\lambda$（$\lambda$ 为波长）。问 $Z = ?$ 时第一段上无反射波，并求此时 22′ 处的开路电压 $u_{20}(t)$ 和 33′ 处的短路电流 $i_{3d}(t)$。

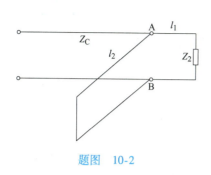

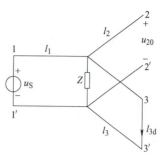

题图　10-2　　　　　　　　　　　　　　　题图　10-3

10-14　题图 10-4 电路中，$\dot{U}_S = 6\underline{/0°}$ V，两段无损耗线的长度分别为 $\dfrac{\lambda}{8}$ 和 $\dfrac{\lambda}{4}$，特性阻抗分别为 $Z_{C1} = 300\Omega$，$Z_{C2} = 100\sqrt{3}\,\Omega$，$R_1 = 600\Omega$，$R_2 = 100\Omega$，试求 $\dot{U}_1$、$\dot{U}_2$、$\dot{U}_3$。

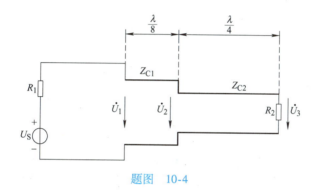

题图　10-4

10-15　求题 10-1 中长线的 T 形等效电路参数。

10-16　求题 10-1 中长线的 π 形等效电路参数。

10-17　长度为 40km 的无损线，特性阻抗 $Z_C = 600\Omega$，终端负载与线匹配，当始端接通 6kV 的电压源后，求距始端 30km 处电压、电流的暂态波形。（设线路原先不带电，波速是光速）

10-18　长度为 40km 的无损线，特性阻抗为 600Ω，波速是光速，线路原先不带电。当始端接 $E = 3$kV 电压源、终端短路，求线上任一点的暂态电压。

Z 知识图谱：

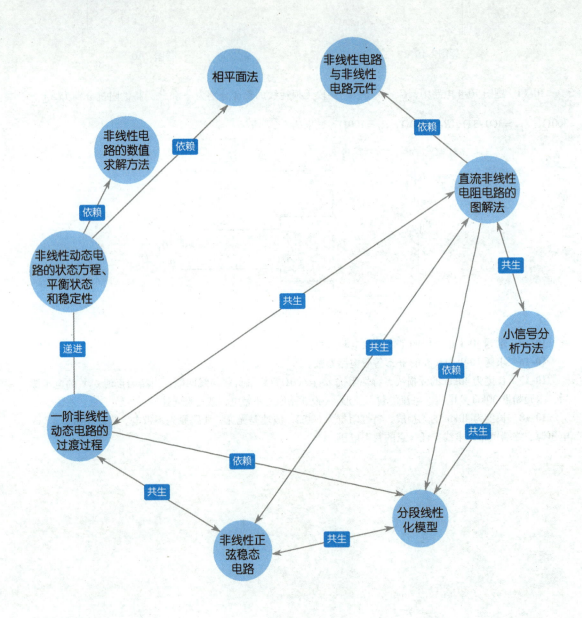

第一节　非线性电路与非线性元件

以前各章讨论的内容均为线性电路，其中的电阻、电感和电容等元件的参数都是常数。严格地说，实际电路元件或多或少都具有非线性，只是当该元件所加电压和电流局限在一定范围内时，按线性元件处理计算误差可予忽略；但当超过此范围时，再按线性元件处理时，会导致很大误差。此外，在电工技术中，还广泛使用一类有别于上述可线性化处理的实质性的非线性元件，用于产生整流、稳压、分频与振荡等功能。

含有非线性元件的电路，都是非线性电路。对于非线性电路，基尔霍夫电流和电压定律（KCL 和 KVL）仍然成立，但由于元件的非线性特性，故描述这类电路的方程是非线性方程。对于非线性电阻电路，列出的方程是一组非线性代数方程；而对于含有非线性储能元件的电路，列出的方程则是一组非线性微分方程。

线性电路满足欧姆定律和叠加定理，因而由欧姆定律和叠加定理引出的一系列方法和定理，如回路电流法、节点电压法、戴维南（诺顿）定理、互易定理等，均适用于求解线性电路。对于非线性电路，欧姆定律和叠加定理不再成立，因而上述的这些线性电路的分析方法和定理已不再适用于求解非线性电路，只能有条件地应用于非线性电路中的线性部分电路的求解。

在非线性电路中，KCL 和 KVL 仍成立，而非线性电阻的伏安特性则取代了线性电阻的欧姆定律。求解非线性电阻电路的方法通常有图解法、小信号法、解析法和数值法等。

下面先介绍非线性电阻、电感和电容元件，然后再讨论非线性电路的分析方法。

一、非线性电阻元件

非线性电阻元件的伏安特性可记作

$$u = f(i) \text{ 或 } i = f(u) \tag{11-1-1}$$

在电路图中用图 11-1-1 的符号表示非线性电阻。

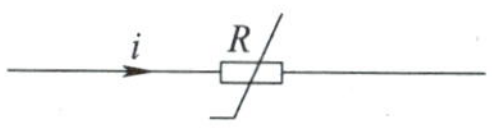

获得非线性电阻伏安特性的方法有两种。一种是解析方法，即根据物理定律推导其理论特性，另一种是实验方法，即利用实验测得的数据做出特性曲线。用解析方法可以得到真空二极管和半导体二极管的伏安特性表达式。真空二极管的 u-i 曲线可表示为

$$i = ku^{3/2} \tag{11-1-2}$$

式中，k 为常数。

半导体二极管的 u-i 曲线可表示为

$$i = I_S(e^{au} - 1) \tag{11-1-3}$$

式中，I_S、a 都是常数。

对于非线性电阻，如果其电流 i 是电压 u 的单值函数，则称为电压控制型（简称压控型）电阻。如果非线性电阻的电压 u 是电流 i 的单值函数，则称为电流控制型（简称流控型）电阻。有的非线性电阻的电流 i 是电压 u 的单值函数，且其电压 u 又是电流的单值函数，即是压控型的，又是流控型的，则称为单调型的电阻。后面还会遇到有的非线性电阻既非压控型又非流控型。

图 11-1-2 为几种非线性电阻的伏安特性。

图　11-1-1

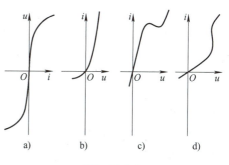

a)　　b)　　c)　　d)

图　11-1-2

图 a 是碳化硅电阻的伏安特性，这种电阻常用做避雷器；图 b 是 PN 结二极管的伏安特性；图 c 是隧道二极管的伏安特性；图 d 为辉光管的伏安特性。图 c 和图 d 的两个非线性电阻的特性都有一段呈下倾的线段。

图 c 所示的伏安特性表明隧道二极管属于压控型非线性电阻；图 d 所示的伏安特性表明辉光管属于流控型非线性电阻；图 a、b 的特性既属压控型的，又属流控型的，即是单调型的。

如果非线性电阻的特性与时间有关，则称为时变电阻。设一个时变电阻的电导为

$$G(t) = G_0 + G_1 \sin\omega_1 t$$

在其上施加电压 $\qquad u(t) = U_\mathrm{m}\sin\omega t,$

则电流为

$$i(t) = G(t)u(t) = G_0 U_\mathrm{m}\sin\omega t + G_1 U_\mathrm{m}\sin\omega t\sin\omega_1 t$$

$$= G_0 U_\mathrm{m}\sin\omega t + \frac{G_1 U_\mathrm{m}}{2}\cos(\omega - \omega_1)t - \frac{G_1 U_\mathrm{m}}{2}\cos(\omega + \omega_1)t$$

由此可见，一个正弦电压加在时变电阻上，其电流含三个频率的正弦波，中心角频率为 ω，两边边频为 $\omega - \omega_1$ 和 $\omega + \omega_1$，这种性质可用于设计信号调制电路。

对于非线性时变电阻，如果是压控型可写成

$$i = f(u, t) \tag{11-1-4}$$

如果是流控型电阻可写成

$$u = f(i, t) \tag{11-1-5}$$

对于非线性非时变电阻，可以引入静态电阻和动态电阻的概念来描述其工作特性。设有一非线性电阻的伏安特性如图11-1-3所示，有电流 i 流过，工作在它的特性曲线上的 P 点处，则该点的静态电阻 R_s 定义为

$$R_\mathrm{s} \triangleq \frac{u}{i} \tag{11-1-6}$$

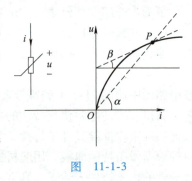

即等于连接原点和 P 点的直线的斜率，并与图中的 $\tan\alpha$ 成正比。类似的，还可以定义静态电导为

图　11-1-3

$$G_\mathrm{s} \triangleq \frac{i}{u} \tag{11-1-7}$$

一个非线性电阻在一个电压、电流值下的静态电阻值与静态电导值互为倒数。

非线性电阻的动态电阻 R_d 定义为

$$R_\mathrm{d} \triangleq \frac{\mathrm{d}u}{\mathrm{d}i} \tag{11-1-8}$$

图 11-1-3 中 P 点处的动态电阻等于伏安特性曲线上过 P 点的切线的斜率，与 $\tan\beta$ 成正比。类似地，还可以定义非线性电阻的动态电导

$$G_\mathrm{d} \triangleq \frac{\mathrm{d}i}{\mathrm{d}u} \tag{11-1-9}$$

在伏安特性曲线呈现渐增的线段上，R_d 和 G_d 均为正值；在呈现下降的线段上，R_d 和 G_d 均为负值。

线性电阻是没有方向性的，其特性曲线对原点对称，称为双向性的。某些非线性电阻如辉光管的特性仍是双向性的，但 PN 结二极管和隧道二极管有方向性，它们的特性曲线相对于坐标原点不对称，当加在其两端的电压方向不同时，流过它们的电流完全不同，因而这类

元件的电路符号上都有方向标志。

由于基尔霍夫定律对于线性电路和非线性电路都适用，所以线性电路方程和非线性电路方程的差别仅由元件特性的不同而引起。对于非线性电阻电路，列出的方程是一组非线性代数方程；而对于含有非线性储能元件的电路，列出的方程则是一组非线性微分方程。

例 11-1-1 电路如图11-1-4所示，其中非线性电阻的伏安特性为 $u_3 = 10\sqrt{i_3}$，试列出电路方程。

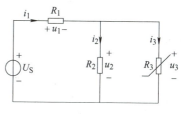

图 11-1-4

解： 根据 KCL 和 KVL，有

$$i_1 = i_2 + i_3, u_1 + u_2 = U_S, u_2 = u_3$$

其中 $u_1 = R_1 i_1, u_2 = R_2 i_2, u_3 = 10\sqrt{i_3}$

可得到电路方程为

$$R_1 i_1 + R_2 i_2 = U_S, R_2 i_2 = 10\sqrt{i_3}, \ i_1 = i_2 + i_3$$

整理后为

$$(R_1 + R_2)i_1 - R_2 i_3 = U_S, R_2 i_1 - R_2 i_3 - 10\sqrt{i_3} = 0$$

如果电路中既有电压控制的电阻，又有电流控制的电阻，建立方程的过程就比较复杂。

例 11-1-2 已知某非线性电阻伏安特性为 $u = f(i) = 50i + i^3$，求：当电流分别为 $i_1 = 1$ A，$i_2 = 10$ A，$i_3 = 10$ mA 时，对应的电压 u_1、u_2、u_3；当电流为 $i = 2\sin(314t)$ A 时，对应的电压值 u。

解：

$$i_1 = 1\,\text{A}, u_1 = (50 \times 1 + 1^3)\,\text{V} = 51\,\text{V}$$

$$i_2 = 10\,\text{A}, u_2 = (50 \times 10 + 10^3)\,\text{V} = 1500\,\text{V}$$

$$i_3 = 10\,\text{mA}, u_3 = (0.5 + 10^{-6})\,\text{V}$$

由此可见，当电流很小时，把此非线性电阻当作 50Ω 的线性电阻，引起的误差不大。因此，在对非线性电路进行分析和计算时，为简化起见，常常在一定前提和范围内对非线性负载进行线性化处理。

$$i = 2\sin(314t)\,\text{A}, u = 50 \times 2\sin(314t)\,\text{V} + 8\sin^3(314t)\,\text{V}$$

$$= 106\sin(314t)\,\text{V} - 2\sin(942t)\,\text{V}^{\ominus}$$

u 中含有三倍于电流频率的分量。可见，在非线性电阻上产生了不同于输入频率的输出，这种作用称为倍频作用。

若 $i = i' + i''$，$u = 50(i' + i'') + (i' + i'')^3 \neq u' + u'' = 50(i' + i'') + i'^3 + i''^3$

可见叠加定理不适用于非线性电阻电路。

二、非线性电容元件

非线性电容的特性以其电荷与电压的关系表示

$$f_C(u,q) = 0 \quad \text{或} \quad f_C(u,q,t) = 0 \tag{11-1-10}$$

式中，第一式表示特性与时间无关，即非时变的；第二式表示特性与时间有关，是时变的。图 11-1-5a 是常用的非线性电容的电路符号。

非线性电容的电荷 q 可用其电压 u 的单值函数 $q = f(u)$ 表示的，称为电压控制型电容。凡是电压 u 可用其电荷 q 的单值函数 $u = h(q)$ 表示的，称为电荷控制型电容。

对于非线性电容，可以定义其静态电容为电荷 q 与电压 u 之比

$\ominus$ $\sin^3\alpha = (3\sin\alpha - \sin3\alpha)/4$。

$$C_s \triangleq \frac{q}{u} \qquad (11\text{-}1\text{-}11)$$

可以定义非线性电容的动态电容为其电荷 q 对电压 u 的导数，即

$$C_d \triangleq \frac{dq}{du} \qquad (11\text{-}1\text{-}12)$$

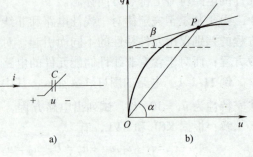

图 11-1-5

在图 11-1-5b 中的 q-u 曲线上，在 P 点处静态电容等于该点的 q 与 u 之比，它与 $\tan\alpha$ 成正比；而在 P 点处的动态电容等于在 P 点 q-u 曲线的斜率，它与 $\tan\beta$ 成正比。

非线性电容中电流与电荷的关系仍是 $i = dq/dt$。非线性电容也是储能元件，使一电容的电荷由零增至 Q，它所储存的电能为

$$W = \int_0^Q u\,dq$$

三、非线性电感元件

非线性电感的特性以其磁链 Ψ 与电流 i 的关系来表征

$$f_L(i, \Psi) = 0 \quad \text{或} \quad f_L(i, \Psi, t) = 0 \qquad (11\text{-}1\text{-}13)$$

式中，第一式是非时变电感特性；第二式是时变电感特性。图 11-1-6a 是常用的非线性电感的电路符号。

非线性电感的磁链 Ψ 可用其电流 i 的单值函数 $\Psi = f(i)$ 表示的，称为电流控制型电感。凡是非线性电感的电流 i 可用其磁链 Ψ 的单值函数 $i = h(\Psi)$ 表示的，称为磁链控制型电感。

对于非线性电感，可以分别定义其静态电感 L_s 和动态电感 L_d 为

$$L_s \triangleq \frac{\Psi}{i} \qquad (11\text{-}1\text{-}14)$$

$$L_d \triangleq \frac{d\Psi}{di} \qquad (11\text{-}1\text{-}15)$$

在图 11-1-6b 中的 Ψ—i 曲线上，在 P 点处静态电感和动态电感分别与 $\tan\alpha$ 和 $\tan\beta$ 成正比。

非线性电感的电压与磁链的关系仍是 $u = d\Psi/dt$，非线性电感也是储能元件。

例 11-1-3 在图11-1-7电路中，R、L 和非线性电容串联，电容特性为 $u_C = kq^{1/3}$，u_C 和 q 分别为电容的电压和电荷。电路的输入变量为 $u(t)$，输出变量为 $q(t)$，试列写电路状态方程。

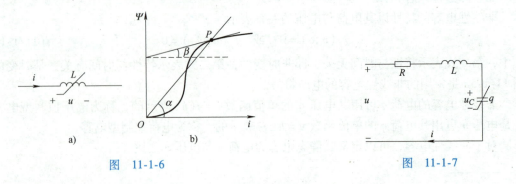

图 11-1-6　　　　　　　　　　图 11-1-7

解： 根据 KVL，有

$$L \frac{di}{dt} + Ri + u_C = L \frac{d^2 q}{dt^2} + R \frac{dq}{dt} + kq^{1/3} = u(t) \qquad (11\text{-}1\text{-}16)$$

这就是输入-输出微分方程。也可以转换为状态方程，设 $x_1 = q$，$x_2 = \frac{dq}{dt} = \frac{dx_1}{dt}$，代入上式得

$$L \frac{dx_2}{dt} + Rx_2 + kx_1^{1/3} = u(t)$$

经整理后可得

$$\begin{bmatrix} \dot{x}_1 \\ \dot{x}_2 \end{bmatrix} = \begin{bmatrix} x_2 \\ -\dfrac{k}{L} x_1^{1/3} - \dfrac{R}{L} x_2 + \dfrac{1}{L} u \end{bmatrix} = \begin{bmatrix} 0 & 1 \\ -\dfrac{k}{L} x_1^{-2/3} & -\dfrac{R}{L} \end{bmatrix} \begin{bmatrix} x_1 \\ x_2 \end{bmatrix} + \begin{bmatrix} 0 \\ \dfrac{1}{L} \end{bmatrix} u \qquad (11\text{-}1\text{-}17)$$

求解非线性微分方程尚无统一的解析方法，通常用数值计算方法。可结合初始条件，用龙格-库塔法或多步法等数值计算方法求解非线性微分方程。（数值计算方法可参见相关书籍介绍）。

第二节 直流非线性电阻电路的图解法

一、非线性电阻的串联

图 11-2-1a 所示为两个非线性电阻串联电路，设非线性电阻都是流控型的，即 $u_1 = f_1(i_1)$，$u_2 = f_2(i_2)$。

当非线性电阻串联时，电路中各个电阻流过相同的电流，即 $i = i_1 = i_2$。串联电路两端的电压等于每一电阻上电压的和，即 $u(i) = u_1(i) + u_2(i)$。取一系列不同的 i 值，便得到一系列的 u_1 和 u_2 值，将二者相加，就可以得到这两个非线性电阻串联后的端电压与电流的关系特性曲线，如图 11-2-1b 所示。根据这一辅助特性曲线 $u(i)$，可以方便地对任一给定的 u 值，求出相应的 i 值和 u_1、u_2 值。

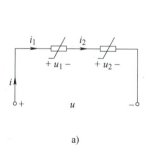
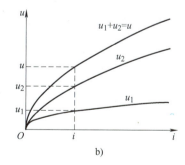

图 11-2-1

上述方法还可用来求多个非线性电阻串联而成的电路的伏安特性。

例 11-2-1 图11-2-2a所示电路由线性电阻 R、电动势 E 和二极管 VD 组成，其中 VD 的特性如图 b 所示，求端口特性 $u(i)$。

解：

$$u = Ri + E + u_D$$

图 11-2-2c 给出了 R 和 VD 的特性。和图 b 比较，图 c 的纵坐标和横坐标相互作了交换，故图 c 中 VD 的特性与图 b 中 VD 的特性关于 $45°$ 对称；E 的特性是截距为 E 平行于 i 轴的直

线。总特性可利用在同一 i 值下将 VD、R、E 的电压相加得到，如图 c 中从 $ae = ab + ac + ad$ 得到总特性上的 e 点。此总特性 $u(i)$ 即为辅助特性曲线。

有了辅助特性曲线 $u(i)$，给定任意外电压 u，即可找到电流 i。通过图 c 还可求出电阻和二极管上的电压 u_R 和 u_D。

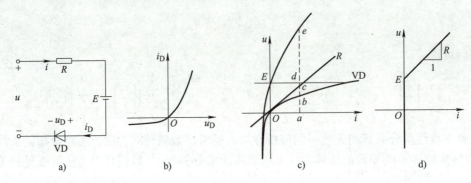

图　11-2-2

如果 VD 是理想二极管，则其正向电阻为零，反向电阻为无穷大，其特性可由图 b 中 u_D 的负半轴和 i_D 的正半轴组成。VD 为理想二极管时的总特性 $u(i)$ 如图 d 所示，它可仿照图 c 所示的方法作出，也可用解析方法求出。因为对理想二极管有：当 $u > E$ 时，二极管导通，其电阻值为 0，故 $i = i_D = \dfrac{u - E}{R}$；当 $u < E$ 时，二极管截止，其电阻值为 ∞，故 $i = i_D = 0$。

类似地，如果将图 11-2-2a 中的二极管接成反向，且考虑是理想二极管，则当 $u < E$ 时，二极管导通，$i = i_D = \dfrac{u - E}{R}$，注意此时 i 为负值，说明电流实际方向与所标的方向相反；当 $u > E$ 时，二极管截止，$i = i_D = 0$。

二、非线性电阻的并联

图 11-2-3a 所示为两个非线性电阻并联电路，它们的伏安特性如图 11-2-3b 所示。

根据 KCL 和 KVL，两个并联的非线性电阻的两端有相等的电压，即 $u_1 = u_2 = u$；端口电流 i 等于 i_1 和 i_2 的和，即 $i = i_1 + i_2$。取一系列不同的 u 值，便得到一系列的 i_1 和 i_2 值，将二者相加，就可以得到这两个非线性电阻并联后的端电压与电流的关系特性曲线，如图 11-2-3b 中的 $i(u)$ 曲线所示。通过作此辅助曲线的方法，可对多个非线性电阻并联而成的电路求解。

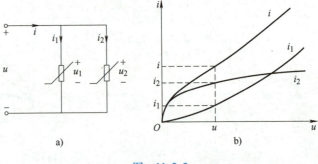

图　11-2-3

例 11-2-2　在图 11-2-4a 所示电路中，线性电导 G、电流源 I_S 和理想二极管 VD 三者并联，它们各自的伏安特性曲线如图 11-2-4b 所示，求端口特性 $u(i)$。

解：电路方程为

$$i = i_G + I_S + i_D, \quad u = u_D$$

注意图 a 中理想二极管 VD 的 u_D 与 i_D 的参考方向与通常假设的方向相反，故当 $u_D > 0$

时，$i_D = 0$；当 $i_D < 0$ 时，$u_D = 0$。故该理想二极管 VD 的特性在图 11-2-4b 中表示为 u 轴的正半轴和 i 轴的负半轴。

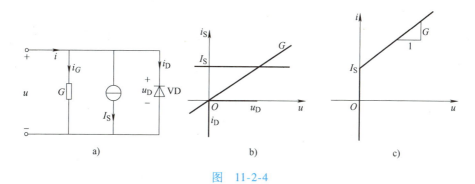

图 11-2-4

按照图 b 中 VD、G 和 I_S 的特性，根据所列电路方程，其合成总特性 $u(i)$ 曲线如图 c 所示。可见当 $u > 0$ 时，因 $i_D = 0$，故 $i = i_G + I_S + i_D = Gu + I_S$；此时 $u(i)$ 是一条以 I_S 为截距、斜率取决于 G 的向右上方伸展的半直线；当 $u < 0$ 时，因 $i_D \to \infty$，故有 $i = i_G + I_S + i_D \to \infty$；此时的 $u(i)$ 将是 i 轴自 I_S 向下的部分，如图 11-2-4c 所示。上述端口特性 $u(i)$ 可用方程表示

$$u = \begin{cases} 0 & i \leqslant I_S \\ \dfrac{i - I_S}{G} & i > I_S \end{cases}$$

显然，该总特性是流控型的。

如将图 11-2-4a 中的理想二极管反向，且不改变 u_D、i_D 的参考方向，则图 11-2-4b 中 VD 的特性曲线将改由 i 的正半轴和 u 的负半轴组成。此时的总伏安特性 $u(i)$ 将由下式所示两段直线组成

$$u = \begin{cases} 0 & i \geqslant I_S \\ \dfrac{i - I_S}{G} & i < I_S \end{cases}$$

三、非线性电阻的混联

在图 11-2-5a 电路中，两个理想稳压管相串联后再与线性电导 G 并联，两理想稳压管的特性分别如图 11-2-5b、c 所示，G 的特性如图 11-2-5e 所示，其总特性 $u(i)$ 可由下述方法得到。

图 a 中的两稳压管是背靠背的，参照各自设定的电压、电流参考方向，可解释图 b、c 的特性。由于两稳压管串联，在图 b、c 中，在同一电流 $i_Z = i_1 = i_2$ 下，将电压相加，得图 d；又由于 G 和两稳压管并联，在图 d、e 中，同一电压 u 下将电流相加 $i = i_G + i_Z$，得图 f，这就是总伏安特性。注意图 b、c、d 的特性既非压控型也非流控型，而图 e 的线性电导 G 的特性既是压控型又是流控型（称单调型），图 f 的特性是流控型。

上述电路可构成稳压和限幅电路，如图 11-2-6a 所示，输入端电阻 R_S 与电压源 u_S 串接，其输出端电压为 u_l。已知 $u_l(i)$ 和 R_S 的特性（见图 11-2-6b），在同一电流下，将相应的电压相加，即得辅助特性 $u_S(i)$。从图中看出，当 $|u_S|$ 从 0 增加时，$|u_l|$ 随之增加；但当 $|u_S|$ 达到 E_1 后，$|u_l|$ 始终保持在 E_2 的数值，不再增加，故此电路限制了输出 $|u_l|$ 的幅值；又因当 $|u_S|$ 在大于 E_1 的范围变动时，$|u_l|$ 不变等于 E_2，故电路起到了稳压的作用。

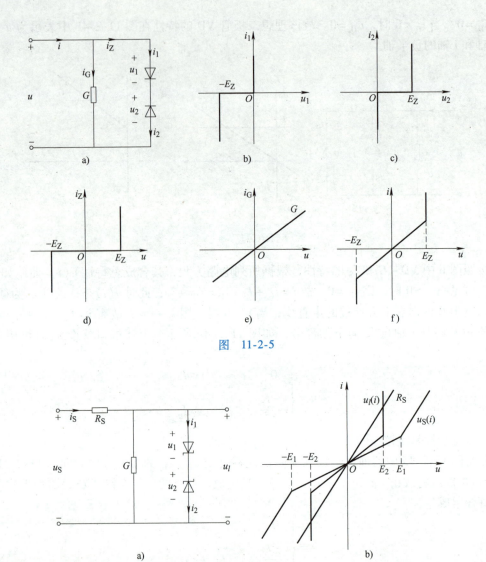

图 11-2-5

图 11-2-6

四、仅含一个非线性电阻的电路

有许多非线性电路仅含一个非线性电阻，这样的电路都可以看作是一个含源二端线性网络两端连接一个非线性电阻的电路，如图 11-2-7a 所示。非线性电阻的伏安特性如图 11-2-7c 中曲线 Oab 所示。利用戴维南定理，线性有源网络化为等值电势 E_0 和等值内阻 R_0 的串联，如图 11-2-7b 所示。从图 b 中端钮 1、2 向左看，得电压 U 和电流的关系为

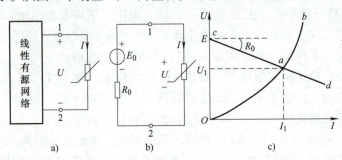

图 11-2-7

$$U = E_0 - R_0 I \tag{11-2-1}$$

上式画在图 c 中是直线 cad。又从图 b 中端钮 1、2 向右看非线性电阻，U、I 满足其伏安特性

$$U = U(I) \tag{11-2-2}$$

显然，联立解式（11-2-1）、式（11-2-2），得到的交点 a 的坐标就是 U、I 的解 U_1、I_1，该点常称为电路的工作点。直线 cad 常称为有源一端口网络的外特性。工程上电源的外特性不一定是直线（例如发电机、变压器的外特性多是下倾的曲线）。本节所讨论的图解法有时也称为曲线相交法。

第三节　小信号分析方法

在电子电路中遇到的非线性电路，不仅有作为偏置电压的直流电源 U_0 的作用，同时还有随时间变化的输入电压 $u_S(t)$ 的作用。如果在任何时刻有 $U_0 \gg |u_S(t)|$，则把 $u_S(t)$ 称为小信号电压。分析这类电路，可以采用小信号分析法。

小信号分析法是一种线性化方法。这一方法的基本思路是在静态工作状态下，将非线性电阻电路的方程式线性化，得到相应的可以用来计算小信号激励所产生响应的线性化电路和线性方程，然后就可以用分析线性电路的方法去进行分析和计算。

在小信号分析法中，要涉及非线性元件的动态参数。动态参数包括动态电阻（电导）、动态电容和动态电感等，它们分别对应于有关特性曲线工作点处的切线。对应于不同的工作点一般具有不同的动态参数，因此可以通过改变工作点来改变动态参数，使电路具有不同的特性。

某网络如图 11-3-1a 所示，L、C 是线性的，$f(u_R)$ 是压控型非线性电阻，E_1、E_2 是直流电压源，时变信号 e_1 和 e_2 满足 $e_1 \ll E_1$，$e_2 \ll E_2$。

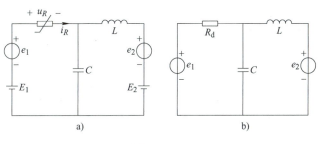

图　11-3-1

各支路电流与各回路电压满足 KCL 和 KVL，即

$$\Sigma i = 0, \quad \Sigma u = 0 \tag{11-3-1}$$

将 i，u 表示为 $i = I_e + \delta i$，$u = U_e + \delta u$，其中 I_e、U_e 是只有直流电源作用时的电流、电压，δi、δu 是由小信号电源产生的电流增量和电压增量。

由于

$$\Sigma I_e = 0, \quad \Sigma U_e = 0 \tag{11-3-2}$$

式（11-3-1）减式（11-3-2）得

$$\Sigma \delta i = 0, \quad \Sigma \delta u = 0 \tag{11-3-3}$$

即由小信号产生的电流、电压增量也满足 KCL 和 KVL。

下面考虑无源元件上 δu、δi 的关系。设非线性电阻是流控型的，其特性为

$$u_R = f(i_R)$$

当仅有直流电源时，$U_{Re} = f(I_{Re})$，U_{Re}、I_{Re} 分别是直流电源作用下非线性电阻的电压和电流。当同时存在小信号电源作用时，将 U_{Re} 附近的 u_R 表示为

$$u_R = U_{Re} + \delta u_R = f(i_R) = f(I_{Re} + \delta i_R)$$

将上式的 $f(i_R)$ 在 I_{Re} 附近展开为泰勒级数，得

$$U_{Re} + \delta u_R = f(I_{Re}) + \frac{\mathrm{d}f}{\mathrm{d}i_R}\bigg|_e \delta i_R + \cdots$$

在上式中略去高阶小项，并注意到 $U_{Re} = f(I_{Re})$，整理得等效小信号方程为

$$\delta u_R = \frac{\mathrm{d}f}{\mathrm{d}i_R}\bigg|_e \delta i_R = R_d \delta i_R \tag{11-3-4}$$

式中，$R_d = \dfrac{\mathrm{d}f}{\mathrm{d}i_R}\bigg|_e$ 称为平衡点附近的等效动态电阻。

除了对非线性电阻可以在直流工作点附近作小范围线性化处理外，对非线性电感和电容也可以作同样的处理。设非线性电感是流控型的，其特性为 $\Psi = g(i_L)$，即磁链是电流的非线性函数，其电感电压 $u_L = \dfrac{\mathrm{d}\Psi}{\mathrm{d}t}$。

当仅有直流电源作用时，$\Psi_e = g(I_{Le})$，Ψ_e、I_{Le} 是非线性电感的磁链和电流，此时的电感电压为 $U_{Le} = \dfrac{\mathrm{d}\Psi_e}{\mathrm{d}t} = 0$（直流下 Ψ_e 不变）。当有小信号电源作用时，将 Ψ 表示为

$$\Psi = \Psi_e + \delta\Psi = g(i_L) = g(I_{Le} + \delta i_L)$$

将 $g(I_L)$ 在 I_{Le} 附近展开为泰勒级数 $\Psi_e + \delta\Psi = g(I_{Le}) + \dfrac{\mathrm{d}g}{\mathrm{d}i_L}\bigg|_e \delta i_L + \cdots$

略去高阶项，注意到 $\Psi_e = g(I_{Le})$，整理得

$$\delta\Psi = \frac{\mathrm{d}g}{\mathrm{d}i_L}\bigg|_e \delta i_L$$

电感电压为 $u_L = U_{L0} + \delta u_L = \dfrac{\mathrm{d}(\Psi_e + \delta\Psi)}{\mathrm{d}t} = \dfrac{\mathrm{d}\Psi_e}{\mathrm{d}t} + \dfrac{\mathrm{d}\delta\Psi}{\mathrm{d}t} = \dfrac{\mathrm{d}\delta\Psi}{\mathrm{d}t} = \delta u_L$

故

$$\delta u_L = \frac{\mathrm{d}\delta\Psi}{\mathrm{d}\delta i_L}\bigg|_e \frac{\mathrm{d}\delta i_L}{\mathrm{d}t} = L_d \frac{\mathrm{d}\delta i_L}{\mathrm{d}t} \tag{11-3-5}$$

式中，$L_d = \dfrac{\mathrm{d}\delta\Psi}{\mathrm{d}\delta i_L}\bigg|_e = \dfrac{\mathrm{d}\Psi}{\mathrm{d}i_L}\bigg|_e$ 称为平衡点（或直流工作点）附近的等效动态电感。

同理，设非线性电容特性为压控型的，其特性为 $q = h(u_C)$，仿照关于动态电感的推导，可得小信号方程为

$$\delta i_C = \frac{\mathrm{d}\delta q}{\mathrm{d}t} = \frac{\mathrm{d}\delta q}{\mathrm{d}\delta u_C}\bigg|_e \frac{\mathrm{d}\delta u_C}{\mathrm{d}t} = C_d \frac{\mathrm{d}\delta u_C}{\mathrm{d}t} \tag{11-3-6}$$

式中，$C_d = \dfrac{\mathrm{d}\delta q}{\mathrm{d}\delta u_C}\bigg|_e = \dfrac{\mathrm{d}q}{\mathrm{d}u_C}\bigg|_e$ 是平衡点（或直流工作点）附近的等效动态电容。

对于四种非线性受控源，也可推出其小信号等效元件。如图 11-3-2a 中 VCCS 的特性为 $i_2 = f(u_1)$，当仅有直流电源时，$I_{2e} = f(U_{1e})$，I_{2e}、U_{1e} 各为直流电源下的非线性 VCCS 的电流和电压。

当有小信号电源作用时，将

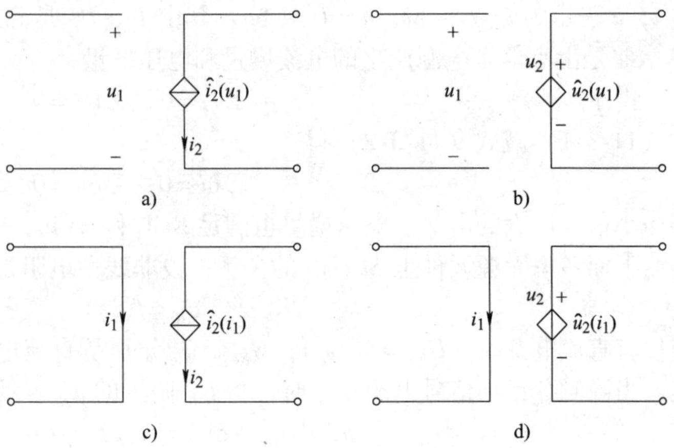

图 11-3-2

在 I_{2e} 附近的 i_2 表示为

$$i_2 = I_{2e} + \delta i_2 = f(u_1) = f(U_{1e} + \delta u_1) = f(U_{1e}) + \frac{df}{du_1}\bigg|_e \delta u_1 + \cdots$$

整理得
$$\delta i_2 = \frac{df}{du_1}\bigg|_e \delta u_1 = G_{21d}\delta u_1 \tag{11-3-7}$$

式中，$G_{21d} = \dfrac{df}{du_1}\bigg|_e$ 称为 VCCS 在平衡点附近的等效动态控制系数。

同理可推导其他三种非线性受控源的小信号电路，例如对于图 11-3-2d 中 CCVS 的小信号方程为

$$\delta u_2 = \frac{dg}{di_1}\bigg|_e \delta i_1 = R_{21d}\delta i_1 \tag{11-3-8}$$

式中，$R_{21d} = \dfrac{dg}{di_1}\bigg|_e$ 称为 CCVS 在平衡点附近的等效动态控制系数。

非线性电路小信号分析方法是对非线性电路的一种线性化处理。当电路包含直流和小信号激励源时，可以采用这种方法求解电路响应。小信号分析方法的主要步骤包括：①计算电路在直流稳态情况下的静态电压、电流（去掉小信号激励源，利用线性电路分析的一般方法计算各个非线性元件的静态工作点）。②由非线性元件的静态工作点分别计算非线性元件的动态电阻、动态电感或动态电容（非线性元件线性化）。③画出小信号分析等效电路（在原电路中去掉直流稳态激励源，把非线性元件用线性动态元件替代）。④用小信号分析等效电路计算在小信号激励下的电路响应。⑤把直流稳态响应和小信号激励下的电路响应相加，得到电路的解。具体求解过程参见下面例题。

例 11-3-1 在图 11-3-1a 电路中，设直流电源 $E_1 = 3V$，$E_2 = 1V$，正弦电源 $e_1 = 0.1\sin(5t + 30°)V$，$e_2 = 0$，$L = 0.6H$，$C = 0.05F$，非线性电阻特性为 $i_R = 0.01u_R^2$，求 i_R 的稳态解。

解： $e_1 \ll E_1$、E_2，满足小信号条件。

先求只有直流电源 E_1、E_2 激励下的电路响应（即平衡点），此时，电感短路、电容开路。

$$U_{Re} = E_1 - E_2 = (3 - 1)V = 2V$$

$$I_{Re} = 0.01U_{Re}^2 = 0.01 \times 2^2 A = 0.04A$$

动态电导 $G_d = 1/R_d = \dfrac{di_R}{du_R}\bigg|_{U_{Re}=2V} = 0.02U_{Re}\big|_{U_{Re}=2V} = 0.04S$，$R_d = 25\Omega$

在小信号等效电路图 11-3-1b 中，e_1 是正弦信号，求稳态解可用复数计算

$$\dot{E}_1 = \frac{0.1}{\sqrt{2}}\angle 30°V, \quad j\omega L = j5 \times 0.6\Omega = j3\Omega, \quad \frac{1}{j\omega C} = \frac{1}{j5 \times 0.05}\Omega = -j4\Omega$$

$$\dot{I}_R = \frac{\dot{E}_1}{R_d + \left(j\omega L // \dfrac{1}{j\omega C}\right)} = \frac{1}{\sqrt{2}}\frac{0.1\angle 30°}{25 + j12}A = \frac{0.0036}{\sqrt{2}}\angle 4.36°A$$

故小信号电流为 $0.0036\sin(5t + 4.36°)A$。

总电流的稳态值为 $0.04A + 0.0036\sin(5t + 4.36°)A$，其中正弦分量的幅值 $0.0036A$ 小于直流分量 $0.04A$ 的 $1/10$，故可作为小信号处理。

例 11-3-2 电压源 $u = (2 + 0.004\sin 4t)V$ 加在串联的电阻和非线性电感上，如图 11-3-3 所示，后者的特性为 $\Psi = \sqrt{i}$，求稳态电流 i。

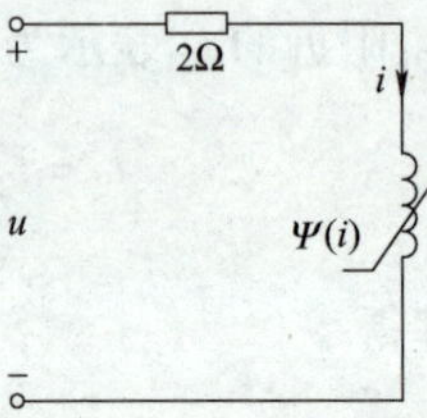

解: 先不考虑小信号，求得直流电压源 2V 作用下的平衡点：

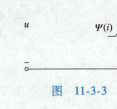

$I = 2/2\text{A} = 1\text{A}$（此时电感短路）。$\Psi_e = \sqrt{I} = 1\text{Wb}$。

考虑小信号电源作用，平衡点处动态电感为

$$L_d = \frac{\mathrm{d}\Psi}{\mathrm{d}i}\bigg|_{I=1} = \frac{1}{2}\frac{1}{\sqrt{i}}\bigg|_{I=1\text{A}} = \frac{1}{2}\text{H}$$

因此小信号电流为

图 11-3-3

$$\dot{I} = \frac{\dot{U}}{Z} = \left[\frac{0.004}{\sqrt{2}}\bigg/\left(2 + \mathrm{j}4\times\frac{1}{2}\right)\right]\text{A} = 0.001\ \underline{/\ -45°}\ \text{A}$$

最后，总电流为

$$i = 1\text{A} + \sqrt{2}\times 0.001\sin(4t-45°)\text{A}$$

第四节 分段线性化模型

解析法是分析非线性电路的一个有效手段，它将非线性电阻特性曲线用解析式表示，如用多项式、指数函数、对数函数等近似由实验得到的特性曲线。但通常不易找到较恰当的解析函数，且计算较复杂，故常用的方法是分段线性化法。它是将特性曲线分为若干段，每段用直线近似，这样每段中的伏安特性用直线方程表示或用等值线性电路表示，使分析计算大为简化。分段线性化法的分析与计算可分为两种方法：折线方程法、等效电路法。

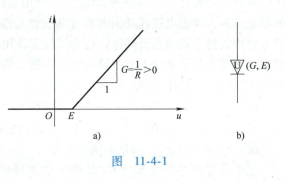

a)   b)

图 11-4-1

一、折线方程法

回忆图 11-2-2a 电路，如二极管 VD 是理想的，总伏安特性如图 11-2-2d 所示。将曲线的 u、i 轴互换，特性如图 11-4-1a 所示，称为凹形电阻特性，折线在 u 轴上凹折，用图 11-4-1b 表示其符号（图 11-2-4c 的特性是凸形电阻特性）。

图 11-4-1a 的电流可表示为

$$i = \frac{1}{2}G[\,|u-E| + (u-E)\,] \tag{11-4-1}$$

这是因为：当 $u < E$ 时，$i = 1/2G[-(u-E)+(u-E)] = 0$；当 $u > E$ 时，$i = 1/2G[(u-E) + (u-E)] = G(u-E)$。

图 11-4-2a 虚线所示的电阻特性曲线可由三段直线 Oa、ab、bc 近似表示，这三段直线又可用图 11-4-2b 中的一个线性电阻 G_0 和两个凹形电阻（G_1，E_1）、（G_2，E_2）的曲线相加而成。

对于 $u \leqslant E_1$：电导 $G_0 = G_a$

对于 $E_1 < u \leqslant E_2$：电导 $G_0 + G_1 = G_b$（G_b 为负，G_1 也为负）

对于 $E_2 < u$：电导 $G_0 + G_1 + G_2 = G_c$ \hfill (11-4-2)

已知 G_a、G_b、G_c（从图 11-4-2a 中得到），联立求解以上三式得

$$G_0 = G_a,\ \ G_1 = -G_a + G_b,\ \ G_2 = -G_b + G_c \tag{11-4-3}$$

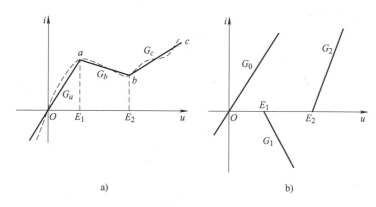

图 11-4-2

于是
$$i = G_0 u + \frac{1}{2} G_1 \left[\, | u - E_1 | + (u - E_1) \, \right]$$

$$+ \frac{1}{2} G_2 \left[\, | u - E_2 | + (u - E_2) \, \right] \tag{11-4-4}$$

整理得
$$i = a_0 + a_1 u + b_1 | u - E_1 | + b_2 | u - E_2 | \tag{11-4-5}$$

式中
$$b_1 = \frac{1}{2} G_1 = \frac{1}{2} (G_b - G_a)$$

$$b_2 = \frac{1}{2} G_2 = \frac{1}{2} (G_c - G_b)$$

$$a_0 = \frac{-1}{2} (G_1 E_1 + G_2 E_2) = -(b_1 E_1 + b_2 E_2)$$

$$a_1 = G_0 + \frac{1}{2} G_1 + \frac{1}{2} G_2 = \frac{1}{2} (G_a + G_c) \tag{11-4-6}$$

给定了图 11-4-2a 的曲线，不难计算式（11-4-5）中的各参数。式（11-4-5）称为规范化分段线性方程。

例 11-4-1 如图 11-4-3a 所示电路，电源的电动势 $E = 6\text{V}$，内阻 $R = 2\Omega$，与隧道二极管 VD 连接，后者的特性可用三段近似直线表示（图 11-4-3b），求工作点。

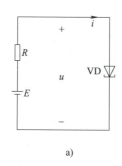

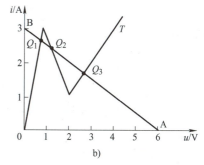

a)

b)

图 11-4-3

解： 对照式（11- 4- 5）、式（11-4-6）可知
$$E_1 = 1\text{V}, \quad E_2 = 2\text{V}, \quad G_a = 3\text{S}, \quad G_b = -2\text{S}, \quad G_c = 1\text{S};$$
从式（11-4-3）得
$$G_0 = G_a = 3\text{S}, \quad G_1 = -G_a + G_b = -5\text{S}, \quad G_2 = -G_b + G_c = 3\text{S}$$
从式（11-4-6）得
$$b_1 = \frac{1}{2} (G_b - G_a) = \frac{-5}{2}\text{S}, \quad b_2 = \frac{1}{2} (G_c - G_b) = \frac{3}{2}\text{S},$$

$$a_0 = -(b_1 E_1 + b_2 E_2) = -\left[\left(\frac{-5}{2}\right) \times 1 + \frac{3}{2} \times 2\right]\text{A} = \frac{-1}{2}\text{A},$$

$$a_1 = \frac{1}{2}(G_a + G_c) = \frac{1}{2}(3 + 1)\text{S} = 2\text{S}$$

将各数据代入式（11-4-5），得到规范化分段线性方程

$$i = \frac{-1}{2} + 2u - \frac{5}{2}\mid u-1 \mid + \frac{3}{2}\mid u-2 \mid \tag{11-4-7}$$

为求电路中的电流 i 和电压 u，再列出电源的外特性方程

$$u = E - Ri = 6 - 2i \tag{11-4-8}$$

这就是图 11-4-3b 中斜线 AB 的方程。显然，如果用曲线相交法作图，在图 b 中得到三个工作点 Q_1、Q_2、Q_3。

现用解析法求解，即联立求解式（11-4-7）和式（11-4-8）。当 $u < 1\text{V}$ 时，式（11-4-7）成为

$$i = \frac{-1}{2} + 2u + \frac{5}{2}(u-1) - \frac{3}{2}(u-2) = 3u \tag{11-4-9}$$

联解式（11-4-8）、式（11-4-9）得

$$u_{Q1} = \frac{6}{7}\text{V}, \quad i_{Q1} = \frac{18}{7}\text{A}$$

当 $1\text{V} \leqslant u < 2\text{V}$ 时，式（11-4-7）成为

$$i = \frac{-1}{2} + 2u - \frac{5}{2}(u-1) - \frac{3}{2}(u-2) = -2u + 5 \tag{11-4-10}$$

联解式（11-4-8）、式（11-4-10）得

$$u_{Q2} = \frac{4}{3}\text{V}, \quad i_{Q2} = \frac{7}{3}\text{A}$$

当 $2\text{V} \leqslant u$ 时，式（11-4-7）成为

$$i = \frac{-1}{2} + 2u - \frac{5}{2}(u-1) + \frac{3}{2}(u-2) = u - 1 \tag{11-4-11}$$

联解式（11-4-8）、式（11-4-11）得

$$u_{Q3} = \frac{8}{3}\text{V}, \quad i = \frac{5}{3}\text{A}$$

验证：$u_{Q1} = \frac{6}{7}\text{V} < 1\text{V}$，$u_{Q2} = \frac{4}{3}\text{V}$ 介于 $1 \sim 2\text{V}$ 之间，$u_{Q3} = \frac{8}{3}\text{V} > 2\text{V}$，都在所设的区间内，因而是真实解。

工作点 Q_2 位于特性曲线的下倾段，实际上在做实验中，只能观察到工作点 Q_1 和 Q_3，而 Q_2 点是不稳定的，更详细的分析应考虑与隧道二极管 VD 并联的寄生电容的影响。

如果将电动势改为 10V，则只应有一个 $u \geqslant 2\text{V}$ 的真实解，而在其他区间，即当 $u < 1\text{V}$ 和 $1\text{V} \leqslant u < 2\text{V}$ 时只能得到虚假解，这从图 11-4-3b 中容易看出。

二、等效电路法

等效电路法是将给定的非线性曲线用线性电阻、直流电源和理想二极管组成的等效电路表示，这样，非线性电阻电路化为含理想二极管的等效准线性电阻电路，便于分析计算。这里提到的"准线性电阻电路"系指含线性电阻、线性受控源、理想二极管和独立电源的电路。严格地说，理想二极管是非线性元件，故而冠以"准"。

图 11-4-2a 的非线性电阻特性曲线用折线表示后，再由图 11-4-2b 化为一个线性电阻 G_0 和两个凹形电阻（G_1，E_1）和（G_2，E_2）的曲线相加而成，每个凹形电阻又可用图11-2-2a 的等效电路表示，故该非线性电阻的等效电路如图11-4-4所示（图中点画线方框部分），其中电导 G_1 为负值。

现用等效电路法重新计算例 11-4-1 中隧道二极管的电压和电流。利用该题数据：$E = 6V$，$R = 2\Omega$，$E_1 = 1V$，$E_2 = 2V$，$G_0 = 3S$，$G_1 = -5S$，$G_2 = 3S$。

当 $u < E_1 = 1V$ 时，二极管 VD$_1$、VD$_2$ 断开，电路成为 E、R、G 串联，此时

$$i_{Q1} = \frac{E}{R + \frac{1}{G_0}} = \frac{6}{2 + \frac{1}{3}}A = \frac{18}{7}A$$

$$u_{Q1} = \frac{I}{G_0} = \frac{18/7}{3}V = \frac{6}{7}V$$

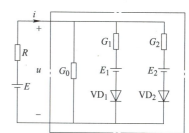

图 11-4-4

当 $1V = E_1 \leqslant u < E_2 = 2V$ 时，VD$_1$ 导通、VD$_2$ 截止，利用节点电压法

$$u_{Q2} = \frac{E/R + E_1 G_1}{1/R + G_0 + G_1} = \frac{6/2 + 1 \times (-5)}{1/2 + 3 - 5}V = \frac{4}{3}V$$

$$i_{Q2} = \frac{E - u_{Q2}}{R} = \frac{6 - 4/3}{2}A = \frac{7}{3}A$$

当 $u \geqslant E_2 = 2V$ 时，VD$_1$、VD$_2$ 都导通，利用节点电压法

$$u_{Q3} = \frac{E/R + E_1 G_1 + E_2 G_2}{1/R + G_0 + G_1 + G_2} = \frac{6/2 + 1 \times (-5) + 2 \times 3}{1/2 + 3 - 5 + 3}V = \frac{8}{3}V$$

$$i_{Q3} = \frac{E - u_{Q3}}{R} = \frac{6 - 8/3}{2}A = \frac{5}{3}A$$

含有理想二极管的复杂准线性电阻电路的分析和计算是一个很有趣的问题，但已超出本课程的讨论范围，大致上可以针对各二极管的导通、截止的不同情况，用穷举法逐一求解，再选择其中的真实解。通常用计算机编程解决。

参照图 11-2-2a、d 可知，图 11-4-5a 的凹形电阻曲线可用图 11-4-5b 的等效电路替代，是一个电动势 E 和一个理想二极管 VD 的串联。

如果图 11-4-5a 的 E 为负值，则图 b 的 E 极性相反。读者可以考虑一下，如果图 b 的 VD 反向时，对应于图 a 中什么形状的折线。

图 11-4-6a 凸形电阻曲线的方程为

$$u = \frac{1}{2}R\big[\,|i - I_0| + (i - I_0)\,\big]$$

(11-4-12)

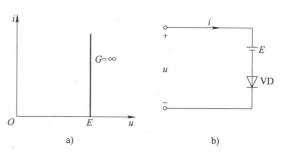

a)　　　b)

图 11-4-5

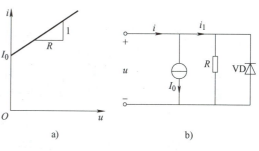

a)　　　b)

图 11-4-6

其等效电路如图 11-4-6b 所示。

分析如下：当 $i < I_0$ 时，$i_1 < 0$，理想二极管 VD 导通，电压 u 为 0V；当 $i \geq I_0$ 时，$i_1 \geq 0$，理想二极管 VD 截止，$u = Ri_1 = R(i - I_0)$。

图 11-4-7a 的凸形电阻曲线可用图 11-4-7b 的等效电路替代，这是一个电流源 I_0 和一个理想二极管 VD 并联的电路。

如果图 11-4-7a 的 I_0 为负值，即曲线出现在坐标的第三象限，与原曲线对于原点对称，则其等效电路必须将图 11-4-7b 中的 I_0 和理想二极管 VD 反向。

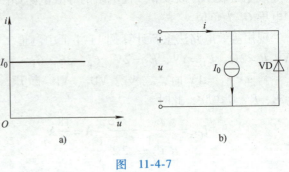

图 11-4-7

第五节　非线性正弦稳态电路

一、非线性电感中电压、电流的波形

当正弦电压施加于非线性电路时，各支路电压、电流的波形通常不再是正弦的。现考察一个非线性电感中电压和电流的波形。非线性电感一般是指具有铁心或其他铁磁材料作为心子的线圈，如图 11-5-1a 所示。设外加电压 u 为余弦波 $u = U_m\cos\omega t$，略去线圈电阻和漏磁通，则由电磁感应定律可知，电压是磁链对时间的变化率

$$u = U_m\cos\omega t = \frac{\mathrm{d}\Psi}{\mathrm{d}t} = n\frac{\mathrm{d}\Phi}{\mathrm{d}t} \tag{11-5-1}$$

式中，n、Φ、Ψ 各为线圈匝数、磁通和磁链。从上式可求出磁通

$$\Phi = \frac{1}{n}\int u\mathrm{d}t = \frac{U_m}{\omega n}\sin\omega t = \Phi_m\sin\omega t \tag{11-5-2}$$

故磁通 Φ 是正弦波。电压有效值与磁通最大值、磁通密度最大值的关系为

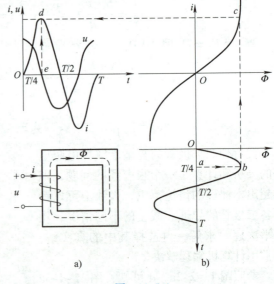

图 11-5-1

$$U = \frac{U_m}{\sqrt{2}} = \frac{1}{\sqrt{2}}\omega n\Phi_m = 4.44fnB_mS \tag{11-5-3}$$

式中，B_m、S 为磁通密度最大值和铁心截面面积；$\Phi_m = B_mS$（设铁心的截面各处都相同）。

利用作图法可从磁通的波形画出电流的波形。首先必须知道磁通 Φ 与电流 i 的关系，这可从基本磁化曲线 B-H 曲线推求。设铁心的截面面积为 S，铁心长度为 l，则 $\Phi = BS$。又根据全电流定律，磁场强度 H 沿闭合磁路的积分等于其链绕的电流乘线圈匝数，即

$$\oint_l H\mathrm{d}l = ni$$

设 B 和 H 在磁路的各处都相等，上式成为

$$Hl = ni \quad 故 \quad i = \frac{Hl}{n} \qquad (11\text{-}5\text{-}4)$$

这样，在 B-H 曲线中，将 B 乘以 S，将 H 乘以 $\frac{l}{n}$，即得 Φ-i 曲线，如图11-5-1b的右上方所示。由于铁心饱和的影响，使得 Φ-i 曲线不是线性的，当电流较小时，随 i 的增加，Φ 迅速增加，但当电流较大使铁心接近饱和时，随 i 的增加，Φ 增加较慢。

下面根据已经得到的非线性电感 $i(\Phi)$ 曲线，求取 $\Phi(t) = \Phi_\mathrm{m}\sin\omega t$ 时的 $i(t)$ 波形。为此，分别在图11-5-1b中 $i(\Phi)$ 曲线纵轴和横轴的延伸方向做出 $\Phi(t)$ 和 $u(t)$ 曲线，见图11-5-1。取 $\Phi(t)$ 曲线上 $t = T/4$（即 t 坐标上的点 a）的对应点 b；又将待画的 $i(t)$ 曲线置于图11-5-1b的左上方，与 $u(t)$ 置于同一坐标系，取横坐标 $t = T/4$ 的点 e。这样，按图中箭头所示的作图路线，依次得到点 a、b、c、d。其中 d 点是 cd 和 ed 的交点，而 ed 就是 $i(T/4)$ 的值。按同样方法选取不同的时间 t，可逐点做出 $i(t)$。从图上看出，$i(t)$ 是非正弦的尖顶波，其成分主要是基波和三次谐波。图中也画出了电压 $u(t)$ 的波形（余弦波）。显然，电流的基波分量滞后 $u(t)$ 90°，故它们的平均功率（有功功率）为零，而电流的三次谐波分量与电压 $u(t)$ 的频率不同，也不消耗有功功率。此结论基于如下假定：铁心的 Φ—i 曲线是基本磁化曲线且对原点对称，如图 11-5-1b 的右上角所示。

类似地，如已知带铁心线圈 $\Phi(i)$ 曲线和线圈电流为正弦 $i(t) = I_\mathrm{m}\sin\omega t$，可以用做图法求取 $\Phi(t)$ 和 $u(t)$。为此，首先作出图 11-5-2 左上方的 $\Phi(i)$ 曲线，只需将图 11-5-1b 右上方曲线 $i(\Phi)$ 的纵横坐标互换即可得到。然后在曲线 $i(\Phi)$ 的纵横坐标的延伸方向画 $i(t)$、$\Phi(t)$ 和 $u(t)$ 曲线。先将 $i(t)$ 正弦曲线画在图 11-5-2 的左下方，取时间坐标 $t = T/4$ 的点 a；将待画的 $\Phi(t)$ 曲线置于图的右上方，也取横坐标 $t = T/4$ 的点 e。按箭头所指的做图路线，依次得到点 a、b、c、d，则 ed 就是 $\Phi(T/4)$ 的值。按同法取不同时间 t，逐点做出 $\Phi(t)$，可知它是非正弦的平顶波；电压 $u(t) = n\dfrac{\mathrm{d}\Phi}{\mathrm{d}t}$，$u$ 在某

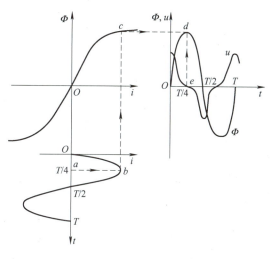

图　11-5-2

时刻 t 的值是 $\Phi(t)$ 在此时的导数乘以 n，按图解方法（$\Phi(t)$ 曲线在某点的导数就是其切线的斜率）做出 $u(t)$ 的波形，可知它是尖顶波，主要由基波和三次谐波分量组成，与正弦电流形成的有功功率也是零。

二、等效正弦波

当正弦电压施加在一个线性电阻和一个非线性电感串联的电路中时，各元件的电压、电流波形都是非正弦的，严格分析此电路是很困难的。如果电压、电流的正弦畸变不太严重时（即主要是基波，谐波分量较小），可近似地用所谓等效正弦波近似。

等效正弦波定义如下：等效正弦电压、电流的有效值各等于实际的非正弦电压、电流的有效值，等效正弦电压、电流形成的有功功率等于实际的非正弦有功功率（平均功率），即

$$U_\mathrm{eq} = U_{非正弦}, I_\mathrm{eq} = I_{非正弦} \qquad (11\text{-}5\text{-}5)$$

$$P_{eq} = U_{eq}I_{eq}\cos\varphi_{eq} = P_{\text{非正弦}} \tag{11-5-6}$$

式中的下标 eq 表示等效正弦，故

$$\cos\varphi_{eq} = \frac{P_{\text{非正弦}}}{U_{\text{非正弦}}I_{\text{非正弦}}} \tag{11-5-7}$$

φ_{eq} 的正负号可根据非正弦波中基波的相位差的正负号决定。

利用等效正弦波的概念，可将非线性元件看成所谓"惯性元件"，其中的瞬时值关系是线性的，故施加正弦电压能产生正弦电流，可以用复数进行计算。当然，电压、电流有效值的关系仍是非线性的，因为它们都是由非正弦波等效出来的。

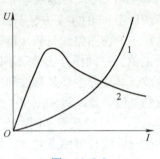

钨丝灯泡可以看成（热）惯性电阻元件，当施加正弦电压且其有效值不变时，经过一段时间达到了热平衡，在一个周期内温度基本不变，电阻值也不变，正弦电流产生正弦电压，二者之间的瞬时值关系是线性的；但当电压有效值增大时，温度升高，电阻增加，故电压有效值 U 和电流有效值 I 的关系仍是非线性的；热敏电阻也有此特点，如图 11-5-3 所示。曲线 1 为钨丝灯泡的有效值特性，曲线 2 为热敏电阻的有效值特性。此类元件都称为惯性元件。

图　11-5-3

三、利用等效正弦波分析交流非线性电路

利用等效正弦波可使交流非线性稳态电路分析大为简化。图 11-5-4a 电路由线性阻抗 $Z = R + jX (X > 0)$ 和非线性电感串联组成，后者即铁心线圈（忽略线圈电阻、漏感、铁心损耗等）。由外施正弦电压 $\dot{U}$ 供电，将非线性电感看作惯性元件，即用等效正弦波处理，可进行复数计算

$$\dot{U} = Z\dot{I} + \dot{U}_L = R\dot{I} + jX\dot{I} + \dot{U}_L \tag{11-5-8}$$

式中，$\dot{U}_L$ 是非线性电感上的等效电压复数，故超前电流 $90°$，于是 $jX\dot{I}$ 和 $\dot{U}_L$ 同相。总电压有效值的平方为

$$U^2 = (RI)^2 + (XI + U_L)^2 \tag{11-5-9}$$

非线性电感的有效值特性 $U_L(I)$ 如图 11-5-4b 所示，它仍是非线性的。从曲线 $U_L(I)$ 可求出总电压、电流的有效值特性，方法是：假设一个电流 I（图 11-5-4b 中的 Oa），先从曲线中找出 U_L（图中 ab），再利用式（11-5-9）算出相应的 U（图中 ac）。如此通过逐点计算可做出总电压 $U(I)$ 曲线。

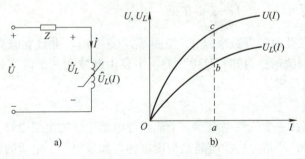

图　11-5-4

若已知某一外施电压有效值 U，通过辅助特性曲线 $U(I)$，找出 I 值和非线性电感上的电压 U_L，可求出线性阻抗 Z 上的电压 $|Z|I$。

最后讨论铁磁谐振电路，图 11-5-5a 电路由线性电容 C 和非线性电感串联组成，利用等

效正弦波的概念，写出复数方程

$$\dot{U} = \dot{U}_C + \dot{U}_L \qquad (11\text{-}5\text{-}10)$$

$\dot{U}_L$ 和 $\dot{U}_C$ 的相位相反，如图 11-5-5b 的相量图所示，故有效值

$$U = |U_L - U_C| \qquad (11\text{-}5\text{-}11)$$

将铁心线圈的电压、电流有效值特性 $U_L(I)$ 和电容 C 的特性 $U_C(I)$ 画在同一图上（图 11-5-5c），可求出总特性 $U(I)$。从图 11-5-5b 和图 11-5-5c 可以看出，当 $I > I_0$ 时，$U_L < U_C(ef < eg$，$eh = |ef - eg|)$，电路呈现电容性；当 $I = I_0$ 时，$\dot{U}_L$ 和 $\dot{U}_C$ 大小相等、相位相反，外施电压 $\dot{U} = 0$，电路呈谐振状态，是电压谐振。

实际上由于线圈的电阻、漏感和铁损存在，以及电压、电流都是非正弦波，实测的 $U(I)$ 曲线如图 11-5-5d 所示。当电压 U 从零增至 U_a 时，电流 I 也逐渐从零增至 I_a，但当 U 从 U_a（高峰处）再稍增加时，电流将从 a 点的 I_a 突增至 b 点的 I_b，而其相位也从滞后于电压 $90°$ 突变为超前于电压 $90°$，称为相位翻转。此后如电压再增加，电流从 b 点逐渐地增大；反之，如电压从 b 点减少，电流随之逐渐地减少，当降至 c 点（低谷处），电压再稍减少时，电流会从 c 点的 I_c 突减至 d 点的 I_d，其相位也从超前于电压 $90°$ 突变为滞后于电压 $90°$，相位又翻转了。这种由于电源电压有效值的改变，使得相位翻转和电压谐振的现象是线性电路中所没有的，称为铁磁电压谐振。

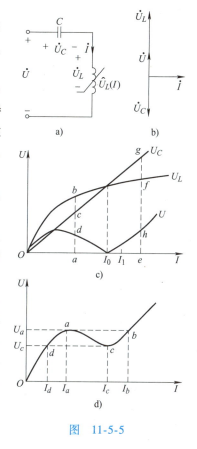

图 11-5-5

在图 11-5-5a 电路中，取 U 作为输入电压，U_L 作为输出电压，观察图 11-5-5c 中 $U(I)$ 和 $U_L(I)$ 在 $I > I_1$ 区段的特性曲线可知，当输入电压 U 变化较大时，输出电压 U_L 由于饱和的缘故变化较小，故此电路可作为铁磁电压稳定器。

第六节 一阶非线性动态电路的过渡过程

含有一个储能元件或称动态元件（即电感或电容）的非线性电路，通常称为一阶非线性动态电路，其过渡过程的分析要比线性电路的过渡过程复杂得多。较常用的方法是将非线性的电阻、电感、电容特性曲线 $u_R(i_R)$、$\Psi(i_L)$、$q(u_C)$ 用折线近似，即采用分段线性化法，每段内部的直线段看成线性元件，可由线性电路过渡过程的方法处理，然后将各段的计算结果连接起来即得全体解答。

一、线性电阻、非线性电感接通直流电压

图 11-6-1a 中含有非线性电感，它的磁链—电流特性 $\Psi(i)$ 如图 11-6-1b 所示。将曲线 $\Psi(i)$ 分为三段，各段分别用直线段 $O1$、12、23 近似表示曲线，点 1、2、3 的坐标分别为 $(I_1，\Psi_1)$、$(I_2，\Psi_2)$、$(I_3，\Psi_3)$。

在第 1 段：$0 \leqslant i < I_1$，线段 $O1$ 的方程 $\Psi_1 = L_1 I_1$，$L_1 = \Psi_1/I_1$ 是线段 $O1$ 的斜率。

在第 2 段：$I_1 \leqslant i < I_2$，线段 12 的方程为 $\Psi - \Psi_1 = L_2(i - I_1)$，$L_2 = \dfrac{\Psi_2 - \Psi_1}{I_2 - I_1}$ 是线段 12 的斜率。

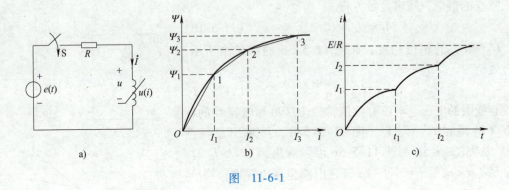

图　11-6-1

在第 3 段：$I_2 \leqslant i < I_3$，线段 23 的方程为 $\Psi - \Psi_2 = L_3(i - I_2)$，$L_3 = \dfrac{\Psi_3 - \Psi_2}{I_3 - I_2}$ 是线段 23 的斜率。

对于不同区段，可写出不同的电路微分方程

第 1 段

$$L_1 \frac{\mathrm{d}i}{\mathrm{d}t} + Ri = e \qquad 0 \leqslant i < I_1 \tag{11-6-1}$$

第 2 段

$$L_2 \frac{\mathrm{d}i}{\mathrm{d}t} + Ri = e \qquad I_1 \leqslant i < I_2 \tag{11-6-2}$$

第 3 段

$$L_3 \frac{\mathrm{d}i}{\mathrm{d}t} + Ri = e \qquad I_2 \leqslant i < I_3 \tag{11-6-3}$$

为了求解图 11-6-1a 电路中的响应电流 $i(t)$，设 $e(t) = E \cdot 1(t)$，E 足够大，满足 $E/R \geqslant I_3$。初始条件 $i(0_-) = 0$，根据换路定则 $i(0_+) = i(0_-) = 0$，此时电流 i 在图 11-6-1b 的原点，即在第 1 段直线的左边界上，应按第 1 段的方程进行计算。

第 1 段：不必解上面的微分方程，直接利用三要素公式

$$i = \frac{E}{R} + \left(0 - \frac{E}{R}\right) \mathrm{e}^{-\frac{t}{\tau_1}} \tag{11-6-4}$$

式中，$\tau_1 = \dfrac{L_1}{R}$。电流 i 按此式从零向 E/R 增长，由于假定 $E/R \geqslant I_3$，当 i 增至 I_1 时，该瞬间记为 t_1，则

$$t_1 = \tau_1 \ln \frac{I_\infty}{I_\infty - I_1} \tag{11-6-5}$$

式中，$I_\infty = \dfrac{E}{R}$。此后特性转至第 2 段。

第 2 段：由换路定则 $i(t_{1+}) = i(t_{1-}) = I_1$。三要素公式中的换路时间为 t_1，故第 2 段的电流为

$$i = \frac{E}{R} + \left(I_1 - \frac{E}{R}\right) \mathrm{e}^{-\frac{t - t_1}{\tau_2}} \tag{11-6-6}$$

式中，$\tau_2 = \dfrac{L_2}{R}$。电流 i 继续增长至 I_2，该瞬时记为 t_2，则

$$t_2 = t_1 + \tau_2 \ln \frac{I_\infty - I_1}{I_\infty - I_2} \tag{11-6-7}$$

此后特性转至第 3 段。

第 3 段：换路定则为 $i(t_{2+}) = i(t_{2-}) = I_2$，三要素公式为

$$i = \frac{E}{R} + \left(I_2 - \frac{E}{R} \right) e^{-\frac{t-t_2}{\tau_3}} \tag{11-6-8}$$

式中，$\tau_3 = \dfrac{L_3}{R}$。

将式（11-6-4）、式（11-6-8）各段电流连接起来，即得阶跃响应电流 $i(t)$ 的近似解，如图 11-6-1c 所示。

二、弛张振荡电路

振荡是各种物理系统中普遍存在的一种运动形式。通常的振荡电路都含有储能元件和非线性元件。在非线性系统中，由于非线性特性的作用，在没有受到外界周期信号激励时，有时电路中会出现一种周期性的振荡。这种振荡的频率和振幅是由电路本身的参数决定的，而且当振荡受到某种干扰之后，电路还有恢复原振荡状态的能力。非线性电路中出现的这种现象称为自激振荡现象，出现自激振荡现象是非线性电路的重要特性之一。弛张振荡就是非线性电路中的一种自激振荡。

图 11-6-2a 所示是含氖管的弛张振荡电路，氖管 N 是非线性电阻，其特性 $u(i)$ 如图 11-6-2b 中曲线所示。

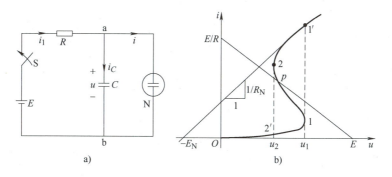

图　11-6-2

先利用曲线相交法分析没有电容时的情况。在图 11-6-2a 的 ab 右方，u、i 满足氖管特性方程 $u(i)$，即图 11-6-2b 中的 S 形曲线。在图 11-6-2a 的 ab 左方，u、i 满足电压源外特性斜线方程 $u = E - Ri$，在图 11-6-2b 中作此斜线，其在 u 轴上的截距为 E，在 i 轴上的截距为 E/R。该斜线与氖管特性的交点 p 就是电路的工作点，注意氖管特性在 p 点的斜率是负的。

当有电容 C 时，设原先未充电。当开关 S 接通后，C 充电，电压 u 从 0 逐渐增至 u_1，氖管特性曲线从 O 至 1 点，然后电流 i 突然增大，氖管点燃。由于电容电压不能突变，在氖管特性曲线上从 1 跳至 1' 点。此后电容通过氖管放电，特性从 1' 至 2，电压逐渐减至 u_2 时，电流突然减少，氖管熄灭，电容电压 u 不能突变，氖管特性曲线从 2 跳至 2' 点。重复以上弛张振荡过程，氖管以固定的周期闪烁。

由上面分析可知，图 11-6-2a 所示电路能交替地出现电容器充电和放电的周期过程。这种周期并不是由外加的周期信号所引起的，而是电路本身产生的一种自激振荡。因为在振荡的一周期中电容一段时间被充电，而另一段时间为放电，所以被称为弛张电路。

现忽略振荡过程中氖管从 1 跳至 1' 点和从 2 跳至 2' 点所需时间，用近似方法计算振荡的周期。在图 11-6-2b 中从 2' 至 1 点，可认为氖管近似开路，图 11-6-2a 中 E 经 R 对 C 充电，

为简化计算，将时间起点取作当 $u = u_2$ 时，即设 $t = 0$ 时，$u(0+) = u(0-) = u_2$，由三要素公式得

$$u = E + (u_2 - E)\mathrm{e}^{-\frac{t}{\tau_2}}, \tau_2 = RC \tag{11-6-9}$$

当 $u = u_1$ 时，设 $t = t_2$，则

$$u_1 = E + (u_2 - E)\mathrm{e}^{-\frac{t_2}{\tau_2}}$$

$$\mathrm{e}^{-\frac{t_2}{\tau_2}} = \frac{u_1 - E}{u_2 - E}$$

充电时间为

$$t_2 = RC\ln\frac{u_2 - E}{u_1 - E} \tag{11-6-10}$$

在图 11-6-2b 中从 1′ 至 2 点，氖管特性曲线近似用横轴截距为 $-E_N$、斜率为 $1/R_N$ 的直线表示，于是直线方程为

$$u = -E_N + R_N i$$

可推得放电过程的等效电路如图 11-6-3a 所示，利用戴维南定理，将连接电容 C 两端的其余部分看作有源—端口电阻网络，则其等效电动势 $E_0 = \dfrac{E/R - E_N/R_N}{1/R + 1/R_N} = \dfrac{ER_N - E_N R}{R + R_N}$，其等效内阻 R_0 为 $R /\!/ R_N$。为简化计算，将时间起点取作当 $u = u_1$ 时，即设 $t = 0$ 时，$u(0_+) = u(0_-) = u_1$，由三要素公式得

$$u = E_0 + (u_1 - E_0)\mathrm{e}^{-\frac{t}{\tau_1}}, \tau_1 = R_0 C \tag{11-6-11}$$

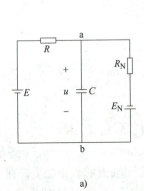

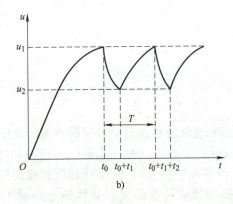

图 **11-6-3**

当 $u = u_2$ 时，设 $t = t_1$，则

$$u_2 = E_0 - (u_1 - E_0)\mathrm{e}^{-\frac{t_1}{\tau_1}}$$

$$\mathrm{e}^{-\frac{t_1}{\tau_1}} = \frac{u_2 - E_0}{u_1 - E_0}$$

放电时间为

$$t_1 = R_0 C\ln\frac{u_1 - E_0}{u_2 - E_0} = (R /\!/ R_N)C\ln\frac{u_1 - \dfrac{ER_N - E_N R}{R + R_N}}{u_2 - \dfrac{ER_N - E_N R}{R + R_N}} \tag{11-6-12}$$

电容电压 u_C 充放电的波形如图 11-6-3b 所示，周期 $T = t_1 + t_2$。产生弛张振荡的必要条件是：图 11-6-2b 中氖管特性曲线与外特性 $i = \dfrac{1}{R}(E - u)$ 的交点 p 必须在点 1、2 之间，即氖管特性的动态电阻为负的区段，其原理在下节叙述。

第七节　非线性动态电路的状态方程、平衡状态和稳定性

一、一阶非线性动态电路状态方程的列写

现仅讨论一个线性动态元件的电路，即 L 或 C 是常数，如图 11-7-1a、b 所示。N_1、N_2 都是非线性电阻网络，内部可含有独立电源或受控电源。

对于图 11-7-1a，电源的特性方程为 $u_L = L\dfrac{\mathrm{d}i_L}{\mathrm{d}t}$，又设非线性电阻网络 N_1 的端口方程为 $u_L = f_L(i_L)$，其中 $f_L(i_L)$ 又称为网络 N_1 的外特性，它是流控型的。将两式合并

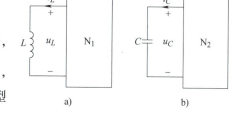

图　11-7-1

$$L\frac{\mathrm{d}i_L}{\mathrm{d}t} = f_L(i_L) \rightarrow \frac{\mathrm{d}i_L}{\mathrm{d}t} = \frac{1}{L}f_L(i_L) = f_1(i_L)$$

$$(11\text{-}7\text{-}1)$$

式中，$f_1(i_L) = \dfrac{1}{L}f_L(i_L)$。

对于图 11-7-1b，电容的特性方程为 $i_C = C\dfrac{\mathrm{d}u_C}{\mathrm{d}t}$，又设非线性电阻网络 N_2 的端口方程为 $i_C = f_C(u_C)$，其中 $f_C(u_C)$ 又称为网络 N_2 的外特性，它是压控型的。将两式合并

$$C\frac{\mathrm{d}u_C}{\mathrm{d}t} = f_C(u_C) \rightarrow \frac{\mathrm{d}u_C}{\mathrm{d}t} = \frac{1}{C}f_C(u_C) = f_2(u_C) \qquad (11\text{-}7\text{-}2)$$

式中，$f_2(u_C) = \dfrac{1}{C}f_C(u_C)$。

将以上两式写成同一形式

$$\dot{x} = f(x) \qquad (11\text{-}7\text{-}3)$$

这就是一阶非线性动态电路的状态方程，配合初始条件 $x(0) = x_0$，可获得方程的解。

在推导式（11-7-1）时，假定 N_1 是流控型。如果是压控型 $i_L = f_L(u_L)$，得到的状态方程是

$$\dot{u}_L = \frac{\mathrm{d}u_L}{\mathrm{d}t} = L\frac{\mathrm{d}^2 f_L(u_L)}{\mathrm{d}t^2}$$

要求非线性电阻网络函数 $f_L(u_L)$ 具有二阶时间导数。同理，如 N_2 是流控型 $u_C = f_C(i_C)$，状态方程是

$$\dot{i}_C = \frac{\mathrm{d}i_C}{\mathrm{d}t} = C\frac{\mathrm{d}^2 f_C(i_C)}{\mathrm{d}t^2}$$

二、二阶非线性动态电路状态方程的列写

图 11-7-2 由非线性电阻网络 N_3 和电感、电容组成，先设电感、电容都是常数，记为 L_1、C_2，则

对于 L_1：
$$u_1 = L_1 \frac{\mathrm{d}i_1}{\mathrm{d}t} \qquad (11\text{-}7\text{-}4)$$

对于 C_2：
$$i_2 = C_2 \frac{\mathrm{d}u_2}{\mathrm{d}t} \qquad (11\text{-}7\text{-}5)$$

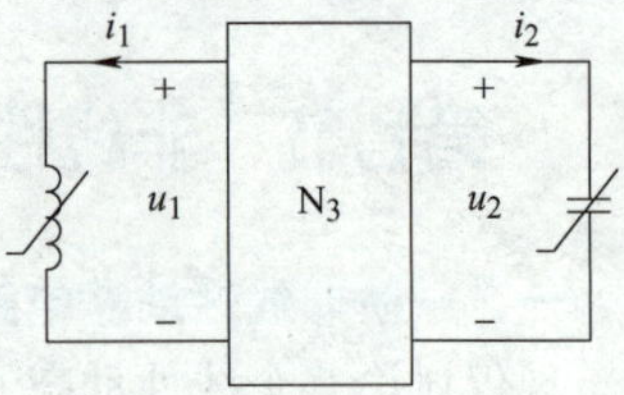

非线性电阻网络 N_3 的双口方程为
$$u_1 = f_L(i_1, u_2) \qquad (11\text{-}7\text{-}6)$$
$$i_2 = f_C(i_1, u_2) \qquad (11\text{-}7\text{-}7)$$

图 11-7-2

将式（11-7-4）、式（11-7-6）合并得
$$\frac{\mathrm{d}i_1}{\mathrm{d}t} = \frac{1}{L_1} f_L(i_1, u_2) = f_1(i_1, u_2) \qquad (11\text{-}7\text{-}8)$$

式中，$f_1(i_1, u_2) = \dfrac{1}{L_1} f_L(i_1, u_2)$。

将式（11-7-5）、式（11-7-7）合并得
$$\frac{\mathrm{d}u_2}{\mathrm{d}t} = \frac{1}{C_2} f_C(i_1, u_2) = f_2(i_1, u_2) \qquad (11\text{-}7\text{-}9)$$

式中，$f_2(i_1, u_2) = \dfrac{1}{C_2} f_C(i_1, u_2)$。

将上两个一阶微分方程式联合写成向量形式，即可得该二阶系统的状态方程
$$\dot{\boldsymbol{X}} = \boldsymbol{F}(\boldsymbol{X}) \qquad (11\text{-}7\text{-}10)$$

式中，$\boldsymbol{X} = [i_1, u_2]^{\mathrm{T}}$；$\boldsymbol{F}(\boldsymbol{X}) = [f_1(\boldsymbol{X}) \quad f_2(\boldsymbol{X})]^{\mathrm{T}}$，符号 T 表示转置；$\boldsymbol{F}(\boldsymbol{X})$ 的自变量是向量 $\boldsymbol{X}$，函数 $\boldsymbol{F}$ 也是向量，故简称 $\boldsymbol{F}(\boldsymbol{X})$ 为向量的向量值函数。

现讨论更一般的情况。设图 11-7-2 中电感是非线性的，特性方程表示为韦安特性
$$\boldsymbol{\Psi}_1 = \hat{\boldsymbol{\Psi}}_1(i_1) \qquad (11\text{-}7\text{-}11)$$

即磁链是电感电流的单值函数。对于非线性电容，特性方程表示为库伏特性
$$q_1 = \hat{q}_1(u_1) \qquad (11\text{-}7\text{-}12)$$

即电荷是电容电压的单值函数。将式（11-7-11）、式（11-7-6）合并，考虑到 $u_1 = \dfrac{\mathrm{d}\boldsymbol{\Psi}_1}{\mathrm{d}t}$，则

$$u_1 = \frac{\mathrm{d}\boldsymbol{\Psi}_1}{\mathrm{d}t} = \frac{\mathrm{d}\hat{\boldsymbol{\Psi}}_1(i_1)}{\mathrm{d}i_1} \frac{\mathrm{d}i_1}{\mathrm{d}t} = f_L(i_1, u_2)$$

故
$$\frac{\mathrm{d}i_1}{\mathrm{d}t} = \frac{1}{L_{\mathrm{d}}(i_1)} f_L(i_1, u_2) = f_1(i_1, u_2) \qquad (11\text{-}7\text{-}13)$$

式中，$L_{\mathrm{d}}(i_1) = \dfrac{\mathrm{d}\hat{\boldsymbol{\Psi}}_1(i_1)}{\mathrm{d}i_1}$ 是动态电感。将式（11-7-12）、式（11-7-8）合并，考虑到 $i_2 = \dfrac{\mathrm{d}q_2}{\mathrm{d}t}$，则

$$i_2 = \frac{\mathrm{d}q_2}{\mathrm{d}t} = \frac{\mathrm{d}\hat{q}_2(u_2)}{\mathrm{d}u_2} \frac{\mathrm{d}u_2}{\mathrm{d}t} = f_C(i_1, u_2)$$

故
$$\frac{du_2}{dt}=\frac{1}{C_d(u_2)}f_C(i_1,u_2)=f_2(i_1,u_2) \qquad (11\text{-}7\text{-}14)$$

式中，$C_d(u_2)=\dfrac{d\hat{q}_2(u_2)}{du_2}$ 是动态电容。

式（11-7-13）、式（11-7-14）是二阶非线性状态方程，状态变量是 i_1、u_2。

又当非线性电感特性为
$$i_1=\hat{i}_1(\boldsymbol{\varPsi}_1) \qquad (11\text{-}7\text{-}15)$$

即电感电流是磁链的单值函数，非线性电容特性为
$$u_2=\hat{u}_2(q_2) \qquad (11\text{-}7\text{-}16)$$

即电容电压是电荷的单值函数。将式（11-7-15）、式（11-7-16）代入式（11-7-6）中，注意到 $u_1=\dfrac{d\boldsymbol{\varPsi}_1}{dt}$，得

$$\frac{d\boldsymbol{\varPsi}_1}{dt}=f_L[\hat{i}_1(\boldsymbol{\varPsi}_1),\hat{u}_2(q_2)]=f_1(\boldsymbol{\varPsi}_1,q_2) \qquad (11\text{-}7\text{-}17)$$

又将式（11-7-15）、式（11-7-16）代入式（11-7-7）中，注意到 $i_2=\dfrac{dq_2}{dt}$，得

$$\frac{dq_2}{dt}=f_C[\hat{i}_1(\boldsymbol{\varPsi}_1),\hat{u}_2(q_2)]=f_2(\boldsymbol{\varPsi}_1,q_2) \qquad (11\text{-}7\text{-}18)$$

式（11-7-17）、式（11-7-18）也是二阶非线性状态方程，状态变量是 $\boldsymbol{\varPsi}_1$、q_2。同理，也可列写当图 11-7-2 左右各为两个电感或两个电容的非线性状态方程。上述状态方程都可统一写成 $\dot{\boldsymbol{X}}=\boldsymbol{F}(\boldsymbol{X})$ 的形式。

对于非线性动态系统，并不是总能列出形式为 $\dot{\boldsymbol{X}}=\boldsymbol{F}(\boldsymbol{X})$ 的状态方程，但常可列出形式为 $\boldsymbol{F}(\dot{\boldsymbol{X}},\boldsymbol{X})=0$ 的隐式方程。

在直流激励或零输入情况下，非线性电路的状态方程是一个变量为 t 的微分方程组，但是方程中不明显地含有 t，这类方程称为自治方程，相应的网络称为自治网络。自治方程的稳态解是常量，此稳态解在元件特性曲线上所对应的点称为平衡点或工作点。

如果电路的外加激励是时变的或电路中存在时变参数元件，此时的状态方程中明显地含有变量 t，称为非自治方程，相应的网络称为非自治网络。

三、平衡点和稳定性

非线性状态方程
$$\dot{\boldsymbol{X}}=\boldsymbol{F}(\boldsymbol{X}) \qquad (11\text{-}7\text{-}19)$$

当 $\dot{\boldsymbol{X}}=0$ 时，$\boldsymbol{F}(\boldsymbol{X})=0$，从而解出 $\boldsymbol{X}=\boldsymbol{X}_e$，称 $\boldsymbol{X}_e$ 为平衡点。当状态变量是 i_L（如式（11-7-1））和 u_C（如式（11-7-2））时，在平衡点处，$\dot{i}_L=0$，$\dot{u}_C=0$，故 $u_L=L\dfrac{di_L}{dt}=0$，$i_C=C\dfrac{du_C}{dt}=0$，相当于电感短路和电容开路；同理当状态变量是 $\boldsymbol{\varPsi}$（如式（11-7-17））、q（如式（11-7-18））时，在平衡点 $\dot{\boldsymbol{\varPsi}}=0$，$\dot{q}=0$，故 $u_L=\dfrac{d\boldsymbol{\varPsi}}{dt}=0$，$i_C=\dfrac{dq}{dt}=0$，也相当于电感短路和电容开路。例如，为求图 11-6-2a 电路的平衡点，可将电容开路，从图 11-6-2b 中用曲线相交法求得平衡点 p。

由 $\dot{X}_e = F(X_e) = 0$ 可知，当电路达到平衡点 X_e 后，由于 $\dot{X}_e = 0$，X_e 不随时间改变，电路似乎会一直保持在该平衡状态，但实际上由于电路参数变化、电源波动等偶然因素，可能使状态不能长期保持在平衡点上，此时就说平衡点是不稳定的，否则就是稳定的。

首先分析一阶非线性状态方程的平衡点的稳定性，以图 11-6-2a 电路为例，为列写其状态方程，将去掉电容 C 以外的网络看作有源的一端口非线性电阻网络 N_2，端口在 ab 处，参照图 11-7-1b 写出 N_2 的外特性方程

$$i_C = i_1 - i = \frac{E - u}{R} - \hat{i}(u) \tag{11-7-20}$$

式中，$\hat{i}(u)$ 是以 u 作为自变量表示的氖管特性，如图 11-6-2b 所示。从严格意义上讲，由于氖管特性中电流 i 是电压 u 的多值函数，见图 11-6-2b，在 $u_2 \leqslant u \leqslant u_1$ 区间内同一个 u 对应有三个不同的 i 值，故无法将 i 表示成单值函数 $f(u)$。如果我们只限于对氖管特性的下倾段 12 进行分析，可暂时假设上升段 $O1$ 和 $21'$ 不存在，在这样条件下将氖管特性写成 $i = \hat{i}(u)$ 是允许的。

电容的特性方程为
$$i_C = C \frac{\mathrm{d}u}{\mathrm{d}t} \tag{11-7-21}$$

合并式（11-7-20）和式（11-7-21）得状态方程，状态变量是 u
$$\frac{\mathrm{d}u}{\mathrm{d}t} = \frac{1}{C}\left[\frac{E - u}{R} - \hat{i}(u) \right] = f(u) \tag{11-7-22}$$

平衡点是令 $\dot{u} = f(u) = 0$ 的点，显然，从上式知，它是 $i = \dfrac{E - u}{R}$ 代表的斜线和 $i = \hat{i}(u)$ 代表的氖管特性的交点，即图 11-6-2b 中的 p 点，在 p 点 $u = u_e$，$\dot{u}_e = f(u_e) = 0$。

为判别 p 点的稳定性，可令 u 在 u_e 处有一小摄动 δu，即 $u = u_e + \delta u$，代入式(11-7-22)得
$$\dot{u}_e + \dot{\delta u} = f(u_e + \delta u) \tag{11-7-23}$$

将 $f(u_e + \delta u)$ 在 u_e 附近作泰勒级数展开
$$\dot{u}_e + \dot{\delta u} = f(u_e) + f'(u_e)\delta u + \frac{1}{2!}f''(u_e)\delta u^2 + \cdots \tag{11-7-24}$$

略去二阶以上的小项，并注意 u_e 是平衡点，故 $f(u_e) = 0$，$\dot{u}_e = 0$，上式成为
$$\dot{\delta u} = f'(u_e)\delta u \tag{11-7-25}$$

这是小信号 δu 的一阶微分方程，$f'(u_e)$ 对于 δu 来说是常量，故该方程是线性常系数微分方程。设初始摄动为 $(\delta u)_0$，则小信号方程的解为
$$\delta u = (\delta u)_0 e^{f'(u_e)t} \tag{11-7-26}$$

可见

当 $f'(u_e) > 0$ 时，δu 趋于无穷大，平衡点不稳定。

当 $f'(u_e) < 0$ 时，δu 趋于零，状态回到平衡点，平衡点渐近稳定。

当 $f'(u_e) = 0$ 时，式（11-7-24）中的二阶项 $\dfrac{1}{2}f''(u_e)\delta u^2$ 不可忽略，此时小信号方程为

$$\dot{\delta u} = \frac{1}{2}f''(u_e)\delta u^2$$

则需要根据 $f''(u_e)$ 判断稳定性（略）。

现在回到式（11-7-22），$f(u) = \dfrac{1}{C}\Big[\dfrac{E-u}{R} - \hat{i}(u)\Big]$，则

$$f'(u_e) = \frac{1}{C}\Big[\frac{-1}{R} - \hat{i}'(u_e)\Big] \tag{11-7-27}$$

对照图 11-6-2b，$i'(u_e)$ 是氖管特性在 p 点的斜率，为负，且比一端口电阻网络的外特性（也称负载线）的斜率 $-1/R$ 更小，故上式的 $f'(u_e)$ 的值为正，平衡点 p 是不稳定的。即使电路在理论上达到了平衡点，由于某些随机因素，一旦有稍许的变化 $(\delta u)_0$。它就会依照式（11-7-26）指数增长。

如果在图 11-6-2 中改变 E、R 的值，使负载线与氖管特性的交点处于 $O1$ 或 $21'$ 区段内，在式（11-7-27）中 $i'(u_e)$ 为正值，$f'(u_e)$ 为负值，平衡点稳定。

上述分析平衡点稳定性的方法称为摄动法，也称小信号分析法。现推广讨论 n 阶非线性状态方程组的平衡点的稳定性。对于 n 维向量方程，即

$$\begin{bmatrix} \dot{x}_1 \\ \dot{x}_2 \\ \vdots \\ \dot{x}_n \end{bmatrix} = \begin{bmatrix} f_1(x_1, x_2, \cdots, x_n) \\ f_2(x_1, x_2, \cdots, x_n) \\ \vdots \\ f_n(x_1, x_2, \cdots, x_n) \end{bmatrix} \tag{11-7-28}$$

写成向量形式

$$\dot{\boldsymbol{X}} = \boldsymbol{F}(\boldsymbol{X}) \tag{11-7-29}$$

这就是 n 维非线性状态方程，$\boldsymbol{X} = [x_1, x_2, \cdots, x_n]^{\mathrm{T}}$ 是 n 维状态向量，$\boldsymbol{F}(\boldsymbol{X})$ 是 n 维向量函数，其平衡点 $\boldsymbol{X}_e$ 可由 $\boldsymbol{F}(\boldsymbol{X}) = 0$ 求得。为判断平衡点的稳定性，仿照一维的情况，令 $\boldsymbol{X}$ 在 $\boldsymbol{X}_e$ 处有一小摄动 $\delta\boldsymbol{X}$，即 $\boldsymbol{X} = \boldsymbol{X}_e + \delta\boldsymbol{X}$，代入式（11-7-29），并在平衡点 $\boldsymbol{X}_e$ 附近对 $\boldsymbol{F}(\boldsymbol{X})$ 作台劳级数展开，略去高阶项，可得

$$\dot{\boldsymbol{X}}_e + \dot{\delta}\boldsymbol{X} = \boldsymbol{F}(\boldsymbol{X}_e + \delta\boldsymbol{X}) = \boldsymbol{F}(\boldsymbol{X}_e) + \boldsymbol{F}'(\boldsymbol{X}_e)\delta\boldsymbol{X} + \frac{1}{2!}\boldsymbol{F}''(\boldsymbol{X}_e)\delta\boldsymbol{X}^2 + \cdots$$

$$\dot{\delta}\boldsymbol{X} = \boldsymbol{F}'(\boldsymbol{X}_e)\delta\boldsymbol{X} \tag{11-7-30}$$

式中，$\boldsymbol{F}'(\boldsymbol{X}_e) = \dfrac{\mathrm{d}\boldsymbol{F}}{\mathrm{d}\boldsymbol{X}}\Big|_{\boldsymbol{X}=\boldsymbol{X}_e}$ 是 $\boldsymbol{X}_e$ 附近的雅可比矩阵

$$\frac{\mathrm{d}\boldsymbol{F}}{\mathrm{d}\boldsymbol{X}}\Big|_{\boldsymbol{X}=\boldsymbol{X}_e} = \begin{bmatrix} \dfrac{\partial f_1}{\partial x_1} & \cdots & \dfrac{\partial f_n}{\partial x_n} \\ \vdots & & \vdots \\ \dfrac{\partial f_n}{\partial x_1} & \cdots & \dfrac{\partial f_n}{\partial x_n} \end{bmatrix}\Bigg|_{\boldsymbol{X}=\boldsymbol{X}_e} \tag{11-7-31}$$

在式（11-7-30）中，对于 $\delta\boldsymbol{X}$ 来说，$\boldsymbol{F}'(\boldsymbol{X}_e)$ 是常矩阵，它只由点 $\boldsymbol{X}_e$ 处的一些函数值 $\dfrac{\partial f_i}{\partial X_j}$ （$i=1, \cdots, n$；$j=1, \cdots, n$）决定，故式（11-7-30）是关于小信号 $\delta\boldsymbol{X}$ 的线性常系数状态方程，令 $\boldsymbol{F}'(\boldsymbol{X}_e) = \boldsymbol{A}$，将式（11-7-30）写成

$$\dot{\delta}\boldsymbol{X} = \boldsymbol{A}\delta\boldsymbol{X} \tag{11-7-32}$$

令方程的初始条件为 $(\delta\boldsymbol{X})$。它是初始摄动向量。参照式（9-11-1）～式（9-11-3），可知上式的解是

$$\delta\boldsymbol{X} = \mathrm{e}^{\boldsymbol{A}t}(\delta\boldsymbol{X})_0 \tag{11-7-33}$$

式中，e^{At} 是 $n \times n$ 阶指数矩阵，其各元素由形如 $t^k e^{\lambda_j t}$ 的各项组成，$k=0$，1，…是有限整数，λ_j 是 A 矩阵的第 j 个特征根，λ_j 可能是复数。当 λ_j 是负实数或是实部为负的复数时，则 $t \to \infty$ 时 $t^k e^{\lambda_j t}$ 趋于零；也就是说，当 A 矩阵的全部特征根都在 s 平面的左半平面上时，$\delta X \to 0$，此时平衡点渐近稳定；反之，当 A 矩阵的特征根中只要有一个在 s 的右半面平上时，例如 λ_j 是正实数，则 $t^k e^{\lambda_j t} \to \infty$，$\delta X \to \infty$，平衡点不稳定。在 s 平面 $j\omega$ 轴上的 A 矩阵的特征根，不能作为判别稳定性的依据，因为还要考虑二阶小项。

例 11-7-1 非线性状态方程如下，求平衡点及其稳定性。

$$\dot{x}_1 = x_1 + 2x_2 = f_1(x_1, x_2)$$

$$\dot{x}_2 = x_1^2 - 10x_2 + 4 = f_2(x_1, x_2)$$

解： 为求平衡点，令 $x_1 + 2x_2 = 0$，$x_1^2 - 10x_2 + 4 = 0$ 联立解得

$$x_{1e} = \begin{cases} x_1 = -1 \\ x_2 = \dfrac{1}{2} \end{cases}, \qquad x_{2e} = \begin{cases} x_1 = -4 \\ x_2 = 2 \end{cases}$$

注意，此题有两个平衡点。与线性状态方程不同，通常非线性状态方程的平衡点不止一个。

现在判断稳定性。雅可比矩阵为

$$\frac{dF}{dX} = \begin{bmatrix} \dfrac{\partial f_1}{\partial x_1} & \dfrac{\partial f_1}{\partial x_2} \\ \dfrac{\partial f_2}{\partial x_1} & \dfrac{\partial f_2}{\partial x_2} \end{bmatrix} = \begin{bmatrix} 1 & 2 \\ 2x_1 & -10 \end{bmatrix}$$

对于平衡点 X_{1e}，小信号方程为

$$\begin{bmatrix} \dot{\delta x_1} \\ \dot{\delta x_2} \end{bmatrix} = \begin{bmatrix} 1 & 2 \\ 2x_1 & -10 \end{bmatrix} \Bigg|_{X_{1e}} \begin{bmatrix} \delta x_1 \\ \delta x_2 \end{bmatrix} = \begin{bmatrix} 1 & 2 \\ -2 & -10 \end{bmatrix} \begin{bmatrix} \delta x_1 \\ \delta x_2 \end{bmatrix} = A \begin{bmatrix} \delta x_1 \\ \delta x_2 \end{bmatrix}$$

A 矩阵的特征方程为

$$|sI - A| = \begin{vmatrix} s-1 & -2 \\ 2 & s+10 \end{vmatrix} = s^2 + 9s - 6 = 0$$

特征根为

$$s_{1,2} = \frac{-9}{2} \pm \sqrt{\left(\frac{9}{2}\right)^2 + 6} = -4.5 \pm 5.12$$

可见其中有一个根为正实根，故平衡点 X_{1e} 不稳定。

对于平衡点 X_{2e}，小信号方程为

$$\begin{bmatrix} \dot{\delta x_1} \\ \dot{\delta x_2} \end{bmatrix} = \begin{bmatrix} 1 & 2 \\ 2x_1 & -10 \end{bmatrix} \Bigg|_{X_{2e}} \begin{bmatrix} \delta x_1 \\ \delta x_2 \end{bmatrix} = \begin{bmatrix} 1 & 2 \\ -8 & -10 \end{bmatrix} \begin{bmatrix} \delta x_1 \\ \delta x_2 \end{bmatrix}$$

A 矩阵的特征方程为

$$|sI - A| = \begin{vmatrix} s-1 & -2 \\ 8 & s+10 \end{vmatrix} = s^2 + 9s + 6 = 0$$

特征根为

$$s_{1,2} = \frac{-9}{2} \pm \sqrt{\left(\frac{9}{2}\right)^2 - 6} = -4.5 \pm 3.77$$

可见两特征根都是负数，故平衡点 X_{2e} 稳定。

例 11-7-2　在图11-7-3电路中，$E = 6\text{V}$，$R_1 = 2\Omega$，$R_2 = 4\Omega$，非线性电感特性为

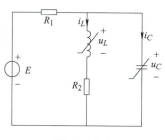

图　11-7-3

$$\Psi = 2\sqrt{i_L} \qquad (0.1\text{A} \leqslant i_L \leqslant 2\text{A}) \qquad (11\text{-}7\text{-}34)$$

非线性电容特性为

$$q = u_C^3 \qquad (1\text{V} \leqslant u_C \leqslant 10\text{V}) \qquad (11\text{-}7\text{-}35)$$

列写状态方程，求出平衡点，判断稳定性。

解：参照式（11-7-6）和式（11-7-7），先列写除去电感和电容的线性双口电阻网络方程为

$$u_L = f_L(i_L, u_C) = u_C - R_2 i_L = u_C - 4 i_L \qquad (11\text{-}7\text{-}36)$$

$$i_C = f_C(i_L, u_C) = \frac{E - u_C}{R_1} - i_L = 3 - 0.5 u_C - i_L \qquad (11\text{-}7\text{-}37)$$

结合电感、电容特性式（11-7-34）、式（11-7-35）得

$$u_L = \frac{\mathrm{d}\Psi}{\mathrm{d}t} = \frac{\mathrm{d}\Psi}{\mathrm{d}i_L} \cdot \frac{\mathrm{d}i_L}{\mathrm{d}t} = i_L^{-\frac{1}{2}} \frac{\mathrm{d}i_L}{\mathrm{d}t} \qquad (11\text{-}7\text{-}38)$$

$$i_C = \frac{\mathrm{d}q}{\mathrm{d}t} = \frac{\mathrm{d}q}{\mathrm{d}u_C} \cdot \frac{\mathrm{d}u_C}{\mathrm{d}t} = 3 u_C^2 \frac{\mathrm{d}u_C}{\mathrm{d}t} \qquad (11\text{-}7\text{-}39)$$

将式（11-7-36）代入式（11-7-38），整理得

$$\frac{\mathrm{d}i_L}{\mathrm{d}t} = (u_C - 4 i_L) i_L^{\frac{1}{2}} = f_1(i_L, u_C) \qquad (11\text{-}7\text{-}40)$$

将式（11-7-37）代入式（11-7-39），整理得

$$\frac{\mathrm{d}u_C}{\mathrm{d}t} = \frac{3 - 0.5 u_C - i_L}{3 u_C^2} = f_2(i_L, u_C) \qquad (11\text{-}7\text{-}41)$$

上两式就是状态方程，状态变量是 i_L、u_C。其平衡点可令 $f_1(i_L, u_C) = 0$，$f_2(i_L, u_C) = 0$ 联立求得。因题设 $0.1\text{A} \leqslant i_L \leqslant 2\text{A}$，故 $i_L \neq 0$，从式（11-7-40）知

$$u_C - 4 i_L = 0, \quad u_C = 4 i_L$$

代入式（11-7-41）得　　　　　　$3 - 0.5 \times 4 i_L - i_L = 0$

故　　　　　　　　　　　　$i_{Le} = 1\text{A}, \quad u_{Ce} = 4\text{V}$

由此得平衡点：$\boldsymbol{X}_e = \begin{bmatrix} i_{Le} \\ u_{Ce} \end{bmatrix} = \begin{bmatrix} 1 \\ 4 \end{bmatrix}$。

此平衡点也可从图 11-7-3 中直接获得。在电路中，令电感短路、电容开路，此时 R_1、R_2 串联，故

$$i_{Le} = \frac{E}{R_1 + R_2} = 1\text{A}, \quad u_C = i_{Le} R_2 = 4\text{V}$$

为判断稳定性，雅可比矩阵为

$$\frac{\mathrm{d}\boldsymbol{F}}{\mathrm{d}\boldsymbol{X}} = \begin{bmatrix} \dfrac{\partial f_1}{\partial i_L} & \dfrac{\partial f_1}{\partial u_C} \\ \dfrac{\partial f_2}{\partial i_L} & \dfrac{\partial f_2}{\partial u_C} \end{bmatrix} = \begin{bmatrix} \dfrac{1}{2} u_C i_L^{-\frac{1}{2}} - 6 i_L^{\frac{1}{2}} & i_L^{\frac{1}{2}} \\ -\dfrac{1}{3 u_C^2} & \dfrac{2 i_L + 0.5 u_C - 6}{u_C^3} \end{bmatrix}$$

平衡点 $\boldsymbol{X}_e$ 附近的小信号方程为

$$\begin{bmatrix} \dot{\delta i_L} \\ \dot{\delta u_C} \end{bmatrix} = \frac{\mathrm{d}\mathbf{F}}{\mathrm{d}\mathbf{X}}\bigg|_{X_e} = \begin{bmatrix} -4 & 1 \\ -\dfrac{1}{48} & -\dfrac{1}{32} \end{bmatrix} = \mathbf{A}$$

$\mathbf{A}$ 矩阵的特征方程为

$$|s\mathbf{1} - \mathbf{A}| = \begin{vmatrix} s+4 & 1 \\ \dfrac{1}{48} & s+\dfrac{1}{32} \end{vmatrix} = s^2 + 4.03s + 0.104 = 0$$

求得特征根为

$$s_{1,2} = \frac{-4.03}{2} \pm \sqrt{\left(\frac{4.03}{2}\right)^2 - 0.104} = -2.015 \pm 1.91$$

可见两特征根都是负实数，故平衡点稳定。

第八节   非线性电路的数值求解方法

非线性电路所建立的电压、电流方程为非线性代数（或微分）方程。这类方程能求出解析解的很少。目前，非线性电路的求解通常借助计算机用数值分析法完成。

一、非线性电阻电路方程的数值求解

含有一个或多个非线性电阻的电路，通常可以用一个或一组非线性代数方程来描述。牛顿-拉夫逊法（简称 N-R 法），就是求解这类非线性代数方程最常用的迭代方法。这种方法的基本思想是设法将非线性方程逐步转化为某种线性方程来求解。

设已知非线性方程

$$f(x) = 0 \tag{11-8-1}$$

的一个近似根 x_k，则函数 $f(x)$ 在点 x_k 附近可展开为泰勒级数

$$f(x) = f(x_k + \Delta x_k) = f(x_k) + f'(x_k)\Delta x_k + \frac{1}{2!}f''(x_k)\Delta x_k^2 + \cdots \tag{11-8-2}$$

在 x_k 附近取一阶泰勒多项式近似

$$p_1(x) = f(x_k) + f'(x_k)\Delta x_k = f(x_k) + f'(x_k)(x - x_k) \tag{11-8-3}$$

因此方程 $f(x) = 0$ 在点 x_k 附近可近似地表达为

$$f(x_k) + f'(x_k)(x - x_k) = 0 \tag{11-8-4}$$

这个近似方程是线性方程，设 $f'(x_k) \neq 0$，解之得

$$x = x_k - \frac{f(x_k)}{f'(x_k)}$$

取上式中的 x 作为原方程的新的近似根 x_{k+1}，就获得 N-R 方法的迭代公式

$$x_{k+1} = x_k - \frac{f(x_k)}{f'(x_k)} \tag{11-8-5}$$

N-R 法有明显的几何解释。如图 11-8-1 所示，方程 $f(x) = 0$ 的根 x^* 在几何上表示为曲线 $f(x)$ 与 x 轴的交点。而近似线性方程式（11-8-4），则是通过曲线上一点 $f(x_k)$ 所做的该曲线的切线，切线与 x 轴的交点就是求得的原方程根的新近似值。如图 11-8-1 所示，已知初始值 x_0，在 $f(x)$ 的曲线上的 $[x_0, f(x_0)]$ 处作 $f(x)$ 的切线，此切线与 x 轴的交点是 x_1，以 x_1 作为第一次的根的近似值，

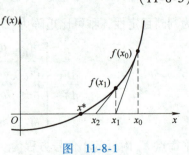

图 11-8-1

重复以上的作法，每一次都得到一个新的近似根，直到根的数值达到所要求的精度为止。

只要假设一个初始值，就可以根据上式，依次求取 x_1，x_2，…，重复迭代直至得到相当精确的近似解。判别是否已接近准确解的方法是

$$|x_{k+1} - x_k| < \varepsilon \tag{11-8-6}$$

或

$$|f(x_{k+1})| < \varepsilon' \tag{11-8-7}$$

ε 和 ε' 是根据精度要求取的小整数，所求得的 x_{k+1} 就是非线性代数方程 $f(x) = 0$ 的满足精度要求的根的近似值。

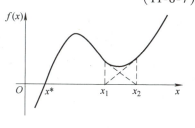

按照以上的方法求 $f(x) = 0$ 的根，有时会遇到迭代过程不收敛的情况。如图 11-8-2 所示，在对 $f(x) = 0$ 求根的迭代过程中，x 的值在两个数值间跳跃。显然，出现不收敛的情况与 $f(x)$ 的形状有关，也与初始试探值选得不当有关。所以当出现不收敛时，可更换初始值，再进行迭代，往往能够奏效。

图 11-8-2

可以证明，当函数 $f(x)$ 连续可导，且 x_0 很接近 x^* 时，N-R 迭代方法一定能收敛，而且误差的收敛速度按平方增长，即 $(k+1)$ 次迭代的误差与 k 次误差的平方成正比。

迭代时，一般可选任意初始试探值，但如能预先知道方程的近似解，可取之作为初始试探值，则容易收敛，且可减少迭代次数。

N-R 法也可以用于求解非线性代数方程组。设有 n 个非线性代数方程

$$\begin{cases} f_1(x_1,\ x_2,\ \cdots,\ x_n) = 0 \\ f_2(x_1,\ x_2,\ \cdots,\ x_n) = 0 \\ \qquad\qquad \vdots \\ f_n(x_1,\ x_2,\ \cdots,\ x_n) = 0 \end{cases} \tag{11-8-8}$$

写成矩阵形式

$$\boldsymbol{F}(\boldsymbol{X}) = 0$$

式中，$\boldsymbol{X} = [x_1, x_2, \cdots, x_n]^T$；$\boldsymbol{F}(\boldsymbol{X}) = [f_1(\boldsymbol{X})\ f_2(\boldsymbol{X})\ \cdots\ f_n(\boldsymbol{X})]^T$。

现求满足以上方程组的根。设 $\boldsymbol{X}^{(k)} = [x_1^{(k)}\ x_2^{(k)} \cdots x_n^{(k)}]^T$ 是第 k 次求得的近似解，一次修正后为 $\boldsymbol{X}^{(k+1)} = \boldsymbol{X}^{(k)} + \Delta\boldsymbol{X}^{(k)}$，其中 $\Delta\boldsymbol{X}^{(k)} = [\Delta x_1^{(k)}\ \Delta x_2^{(k)} \cdots \Delta x_n^{(k)}]^T$。在 $\boldsymbol{X}^{(k)}$ 附近展开为泰勒级数，并取其一阶近似

$$\boldsymbol{F}(\boldsymbol{X}^{(k+1)}) = \boldsymbol{F}(\boldsymbol{X}^{(k)}) + \left.\frac{\mathrm{d}\boldsymbol{F}}{\mathrm{d}\boldsymbol{X}}\right|_{\boldsymbol{X} = \boldsymbol{X}^{(k)}} \Delta\boldsymbol{X}^{(k)} \tag{11-8-9}$$

假设 $\boldsymbol{X}^{(k+1)}$ 是新的近似解，令上式等于零，代入 $\Delta\boldsymbol{X}^{(k)} = \boldsymbol{X}^{(k+1)} - \boldsymbol{X}^{(k)}$，得

$$\boldsymbol{F}(\boldsymbol{X}^{(k)}) + \boldsymbol{F}'(\boldsymbol{X}^{(k)})(\boldsymbol{X}^{(k+1)} - \boldsymbol{X}^{(k)}) = 0 \tag{11-8-10}$$

由此推得迭代公式

$$\boldsymbol{X}^{(k+1)} = \boldsymbol{X}^{(k)} - [\boldsymbol{F}'^{(k)}]^{-1} \boldsymbol{F}^{(k)} \tag{11-8-11}$$

上式中 $\boldsymbol{F}' = \dfrac{\mathrm{d}\boldsymbol{F}}{\mathrm{d}\boldsymbol{X}}$ 为雅可比矩阵，符号 $[\ \cdot\ ]^{-1}$ 表示对该雅可比矩阵求逆

$$[\boldsymbol{F}'(\boldsymbol{X}^{(k)})]^{-1} = \left. \begin{bmatrix} \dfrac{\partial f_1}{\partial x_1} & \dfrac{\partial f_1}{\partial x_2} & \cdots & \dfrac{\partial f_1}{\partial x_n} \\[2mm] \dfrac{\partial f_2}{\partial x_1} & \dfrac{\partial f_2}{\partial x_2} & \cdots & \dfrac{\partial f_2}{\partial x_n} \\[2mm] \vdots & \vdots & \ddots & \vdots \\[2mm] \dfrac{\partial f_n}{\partial x_1} & \dfrac{\partial f_n}{\partial x_2} & \cdots & \dfrac{\partial f_n}{\partial x_n} \end{bmatrix}^{-1} \right|_{\boldsymbol{X} = \boldsymbol{X}^{(k)}} \tag{11-8-12}$$

式（11-8-10）也可写成 $\qquad F'(X^{(k)})\Delta X^{(k)} = -F(X^{(k)})$ (11-8-13)

从式（11-8-13）可见，如 $X^{(k)}$ 已知，可根据 F 和雅可比矩阵 F'，解出方程组的解 $\Delta X^{(k)}$，用它来修正，得到第 $(k+1)$ 次迭代值 $X^{(k+1)}$，依次迭代直至 ΔX 小于预先给定的允许误差 ε 为止。

式（11-8-11）可看成一元情况下迭代公式在多元情况下的直接推广。在用上述迭代法求解非线性方程组时确定多元变量的初值也非常重要，而且比一元时困难得多。

二、非线性动态电路方程的数值求解

非线性动态电路的求解问题，可归结为对描述电路的非线性微分方程的求解。大量从实际电路归结出来的微分方程主要靠数值方法求解。本节以一阶电路为例，对求微分方程的数值解的方法作一初步介绍。

已知一阶微分方程及其解的初值

$$\begin{cases} \dfrac{\mathrm{d}x}{\mathrm{d}t} = f(x,\ t) \\ x(t_0) = x_0 \end{cases}$$ (11-8-14)

求解 $x = x(t)$。所谓数值解法，就是寻求式（11-8-14）的解 $x = x(t)$ 在一系列离散点 t_1，t_2，$\cdots$，t_n（$t_1 < t_2 < \cdots < t_n$）上的近似值 x_1，x_2，$\cdots$，x_n。相邻两点之间的距离 $h = t_k - t_{k-1}$ 称为步长。通常取步长为定数，即 t_0，t_1，$\cdots$，t_n 中任意相邻两点间隔相等，故有

$$t_k = t_0 + kh \quad k = 1,\ 2,\ \cdots,\ n$$

步长也可表示为 $\qquad\qquad h = t_{k+1} - t_k = \dfrac{t_n - t_0}{n}$ (11-8-15)

1. 前向欧拉法

如图 11-8-3 所示，如已知 $x(t)$ 在 t_k 时的值为 x_k，本法用高度为 $f(x_k,\ t_k)$、宽度为 h 的矩形面积近似代替曲边梯形面积近似计算 $x(t_{k+1})$（或写成 x_{k+1}），递推算式表达为

$$x_{k+1} = x_k + f(x_k,\ t_k) \cdot h$$ (11-8-16)

将 $x(t)$ 在 $(t_k,\ x_k)$ 附近作泰勒级数展开，并假设步长 h 足够小，从而忽略二阶及更高阶的导数项，于是得

$$x_{k+1} \approx x_k + \left.\dfrac{\mathrm{d}x}{\mathrm{d}t}\right|_{t_k} h$$ (11-8-17)

可见前向欧拉法得到的递推解，是泰勒级数展开的一阶近似。

前向欧拉法可以自动起步，从 $k=0$，$x(t_0) = x_0$，即从给定的初值开始，依次递推得到 $x_1, x_2, \cdots, x_n$。

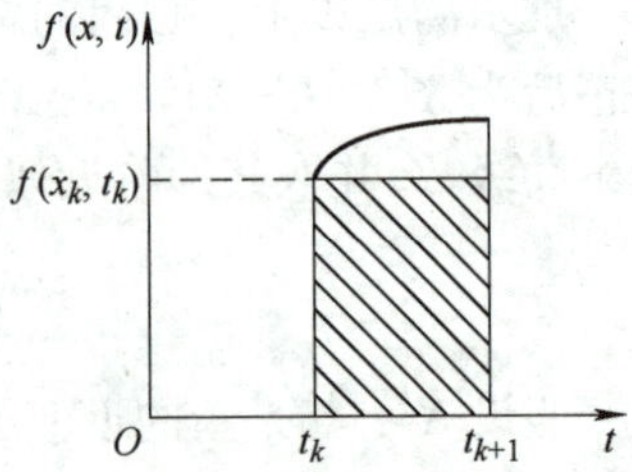

图 11-8-3

2. 后向欧拉法

如图 11-8-4 所示，同前向欧拉法仍用矩形面积来逼近曲边梯形计算 x_{k+1}，只是矩形高度改为 $f(x_{k+1}, t_{k+1})$，此时的递推算式为

$$x_{k+1} = x_k + f(x_{k+1}, t_{k+1}) \cdot h$$ (11-8-18)

式（11-8-18）与式（11-8-16）的不同是，后者可看成是采用了前向一阶差分近似，而式（11-8-18）中则采用了后向一阶差分近似

$$f(x_{k+1}, t_{k+1}) = \left.\dfrac{\mathrm{d}x}{\mathrm{d}t}\right|_{t_{k+1}} \approx \dfrac{x_{k+1} - x_k}{h}$$ (11-8-19)

后向欧拉法的递推公式等号两边均含 x_{k+1}，是一个 x_{k+1} 关于 x_k 的隐函数方程，所以此法不能自动起步。后向欧拉法得到解的精度与前向欧拉法的相同。

3. 梯形法

如图 11-8-5 所示，梯形法的思路是用梯形面积近似代替曲边梯形面积。如已知 t_k 时刻的 $x(t_k)=x_k$，则计算 $x(t_{k+1})=x_{k+1}$ 的递推公式为

$$x_{k+1}=x_k+\frac{h}{2}[f(x_k,t_k)+f(x_{k+1},t_{k+1})] \tag{11-8-20}$$

式（11-8-20）表示的梯形法递推公式等号两边均含 x_{k+1}，所以不能自动起步。可以把它稍加改造：先用前向欧拉法求出 $\tilde{x}_{k+1}$ 作为预报值，然后把此值代入梯形法递推公式的 x_{k+1} 作校正。这是一种预报-校正法。这时递推公式分两步：

$$\tilde{x}_{k+1}=x_k+f(x_k,t_k)\cdot h$$

$$x_{k+1}=x_k+\frac{h}{2}[f(x_k,t_k)+f(\tilde{x}_{k+1},t_{k+1})] \tag{11-8-21}$$

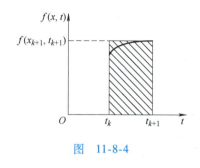

图　11-8-4

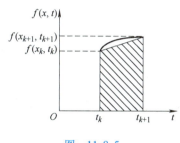

图　11-8-5

这样，既可自动起步，又提高了精度，但计算量增加了。

仍可以用泰勒级数展开来分析梯形法递推解的精度，结论是梯形法的解达到了二阶近似。相对于前两种欧拉法的一阶近似，计算精度显然提高。

4. 龙格-库塔法

本方法也是预报-校正法，它在 $[t_k, t_{k+1}]$ 区间内多预报几个点的斜率并加以处理。其迭代公式为

$$x_{k+1}=x_k+\frac{1}{6}(k_1+2k_2+2k_3+k_4) \tag{11-8-22}$$

式中

$$k_1=hf(x_k,t_k)$$
$$k_2=hf(x_k+0.5k_1,t_k+0.5h)$$
$$k_3=hf(x_k+0.5k_2,t_k+0.5h)$$
$$k_4=hf(x_k+k_3,t_k+h)$$

龙格-库塔法可以自动起步，且精度比梯形法又有显著提高，所以得到了广泛的应用，但其计算量也比梯形法更大。

以上简单介绍了几种求解单个常微分方程数值解的方法。对于一阶微分方程组，如电路中多变量的状态方程 $\dot{\boldsymbol{X}}=\boldsymbol{F}(\boldsymbol{X},t)$，只要把式（11-8-1）中的 x 和 f 理解为向量，所得到的各个递推计算公式都可推广应用。

用数值计算方法求微分方程的数值解必须考虑收敛和稳定性问题，还需估计计算结果的精度。本节所介绍的几个方法中，前向欧拉法在步长不够小时，会出现数值不稳定问题，即计算结果对初始数据的误差和计算过程中的舍入误差敏感，而后向欧拉法是稳定的，其他几个算法在稳定性上均优于前向欧拉法。关于这些问题，本书不作详细的讨论。

第九节 相 平 面 法

设二阶非线性自治电路的状态方程为

$$\begin{bmatrix} \dot{x}_1 \\ \dot{x}_2 \end{bmatrix} = \begin{bmatrix} f_1(x_1,x_2) \\ f_2(x_1,x_2) \end{bmatrix} \tag{11-9-1}$$

将上式写成向量方程形式

$$\dot{X} = F(X) \tag{11-9-2}$$

它描述了状态变量 x_1 与 x_2 随时间 t 的变化规律。如果把 t 看作是一个参变量，把（x_1，x_2）看成是 x_1—x_2 平面上的坐标点，这个平面就称为相平面（也称状态平面）。

如果给定初值 $x_1(0)$、$x_2(0)$，从式（11-9-1）可解出 $x_1(t)$ 和 $x_2(t)$。以 x_1 作为横坐标、x_2 作为纵坐标，构成一个相平面。将不同时刻 t 的 x_1、x_2 作在相平面上，每一组 x_1、x_2 对应于相平面上的一个点（x_1，x_2），这些构成了一条描述状态方程的曲线，称为相迹，用来直观形象地描述电路状态的变化。

如给定许多不同的初值 $x_1(0)$、$x_2(0)$，则可做出许多不同的相迹，构成了相图，相图更全面地表现电路状态的情况。

如果状态方程是 n 维的，状态向量由 x_1，x_2，$\cdots$，x_n 组成，以 x_1，x_2，$\cdots$，x_n 为坐标构成一个 n 维空间，用此相空间也可描述状态的变化。对于三维相空间，可以作三维状态空间曲线，大于三维的相空间无法用几何的方法直观地表示。

从以上简单介绍可以看出，相平面法是解微分方程的一种图解方法，最适用于解二阶的微分方程。在电路原理中，主要用于二阶微分方程描述的二阶电路的动态过程分析，特别是二阶非线性电路的分析。相平面法在使用中需要熟悉相迹图的绘制方法，并掌握相迹图与状态变化描述间的关系。下面先后以解二阶线性与非线性微分方程为例，作简单介绍。

例 11-9-1 求图11-9-1a中 RLC 串联电路零输入响应的相迹。

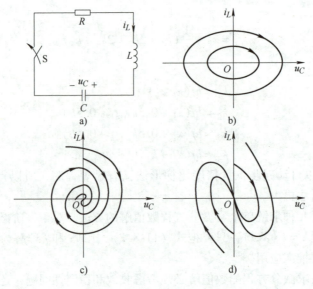

图 11-9-1

解：

电路方程为

$$\frac{\mathrm{d}^2 u_C}{\mathrm{d}t^2} + \frac{R}{L}\frac{\mathrm{d}u_C}{\mathrm{d}t} + \frac{1}{LC}u_C = 0 \tag{11-9-3}$$

显然这是一个二阶线性微分方程。令状态变量为 i_L、u_C，则状态方程为

$$i_L = C\,\dot{u}_C \rightarrow \dot{u}_C = \frac{i_L}{C} \tag{11-9-4}$$

$$\dot{i}_L = C\frac{\mathrm{d}^2 u_C}{\mathrm{d}t^2} \rightarrow \dot{i}_L = \frac{-R}{L}i_L - \frac{u_C}{L} \tag{11-9-5}$$

先讨论当 $R=0$ 时的情况，式（11-9-3）成为

$$\frac{\mathrm{d}^2 u_C}{\mathrm{d}t^2} + \frac{1}{LC}u_C = 0 = \frac{\mathrm{d}^2 u_C}{\mathrm{d}t^2} + \omega_0^2 u_C$$

式中，角频率 $\omega_0 = \sqrt{\dfrac{1}{LC}}$。上式的解为

$$u_C = A\sin(\omega_0 t + \theta)$$

代入式（11-9-4）得

$$i_L = CA\omega_0\cos(\omega_0 t + \theta)$$

以上两式中的 A、θ 由 u_C 和 i_L 的初值决定。于是

$$\sin^2(\omega_0 t + \theta) + \cos^2(\omega_0 t + \theta) = \frac{u_C^2}{A^2} + \frac{i_L^2}{(CA\omega_0)^2} = 1 \tag{11-9-6}$$

可见 u_C、i_L 的关系是一个椭圆方程，这就是相迹方程。其实此方程可从式（11-9-4）、式（11-9-5）直接推出，而不必解出 u_C、i_L 后再求。设 $R=0$，式（11-9-4）成为

$$\frac{\mathrm{d}u_C}{\mathrm{d}t} = \frac{i_L}{C} \tag{11-9-7}$$

式（11-9-5）成为

$$\frac{\mathrm{d}i_L}{\mathrm{d}t} = -\frac{u_C}{L} \tag{11-9-8}$$

将式（11-9-8）除以式（11-9-7）得

$$\frac{\mathrm{d}i_L}{\mathrm{d}u_C} = -\frac{Cu_C}{Li_L}$$

整理得

$$Li_L\mathrm{d}i_L + Cu_C\mathrm{d}u_C = 0$$

积分得

$$\frac{1}{2}Li_L^2 + \frac{1}{2}Cu_C^2 = K \tag{11-9-9}$$

这表示磁场能量和电场能量之和在任何瞬间为一常数。令 $A^2 = \dfrac{2K}{C}$，上式可化为

$$\frac{u_C^2}{A^2} + \frac{i_L^2}{A^2 C/L} = 1 \tag{11-9-10}$$

这就是式（11-9-6）。画出的相迹如图 11-9-1b 所示，相迹的方向用箭头所示，它是随时间增长状态变化的方向。从图 11-9-1b 中可以看到，相迹的方向总是顺时针的，这是因为 $\mathrm{d}u_C/\mathrm{d}t$ 和 i_L 的正负号一致（见式（11-9-7））。当 $i_L > 0$，u_C 增加，故相迹在上半平面的部分都向右运动；反之当 $i_L < 0$，u_C 减少，相迹在下半平面的部分都向左运动。在横轴上 $i_L = 0$，

从式（11-9-7）知，$du_C/dt = 0$，u_C 不变，故相迹垂直于横轴；在纵轴上，$u_C = 0$，从式（11-9-8）知 $di_L/dt = 0$，i_L 不变，故相迹平行于横轴。椭圆在横轴的交点表示正弦函数 u_C 的振幅，椭圆在纵轴的交点表示正弦函数 i_L 的振幅。此时的坐标原点 O 称为中心，只要稍许离开这一中心，相迹就开始围绕此中心作等幅振荡，注意振荡过程中 u_C、i_L 的振幅保持不变。

图 11-9-1c 是当 $0 < R < \sqrt{L/C}$ 即电路参数满足欠阻尼条件时的相迹，它表示衰减振荡过程，此时的坐标原点称为焦点；图 11-9-1d 是当 $R > 2\sqrt{L/C}$ 即电路参数满足过阻尼条件时的相迹，表示非周期过程，此时的坐标原点称为节点。从式（11-9-4）、式（11-9-5）知坐标原点就是平衡点。只要 $R > 0$，相迹都趋于零，平衡点渐近稳定；当 $R = 0$ 时，相迹发散至无穷大，平衡点不稳定。当 $R < 0$，且 $|R| < 2\sqrt{L/C}$ 时，相迹形状如图 11-9-1c 所示，但其上的箭头方向相反，此时的坐标原点即平衡点是不稳定焦点；当 $R < 0$，且 $|R| > 2\sqrt{L/C}$ 时，则相迹形状同图 11-9-1d，但其上的箭头方向相反，此时的坐标原点即平衡点是不稳定节点。

在很多复杂情况下，特别是非线性情况下，相迹获取无法用上述的解析法，而只能用图解法。

例 11-9-2 范德堡（Vanderpol）方程

$$\frac{d^2 x}{dt^2} + \varepsilon(x^2 - 1)\dot{x} + x = 0 \tag{11-9-11}$$

解：

其中 ε 是正值常参数，显然这是一个二阶非线性微分方程。令 $x_1 = x$，$x_2 = dx/dt$，可得状态方程为

$$\dot{x}_1 = x_2 \tag{11-9-12}$$

$$\dot{x}_2 = -\varepsilon(x_1^2 - 1)x_2 - x_1 \tag{11-9-13}$$

当 ε 极小时，式（11-9-11）退化成

$$\frac{d^2 x}{dt^2} + x = 0$$

类同于例 11-9-1 中 $R = 0$ 的情况，故其相迹是同心椭圆。当 ε 界于 $0.3 \sim 0.7$ 时，相迹如图 11-9-2 所示，图中粗线是极限环，无论初始相点在环内（图中 A 点）或在环外（图中 B 点），最后都趋于这个环上，在环上无限地绕行。这样 $x_1(t)$ 和 $x_2(t)$ 都是周期函数，但它们的波形不再是正弦的。

极限环的形成解释如下：从式（11-9-11）可以看出，当 $|x| > 1$ 时，$\varepsilon(x^2 - 1) > 0$，方程有正阻尼的形式，相当于 RLC 串联电路中的电阻为正值，此时可能产生减幅振荡；反之，当 $|x| < 1$ 时，$\varepsilon(x^2 - 1) < 0$，方程有负阻尼的形式，相当于 RLC 串联电路中的电阻为负值，此时可能产生增幅振荡。

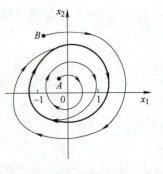

图 11-9-2

利用式（11-9-12）、式（11-9-13），计算相迹上任意一点到原点的距离平方对时间的变化

$$\frac{d}{dt}(x_1^2 + x_2^2) = 2x_1 \dot{x}_1 + 2x_2 \dot{x}_2$$

$$= 2x_1 x_2 + 2x_2[-\varepsilon(x_1^2 - 1)x_2 - x_1]$$

$$= (1 - x_1^2)2\varepsilon x_2^2 \begin{cases} > 0 & |x_1| < 1, \ x_2 \neq 0 \\ < 0 & |x_1| > 1, \ x_2 \neq 0 \end{cases} \tag{11-9-14}$$

上式说明，在 $|x_1| < 1$，$x_2 \neq 0$ 的区域中，相迹离开原点向外伸展；在 $|x_1| > 1$，$x_2 \neq 0$ 的区域中，相迹朝向原点向内收拢，这也间接说明了极限环的存在。

出现极限环振荡，是非线性系统区别于线性系统的特有现象。从上例可见，用相平面法可以得到有关这个现象的非常直观的几何解释。

习 题 十 一

11-1 在题图11-1电路中，$u = 0.5\text{V}$，$R = 50\text{k}\Omega$，二极管特性为 $i = 10^{-6}(e^{40u_D} - 1)\text{A}$，利用试探法求电流 i；当 u 改变为 $(0.5 + 0.005)\text{V}$，再求 i。

11-2 题图 11-2 所示电路，已知 $R = 1\Omega$，二极管 VD 是理想的，求总的 $u\text{-}i_S$ 特性。

11-3 若将题图 11-2 所示电路中二极管 VD 反向，求总特性 $u\text{-}i_S$。

11-4 将图11-2-2a中的理想二极管反向，求总的合成特性。

11-5 将图11-2-4a中的理想二极管反向，求总的合成特性。

11-6 在题图 11-3 电路中，VD 为理想二极管，求 $u\text{-}i$ 特性；当 $i = 3\sin\omega t\,\text{A}$ 时，画出 u 的波形图。

| 题图 11-1 | 题图 11-2 | 题图 11-3 |

11-7 在题图 11-4电路中，VD 为理想二极管，求 $u\text{-}i$ 特性；当 $u = 5\sin\omega t\,\text{V}$ 时，画出 i 的波形图。

11-8 题图 11-5 电路中的稳压管特性如图 11-2-5c 所示，$E_Z = 8\text{V}$，求合成伏安特性。

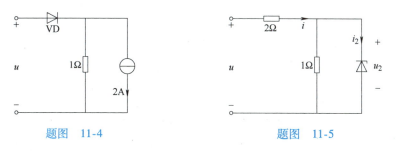

| 题图 11-4 | 题图 11-5 |

11-9 在题图 11-6a 电路中，$u_1\text{-}i_1$ 是凸形电阻特性，如题图 11-6b 所示，$u_2\text{-}i_2$ 是凹形电阻特性（见图 11-4-1a），试求合成伏安特性。

11-10 在题图 11-7 电路中，$I_S = 4\text{A}$，$R_1 = 5\Omega$，$R_2 = 1\Omega$，非线性电阻特性 $u = \begin{cases} i^2 + 2i & i \geq 0 \\ -i^2 + 2i & i < 0 \end{cases}$，试求流过非线性电阻的电流 i。

11-11 在题图11-8电路中，$U_S = 4\text{V}$，$R_1 = 10\Omega$，$R_2 = 10\Omega$，非线性电阻特性 $i = \begin{cases} u^2 + 0.1u & u \geq 0 \\ -u^2 + 0.1u & u < 0 \end{cases}$，试求电流 i_2。

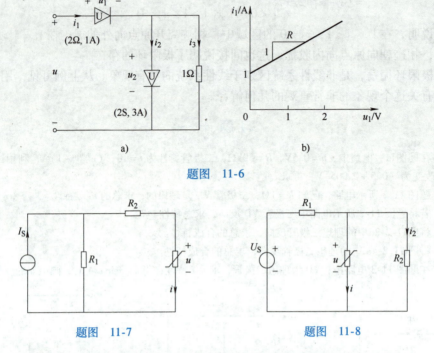

题图 11-6

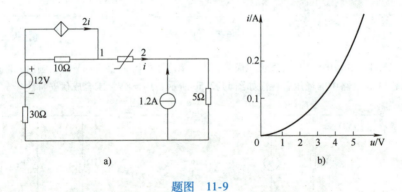

题图 11-7   题图 11-8

11-12 在题图11-9a电路中，非线性电阻的特性如题图 11-9a 所示，可近似表示为 $i = 0.01u^2$，求电流 i。

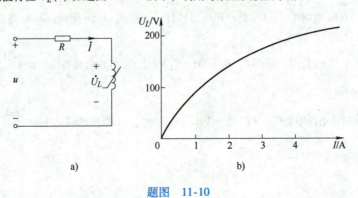

题图 11-9

11-13 题图11-10a为线性电阻 R 和非线性电感 $U_L(I)$ 的串联电路，由正弦电压源 u 供电，$R = 50\Omega$，非线性电感的有效值特性 $U_L(I)$ 如题图 11-10b 所示，利用等效正弦波法求解：

题图 11-10

（1）已知电流 i 的有效值 $I = 2A$，求电源电压 u 的有效值 U。

（2）已知电源电压有效值 $U = 220V$，求电流有效值 I。

11-14 若将上题中电阻 R 改为电容 C，$X_C = 80\Omega$，已知 $I = 3A$。求解：

（1）电源电压的有效值 U。

（2）合成的有效值伏安特性。

11-15 在题图11-11电路中，$I_S = 4A$，$R_1 = 5\Omega$，$R_2 = 1\Omega$，非线性电阻特性 $u = \begin{cases} i^2 + 2i & i \geq 0 \\ -i^2 + 2i & i < 0 \end{cases}$，

$u_S(t) = 0.12\sin100t$V，试求流过非线性电阻的电流 i。

11-16 在题图11-12电路中，$R = 1.25\Omega$，$C = 0.5\mu F$，$i_S = (0.4 + 0.06\sqrt{2}\sin10^6t)$A，非线性电阻特性为

$i = \begin{cases} 0.2u^2 & u \geq 0 \\ 0 & u < 0 \end{cases}$，求稳态电压 u。

11-17 在题图11-13电路中，直流 $I_S = 4A$，小信号 $i_S = \sqrt{2} \times 0.2\sin t$A，$R = 8\Omega$，非线性电感特性为 $\Psi = 1 + 0.5i_L^{1/2}$，Ψ 是磁链，电感电压为 $\dfrac{d\Psi}{dt}$，求 i_L、u_{ab} 的稳态值。

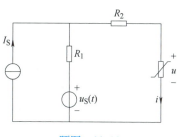

题图　11-11

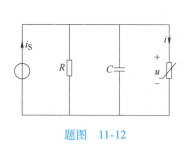

题图　11-12

题图　11-13

11-18 题图11-14a所示电路，$E = 4V$，$C = 4F$，非线性电阻特性如题图 11-14b 所示，$u_C(0_-) = 0$。当 $t = 0$ 时，S 闭合，求过渡电压 u_C，u_R。

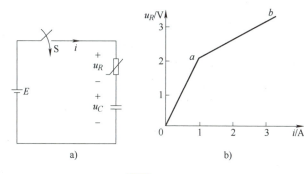

题图　11-14

11-19 在题图11-15a中，NA 是非线性有源电阻网络，其外特性如题图 11-15b 所示，已知 $C = 1F$，$u_C(0_-) = 4V$。当 $t = 0$ 时，S 闭合，求 $u(t)$。

11-20 在题图11-16电路中，VD 为理想二极管，$C = 5\mu F$，$R = 1k\Omega$，交流电压 $u = 60\sin314t$V，求电阻上的电压（当 $t = 0$ 时，开关 S 接通）。

11-21 在题图11-17所示电路中，非线性电感 $i_L = \Psi_L^4$，非线性电容 $u_C = q_C^2$，列写该电路的状态方程。

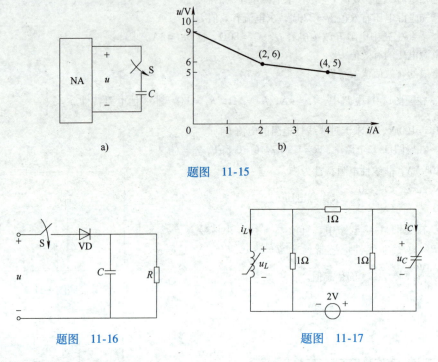

题图　11-15

题图　11-16　　　　　　　　　　　　题图　11-17

11-22　在题图11-18电路中，已知 $I_S = 3A$，$L = 0.5H$，$C = 0.5F$。当 $t = 0$ 时，S 闭合，求零状态响应 i_L 和 u_C 形成的相迹。

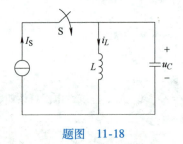

题图　11-18

第十二章

基于MATLAB/Simulink 的典型案例分析

第一节　MATLAB/Simulink 基本介绍

一、MATLAB 概述

MATLAB（Matrix Laboratory）由 MathWorks 公司开发，是一款自 1984 年推出以来广泛应用于科学计算、工程设计和数据分析的商业数学软件。MATLAB 因其强大的矩阵运算能力、丰富的内置函数、直观的用户界面和高效的编程环境，成为全球科研工作者和工程师的常用工具。

MATLAB 编程环境简洁明了，用户可以在交互式命令窗口直接执行数值计算和数据可视化操作。其集成开发环境支持代码调试、优化，具备代码补全、语法高亮等功能，提升编程效率。MATLAB 还支持图形用户界面（GUI）的创建，使非专业程序员也能轻松设计应用程序界面。

MATLAB 简单易用的编程语言和丰富的内置工具，使得数据分析和算法实现更加便捷；强大的数值计算能力，支持高效的大规模计算任务；出色的图形和可视化功能，为用户提供了直观的数据展示手段；广泛的应用领域和全面的解决方案，满足了不同领域的需求；拥有庞大的用户社区和丰富的学习资源。

综上所述，MATLAB 凭借其卓越的数值计算能力、多样的工具箱和函数库、直观的用户界面和高效的编程环境，已成为科学计算、工程设计和数据分析领域的重要工具，并将在未来继续引领该领域的发展。

二、Simulink 概述

Simulink 是 MATLAB 的一个图形化建模和仿真工具，专用于动态系统的设计与分析。它提供了一个直观的环境，通过拖放式的功能块图形，用户可以构建复杂的系统模型。Simulink 支持多领域系统的仿真，包括控制系统、信号处理和通信等应用。作为 MATLAB 的扩展工具，Simulink 使用户能够进行系统建模、性能评估和算法验证，并能将模型与实际硬件系统进行接口测试。该工具广泛应用于工程设计、研究开发及教学领域，助力于系统的优化与创新。

Simulink 的主要特点：

（1）图形化建模　Simulink 的核心特性是其图形化建模环境，用户可以通过拖放不同的功能块来构建系统模型。这种可视化的方式使得建模过程更加直观和简便。

（2）多域仿真　Simulink 支持多种物理域的建模和仿真，包括连续时间、离散时间和混合时间的动态系统。用户可以同时建模电气、机械、液压等多个领域的系统，并进行联合仿真。

（3）模块化设计　用户可以将复杂的系统拆分为多个子系统，通过模块化设计提高模型的可维护性和重用性。Simulink 允许创建自定义的功能块，以适应特定的需求。

（4）实时仿真和硬件在环测试 Simulink 支持实时仿真和硬件在环（HIL）测试，能够将模型与实际硬件系统进行交互，验证系统在真实环境中的表现。

（5）自动代码生成 Simulink 可以自动生成 C/C＋＋代码，便于将模型部署到嵌入式系统或其他硬件平台。这一特性加速了从设计到实现的过程，提高了开发效率。

（6）集成 MATLAB 环境 Simulink 无缝集成 MATLAB 环境，用户可以利用 MATLAB 的脚本、函数和数据处理能力来增强模型的功能和分析结果。

第二节　MATLAB/Simulink 基本操作

一、MATLAB 的工作环境

MATLAB 软件安装完成之后，双击软件图标打开软件，出现如图 12-2-1 所示的 MATLAB 默认的操作界面。

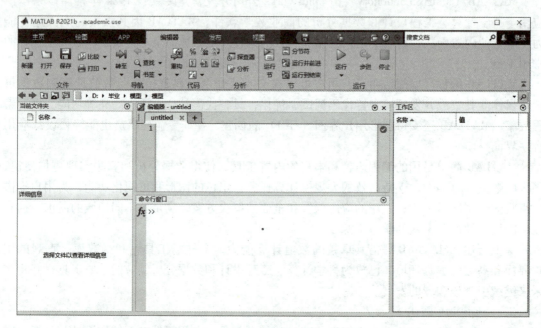

图　12-2-1

在默认情况下，MATLAB 的操作界面包含命令行窗口、编辑器窗口和工作区窗口。

（1）命令行窗口 命令行窗口是 MATLAB 的主要交互界面，在这里用户可以直接输入和执行 MATLAB 命令。通过命令行窗口，用户可以快速测试代码片段、执行数学运算和调用函数。命令行窗口还显示命令的输出结果，是进行即时计算和调试的主要窗口。

（2）编辑器窗口 编辑器窗口用于编辑和保存 MATLAB 脚本文件。在这里，用户可以编写复杂的代码、创建脚本文件（.m 文件）并进行代码的组织和调试。编辑器窗口支持语法高亮、代码折叠和调试工具，使得编程过程更加高效和便捷。用户可以在编辑器窗口中运行脚本，查看执行结果，并进行代码的逐步调试。

（3）工作区窗口 工作区窗口显示当前 MATLAB 会话中的所有变量及其值。用户可以在工作区窗口中查看和管理变量，了解各变量的数据类型和内容。这个窗口对于监控和管理数据状态至关重要，特别是在进行复杂的数据分析和处理时。用户还可以通过工作区窗口对变量进行操作，如清除不必要的变量或调整变量的值。

二、Simulink 的启动和常见模块库简介

在命令窗口键入 Simulink 后，单击菜单 file→new→model，打开新建的 Simulink 文件，如图 12-2-2 所示。

图　12-2-2

（1）Sources 信号源模块组　在 Simulink 中，Sources 模块组提供了多种信号源，用于生成和输入不同类型的信号到模型中，如图 12-2-3 所示。这些模块可以生成常见的信号类型，如正弦波、方波、随机信号、阶跃信号等。

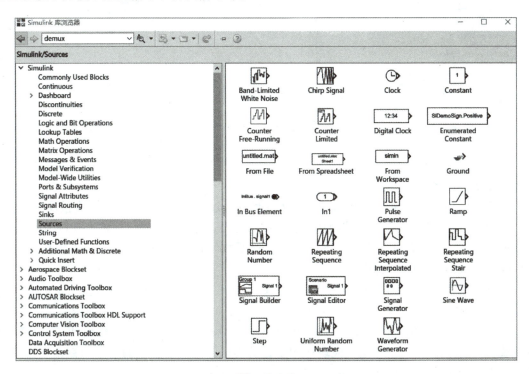

图　12-2-3

常用的信号源模块包括：

● 时间信号模块（Clock）：生成当前仿真时钟，在与时间有关的指标求取中是很有意义的。

● 常数输入模块（Constant）：此模块以常数作为输入。

● 接地线模块（Ground）：一般用于表示零输入模块，如果一个模块的输入端没有接其他任何模块，Simulink 经常会给出错误信号。

● 各种其他类型的信号输入，如阶跃（Step）信号、斜坡（Ramp）信号、脉冲（Pulse Generator）信号、正弦（Sine Wave）信号等输入，还允许利用 Repeating Sequence 模块构造可重复的输入信号。

（2）Continuous 连续系统模块组　在 Simulink 中，Continuous 模块组用于建模和仿真连续时间系统，如图 12-2-4 所示。这些模块适用于描述和分析动态系统的连续时间行为，特别是在控制系统和信号处理领域。

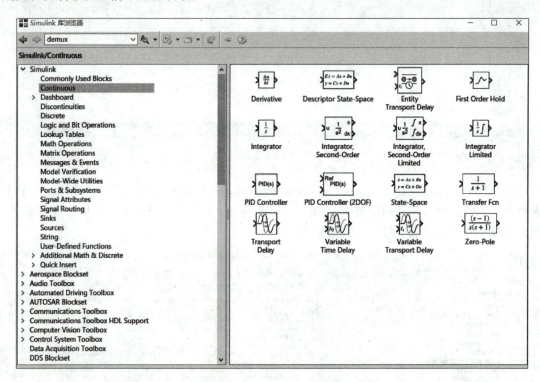

图　12-2-4

常见的连续系统模块包括：

● 积分模块（Integrator）：该模块将输入端信号经过数值积分，在输出端直接反映。

● 微分模块（Derivative）：该模块将输入端信号经过一阶数值微分在输出端输出。

● 线性系统的状态方程（State-Space）、传递函数（Transfer Fcn）、零-极点模块（Zero-Pole）：都可以用来描述线性系统。

● 时间延迟（Transport Delay 或 Variable Transport Delay）：把输入信号按给定的时间作延迟。

（3）Discrete 离散系统模块组　在 Simulink 中，Discrete 模块组用于建模和仿真离散时间系统，如图 12-2-5 所示。这些模块适用于处理离散时间点上定义的信号和数据，如数字控制系统和数字信号处理。

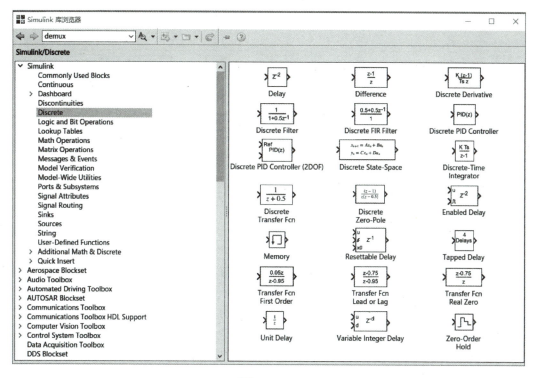

图 12-2-5

常见的离散系统模块包括：

● 零阶保持器（Zero-Order Hold）、一阶保持器（First-Order Hold）：前者在一个计算步长内将输出的值保持为同一个值，后者依照一阶插值的方法计算输出值。

● 单位延迟（Unit Delay）：对采样信号保持，延迟一个采样周期。

● 离散传递函数（Discrete Transfer Fcn）：实现离散时间的传递函数，用于描述离散系统的动态行为。

● 离散积分器（Discrete-Time Integrator）：对离散输入信号进行积分，模拟离散时间下的积分操作。

● 离散滤波器（Discrete Filter）：实现离散时间的滤波器，用于处理和滤除信号中的噪声。

（4）Math Operations 数学运算模块组　在 Simulink 中，Math Operations 模块组提供了各种数学运算功能，用于执行和处理信号的数学计算，如图 12-2-6 所示。这些模块支持基本和高级的数学操作，适用于数据处理、系统分析和算法开发。

常见的数学运算模块包括：

● 加法（Add）：对输入信号进行加法运算。

● 减法（Subtract）：对输入信号进行减法运算。

● 乘法（Multiply）：对输入信号进行乘法运算。

● 除法（Divide）：对输入信号进行除法运算。

● 增益（Gain）：对信号应用增益系数，进行线性缩放。

● 数学函数（Math Function）：支持多种数学函数操作，如正弦、余弦、平方根等。

（5）Signal Routing 模块组　在 Simulink 中，Signal Routing 模块组用于管理和控制信号

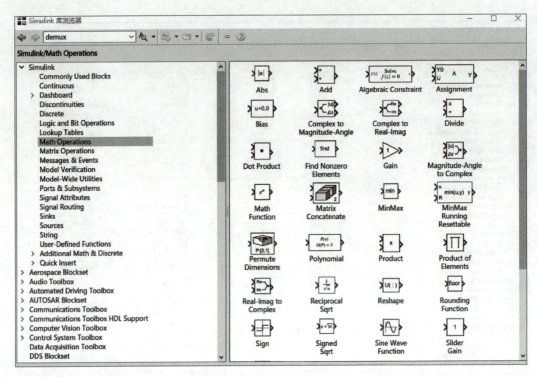

图 12-2-6

在模型中的流动，如图 12-2-7 所示。这些模块帮助用户实现信号的分发、选择、合并和传递，确保信号能够正确地传递到各个系统组件。

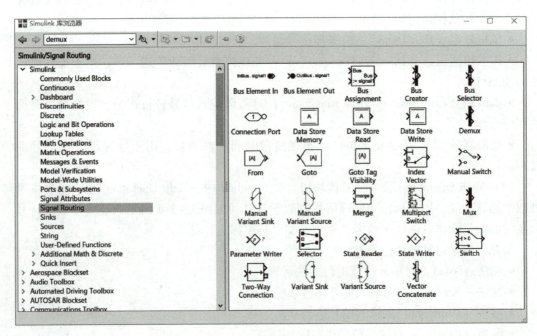

图 12-2-7

常见的信号路由模块包括：
- 多路复用器（Mux）：将多个输入信号合并成一个输出信号，适用于将多个信号合并到一个通道中。

● 解复用器（Demux）：将一个输入信号分解成多个输出信号，适用于从一个信号中提取多个信号分量。

● 开关（Switch）：根据控制信号选择不同的输入信号进行输出，适用于信号的条件选择。

● 选择器（Selector）：从输入信号中选择特定的元素或维度进行输出，适用于提取路由信号的特定部分。

● 总线创建器（Bus Creator）：将多个信号组合成一个总线信号，便于在模型中传递和管理多信号数据。

● 总线选择器（Bus Selector）：从总线信号中选择和提取特定的信号分量，方便对总线中的信号进行操作。

（6）Sinks 输出模块组　在 Simulink 中，Sinks 模块组用于接收和处理模型中的信号输出，如图 12-2-8 所示。它们将模型中的计算结果传递到外部系统或用于进一步分析。

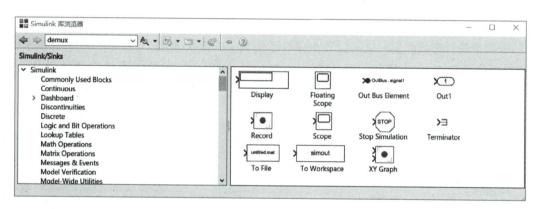

图　12-2-8

常见的输出模块包括：

● Scope（示波器）：实时显示信号波形，用于观察和分析信号的动态行为。

● To Workspace（导出到工作区）：将模型中的信号数据导出到 MATLAB 工作区，以便进行后续分析和处理。

● To File（导出到文件）：将信号数据保存到文件中，便于数据存档和离线分析。

● Display（显示器）在模型中显示信号的数值，用于实时监控信号的状态。

三、Simulink 模块的处理

1）模块操作：选择、移动模块时，可以使用鼠标进行操作。删除、剪切和复制模块可以按照常规方式进行。此外，鼠标右键单击待复制的模块后，将其拖动到目标位置并释放，可以完成模块的复制。

2）模块旋转：连接模块时，有时需要对模块进行旋转。在菜单的"格式（Format）"中选择"翻转模块（Flip Block）"命令，将模块水平旋转180°（或按组合键"Ctrl + I"）；选择"旋转模块（Rotate Block）"命令，将模块顺时针旋转90°（或按组合键"Ctrl + R"）。

3）模块名称及外观：模块的名称可以进行修改，其位置也可以调整。模块的名称可以

选择隐藏，同时模块的前景色、背景色及空白区域的颜色也可以设置。这些操作可以在菜单的"格式（Format）"中找到相应的命令。

4）信号连线：在 Simulink 中，线用于连接模块。通过鼠标可以在模块的输入和输出之间绘制连线。选择"格式（Format）"中的"端口/信号显示（Port/Signal Display）"命令，可以使线的粗细根据传输的信号类型变化：数值信号显示为细线，向量信号显示为粗线。双击连线可添加说明标签。按住"Shift"键并用鼠标拖动连线的折弯处可以实现连线的弯曲。分支线的创建有三种方法：①按住"Ctrl"键并用鼠标拖出分支。②鼠标右键拖出分支。③从输入端拖线到分支点。

四、仿真方法及仿真参数的选择

在 Simulink 模型窗口中，可以通过选择主菜单"Simulation"下的"Start"命令来启动仿真。仿真开始后，按钮会从"Start"变为"Pause"，单击"Pause"按钮可以暂停仿真。如果需要停止仿真，可以单击"Stop"按钮。

在进行仿真之前，通常需要设置仿真参数。对于简单的模型，默认设置可能已经足够。通过单击主菜单"Simulation"中的"Model Settings"命令，在弹出的对话框中选择"Solver"选项卡进行参数配置。这一设置步骤对于仿真工作至关重要。在"Solver"选项卡中，可以设置仿真的开始时间和停止时间，调整步长大小，并选择合适的求解器算法，如图 12-2-9 所示。

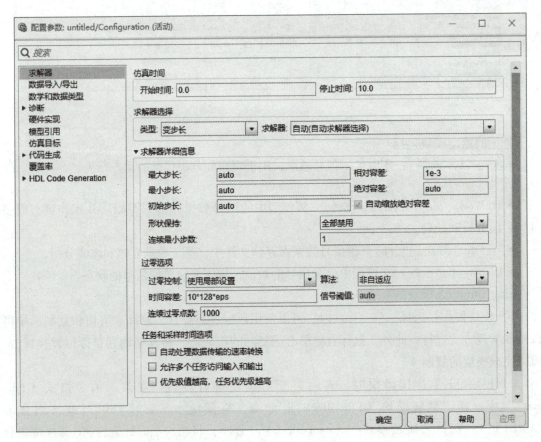

图　12-2-9

1）仿真时间栏设置。在开始时间与停止时间的文本框内分别输入仿真的开始时间与停止时间，单位是"秒"。系统实际运行的时间与设置的时间不会一致，实际运行的时间与计算机性能、所选择的算法和步长、模型复杂程度及误差等因素有关。

2）求解器选择栏设置。类型下拉列表可选择变步长或固定步长算法。求解器下拉列表可选择算法。

属于变步长方式的有 ode45、ode23、ode113、ode15s、ode23s、ode23t、ode23tb、discrete 多种算法可供选择。固定步长能够固定步长的大小不变，其算法有 ode5、ode4、ode3、ode2、ode1、discrete 几种可供选择。

第三节　交流电路的稳态响应分析

在本节中，我们将利用 Simulink 对交流电路进行建模并观察其稳态响应，通过直观地获取电路参数验证理论分析结果的正确性。本节的主要内容包括：正弦交流电路的阻抗匹配、非正弦周期电路的建模与计算、双口网络参数求解等。

例 12-3-1　正弦交流电路的阻抗匹配。

电路如图 12-3-1 所示，已知电压源 $\dot{U}_S = 100\underline{/0°}\,V$，电流源 $\dot{I}_S = 2\underline{/90°}\,A$，电路阻抗 $Z_1 = j150\,\Omega$，$Z_2 = -j50\,\Omega$，$Z_3 = Z_4 = 50\,\Omega$，求当负载阻抗 Z_L 为何值时可获得最大有功功率，并求出此功率值。

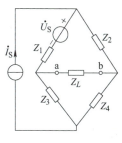

图　12-3-1

建模注意事项：

1）元件的旋转：Simulink 中一般不接受任意角度摆放元件，可以通过组合键"Ctrl + R"或"格式"→"排列"菜单下的按键90°旋转、左右上下翻转元件以优化连接方式。

2）理想源与电感、电容直接相连报错：当理想电流源元件直接与电感（或电容）元件串联时，仿真可能报错"The first block, modeled as a current source, cannot be connected in series with the inductive element of the second block."这是因为电流源直接连接到电感会导致一个数学上的奇点问题。根据基尔霍夫电流定律，电流源提供的电流必须等于电感上的电流，但在初始时刻，电感的电流可能为零或未定义，这会导致数学模型无法求解。为了避免这个问题，可以在电感两端并联一个大电阻，为电流源电流提供通路的同时又不会影响仿真结果。

3）功率测量：功率表采用 Power（功率测量）元件与 Voltage Measurement（电压表）元件、Current Measurement（电流表）元件组合实现，需要注意 Power（功率测量）元件包含单相、三相、瞬时、向量等多种形式，请按照电路测量情况选取。

Simulink 模型如图 12-3-2 所示。

由共轭匹配条件可知，当负载阻抗 Z_L 与负载端点处其余电路戴维南等效阻抗互为共轭

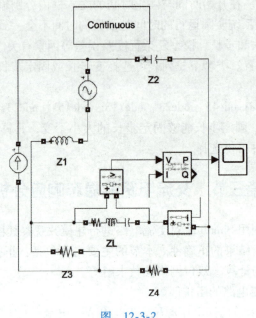

图 12-3-2

时，负载有功功率最大。当负载阻抗 $Z_L = (50 - \text{j}50)\,\Omega$ 时，负载有功功率如图 12-3-3 所示，在启动后稳定在 25W，与理论结果一致。

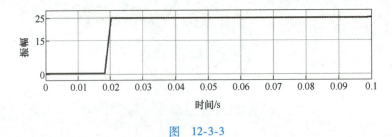

图 12-3-3

例 12-3-2 非正弦周期电路的稳态计算。

电路如图 12-3-4 所示，已知 $R = 10\,\Omega$，$L = 10\text{mH}$，$C = 120\mu\text{F}$，电源电压 $u_S(t) = [10 + \sqrt{2} \times 50\sin\omega t + \sqrt{2} \times 30\sin(3\omega t + 30°) + \sqrt{2} \times 30\sin(5\omega t - 60°)]\text{V}$，基波角频率 $\omega = 314\text{rad/s}$，试求流过电阻的电流 $i(t)$ 及电感两端电压 $u_L(t)$。

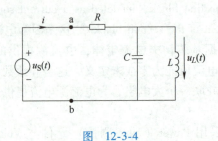

图 12-3-4

建模注意事项：

1）叠加定理：直流分量与各次谐波分量的电路结构不同，虽然各次谐波频率不同，但由于 Series RLC Branch（串联 *RLC*）元件中直接设置电阻 *R*、电感 *L* 与电容 *C* 三个参数，所以无须换算。

2）信号发送与接收：由于需要对比计算的结果较多，此处采用了 Goto（发送）元件和 From（接收）元件互相配合的方式实现。通过设置 Goto（发送）元件和 From（接收）元件的标记名称，可以实现信号之间的传输。需要注意的是，双击 Goto（发送）元件可以设置标记可见性，"本地"即该元件的信号传输仅能在该层内被接收，"全局"则意味着该元件的信号能跨越各个层面的子系统在整个仿真文件中被接收。同一标记名称的 Goto（发送）元件只能存在一个，而与 Goto（发送）元件对应的 From（接收）元件可以有多个。

Simulink 建模如图 12-3-5 所示，根据题目，我们已经通过傅里叶分解将给定的非正弦周期信号展开为直流分量与各次谐波之和，图 12-3-5a 采用了完整的非正弦周期信号，记录其产生的电阻电流与电感电压。根据叠加定理，图 12-3-5b 为直流分量对应的电路，图 12-3-5c 为基波分量对应的电路，各次谐波与基波对应的电路结构相同，仅输入输出信号不同，此处不再赘述。各信号分别产生的电阻电流之和与电感电压之和应该与图 12-3-5a 的电阻电流与电感电压一致。

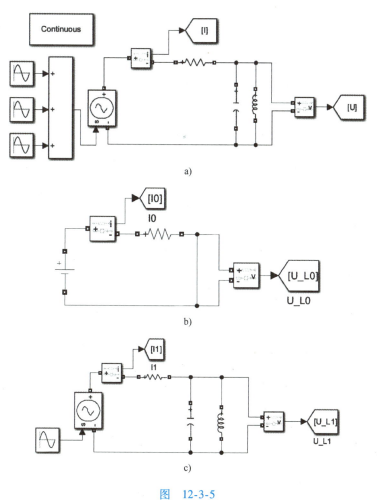

图　12-3-5

a）完整非正弦周期信号电路　b）直流分量电路　c）基波分量电路

完整非正弦周期信号与叠加定理结果对比分析如图 12-3-6 所示，图 12-3-6a 为两种方法得到的电阻电流，图 12-3-6b 为两种方法得到的电感电压，波形均完全重合。

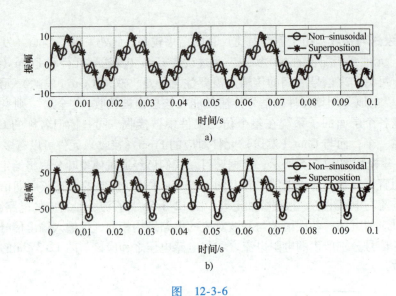

图 12-3-6

a) 电阻电流结果对比 b) 电感电压结果对比

例 12-3-3 双口网络参数求解。

在图 12-3-7 所示双端口网络中，已知 $R_1 = 12\Omega$，$R_2 = 6\Omega$，$R_3 = 12\Omega$，$R_4 = 6\Omega$。试求传输参数。

建模注意事项：

1）开关的选取：为了模拟双口网络传输参数求解过程中的开路与短路计算，此处使用 Ideal Switch（理想开关）元件控制 $\dot{U}_2$。Simulink 元件库中有很多开关元件，例如 Switch（开关）

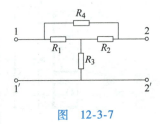

图 12-3-7

和 Ideal Switch 等，两者的区别在于 Switch 元件是信号开关，没有物理模型而可以视作一个传递函数，仅用于处理信号，如电压表、电流表的测量值等，不能直接用于电路中；而 Ideal Switch 元件则是电气开关，具有物理模型，能够直接在电路中作为开关使用。Ideal Switch 元件为了模拟开关在打开或关闭时可能会产生电压尖峰或电流尖峰，提供了"Snubber"参数，包括"Snubber Resistance"和"Snubber Capacitance"，即开关并联的电阻电容，用于抑制电压、电流的尖峰。Ideal Switch 元件的 g 端子是开关的触发信号，低电平（0）时表示开关断开，高电平（1）时表示开关闭合。

2）传输参数的计算：当 Ideal Switch 元件的 g 端子为低电平（0）时，右侧端口开路，$\dfrac{\dot{U}_1}{\dot{U}_2}$ 为 A 参数，$\dfrac{\dot{I}_1}{\dot{U}_2}$ 为 C 参数；当 Ideal Switch 元件的 g 端子为高电平（1）时，右侧端口短路，$\dfrac{\dot{U}_1}{-\dot{I}_2}$ 为 B 参数，$\dfrac{\dot{I}_1}{-\dot{I}_2}$ 为 D 参数。

Simulink 模型如图 12-3-8 所示。

当 Ideal Switch 元件的 g 端子为低电平（0）时，对比 $\dot{U}_1$、$\dot{U}_2$ 和 $\dot{I}_1$，结果如图 12-3-9 所示，图 12-3-9a 可用于计算 A 参数，图 12-3-9b 可用于计算 C 参数，可得 $A = 1.2$，$C = \dfrac{1}{15}$。

当 Ideal Switch 元件的 g 端子为高电平（1）时，对比 $\dot{U}_1$、$\dot{I}_1$ 和 $-\dot{I}_2$，结果如图 12-3-10 所示，图 12-3-10a 可用于计算 B 参数，图 12-3-10b 可用于计算 D 参数，可得 $B = \dfrac{24}{5}$，$D = \dfrac{10}{11}$。

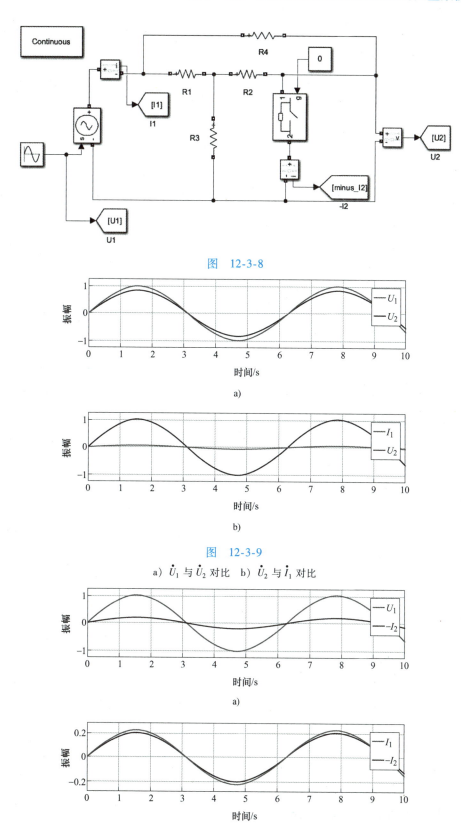

图 12-3-8

a)

b)

图 12-3-9

a) $\dot{U}_1$ 与 $\dot{U}_2$ 对比 b) $\dot{U}_2$ 与 $\dot{I}_1$ 对比

a)

b)

图 12-3-10

a) $\dot{U}_2$ 与 $-\dot{I}_2$ 对比 b) $\dot{I}_1$ 与 $-\dot{I}_2$ 对比

想要得到示波器中两个信号的具体关系，进而计算传输参数，需要使用 To Workspace（导入工作区）元件与相应的 MATLAB 函数进行分析。不过幸运的是，本例题的双口网络中不涉及电感与电容，所对比的电流与电压全部同相位，在 Simulink 中直接将需要对比的信号经 Divide（除）元件也能得到传输参数，请读者自行验证。

第四节　交流电路的瞬态响应分析

一个具有电容和电感元件的电路，其冲激响应、零状态响应、零输入响应、正弦输入下的响应以及全响应是洞悉该电路工作性能的重要方法。通过电路分析得到的传递函数并不能直观地让我们得到电路的时域响应。而 MATLAB 作为一个有效的计算工具，可以帮助我们基于一阶电路传递函数快速绘制出电路的冲激响应、零状态响应、零输入响应和全响应的时域波形。Simulink 工具则可以直接通过电路建模的方法方便地进行电路的冲激响应、零状态响应、零输入响应和全响应的时域波形仿真。

本节利用 MATLAB 和 Simulink 分别对典型的一阶 RL 电路和典型的二阶 RLC 串联电路进行时域分析。

首先，介绍一下在 MATLAB 中求解时域响应的几个重要函数。

（1）impulse 函数：求解冲激响应　MATLAB 中 impulse 函数可以计算一个动态系统传递函数的冲激响应并且绘制成时域结果。其最核心的用法是 impulse（sys），此时将会通过图示显示动态系统 sys 的冲激响应。关于这一函数的更多细节，可以在 MATLAB 命令行中输入 helpimpulse 命令获取。

（2）initial 函数：求解零输入响应　MATLAB 中 initial 函数可以计算一个动态系统传递函数的零输入响应并且绘制成时域结果。其最核心的用法是 initial（sys，x0），这条命令将会通过弹窗图示的方式显示动态系统 sys 在初始条件为 x0 的情况下的零输入响应。关于这一函数的更多细节，可以在 MATLAB 命令行中输入 helpinitial 命令获取。根据叠加定理，冲激响应和零输入响应的和即为系统的全响应，所以可以用两者求和的方法轻松计算得到线性系统的全响应。

（3）step 函数：求解阶跃响应　MATLAB 中 step 函数可以计算一个动态系统传递函数的冲激响应并且绘制成时域结果。其最核心的用法是 step（sys），此时将会通过图示显示动态系统 sys 的冲激响应。关于这一函数的更多细节，可以在 MATLAB 命令行中输入 helpstep 命令获取。

（4）isim 函数：求解指定输入的响应　MATLAB 中 isim 函数可以用于计算给定输入情况下的系统响应。其最核心的用法是 isim（sys，u，t），通过给定的时间向量 t 和指定的输入向量 u 计算动态系统 sys 的响应，并且通过图示显示。关于这一函数的更多细节，可以在 MATLAB 命令行中输入 helplsim 命令获取。

借助 Simulink 强大的交互式建模功能，借助"Simscape Electrical Specialized Power Systems"库则可以更加直观地通过电路模型、模型参数和初始条件的设定来得到电路系统的状态响应。

例 12-4-1　基于 MATLAB 和 Simulink 计算 RL 一阶电路的响应。

接下来以第六章详细讲解的一阶 RL 电路为例，展示如何使用 MATLAB 和 Simulink 实现电路的零输入、零状态、全响应以及交流方波激励和交流正弦激励下的瞬态响应计算和分析。

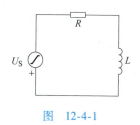

图　12-4-1

解： 方法一，使用 MATLAB 计算传递函数的时域响应。

根据电路图 12-4-1，可以给出该电路的传递函数为：

$$R(s) = \frac{U_R}{U_S} = \frac{1}{\dfrac{L}{R}s + 1}$$

取电感 $L = 1\text{mH}$，电阻 $R = 100\Omega$，此时电路的时间常数为 $\tau = 10\mu\text{s}$。

首先，我们可以使用 MATLAB 对一阶 RL 电路进行建模：

```
L =1e-3;% L = 1mH
R =100;  % R = 100Ω
s =tf('s');
sys = 1 / (L/R * s + 1);
```

接下来，可以通过下面的代码求解模型 sys 的冲激响应、阶跃响应、零输入响应和正弦输入响应。

```
% Impulse response
impulse(sys);
% step response
step(sys);
% square wave response
f = 5000;% f = 5kHz
t = 0:1e-7:1e-3;
u = square(2 * pi * f * t);
lsim(sys, u, t);
% sine wave response
f = 5000;% f = 5kHz
t = 0:1e-7:1e-3;
u = sin(2 * pi * f * t);
lsim(sys, u, t);
```

得到如图 12-4-2 所示从上到下分别为冲激响应、阶跃响应、方波响应、正弦响应的计算结果。此时，冲激响应和阶跃响应的合理组合可以作为系统的全响应。

解： 方法二，使用 Simulink 仿真 RL 电路的时域响应。

下面使用 Simulink 搭建电路的仿真模型，如图 12-4-3 所示，并设定相同的元件参数。在此过程中需要使用 Series RLC Branch 元件通过调整参数设置使之充当电阻、电感或电容。在本案例中可以调整为 RL 类型，并设置电感 $L = 1\text{mH}$，电阻 $R = 100\Omega$。使用 Controlled Voltage Source（受控电压源）作为电路激励，这样可以方便地通过多路选择器选择不同的输入信号作为信号激励。

当信号选择器设置为 1（接地）时，可以通过设置电感的初始电流值（在本例中为 1）来得到电路的零输入响应；当信号选择器设置为 2 时，可以得到 LR 电路的零状态响应，当信号选择器设置为 3 时，可以得到 LR 电路的正弦输入响应；当信号选择器设置为 4 时，可以得到 LR 电路的方波输入响应。

得到如图 12-4-4 所示从上到下分别为零输入响应、零状态响应、正弦响应、方波响应

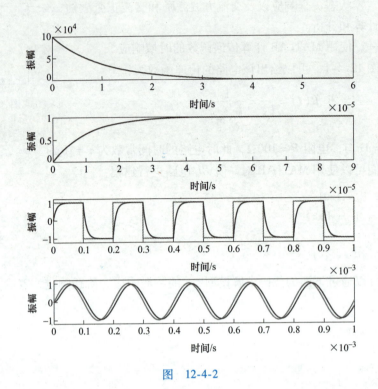

图　12-4-2

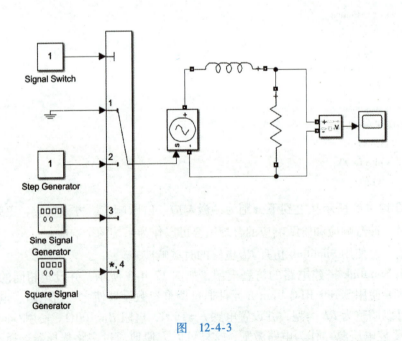

图　12-4-3

的计算结果。此时，冲激响应和阶跃响应的合理组合可以作为系统的全响应。

综上，根据以上过程可以明确感受到，使用 MATLAB 可以很方便地将不直观的计算结果转化为直观的时域结果，求解零状态响应只能使用叠加的方法实现；使用 Simulink 搭建模型则可以用于验证计算的正确性，求解零状态响应可以直接设置储能元件的初值。

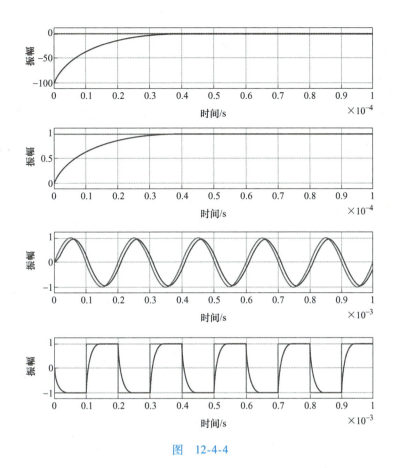

图　12-4-4

例 12-4-2　基于 MATLAB 和 Simulink 计算 *RLC* 二阶电路的响应。

接下来，以第八章第八节详细讲解的 *RLC* 二阶串联电路作为案例，展示 MATLAB 计算和 Simulink 仿真的结果。取电阻 $R = 10\Omega$，电感 $L = 1\text{mH}$，电容 $C = 10\mu\text{F}$，观察特定输入下的电阻电压响应。

解：方法一，使用 MATLAB 计算传递函数的时域响应。

根据第八章第八节中的结论，结合电路图 12-4-5，*RLC* 串联电路的电压响应可以给出传递函数为：

$$R(s) = \frac{U_R(s)}{U_S(s)} = \frac{CRs}{LCs^2 + CRs + 1}$$

这一模型用 MATLAB 建模为：

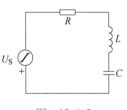

图　12-4-5

```
L = 1e-3;% L = 1mH
R = 10;   % R = 100Ω
C = 10e-6;% C = 10uF
s = tf('s');
sys = C * R * s / (L * C * s^2 + C * R * s + 1);
```

分别对这一系统施加冲激激励、阶跃激励、方波激励、正弦激励，程序如下：

```
% Impulse response
impulse(sys);
% step response
step(sys);
```

```
% square wave response
f = 5000; % f = 5 kHz
t = 0:1e-7:1e-3;
u = square(2 * pi * f * t);
lsim(sys, u, t);
% sine wave response
f = 5000; % f = 5 kHz
t = 0:1e-7:1e-3;
u = sin(2 * pi * f * t);
lsim(sys, u, t);
```

运行上述仿真代码，得到如图 12-4-6 所示从上到下分别为冲激响应、阶跃响应、方波响应、正弦响应的计算结果。此时，冲激响应和阶跃响应的合理组合可以作为系统的全响应。

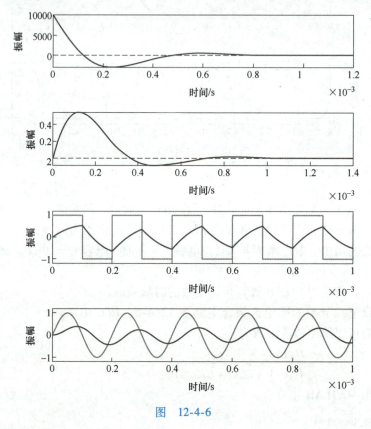

图 12-4-6

解： 方法二，使用 Simulink 仿真 *RLC* 电路的时域响应。

在 Simulink 中搭建 *RLC* 串联模型如图 12-4-7 所示，取电阻 $R = 10\Omega$，电感 $L = 1\text{mH}$，电容 $C = 10\mu\text{F}$ 作为参数。

当信号选择器设置为 1（接地）时，可以通过设置电感的初始电流值（在本例中为 1A）来得到电路的零输入响应；当信号选择器设置为 2 时，可以得到 *RLC* 电路的零状态响应；当信号选择器设置为 3 时，可以得到 *RLC* 电路的正弦输入响应；当信号选择器设置为 4 时，可以得到 *RLC* 电路的方波输入响应。

得到如图 12-4-8 所示从上到下分别为零输入响应、零状态响应、正弦响应、方波响应的计算结果。此时，冲激响应和阶跃响应的合理组合可以作为系统的全响应。

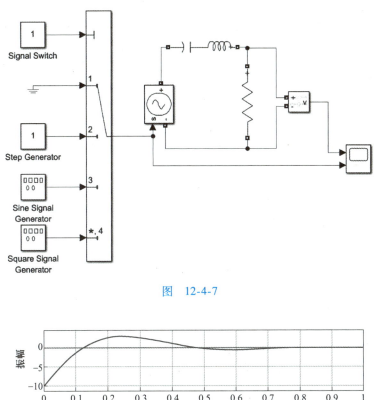

图 12-4-7

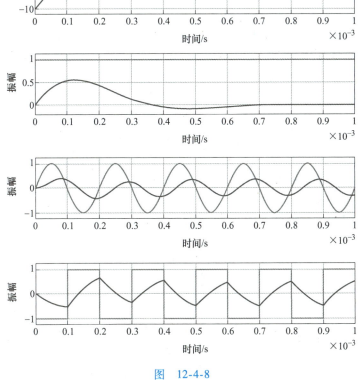

图 12-4-8

综上，MATLAB 为我们提供了方便的计算传递函数响应的方法，可以将我们计算得到的抽象的频域表达式直观地通过时域展示出来，是一个优异的计算工具。而通过 Simulink 可以更加直接地通过电路图的形式给出模型，并且可以直观地修改系统的初值，通过示波器观察结果，可以充当优秀的电路仿真软件。

第十三章

电路综合应用拓展

第一节　最大功率传输定理的应用拓展

最大功率传输定理是电路原理的基本定理之一，有着重要的理论意义和广泛的工程应用背景。如在测量、电子和信息工程的电子设备设计中，希望负载能够从给定电源（或信号源）获得最大功率，即实现最大功率传输。

光伏发电系统、风力发电系统等都存在电源输出功率不稳定的特征，需要系统工作在最大功率跟踪传输状态。以光伏发电为例，光电池的输出功率随光照、温度的变化而不同，光伏电池的输出功率存在最大功率点。要想最有效的利用太阳能，必须进行最大功率跟踪输出。在特定的光照和温度条件下，采用合适的方法使光伏电池阵列稳定工作在最大功率点，此时可以把光伏电池阵列等效看成含内阻的直流电源，光伏电池系统能否传输最大功率给负载与其所带的负载大小有关。要使光伏电池阵列能够传输最大功率，必须调节其所接负载与工作电源内阻相等（即匹配），这就是最大功率传输问题。

一、匹配电路实现最大功率传输原理

光伏发电等实际应用系统通常不一定直接满足最大功率传输定理中的负载和电源（信号源）内阻相等的要求，因此需要设计合适的电路来实现负载和电源内阻的匹配。匹配电路可以是纯电阻电路（但要消耗功率），也可以是电感、电容组成的电路，还可以通过开关电路组成的变换器来实现。如图 13-1-1 所示为实现最大功率传输的匹配电路，图中点画线部分即为匹配电路。不失一般性，本节直接讨论电压源串联内阻与负载的匹配情况，通过调节开关管的开通时间（占空比）就可以达到改变等效负载的目的，实现负载与电源内阻的匹配和系统的最大功率传输。开关电路的优点是对一定范围内的电源和内阻（如外部环境变化时的光伏电池阵列的电源和内阻等）情况下，通过调节开关管的开通时间（占空比），均能实现电源内阻和负载匹配，从而实现电源的最大功率传输。

下面分析其具体实现原理。

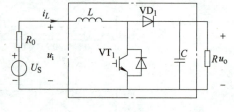

图　13-1-1

图 13-1-1 中，U_S 表示电源电压，R_0 表示电源内阻，u_i 表示输入电压，i_L 为流过电感的电流，u_o 为输出电压。设开关管 VT_1 的开关周期为 T_S，则开关管开通的时间为 DT_S，关断时间为 $(1-D)T_S$，D 为开关管的占空比，其定义为 DT_S/T_S。设电路中电感 L 值很大，电流 i_L 连续。

上述开关电路工作的等效电路如图 13-1-2 所示。当开关管开通（$0 \sim DT_S$）时，电感 L 通过开关管与电源组成回路，电感储能，同时电容 C 给负载 R 供电，其等效电路如图 13-1-2a 所示。当开关管关断（$DT_S \sim T_S$）时，电源电压和电感一起向电容 C 充电，并向负载提供能量，如图 13-1-2b 所示。

当开关管导通（$0 \sim DT_S$）时间内，如图 13-1-2a 所示，电感中的电流 i_L 连续线性上升，

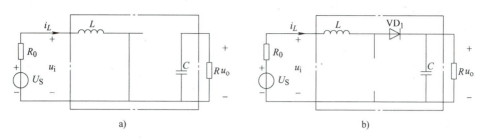

图 13-1-2

电感电流 i_L 和输入电压 u_i 的关系为：

$$u_i = L\frac{\mathrm{d}i_L}{\mathrm{d}t} = L\frac{\Delta i_L}{DT_S} \tag{13-1-1}$$

当开关管关断（$DT_S \sim T_S$）时间内，如图 13-1-2b 所示，电感电流 i_L 线性下降，根据基尔霍夫电压定律，电感电流 i_L 和电压的关系为：

$$u_o - u_i = L\frac{\mathrm{d}i_L}{\mathrm{d}t} = L\frac{\Delta i_L}{(1-D)T_S} \tag{13-1-2}$$

式（13-1-1）与式（13-1-2）联立可得：

$$u_i = (1-D)u_o \tag{13-1-3}$$

假设上述开关管电路所接负载为纯电阻，且开关管没有能量损耗，即变换器的转换效率为 100%。由于开关电路变换前后功率守衡，得开关管输入端的电流为：

$$i_L = \frac{i_o}{1-D} \tag{13-1-4}$$

由此可以求出经过匹配电路，在电源输出端的等效负载电阻为：

$$R_i = \frac{u_i}{i_L} = (1-D)^2 R \tag{13-1-5}$$

其中：R 为负载电阻，式中不考虑开关电路电感的自身电阻。

从式（13-1-5）可知，开关管开通时间越长（占空比 D 越大），开关电路和负载的等效电阻越小。当改变电路中开关管的开通时间，使其等效电阻与电源内阻相匹配，则负载获得最大功率，这就是利用开关电路实现最大功率传输的理论依据。

二、实验验证和结果分析

实验中电源电压选用小于 40V 的恒压源，电感电流不超过 10A，输入电流纹波不超过 20%，输出电压纹波不超过 10%，开关频率为 10kHz，因此电感取为 150μH，电容取为 1360μF。

实验中，选择国际整流器（International Rectifier，IR）公司生产的 N 沟道、增强型场效应管 IRG4PC40W 作为主控芯片，其典型工作参数为：$U_{CES} = 600V$，$U_{CE(on)} = 2.05V$，$U_{GE} = 15V$，$I_C = 20A$。采用塑封超快速整流二极管 MUR2010，反向电压 100V，最大正向平均整流 20A，采用晶体管 8550 推挽输出作为主控芯片的驱动，系统硬件原理图如图 13-1-3 所示。

实验中用到的设备主要有：信号发生器、恒压源、电压表、电流表、十进制精密可调电阻、示波器等，以及按图 13-1-3 硬件电路制作的电路板 1 块，图中 J_1 外接可调恒压源。完成下述实验任务。

1) 按图 13-1-3 所示原理图接通电路，调节 $U_S = 40V$，$R_0 = 13\Omega$，负载 $R = 50\Omega$，调节信号发生器为频率为 10kHz 的方波信号，调节不同的开通时间（即占空比 D 的大小），记录不同开通时间下输出电压、电流数据，并计算其功率，所得的实验数据记录见表 13-1-1。

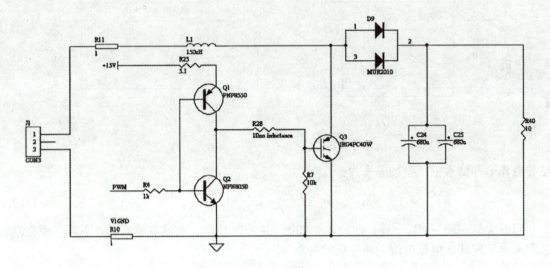

图　13-1-3

2）调节 $U_S = 30V$，$R_0 = 10\Omega$，负载 $R = 57\Omega$，重复上述实验，所得的实验数据记录见表 13-1-2。

表 13-1-1　实验任务 1）的实验结果

D(%)	I/A	U/V	P/W
15	0.92	28.7	26.404
20	1	27.6	27.6
25	1.1	26.4	29.04
30	1.21	25.1	30.371
35	1.33	23.6	31.388
40	1.46	21.8	31.428
45	1.59	19.8	31.482
47	1.66	19.1	31.706
49	1.73	18.3	31.659
50	1.75	17.8	31.15
51	1.8	17.4	31.32
53	1.87	16.5	30.855
55	1.92	15.6	29.952
60	2.12	13.4	28.408
65	2.3	11	25.3
70	2.48	8.6	21.328
75	2.64	6.4	16.896
80	2.77	4.6	12.742
85	2.87	3.3	9.471

表 13-1-2　实验任务 2）的实验结果

D(%)	I/A	U/V	P/W
15	0.6	24.2	14.52
20	0.67	23.5	15.745
25	0.74	22.8	16.872
30	0.83	21.9	18.177
35	0.92	20.9	19.228
40	1.03	19.4	19.982
45	1.16	17.9	20.764
50	1.3	17	22.1
55	1.41	14.7	21.727
58	1.57	13.9	21.823
60	1.62	13.3	21.546
65	1.82	11.2	20.384
70	2	9	18
75	2.18	6.9	15.042
80	2.3	4.9	11.27
85	2.41	3.5	8.435

由实验任务 1）所给参数条件，按式（13-1-5）可求出理论上，负载获得最大功率对应的开通时间（占空比）为 $D_0 = 49\%$，而表 13-1-1 测得的最大功率对应的开通时间（占空

比）约为 $D_0 = 47\%$，但和表中 $D = 49\%$ 所对应的功率仅差 $0.047\mathrm{W}$。同理，由实验任务 2 ）的参数条件，可求出理论上负载获得最大功率时对应的开通时间为 $D_0 = 58\%$，表 13-1-2 测得的最大功率对应的开通时间也约为 $D_0 = 58\%$。考虑到测量误差、元件内阻、开关管损耗等原因，可得实验结果与理论计算基本一致。

将表 13-1-1 和表 13-1-2 中的数据利用 MATLAB 画图并进行曲线拟合，可得功率 P 与占空比 D 的关系曲线如图 13-1-4a、b 所示。从图中可以看出功率随开关管开通时间的变化规律。很显然，功率存在最大值，两种情况均与理论计算结果基本一致。

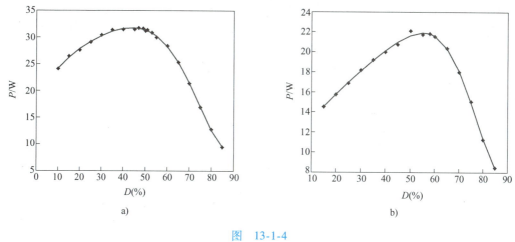

图 13-1-4

a）任务 1 b）任务 2

第二节 一种基于迟滞比较器的 *RC* 振荡器

振荡器是电气和信息类专业后续专业课程的重要内容，在工程实际中也有重要的应用价值，在芯片设计、微处理器的时钟、蜂窝电话的载波合成等多种电子系统中，振荡器都是必不可少的部分。实际应用中的振荡器有多种类型，如 *RC* 振荡器、*LC* 振荡器、石英晶体振荡器等，其中 *RC* 振荡器结构相对简单、成本低，对振荡频率精度和稳定度要求不高的场合有很强的吸引力。

本节介绍一种基于迟滞比较器的 *RC* 振荡器电路，该电路可以通过改变其电阻、电容、比较器的基准电压来调节振荡器输出信号的频率、脉宽（占空比），也可以调节比较器的迟滞宽度。该电路简单经济，易于实现，是对电路原理基础知识的巩固和拓展，也与后续课程和工程实践应用相关联，可作为学生的课后学习提升内容。

一、运算放大器和电压比较器

运算放大器是电路原理课程学习过的一种基本器件，具有虚短、虚断和高增益放大倍数的特性，其输入阻抗也近似为无穷大。实际应用中，为使电路工作稳定，运算放大器通常需要连接负反馈电路，实现输出信号与输入信号的确定运算关系。

电压比较器可通过运算放大器工作在开环或正反馈状态来实现，它是直接比较两个输入端的量，如果输入信号大于或小于已知参考电压（或基准电压），则输出电压将发生跃变，但输出电压只有两种可能状态，称作高电平或低电平。可见，电压比较器输入信号为连续信号，称为模拟信号，而输出是开关（高低电平）量，称为数字信号。

电压比较器可用作模拟电路和数字电路的接口，还可以用作波形产生和变换电路等。利用简单电压比较器可将正弦波变为同频率的方波或矩形波。简单的电压比较器结构简单，灵敏度高，但是抗干扰能力差，因此人们对它进行改进，改进后的电压比较器有：迟滞（滞回）比较器、窗口比较器等。

二、基于迟滞比较器的 RC 振荡器基本原理

图 13-2-1 所示为单电源供电的迟滞比较器输入电压 u_i 和输出电压 u_o 的关系，U_{CC} 为电源电压。如果输入电压 u_i 从 0V 开始上升，则输出电压 u_o 保持高电平，直到输入电压 u_i 大于参考电压的上限阈值 u_{T+}，则输出电压 u_o 降为低电平；当输入电压 u_i 回落到参考电压的下限阈值 u_{T-}，则输出电压 u_o 升为高电平。为避免单限比较器中的寄生耦合参数干扰，加快比较器的响应速度，在比较器的输出端连接 R_3 支路到同相输入端构成正反馈，反相输入端连接 R_1C，构成基于反相迟滞比较器的 RC 振荡器，如图 13-2-2 所示，可有效克服输入电压 u_i 在门限值 u_T 附近的微小干扰对振荡器输出电压 u_o 产生的影响。

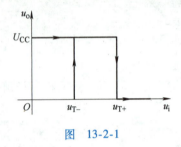

图 13-2-1

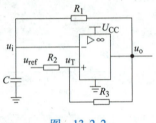

图 13-2-2

图 13-2-2 电路具体工作原理为：当比较器反相输入端电压 u_i 小于比较器的门限电压 u_T 的上限值 u_{T+}（上门限电压），即 $u_i < u_{T+}$ 时，比较器输出高电平 $u_o = U_{CC}$，此时输出电压 u_o 通过电阻 R_1 给电容 C 充电，电容充电等效电路如图 13-2-3a 所示。当 $u_i > u_{T+}$ 时，比较器输出低电平，即 $u_o = 0$，此时电容 C 通过电阻 R_1 放电，放电等效电路如图 13-2-3b 所示。当电容放电到 u_i 低于电压 u_T 的下限制 u_{T-}（下门限电压），即 $u_i < u_{T-}$ 时，比较器输出电压 $u_o = U_{CC}$，按照图 13-2-3a 重新给电容充电，重复上述过程。图 13-2-4 为振荡器输入电压 u_i 和输出电压 u_o 随时间变化的波形。可见，比较器反相输入端是电容电压充放电波形，输出端是周期变化的方波信号。

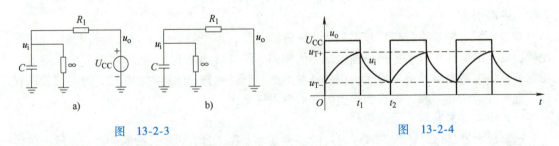

图 13-2-3

图 13-2-4

（1）振荡器波形周期和脉宽的确定　当电容充电时，如图 13-2-3a 所示，根据电路原理的三要素公式，得到电容电压的表达式为：

$$u_C(t) = u_i(t) = u_{T-} e^{-\frac{t}{R_1C}} + U_{CC}(1 - e^{-\frac{t}{R_1C}}) \tag{13-2-1}$$

当电容放电时，根据图 13-2-3b 可得到电容电压放电的表达式为：

$$u_C(t) = u_i(t) = u_{T+} e^{-\frac{t}{R_1C}} \tag{13-2-2}$$

由图 13-2-4，若定义充电过程的时间为 $\Delta t = t_1$，则有：

$$u_i(t_1) = u_{T-} e^{-\frac{\Delta t}{R_1 C}} + U_{CC}(1 - e^{-\frac{\Delta t}{R_1 C}}) = u_{T+} \tag{13-2-3}$$

解式（13-2-3）得充电时间 t_{charge}：

$$t_{\text{charge}} = \Delta t = R_1 C \ln\left(\frac{U_{CC} - u_{T-}}{U_{CC} - u_{T+}}\right) \tag{13-2-4}$$

同理，当电容放电时，考虑时间起点，结合图 13-2-4，式（13-2-2）电容电压放电表达式应写为：

$$u_C(t) = u_i(t) = u_{T+} e^{-\frac{t-t_1}{R_1 C}} \tag{13-2-5}$$

定义放电时间 $t_{\text{discharge}}$，计算式（13-2-5）得到的放电时间为：

$$t_{\text{discharge}} = t_2 - t_1 = R_1 C \ln\left(\frac{u_{T+}}{u_{T-}}\right)$$

因此，电容的充放电周期 T 可以表示为：

$$T = t_{\text{charge}} + t_{\text{discharge}} = R_1 C \ln\left(\frac{(U_{CC} - u_{T-})u_{T+}}{(U_{CC} - u_{T+})u_{T-}}\right) \tag{13-2-6}$$

进一步求得振荡器输出方波的脉宽（占空比）为：

$$D = \frac{t_{\text{charge}}}{t_{\text{charge}} + t_{\text{discharge}}} = \frac{\ln\left(\frac{(U_{CC} - u_{T-})}{(U_{CC} - u_{T+})}\right)}{\ln\left(\frac{(U_{CC} - u_{T-})u_{T+}}{(U_{CC} - u_{T+})u_{T-}}\right)} \tag{13-2-7}$$

（2）门限电压的确定　由式（13-2-6）、式（13-2-7）知，u_{T+} 和 u_{T-} 影响振荡器充放电的周期和占空比，是非常重要的参数，因此在电路中，需要进一步确定门限电压 u_{T+} 和 u_{T-} 的值，确定上门限电压 u_{T+} 的电路如图 13-2-5 所示。由图 13-2-2 的原理分析可知，当 $u_i < u_{T+}$ 时，比较器输出 $u_o = U_{CC}$。此时利用叠加定理，图 13-2-2 可看成是基准电压 u_{ref} 和输出电压 $u_o = U_{CC}$ 分别单独作用的电路，分别如图 13-2-5a 和图 13-2-5b 所示。

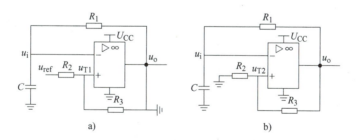

图 13-2-5

由图 13-2-5a 可得：

$$u_{T1} = \frac{R_3}{R_2 + R_3} u_{\text{ref}}$$

由图 13-2-5b 可得：

$$u_{T2} = \frac{R_2}{R_2 + R_3} u_o = \frac{R_2}{R_2 + R_3} U_{CC}$$

二者叠加得：

$$u_{T+} = \frac{R_3}{R_2 + R_3} u_{\text{ref}} + \frac{R_2}{R_2 + R_3} U_{CC} \tag{13-2-8}$$

同理，当 $u_i < u_{T-}$ 时，比较器输出为 0。此时图 13-2-2 可看成是参考电压 u_{ref} 单独作用的电路，可求出 u_{T-} 的值，

$$u_{T-} = \frac{R_3}{R_2 + R_3} u_{\text{ref}} \tag{13-2-9}$$

因此，可以得到电压门限宽度为：

$$\Delta u = u_{T+} - u_{T-} = \frac{R_2}{R_2 + R_3} U_{CC} \tag{13-2-10}$$

可见，调节电路中的电阻 R_2 和 R_3 可以改变比较器的电压门限宽度。当比较器的输出状态转换后，只要正向输入端的电压值在 u_{T+} 或 u_{T-} 附近的干扰值不超过 Δu，输出电压的值就是稳定的。门限宽度越大，比较器的抗干扰能力越强，但是分辨率会越差，因此需要折中考虑。

三、振荡器实验结果和分析

由式（13-2-6）~式（13-2-10）可以看出，电阻 R_2、R_3 和参考电压 u_{ref} 对振荡器输出波的周期、占空比有着很大的影响，合理设计各参数，才能保证电路工作性能良好。

考虑比较器的抗干扰能力和分辨率，取 $C = 0.1\mu F$，$R_1 = 10k\Omega$，$R_2 = 5.1k\Omega$，$R_3 = 20k\Omega$，$U_{CC} = 5V$。参考电压 u_{ref} 由电源电压施加于 $100k\Omega$ 可调电阻实现调节。

为了验证上述理论分析的正确性，搭建图 13-2-2 所示的 Multisim 仿真电路图，图 13-2-6a、b 分别为调节 $u_{ref} = 1.5V$ 和 $u_{ref} = 2.5V$ 时得到的输入电压 u_i 和输出电压 u_o 的仿真波形图。

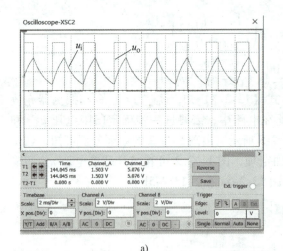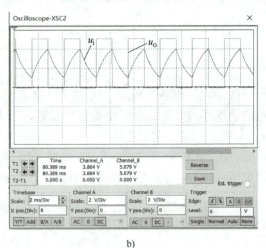

a)　　　　　　　　　　　　　　b)

图　13-2-6

实验电路可利用电路实验室的实验箱（有芯片插座）搭建，也可用面包板搭建。实验结果如图 13-2-7 所示，图 a、b 分别为调节 $u_{ref} = 1.5V$ 和 $u_{ref} = 2.5V$ 时，实验测得的输入电压 u_i 和输出电压 u_o 的波形图。

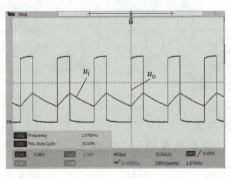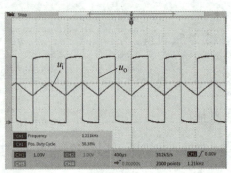

a)　　　　　　　　　　　　　　b)

图　13-2-7

由式（13-2-6）~式(13-2-9) 可以计算出当 $u_{ref} = 1.5V$ 时，$u_{T+} = 2.21V$，$u_{T-} = 1.19V$，占空比 $D = 33.55\%$，频率 $f = 1.08\ kHz$；当 $u_{ref} = 2.5V$ 时，$u_{T+} = 3.0V$，$u_{T-} = 1.99V$，占空比 $D = 50\%$，频率 $f = 1.21kHz$。与图 13-2-6 仿真测得的波形参数估算、图 13-2-7 测得的实验数据结果，可以看出，实验波形结果与仿真结果、理论分析基本吻合，验证了理论分析的正确性。上述 RC 振荡器具有电路简单，实现容易，可方便调频、调脉宽以及调节门限电压、门限宽度等优点。

第三节　可分离变压器的建模和补偿特性

互感、变压器、谐振都是电路原理课程的重要内容，在工程实践中有重要的应用价值。可分离变压器是感应耦合无接触电能传输（Contactless Power Transfer，CPT）系统中的重要核心部分，担负着能量的传递、储存等功能，其传输性能很大程度上决定了整个系统的传输效率。由于可分离变压器初级绕组与次级绕组之间存在较大的气隙，漏磁较大，耦合系数较低，传输效率低。因此，通常在可分离变压器两侧并联或串联电容对电路进行无功补偿，构成谐振电路来提高功率传输能力。

本节基于可分离变压器的 T 形和互感等效电路模型及其补偿方式分析耦合系数、负载、品质因数等对 CPT 可分离变压器传输特性的影响。以加深对电路原理基础知识的掌握，了解电路课程内容在实际工程中的应用。

一、可分离变压器工作原理

与一般的常规变压器工作原理一样，可分离变压器也是通过法拉第电磁感应原理，实现能量在变压器一次侧和二次侧之间的传递。但是常规变压器一次绕组和二次绕组缠绕在闭合的铁心上，耦合性能比较高，其示意图如图 13-3-1 所示。而可分离变压器的一次绕组和二次绕组之间有一定的距离，如图 13-3-2 所示，所以其空气磁路远远超过了一般的变压器。工作过程中，可分离变压器的部分磁动势消耗在空气磁路，导致其传输能力不强，而常规变压器中的磁路磁动势则主要是分布在磁心磁路部分。

可分离变压器的工作过程为：当向变压器一次绕组中接入交流电时，磁心中就会产生交变的磁场，通过空气间隙的作用，将磁场传到二次绕组的磁心中。由电磁感应原理可知，当二次绕组有交变磁场穿过时，二次绕组将产生感应电动势。这样，就实现电能从一次侧到二次侧无接触式的传输。

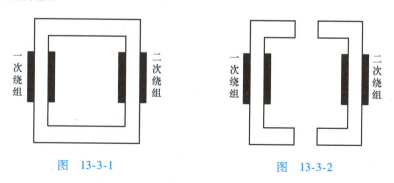

图　13-3-1　　　　　　　　图　13-3-2

二、可分离变压器的 T 形等效电路和传输特性

1. T 形等效电路的建立

将变压器二次侧参数折算到一次侧，变压器 T 形等效（漏感）电路模型如图 13-3-3 所示。

图 13-3-3 中，r_1 和 $L_{1\sigma}$ 分别为变压器一次绕组的寄生电阻参数和漏感参数；r_2 和 $L_{2\sigma}$ 分别为变压器二次绕组的寄生电阻参数和漏感参数；L_m 为变压器实际励磁电感，R_L 为负载，a 为变压器的匝数比。u_1、u_2 为变压器一次、二次电压，i_1、i_2 为变压器一次、二次电流，i_m 为励磁电流，与变压器一次、二次电流关系如式（13-3-1）所示。

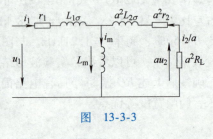

图 13-3-3

$$\dot{I}_m = \dot{I}_1 + \dot{I}_2/a \qquad (13\text{-}3\text{-}1)$$

该模型也是常规变压器的 T 形等效电路模型，也适用于可分离变压器，与常规变压器不同的是，由于 CPT 系统的可分离变压器气隙比较大，因而漏感抗 $\omega L_{1\sigma}$、$\omega L_{2\sigma}$ 很大，有些情况下甚至比励磁感抗还大，因此在电路分析中必须考虑。

2. 传输特性分析

根据图 13-3-3 建立的电路模型，假设线圈寄生电阻可以忽略不计，对 CPT 的补偿形式和传输特性进行分析。可分离变压器电容补偿通常分为两种情况：单边补偿和双边补偿。

（1）单边补偿 单边补偿形式有串、并联两种方式。图 13-3-4 为串联单边补偿的形式，C_p 为补偿电容，其与谐振频率的关系如式（13-3-2）所示。

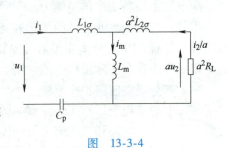

图 13-3-4

$$f_0 = \frac{1}{2\pi \sqrt{L_{eq} C_p}} \qquad (13\text{-}3\text{-}2)$$

其中，L_{eq} 为负载短路时系统的等效电感，表达式为

$$L_{eq} = L_{1\sigma} + L_m // a^2 L_{2\sigma} \qquad (13\text{-}3\text{-}3)$$

定义 k 为绕组耦合系数，M 为绕组互感，L_p、L_s 为变压器一次、二次绕组的自感，则有如下关系式

$$\begin{cases} L_{1\sigma} = L_p - L_m \\ L_m = aM \\ M = k \sqrt{L_p L_s} \\ L_{2\sigma} = L_s - \dfrac{M}{a} \end{cases} \qquad (13\text{-}3\text{-}4)$$

由图 13-3-4，定义

$$\begin{cases} Z_p = j\omega L_{1\sigma} + \dfrac{1}{j\omega C_p} \\ Z_m = j\omega L_m \\ Z_s = j\omega a^2 L_{2\sigma} \\ Z_L = a^2 R_L \end{cases} \qquad (13\text{-}3\text{-}5)$$

则可得到系统的电压增益为

$$G_V = \left| \frac{\dot{U}_2}{\dot{U}_1} \right| = \frac{1}{a} \left| \frac{Z_m Z_L}{Z_p Z_m + (Z_p + Z_m)(Z_s + Z_L)} \right| \qquad (13\text{-}3\text{-}6)$$

由式（13-3-2）~式（13-3-5），讨论单边补偿时系统电压增益与不同参数如负载、工作频率等的关系，为方便，讨论 $a = 1$ 时的系统特性。此时，式（13-3-6）简化为式（13-3-7）。

$$G_V\big|_{a=1} = \cfrac{1}{\left|\left(\cfrac{1}{k} - \lambda^2\cfrac{1-k^2}{k}\right) + j\left(\cfrac{1}{k(1-k^2)} - \cfrac{k}{1-k^2} - \cfrac{\lambda^2}{k}\right)Q_p\right|} \tag{13-3-7}$$

其中，品质因数 $Q_p = \dfrac{\omega L_{eq}}{R_L}$，频率比 $\lambda = \dfrac{\omega_0}{\omega}$

图 13-3-4 电路输入阻抗的相位角为

$$\varphi = \arctan\left[\frac{Q_p}{k^2(1-k^2)} + \frac{1-k^2}{k^2 Q_p} - \frac{\lambda^2}{k^2}Q_p - \frac{\lambda^2(1-k^2)^2}{k^2 Q_p} - \frac{Q_p}{1-k^2}\right] \tag{13-3-8}$$

由式（13-3-7）作电压增益随 k、Q_p、λ 变化规律曲线，如图 13-3-5a～c 所示。

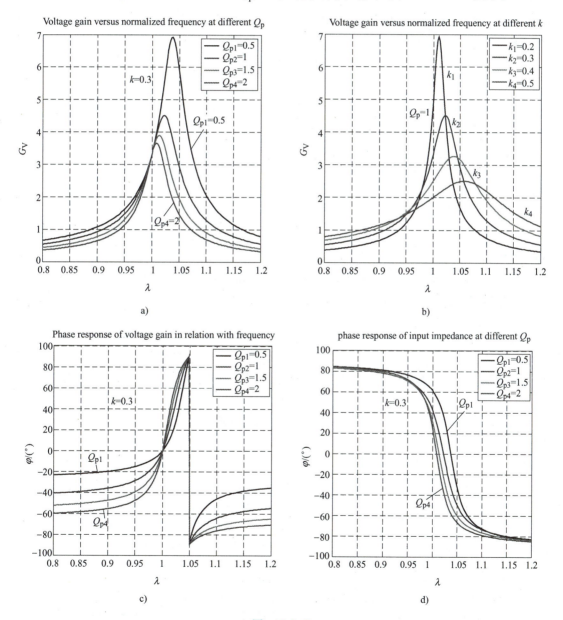

图　13-3-5

图 13-3-5a 为不同负载下输出电压增益与工作频率的关系。由图 13-3-5a、c 可见，当

$\lambda = 1$ 时，电压增益的相位角为零。因此线圈间距固定时，在频率 ω_0 处，输出电压不随负载变化而改变，但其值最大时的工作频率并不由式（13-3-2）所决定。由式（13-3-8）作输入阻抗相位图 13-3-5d 可见，电压增益最大时输入阻抗的相位为零，即系统处于谐振状态，ω_0 并不是真正的谐振点。图 13-3-5b 表明，当 Q_p 不变情况下，在频率 ω_0 附近，耦合系数越小，输出电压越大。通常可以利用图 13-3-5a 在频率 ω_0 处输出电压增益不随负载改变的特性，进行传输距离固定的系统设计。

（2）双边补偿 双边补偿根据变压器一次侧、二次侧的不同连接形式，共有四种不同补偿方式，即一次侧串联、二次侧串联补偿（Primary Series Compensation，Secondary Series Compensation，PSSS），一次侧串联、二次侧并联补偿（Primary Series Compensation，Secondary Parallel Compensation，PSSP），一次侧并联、二次侧串联补偿（Primary Parallel Compensation，Secondary Series Compensation，PPSS）以及一次侧、二次侧均并联补偿（Primary Parallel Compensation，Secondary Parallel Compensation，PPSP）。图 13-3-6a、b 分别为 PSSS 和 PSSP 的双边补偿电路模型，为简化分析，仍忽略了线圈寄生电阻。

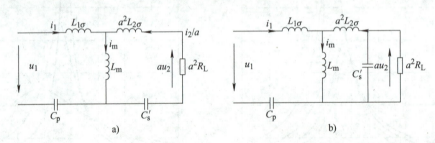

图 13-3-6

以 PSSS 为例进行讨论。C_s' 为二次补偿电容折算值。则式（13-3-5）中除 Z_s 需重新定义外，其余保持不变。

$$Z_s = j\omega a^2 L_{2\sigma} + \frac{1}{j\omega C_s'} \tag{13-3-9}$$

式（13-3-6）的电压增益计算方法同样适用于双边补偿型 CPT。补偿后，如果使得输出电压不随负载变化而改变，则补偿电容选择原则如下：

$$\omega_0 = \frac{1}{\sqrt{L_{1\sigma} C_p}} = \frac{1}{\sqrt{a^2 L_{2\sigma} C_s'}} \tag{13-3-10}$$

式中，$C_s = a^2 C_s'$。

当 $a = 1$ 时，输出电压增益为

$$G_V \big|_{a=1} = \frac{1}{\left| \left(\frac{1}{k} - \lambda^2 \frac{1-k}{k} \right) + jQ_s(\lambda^2 - 1) \left[k - \frac{1}{k} + \frac{\lambda^2}{k}(1-k)^2 \right] \right|} \tag{13-3-11}$$

式中，$Q_s = \dfrac{\omega L_s}{R_L}$。

为与单边补偿比较，双边补偿时可分离变压器情况与前面相同，即 $k = 0.3$，$Q_s = 0.5495$、1.0989、1.6484、2.1978。得到的电压增益特性如图 13-3-7 所示。

与单边补偿相比，双边补偿可能存在多个工作频率点，此时的电压增益与负载无关。例如，在图 13-3-7a、c 中，$\lambda = 1$ 和 1.36 两点上，电压增益与负载无关，且此时电压增益均为 1。与单边补偿相同，电压增益最大处不在 ω_0，对输入阻抗相位角的分析可知，$\lambda = 1$ 处并不是谐振点。由图 13-3-7b 可知，当耦合系数发生变化时，在 $\lambda = 1$ 处，电压增益仍为 1，与

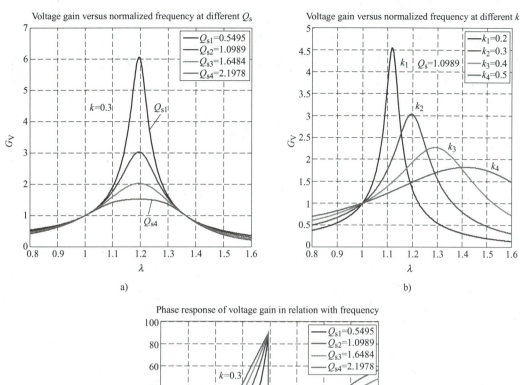

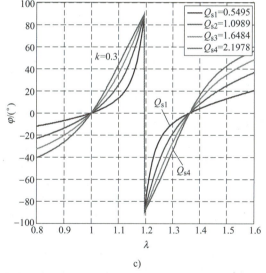

图 13-3-7

负载、耦合系数均无关，与图 13-3-5 中电压增益受耦合系数影响相比，具有明显的优点。总的来说，双边补偿在电压增益控制上具有单边补偿无法相比的优势。但是，需要注意的是，由于上述分析过程中，忽略了一次、二次绕组寄生电阻的影响，因此，实际上双边补偿的特性与理论有一定的偏差。

三、可分离变压器的互感模型

由对 CPT 中可分离变压器的 T 形等效电路分析可知，补偿电容的选择是根据变压器漏感大小以达到谐振的目的，但是由于在 $\lambda = 1$ 处，输入阻抗相位角不为零，也就是说，此时系统的功率因数并没有达到最大值。根据 T 形等效电路选择能够使输入阻抗为零的补偿电容是比较困难的，而在实际电路设计中，往往要求系统的功率因数接近 1。因此，有必要用一种新的模型，为谐振状态下补偿电容的选取提供简便的方法。对可分离变压器的分析可知，其一次、二次绕组为两个电感，其间存在一定的耦合系数。因此，可以用 CPT 的互感模型来分析系统性能。式（13-3-4）给出了电感与变压器参数之间的转换关系。

图13-3-8 为可分离变压器的互感模型。L_p、L_s 分别为一次、二次绕组的自感值，M 为互感值，其定义如式（13-3-4）所示。i_p、i_s 为流经变压器一次、二次绕组的电流，u_p、u_s 为绕组上的电压，R_p、R_s 为绕组的寄生电阻，R 为二次侧的负载。

由图 13-3-8，得到如下方程组

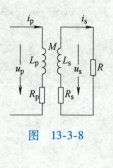

图　13-3-8

$$\begin{bmatrix} \dot{U}_p \\ \dot{U}_s \end{bmatrix} = \begin{bmatrix} j\omega L_p + R_p & -j\omega M \\ j\omega M & -j\omega L_s - R_s \end{bmatrix} \begin{bmatrix} \dot{I}_p \\ \dot{I}_s \end{bmatrix} \tag{13-3-12}$$

$$\dot{U}_s = \dot{I}_s R \tag{13-3-13}$$

上文所述的四种双边补偿方式下 CPT 的互感模型如图 13-3-9 所示。

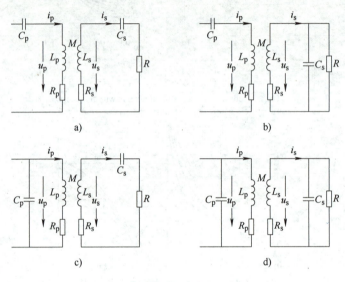

图　13-3-9

对于四种补偿方式，可以作如下等效

$$Z_{L-PXSS} = R + \frac{1}{j\omega C_s}, \quad Z_{L-PXSP} = R // \frac{1}{j\omega C_s} \tag{13-3-14}$$

此处下标中的"X"代表一次侧为串联或并联补偿方式。为方便，采用将二次侧参数折算到一次侧，根据式（13-3-12）和式（13-3-13），可以得到二次侧折算到一次侧的等效阻抗 Z_r 为

$$Z_r = R_r + jX_r = \frac{(\omega M)^2}{R + R_s + j\omega L_s} \tag{13-3-15}$$

R_r，X_r 分别为等效电阻和等效电抗，因此折算后的互感模型可以进一步简化，如图 13-3-10 所示为采用一次侧串联补偿的互感模型的等效电路。

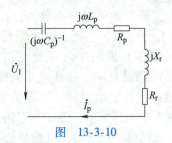

图　13-3-10

下面分"P*X*SS"和"P*X*SP"两种情况对 CPT 的互感模型进行分析。

1. 二次侧串联补偿型 CPT 模型

（1）PSSS 型 CPT 建模 将式（13-3-15）中的 R 用式（13-3-14）中的 Z_{L-PXSS} 代替，得到等效电阻和等效电抗分别为

$$R_r = \frac{\omega^2 M^2 C_s^2 (R + R_s)}{\omega^2 C_s^2 (R + R_s)^2 + (\omega^2 L_s C_s - 1)^2}$$

$$jX_r = \frac{-j\omega^3 M^2 C_s (\omega^2 L_s C_s - 1)}{\omega^2 C_s^2 (R + R_s)^2 + (\omega^2 L_s C_s - 1)^2}$$

可以发现，当二次补偿电容满足式（13-3-16）时，等效电抗为零，因此，为使系统的输入阻抗为零，只需使一次补偿电容补偿一次自感即可，对于 PSSS 型 CPT，一次补偿电容如式（13-3-17）所示。

$$C_s = \frac{1}{\omega^2 L_s} \tag{13-3-16}$$

$$C_p = \frac{1}{\omega^2 L_p} \tag{13-3-17}$$

此时，等效电阻简化为如式（13-3-18）所示

$$R_r = \frac{\omega^2 M^2}{R + R_s} \tag{13-3-18}$$

式（13-3-16）、式（13-3-17）表明，PSSS 型 CPT 的补偿电容选择非常简便，不受电路中参数如负载、可分离变压器的互感等影响。因此，实际中对这种拓扑研究、应用非常广泛。由于谐振电路的引入，相当于增加了一个低通滤波器。

下面讨论 PSSS 补偿下系统的特性，如图 13-3-9a 所示，根据能量守恒定律，有

$$I_p^2 R_r = \frac{U_R^2}{R} + \frac{U_R^2 R_s}{R^2} \tag{13-3-19}$$

式中，U_R 表示等效电阻 R 上的压降有效值。一次电流 i_p 可以根据图 13-3-10 得出

$$|\dot{I}_p| = \left| \frac{\dot{U}_1}{j\omega L_p - j\frac{1}{\omega C_p} + R_p + Z_r} \right| = \frac{U_1}{|Z_{PSSS}|} \tag{13-3-20}$$

将式（13-3-20）代入式（13-3-19），可以得到电压增益为

$$G_{V-PSSS} = \frac{U_R}{U_1} = \frac{R}{|Z_{PSSS}|} \sqrt{\frac{R_r}{R + R_s}} \tag{13-3-21}$$

式（13-3-21）比较复杂，含向量、取模等运算，难以直接从中观察到电压增益变化规律，因此，进行适当的简化，化成比较直观的形式。假设可分离变压器一次、二次绕组的寄生电阻可以忽略，电容补偿时电感值分别为 L_{p0}、L_{s0}，谐振频率为 ω_0，则有

$$\omega_0 = \frac{1}{\sqrt{L_{p0} C_p}} = \frac{1}{\sqrt{L_{s0} C_s}} \tag{13-3-22}$$

$$\lambda = \frac{\omega}{\omega_0} \tag{13-3-23}$$

$$Q_s = Q_{s-PXSS} = \frac{\omega_0 L_s}{R} \tag{13-3-24}$$

$$n = \frac{L_p}{L_s} \tag{13-3-25}$$

式中，λ 为频率比；Q_s 为二次品质因数；n 为一次、二次自感比值。当可分离变压器间距发生变化时，L_{p0}、L_{s0} 可能发生改变，因此，定义

$$\lambda_p = \frac{L_p}{L_{p0}}, \lambda_s = \frac{L_s}{L_{s0}} \tag{13-3-26}$$

则有 $\dfrac{\lambda_p}{\lambda_s} \approx 1$。

将式（13-3-22）~式(13-3-26) 代入式（13-3-21），则可以得到电压增益的另外一种形式

$$G_{V-PSSS} = \frac{U_R}{U_1} = \frac{\lambda^2 \lambda_p k \sqrt{\lambda^2 + (\lambda^2 \lambda_s - 1)^2 Q_s^2 / \lambda_s^2}}{\sqrt{n\{\lambda^8 \lambda_s^2 k^4 Q_s^2 + [(\lambda\lambda_p - 1/\lambda)(\lambda^2 + (\lambda^2 \lambda_s - 1)^2 Q_s^2 / \lambda_s^2) - \lambda^3 \lambda_p k^2 (\lambda^2 \lambda_s - 1) Q_s^2 / \lambda_s]^2\}}} \tag{13-3-27}$$

当系统处于谐振状态时，图 13-3-10 中

$$I_{p-PSSS} = \frac{U_1}{(R_p + R_r)} \tag{13-3-28}$$

结合式（13-3-20）、式（13-3-21）、式（13-3-27），得

$$G_{V-PSSS} = \frac{U_R}{U_1} = \frac{R}{(R_p + R_r)} \sqrt{\frac{R_r}{R + R_s}}$$

$$G_{V-PSSS} = \frac{U_R}{U_1} = \frac{1}{kQ_s \sqrt{n}}$$

得到了一次电流表达式后，不难得到一次补偿电容上的电压为

$$U_{Cp} = \frac{I_p}{\omega C_p} = \omega L_p I_p$$

对于二次能量接收电路，当系统处于谐振状态时，流经二次绕组的电流 i_s 与流经负载电阻 R 上的电流相同，其有效值均为 I_R，则二次补偿电容上的电压为

$$U_{Cs} = \frac{I_R}{\omega C_s} = \omega L_s I_R = Q_s U_R \tag{13-3-29}$$

上式表明，输出电压越大，Q_s 越大，二次补偿电容的电压也就越大。

（2）PPSS 型建模　PPSS 型二次补偿电容选择与 PSSS 相同，但一次侧补偿形式发生了变化，所以补偿电容的选择也不一样。图 13-3-11 为一次侧并联型的互感模型。

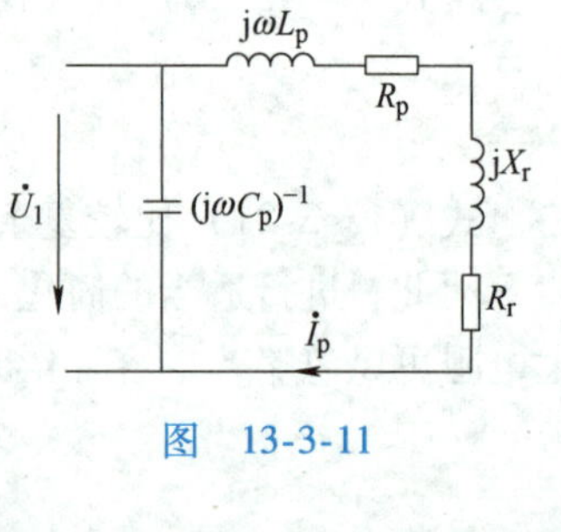

当二次侧为串联补偿时，补偿电容为式（13-3-16），X_r 为零，按照输入电抗为零的原则，图 13-3-11 中选取一次补偿电容为

$$C_p = \frac{L_p}{(R_r + R_p)^2 + (\omega L_p)^2}$$

图　13-3-11

由上式可见，PPSS 型一次补偿电容受负载、互感等影响，而且关系式复杂，并且由于补偿后逆变器输出电流波形并非正弦波，因此，实际中应用比较少。由于二次侧补偿的形式与 PSSS 相同，因此 PPSS 的等效阻抗也与之相同，流经一次绕组的电流为

$$|\dot{I}_p| = \frac{U_1}{|R_p + R_r + j\omega L_p + jX_r|} = \frac{U_1}{|Z_{PPSS}|} \tag{13-3-30}$$

PPSS 型电路如图 13-3-9c 所示，仍满足能量守恒式（13-3-19），将上式代入式（13-3-19），得到 PPSS 型的电压增益为

$$G_{V-PPSS} = \frac{R}{|Z_{PPSS}|}\sqrt{\frac{R_r}{R+R_s}}$$

当系统处于谐振状态时，在忽略绕组寄生电阻的前提下，上式可以等效为

$$G_{V-PPSS} = \frac{k}{\sqrt{k^4 Q_s^2 n + n}}$$

对于 PPSS 补偿，如果采用式（13-3-30）进行一次电流计算，由于分母包含虚部运算，比较复杂。因此，在谐振状态下，可以采用输出量表示系统电参数的方法。对于一次电流，根据能量守恒定律，式（13-3-19）同样适用于 PPSS 型，写成电流形式，有

$$I_p^2 R_r = I_R^2 (R+R_s)$$

将式（13-3-18）代入，得到一次电流为

$$I_p = I_R\sqrt{\frac{R+R_s}{R_r}} = I_R\frac{R+R_s}{\omega k L_s\sqrt{n}} \approx \frac{I_R}{k Q_s\sqrt{n}}$$

对于二次电路，其特性与 PSSS 相同，如式（13-3-29）所示。可见，增大 Q_s，可以减小一次电流，根据 Q_s 的定义，增大频率、二次绕组自感，或者减小负载电阻均可使二次品质因数变大。但同时会引起二次补偿电容上的电压增加，因此，实际中需要折中考虑。

2. 二次侧并联补偿型模型

将式（13-3-13）中的 R 用式（13-3-14）中的 Z_{L-PXSP} 代替，得到二次侧并联补偿时的等效电阻和等效电抗分别为

$$R_r = \frac{\omega^2 M^2(R+R_s-\omega^2 L_s C_s R) + \omega^4 M^2 R C_s(R R_s C_s + L_s)}{\omega^2 (R R_s C_s + L_s)^2 + (R+R_s-\omega^2 L_s C_s R)^2} \qquad (13\text{-}3\text{-}31)$$

$$jX_r = \frac{j\omega^3 M^2 R C_s(R+R_s-\omega^2 L_s C_s R) - j\omega^3 M^2(R R_s C_s + L_s)}{\omega^2 (R R_s C_s + L_s)^2 + (R+R_s-\omega^2 L_s C_s R)^2}$$

使 $X_r = 0$ 为零，则解得

$$C_s = \frac{R \pm \sqrt{R^2 - 4\omega^2 L_s^2}}{2\omega^2 R L_s}, \quad R \geq 2\omega L_s \qquad (13\text{-}3\text{-}32)$$

将式（13-3-32）代入式（13-3-31）后，等效电阻的形式比较复杂，且限制条件比较严，因此，实际当中选择二次补偿电容为

$$C_s = \frac{1 + R_s/R}{\omega^2 L_s} \qquad (13\text{-}3\text{-}33)$$

此时，等效电阻和等效电抗简化成为

$$R_r = \frac{\omega^2 M^2 R C_s}{R R_s C_s + L_s} \qquad (13\text{-}3\text{-}34)$$

$$jX_r = \frac{-j\omega M^2}{R R_s C_s + L_s} \qquad (13\text{-}3\text{-}35)$$

（1）PSSP 型建模 将式（13-3-34）、式（13-3-35）参数代入一次侧串联补偿型等效电路图 13-3-10 中，当输入电抗为零时，得一次补偿电容为

$$C_p = \frac{1}{\omega^2 L_p - \dfrac{\omega^2 M^2}{R R_s C_s + L_s}} \qquad (13\text{-}3\text{-}36)$$

此时，系统总电抗为零，功率因数达到最大值。从式（13-3-33）不难发现，PSSP 型的

二次电容选择比较简单，一般情况下有 $R \gg R_s$，因此可以按式（13-3-16）处理。但一次侧补偿就相对比较复杂了，受互感的影响，考虑到可分离变压器的间距往往较大，绕组的耦合系数比较低，因此，当系统为松耦合时，用式（13-3-17）代替式（13-3-33），其误差不会很大。定义归一化系数 $C_p^* \approx 1/(1-k^2)$，即式（13-3-36）比式（13-3-17）。表 13-3-1 给出了几种拓扑的归一化系数。

表 13-3-1　不同补偿下一次电容的归一化系数

补偿类型	PSSS	PSSP	PPSS	PPSP
C_p^*	1	$1/(1-k^2)$	$1/k^4 Q_s^2$	$(1-k^2)/(1-k^2)^2 + k^4 Q_s^2$

图 13-3-12 为不同补偿下一次电容补偿随耦合系数变化的规律，其中，Q_s 为二次品质因数，对于二次侧并联补偿的拓扑

$$Q_s = Q_{s-PXSP} = \frac{R}{\omega L_s}$$

由图可见，随着耦合系数的降低，其他三种补偿值与标准差变化呈减小趋势，PSSP 变化幅度最大，PPSS 变化幅度较小，当耦合系数比较低时，一般可以用式（13-3-17）计算，尤其是针对一次侧并联的补偿方式，大大简化计算。

下面计算系统的电压（电流）增益。对于 PSSP 而言，重画图 13-3-9b，如图 13-3-13 所示。

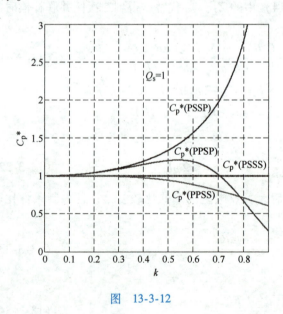

图　13-3-12

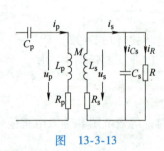

图　13-3-13

图中，i_R 为流经负载电阻的电流，与二次电流 i_s 以及流经二次补偿电容的电流 i_{Cs} 满足如下相量关系。

$$\dot{I}_R R = \frac{\dot{I}_{Cs}}{j\omega C_s} \rightarrow I_R R = \frac{I_{Cs}}{\omega C_s}$$

$$\dot{I}_s = \dot{I}_R + I_{Cs}$$

根据电路的相量图关系，则有

$$I_s = I_R \sqrt{1 + \omega^2 R^2 C_s^2} \tag{13-3-37}$$

另外，图 13-3-13 中二次侧的功率消耗在负载及二次绕组的寄生电阻上，因此，根据能量守恒定律，有

$$I_p^2 R_r = I_R^2 R + I_s^2 R_s \qquad (13\text{-}3\text{-}38)$$

将式（13-3-37）代入式（13-3-38），得到

$$G_{I-PSSP} = \frac{I_R}{I_p} = \sqrt{\frac{R_r}{R + R_s + \omega^2 C_s^2 R R_s}} \qquad (13\text{-}3\text{-}39)$$

根据式（13-3-37）和式（13-3-38），可以将一次电流表达为输出的关系式

$$I_p = I_R \sqrt{\frac{R + (1 + \omega^2 R^2 C_s^2) R_s}{R_r}} \qquad (13\text{-}3\text{-}40)$$

知道了一次、二次电流表达式，不难得到一次、二次补偿电容上的电压为

$$U_{C_p} = \frac{I_p}{\omega C_p} = I_p \left(\omega L_p - \frac{\omega M^2}{R R_s C_s + L_s} \right)$$

（2）PPSP 型建模 根据图 13-3-11，当采用一次侧并联补偿时，其补偿值为

$$C_p = \frac{L_p - \dfrac{M^2}{R R_s C_s + L_s}}{\left(\dfrac{M^2 R \left(1 + \dfrac{R_s}{R} \right)}{L_s^2} \right)^2 + \omega^2 \left(L_p - \dfrac{M^2}{R R_s C_s + L_s} \right)^2}$$

从对 PSSP 电流增益推导来看，式（13-3-39）同样适用于 PPSP，式（13-3-40）一次电流表达式是从（13-3-37）、式（13-3-38）得来的，因此也可以作为计算依据。须注意的是，这里所说的一次电流 i_p，是指流经可分离变压器一次绕组的电流，对于一次侧并联补偿的拓扑，其值与电源电流不同。由于二次电路结构相同，二次补偿电容上的电压与负载电阻电压相等，而一次补偿电容上的电压则不同，从图 13-3-9d 来看，电容上承受电压为电源电压。

作为设计的基础，讨论无接触电能传输中可分离变压器的基本理论。先建立可分离变压器的模型，比较 T 形等效电路和互感模型下系统的特征。对各模型下补偿电容的选择，传输特性进行了理论分析。通过上文的分析，可以看出电路基础知识在实际专业应用中具有重要的意义。

习题参考答案

习 题 一

1-1　$5V + (2t + 1/2t^2) \times 10^6 V$, $5 \times 10^{-7} \times [5 + (2t + 1/2t^2) \times 10^6]^2 J$

1-2　$-k_I \dfrac{R_L}{R}$, $U_i I_i$, $k_I^2 \dfrac{R_L}{R} I_i U_i$

1-3　$R = R_0$, $P_{max} = \dfrac{1}{4} R_0 I_S^2$

1-4　$-0.9A$

1-5　$1.5A$

1-6　$0V$, $20V$

1-7　50Ω

1-8　$0.4A$

1-9　$1A$

1-10　$4V$, $-1A$

1-11　$2A$

1-12　8Ω, 5Ω

1-13　$0.5R$

1-14　1.618Ω

1-15　$3A$, $15V$, $17V$, $17V$

1-16　$2A$

1-17　$6V$, 6Ω, 3Ω

1-18　$20V$, $1W$

1-19　$0.6A$, $10V$

1-20　40Ω, 42.2Ω

1-21　6 个节点，9 条支路；$U_{af} = 6V$, $U_{ac} = 5V$, $U_{ce} = 3V$, $U_{ef} = 2V$

1-22　10Ω

1-23　（1）6.038Ω；（2）6.075Ω

1-24　（1）$5V$；（2）$150V$

习 题 二

2-1　$0A$

2-2　$1A$

2-3　$43/6A$, $13/6A$, $-23/6A$, $11A$

2-4　$1A$, $0.5A$

2-5　0.75A

2-6　−0.8A，−0.8A

2-7　16A，−15A，−1A，−11.4A，3.6A，4.6A

2-8　16V，93.6W，12.8W

2-9　10V，16/3V，6V

2-10　略

2-11　−0.777A，−0.904A，−0.128A，0.404A，0.277A，0.5A

2-12　1A，38.4W

2-13　−1.5S

2-14　2A，12W

2-15　1.82A

2-16　32Ω

2-17　11/6A，1/3A，−7/6A，5/6A，13/6A

2-18　−24A

2-19　−5V

2-20　12A

2-21　3A，0

2-22　7.5V

2-23　12Ω，18V

2-24　(1) 10Ω，1.6W；(2) 0，0.8A；(3) ∞，8V

2-25　(1) 略；(2) −5Ω，−8V

2-26　20Ω，−8V

2-27　0.75A，13.33Ω

2-28　$\dfrac{2}{3} \times 10^{-2}$A，1.5kΩ

2-29　7.2V

2-30　2/3Ω，1/6W

2-31　1.625A

2-32　7.38V

2-33　0.272A

2-34　−2.5A

2-35　(1) 略；(2) 4A，4Ω

2-36　0，−1/12800A

2-37　0，0.0006A

2-38　$\dfrac{7}{9}$V/Ω

2-39　略

习　题　三

3-1　(1) 311，$\dfrac{\pi}{6}$，50Hz，0.02s；(2) 略；(3) 155.5V，−269V

3-2　$u = 200\sin(6280t - 60°)$V

3-3　$i = \sqrt{2} \times 10\sin(314t + 90°)\,\text{A}$

3-4　(1) $u = \sqrt{2} \times 100\sin 314t\,\text{V}$；$i = \sqrt{2} \times 5\sin(314t - 90°)\,\text{A}$

　　(2) $u = \sqrt{2} \times 100\sin(314t + 90°)\,\text{V}$；$i = \sqrt{2} \times 5\sin 314t\,\text{A}$

　　(3) $\dfrac{\pi}{2}$

3-5　$\dot{U}_1 = 220\,\underline{/-30°}\,\text{V}$，$\dot{U}_2 = 220\,\underline{/30°}\,\text{V}$，$\dot{I} = 5\,\underline{/-90°}\,\text{A}$

3-6　$u = \sqrt{2} \times 270\sin(\omega t - 23°)\,\text{V}$

3-7　$i_2 = \sqrt{2} \times 6.2\sin(314t + 84°)\,\text{A}$

3-8　$u_1 = \sqrt{2} \times 50\sin(314t + 30°)\,\text{V}$，$u_2 = \sqrt{2} \times 40\sin(314t - 60°)\,\text{V}$，

　　$u = \sqrt{2} \times 64\sin(314t - 8.7°)\,\text{V}$

3-9　300V

3-10　88V，132V，387.2W，580.8W

3-11　(1) 40V；(2) $-\sqrt{3}\,\text{A}$，$-20\sqrt{3}\,\text{W}$

3-12　$Z = (10 + j15.7)\,\Omega$，$I_L = 11.8\,\text{A}$

3-13　$i = \sqrt{2} \times 5.07\sin(314t - 46.3°)\,\text{A}$，$u_R = \sqrt{2} \times 101\sin(314t - 46.3°)\,\text{V}$，

　　$u_L = \sqrt{2} \times 167\sin(314t + 26°)\,\text{V}$

3-14　$R_L = 0.92\,\Omega$，$L = 10.2\,\text{mH}$

3-15　$i_C = \sqrt{2} \times 0.69\sin(314t + 90°)\,\text{A}$

3-16　$Y = (0.001 + j0.0063)\,\text{S}$，$i = \sqrt{2} \times 3.2\sin(314t + 81°)\,\text{A}$

3-17　10V

3-18　$\dot{I}_1 = 4.09\,\underline{/-68°}\,\text{A}$，$\dot{I}_2 = 3.66\,\underline{/-94.6°}\,\text{A}$，$\dot{I}_3 = 1.83\,\underline{/-4.6°}\,\text{A}$

3-19　$Z_{ab} = (1 + j2)\,\Omega$

3-20　6.4A

3-21　$U = 40\,\text{V}$，$I = 10\sqrt{2}\,\text{A}$

3-22　$Z = (36.35 - j34.4)\,\Omega$

3-23　$R = 10\sqrt{2}\,\Omega$，$X_L = 5\sqrt{2}\,\Omega$，$X_C = 4.71\,\Omega$

3-24　$R = \dfrac{50}{3}\,\Omega$，$R_L = 6\,\Omega$，$X_L = 8\,\Omega$，3A

3-25　(1) $\omega_1 = 250\,\text{rad/s}$；(2) $\omega_2 = 500\,\text{rad/s}$；(3) $\omega_3 = 1000\,\text{rad/s}$

3-26　0.5A，0.5A，0.5A，$Z = (10 - j10)\,\Omega$

3-27　$Z = (105 - j45)\,\Omega$，$I = 1.75\,\text{A}$，1.237A，1.237A

3-28　$I = 1.43\,\text{A}$，$I_1 = 0.37\,\text{A}$，$I_2 = 1.29\,\text{A}$

3-29　$Z_{ab} = (13 + j7)\,\Omega$

3-30　$Z = R\dfrac{1 - \alpha}{1 - gR} + j\left(\dfrac{X_L}{1 - gR} - X_C\right)$

3-31　$W_1 = 1489\,\text{W}$，$Q = 2234\,\text{var}$

3-32　0.682，$R = 15\,\Omega$，$X = 16.1\,\Omega$

3-33　略

3-34　(1) $\cos\varphi = 0.5$；(2) $C = 90.3\,\mu\text{F}$

3-35　$L = 1.56\,\text{H}$，$P = 4\,\text{kW}$，$Q = 7.84\,\text{kvar}$，$C = 516\,\mu\text{F}$

3-36　略

3-37　$W_1 = 4.8\text{kW}$，$W_2 = -3.2\text{kW}$，$W = 8\text{kW}$

3-38　$R_1 = 1.2\Omega$，$R_2 = 24.8\Omega$，$X_1 = 4.1\Omega$，$X_2 = 31.38\Omega$

3-39　$Z = (75 + \text{j}25)\Omega$，$P_{\max} = 31.2\text{W}$

3-40　$I_R = 2\text{A}$，$I_C = I_L = 3.86\text{A}$

3-41　$I_{X_L} = 2.73\text{A}$，$I_R = 2.91\text{A}$，$I_{X_C} = 3.23\text{A}$

3-42　636.7W，131W

3-43　略

习　题　四

4-1　$\omega_0 = 10^4\text{rad/s}$，$\rho = 100\Omega$，$Q = 20$；$I_0 = 4.8\text{A}$，$U_L = U_C = 480\text{V}$

4-2　$\omega_0 = 1.25 \times 10^3\text{rad/s}$，$Q = 10$；$I_R = 2\text{A}$，$I_L = I_C = 20\text{A}$

4-3　$i = \sqrt{2} \times 2\sin 1000t\,\text{A}$，$u_C = \sqrt{2} \times 100\sin(1000t - 90°)\text{V}$

　　$i = 0$，$u_C = \sqrt{2} \times 100\sin 1000t\,\text{V}$

4-4　$L_1 = \dfrac{1}{(\omega_2^2 - \omega_1^2)C}$，$L_2 = \dfrac{1}{\omega_1^2 C}$

4-5　242Hz

4-6　$\dfrac{1}{2\pi\sqrt{LC(1-\alpha)}}$，$R\sqrt{\dfrac{C(1-\alpha)}{L}}$

4-7　略

4-8　略

4-9　35.5mH

4-10　3.64A，7.28A

4-11　39W（发出），7.87W（吸收）

4-12　$W_1 = 1018\text{W}$，$W_2 = 490\text{W}$

4-13　$Z = (16 + \text{j}17.5)\Omega$

4-14　$\dot{I}_1 = 7.14\underline{/\!-74.4°}\,\text{A}$，$\dot{I}_2 = 1.65\underline{/\!-168°}\,\text{A}$，$P_1 = 422\text{W}$，$P_2 = 136\text{W}$，$\eta = 32\%$

4-15　略

4-16　$C = 0.357\mu\text{F}$

4-17　$R_2 = 4.33\Omega$，$X_{L1} = 7.5\Omega$，$X_{L2} = 5\Omega$，$\omega M = 5\Omega$ 或 $R_2 = 4.33\Omega$，$X_{L1} = 10\Omega$，$X_{L2} = 5\Omega$，$\omega M = 5\Omega$

4-18　4

4-19　$R\left(\dfrac{N_2 - N_1}{N_2}\right)^2$

4-20　$\dot{U}_{AB} = \dfrac{N_2}{N_1}\dot{U}_s$，$Z_0 = Z\left(\dfrac{N_2}{N_1}\right)^2$

4-21　$X_C = 125\Omega$，$N_1 : N_2 = 0.2$，$P_{\max} = 5\text{W}$

4-22　$I_3 = 3.02\text{A}$，$P_\triangle = 875\text{W}$

4-23　$\dot{I}_{A1} = 10\underline{/\!-30°}\,\text{A}$，$\dot{I}_{AB} = \dfrac{10}{3} \times \sqrt{3}\underline{/60°}\,\text{A}$，$P_Y = 4500\text{W}$

4-24　$I_1 = 10\text{A}$，$I_2 = \dfrac{10}{3}\sqrt{3}\,\text{A}$，$U = 160\text{V}$

4-25　$W_1 = 8322\text{W}$,　$W_2 = 3289\text{W}$

4-26　$L = 55\text{mH}$,　$C = 183.8\mu\text{F}$

习　题　五

5-1　$a_0 = \dfrac{3}{2}U$,　$a_n = \dfrac{U}{(n\pi)^2}\left[(-1)^n - 1\right]$,　$b_n = -\dfrac{U}{n\pi}$

5-2　$u(t) = 3\text{V} + 6\cos\left(\omega_1 t + \dfrac{\pi}{3}\right)\text{V} + 4\cos\left(2\omega_1 t + \dfrac{2\pi}{3}\right)\text{V} + 2\cos(3\omega_1 t + \pi)\text{V}$

5-3　$f(t) = \dfrac{2U}{\pi}\displaystyle\sum_{k=-\infty}^{\infty}\left(\dfrac{1}{1 - 4k^2}\right)e^{jk\omega_1 t}$

5-4　$i(t) = \sqrt{2}\times 5\sin\omega t\text{A} + \sqrt{2}\times 1.2\sin(3\omega t - 23.1°)\text{A}$, $W = 528.8\text{W}$

5-5　$I = 5.92\text{A}$,　$U = 50.25\text{V}$,　$P = 183\text{W}$

5-6　$i_R = \left[15 + 20\times\sqrt{2}\sin(\omega t - 45°) + 5\times\sqrt{2}\sin(2\omega t - 45°)\right]\text{A}$

5-7　$i = \left[0.4 + 0.15\sin\omega t + 0.7\sin(3\omega t + 45°)\right]\text{A}$

　　$u_C = \left[15\sin\omega t + 26.25\sin(3\omega t - 45°)\right]\text{V}$

5-8　$i_R = 3\sin(2\omega t - 90°)\text{A}$, $i_L = \left[\sqrt{2}\sin\omega t + \sin(2\omega t - 90°)\right]\text{A}$

　　$i_C = \left[\sqrt{2}\sin\omega t + 5\sin(2\omega t - 126.9°)\right]\text{A}$, 30W, 15W

5-9　$i_1 = \left[1 + \sqrt{2}\times 2.58\sin(314t + 152.4°)\right]\text{A}$, $i_2 = \left[-1 + \sqrt{2}\times 1.95\sin(314t - 27.6°)\right]\text{A}$

　　100W,　302W

5-10　$W_1 = 500\text{W}$,　$W_2 = 10\text{W}$

5-11　$L_1 = \dfrac{1}{3}\text{H}$,　$L_2 = 1\text{H}$,　$R = 4\Omega$

5-12　$U = 550\text{V}$

5-13　$i_A = \left[\sqrt{2}\times 2\sin(\omega_1 t - 45°) + \dfrac{1}{9}\sin(3\omega_1 t - 66°) + 0.031\sin(5\omega_1 t - 78.7°)\right]\text{A}$

　　$i_0 = \dfrac{1}{3}\sin(3\omega_1 t - 66°)\text{A}$,　2.002A,　0.236A

5-14　$U_{AB} = 178.4\text{V}$,　$U_A = 103\text{V}$,　$I_A = 4.29\text{A}$

5-15　$U_1 = 374\text{V}$,　$I_1 = 2.2\text{A}$,　$I_0 = 1.28\text{A}$

5-16　$F(j\omega) = \dfrac{2u}{j\omega}\cos\omega T$

5-17　$F(j\omega) = \dfrac{24.77\times 10^4 - 6.28\times 10\omega^2 - j1.26\times 10^2\omega}{\omega^4 - 7.89\times 10^3\omega^2 + 15.56\times 10^6}$

5-18　$L_1 = 0.01\text{H}$,　$L_2 = 1.25\text{mH}$

5-19　(1)　$H(j\omega) = \dfrac{-\omega^2 LCR}{R - \omega^2 LCR + j\omega L}$;　(2)　$N(j\omega) = \dfrac{R}{R + j\omega L}$;

　　(3)　$Z(j\omega) = \dfrac{j\omega LR}{R + j\omega L} - j\dfrac{1}{\omega C}$

习　题　六

6-1　0.1A,　-100A/s,　10^5A/s^2

6-2　100A/s,　-1000A/s^2

6-3 10/3A，5/3A

6-4 0，1A/s

6-5 2A，3A

6-6 2V，7V

6-7 $(18-18e^{-\frac{1}{4}t})$A，$(-12+9e^{-\frac{1}{4}t})$A

6-8 $-0.202e^{-48.5t}$V

6-9 $u_L(t)=\begin{cases} 1-e^{-2t} & 0\leqslant t<1s \\ -1.135e^{-2t} & 1s\leqslant t \end{cases}$

6-10 500V，401.07Ω

6-11 $-0.317e^{-500t}$A$+0.075\sin(314t+12.87°)$A

$3.167e^{-500t}$V$+1.197\sin(314t-77.13°)$V

6-12 $\dfrac{2}{3}$V$-\dfrac{4}{15}e^{-3t}$V

6-13 $6V+2e^{-3t}$V，$6V-4e^{-3t}$V，$-6e^{-3t}$A，27J

6-14 $12V-12e^{-\frac{1}{2}t}$V，$-4e^{-t}$V$+8e^{-\frac{1}{2}t}$V

6-15 $1A-e^{-10t}$A，$48V-47.59e^{-\frac{1}{6}t}V-0.406e^{-10t}$V

6-16 $\dfrac{1}{3}$A$+\left(e^{-2}-\dfrac{1}{3}\right)e^{-\frac{3}{2}(t-1)}\cdot 1(t-1)$A

6-17 $0.8V-0.8e^{-5t}$V，$0.16A+0.107e^{-5t}$A$-0.267e^{-2t}$A

6-18 $-4.5V+7.5e^{-10t}$V

6-19 $-\dfrac{2000}{3}e^{-1000t}V+\dfrac{2}{3}\delta(t)$V

6-20 $Ae^{-\frac{5000}{3}t}\sin\left(\dfrac{5000\sqrt{3}}{3}t+\theta\right)$

6-21 $0.64e^{-500t}$A$-0.04e^{-2000t}$A

6-22 e^{-t}A，e^{-t}V

6-23 10A，16V，$-\dfrac{2}{3}e^{-2t}$A$+\dfrac{32}{3}e^{-8t}$A

6-24 $\dfrac{2}{\sqrt{15}}e^{-\frac{3}{4}t}\sin\dfrac{\sqrt{15}}{4}t$A

6-25 0.8Ω

6-26 $2V-4e^{-3t}$V$+3e^{-4t}$V，$1A+e^{-3t}$A$-\dfrac{3}{2}e^{-4t}$A

6-27 $(5-62.5t)e^{-25t}$V

6-28 $15.3e^{-12.5t}\sin(21.65t+161°)$V

6-29 $18e^{-3t}$A$-12e^{-2t}$A

6-30 $0.15e^{-100t}$A，$1A-0.5e^{-200t}$A，$0.5A+0.15e^{-100t}$A$-0.33e^{-200t}$A

6-31 $12V-3e^{-5t}$V，$2A+e^{-90t}$A

6-32 $(1/2t+5)$V

6-33 $0.5(t+1)$A

6-34 $-10\delta(t)$A$+25e^{-t}\cdot 1(t)$A

6-35 $12V-5.4e^{-10t}$V$+7.8e^{-50t}$V，$-0.3e^{-10t}$A$+0.78e^{-50t}$A

6-36 $\dfrac{2}{3}(1-e^{-0.5t})\,V$

习 题 七

7-1 (1) $3e^{-t}-2.5e^{-1.5t}$; (2) $e^{-t}+0.5e^{-2t}\cos(2t+90°)$

(3) $\dfrac{t^2}{2}e^{-t}-te^{-t}+2e^{-t}$; (4) $\dfrac{2}{3}+\dfrac{1}{12}e^{-3t}-(0.5t+0.75)e^{-t}$

7-2 $8e^{-\frac{1}{3}t}\,V$, $12V-8e^{-\frac{1}{3}t}\,V$

7-3 $\dfrac{10}{3}A-5e^{-10t}A+\dfrac{5}{3}e^{-30t}A$

7-4 $2\sin 5t\,A+8.2006e^{-3t}\sin(4t+142.43°)\,A$

7-5 $\dfrac{1}{3}e^{-t}A-0.241e^{-2.618t}A-0.09215e^{-0.382t}A$

7-6 (1) 略; (2) $\dfrac{4s+20}{(s+2)(s+8)}$; (3) $2e^{-2t}V+2e^{-8t}V$

7-7 $\dfrac{1}{2}(35-15e^{-200t}-1000te^{-200t})\cdot 1(t)\,V$

7-8 $\dfrac{2s^2+2s+1}{s(s^2+2s+2)}$

7-9 $(-e^{-2t}+2e^{-3t})\cdot 1(t)$, $\dfrac{1}{6}+0.5e^{-2t}-\dfrac{2}{3}e^{-3t}$

7-10 $\dfrac{1}{s^2+s+1}$

7-11 $\dfrac{1}{s^2+s+2}$

7-12 略

7-13 $0.5-0.5e^{-200t}$

7-14 $4(1-e^{-t})\cdot 1(t)\,V-4(1-e^{-(t-T_1)})\cdot 1(t-T_1)\,V+e^{-(t-T_2)}\cdot 1(t-T_2)\,V+$

$e^{-(t-T_3)}\cdot 1(t-T_3)\,V$

7-15 $2A+0.5e^{-\frac{5}{8}t}A$

7-16 $5A-3e^{-2t}A$

7-17 (1) $\dfrac{50s}{(s+4.5)(s+8)}$; (2) $40\sin(6t+30°)\,V$

7-18 $\left(\dfrac{1}{18}-\dfrac{1}{18}e^{-3t}\right)\cdot 1(t)\,A$

7-19 $\left(-\dfrac{5}{18}e^{-0.5t}+\dfrac{25}{9}e^{-5t}\right)\cdot 1(t)\,A$

7-20 $(3.5-2e^{-(t-0.1)})\,A-1.5e^{-2(t-0.1)}\cdot 1(t-0.1)\,A$

7-21 (1) $1A+12e^{-2t}A-14e^{-t}A$; (2) $1A-4.4e^{-t}A+2.68\sin(2t+116.6°)\,A$

7-22 (1) $(3e^{-t}+4e^t)\,V$; (2) $(-e^{-t}-4e^t)\,V$; $(3+e^{-t}-4e^t)\,V$

(3) $u_2(t)=[6+5e^{-t}-4e^t]\cdot 1(t)\,V-[6+2e^{-(t-t_0)}-8e^{(t-t_0)}]\cdot 1(t-t_0)\,V+$

$[-e^{-(t-2t_0)}-4e^{(t-2t_0)}]\cdot 1(t-2t_0)\,V$

7-23 $53.3\sin(2t+21.9°)\,V$

7-24 $\displaystyle\int_0^{t_0} e_1(\tau)h(t-\tau)\mathrm{d}\tau + \int_{t_0}^{t} e_2(\tau)h(t-\tau)\mathrm{d}\tau$

7-25 $\displaystyle e_1(0)g(t) + \int_0^{t_0} e_1'(\tau)g(t-\tau)\mathrm{d}\tau + \int_{t_0}^{t} e_2'(\tau)g(t-\tau)\mathrm{d}\tau - [e_1(t_0)-e_2(t_0)]$
$g(t-t_0)$

7-26 $(t-1+\mathrm{e}^{-t})\cdot 1(t)\mathrm{A} + (1-t)\cdot 1(t-1)\mathrm{A}$

7-27 $10(\mathrm{e}^{-t}-\mathrm{e}^{-2t})\cdot 1(t)\mathrm{A} + (2+10\mathrm{e}^{-2t}-10.63\mathrm{e}^{-t})\cdot 1(t-0.2)\mathrm{A}$

7-28 $(t-1+\mathrm{e}^{-t})\cdot 1(t)\mathrm{A} - (t-2+\mathrm{e}^{-(t-1)})\cdot 1(t-1)\mathrm{A}$

7-29 $\begin{bmatrix}\dfrac{\mathrm{d}u_C}{\mathrm{d}t}\\[2mm]\dfrac{\mathrm{d}i_L}{\mathrm{d}t}\end{bmatrix} = \begin{bmatrix}-4 & 2\\ -0.5 & 0\end{bmatrix}\begin{bmatrix}u_C\\ i_L\end{bmatrix} + \begin{bmatrix}0\\ 0.5\end{bmatrix}[u_\mathrm{S}]$

$u_C(t) = 1\mathrm{V} - 1.07735\mathrm{e}^{-0.268t}\mathrm{V} + 0.07735\mathrm{e}^{-3.732t}\mathrm{V}$

$i_L(t) = 2\mathrm{A} - 2.01036\mathrm{e}^{-0.268t}\mathrm{A} + 0.01036\mathrm{e}^{-3.732t}\mathrm{A}$

7-30 $\begin{bmatrix}\dfrac{\mathrm{d}u_C}{\mathrm{d}t}\\[2mm]\dfrac{\mathrm{d}i_1}{\mathrm{d}t}\\[2mm]\dfrac{\mathrm{d}i_2}{\mathrm{d}t}\end{bmatrix} = \begin{bmatrix}0 & -1 & -1\\ 1 & -1 & 0\\ 2 & 0 & -4\end{bmatrix}\begin{bmatrix}u_C\\ i_1\\ i_2\end{bmatrix} + \begin{bmatrix}0\\ -1\\ 0\end{bmatrix}[u_\mathrm{S}]$

7-31 $\begin{bmatrix}\dfrac{\mathrm{d}u_{C2}}{\mathrm{d}t}\\[2mm]\dfrac{\mathrm{d}u_{C3}}{\mathrm{d}t}\\[2mm]\dfrac{\mathrm{d}u_{C4}}{\mathrm{d}t}\\[2mm]\dfrac{\mathrm{d}i_7}{\mathrm{d}t}\\[2mm]\dfrac{\mathrm{d}i_8}{\mathrm{d}t}\end{bmatrix} = \begin{bmatrix}0 & 0 & 0 & \dfrac{1}{C_2} & 0\\[2mm] 0 & \dfrac{-1}{C_3R_6} & \dfrac{-1}{C_3R_6} & \dfrac{-1}{C_3} & 0\\[2mm] 0 & \dfrac{-1}{C_4R_6} & \dfrac{-1}{C_4R_6} & 0 & \dfrac{-1}{C_4}\\[2mm] -\dfrac{1}{L_7} & +\dfrac{1}{L_7} & 0 & 0 & 0\\[2mm] 0 & 0 & +\dfrac{1}{L_8} & 0 & -\dfrac{R_5}{L_8}\end{bmatrix}\begin{bmatrix}u_{C2}\\ u_{C3}\\ u_{C4}\\ i_7\\ i_8\end{bmatrix} + \begin{bmatrix}0 & 0\\[2mm] \dfrac{1}{C_3R_6} & 0\\[2mm] +\dfrac{1}{C_4R_6} & 0\\[2mm] 0 & 0\\[2mm] 0 & +\dfrac{R_5}{L_8}\end{bmatrix}\begin{bmatrix}U_{S1}\\ i_{S9}\end{bmatrix}$

7-32 $\begin{bmatrix}\dfrac{\mathrm{d}u_{C3}}{\mathrm{d}t}\\[2mm]\dfrac{\mathrm{d}i_{L1}}{\mathrm{d}t}\\[2mm]\dfrac{\mathrm{d}i_{L2}}{\mathrm{d}t}\end{bmatrix} = \begin{bmatrix}0 & \dfrac{1}{C_3} & -\dfrac{1}{C_3}\\[2mm] -\dfrac{1}{L_1} & -\dfrac{R_5}{L_1} & 0\\[2mm] \dfrac{1}{L_2} & 0 & -\dfrac{R_4}{L_2}\end{bmatrix}\begin{bmatrix}u_{C3}\\ i_{L1}\\ i_{L2}\end{bmatrix} + \begin{bmatrix}0 & 0\\[2mm] \dfrac{1}{L_1} & 0\\[2mm] 0 & -\dfrac{R_4}{L_2}\end{bmatrix}\begin{bmatrix}u_\mathrm{S}\\ i_\mathrm{S}\end{bmatrix}$

习 题 八

8-1 $\mathbf{Z} = \begin{bmatrix}R & (rm_1+R)\\ (rm_2+R) & R\end{bmatrix}$

8-2 $\mathbf{Z} = \begin{bmatrix}\mathrm{j}\omega L_1 & \mathrm{j}\omega M\\ \mathrm{j}\omega M & \mathrm{j}\omega L_2\end{bmatrix}$

8-3 $\quad \boldsymbol{Z} = \begin{bmatrix} (30 - j40) & -j40 \\ -j40 & j10 \end{bmatrix}$

8-4 $\quad \boldsymbol{Y} = \begin{bmatrix} j\left(\omega C - \dfrac{1}{\omega L}\right) & j\dfrac{1}{\omega L} \\[3mm] j\dfrac{1}{\omega L} & \dfrac{1}{R} - j\dfrac{1}{\omega L} \end{bmatrix}$

8-5 $\quad \boldsymbol{Y} = \begin{bmatrix} 1.5 & -0.5 \\ 4 & -0.5 \end{bmatrix}$

8-6 $\quad \boldsymbol{Y} = \begin{bmatrix} \dfrac{1}{R} + j\omega C_1 & -\dfrac{n}{R} \\[3mm] -\dfrac{n}{R} & \dfrac{n^2}{R} + j\omega C_2 \end{bmatrix}$

8-7 $\quad \boldsymbol{H} = \begin{bmatrix} Z_1 & 0 \\ -GZ_1 & \dfrac{1}{Z_2} \end{bmatrix}$

8-8 $\quad \boldsymbol{H} = \begin{bmatrix} Z & -\dfrac{N_1}{N_2} \\[3mm] \dfrac{N_1}{N_2} & 0 \end{bmatrix}$

8-9 $\quad \boldsymbol{H} = \begin{bmatrix} Z_1 & \dfrac{-3Z_1}{2Z_3 - Z_2} \\[3mm] 0 & \dfrac{2}{2Z_3 - Z_2} \end{bmatrix}$

8-10 $\quad \boldsymbol{T} = \begin{bmatrix} 1.53 - j0.499 & 0.843 - j0.167 \\ 1.589 - j1.497 & 1.530 - j0.499 \end{bmatrix}$

8-11 $\quad R = 2.4\,\Omega, \quad P_{\max} = 1.35\,\mathrm{W}, \quad P_{U_s} = 18.9\,\mathrm{W}$

8-12 $\quad \boldsymbol{T} = \begin{bmatrix} \left(1 - \dfrac{1}{\omega^2 C_1 L}\right) & j\dfrac{1 - \omega^2 L(C_1 + C_2)}{\omega^3 L C_1 C_2} \\[3mm] j\dfrac{1}{\omega L} & \left(1 - \dfrac{1}{\omega^2 C_2 L}\right) \end{bmatrix}$

8-13 $\quad \boldsymbol{T}' = \begin{bmatrix} \dfrac{1}{Y_1 Z_1} & \dfrac{-1}{Y_1} \\[3mm] \left(-Y_2 - \dfrac{1}{Z_2 Z_1 Y_1}\right) & \dfrac{1}{Y_1 Z_2} \end{bmatrix}$

8-14 图 a: $\boldsymbol{Z} = \begin{bmatrix} \dfrac{Z_1(Z_2 + Z_3)}{Z_1 + Z_2 + Z_3} & \dfrac{Z_1 Z_2}{Z_1 + Z_2 + Z_3} \\[3mm] \dfrac{Z_1 Z_2}{Z_1 + Z_2 + Z_3} & \dfrac{Z_2(Z_1 + Z_3)}{Z_1 + Z_2 + Z_3} \end{bmatrix} \quad \boldsymbol{Y} = \begin{bmatrix} \dfrac{1}{Z_1} + \dfrac{1}{Z_3} & -\dfrac{1}{Z_3} \\[3mm] -\dfrac{1}{Z_3} & \dfrac{1}{Z_3} - \dfrac{1}{Z_2} \end{bmatrix}$

$\boldsymbol{H} = \begin{bmatrix} \dfrac{Z_1 Z_3}{Z_1 + Z_3} & \dfrac{Z_1}{Z_1 + Z_3} \\[3mm] \dfrac{-Z_1}{Z_1 + Z_3} & \dfrac{Z_2 + Z_1 + Z_3}{Z_2(Z_1 + Z_3)} \end{bmatrix} \quad \boldsymbol{T} = \begin{bmatrix} \dfrac{Z_2 + Z_3}{Z_2} & Z_3 \\[3mm] \dfrac{Z_1 + Z_2 + Z_3}{Z_1 Z_2} & \dfrac{Z_1 + Z_3}{Z_1} \end{bmatrix}$

图 b：$\boldsymbol{Z} = \begin{bmatrix} Z_1 + Z_3 & Z_3 \\ Z_3 & Z_2 + Z_3 \end{bmatrix}$ $\boldsymbol{Y} = \begin{bmatrix} \dfrac{Z_2 + Z_3}{Z_1 Z_2 + Z_1 Z_3 + Z_2 Z_3} & \dfrac{-Z_3}{Z_1 Z_2 + Z_1 Z_3 + Z_2 Z_3} \\ \dfrac{-Z_3}{Z_1 Z_2 + Z_1 Z_3 + Z_2 Z_3} & \dfrac{Z_1 + Z_3}{Z_1 Z_2 + Z_1 Z_3 + Z_2 Z_3} \end{bmatrix}$

$$\boldsymbol{H} = \begin{bmatrix} \dfrac{Z_1 Z_2 + Z_1 Z_3 + Z_2 Z_3}{Z_2 + Z_3} & \dfrac{Z_3}{Z_2 + Z_3} \\ \dfrac{-Z_3}{Z_2 + Z_3} & \dfrac{1}{Z_2 + Z_3} \end{bmatrix} \boldsymbol{T} = \begin{bmatrix} \dfrac{Z_1 + Z_3}{Z_3} & \dfrac{Z_1 Z_2 + Z_1 Z_3 + Z_2 Z_3}{Z_3} \\ \dfrac{1}{Z_3} & \dfrac{Z_2 + Z_3}{Z_3} \end{bmatrix}$$

8-15　（1）$U_1 = 26.33\text{V}$，$U_2 = 5.67\text{V}$；　（2）$I_1 = -7.5\text{A}$，$I_2 = -6.5\text{A}$

　　　（3）$I_1 = 2.66\text{A}$，$U_2 = -6\text{V}$；　（4）$U_2 = 5.5\text{V}$，$I_2 = 4.7\text{A}$

8-16　$\boldsymbol{Z} = \begin{bmatrix} \dfrac{Z_1 (Z_2 + Z_3)}{Z_1 + Z_2 + Z_3} + Z_4 + Z_6 & \dfrac{Z_1 Z_2}{Z_1 + Z_2 + Z_3} + Z_6 \\ \dfrac{Z_1 Z_2}{Z_1 + Z_2 + Z_3} + Z_6 & \dfrac{Z_2 (Z_1 + Z_3)}{Z_1 + Z_2 + Z_3} + Z_5 + Z_6 \end{bmatrix}$

8-17　$\boldsymbol{Y} = \begin{bmatrix} Y_{a11} + \dfrac{1}{Z_1} & Y_{a12} - \dfrac{1}{Z_1} \\ Y_{a21} - \dfrac{1}{Z_1} & Y_{a22} + \dfrac{1}{Z_1} + \dfrac{1}{Z_2} \end{bmatrix}$

8-18　$\boldsymbol{H} = \begin{bmatrix} 1.6 & 0.833 \\ -3.67 & 0.75 \end{bmatrix}$

8-19　$\boldsymbol{T} = \begin{bmatrix} n & \dfrac{Z_b}{n} \\ \dfrac{n}{Z_a} & \dfrac{1}{n}\left(1 + \dfrac{Z_b}{Z_a}\right) \end{bmatrix}$

8-20　$\dfrac{\dot{U}_2}{\dot{U}_1} = \dfrac{-\mathrm{j}\omega C_1 R}{1 + \mathrm{j}\omega C_2 R}$

8-21　$Z_1 = \dfrac{R_2 (1 + R_1 \mathrm{j}\omega C)}{1 + R_2 \mathrm{j}\omega C}$

8-22　$\dot{I}_1 = \dfrac{\dot{U}_1 R_4}{R_2 R_3 R_1 \mathrm{j}\omega C}$

8-23　$R_{\mathrm{ab}} = \dfrac{r^2}{R}$

8-24　$\boldsymbol{T} = \begin{bmatrix} 1 & \dfrac{\mathrm{j}\omega C}{g^2} \\ 0 & 1 \end{bmatrix}$

8-25　$\begin{bmatrix} \dot{U}_1 \\ \dot{I}_1 \end{bmatrix} = \begin{bmatrix} 12 & 0.25 \\ 4 & 0 \end{bmatrix} \begin{bmatrix} \dot{U}_2 \\ \dot{I}_2 \end{bmatrix}$

习　题　九

9-1　$A_a = \begin{bmatrix} 0 & -1 & 0 & 0 & 1 & 1 & 1 \\ 0 & 1 & -1 & 1 & 0 & -1 & 0 \\ -1 & 0 & 0 & -1 & 0 & 0 & -1 \\ 1 & 0 & 1 & 0 & -1 & 0 & 0 \end{bmatrix}$

$A = \begin{bmatrix} 0 & -1 & 0 & 0 & 1 & 1 & 1 \\ 0 & 1 & -1 & 1 & 0 & -1 & 0 \\ -1 & 0 & 0 & -1 & 0 & 0 & -1 \end{bmatrix}$

9-2　$B_f = \begin{bmatrix} -1 & 0 & 1 & 1 & 0 & 0 & 0 \\ 0 & 1 & 1 & 0 & 1 & 0 & 0 \\ 0 & 1 & 0 & 0 & 0 & 1 & 0 \\ -1 & 1 & 1 & 0 & 0 & 0 & 1 \end{bmatrix}$

9-3　$B_m = \begin{bmatrix} 0 & 1 & 0 & 0 & 0 & 1 & 0 \\ 0 & -1 & -1 & 0 & -1 & 0 & 0 \\ -1 & 0 & 1 & 1 & 0 & 0 & 0 \\ 1 & 0 & 0 & 0 & 1 & 0 & -1 \end{bmatrix}$

9-4　$Q_f = \begin{bmatrix} 1 & 0 & 0 & 1 & 0 & 0 & 1 \\ 0 & 1 & 0 & 0 & -1 & -1 & -1 \\ 0 & 0 & 1 & -1 & -1 & 0 & -1 \end{bmatrix}$

9-5　略

9-6　$B_f = \begin{bmatrix} 0 & -1 & 1 & 1 & 0 & 0 \\ -1 & -1 & 0 & 0 & 1 & 0 \\ 1 & 1 & -1 & 0 & 0 & 1 \end{bmatrix} = \begin{bmatrix} B_t & \vdots & 1 \end{bmatrix}$

$Q_f = \begin{bmatrix} 1 & 0 & 0 & 0 & 1 & -1 \\ 0 & 1 & 0 & 1 & 1 & -1 \\ 0 & 0 & 1 & -1 & 0 & 1 \end{bmatrix} = \begin{bmatrix} 1 & \vdots & Q_t \end{bmatrix}$

9-7　$Q_f = \begin{bmatrix} 1 & 0 & 0 & -1 & -1 & 0 \\ 0 & 1 & 0 & -1 & -1 & -1 \\ 0 & 0 & 1 & -1 & 0 & -1 \end{bmatrix}$

9-8　$\begin{bmatrix} \dfrac{1}{R_1}+\dfrac{1}{R_3}+\dfrac{1}{R_4} & -\dfrac{1}{R_4} & -\dfrac{1}{R_1} \\[2mm] -\dfrac{1}{R_4} & \dfrac{1}{R_2}+\dfrac{1}{R_4}+\dfrac{1}{R_5} & -\dfrac{1}{R_2} \\[2mm] -\dfrac{1}{R_1} & -\dfrac{1}{R_2} & \dfrac{1}{R_1}+\dfrac{1}{R_2}+\dfrac{1}{R_6} \end{bmatrix}\begin{bmatrix} U_1 \\ U_2 \\ U_3 \end{bmatrix} = \begin{bmatrix} \dfrac{U_{S3}}{R_3}+\dfrac{U_{S1}}{R_1} \\[2mm] I_{s2} \\[2mm] -\dfrac{U_{S1}}{R_1}-I_{s2} \end{bmatrix}$

9-9　$\begin{bmatrix} R_1+R_4+R_5+R_6 & -R_5-R_6 & -R_4-R_6 \\ -R_5-R_6 & R_2+R_5+R_6 & R_5 \\ -R_4-R_6 & R_5 & R_3+R_4+R_5 \end{bmatrix}\begin{bmatrix} I_1 \\ I_2 \\ I_3 \end{bmatrix} = \begin{bmatrix} -U_{S1} \\ I_{S2}R_2 \\ U_3 \end{bmatrix}$

9-10 $\quad \boldsymbol{Y} = \begin{bmatrix} \dfrac{1}{R_1} - j\dfrac{1}{\omega L_1} & 0 & 0 \\[3mm] 0 & \dfrac{1}{R_2 - j\dfrac{1}{\omega C_2}} - j\dfrac{1}{\omega L_2} & 0 \\[3mm] g_m & 0 & \dfrac{1}{R_3} \end{bmatrix}$

$\boldsymbol{Y}_n = \begin{bmatrix} \dfrac{1}{R_1} - j\dfrac{1}{\omega L_1} - j\dfrac{1}{\omega L_2} + \dfrac{1}{R_2 - j\dfrac{1}{\omega C_2}} & j\dfrac{1}{\omega L_2} - \dfrac{1}{R_2 - j\dfrac{1}{\omega C_2}} \\[4mm] -g_m + j\dfrac{1}{\omega L_2} - \dfrac{1}{R_2 - j\dfrac{1}{\omega C_2}} & \dfrac{1}{R_3} - j\dfrac{1}{\omega L_2} + \dfrac{1}{R_2 - j\dfrac{1}{\omega C_2}} \end{bmatrix}$

9-11 $\quad \begin{bmatrix} \dfrac{1}{R_1 + j\omega L_1} + j\omega C_1 + \dfrac{1}{j\omega L_2} & -\dfrac{1}{j\omega L_2} \\[3mm] -\dfrac{1}{j\omega L_2} & \dfrac{1}{R_2} + j\omega C_2 + \dfrac{1}{j\omega L_2} \end{bmatrix} \begin{bmatrix} U_1 \\[2mm] U_2 \end{bmatrix} = \begin{bmatrix} 0 \\[2mm] \dfrac{\dot{U}_S}{R_2} \end{bmatrix}$

9-12 略

9-13 $\quad \boldsymbol{Z} = \begin{bmatrix} j\omega L_1 & j\omega M & 0 & 0 & 0 & 0 \\[2mm] j\omega M & j\omega L_2 & 0 & 0 & 0 & 0 \\[2mm] 0 & 0 & \dfrac{1}{j\omega C} & 0 & 0 & 0 \\[2mm] 0 & 0 & 0 & R_4 & 0 & 0 \\[2mm] 0 & 0 & 0 & 0 & R_5 & 0 \\[2mm] 0 & 0 & 0 & 0 & 0 & R_6 \end{bmatrix}$

$Z_n = \begin{bmatrix} j\omega L_1 + j\omega L_2 - 2j\omega M + \dfrac{1}{j\omega C} + R_4 & j\omega L_2 - j\omega M + \dfrac{1}{j\omega C} & j\omega L_1 - j\omega M + \dfrac{1}{j\omega C} \\[3mm] j\omega L_2 - j\omega M + \dfrac{1}{j\omega C} & j\omega L_2 + \dfrac{1}{j\omega C} + R_5 & -j\omega M + \dfrac{1}{j\omega C} \\[3mm] j\omega L_1 - j\omega M + \dfrac{1}{j\omega C} & -j\omega M + \dfrac{1}{j\omega C} & j\omega L_1 + \dfrac{1}{j\omega C} + R_6 \end{bmatrix}$

9-14 $\quad \boldsymbol{Z} = \begin{bmatrix} j\omega L_1 & j\omega M_{12} & 0 & 0 & 0 & 0 \\[2mm] j\omega M_{12} & j\omega L_2 & -j\omega M_{23} & 0 & 0 & 0 \\[2mm] 0 & -j\omega M_{23} & j\omega L_3 & 0 & 0 & 0 \\[2mm] 0 & 0 & 0 & R_4 & 0 & 0 \\[2mm] 0 & 0 & 0 & 0 & R_5 & 0 \\[2mm] 0 & 0 & 0 & 0 & 0 & \dfrac{1}{j\omega C_6} \end{bmatrix}$

9-15 $\quad \begin{bmatrix} R_1 + R_2 + R_4 & -R_4 & -R_2 \\[2mm] -R_4 & R_3 + R_4 + R_5 & -R_5 \\[2mm] -R_2 & -R_5 & R_2 + R_5 + R_6 \end{bmatrix} \begin{bmatrix} I_{l1} \\[2mm] I_{l2} \\[2mm] I_{l3} \end{bmatrix} = \begin{bmatrix} -U_{S1} + R_2 I_{S2} \\[2mm] U_{S3} \\[2mm] -R_2 I_{S2} \end{bmatrix}$

9-16
$$\begin{bmatrix} \dfrac{1}{R_1}+\dfrac{1}{R_4}+\dfrac{1}{R_5}+\dfrac{1}{R_6} & \dfrac{1}{R_4}+\dfrac{1}{R_5} & \dfrac{1}{R_5}+\dfrac{1}{R_6} \\ \dfrac{1}{R_4}+\dfrac{1}{R_5} & \dfrac{1}{R_2}+\dfrac{1}{R_4}+\dfrac{1}{R_5} & \dfrac{1}{R_5} \\ \dfrac{1}{R_5}+\dfrac{1}{R_6} & \dfrac{1}{R_5} & \dfrac{1}{R_3}+\dfrac{1}{R_5}+\dfrac{1}{R_6} \end{bmatrix} \begin{bmatrix} U_1 \\ U_2 \\ U_3 \end{bmatrix} = \begin{bmatrix} \dfrac{U_{S1}}{R_1} \\ -I_{S2} \\ -\dfrac{U_{S3}}{R_3} \end{bmatrix}$$

9-17　略

9-18
$$K = \begin{bmatrix} \mathrm{j}\dfrac{1}{\omega C_1} & 0 & 0 & 0 & 0 & 0 & 0 \\ 0 & -\mathrm{j}\omega L_2 & \mathrm{j}\omega M & 0 & 0 & 0 & 0 \\ 0 & \mathrm{j}\omega M & -\mathrm{j}\omega L_3 & 0 & 0 & 0 & 0 \\ 0 & 0 & 0 & -R_4 & 0 & 0 & 0 \\ 0 & 0 & 0 & 0 & 0 & 0 & 0 \\ 0 & 0 & 0 & 0 & 0 & \mathrm{j}\dfrac{1}{\omega C_2} & 0 \\ 0 & 0 & 0 & 0 & 0 & 0 & 1 \end{bmatrix}$$

$$F = \begin{bmatrix} 1 & 0 & 0 & 0 & 0 & 0 & 0 \\ 0 & 1 & 0 & 0 & 0 & 0 & 0 \\ 0 & 0 & 1 & 0 & 0 & 0 & 0 \\ 0 & 0 & 0 & 1 & 0 & 0 & 0 \\ 0 & 0 & 0 & 0 & 1 & 0 & 0 \\ 0 & 0 & 0 & 0 & 0 & 1 & 0 \\ 0 & 0 & 0 & 0 & 0 & 0 & 0 \end{bmatrix} \qquad \dot{V} = \begin{bmatrix} 0 \\ 0 \\ 0 \\ 0 \\ -\dot{U}_{S5} \\ 0 \\ \dot{I}_{S7} \end{bmatrix}$$

习　题　十

10-1　$382\ \underline{/-5.65°}\,\Omega$，$1.07\times10^{-3}\ \underline{/84.35°}\,\mathrm{km}^{-1}$

10-2　298.4kV，366A，111MW，90.1%

10-3　$314\ \underline{/18.93°}\,\mathrm{kV}$

10-4　$2.5\ \underline{/-59°}\,\mathrm{kA}$

10-5　$\sqrt{2}\times1.74\sin(10^5 t-124.6°)\mathrm{V}$，$\sqrt{2}\times0.029\sin(10^5 t-124.6°)\mathrm{A}$

10-6　4200Ω

10-7　$Z_C=\dfrac{\mathrm{ch}\gamma l+2\mathrm{sh}\gamma l}{2\mathrm{ch}\gamma l+\mathrm{sh}\gamma l}$

10-8　300Ω，600Ω

10-9　0.25m

10-10　0.54m

10-11　0.25m

10-12　0.66m，1.13m

10-13　$Z=59.6\ \underline{/-66.6°}\,\Omega$，$u_{20}(t)=20\sqrt{2}\sin(\omega t+15°)\mathrm{V}$，$i_{3\mathrm{d}}(t)=0.077\sqrt{2}\sin(\omega t+105°)\mathrm{A}$

10-14　$2\ \underline{/0°}\,\mathrm{V}$，$2\ \underline{/-45°}\,\mathrm{V}$，$2\sqrt{3}/3\ \underline{/-135°}\,\mathrm{V}$

10-15 $61.8\underline{/78.7°}\Omega$, $0.825\times10^{-3}\underline{/90.2°}S$

10-16 $362.6\underline{/-5.06°}\Omega$, $0.424\times10^{-3}\underline{/90°}S$

10-17 $6000\times1(t-10^{-4})V$, $10\times1(t-10^{-4})A$

10-18 $3000\left[1\left(t-\dfrac{x}{v}\right)\right]-3000\left[1\left(t-\dfrac{1}{v}(80000-x)\right)\right]+$

$3000\left[1\left(t-\dfrac{1}{v}(x+80000)\right)\right]-3000\left[1\left(t-\dfrac{1}{v}(160000-x)\right)\right]+\cdots,$

$5\left[1\left(t-\dfrac{x}{v}\right)\right]+5\left[1\left(t-\dfrac{1}{v}(8000-x)\right)\right]+5\left[1\left(t-\dfrac{1}{v}(8000+x)\right)\right]+$

$5\left[1\left(t-\dfrac{1}{v}(16000+x)\right)\right]+\cdots$

习 题 十一

11-1 $8.97\mu A$, $(8.97+0.095)\mu A$

11-2 ~ 11-9   略

11-10   2A

11-11   0.05A

11-12   0.108A

11-13   (1) 约180V；(2) 约2.5A

11-14   (1) 约65V；(2) 略

11-15 $i=2A+0.01\sin100tA$

11-16 $u=0.45V+0.055\sqrt{2}\sin(10^6t-27°)V$

11-17 $i_L=4A+\sqrt{2}\times0.16\sin(3t-36.86°)A$, $u_{ab}=\sqrt{2}\times0.96\sin(3t+53.13°)V$

11-18   当 $u_R\geqslant2V$ 时，$u_C=2.5(1-e^{-0.5t})V$，$u_R=(1.5+2.5e^{-0.5t})V$；

当 $u_R\leqslant2V$ 时，$u_C=(4-2e^{-0.125(t-3.22)})V$，$u_R=(4-2e^{-0.125(t-3.22)})V$

11-19 $u=(7-3e^{-2t})V$ $0\leqslant t\leqslant0.55s$；

$u=(9-3e^{-0.667(t-0.55)})V$ $t>0.55s$

11-20   当 $0\leqslant t\leqslant6.81ms$ 时，$u_R=60\sin314tV$；

当 $6.81ms<t\leqslant20.2ms$ 时，$u_R=50.6e^{-200(t-6.81\times10^{-3})}V$

11-21 $\dfrac{d}{dt}\begin{bmatrix}\Psi_L\\q_C\end{bmatrix}=\begin{bmatrix}-\Psi_L^4/2+q_C^2/2+1\\\Psi_L^4/2-1.5q_C^2-1\end{bmatrix}$

11-22   圆心在 (0, 0)，半径为3的圆

参 考 文 献

[1] 周庭阳. 电路原理：上册 [M]. 3 版. 杭州：浙江大学出版社，2010.

[2] 周庭阳. 电路原理：下册 [M]. 3 版. 杭州：浙江大学出版社，2010.

[3] 姚维，姚仲兴. 电路分析原理：上册 [M]. 2 版、杭州：浙江大学出版社，2011.

[4] 姚维，姚仲兴. 电路分析原理：下册 [M]. 2 版. 杭州：浙江大学出版社，2011.

[5] 邱关源，罗先觉. 电路 [M]. 6 版. 北京：高等教育出版社，2022.

[6] 陈洪亮，电路基础 [M]. 2 版. 北京：高等教育出版社，2015.

[7] 江缉光，刘秀成. 电路原理 [M]. 2 版. 北京：清华大学出版社，2007.

[8] 陈希有. 电路理论教程 [M]. 2 版. 北京：高等教育出版社，2020.

[9] 颜秋容. 电路理论：高级篇 [M]. 2 版. 北京：高等教育出版社，2024.

[10] 黄克亚. 独立光伏发电系统最大功率点跟踪原理分析及仿真研究 [J]. 电工电气，2011 (2)：22-25.

[11] 姚若河，陈东侨. 低功耗低温漂的 RC 张弛振荡器 [J]. 华中科技大学学报（自然科学版），2021，49 (10)：79-84.

[12] 林雨佳，范超. 一种新型可修调高精度低功耗 RC 振荡器设计 [J]. 微处理机，2020 (1)：10-14.

[13] 林宁. 无接触电能传输系统的设计研究 [D]. 杭州：浙江大学，2011.